5e

Mon manuel numérique Premium

Pour apprendre, s'entrainer et réviser de façon efficace !

Le manuel complet

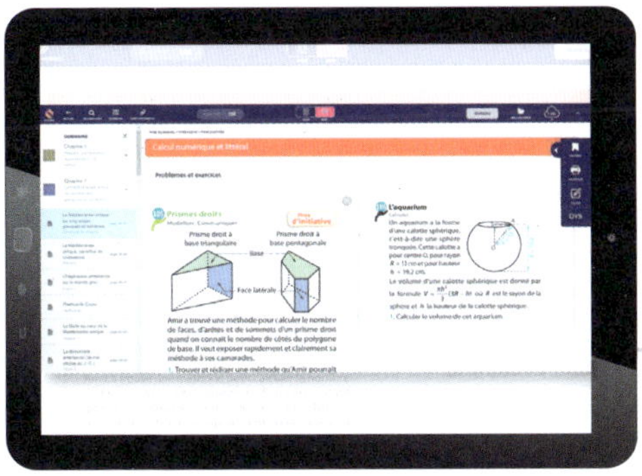

Pour consulter mon manuel en classe ou à la maison

Les cartes mentales

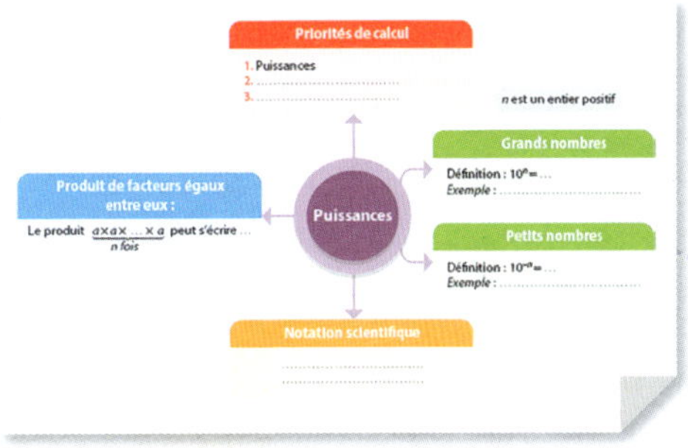

À compléter pour mémoriser l'essentiel

Les QCM interactifs

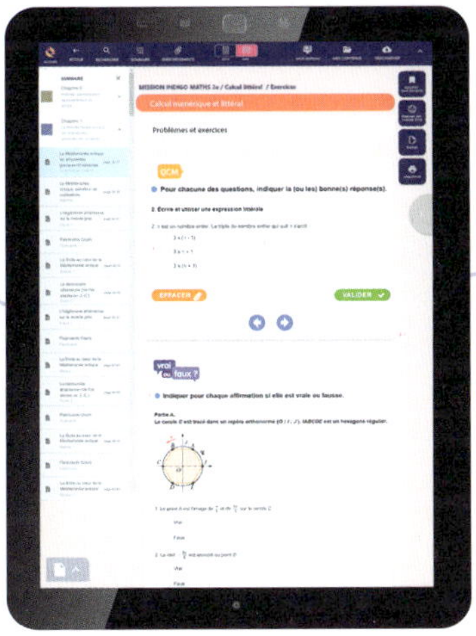

Pour m'auto-évaluer

Des fichiers et des documents

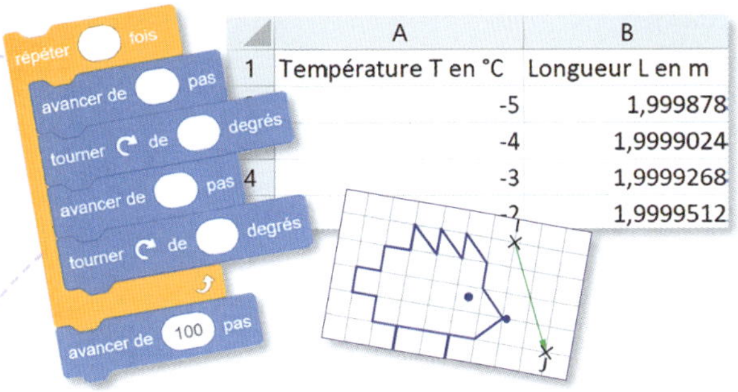

À télécharger pour résoudre les exercices

5e

Mission Indigo

MATHS

Sous la direction de Christophe BARNET

Nadine BILLA
Virginie BLANC
Marion CONVERT
Émilie ELKINE
Mathieu FERNANDEZ
Amaïa FLOUS
Aurélie LAULHERE
Marie-Christine LAYAN
Siegfried MAILLARD
Marion REY LARRIEU
Marion ROBERTOU
Agnès VILLATTES

hachette
ÉDUCATION

Crédits photographiques

Couverture © Traveller Martin** ; **11** © Yaran** ; **27** Science Photo Library/MACROVECTOR ; **29. h.** Costa/Leemage ; **b.** © smspsy** ; **35** © Sanchai Kumar** ; **40 h.** © MDGRPHCS** ; **b.** © pauws99* ; **41** www.chrisjordan.com ; **43** Petit Train Dommois, l'île – 24250 Domme ; **45** Georgios Manakis © GeorgioStone ; **61 g.** © 2/Dieter Spannknebel/Ocean/Corbis ; **d.** © Rawpixel.com* ; **62** © aterrom* ; **63 m.** © thipjang** ; **b.** © mik38** ; **67** © Bankrx** ; **69** © Village de la mobilité : LEBIG, Direction de la Communication de Bordeaux Métropole ; **79 h.** © aufmerksam* ; **b.** © vvvita** ; **81** © Smileys* ; **84 g.** © UNO – 2015 Mattel. Tous droits réservés. Avec l'aimable autorisation de Mattel Brands Consumer Products ; **d.** © Daniel LEAL-OLIVAS/AFP ; **85 g.** © Pierre Gleizes/REA ; **d.** Lafarge ; **86** © Praisaeng** ; **87** © Ruslan Moore* ; **88** © Senia Effe** ; **96** © Dionisvera** ; **99** Brigitte Merke/Photononstop ; **103 g.** © KaliAntye** ; **d.** © ronstik** ; **104 h.** © Franck Chapolard* ; **b.** © Hamilton/REA ; **105** © jo Crebbin** ; **106** © Lucky Comics, 2016 ; **117** © A.FUJI/David Malin Images/Novapix ; **118** © Christos Georghiou* ; **119** *Vénus de Brassempouy :* © RMN-Grand Palais (musée d'Archéologie nationale)/Jean-Gilles Berizzi ; *La Naissance de Vénus* : © Archives Alinari, Florence, Dist. RMN-Grand Palais/Nicola Lorusso ; *Vénus de Milo :* © RMN-Grand Palais (musée du Louvre)/Hervé Lewandowski ; *Aphrodite sur son cygne* : © Interfoto/La Collection ; **120** *tablette babylonienne :* © DeAgostini/Leemage ; **123** © Anton Rogozin** ; **136** © BrentWong* ; © fabiomax* ; © jovannig* ; © fabiomax* ; © 135pixels* ; **137** © serg_dibrova* ; © bluehand** ; © polkadotz210* ; © Krysztof Odziomek** ; © serg_dibrova* ; © Stephan Kerkhofs** ; **139** © Eaum M** ; **140** © shoshmikov* ; **141** Courtesy of European Space Agency ; **152** © pandapaw* ; **153** © fokke baarssen**; **154** © robert* ; **155** © Odua Images** ; © Eric Isselee** ; **157 m.** © alexeisido** ; **b.** © pio3** ; **159 g.** © MZPHOTO.CZ**; **d.** © Sven Hoppe/dpa/AFP ; **160** © Alex* ; **161** © Google Maps ; **163** Bridgeman Images ; **172** © FineArtimages/Leemage – ADAGP, Paris, 2016 ; **183** © complize M.Martins* ; **184 h.** © Mark Nazh** ; **b.** © Trivial Pursuit ; **185 h.** © dio5050** ; **m.** © Texelart* ; **188 m.** © niroworl* ; **b.** © Uncleseam* ; **189 m.** © Sonia Sorbi**; **b.** © Guillaume Caroff ; **190 m.** © Monkey Business Images** ; **b.** © Zentilia* ; **192 g.** © havana1234*; **d.m.** © Tilio et Paolo* ; **d.b.** © djile* ; **193 m.** © FiledIMAGE**; **b.** © bouzou** ; **196 g.** © Coprid* ; **d.** © Regormark* ; **198** © BDRP ; **199** © Guillaume Caroff ; **200** © Eric Isselee** ; **201** M.C. Escher's "Day and night" © 2020 The M.C. Escher Company-The Netherlands. All rights reserved. www.mcescher.com ; **203** © Nickolae* ; **214** M.C. Escher's "Symmetry Drawing E45" © 2015 The M.C. Escher Company-The Netherlands. All rights reserved. www.mcescher.com ; **215** © J. Gillard T. Vincent ; **216** © Erik Tanghe** ; **218** © mario confente** ; **219** © makieni** ; **221** © Ana Gram** ; **235** © Vladimir Wrangel** ; **238** © Zentilia* ; **239** © Dabarti CGI** ; **241** © Google Earth ; **248** © Gelner Tivadar** ; **249** © Google Maps ; **253** © KuLouKu** ; **254 g.** © Google Maps ; **d.** © Photobac** ; **255** © RubinowaDama** ; **259** © Christian Mueller**; **279** © Alexey Kabanov** ; **288 g.** © pangcom** ; © Heike Brauer** ; © HeinzTeh ; © Volodymyr Krasyuk** ; © Jordi C** ; © Digital Assets** ; © mexrix** ; © Denis Gladkiy* ; **d.m.** Gert Vrey** ; © AnEduard** ; © Maksym Bondarchuk** **d.b.** © Alina Bratosin** ; © Kostsov** ; © Dariusz Jarzabek** ; © Véviga* ; © Vitaliy Tsyukaio** ; © piotr_pabijan** ; © ffolas** ; © staras** ; **294 h.** © Luisa Ricciarini/Leeamage/Succession Picasso 2016 ; **b.** © Gearstd** © Mockup Cake** ; © Petr Malyshev** ; **295 g.** © Natan86** ; © Sandra Matic** ; © Gilles Corona ; **d.** © magraphics* ; © Mike Fouque* ; **296** © ET1972*

*Fotolia.com/Adobestock.com ; **Shutterstock.com

© Scratch : p. 12 à 26, 39, 41, 43, 61, 62, 64, 81, 82, 83, 99, 100, 102, 117, 118, 121, 135, 137, 138, 157, 159, 177, 178, 180, 195, 196, 197, 199, 213, 214, 216, 233, 235, 237, 253, 254, 256, 273, 274, 276, 293, 294, 300, 301, 303, 305, 319.
Scratch est développé par le groupe Lifelong Kindergarten auprès du MT Media Lab. Voir https.//scratch.mit.edu

Nous tenons à remercier les nombreux enseignants qui, par leurs avis exprimés lors de tables rondes ou de rencontres avec nos délégués pédagogiques dans les différentes académies, nous ont aidés à élaborer cet ouvrage.

Les auteurs remercient Sandrine Pollet pour ses relectures attentives et perspicaces.

Édition : Nina Metais
Fabrication : Miren Zapirain
Mise en page : Grafatom (Catherine Bonnevialle)
Schémas : Grafatom (Franck Gouvart, Jordan Tronel)
Illustrations : Dafne Saporito
Couverture : Anne-Danielle Naname
Maquette intérieure : ADN (Anne-Danielle Naname, Juliette Lancien)
Recherche iconographique : Candice Renault

www.hachette-education.com
© Hachette-Livre 2020, 58 rue Jean Bleuzen, 92178 Vanves

ISBN 978-2-01-702542-9
ISBN à utiliser pour toute commande de l'ouvrage.

PAPIER À BASE DE FIBRES CERTIFIÉES

hachette s'engage pour l'environnement en réduisant l'empreinte carbone de ses livres. Celle de cet exemplaire est de : 2000 g éq. CO_2
Rendez-vous sur www.hachette-durable.fr

Tous droit de traduction, de reproduction et d'adaptation réservés pour tous pays.
Le Code de la propriété intellectuelle n'autorisant, aux termes des articles L.122-4 et L.122-5, d'une part, que les « copies ou reproductions strictement réservées à l'usage privé du copiste et non destinées à une utilisations collective » et, d'autre part, que « les analyses et les courtes citations » dans un but d'exemple et d'illustration, « toute représentation ou reproduction intégrale ou partielle, faite sans le consentement de l'auteur ou de ses ayants droit ou ayants cause, est illicite ».
Cette représentation ou reproduction, par quelque procédé que ce soit, sans autorisation de l'éditeur ou du Centre français de droit de copie (20, rue des Grands-Augustins – 75006 Paris), constituerait donc une contrefaçon sanctionnée par l'article L335-2 du Code de la propriété intellectuelle.

Présentation du manuel

QUESTIONS FLASH
Pour **réactiver** les **prérequis à l'oral**

Activités
Pour **découvrir** les notions

Cours
Pour **s'approprier** les notions

Savoir-faire
Pour **travailler en autonomie** avec des **exercices résolus** et **corrigés**

4 pages d'**Exercices**
Pour **acquérir** les savoir-faire et un MODE EXPERT pour aller plus loin

Faire le point
Pour **s'auto-évaluer** et **synthétiser** le chapitre en autonomie
QCM — Carte mentale

Algorithmique et outils numériques
Pour travailler sur Scratch, sur tableur, sur un logiciel de géométrie dynamique

4 pages de **Problèmes**
de difficulté graduée agrémentés de DÉFIS & ÉNIGMES ludiques

Une MISSION DÉMONSTRATION pour s'entrainer pas à pas à la **démonstration** mathématique

Travailler autrement
À chacun son parcours !

Les pictos du manuel

CALCUL MENTAL	Travail en calcul mental
	Travail avec calculatrice
	Travail sans calculatrice
	Travail avec un logiciel
	Travail en débranché
	Ressource téléchargeable
	Travail en groupe
Prise d'initiative	Problème qui demande une prise d'initiative
Questions flash supplémentaires	Diaporama de questions flash supplémentaires
Version interactive du QCM	QCM en version interactive
	Problème en anglais
ceinture **jaune**, ceinture **verte**, ceinture **noire**	Les trois niveaux de difficulté de problèmes
	Éducation au développement durable

Sommaire

Organisation et gestion de données, fonctions

Espace et géométrie

Objectifs des activités

Nombres et calculs

1 Nombres entiers

Activité 1 Remobiliser les critères de divisibilité
Activité 2 Utiliser les notions de multiple et de diviseur
Activité 3 Découvrir et définir un nombre premier
Activité 4 Découvrir la décomposition en produit de facteurs premiers

2 Calcul numérique et littéral

Activité 1 Faire le point sur les priorités opératoires
Activité 2 Écrire et utiliser une expression littérale
Activité 3 Tester une égalité
Activité 4 Démontrer avec des expressions littérales

3 Fractions : définition

Activité 1 Définir une fraction comme un nombre
Activité 2 Reconnaitre des fractions égales et simplifier une fraction
Activité 3 Diviser par un nombre décimal
Activité 4 Faire le lien entre proportion et pourcentage

4 Fractions : opérations

Activité 1 Additionner et soustraire des fractions
Activité 2 Multiplier un entier par une fraction
Activité 3 Établir les règles de comparaison de fractions
Activité 4 Comparer une fraction à l'unité

5 Nombres relatifs : définition

Activité 1 Découvrir les nombres négatifs
Activité 2 Découvrir le repérage sur une droite graduée
Activité 3 Découvrir la règle de comparaison des nombres relatifs
Activité 4 Découvrir le repérage dans le plan

6 Nombres relatifs : opérations

Activité 1 Se repérer sur une droite graduée, remobiliser la notion de nombre relatif
Activité 2 Découvrir la somme de deux nombres relatifs et la notion de nombres opposés
Activité 3 Découvrir la différence de deux nombres relatifs
Activité 4 Définir la distance entre deux nombres relatifs

Organisation et gestion de données, fonctions

7 Grandeurs et proportionnalité

Activité 1 Reconnaitre une situation de proportionnalité
Activité 2 Calculer une quatrième proportionnelle de différentes façons
Activité 3 Calculer des réductions exprimées en pourcentages
Activité 4 Découvrir la notion de ratio

8 Statistiques

Activité 1 Regrouper des données dans un tableau, calculer des effectifs et des fréquences
Activité 2 Représenter graphiquement des données par des diagrammes
Activité 3 Calculer et interpréter une moyenne simple
Activité 4 Calculer une moyenne pondérée

9 Probabilités

Activité 1 Remettre en cause l'idée qu'au bout de *n* répétitions de la même expérience à *n* issues, chacune des *n* issues est obtenue
Activité 2 Remettre en cause l'idée que les dés ont de la « mémoire »
Activité 3 Découvrir la notion d'expérience aléatoire
Activité 4 Remettre en cause l'idée que toutes les issues d'une expérience aléatoire sont équiprobables
Activité 5 Appréhender la notion de probabilité de façon qualitative
Activité 6 Exprimer la probabilité d'un évènement avec un vocabulaire courant

Espace et géométrie

10 Construction et transformation de figures

Activité 1 Réinvestir la notion de symétrique d'une droite par rapport à une droite
Activité 2 Approcher de façon intuitive la symétrie centrale et la distinguer de la symétrie axiale
Activité 3 Situer le centre de symétrie dans une figure obtenue à l'aide de la symétrie centrale
Activité 4 Découvrir le centre de symétrie d'une figure
Activité 5 Introduire la conservation des aires par la symétrie centrale

11 Angles

Activité 1 Découvrir les angles alternes-internes et correspondants
Activité 2 Découvrir et démontrer la propriété des angles alternes-internes formés par deux droites parallèles
Découvrir la propriété pour les angles correspondants
Activité 3 Découvrir les angles opposés par le sommet
Activité 4 Découvrir la somme des mesures des angles d'un triangle

12 Triangles et cercles

Activité 1 Construire des triangles connaissant certaines mesures
Découvrir l'inégalité triangulaire
Activité 2 Découvrir les hauteurs et les médiatrices d'un triangle
Activité 3 Découvrir les propriétés sur les angles d'un triangle isocèle

13 Parallélogrammes

Activité 1 Réinvestir la définition du parallélogramme
Activité 2 Découvrir les propriétés du parallélogramme
Activité 3 Découvrir la propriété sur le milieu des diagonales d'un parallélogramme
Activité 4 Comprendre que les rectangles, losanges et carrés sont des parallélogrammes particuliers
Activité 5 Calculer l'aire d'un parallélogramme

14 Solides de l'espace

Activité 1 Reconnaitre les solides de base, revoir la perspective cavalière
Activité 2 Connaitre et représenter le pavé droit
Activité 3 Connaitre et représenter le cylindre de révolution

Repères annuels de progression de 5^e

Nombres et calculs

Nombres décimaux et relatifs

Le travail mené au cycle 3 sur l'enchainement des opérations, les comparaisons et le repérage sur une droite graduée de nombres décimaux positifs est poursuivi. Les nombres relatifs (d'abord entiers, puis décimaux) sont construits pour rendre possibles toutes les soustractions. La notion d'opposé est introduite, l'addition et la soustraction sont étendues aux nombres décimaux (positifs ou négatifs). Il est possible de mettre en évidence que soustraire un nombre revient à additionner son opposé, en s'appuyant sur des exemples à valeur générique du type : $3{,}1 - (-2) = 3{,}1 + 0 - (-2) = 3{,}1 + 2 + (-2) - (-2)$, donc $3{,}1 - (-2) = 3{,}1 + 2 + 0 = 3{,}1 + 2 = 5{,}1$

Fractions, nombres rationnels

La conception d'une fraction en tant que nombre, déjà abordée en sixième, est consolidée. Les élèves sont amenés à reconnaître et à produire des fractions égales (sans privilégier de méthode en particulier), à comparer, additionner et soustraire des fractions dont les dénominateurs sont égaux ou multiples l'un de l'autre.

Au moins une des propriétés suivantes est démontrée, à partir de la définition d'un quotient :

- $\frac{ab}{ac} = \frac{b}{c}$
- $a\frac{b}{c} = \frac{ab}{c}$
- $\frac{a}{c} + \frac{b}{c} = \frac{a+b}{c}$
- $\frac{a}{c} - \frac{b}{c} = \frac{a-b}{c}$

Il est possible, à ce niveau, de se limiter à des exemples à valeur générique. Cependant, le professeur veille à spécifier que la vérification d'une propriété, même sur plusieurs exemples, n'en constitue pas une démonstration.

Exemple de calcul fractionnaire permettant de démontrer que $\frac{2}{3} = \frac{10}{15}$:

On commence par calculer : $\frac{2}{3} \times 15$:

$$\frac{2}{3} \times 15 = \frac{2}{3} \times 3 \times 5$$

La définition du quotient permet de simplifier par 3, puisque $\frac{2}{3}$ est le nombre qui, multiplié par 3, donne 2.

Donc $\frac{2}{3} \times 15 = 2 \times 5 = 10$.

Par définition du quotient, il vient donc $\frac{2}{3} = \frac{10}{15}$ puisque $\frac{2}{3}$ multiplié par 15 donne 10.

Divisibilité, nombres premiers

Tout au long du cycle, les élèves sont amenés à modéliser et résoudre des problèmes mettant en jeu la divisibilité et les nombres premiers.

Le travail sur les multiples et les diviseurs, déjà abordé au cycle 3, est poursuivi. Il est enrichi par l'introduction de la notion de nombre premier. Les élèves se familiarisent avec la liste des nombres premiers inférieurs ou égaux à 30. Ceux-ci sont utilisés pour la décomposition en produit de facteurs premiers. Cette décomposition est utilisée pour reconnaître et produire des fractions égales.

Calcul littéral

Expressions littérales

Les expressions littérales sont introduites à travers des formules mettant en jeu des grandeurs ou traduisant des programmes de calcul. L'usage de la lettre permet d'exprimer un résultat général (par exemple qu'un entier naturel est pair ou impair) ou de démontrer une propriété générale (par exemple que la somme de trois entiers consécutifs est un multiple de 3). Les notations du calcul littéral (par exemple $2a$ pour $a \times 2$ ou $2 \times a$, ab pour $a \times b$) sont progressivement utilisées, en lien avec les propriétés de la multiplication.

Les élèves substituent une valeur numérique à une lettre pour calculer la valeur d'une expression littérale.

Distributivité

Tôt dans l'année, sans attendre la maîtrise des opérations sur des nombres relatifs, la propriété de distributivité simple est utilisée pour réduire une expression littérale de la forme $ax + bx$, où a et b sont des nombres décimaux.

Le lien est fait avec des procédures de calcul numérique déjà rencontrées au cycle 3 (calculs du type 12×50 ; 37×99 ; $3 \times 23 + 7 \times 23$).

Équations

Les élèves sont amenés à tester si une égalité où figure une lettre est vraie lorsqu'on lui attribue une valeur numérique.

Les élèves testent des égalités par essais erreurs, à la main ou à l'aide d'une calculatrice ou d'un tableur, des valeurs numériques dans des expressions littérales, ce qui constitue une première approche de la notion de solution d'une équation, sans formalisation à ce stade.

Organisation et gestion de données, fonctions

Statistiques

Le traitement de données statistiques se prête à des calculs d'effectifs, de fréquences et de moyennes. Selon les situations, la représentation de données statistiques sous forme de tableaux, de diagrammes ou de graphiques est réalisée à la main ou à l'aide d'un tableur-grapheur. Les calculs et les représentations donnent lieu à des interprétations.

Probabilités

Les élèves appréhendent le hasard à travers des expériences concrètes : pile ou face, dé, roue de loterie, urne...

Le vocabulaire relatif aux probabilités (expérience aléatoire, issue, événement, probabilité) est utilisé. Le placement d'un événement sur une échelle de probabilités et la détermination de probabilités dans des situations très simples d'équiprobabilité contribuent à une familiarisation avec la modélisation mathématique du hasard.

Pour exprimer une probabilité, on accepte des formulations du type « 2 chances sur 5 ».

Les élèves sont confrontés à des situations relevant ou non de la proportionnalité. Des procédures variées (linéarité, passage par l'unité, coefficient de proportionnalité), déjà étudiées au cycle 3, permettent de résoudre des problèmes relevant de la proportionnalité.

Fonctions

La dépendance de deux grandeurs est traduite par un tableau de valeurs ou une formule.

Grandeurs et mesures

Calculs sur des grandeurs mesurables

La connaissance des formules donnant les aires du rectangle, du triangle et du disque, ainsi que le volume du pavé droit est entretenue à travers la résolution de problèmes. Elle est enrichie par celles de l'aire du parallélogramme, du volume du prisme et du cylindre. La correspondance entre unités de volume et de contenance est faite. Les calculs portent aussi sur des durées et des horaires, en prenant appui sur des contextes issus d'autres disciplines ou de la vie quotidienne.

Les élèves sont sensibilisés au contrôle de la cohérence des résultats du point de vue des unités.

Effet des transformations sur des grandeurs géométriques

Les élèves connaissent et utilisent l'effet des symétries axiale et centrale sur les longueurs, les aires, les angles.

Espace et géométrie

Représenter l'espace

Le repérage se fait sur une droite graduée ou dans le plan muni d'un repère orthogonal.

Dans la continuité de ce qui a été travaillé au cycle 3, la reconnaissance de solides (pavé droit, cube, cylindre, pyramide, cône, boule) s'effectue à partir d'un objet réel, d'une image, d'une représentation en perspective cavalière ou sur un logiciel de géométrie dynamique.

Les élèves construisent et mettent en relation une représentation en perspective cavalière et un patron d'un pavé droit ou d'un cylindre.

Géométrie plane

Figures et configurations

La caractérisation angulaire du parallélisme (angles alternes-internes et angles correspondants) est énoncée. La valeur de la somme des angles d'un triangle peut être démontrée et est utilisée. L'inégalité triangulaire est énoncée. Le lien est fait entre l'inégalité triangulaire et la construction d'un triangle à partir de la donnée de trois longueurs. Des constructions de triangles à partir de la mesure d'une longueur et de deux angles ou d'un angle et de deux longueurs sont proposées.

Le parallélogramme est défini à partir de l'une de ses propriétés : parallélisme des couples de côtés opposés ou intersection des diagonales. L'autre propriété est démontrée et devient une propriété caractéristique. Il est alors montré que les côtés opposés d'un parallélogramme sont deux à deux de même longueur grâce aux propriétés de la symétrie.

Les propriétés relatives aux côtés et aux diagonales d'un parallélogramme sont mises en œuvre pour effectuer des constructions et mener des raisonnements.

Les élèves consolident le travail sur les codages de figures : interprétation d'une figure codée ou réalisation d'un codage.

Les élèves découvrent de nouvelles droites remarquables du triangle : les hauteurs. Ils poursuivent le travail engagé au cycle 3 sur la médiatrice dans le cadre de résolution de problèmes. Ils peuvent par exemple être amenés à démontrer que les médiatrices d'un triangle sont concourantes.

Transformations

Les élèves transforment (à la main ou à l'aide d'un logiciel) une figure par symétrie centrale. Cela permet de découvrir les propriétés de la symétrie centrale (conservation de l'alignement, du parallélisme, des longueurs, des angles) qui sont ensuite admises et utilisées. Le lien est fait entre la symétrie centrale et le parallélogramme. Les élèves identifient des symétries axiales ou centrales dans des frises, des pavages, des rosaces.

Algorithmique et programmation

Écrire, mettre au point, exécuter un programme

Les repères qui suivent indiquent une progressivité dans le **niveau de complexité des activités** relevant de ce thème. Certains élèves sont capables de réaliser des activités de troisième niveau dès le début du cycle.

1er niveau

À un premier niveau, les élèves mettent en ordre et/ou complètent des blocs Scratch fournis par le professeur pour construire un programme simple. L'utilisation progressive des instructions conditionnelles et/ou de la boucle « répéter ... fois ») permet d'écrire des scripts de déplacement, de construction géométrique ou de programme de calcul.

2e niveau

À un deuxième niveau, les connaissances et les compétences en algorithmique et en programmation s'élargissent par :

- l'écriture d'une séquence d'instructions (condition « si ... alors » et boucle « répéter ... fois ») ;
- l'écriture de programmes déclenchés par des événements extérieurs ;
- l'intégration d'une variable dans un programme de déplacement, de construction géométrique, de calcul ou de simulation d'une expérience aléatoire.

3e niveau

À un troisième niveau, l'utilisation simultanée de boucles « répéter ... fois », et « répéter jusqu'à ... » et d'instructions conditionnelles permet de réaliser des figures, des calculs et des déplacements plus complexes. L'écriture de plusieurs scripts fonctionnant en parallèle permet de gérer les interactions et de créer des jeux.

La décomposition d'un problème en sous-problèmes et la traduction d'un sous-problème par la création d'un bloc-utilisateur contribuent au développement des compétences visées.

TA MISSION

Comprendre et créer des programmes informatiques.

Algorithmique et programmation

JEU

En arrivant sur Pluton, Castor a trouvé un robot que l'on peut diriger en sifflant. Lorsque Castor a sifflé les notes « **Mi, Mi, La, La, Si** », le robot s'est déplacé depuis la case de Castor jusqu'à sa place actuelle sur la carte. Castor veut maintenant que le robot continue son chemin jusqu'à l'étrange palais doré.

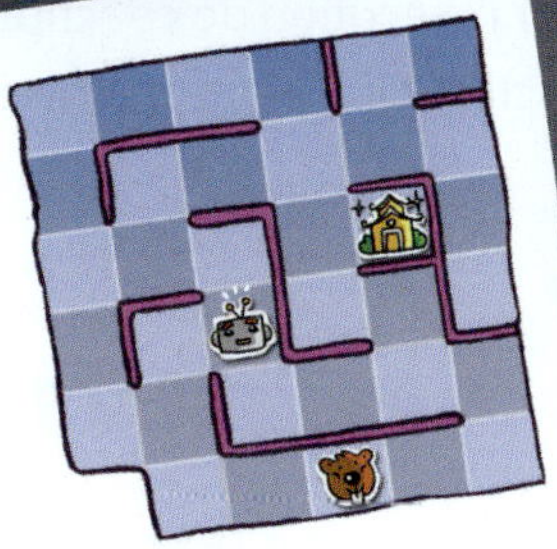

- Placer ci-dessous les notes que Castor doit siffler.

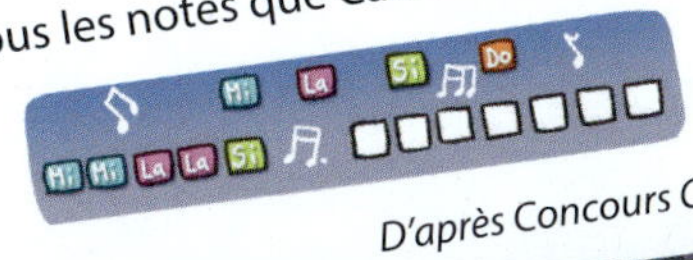

D'après Concours Castor Informatique.

Activité 1 Premiers pas

→ Objectifs : Écrire et interpréter un script simple. Déplacer le lutin sur la scène.

1. a. Reproduire le script ci-dessous.

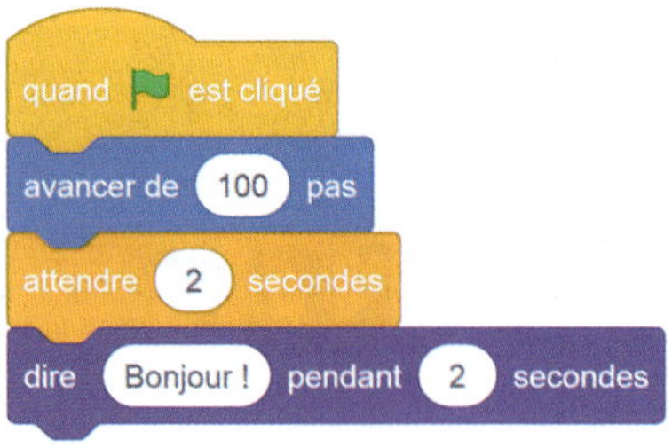

Pour réaliser un script, on déplace et on emboite les briques avec la souris.

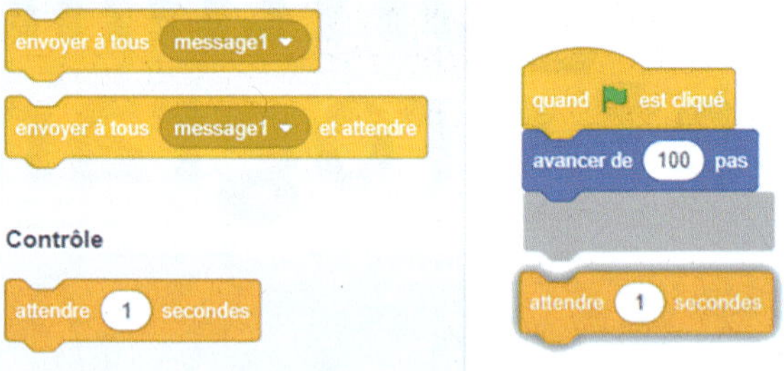

b. Cliquer sur le drapeau vert pour exécuter ce script et décrire les actions réalisées successivement par le lutin.

c. Le script ci-contre aurait-il eu le même effet sur le lutin ? Détailler la réponse.

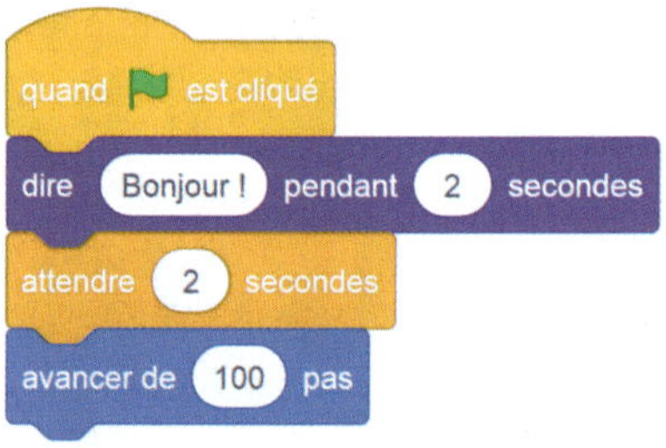

2. a. Exécuter à nouveau le script plusieurs fois successivement. Que finit-il par se passer ?

b. Ajouter la commande ci-contre à la fin du script et exécuter le script. Quel est l'effet de cette commande sur le lutin ?

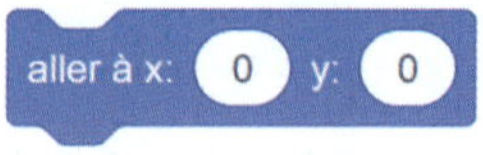

3. a. Reproduire le script ci-contre. Comment peut-on déclencher l'exécution de ce script ?

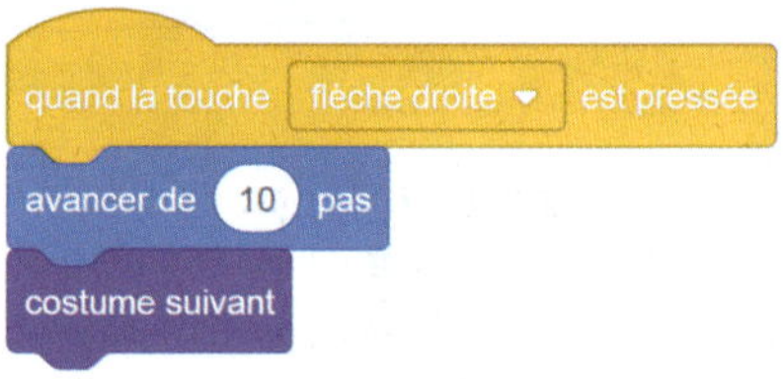

b. Exécuter plusieurs fois ce script. Que peut-on observer ?

Les costumes sont les différents aspects d'un lutin. On peut les voir dans l'onglet des costumes.

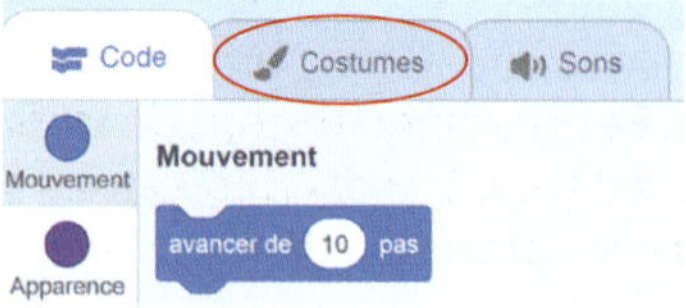

c. Modifier le script comme ci-contre puis l'exécuter.

L'instruction 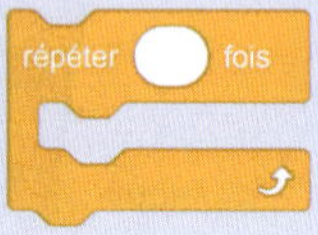

se trouve dans la catégorie 

.

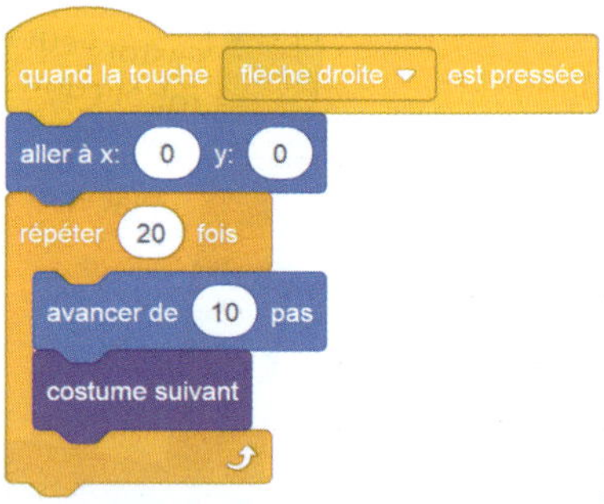

De combien de pas le lutin a-t-il avancé en tout ?

d. Modifier le script pour que le lutin avance en tout de 150 pas.

MODE EXPERT

1. Modifier le script précédent pour que le lutin :
a. démarre sur le bord gauche de la scène ;
b. traverse la scène en marchant sur toute sa largeur ;
c. se repositionne à son point de départ.

2. Modifier le script pour que le lutin :
a. traverse la scène en marchant sur toute sa largeur vers la droite ;
b. revienne en marchant à son point de départ.

3. Modifier le script pour que le lutin avance deux fois plus vite au retour qu'à l'aller.

EN DÉBRANCHÉ

On a commencé à écrire les trois scripts ci-dessous.

Script 1

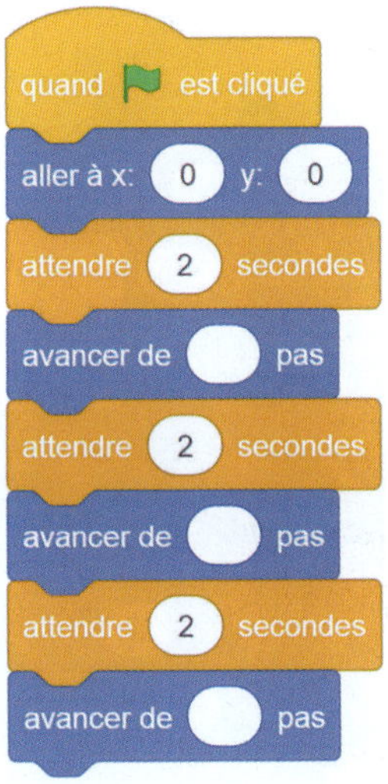

Script 2

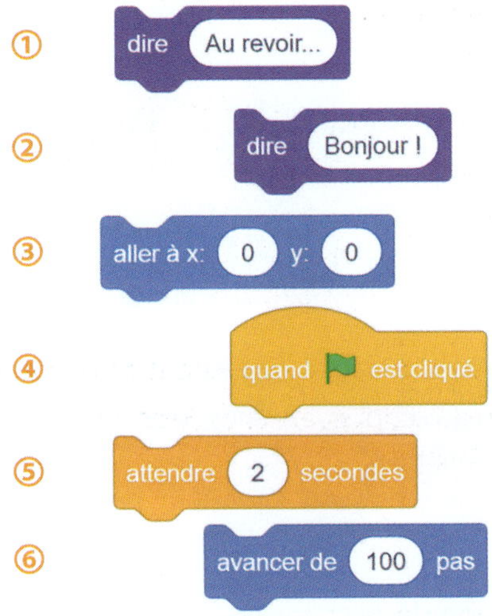

Script 3

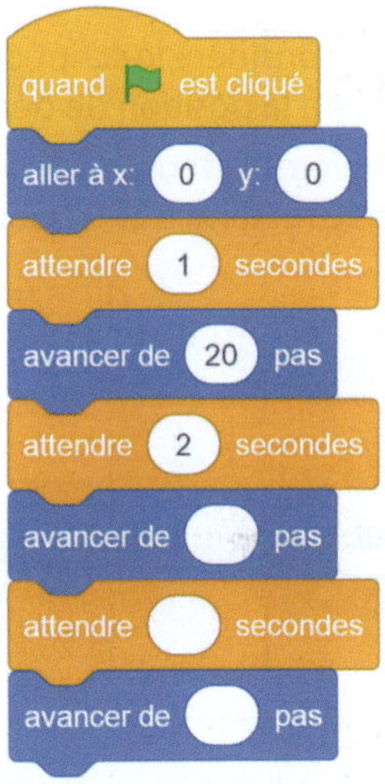

1. Compléter le script 1 de façon à ce que le lutin avance à chaque étape d'un même nombre de pas, et qu'il avance en tout de 180 pas.

2. Les briques du script 2 ont été mélangées. Reconstituer le script de façon à ce que le lutin dise « Bonjour ! », se place au centre de la scène, attende 2 secondes, avance de 100 pas, attende à nouveau 2 secondes, dise « Au revoir… » puis retourne au centre de la scène (une même brique peut servir plusieurs fois).

3. Compléter le script 3 de façon à ce que le lutin attende en tout 6 secondes, et qu'à chacune des trois étapes, son temps de pause soit proportionnel à son nombre de pas.

Activité 2 Scratchy dessine

→ Objectifs : Déplacer le lutin sur la scène et tracer des figures géométriques.

1. a. Choisir l'arrière-plan *Xy-grid* et reproduire le script ci-contre.
Que se passe-t-il quand on exécute ce script ?

b. Modifier ce script pour que le lutin avance de 100 pas vers le bas.

c. Quelles sont les coordonnées du lutin à l'issue de ce déplacement ?

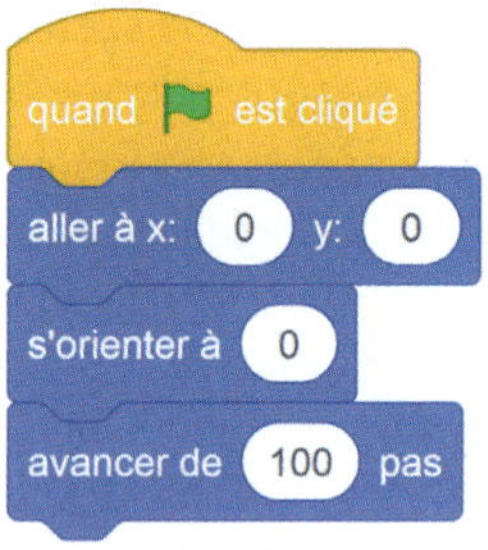

2. a. On souhaite à présent que lutin trace un trait lors de son déplacement.

b. Activer la catégorie « Stylo » (cliquer sur [icône] puis sur « Stylo »).

c. Ajouter au script précédent les commandes nécessaires pour que le lutin trace un trait lors de son déplacement.

Pour effacer les tracés précédents, tu peux utiliser la commande 

.

3. a. On considère le script ci-contre.
Quelle sera la position de départ du lutin ?

b. Compléter et terminer le script ci-contre de façon à tracer le rectangle ci-dessous.

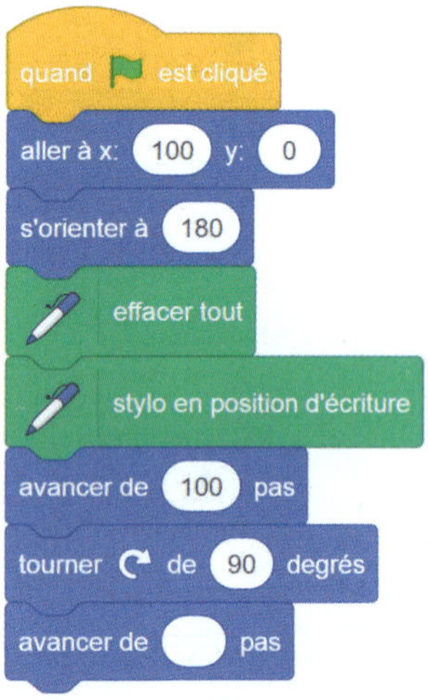

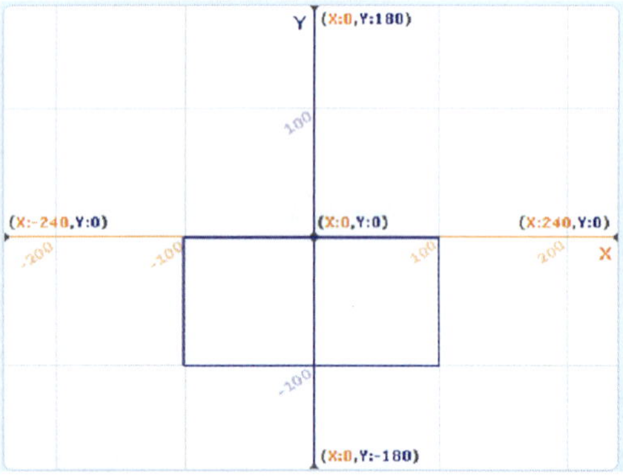

c. Modifier ce script de façon à tracer un triangle équilatéral.

d. Modifier ce script de façon à tracer la figure ci-dessous, composée d'un rectangle et d'un triangle équilatéral.

Fais un schéma au brouillon pour trouver de quel angle doit tourner le lutin après avoir tracé le premier côté.

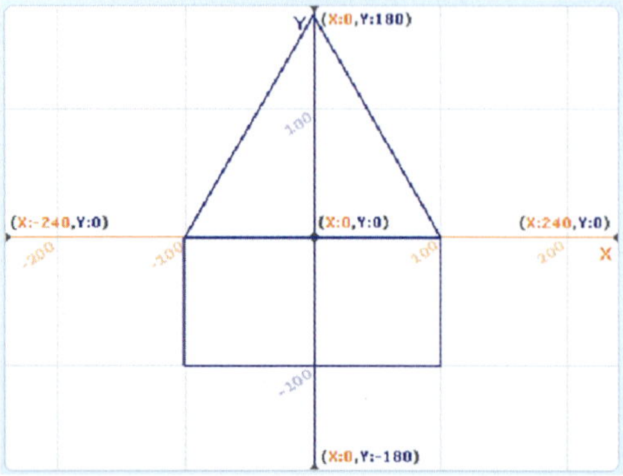

MODE EXPERT

Créer un programme pour réaliser chacune des figures suivantes.

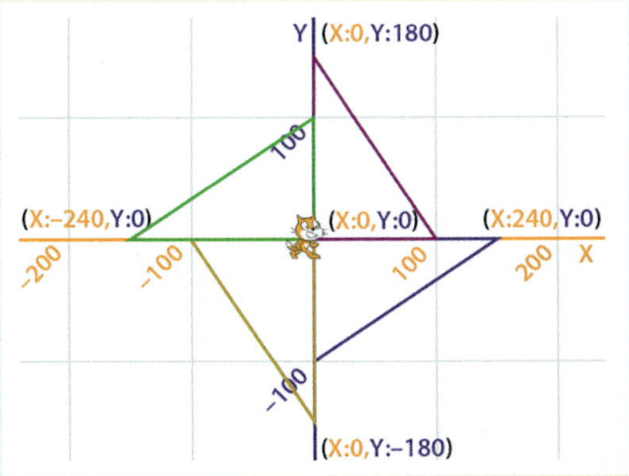

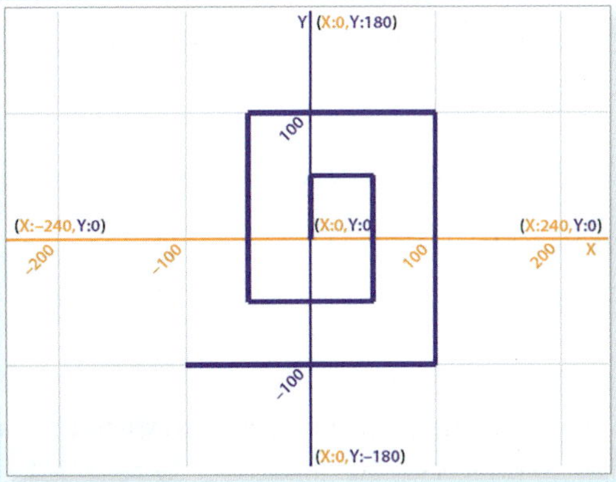

EN DÉBRANCHÉ

1. Parmi les trois scripts proposés, lequel permet d'obtenir la figure ci-contre ? ☐

Script 1

```
quand [drapeau] est cliqué
stylo en position d'écriture
s'orienter à (0)
avancer de (100) pas
tourner ↻ de (90) degrés
avancer de (50) pas
tourner ↻ de (90) degrés
avancer de (100) pas
```

Script 2

```
quand [drapeau] est cliqué
stylo en position d'écriture
s'orienter à (90)
avancer de (100) pas
tourner ↻ de (90) degrés
avancer de (50) pas
tourner ↺ de (90) degrés
avancer de (100) pas
```

Script 3

```
quand [drapeau] est cliqué
stylo en position d'écriture
s'orienter à (90)
avancer de (100) pas
tourner ↻ de (90) degrés
avancer de (50) pas
tourner ↻ de (90) degrés
avancer de (100) pas
```

2. Tracer les figures obtenues avec les deux autres scripts.

Activité 3 Répétition générale

→ Objectif : Comprendre la notion de boucle et l'utiliser pour tracer des figures géométriques.

1. Choisir l'arrière-plan *Xy-grid-20px* et le lutin *Ladybug1* à l'aide des boutons et .

2. Compléter le script ci-contre pour tracer le motif 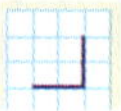 sachant que les côtés des carrés du quadrillage mesurent 20 pas.

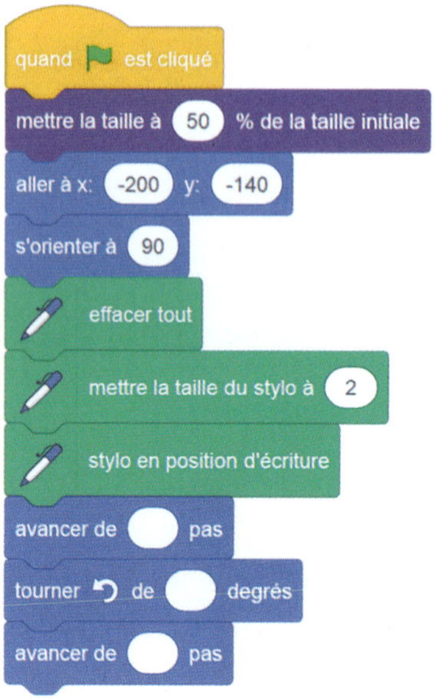

3. Modifier ce script pour tracer l'escalier ci-dessous en utilisant la commande suivante.

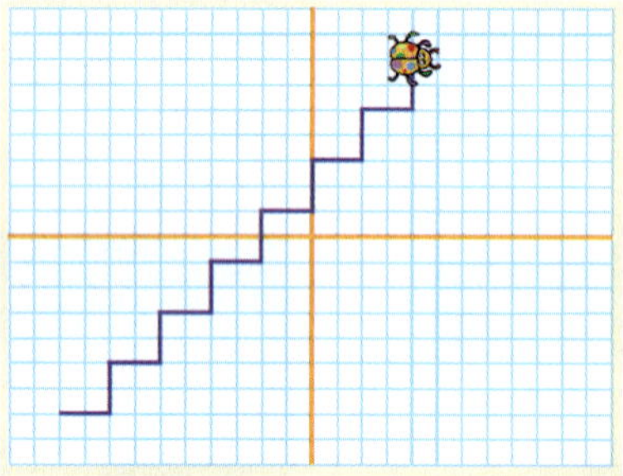

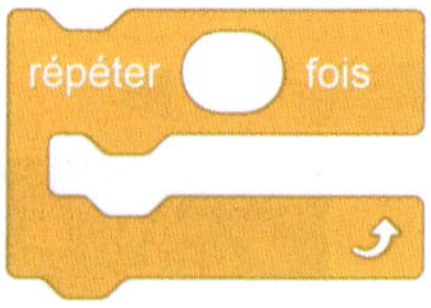

Cette commande permet de répéter plusieurs fois les commandes qui sont à l'intérieur.

4. a. Modifier le script précédent pour tracer l'escalier ci-dessous.

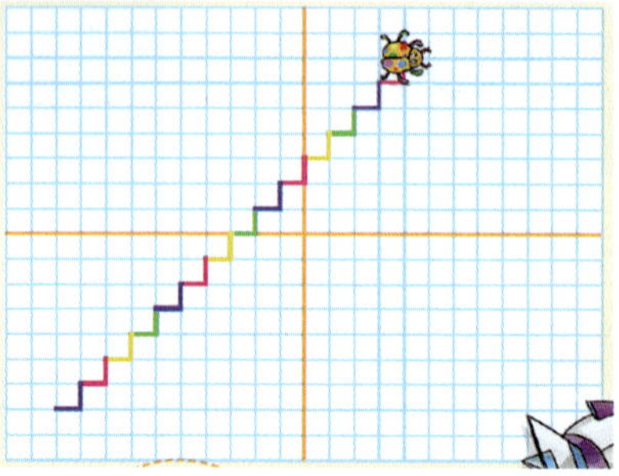

Dans Scratch, chaque couleur est associée à un nombre. On peut donc changer une couleur en lui « ajoutant » une valeur.

b. Modifier le script précédent pour que la couleur change à chaque segment tracé.

c. Modifier le script précédent pour que la couleur du premier segment tracé soit rouge.

MODE EXPERT

1. Créer un programme qui permet de réaliser la figure ci-contre.

2. Compléter le script précédent pour tracer en rouge les axes de symétries de cette figure.

3. Cette figure admet-elle un centre de symétrie ? Si oui, en préciser les coordonnées.

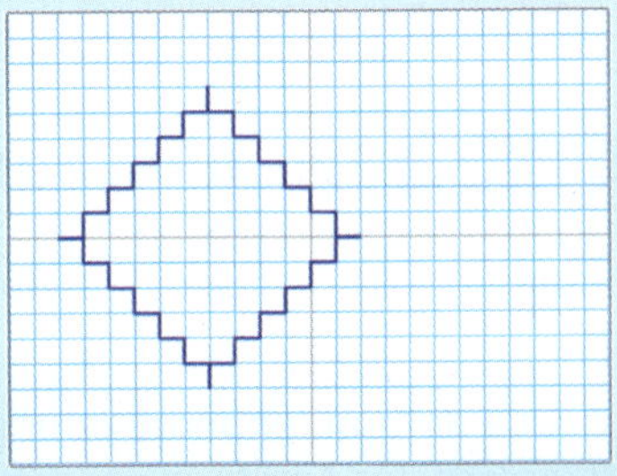

EN DÉBRANCHÉ

1. a. Associer à chaque script la figure qu'il permet de tracer.

Script 1

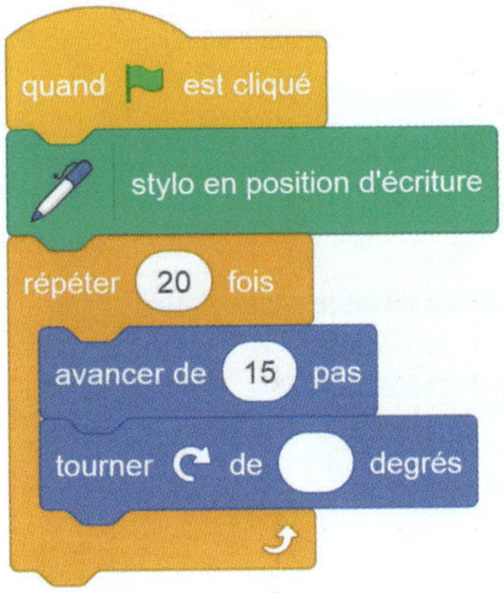

Script 2

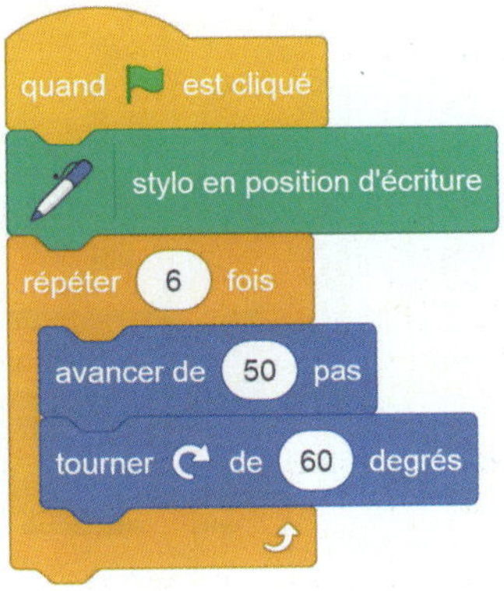

Script 3

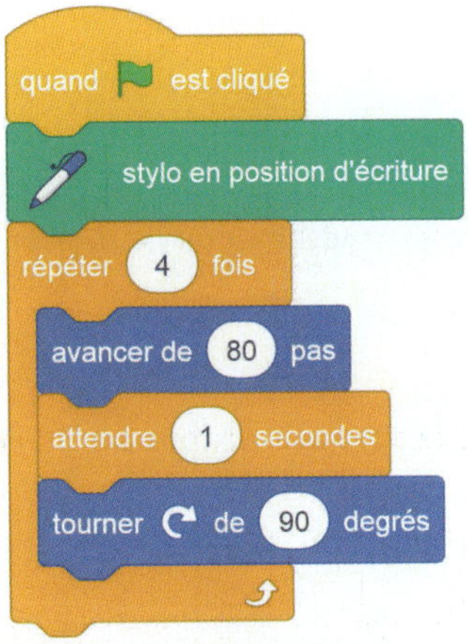

Figure A

Figure B

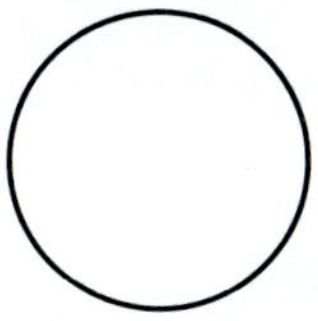

Figure C

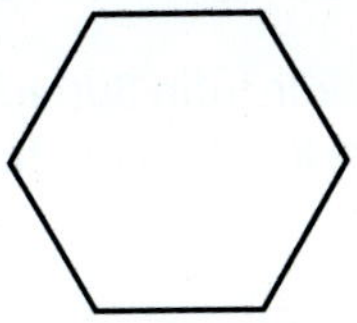

b. Compléter la valeur manquante dans le script 1.

Comment a-t-on calculé cette valeur dans les deux autres scripts ?

c. Pour le script 3, combien de temps faut-il attendre pour que la figure soit complètement tracée ? Justifier la réponse.

2. À l'aide des commandes ci-dessous, reconstituer un script qui permet au lutin d'avancer dix fois de trente pas vers la droite en changeant de costume à chaque fois, en partant du point de coordonnées x = – 180 et y = 0.

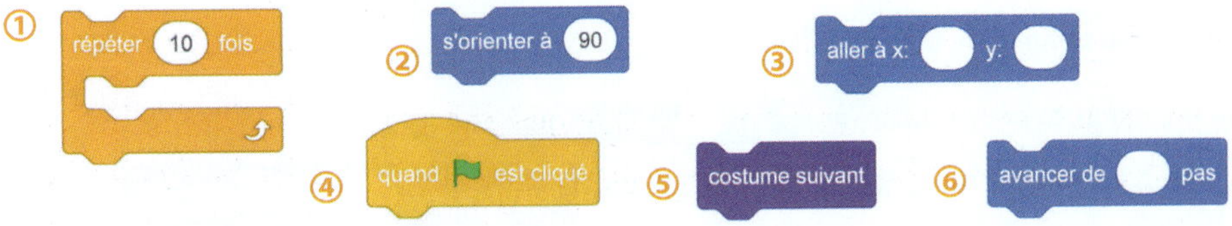

Activité 4 Avec des si…

➔ Objectif : Comprendre la notion d'instruction conditionnelle.

Partie A Les diviseurs de 12

1. Reproduire ou ouvrir le script ci-contre.

2. Que doit-on répondre pour gagner ? Dans le script, remplacer les pointillés par cette valeur.

3. Tester ce script en l'exécutant plusieurs fois et en entrant différentes réponses à chaque fois.

4. Ajouter à la fin du script les commandes nécessaires pour que lutin demande ensuite le nombre de diviseurs de 18 et indique à nouveau à l'utilisateur s'il a gagné ou perdu.

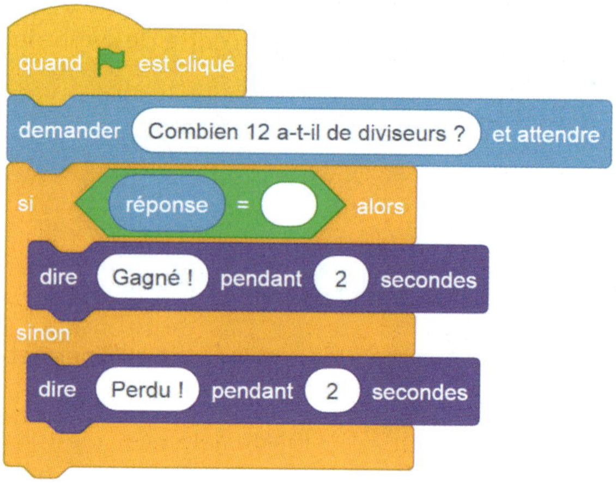

Pour gagner du temps, tu peux recopier des commandes avec un clic droit puis « dupliquer ».

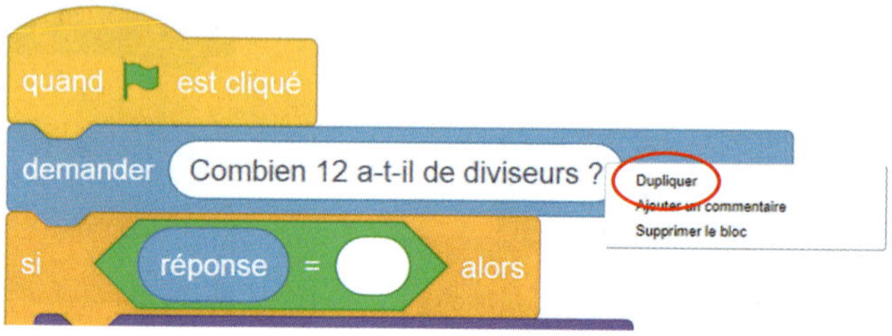

Partie B L'effet papillon

1. Choisir le lutin *Butterfly1*, choisir l'arrière-plan *Light* et reproduire le script ci-contre (ou ouvrir le fichier correspondant).

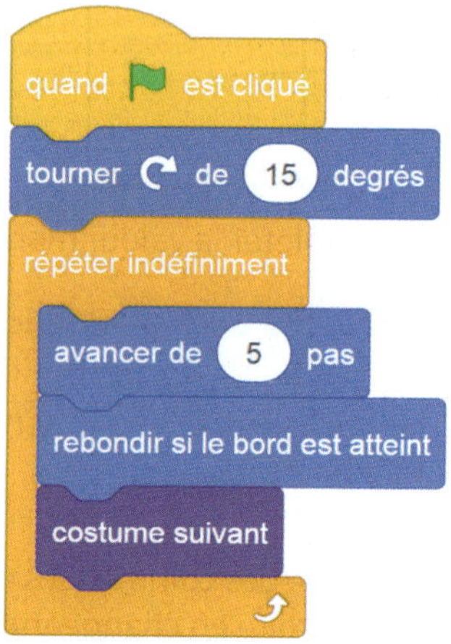

2. Quel est le rôle de la commande [répéter indéfiniment] ?

3. Quel est le rôle de la commande [costume suivant] ?

4. Modifier le script pour qu'il créée un « effet loupe », c'est-à-dire qu'il change la taille de *Butterfly1* de la façon suivante :

- si *Butterfly1* est en dehors du disque blanc, alors il est de petite taille ;
- si *Butterfly1* est dans le disque blanc, il est de grande taille.

Tu peux trouver une commande utile dans la catégorie [Capteurs].

Pour choisir la couleur, tu peux cliquer sur [couleur ( ) touchée ?] puis sur [pipette].

Pour changer la taille du lutin, tu peux utiliser la commande [mettre la taille à ( ) % de la taille initiale].

MODE EXPERT

1. Améliorer l'effet loupe en créant un contour noir autour du disque blanc. Lorsque le papillon touche le contour noir, il se cache et réapparait dès qu'il ne le touche plus.

2. Choisir un deuxième lutin qui vole également. Lorsque le papillon et ce deuxième lutin se touchent, ils disent « Aïe ! » et s'éloignent l'un de l'autre.

Dans l'onglet Arrière-plans, tu peux dessiner un cercle avec l'outil ○ et régler la taille de son Contour.

EN DÉBRANCHÉ

1. Voici un script et l'emplacement du lutin *Beetle* sur la scène.

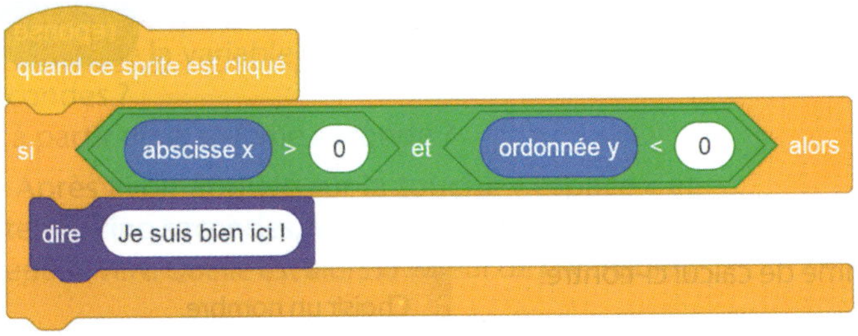

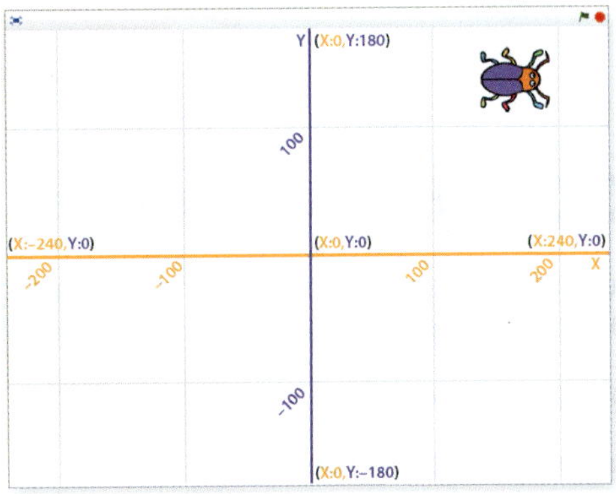

a. Si l'utilisateur clique sur le lutin *Beetle* situé à l'emplacement donné par l'image ci-contre, celui-ci dira-t-il « Je suis bien ici ! » ? Pourquoi ?

b. Comment peut-on modifier ce script pour que *Beetle* dise « Je suis bien ici ! » alors qu'il est situé à l'emplacement donné par l'image ?

2. Sofiane souhaite réaliser un script permettant au chat de dire « J'ai chaud ! » lorsqu'il touche du rouge et « J'ai froid ! » lorsqu'il touche du bleu. Voici son script et ce qu'il obtient sur la scène.

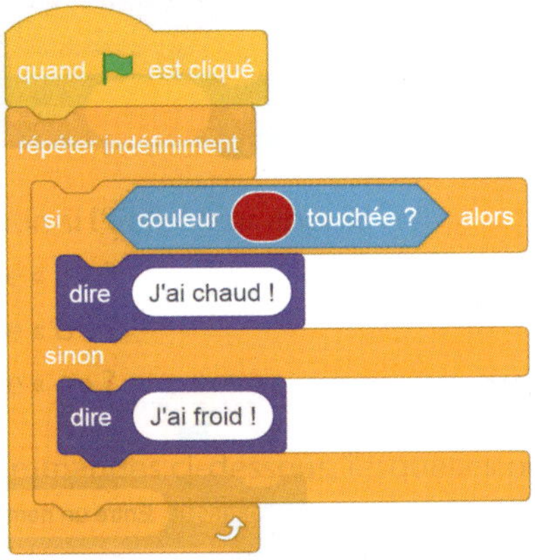

Le script de Sofiane donne-t-il le résultat attendu ? Expliquer pourquoi le lutin dit « J'ai froid ! » sur la scène ci-dessus.

Activité 6 Méli-mélo

→ Objectif : Mobiliser les notions de boucle, de variable et d'instruction conditionnelle pour résoudre un problème.

Partie A Jeu de dés

Bonnie joue aux dés : elle lance deux dés à 6 faces. Quand elle fait un double (c'est-à-dire quand les deux dés donnent le même numéro), elle gagne ; sinon, elle perd.
À l'aide des commandes ci-contre, reconstituer un script qui permet de simuler le jeu de Bonnie.

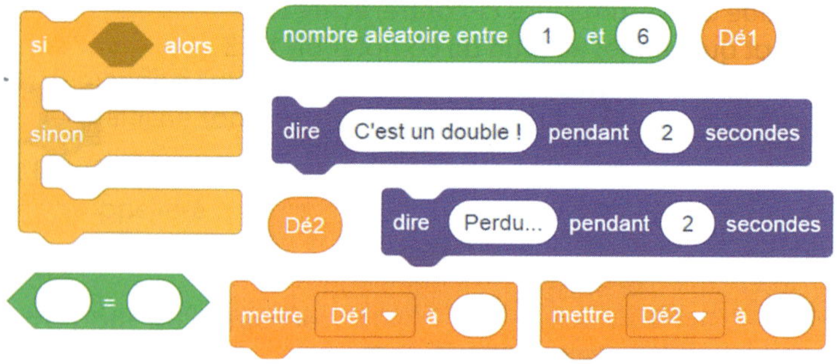

Partie B Le nombre mystère

Gabriel veut programmer le jeu du nombre mystère. Dans ce jeu, le joueur doit deviner un nombre choisi au hasard entre 1 et 100 (inclus) par le lutin. À chaque essai, le lutin dit au joueur si son nombre est trop grand, trop petit ou s'il a trouvé le nombre mystère.

1. On a commencé à écrire le script ci-contre, en supposant que le joueur n'avait droit qu'à un seul essai.

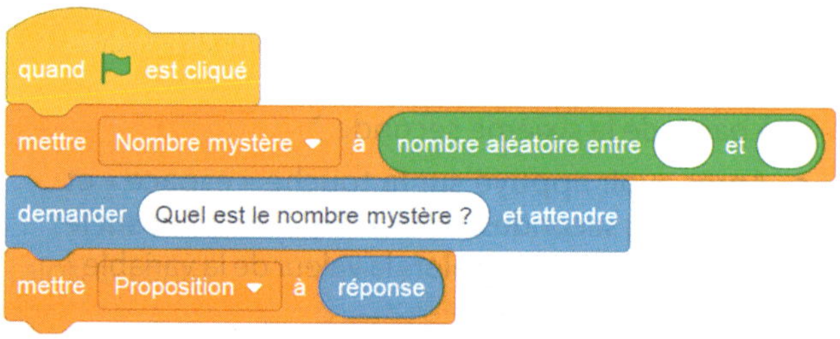

a. Quels sont les noms des deux variables qui ont été utilisées ? Que représentent-elles ?

b. Compléter ce script de façon à ce que le lutin réponde au joueur « Trop petit », « Trop grand » ou « Bravo, tu as trouvé ! ».

2. On souhaite à présent que le jeu continue jusqu'à ce que le joueur trouve le nombre mystère.
Modifier le script précédent en utilisant les commandes  et  .

3. Modifier le script pour qu'il compte le nombre d'essais effectués par le joueur et affiche ce nombre une fois que le joueur a trouvé le nombre mystère.

Tu peux créer une nouvelle variable Essais qui vaut 0 au début de la partie et qui augmente de 1 à chaque essai du joueur.

MODE EXPERT

1. Créer un script qui reproduit la figure ci-contre, composée de 50 segments tels que :
- deux segments consécutifs sont perpendiculaires ;
- le plus petit segment a une longueur de 5 pas ;
- le segment suivant a une longueur de 10 pas ;
- le segment suivant a une longueur de 15 pas ;
- et ainsi de suite, chaque segment ayant une longueur de 5 pas de plus que le segment précédent.

Tu peux utiliser une variable Longueur pour la longueur du côté de chaque segment.

2. Quelle est la longueur du plus grand segment ?

EN DÉBRANCHÉ

1. Clémentine joue aux dés : elle lance deux dés équilibrés à 6 faces, et elle gagne si la somme des deux est égale à 12.

a. Quels sont les noms des variables qui interviennent dans le script ci-dessous ?

b. Compléter ce script pour simuler le jeu de Clémentine.

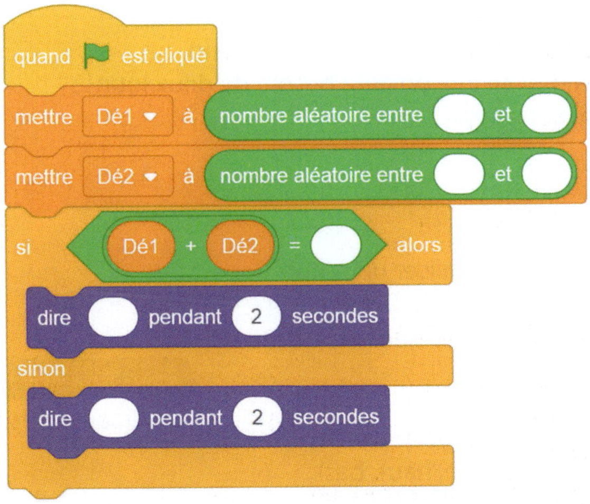

2. a. Quel est le nom de la variable utilisée dans le script ci-contre ?

b. Quelle est la valeur initiale de la variable, c'est-à-dire la valeur juste avant que le lutin parle ?

c. Quelle est la valeur de la variable à la fin de l'exécution du script ?

d. Comment pourrait-on modifier ce script pour qu'à la fin, la variable ait la valeur 55 ?

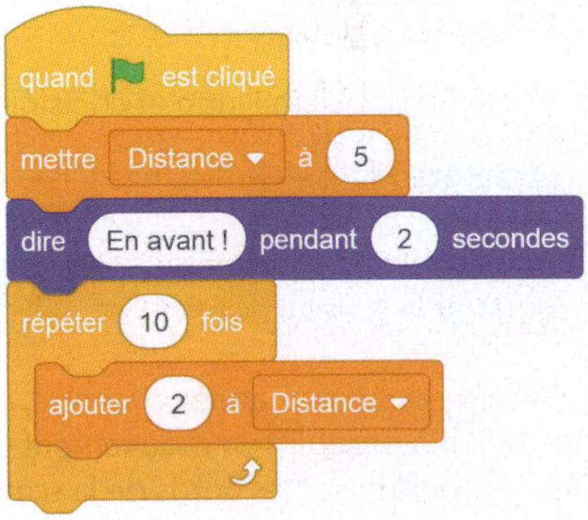

3. Le lutin est orienté vers la droite et se trouve à 80 pas du bord droit de la scène.
On considère les trois scripts ci-dessous.
Quelle touche faut-il presser pour que le lutin dise « Aïe ! » ? Justifier la réponse.

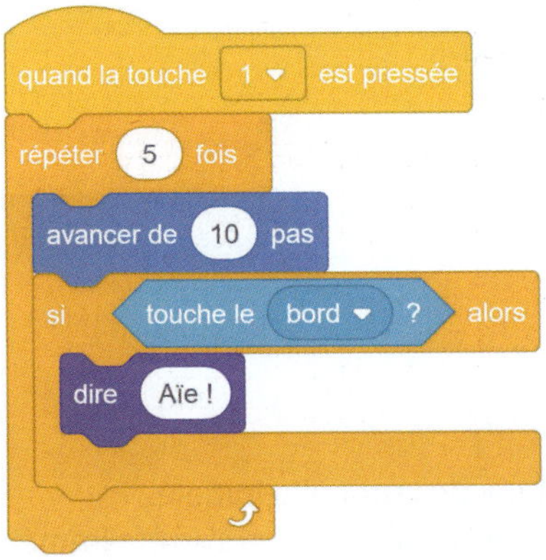

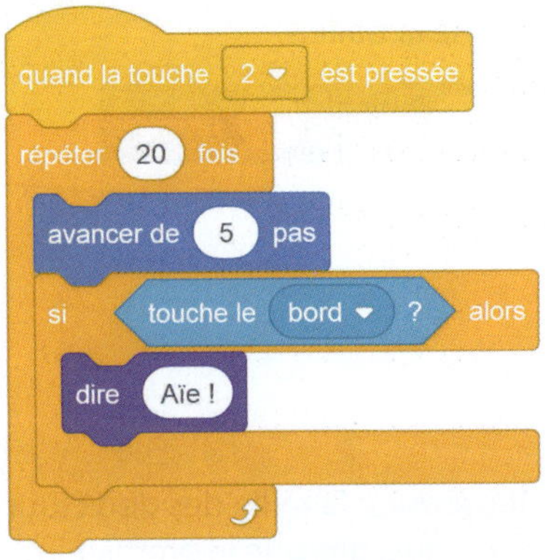

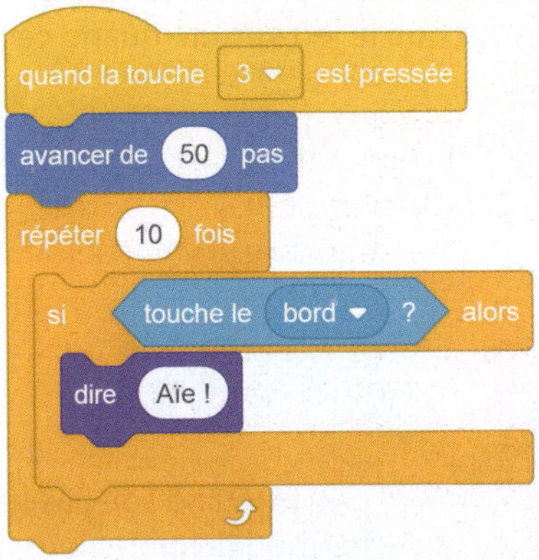

Projet 1 Un jeu de balle

→ **Objectif : Programmer un jeu d'action.**

Dans ce jeu, le joueur déplace le chat avec les flèches du clavier. Il doit attraper une balle qui se déplace sans cesse. Il gagne quand il attrape la balle. Pour programmer ce jeu, on aura besoin de deux lutins : un pour le chat, un pour la balle.

Étape 1 Déplacer un lutin

1. À l'aide des commandes ci-contre, réaliser un script qui place le lutin au centre de la scène et qui fait avancer le lutin de 10 pas vers la droite chaque fois que la touche « flèche droite » est pressée.

2. Compléter le script pour qu'on puisse déplacer le lutin dans les quatre directions (droite, gauche, haut, bas).

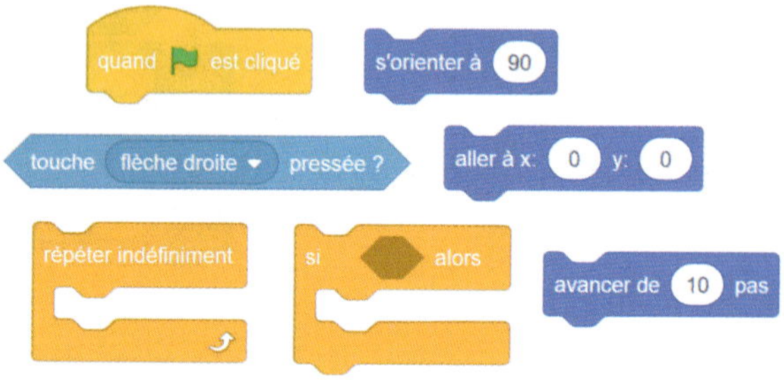

Étape 2 Un deuxième lutin

1. Créer un deuxième lutin et choisir le lutin *Ball*.

> Chaque lutin a ses propres scripts. Pour voir les scripts d'un lutin, il suffit de cliquer sur ce lutin dans la liste des lutins en bas à droite.

2. À l'aide des commandes ci-contre, créer un script pour le lutin *Ball* qui produira un mouvement continu pour la balle en la faisant rebondir sur les bords de la scène.

3. Ajouter au script précédent les commandes ci-contre pour donner une position et une orientation initiales à la balle.

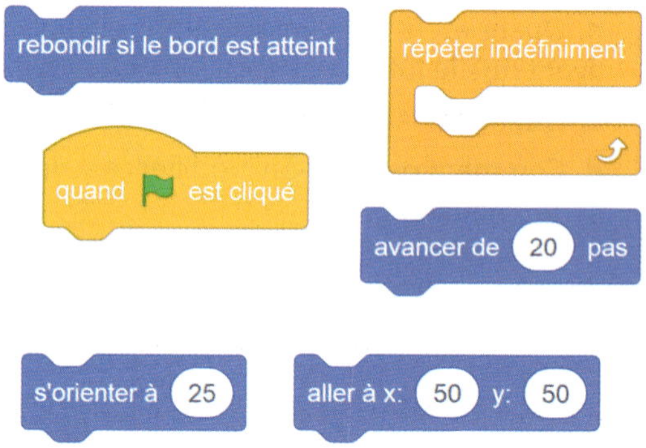

Étape 3 Interaction entre les lutins

À l'aide des commandes ci-dessous, écrire un nouveau script pour le premier lutin (dont le nom est *Sprite 1*) pour que le jeu s'arrête quand ce lutin touche la balle.

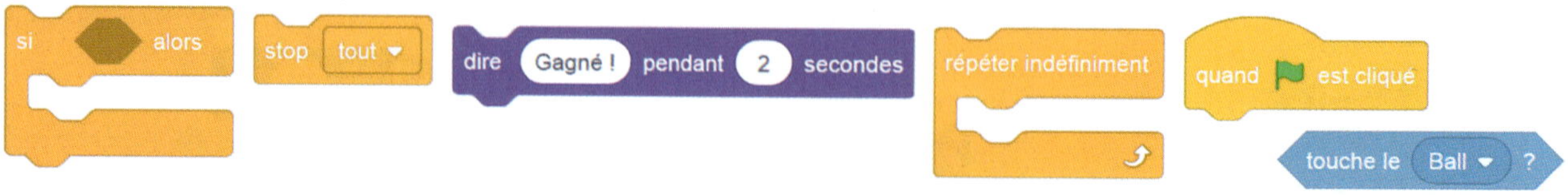

MODE EXPERT

1. Pour que le jeu ne soit pas trop facile, réduire la taille des deux lutins à 30 % de leur taille initiale.
2. Faire les modifications nécessaires pour que, dès que le premier lutin touche la balle, celle-ci s'arrête immédiatement, et choisir un arrière-plan pour la scène.

Projet 2 Attrape-moi si tu peux

→ Objectif : Programmer un jeu d'action.

Une étoile de mer apparait à un endroit aléatoire de la scène, y reste quelques secondes, puis disparait, avant de réapparaitre à un autre endroit. Le joueur doit attraper l'étoile de mer avant qu'elle ne s'en aille en cliquant dessus avec la souris.

Étape 1 Planter le décor

Choisir un lutin et un arrière-plan appropriés.
Choisir la taille de façon à ce que le jeu ne soit pas trop facile.

> Choisis les lutins et les arrière plans grâce aux boutons et .

Étape 2 Déplacer l'étoile de mer

Programmer les apparitions de l'étoile de mer : celle-ci doit apparaitre successivement à différents endroits de la scène, choisis aléatoirement. Pour que le joueur ait le temps de cliquer sur l'étoile, on pourra prévoir un petit délai d'attente entre deux apparitions.

> Tu peux utiliser la commande `aller à position aléatoire ▾`.

Étape 3 Ajouter un score

Créer une variable `Score` et écrire un deuxième script qui s'exécute quand le joueur clique sur l'étoile.
Le script devra :
- ajouter un point au score ;
- afficher brièvement le message « Touché ! ».

> Tu peux utiliser la commande `quand ce sprite est cliqué`.

MODE EXPERT

1. Rechercher et programmer des améliorations de ce jeu (par exemple, l'étoile de mer peut disparaitre brièvement entre deux apparitions).

2. Créer une deuxième étoile de mer dont les apparitions ne sont pas synchronisées avec la première étoile. Le joueur peut marquer des points en cliquant sur n'importe quelle étoile.

3. Diminuer le temps d'apparition des étoiles au fur et à mesure que le score augmente.

Projet 3 Le roi des neiges

→ **Objectif : Programmer un jeu d'action.**

Le joueur dirige *Snowman* en bas de la scène. Il doit éviter *Sun* qui le fait fondre, et essayer d'être touché par *Snowflake* qui le fait grossir.
Le joueur gagne si *Snowman* devient assez gros et perd s'il devient trop petit.

Cahier des charges

- Le lutin *Snowman* doit se déplacer uniquement à l'horizontale en bas de la scène selon le mouvement de la souris.
- Les lutins *Snowflake* et *Sun* doivent se déplacer verticalement du haut de la scène vers le bas. Lorsqu'ils touchent *Snowman* ou atteignent le bas de la scène, *Snowflake* et *Sun* doivent réapparaitre dans une position aléatoire en haut de la scène et se déplacer à nouveau verticalement vers le bas.
- Lorsque *Snowman* est touché par *Sun*, sa taille doit diminuer. Lorsqu'il est touché par *Snowflake*, sa taille doit augmenter. Lorsque *Snowman* atteint une taille à définir maximale (jeu gagné) ou minimale (jeu perdu), le jeu s'arrête et un message signale au joueur s'il a gagné ou perdu.

COUPS DE POUCE

- Chaque lutin a ses propres scripts. Pour voir les scripts d'un lutin, il suffit de cliquer sur ce lutin dans la liste des lutins en bas à droite.
- Pour les déplacements, on peut utiliser les commandes qui agissent sur les coordonnées du lutin.
- Pour gérer les interactions entre les lutins (par exemple quand *Sun* touche *Snowman*), les lutins peuvent s'envoyer des messages :

MODE EXPERT

1. Afficher la durée du jeu et fixer une durée limite au-delà de laquelle le joueur perd s'il n'a pas encore atteint la taille maximale.
2. Accélérer la chute des lutins *Snowflake* et *Sun* au fur et à mesure de l'avancée du jeu.

1 Nombres entiers

TA MISSION

Trouver les diviseurs et les multiples d'un nombre entier et reconnaitre un nombre premier.

JEU

Trouver le chemin dans ce labyrinthe. On ne peut avancer dans une case que si le nombre qu'elle contient est un multiple du nombre précédent.

POINT INFO

La Terre tourne autour du Soleil en 365 jours, 5 heures et 48 minutes environ, soit environ 365,24 jours. Il existe donc un décalage entre l'année solaire et l'année civile.

C'est Jules César, en 45 avant notre ère, qui décida de fixer l'année civile à 365 jours, en ajoutant un jour intercalaire tous les 4 ans, les années qui sont un multiple de 4.

Voir problème 97 p. 41.

Activités

Prêts pour le décollage ?

QUESTIONS FLASH   Questions flash supplémentaires

1 Parmi les nombres suivants, lesquels sont divisibles par 2 ?

55 ; 98 ; 402 ; 637 ; 894

2 Parmi les nombres suivants, lesquels sont divisibles par 5 ?

60 ; 215 ; 74 ; 162 ; 2 000 000

3 Parmi les nombres suivants, lesquels sont divisibles par 10 ?

3 400 ; 2 478 ; 20 003 ; 9 999 990

4 Donner 5 multiples consécutifs de 13 compris entre 130 et 200.

5 Grâce à l'affichage de la calculatrice ci-dessous, compléter les pointillés des phrases suivantes.

37⊢4   Q=9 R=1

Dans la division euclidienne de 37 par 4 :

a. 37 est le …
b. 4 est le …
c. 9 est le …
d. 1 est le …

6 Donner le quotient et le reste de la division euclidienne de 35 par 8.

7 Quels sont les restes possibles d'une division euclidienne par 4 ?

8 La division euclidienne de 441 par 3 donne 147 comme quotient et 0 comme reste.

a. On peut donc dire que 441 est un … de 3.
b. Pouvait-on prévoir cette réponse sans poser la division ?

9 La division euclidienne de 684 par 9 donne 76 comme quotient et 0 comme reste.

a. On peut donc dire que 9 est un … de 684.
b. Pouvait-on prévoir cette réponse sans poser la division ?

10 Lucille a acheté 4 paquets de 10 gâteaux chacun. Elle décide de partager ces gâteaux équitablement entre ses trois meilleurs amis et de manger les gâteaux restants.

- Combien de gâteaux mangera Lucille ?

11 Un collège réserve des bus de 60 places chacun pour transporter 252 élèves et 8 professeurs en sortie.

a. Combien de bus faut-il prévoir ?
b. Combien de places ne seront pas occupées ?

12 Le nombre 17 352 est-il divisible par 2 ? Par 5 ? Par 10 ? Par 3 ?

13 Donner un nombre supérieur à 100 :

a. divisible par 2 et par 5
b. divisible par 5 et par 3
c. divisible par 5 mais pas par 10

14 **a.** Convertir 300 minutes en heures.
b. Convertir 125 secondes en minutes et secondes.

15 Est-il possible de répartir 357 personnes par groupes de 3 ?

Activité 1 Le compte est bon

1. Comment reconnait-on si un nombre est divisible par 2, par 3, par 5, par 9 et par 10 **sans utiliser la calculatrice** ?

2. En suivant les règles du jeu ci-contre et sans utiliser la calculatrice, retrouver les nombres suivants.

120 ; 105 ; 280 ; 189

Règles du jeu

Le but du jeu est de retrouver le nombre donné à l'aide des règles énoncées. À partir de neuf nombres :

1 2 3 4 5 6 7 8 9

Règle 1 Effectuer uniquement des multiplications pour trouver un résultat imposé.

Règle 2 Chaque nombre ne peut être utilisé qu'une seule fois.

Règle 3 On n'est pas tenu d'utiliser tous ces nombres.

Activité 2 Le jeu de Juniper Green

Prise d'initiative

Règle 1 Chaque joueur, à tour de rôle, coche une case qui n'a pas encore été cochée.

Règle 2 À l'exception du coup d'ouverture, chaque joueur ne peut cocher une case que si son numéro est un diviseur ou un multiple du numéro de la case cochée au coup précédent.

Règle 3 Un joueur perd la partie lorsqu'il ne peut plus jouer en utilisant les règles précédentes.

1	2	3	4	5
6	7	8	9	10
11	12	13	14	15
16	17	18	19	20

Pour ce jeu, qui se joue à deux, on utilise une grille de 20 cases numérotées de 1 à 20 et les règles ci-contre.

1. Le premier joueur démarre une nouvelle partie en cochant le 14. Le second joueur coche alors le 7 en se disant qu'il a gagné. A-t-il raison ?

2. Jouer à ce jeu avec un camarade.

3. a. Si le premier joueur coche 11, expliquer pourquoi il est sûr de pouvoir gagner au 3e tour.
b. Quels autres nombres peut-il cocher en premier pour être sûr de gagner au 3e tour ?

Activité 3 Le crible d'Eratosthène

1	2	3	4	5	6	7	8	9	10
11	12	13	14	15	16	17	18	19	20
21	22	23	24	25	26	27	28	29	30

On lit ce tableau de la gauche vers la droite.

1. Reproduire le tableau ci-dessus puis barrer le nombre 1.

2. Entourer le 2, premier nombre non barré, puis barrer tous les multiples de 2 autres que 2.

3. Entourer le premier nombre ni entouré ni barré, puis barrer tous ses multiples autres que lui-même.

4. Répéter la consigne de la question précédente jusqu'à avoir barré ou entouré tous les nombres.

5. Quelle particularité possèdent les dix nombres entourés ?

Ératosthène, astronome, philosophe et mathématicien grec du IIIe siècle av. J.-C.

En mathématiques, un crible est une technique algorithmique permettant de donner une liste de nombres possédant certaines propriétés.

Activité 4 Répartition de fleurs

1. a. Écrire 12 sous forme d'un produit de nombres entiers.
Y a-t-il plusieurs écritures possibles (sans tenir compte de l'ordre des facteurs) ?
b. Écrire 12 sous forme d'un produit de nombres premiers.
Y a-t-il plusieurs écritures possibles (sans tenir compte de l'ordre des facteurs) ?

Cette écriture s'appelle une décomposition en produit de facteurs premiers.

c. Décomposer 36 et 24 sous forme de produits de facteurs premiers.

2. Diane achète 36 bulbes de tulipe et 24 bulbes d'iris qu'elle répartit dans des paniers, chaque panier ayant le même contenu.
En utilisant la question **1. c.**, déterminer le nombre de paniers qu'elle peut utiliser (donner toutes les possibilités).

Cours

1 Déterminer les diviseurs d'un nombre entier

Définition

Un **entier naturel** est un nombre entier positif ou nul.

Propriété **Définition**

a et b désignent deux entiers naturels ($b \neq 0$).

Effectuer la division **euclidienne de a par b**, c'est déterminer les deux entiers naturels q et r tels que :

$$a = b \times q + r \text{ avec } r < b$$

a s'appelle le dividende, b le diviseur, q le **quotient** et r le **reste**.

▸ Exemple

Division euclidienne de 25 par 3 :

dividende →	2 5	3 ← **diviseur**
	− 2 4	8 ← **quotient**
reste →	1	

On a bien : $25 = 3 \times 8 + 1$, avec $1 < 3$.

On ne peut jamais diviser par 0 !

Définitions

a et b désignent deux entiers naturels ($b \neq 0$).

Lorsque la division euclidienne de a par b donne un reste nul, on a $a = b \times q$ où q est un entier naturel.

On dit que :

- a est un **multiple** de b
- b est un **diviseur** de a
- a est **divisible** par b

▸ Exemple

On a : $85 = 5 \times 17$.

- 85 est un multiple de 17 et de 5.
- 5 et 17 sont des diviseurs de 85.
- 85 est divisible par 17 et par 5.

85	5
− 5	17
35	
− 35	
0	

Tout entier naturel non nul est divisible par 1 et par lui-même.

Propriétés

Critères de divisibilité

- Si un nombre entier a pour chiffre des unités 0, 2, 4, 6 ou 8, alors il est divisible par 2.
- Si la somme des chiffres d'un nombre entier est divisible par 3, alors ce nombre est divisible par 3.
- Si un nombre entier a pour chiffre des unités 0 ou 5, alors il est divisible par 5.
- Si la somme des chiffres d'un nombre entier est divisible par 9, alors ce nombre est divisible par 9.
- Si un nombre entier a pour chiffre des unités 0, alors il est divisible par 10.

Définitions

- Un nombre entier est **pair** s'il est divisible par 2.
- Un nombre entier est **impair** s'il n'est pas pair.

Savoir-faire

Apprends à l'aide des exercices résolus puis entraine-toi !

1 Déterminer les diviseurs d'un nombre entier

1 **1.** Calculer le quotient et le reste de la division euclidienne de 187 par 15.
2. Quelle égalité peut-on alors écrire ?

Solution

1.

187	15
− 15	12
37	
− 30	
7	

Tu n'es pas obligé de poser les soustractions. Tu peux faire les calculs de tête et poser :

187	15
37	12
7	

Le quotient est 12, le reste est 7.
2. On peut alors écrire l'égalité $187 = 15 \times 12 + 7$.

À toi de jouer

2 **1.** Calculer le quotient et le reste de la division euclidienne de 597 par 13.
2. Quelle égalité peut-on alors écrire ?

3 **1.** Calculer le quotient et le reste de la division euclidienne de 5 897 par 22.
2. Quelle égalité peut-on en déduire ?

→ Corrigé p. 308

4 **1.** Trouver avec la calculatrice le quotient et le reste de la division euclidienne de 549 par 9.
2. Que peut-on en conclure ?

Solution

1. On tape :

TI : 5 4 9 2nde ÷ 9 entrer

Casio : 5 4 9 ⊢ 9 EXE

NumWorks :

Arithmétique OK quo(549,9) OK

rem(549,9) OK

Le quotient de la division euclidienne de 549 par 9 est 61 et le reste est nul.

2. Comme le reste de la division euclidienne de 549 par 9 est nul, on peut en conclure que 549 est divisible par 9.

On peut aussi conclure que 9 est un diviseur de 549 et que 549 est un multiple de 9.

À toi de jouer

5 **1.** Trouver avec la calculatrice le quotient et le reste de la division euclidienne de 9 207 par 27.
2. Que peut-on en conclure ?

→ Corrigé p. 308

6 Le nombre 2 781 est-il divisible par 2 ? Est-il divisible par 3 ?

Solution

Le chiffre des unités de 2 781 est 1 donc 2 781 n'est pas divisible par 2.

$2 + 7 + 8 + 1 = 18$ On additionne tous les chiffres de 2 781.

18 est divisible par 3 donc 2 781 est divisible par 3.

À toi de jouer

7 5 769 est-il divisible par 5 ? Est-il divisible par 9 ?

→ Corrigé p. 308

8 Donner tous les diviseurs de 40.

Solution

On utilise les tables de multiplications et/ou les critères de divisibilité.

$40 = 1 \times 40$ $40 = 2 \times 20$ $40 = 4 \times 10$ $40 = 5 \times 8$

40 a donc 8 diviseurs : 1 ; 2 ; 4 ; 5 ; 8 ; 10 ; 20 et 40.

À toi de jouer

9 Donner tous les diviseurs de 32.

→ Corrigé p. 308

Cours

2 Reconnaitre un nombre premier

Définition

Un nombre premier est un entier naturel qui admet exactement deux diviseurs : 1 et lui-même.

Exemple

- 6 n'est pas un nombre premier car il est divisible par 2.
- 7 est un nombre premier : il n'est divisible que par 1 et par 7.

Remarques

- 0 n'est pas premier car il possède une infinité de diviseurs.
- 1 n'est pas premier car il possède un seul diviseur : lui-même.
- 2 est le seul nombre premier pair car tous les nombres pairs sont divisibles par 2.

Propriété

Les 10 nombres premiers inférieurs à 30 sont : 2 ; 3 ; 5 ; 7 ; 11 ; 13 ; 17 ; 19 ; 23 ; 29.

→ Démonstration : Activité 3 p. 29

Propriété

Il existe une infinité de nombres premiers.

3 Décomposer un entier en produit de facteurs premiers

Propriété

Tout entier naturel supérieur ou égal à 2 peut s'écrire comme un produit de facteurs premiers.

Exemples

- $60 = 2 \times 2 \times 3 \times 5$
- $728 = 2 \times 2 \times 2 \times 7 \times 13$

Propriété

Pour un entier donné, il n'existe qu'une seule décomposition en produit de facteurs premiers (si l'on ne tient pas compte de l'ordre des facteurs).

Méthode

Pour décomposer un nombre en produit de facteurs premiers :
– on écrit ce nombre comme un produit de deux facteurs (différents de 1) ;
– on recommence avec les facteurs qui ne sont pas des nombres premiers, jusqu'à n'avoir que des nombres premiers.

Exemple

$60 = 2 \times 30 = 2 \times 2 \times 15 = 2 \times 2 \times 3 \times 5$

Savoir-faire

Apprends à l'aide des exercices résolus puis entraine-toi !

2 Reconnaitre un nombre premier

10 Le nombre 567 est-il premier ?

Solution

On cherche si 567 admet d'autres diviseurs que 1 et lui-même. On utilise d'abord les critères de divisibilité.

- 567 est impair donc il n'est pas divisible par 2.
- 567 ne se termine pas par 0 ou 5 donc il n'est pas divisible par 5.
- On cherche si 567 est divisible par 3. Pour cela, on calcule la somme de ses chiffres :
$5 + 6 + 7 = 18$.
La somme des chiffres de 567 est divisible par 3 donc 567 est divisible par 3.
On peut conclure que 567 n'est pas un nombre premier.

11 Justifier que 119 n'est pas un nombre premier.

Solution

- 119 est impair donc il n'est pas divisible par 2. Il n'est donc divisible par aucun nombre pair.

Si 119 était divisible par un nombre pair, alors 119 serait un multiple de 2 et serait divisible par 2.

- 119 ne se termine ni par 0 ni par 5, donc il n'est pas divisible par 5.
- $1 + 1 + 9 = 11$; 11 n'est divisible ni par 3, ni par 9 donc 119 non plus.
- On effectue la division euclidienne de 119 par 7.
Le reste est nul, donc 119 est divisible par 7.
119 n'est pas un nombre premier car il est divisible par 7.

À toi de jouer

12 Justifier que les nombres suivants ne sont pas des nombres premiers.

578 ; 1 065 ; 447 ; 693 ; 343

→ Corrigé p. 308

3 Décomposer un entier en produit de facteurs premiers

13 Décomposer les nombres suivants en produits de facteurs premiers.

$A = 126 \quad B = 450$

Solution

$A = 126 = 2 \times 63 = 2 \times 3 \times 21 = 2 \times 3 \times 3 \times 7$

La décomposition de 126 en produit facteurs premiers est :

$126 = 2 \times 3 \times 3 \times 7$.

$B = 450 = 45 \times 10 = 5 \times 9 \times 5 \times 2 = 5 \times 3 \times 3 \times 5 \times 2$

La décomposition de 450 en produit de facteurs premiers est :

$450 = 2 \times 3 \times 3 \times 5 \times 5$.

À toi de jouer

14 Décomposer les nombres suivants en produits de facteurs premiers.

$A = 180$

$B = 210$

$C = 260$

→ Corrigé p. 308

Exercices

Ressources téléchargeables

Déterminer les diviseurs d'un nombre entier

→ Savoir-faire p. 31

QUESTIONS FLASH

15 **Vrai ou faux ?**

a. 56 est un multiple de 8.
b. 0 est un diviseur de 16.
c. 20 est divisible par 5.
d. 1 est un multiple de 9.
e. 48 est divisible par 2.
f. 4 est un diviseur de 26.

16 Compléter les phrases suivantes par les mots « multiple » ou « diviseur ».

a. 24 est un … de 3.
b. 13 est un … de 39.
c. 1 est un … de 17.
d. 45 est un … de 5.
e. 12 est un … de 3.
f. 80 est un … de 80.
g. 9 est un … de 72.
h. 42 est un … de 14.

17 **Vrai ou faux ?**

a. 78 est divisible par 2.
b. 44 est divisible par 3.
c. 125 est divisible par 5.
d. 550 est divisible par 10.
e. 2 146 est divisible par 2.
f. 627 est divisible par 3.
g. 1 980 est divisible par 9.

Questions flash supplémentaires

18 Sans poser la division, dire laquelle de ces égalités correspond à la division euclidienne de 45 par 6.

a. $45 = 4 \times 10 + 5$
b. $45 = 13 \times 3 + 6$
c. $45 = 6 \times 6 + 9$
d. $45 = 6 \times 7 + 3$

19 CALCUL MENTAL Donner le quotient et le reste de la division euclidienne de :

a. 23 par 3
b. 41 par 6
c. 30 par 5
d. 52 par 9

20 CALCUL MENTAL

1. Donner tous les diviseurs de 10.
2. Donner tous les multiples de 4 inférieurs à 25.

21 CALCUL MENTAL

1. Donner tous les multiples de 6 compris entre 19 et 32.
2. Donner tous les diviseurs de 18.

22 CALCUL MENTAL

1. Donner tous les multiples de 7 compris entre 20 et 60.
2. Donner tous les diviseurs de 20.

23 Déterminer le plus grand multiple de 46 inférieur à 300.

24 1. Effectuer la division euclidienne de 278 par 8.

2. Effectuer la division euclidienne de 1 245 par 9.

25 Maximilien affirme : « 72 a exactement 10 diviseurs ».

- A-t-il raison ?

26 **Vrai ou faux ?**

a. 75 est divisible par 3.
b. 800 est divisible par 5.
c. 3 est un diviseur de 96.
d. 820 est un multiple de 2.
e. 846 n'est pas divisible par 10.
f. 579 est divisible par 9.
g. 9 est un diviseur de 9 855.

27 1. Déterminer le plus petit entier naturel non nul divisible à la fois par 2 ; 3 et 5.

2. Déterminer le plus petit entier naturel non nul divisible à la fois par 4 et 10.

28 Naomi a-t-elle raison ? Justifier.

29 Sandra peut lire sur l'écran de sa calculatrice :

85⊢6 Q=14 R=1

- Quelle égalité peut-on en déduire ?

30 On donne les nombres suivants :
5 900 ; 495 ; 1 548 ; 452 ; 87 390 ; 384.

1. Lesquels sont des multiples de 2 et de 3 ?
2. Lesquels sont des multiples de 5 et de 9 ?

31 Écrire trois phrases contenant les nombres 255 et 51, une avec le mot « diviseur », une avec le mot « multiple » et une avec le mot « divisible ».

32 Remplacer chaque point par un chiffre pour que l'affirmation soit vraie.

a. 12 47• est divisible par 5.
b. •5• est divisible par 2.
c. • 83• est divisible par 5 et par 3.
d. 9 •7• est divisible par 10 et par 9.
e. 5• 16• est divisible par 5 et par 3 (donner toutes les possibilités).

33 On donne les nombres suivants :
48 ; 58 180 ; 27 900 ; 63 672 ; 42 324 ; 34 410.

• Trouver ceux qui sont à la fois divisibles par 3 et par 5.

34 À la consigne « Effectuer la division euclidienne de 60 par 8 », quatre élèves ont proposé des réponses différentes.

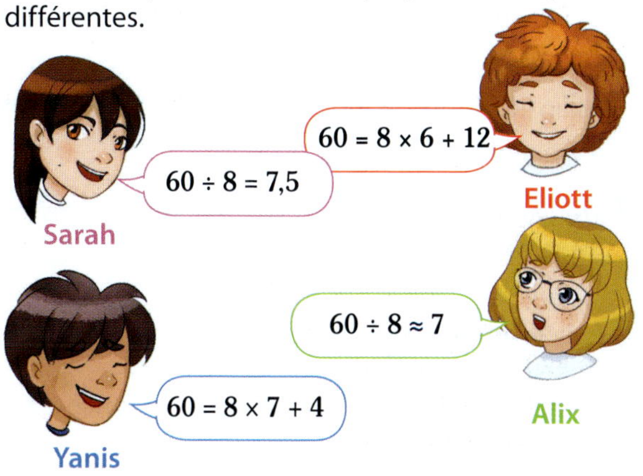

• Qui a raison ? Pourquoi ?

35 **1.** Donner tous les diviseurs de 54.
2. Donner tous les diviseurs de 196.

36 **1.** Dans une division euclidienne, le diviseur est égal à 9, le quotient est égal à 4 et le reste est égal à 7. Quel est le dividende ?

2. On effectue la division euclidienne de 337 par un nombre. Le quotient est 12 et le reste est 13. Quel est le diviseur ?

37 Compléter les phrases suivantes avec les nombres qui conviennent.
a. … est à la fois un multiple et un diviseur de 25.
b. … est un multiple de tous les nombres.
c. … est un diviseur de tous les nombres.
d. … et … sont les diviseurs de 7.
e. … est le plus petit multiple commun de 2 et 9.

38 Les égalités suivantes traduisent-elles des divisions euclidiennes ? Si oui, indiquer toutes les possibilités en précisant le dividende, le diviseur, le quotient et le reste.
a. $4\,433 = 45 \times 98 + 23$
b. $321 = 17 \times 18 + 15$
c. $203 = 6 \times 31 + 17$
d. $125 = 13 \times 8 + 21$

39 Déterminer tous les diviseurs communs de 30 et 42.

40 **1.** Écrire les dix plus petits multiples de 10.

2. Écrire les dix plus petits multiples de 12.

3. Quel est le plus petit multiple commun non nul de 10 et 12 ?

> Le plus petit multiple commun non nul de deux nombres (ici, de 10 et 12) est appelé le PPCM.

41 **1.** Déterminer tous les diviseurs communs à 24 et 60.

2. Quel est le plus grand diviseur commun de ces deux nombres ?

> Le plus grand diviseur commun de deux nombres (ici, de 24 et 60) est appelé le PGCD.

42 Trouver, à chaque fois, un diviseur commun des deux nombres proposés, différent de 1.
a. 56 et 174 **b.** 26 et 39 **c.** 132 et 801

43 Les visiteurs doivent monter 354 marches pour accéder à la couronne de la statue de la liberté.
• Ted les monte 4 par 4
• Jenny les monte 3 par 3
• Mick les monte 5 par 5
• Wendy monte successivement 5 et 4 marches

• Parmi ces enfants, qui arrivera exactement sur la dernière marche ? Justifier.

MODE EXPERT

44 On donne les égalités suivantes.
$24 \times 5 = 120$; $24 \times 6 = 144$; $24 \times 7 = 168$

• Sans poser la division, quel est le quotient et le reste de la division euclidienne de 150 par 24 ?

45 Sans utiliser de calculatrice, déterminer :
a. le plus grand diviseur commun de 54 et de 72
b. le plus petit multiple commun de 18 et de 30

46 Le quotient d'une division euclidienne est 36 et son diviseur est 8.

• Quels sont tous les restes et tous les dividendes possibles ?

47 Je suis un nombre entier.
Je suis compris entre 100 et 400.
Je suis pair.
Je suis divisible par 11.
Je suis divisible par 3 et 5.

• Qui suis-je ?

Exercices

Reconnaitre un nombre premier

→ Savoir-faire p. 33

QUESTIONS FLASH

48 **Vrai ou faux ?**
a. 0 est un nombre premier.
b. 1 est un nombre premier.
c. 3 est un nombre premier.
d. 6 n'est pas un nombre premier.
e. 2 ; 3 ; 5 et 11 sont les quatre plus petits nombres premiers.

49 **Vrai ou faux ?** Justifier.
a. Tous les nombres impairs sont des nombres premiers.
b. Tous les nombres premiers sont des nombres impairs.
c. Un nombre premier ne peut pas être pair.

50 Parmi les nombres ci-dessous, un seul est un nombre premier. Lequel ?
12 ; 124 ; 63 ; 47 ; 99

51 Parmi les nombres ci-dessous, un seul est un nombre premier. Lequel ?
96 ; 118 ; 79 ; 95 ; 27

Questions flash supplémentaires

52 275 est-il un nombre premier ? Justifier.

53 87 est-il un nombre premier ? Justifier.

54 **Vrai ou faux ?**

55 1. Je suis un nombre premier inférieur à 30 et la somme de mes chiffres est égale à 8. Qui suis-je ?
2. Trouver deux nombres premiers inférieurs à 30 dont la différence est égale à 6.

56 Tiphaine dit à Jolan : « 29 est un nombre premier. »
Jolan lui répond : « Alors son double, 58, l'est aussi ! »
• Tiphaine et Jolan ont-ils raison ?

57 Trouver les sept nombres strictement compris entre 60 et 70 qui ne sont pas premiers.

58 Lola affirme : « 7 et 19 sont des nombres premiers donc 7 + 19 est un nombre premier. »
Lucie lui répond : « Tu te trompes. En revanche, 7 × 19 est un nombre premier. »
• Lola et Lucie ont-elles raison ?

59 Voici les nombres premiers compris entre 30 et 60 :
31 ; 37 ; 41 ; 43 ; 47 ; 53 et 59
• À partir de cette liste, justifier que la somme de deux nombres premiers n'est pas forcément un nombre premier.

60 **Vrai ou faux ?** Justifier.

MODE EXPERT

61 1. 217 est-il premier ?
2. 187 est-il premier ?
3. 53 est-il premier ?

62 n est un nombre entier strictement positif. On considère les nombres de la forme $6 \times n + 1$.
• Trouver 4 valeurs de n pour lesquelles ces nombres sont des nombres premiers.

Décomposer un entier en produit de facteurs premiers

➜ Savoir-faire p. 33

QUESTIONS FLASH

63 **Vrai ou faux ?**
a. $2 \times (3 \times 5) = (2 \times 3) \times 5$
b. $2 \times 2 \times 2 = 6$
c. $3 \times 3 \times 3 = 27$

64 **Vrai ou faux ?**
a. $12 \times 3 = 4 \times 9$
b. $3 \times 8 = 6 \times 4$
c. $6 \times 4 = 2 \times 2 \times 2 \times 3$

65 Parmi les décompositions suivantes, lesquelles sont des décompositions en produit de facteurs premiers ?
a. $36 = 2 \times 2 \times 3 \times 3$
b. $72 = 2 \times 3 \times 3 \times 4$
c. $45 = 5 \times 9$
d. $81 = 3 \times 3 \times 3 \times 3$

Questions flash supplémentaires

66 CALCUL MENTAL Quelle est l'écriture décimale des nombres A, B et C décomposés ci-dessous en produits de facteurs premiers ?
$A = 2 \times 2 \times 3 \times 3 \times 5$
$B = 2 \times 2 \times 2 \times 3 \times 3$
$C = 2 \times 3 \times 5 \times 5$

67 Décomposer les nombres suivants en produits de facteurs premiers.
a. 12 b. 28 c. 30 d. 42

68 Le professeur a demandé à Naomi de décomposer 594 en produit de facteurs premiers.
Voici sa réponse :

1. Quelle erreur Naomi a-t-elle commise ?
2. Quelle réponse aurait-elle dû donner ?

69 Décomposer les nombres suivants en produits de facteurs premiers.
a. 51 b. 68 c. 150 d. 75 e. 100 f. 96

70 Sachant que $9\,360 = 72 \times 130$, décomposer 9 360 en produit de facteurs premiers.

71 1. Décomposer 630 en produit de facteurs premiers.
2. En déduire la décomposition de 1 260 en produit de facteurs premiers.

72 Retrouver la décomposition en produit de facteurs premiers de 180 parmi les propositions suivantes.

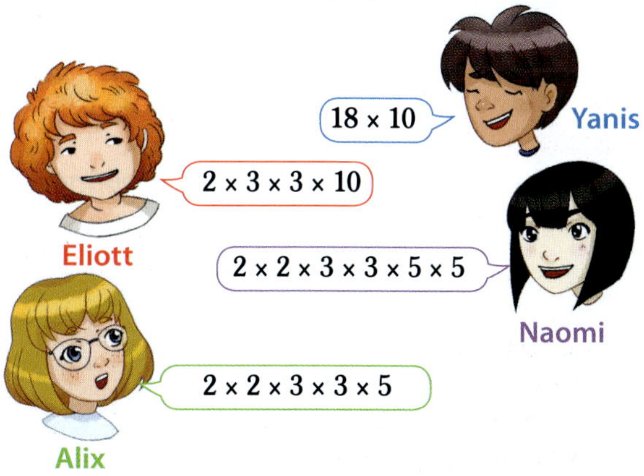

73 1. Décomposer 512 en produit de facteurs premiers.
2. En déduire la décomposition de 1 536 en produit de facteurs premiers.

74 Voici deux nombres A et B écrits sous forme de produits de facteurs premiers :
$A = 2 \times 3 \times 3 \times 5 \times 5$ et $B = 2 \times 2 \times 5 \times 7$
Répondre aux questions suivantes sans calculer A et B et en justifiant les réponses.
1. 2 est-il un diviseur de A ? Est-il un diviseur de B ?
2. 6 est-il un diviseur de A ? Est-il un diviseur de B ?
3. 7 est-il un diviseur de A ? Est-il un diviseur de B ?
4. Donner 3 diviseurs communs de A et de B.

75 1. Décomposer 84 puis 140 en produits de facteurs premiers.
2. Dans chaque cas, le nombre proposé est-il un diviseur de 84 et/ou de 140 ?
a. 3 b. 7 c. 10 d. 14 e. 28

76 1. Décomposer 30 en produit de facteurs premiers.
2. En utilisant cette décomposition, donner la liste de tous les diviseurs de 30.

MODE EXPERT

77 Sans utiliser de calculatrice, décomposer 6 615 en produit de facteurs premiers.

78 Décomposer 7 986 en produit de facteurs premiers.

79 Décomposer 17 745 en produit de facteurs premiers.

80 1. Décomposer 105 en produit de facteurs premiers.
2. À l'aide de cette décomposition, déterminer tous les diviseurs de 105.

81 1. Décomposer 126 en produit de facteurs premiers.
2. En utilisant la question 1., déterminer le nombre de façons de répartir 126 fèves en sachets ayant tous le même contenu.

Faire le point

Version interactive du QCM

Vérifie tes connaissances.

QCM

Donner la ou les bonnes réponses parmi les trois proposées.

1 Déterminer les diviseurs d'un nombre entier

	Réponse A	Réponse B	Réponse C
1. Le quotient et le reste de la division euclidienne de 362 par 12 sont :	$q = 31$ et $r = 0$	$q = 2$ et $r = 30$	$q = 30$ et $r = 2$
2. La division euclidienne de 169 par 11 donne un quotient de 15 et un reste de 4. On peut écrire :	$169 = 15 \times 4 + 11$	$169 = 11 \times 4 + 15$	$169 = 11 \times 15 + 4$
3. 594 est divisible par :	3 et 2	3 et 9	5 et 3
4. Quels nombres sont des multiples de 14 ?	70	280	7
5. Quels nombres sont des diviseurs de 60 ?	20	120	12

2 Reconnaitre un nombre premier

	Réponse A	Réponse B	Réponse C
1. Un nombre premier n'est divisible que par :	1	lui-même	1 et lui-même
2. Dans la liste des nombres 15, 16, 17, 18 et 19, quels sont les nombres premiers ?	17 et 19	15 et 17	17, 18 et 19
3. Parmi les nombres 0, 1 et 2, il y a :	1 nombre premier	2 nombres premiers	3 nombres premiers
4. Laquelle de ces affirmations est vraie ?	752 est premier	89 est premier	783 est premier

3 Décomposer un entier en produit de facteurs premiers

	Réponse A	Réponse B	Réponse C
1. La décomposition de 60 en produit de facteurs premiers est :	$2 \times 5 \times 6$	$3 \times 4 \times 5$	$2 \times 2 \times 3 \times 5$
2. La décomposition de 90 en produit de facteurs premiers est :	10×9	$2 \times 3 \times 3 \times 5$	$2 \times 5 \times 9$
3. La décomposition en produit de facteurs premiers d'un nombre est $2 \times 2 \times 3 \times 3 \times 5$. On peut alors dire que ce nombre est divisible :	par 4 et 15	par 9 et 5	par 6 et 10

→ Corrigé p. 308

Carte mentale

Ressource téléchargeable

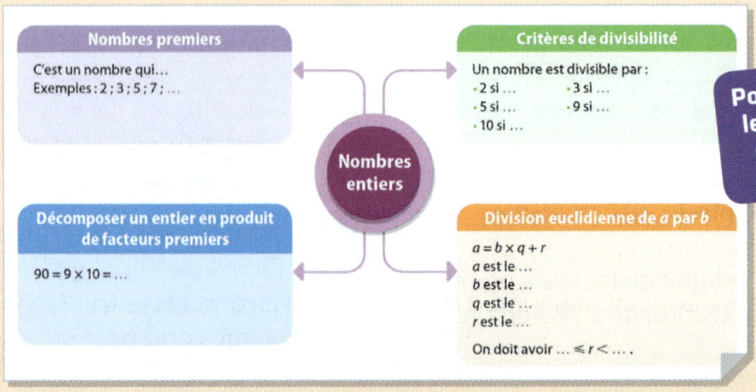

Pour t'aider à retenir le cours, télécharge et complète cette carte mentale.

Algorithmique et outils numériques

82 Modulo (1)

Voici un script.

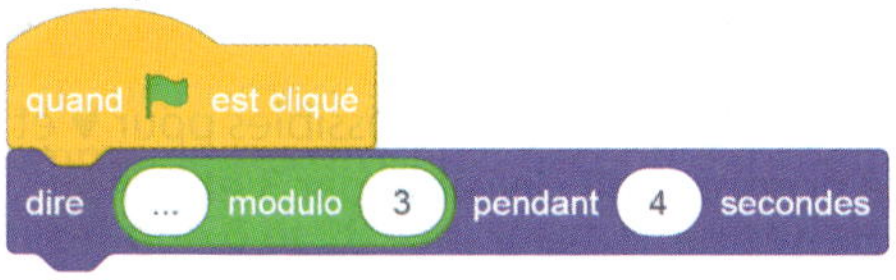

1. a. Que dit le lutin lorsqu'on remplace les pointillés par 6 ? 9 ? 15 ?

b. Que dit le lutin lorsqu'on remplace les pointillés par 7 ? 8 ? 10 ? 17 ?

c. Que calcule-t-on grâce à la commande (... modulo 3) ?

2. Reconstituer ce script pour que le lutin annonce si le nombre choisi par l'utilisateur est divisible ou non par 3.

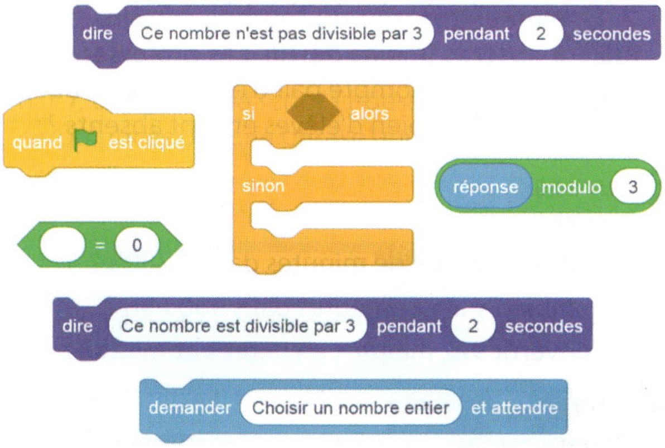

3. Modifier ce script pour que le lutin annonce si le nombre choisi par l'utilisateur est pair ou impair.

83 Modulo (2)

Emma veut programmer le jeu suivant.
L'ordinateur choisit au hasard un entier entre 1 et 100, demande au joueur d'entrer un diviseur de ce nombre et lui indique s'il a donné une réponse correcte ou non.

1. Compléter le script de ce programme.

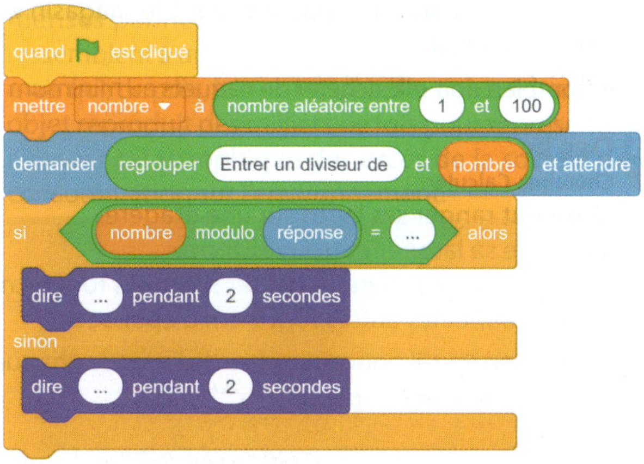

Le nombre au hasard choisi par l'ordinateur est contenu dans la variable nombre.

2. Comment le joueur peut-il facilement gagner à tous les coups ?

84 Modulo (3)

1. Écrire un script dans lequel :
– Quand le drapeau vert est cliqué, le lutin demande : « Trouve un diviseur de 60. »
– L'utilisateur saisit un nombre entier.
– Si le nombre saisi est un diviseur de 60, alors le lutin annonce « Gagné ! » pendant 2 secondes ; sinon, il annonce « Perdu ! » pendant 2 secondes.

2. Améliorer ce script pour que l'utilisateur puisse proposer plusieurs diviseurs sans avoir à cliquer sur le drapeau vert à chaque fois.

3. Trouver les 12 diviseurs de 60 puis valider les réponses à l'aide de ce script.

85 Nombre premier et tableur

Le reste de la division euclidienne de *a* par *b* est donné par la formule : =MOD(*a*;*b*).

1. a. Ouvrir une feuille de calcul. Dans une cellule, saisir la formule =MOD (247 ; 13). Quel est le résultat obtenu ? D'après ce calcul, 247 est-il divisible par 13 ?

b. Recommencer avec =MOD (369 ; 14). Quel est le résultat obtenu ? D'après ce calcul, 369 est-il divisible par 14 ?

c. Quelle formule peut-on saisir pour déterminer si 164 est divisible par 17 ? 164 est-il divisible par 17 ?

2. Dans cette question, on cherche à savoir si 53 est un nombre premier en testant la divisibilité de 53 par tous les nombres entiers compris entre 1 et 53.

a. Reproduire la feuille de calcul ci-dessous, où la colonne B contient tous les nombres entiers de 1 à 53.

	A	B	C
1	Nombre choisi	Diviseurs possibles	Test de divisibilité
2	53	1	
3	53	2	
4	53	3	
5	53	4	
6	53	5	
7			
8			
9			

b. En C2, saisir une formule qui permet de savoir si 53 est divisible par 1, puis, après recopie vers le bas, par 2, par 3… par 53.

c. 53 est-il un nombre premier ? Justifier.

3. Modifier cette feuille de calcul pour déterminer si les nombres suivants sont premiers : 67 ; 123 ; 131 ; 211.

Activités

Prêts pour le décollage ?

QUESTIONS FLASH Questions flash supplémentaires

① Effectuer les calculs suivants.
a. $100 \times (5,2 + 10)$
b. $(46 - 5) \div 2$
c. $0,5 \times 46,8 \times 2$

② Déterminer la taille T en centimètres à l'âge adulte de Sandra à l'aide du calcul suivant :

$$T = 94 - 6,5 + 83,5$$

③ Déterminer la fréquence cardiaque maximale F en battements par minute de Léo à l'aide du calcul suivant : $F = 191,6 - 0,1 \times 13$

④ Calculer :
a. le produit de 58 par 0,1
b. la différence entre 11,9 et 1,1
c. la somme de 20,8 et 2,26
d. le quotient de 54 par 9

⑤ Compléter les phrases suivantes en indiquant l'opération à effectuer.
a. Prendre le double d'un nombre, c'est …
b. Prendre le triple d'un nombre, c'est …
c. Prendre la moitié d'un nombre, c'est le diviser par … ou le multiplier par …
d. Prendre le dixième d'un nombre, c'est le diviser par … ou le multiplier par …

⑥ Donner une méthode pour calculer le périmètre des figures suivantes.

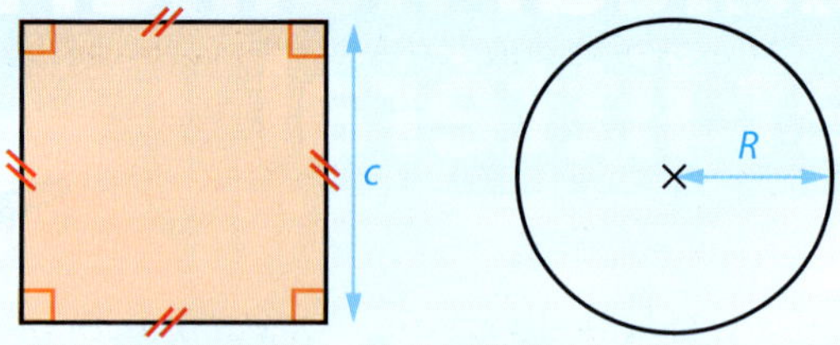

⑦ Compléter les phrases suivantes.
a. L'aire d'un carré est égale au …
b. Le périmètre d'un triangle équilatéral est égal au …
c. Le périmètre d'un polygone est égal à …

⑧ Donner une méthode pour calculer le périmètre de l'heptagone régulier ci-dessous.

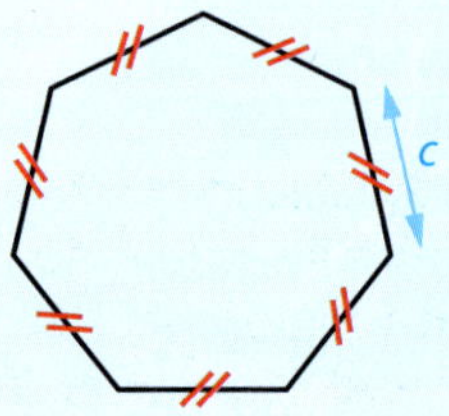

Activité 1 Le bon ordre

La ration journalière de lait en grammes nécessaire à un bébé de 0 à 4 mois dépend de sa masse. Elle est comprise entre 500 g et 1 000 g. Pour un bébé de 3 mois qui pèse 4 250 g, la ration journalière de lait s'obtient en effectuant le calcul suivant :

$$A = 250 + 4\,250 \div 10$$

1. Par quelle opération doit-on commencer pour effectuer correctement ce calcul ?

2. Quelle est cette ration journalière de lait, exprimée en grammes ?

3. On dit que le calcul $A = 250 + 4\,250 \div 10$ est **une somme.**
a. Quelle étape de calcul a permis de donner le nom à ce calcul ?
b. Quel est le nom du calcul $B = 100 \times (5 - 3)$? Et celui de $C = \dfrac{45}{5+4}$?

Activité 2 Le bon compte

On considère des grilles « carrées » comportant autant de lignes que de colonnes.

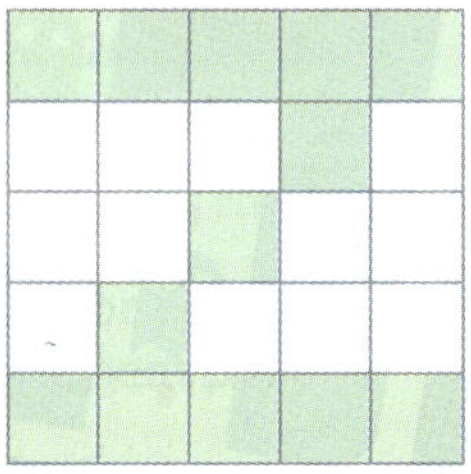

1. À l'intérieur de chacune, on colorie des carreaux en vert sur deux lignes complètes et sur une diagonale de manière à former un Z, comme sur l'illustration ci-contre.
a. Si la grille comporte 5 lignes, combien y a-t-il de carreaux verts ?
b. Si la grille comporte 8 lignes, combien y a-t-il de carreaux verts ?
c. Si la grille comporte 100 lignes, combien y a-t-il de carreaux verts ?
d. On considère une grille qui comporte *n* lignes (*n* est un entier supérieur ou égal à 3).

À l'aide de la lettre n, écrire un programme de calcul permettant de déterminer le nombre de carreaux verts, puis écrire le résultat sous la forme d'une expression littérale en fonction de n.

2. On utilise ce même type de grilles, mais en coloriant des carreaux comme sur le modèle ci-contre.

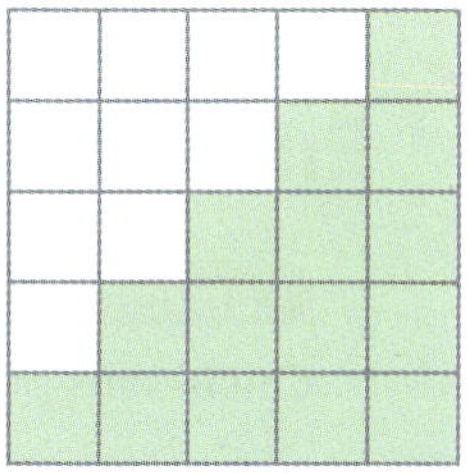

La formule qui donne le nombre de carrés verts est $\frac{n \times n + n}{2}$ sachant que n est le nombre de lignes de la grille considérée (n entier supérieur ou égal à 2).

a. Calculer l'expression $\frac{n \times n + n}{2}$ pour $n = 5$ et vérifier le résultat à l'aide de la grille ci-contre.

b. Calculer le nombre de carrés verts dans une grille de 40 lignes.

Activité 3 Une longueur inconnue

Dans la figure ci-dessous, x est une longueur inconnue. On veut savoir s'il est possible que le triangle CDE et le rectangle ABCD aient le même périmètre.

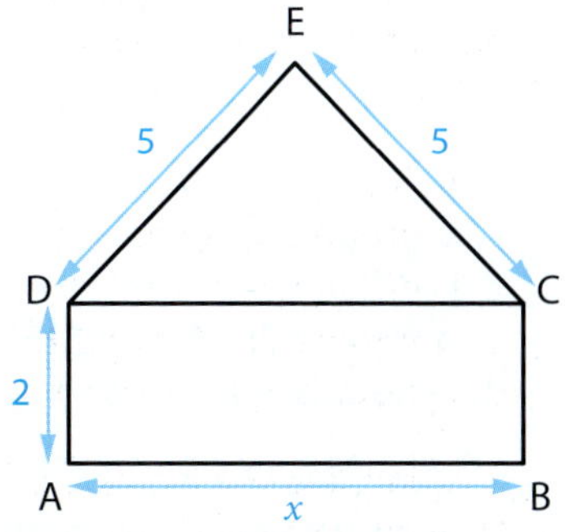

1. Expliquer pourquoi :

a. le périmètre du triangle CDE peut s'écrire $x + 10$;

b. le périmètre du rectangle ABCD peut s'écrire $2 \times x + 4$.

2. Si $x = 2$, les deux périmètres sont-ils égaux ? Et si $x = 7$?

3. À l'aide d'un tableur, créer une feuille de calcul comme ci-contre, qui déterminera les valeurs numériques de ces deux expressions littérales pour des valeurs de x fixées.
Quelle formule doit-on écrire dans la cellule B2 ? Et dans la cellule C2 ?

4. À la lecture de ce tableau, peut-on savoir s'il est possible que le triangle CDE et le rectangle ABCD aient le même périmètre ?

	A	B	C
1	Valeur de x	$x + 10$	$2 \times x + 4$
2	1		
3	2		
4	3		
5	4		
6	5		
7	6		
8	7		
9	8		
10	9		
11	10		

Activité 4 Démontrons !

Voici un programme de calcul.

- Choisir un nombre.
- Le multiplier par 1,1.
- Ajouter 8 au résultat.
- Soustraire le dixième du nombre de départ.
- Retrancher 7.

1. a. Appliquer ce programme avec le nombre 10.

b. Choisir deux autres nombres puis effectuer ce programme avec chacun d'eux.

c. Que remarque-t-on ? Quelle conjecture peut-on formuler ?

2.

Comment être sûr que cette conjecture est toujours vraie ? Nous ne pourrons jamais la tester avec tous les nombres, car il y en a une infinité !

Pour être sûr, on fait une démonstration. On effectue le programme de calcul en prenant comme nombre de départ un nombre quelconque noté x.

a. Écrire l'expression en fonction de x obtenue par Yanis.

b. Simplifier au maximum l'expression obtenue à la question précédente, puis conclure.

Cours

1 Enchainer des opérations

Convention

Calcul sans parenthèses

- Dans une expression ne comportant que des additions et des soustractions, ou que des multiplications et des divisions, on effectue les calculs de la gauche vers la droite.
- On effectue d'abord les multiplications et les divisions, puis les additions et les soustractions. On dit que **la multiplication et la division sont prioritaires par rapport à l'addition et à la soustraction.**

▸ Exemples

$A = 12 - 5 + 8$
$A = 7 + 8$
$A = 15$

$B = 40 \div 8 \times 10$
$B = 5 \times 10$
$B = 50$

$C = 23 + 6 \times 4$
$C = 23 + 24$
$C = 47$

Convention

Calcul avec parenthèses

- Dans une expression avec des parenthèses, on effectue d'abord les calculs entre parenthèses.
- Quand il y a plusieurs niveaux de parenthèses, on commence par les plus intérieures.
- À l'intérieur des parenthèses, on applique les priorités de calcul.
- Une expression qui figure au numérateur ou au dénominateur d'un quotient est considérée comme une expression entre parenthèses.

▸ Exemples

$D = 9 \times (7 + 4)$
$D = 9 \times 11$
$D = 99$

$E = 2{,}5 \times [7 - (5 - 3)]$
$E = 2{,}5 \times [7 - 2]$
$E = 2{,}5 \times 5$
$E = 12{,}5$

$F = \dfrac{9 + 5}{7}$
F peut aussi s'écrire $(9 + 5) \div 7$
$F = \dfrac{14}{7}$
$F = 2$

Définitions

- Le résultat d'une addition est une **somme**. Les nombres additionnés sont les **termes**.
- Le résultat d'une soustraction est une **différence**. Les nombres qui interviennent dans la soustraction sont les **termes**.
- Le résultat d'une multiplication est un **produit**. Les nombres multipliés sont les **facteurs**.
- Le résultat d'une division est un **quotient**.
- La nature d'une expression comportant plusieurs opérations est déterminée par l'opération à effectuer en dernier.

▸ Exemples

$25 + 3{,}5 = 28{,}5$: 25 et 3,5 sont les termes, 28,5 est la somme.

$38{,}7 - 12{,}4 = 26{,}3$: 38,7 et 12,4 sont les termes, 26,3 est la différence.

$7{,}3 \times 5 = 36{,}5$: 7,3 et 5 sont les facteurs, 36,5 est le produit.

$27 \div 6 = \dfrac{27}{6} = 4{,}5$: 4,5 est le quotient.

Dans l'expression $3 + 5 \times 4$, c'est l'addition qu'on effectue en dernier, car la multiplication est prioritaire. Cette expression est donc une **somme** : c'est la somme de 3 et du produit de 5 par 4.

Savoir-faire

Apprends à l'aide des exercices résolus puis entraine-toi !

1 Enchainer des opérations

1 Calculer $A = 27 - 5 + 4 - 8$ et $B = 32 - 15 \div 5$.

Solution

$A = 27 - 5 + 4 - 8$
$A = 22 + 4 - 8$
$A = 26 - 8$
$A = 18$

Comme il n'y a que des additions et des soustractions, on effectue les calculs de la gauche vers la droite.

$B = 32 - 15 \div 5$
$B = 32 - 3$
$B = 29$

On commence par la division car elle est prioritaire par rapport à la soustraction.

À toi de jouer

2 Calculer chaque expression.

$A = 48 + 3 - 7 + 14$

$B = 4 \times 6 \div 2 \times 3$

$C = 21 + 36 \div 6$

$D = 17 + 4 \times 8$

$E = 2 \times 8 - 3 \times 3$

$F = 2{,}5 + 3 \times 2 - 1{,}5$

→ Corrigé p. 308

3 Calculer $A = 98 - (43 + 4 \times 2)$ et $B = \dfrac{27 + 45}{23 - 15}$.

Solution

$A = 98 - (43 + 4 \times 2)$
$A = 98 - (43 + 8)$
$A = 98 - 51$
$A = 47$

On commence par effectuer le calcul entre parenthèses, en appliquant les priorités de calcul à l'intérieur de ces parenthèses.

$B = \dfrac{27 + 45}{23 - 15} = \dfrac{72}{8} = 9$

Il est également possible d'écrire ce calcul avec des parenthèses : $B = (27 + 45) \div (23 - 15)$.

On commence par effectuer séparément les calculs qui se trouvent au numérateur et au dénominateur.

À toi de jouer

4 Calculer chaque expression.

$A = 13 + (54 - 18 \times 2)$

$B = 47 + (78 - 48 \div 8)$

$C = \dfrac{54}{12 - 3}$ $\quad D = \dfrac{58 - 18}{13 + 7}$ $\quad E = \dfrac{3 \times 4}{2 + 8}$

→ Corrigé p. 308

5 **1.** Écrire le calcul qui permet d'obtenir la somme de 13 et du double de 9.
2. Traduire par une phrase l'expression :
$A = 11 - 27 \div 9$

Solution

1. Le calcul s'écrit :
$13 + 2 \times 9$

Le double correspond à une multiplication par 2.

2. A est la différence entre 11 et le quotient de 27 par 9.

La division est prioritaire : c'est donc la soustraction que l'on effectue en dernier.

À toi de jouer

6 **1.** Écrire les calculs qui permettent d'obtenir :
a. la somme de 15 et du triple de 7
b. la différence entre 28 et le double de 8
c. le produit de 10 par la somme de 3 et de 4
d. le quotient de 54 par le triple de 9
e. la différence entre 25 et le quotient de 24 par 4

2. Traduire les calculs suivants par une phrase.

$A = 14 + 7 \times 3$

$B = 26 - \dfrac{25}{5}$

$C = \dfrac{54}{14 - 5}$

→ Corrigé p. 308

2 Écrire et utiliser une expression littérale

Définition

Une **expression littérale** est une expression mathématique qui comporte une ou plusieurs lettres. Ces lettres désignent des nombres.

▸ Exemple 1

L'aire $\mathscr{A}$ d'un rectangle de longueur L et de largeur ℓ est donnée par l'expression littérale :

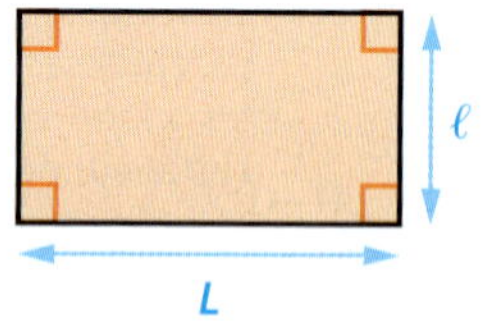

$$\mathscr{A} = L \times \ell$$

On appelle aussi cela une formule.

▸ Exemple 2

Un site internet vend des clés USB à 4 € l'unité et facture la livraison 3 €.
Le prix à payer dépend du nombre n de clés USB achetées.
On exprime ce prix P par l'expression littérale :

$$P = 4 \times n + 3$$

On dit que l'on exprime le prix P en fonction de n.

Méthode

Pour utiliser une expression littérale avec certaines valeurs, on remplace dans l'expression littérale toutes les lettres par leurs valeurs.

▸ Exemple 1

On veut calculer l'aire d'un rectangle de longueur 6 cm et de largeur 4 cm.
On remplace L par **6** et ℓ par **4** dans la formule $\mathscr{A} = L \times \ell$:

$$\mathscr{A} = L \times \ell$$
$$\mathscr{A} = 6 \times 4$$
$$\mathscr{A} = 24$$

L'aire d'un rectangle de longueur 6 cm et de largeur 4 cm est donc de 24 cm².

▸ Exemple 2

On reprend l'exemple 2 du paragraphe 1. On veut calculer le prix à payer si l'on achète 5 clés USB. On remplace n par 5 dans l'expression littérale $P = 4 \times n + 3$.

$$P = 4 \times n + 3$$
$$P = 4 \times 5 + 3$$
$$P = 20 + 3$$
$$P = 23$$

Ainsi, pour acheter 5 clés USB, il faudra payer 23 €.

Savoir-faire

Apprends à l'aide des exercices résolus puis entraine-toi !

2 Écrire et utiliser une expression littérale

7 Pour réaliser des travaux de peinture, l'entreprise Toucolor facture 100 € pour le matériel et les déplacements, puis 7 € par m^2 peint.

1. On note x le nombre de m^2 à peindre. Exprimer, en fonction de x, le prix à payer P pour réaliser des travaux de peinture.

2. Utiliser cette expression pour calculer le prix payé pour peindre 40 m^2.

Solution

1. $P = 7 \times x + 100$

On multiplie le nombre de m^2 par 7 et on rajoute les 100 € du matériel et des déplacements.

2. On remplace x par 40 dans la formule :

$$P = 7 \times x + 100$$

$P = 7 \times 40 + 100$
$P = 280 + 100$
$P = 380$

Le prix à payer pour peindre 40 m^2 est de 380 €.

À toi de jouer

8 L'entreprise Arc-en-ciel souhaite concurrencer l'entreprise Toucolor. Elle propose de facturer 9 € par m^2 de peinture sans frais supplémentaires.

1. On note x le nombre de m^2 à peindre. Exprimer, en fonction de x, le prix à payer P pour réaliser des travaux de peinture.

2. Utiliser cette expression pour calculer le prix payé pour peindre 40 m^2.

9 On donne la figure ci-dessous.

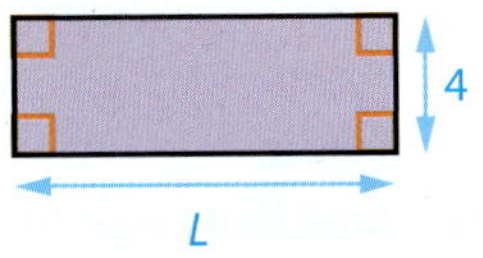

1. Exprimer le périmètre de ce rectangle en fonction de L.

2. Utiliser cette expression pour calculer ce périmètre si $L = 7$.

→ Corrigé p. 308

10 y désigne un nombre quelconque.
Exprimer à l'aide d'une expression littérale :

a. le double de y

b. le tiers de y

c. la somme de y et de 9

d. la différence de 10 et du produit de 8 par y

Solution

a. $2 \times y$ **b.** $y \div 3$ ou $\dfrac{y}{3}$ **c.** $y + 9$ **d.** $10 - 8 \times y$

À toi de jouer

11 r désigne un nombre quelconque.
Exprimer à l'aide d'une expression littérale :

a. le triple de r

b. le produit de r par 12

c. le quotient de r par 4

d. la différence entre le double de r et 5

e. la somme de 15 et du quotient de r par 6

→ Corrigé p. 308

12 Calculer la valeur de l'expression littérale $x \times (w - 5)$ pour :

a. $x = 4$ et $w = 8$ **b.** $x = 11$ et $w = 9$

Solution

a. $4 \times (8 - 5) = 4 \times 3 = 12$

b. $11 \times (9 - 5) = 11 \times 4 = 44$

Pour chaque question, on remplace x et w par les valeurs données.

À toi de jouer

13 **1.** Calculer l'expression littérale $h - 9 \times s$ pour :

a. $h = 25$ et $s = 2$

b. $h = 42$ et $s = 3$

2. Calculer l'expression littérale $t \div (v + 2)$ pour :

a. $t = 18$ et $v = 4$

b. $t = 35$ et $v = 5$

→ Corrigé p. 308

Cours

3 Tester une égalité

Définition

- Une **égalité** est constituée de deux membres séparés par un signe =.
- Une égalité est **vraie** quand les deux membres ont la même valeur.

Exemple

$$\underbrace{3 \times 7}_{\text{membre de gauche}} = \underbrace{15 + 6}_{\text{membre de droite}}$$

Cette égalité est vraie car les deux membres ont la même valeur : 21.

Propriété

Une égalité où interviennent des expressions littérales peut être vraie pour certaines valeurs attribuées aux lettres et fausse pour d'autres.

Exemple

On considère l'égalité $x + 2 = 8$.

- Si $x = 6$, cette égalité est vraie car $6 + 2 = 8$. ◀ Les deux membres ont la même valeur : 8.
- Si $x = 9$, cette égalité est fausse car $9 + 2 = 11$ et $11 \neq 8$. ◀ Le membre de gauche vaut 11 et le membre de droite vaut 8.

Méthode

Pour **tester si une égalité est vraie** pour des valeurs affectées aux lettres :
- on calcule le membre de gauche en remplaçant chaque lettre par le nombre donné ;
- on calcule le membre de droite en remplaçant chaque lettre par le nombre donné ;
- on observe si les deux membres sont égaux ou non ;
- on conclut.

Exemple 1

On veut tester l'égalité $x + 2 = 2 \times x - 3$ pour $x = 8$:

– membre de gauche :

$$x + 2 = 8 + 2 = 10$$

– membre de droite :

$$2 \times x - 3 = 2 \times 8 - 3 = 16 - 3 = 13$$

Comme $10 \neq 13$, les deux membres n'ont pas la même valeur donc l'égalité est fausse pour $x = 8$.

Exemple 2

On veut tester l'égalité $x + 2 = 2 \times x - 3$ pour $x = 5$:

– membre de gauche :

$$x + 2 = 5 + 2 = 7$$

– membre de droite :

$$2 \times x - 3 = 2 \times 5 - 3 = 10 - 3 = 7$$

Les deux membres ont la même valeur donc l'égalité est vraie pour $x = 5$.

Savoir-faire

Apprends à l'aide des exercices résolus puis entraine-toi !

3 Tester une égalité

14 On considère l'égalité $t+3=2\times t+1$.
Cette égalité est-elle vraie lorsque : **a.** $t=2$? **b.** $t=1$?

Solution

a. On teste l'égalité pour $t=2$:
- on remplace t par 2 dans le **membre de gauche** :
$$t+3=2+3=5$$
- on remplace t par 2 dans le **membre de droite** :
$$2\times t+1=2\times 2+1=5$$

Comme les deux membres ont la même valeur 5, l'égalité est vraie pour $t=2$.

b. On teste l'égalité pour $t=1$:
- on remplace t par 1 dans le **membre de gauche** :
$$t+3=1+3=4$$
- on remplace t par 1 dans le **membre de droite** :
$$2\times t+1=2\times 1+1=3$$

Comme $4\neq 3$, les deux membres n'ont pas la même valeur, l'égalité est fausse pour $t=1$.

À toi de jouer

15 On considère l'égalité $y+7=5\times y+3$. Cette égalité est-elle vraie lorsque : **a.** $y=3$? **b.** $y=1$?

→ Corrigé p. 308

16 On considère le triangle et le carré ci-dessous.
- L'aire du triangle est donnée par l'expression littérale $\frac{L\times 8}{2}$, soit $L\times 4$.

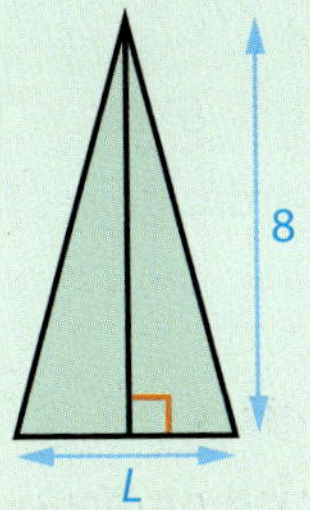

- L'aire du carré est donnée par l'expression littérale $L\times L$.

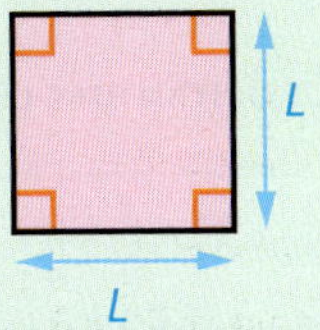

a. Que signifie géométriquement l'égalité $L\times 4=L\times L$?
b. Cette égalité est-elle vraie pour $L=5$?
c. Cette égalité est-elle vraie pour $L=4$?

Solution

a. L'égalité $L\times 4=L\times L$ signifie que l'aire du triangle est égale à celle du carré.

b. On teste cette égalité pour $L=5$:
- on remplace L par 5 dans le **membre de gauche** :
$$L\times 4=5\times 4=20$$
- on remplace L par 5 dans le **membre de droite** :
$$L\times L=5\times 5=25$$

Comme $20\neq 25$, les deux membres n'ont pas la même valeur, l'égalité est fausse pour $L=5$.

c. On teste cette égalité pour $L=4$:
- on remplace L par 4 dans le **membre de gauche** :
$$L\times 4=4\times 4=16$$
- on remplace L par 4 dans le **membre de droite** :
$$L\times L=4\times 4=16$$

Comme les deux membres ont la même valeur 16, l'égalité est vraie pour $L=4$.

Les aires sont donc égales pour $L=4$.

À toi de jouer

17 Les aires du triangle et du carré de l'exercice 16 sont-elles égales pour $L=3$?

→ Corrigé p. 308

Cours

4 Simplifier une expression littérale

Convention

Dans une expression littérale, on peut supprimer le signe $\times$ lorsqu'il est placé :
- devant ou derrière une lettre ;
- devant ou derrière une parenthèse.

Exemples
- $4 \times a = 4a$
- $a \times 4 = 4a$ et non $a4$
- $b \times c = bc$
- $5 \times (x + 4) = 5(x + 4)$

Cela se lit « 5 facteur de $x + 4$ ».

Remarques
- On ne peut pas supprimer le signe $\times$ entre deux nombres : $4 \times 5 \neq 45$.
- On écrit $1 \times a = a$ plutôt que $1a$.
- On écrit $0 \times a = 0$ plutôt que $0a$.

Définition

a désigne un nombre. On note :
- $a \times a = a^2$ (on lit « a au carré »)
- $a \times a \times a = a^3$ (on lit « a au cube »)

Exemples
- $5 \times 5 = 5^2$
- $7 \times 7 \times 7 = 7^3$

Propriété

a, b et x désignent trois nombres.
- Pour simplifier une somme, on peut utiliser l'égalité : $ax + bx = (a + b)x$.
- Pour simplifier une différence, on peut utiliser l'égalité : $ax - bx = (a - b)x$.
- Pour simplifier un produit de plusieurs facteurs, on peut modifier l'ordre de ses facteurs.

Exemples

$A = 3x + 2x$
$A = (3 + 2)x$
$A = 5x$

$B = 2{,}4x - 2{,}1x$
$B = (2{,}4 - 2{,}1)x$
$B = 0{,}3x$

$C = 2 \times x \times 7$
$C = 2 \times 7 \times x$
$C = 14 \times x = 14x$

Méthode

On peut utiliser les règles de simplification des expressions littérales pour démontrer certaines propriétés.

Exemple

On veut démontrer la propriété suivante : « La somme de deux nombres entiers consécutifs est impaire. » On note n un entier quelconque.

Le nombre entier qui suit s'obtient en lui ajoutant 1 : il s'écrit donc $n + 1$.

La somme de deux entiers consécutifs s'écrit donc $n + n + 1$, soit $2n + 1$.

Or $\mathbf{2n}$ désigne un multiple de 2, c'est-à-dire un nombre pair. Donc $\mathbf{2n + 1}$ désigne un nombre impair. On a ainsi démontré que, **pour tout entier n**, la somme de n et de l'entier qui le suit est impaire.

La propriété est donc bien démontrée pour tous les couples de nombres entiers consécutifs.

Savoir-faire

Apprends à l'aide des exercices résolus puis entraine-toi !

4 Simplifier une expression littérale

18 Simplifier les écritures des expressions littérales suivantes :

a. $2 \times x \times 7$ **b.** $t \times x$ **c.** $x \times x$ **d.** $x \times 4 \times x \times 2$

Solution

a. $14x$ **b.** tx
c. x^2 **d.** $2 \times 4 \times x \times x = 8x^2$

On peut supprimer le signe × devant ou derrière une lettre.

À toi de jouer

19 Simplifier les écritures des expressions littérales suivantes :

a. $w \times z$
b. $3 \times t \times 8$
c. $z \times z \times z$
d. $h \times 3 \times h \times 2$

→ Corrigé p. 308

20 Simplifier les sommes et différences suivantes :

a. $7y + 3y$ **b.** $24t - 10t$ **c.** $45s - 10s + 6s$

Solution

a. $7y + 3y = (7 + 3)y = 10y$ **b.** $24t - 10t = (24 - 10)t = 14t$
c. $45s - 10s + 6s = (45 - 10 + 6)s = 41s$

À toi de jouer

21 Simplifier les sommes et différences suivantes :

a. $9w - 4w$
b. $14x + 11x$
c. $27t + 5t - 3t$

→ Corrigé p. 308

22 Démontrer que, quel que soit le nombre positif x, les figures ci-dessous ont le même périmètre.

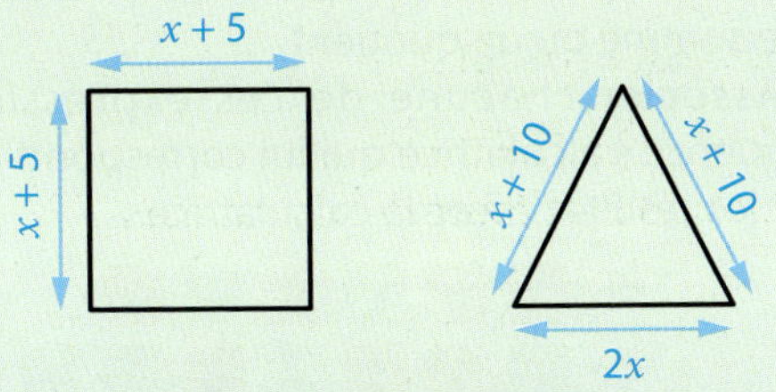

Tester l'égalité des périmètres en remplaçant x par tous les nombres positifs est impossible, car il y a une infinité de nombres positifs.
On doit exprimer chaque périmètre en fonction de x puis simplifier les expressions.

Solution

x désigne un nombre positif quelconque.

- Périmètre du carré :
$x + 5 + x + 5 + x + 5 + x + 5$
$= x + x + x + x + 5 + 5 + 5 + 5$
$= \mathbf{4x + 20}$
- Périmètre du triangle :
$x + 10 + x + 10 + 2x$
$= x + x + 2x + 10 + 10$
$= \mathbf{4x + 20}$

Les deux expressions littérales sont les mêmes donc, quelle que soit la valeur de x, ces deux figures ont le même périmètre.

À toi de jouer

23 Démontrer que les deux programmes de calcul ci-dessous donnent toujours le même résultat, quel que soit le nombre x choisi au départ.

Programme A
- Choisir un nombre.
- Le multiplier par 5.
- Ajouter 7.
- Soustraire le double du nombre de départ.

Programme B
- Choisir un nombre.
- Le multiplier par 2.
- Ajouter le nombre de départ.
- Ajouter 7.

→ Corrigé p. 308

Exercices

Ressources téléchargeables

Enchainer des opérations

→ Savoir-faire p. 49

QUESTIONS FLASH

24 Calculer mentalement :

$A = 47 - 10 + 2$ $\quad$ $B = 55 - 23 - 3$

$C = 24 \div 4 \times 2$ $\quad$ $D = 40 \div 8 \div 2$

25 Trois élèves ont effectué ce calcul : $2 + 3 \times 5 - 4$

• Qui a raison ?

26 Calculer mentalement :

$A = 1 + 2 \times 6$ $\quad$ $B = 9 \times 4 - 4$

$C = 42 - 9 \div 3$ $\quad$ $D = 10 + 25 \div 5$

27 Calculer mentalement :

$A = 29 - (5 + 6)$ $\quad$ $B = 36 \div (16 - 4)$

$C = \dfrac{8 + 10}{6}$ $\quad$ $D = \dfrac{9 + 6}{2 + 1}$

28 Dire si chacune des expressions suivantes est une somme, une différence, un produit ou un quotient.

$A = 16 - 2 \times 4$ $\quad$ $B = 45 \div (9 + 6)$

Questions flash supplémentaires

29 Effectuer les calculs suivants.

$A = 41 - 5 \times 3$ $\quad$ $B = 18 + 54 \div 9$

$C = 56 \div 7 - 5$ $\quad$ $D = 3 + 36 \div 3$

30 Mia a choisi 4,5 comme nombre de départ pour ce programme de calcul.

> Choisir un nombre.
> Ajouter 6,3.
> Multiplier le résultat par 10.

1. Laquelle de ces expressions permet de calculer le nombre obtenu par Mia ?

$A = 4{,}5 + 6{,}3 \times 10$ $\quad$ $B = 10 \times (4{,}5 + 6{,}3)$

2. Calculer ce nombre.

31 Effectuer les calculs suivants.

$A = 5 \times 7 - 3 \times 6$ $\quad$ $B = 8 + 33 \div 11 - 7$

$C = 45 - 35 \div 5 + 5$ $\quad$ $D = 6 + 7 \times 7 - 64 \div 8$

32 Effectuer les calculs suivants.

$A = \dfrac{14 + 28}{6}$ $\quad$ $B = \dfrac{25 + 10}{16 - 9}$

$C = 13 - \dfrac{24}{6} + 2$ $\quad$ $D = 11 + \dfrac{12}{20 - 8} - 7$

33 Compléter les égalités suivantes avec les signes × et ÷.

a. 30 … 2 … 3 = 20 $\quad$ **b.** 30 … 2 … 3 = 180

c. 30 … 2 … 3 = 5 $\quad$ **d.** 30 … 2 … 3 = 45

34 Calculer en détaillant les étapes.

$A = 39 - 3 \times (21 - 15)$ $\quad$ $B = (32 + 4) \div 4 + 7$

$C = 21 \times (27 - 24) \div 7$ $\quad$ $D = 24 + (7 + 5) \times 3$

35 Recopier les calculs suivants en supprimant les parenthèses qui sont inutiles, puis les effectuer.

$A = 7 + (4 \times 8)$ $\quad$ $B = (49 - 28) - 12$

$C = (4 \times 8) + 5 \times (14 - 9)$ $\quad$ $D = 57 - (4 \times 5) \div (9 - 7)$

36 **1.** Calculer $57 - 20 - 8 + 13$.

2. Placer des parenthèses dans $57 - 20 - 8 + 13$ pour trouver 58.

3. Placer des parenthèses dans $57 - 20 - 8 + 13$ pour trouver 16.

37 **1.** Sans utiliser la calculatrice, calculer chacune des expressions suivantes.

$A = \dfrac{16}{\dfrac{8}{2}}$ $\quad$ $B = 16 + \dfrac{8}{2}$ $\quad$ $C = \dfrac{16}{2} + 8$ $\quad$ $D = \dfrac{16 + 8}{2}$

2. Dire si chacune des expressions précédentes est une somme ou un quotient.

3. Associer chacune de ces expressions à la séquence-calculatrice qui lui correspond puis vérifier les résultats avec la calculatrice.

① 1 6 + 8 ÷ 2

② (1 6 + 8) ÷ 2

③ 1 6 ÷ 2 + 8

④ 1 6 ÷ 8 ÷ 2

MODE EXPERT

38 CALCUL MENTAL Calculer en détaillant les étapes.

$A = 39 - 7 \times 2 + 3 \times (15 - 3)$

$B = 225 - [(15 + 7) \times 10 - 53]$

$C = [54 + 3 \times (21 - 8) - 35 \div 7] \div (13 - 5)$

39 CALCUL MENTAL Compléter avec les signes +, –, × ou ÷ pour que chacune des égalités soit vraie.

a. 4 … 4 … 4 … 4 = 24 $\quad$ **b.** 4 … 4 … 4 … 4 = 15

c. 4 … 4 … 4 … 4 = 16 $\quad$ **d.** 4 … 4 … 4 … 4 = 2

Écrire et utiliser une expression littérale

→ Savoir-faire p. 51

QUESTIONS FLASH

40 x désigne un nombre quelconque.
Exprimer à l'aide d'une expression littérale :
a. la somme de x et de 5
b. le produit de 13 par x
c. le quotient de x par 7
d. la différence entre 25 et x

41 t désigne un nombre quelconque.
Exprimer à l'aide d'une expression littérale :
a. le double de t **b.** la moitié de t
c. le quadruple de t **d.** le triple de t

42 Calculer chaque expression littérale pour $x = 2$.
a. $x + 8$ **b.** $45 - x$ **c.** $5 \times x - 3$

43 Calculer l'expression littérale $6 \times w - 12$ pour :
a. $w = 4$ **b.** $w = 2$

44 Calculer l'expression littérale $0{,}1 \times (9 - k)$ pour :
a. $k = 3$ **b.** $k = 5$

45 À l'aide d'une expression littérale, exprimer l'aire de chaque figure ci-dessous :

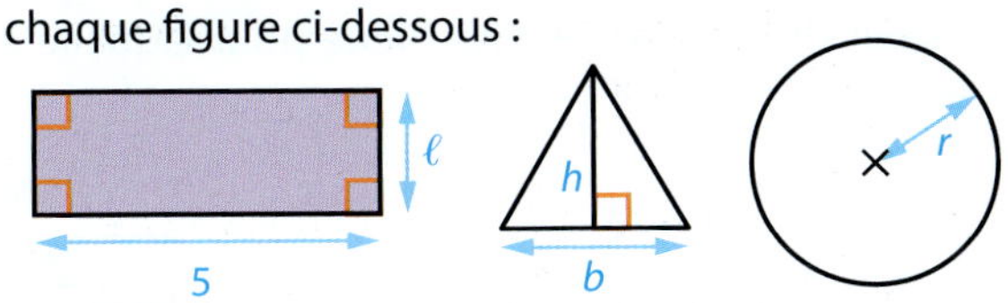

Questions flash supplémentaires

46 Calculer la valeur de l'expression $s \times (4 + s)$ pour :
a. $s = 1$ **b.** $s = 10$ **c.** $s = 11$

47 Calculer la valeur de l'expression $5 \times f - 12 \div h$ pour :
a. $f = 4$ et $h = 6$ **b.** $f = 7$ et $h = 3$

48 Voici un programme de calcul. En notant x le nombre choisi au départ, exprimer le nombre obtenu avec ce programme à l'aide d'une expression littérale.

> Choisir un nombre.
> Le multiplier par 4.
> Ajouter 7.

49 Deux élèves ont calculé l'expression $5 + m \times p - p$ pour $m = 7$ et $p = 3$.

1. L'un des deux élèves a-t-il la bonne réponse ?
2. Expliquer la ou les erreurs commises.

50 Exprimer le périmètre P de chacune des figures en fonction de x.

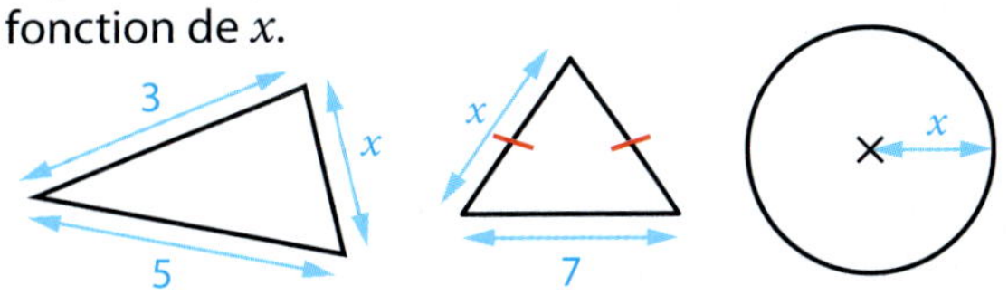

51 Exprimer la longueur AB en fonction de x.

a.
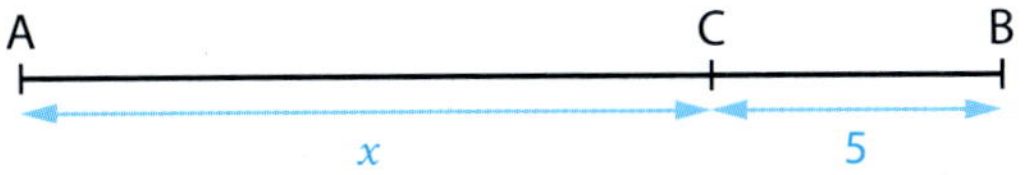

b.
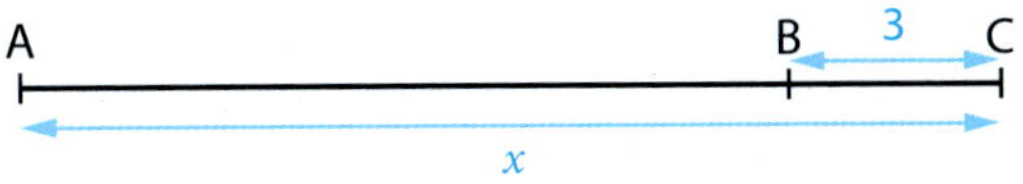

c.

d.
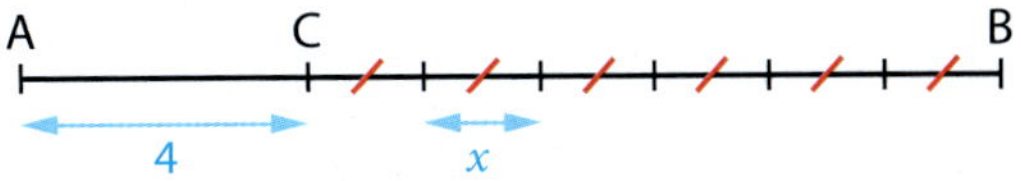

e.
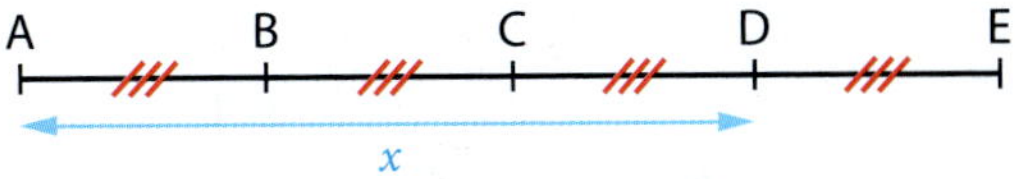

52 On note p le prix d'un paquet de bonbons.
1. Une bouteille de soda coute 1 € de moins que le paquet de bonbons. Exprimer le prix de la bouteille de soda en fonction de p.
2. Une tablette de chocolat coute trois fois moins cher que le paquet de bonbons. Exprimer le prix de la tablette de chocolat en fonction de p.
3. Un paquet de sucettes coute 2 € de plus que le paquet de bonbons. Exprimer le prix du paquet de sucettes en fonction de p.
4. Lucas achète une bouteille de soda, une tablette de chocolat et un paquet de sucettes. Exprimer sa dépense totale en fonction de p.

53 w désigne un nombre quelconque. Pour chaque énoncé, retrouver l'expression littérale qui lui correspond.

La somme du produit de w par 7 et de 5.	$(w - 7) \times 5$
Le quotient de 7 par la somme de w et de 5.	$w - \dfrac{7}{5}$
La différence entre w et le quotient de 7 par 5.	$\dfrac{7}{w + 5}$
Le produit de 5 par la différence entre w et 7.	$w \times 7 + 5$

Exercices

MODE EXPERT

54 On considère l'hexagone ABCDEF ci-dessous.

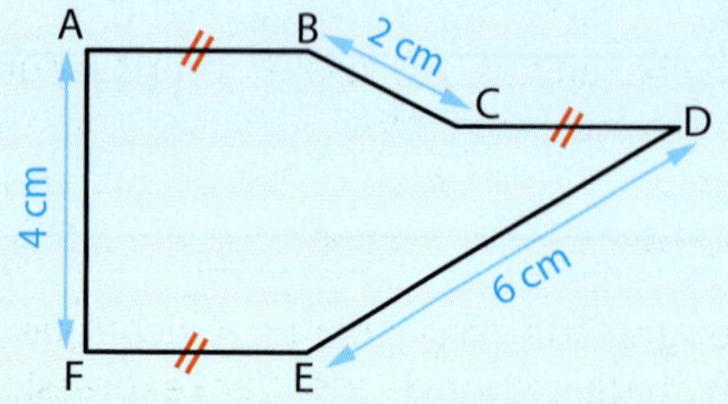

1. Calculer le périmètre de cette figure dans le cas où AB = 3,5 cm.

2. Quelle doit être la longueur du segment [AB] pour que le périmètre soit égal à 72 cm ? Expliquer la démarche.

55 L'aire d'un trapèze est égale à la moitié du produit de la somme de ses bases par sa hauteur.

1. Traduire la formule de l'aire du trapèze à l'aide d'une formule littérale utilisant b, B et h.

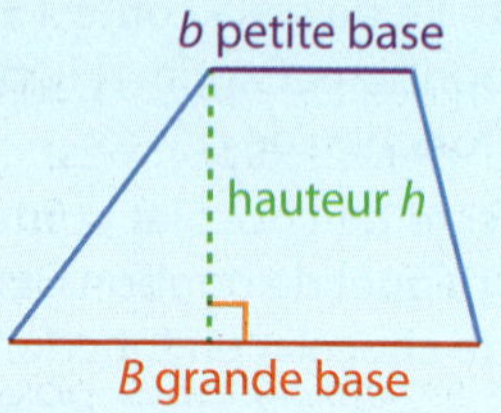

2. Calculer l'aire d'un trapèze tel que
$b = 5$ cm, $B = 7$ cm et $h = 4$ cm.

Tester une égalité

→ Savoir-faire p. 53

QUESTIONS FLASH

56 Dans chaque cas, dire s'il s'agit d'une égalité.
a. $x + 9 = 13$ **b.** $y - 8$ **c.** $5 + 3 \times 4 = 17$ **d.** $t < 2$

57 **Vrai ou faux ?**
Dans chacun des cas suivants, dire si l'égalité est vraie pour la valeur donnée. Justifier la réponse.
a. $x + 15 = 17$ pour $x = 2$
b. $t - 2 = 10$ pour $t = 8$
c. $7 \times s = 8$ pour $s = 1$
d. $5 \times y + z \div 2 = 17$ pour $y = 3$ et $z = 4$

58 Dans chacun des cas suivants, trouver une valeur de x pour laquelle l'égalité est vraie.
a. $x + 3 = 8$ **b.** $x - 7 = 3$ **c.** $x \times 8 = 56$

59 Dans chacun des cas suivants, dire si l'égalité est vraie pour $t = 2$. Justifier la réponse.
a. $4 \times t = 42$ **b.** $t + 10 = 3 \times t$

60 Le périmètre P d'un rectangle de longueur L et de largeur ℓ est donné par la formule $(L + \ell) \times 2$.
Les affirmations suivantes sont-elles vraies ?
a. Si $L = 5$ cm et $\ell = 3$ cm, alors $P = 16$ cm.
b. Si $L = 7$ cm et $\ell = 2$ cm, alors $P = 28$ cm.

Questions flash supplémentaires

61 Dans chacun des cas suivants, dire si l'égalité est vraie ou fausse pour la valeur proposée et justifier la réponse.
a. $15 + n = 2 \times n + 1$, pour $n = 7$
b. $3 \times (n + 4) = 5 \times n - 6$, pour $n = 3$
c. $2 \times (n + 1) = n + 7$, pour $n = 5$

62 On considère l'égalité suivante :
$$10 \times x - 2 = 48 - 15 \times x$$
Dans chacun des cas suivants, dire si elle est vraie ou fausse et justifier la réponse.
a. Pour $x = 3$ **b.** Pour $x = 2$ **c.** Pour $x = 1$

63 Associer chaque égalité de la colonne orange à la valeur de y de la colonne bleue pour laquelle elle est vraie.

$y \times 5 - 9 = 2 \times y$	$y = 1$
$y \times y = 2 \times y$	$y = 2$
$4 \times y - 7 = y \div 2 + 7$	$y = 3$
$6 \times (y + 1) = 8 \times y + 4$	$y = 4$

64 Dans chacun des cas suivants, dire si l'égalité est vraie ou fausse pour les valeurs proposées et justifier.
a. $1 + x = 2 \times y - 1$, pour $x = 2$ et $y = 2$
b. $2 \times (a + 1) = (b - 1) \times 3$, pour $a = 5$ et $b = 6$
c. $k \times (n + 1) = n + k$, pour $k = 1$ et $n = 2$

65 On considère l'égalité :
$$2 \times (b + 3) = b + 10$$
• Parmi les étiquettes suivantes, choisir celle qui contient une affirmation correcte.

① L'égalité est vraie pour $b = 3$, mais fausse pour $b = 4$.

② L'égalité est fausse pour $b = 4$ et pour $b = 3$.

③ L'égalité est vraie pour $b = 4$, mais fausse pour $b = 3$.

66 Pour son entrée en classe de 5e, Hugues a acheté 7 cahiers et 3 classeurs. Il a payé 27,80 €.
Ne se souvenant plus du prix de ses fournitures, il écrit :

$$7 \times x + 3 \times y = 27{,}80$$

1. Que représentent x et y dans cette expression littérale ?

2. Est-il possible que :
a. $x = 2{,}30$ et $y = 2{,}70$? **b.** $x = 2{,}90$ et $y = 2{,}50$?

MODE EXPERT

67 **1.** Vérifier que l'égalité $7 \times x + 5 = 3 \times x + 8$ est fausse pour $x = 2$.

2. Modifier un chiffre dans cette expression pour qu'elle devienne vraie pour $x = 2$.

3. Compléter l'égalité suivante pour qu'elle soit vraie pour $x = 2$.

$$\ldots \times x + 3 = x \times x + 7$$

68 Le triple d'un nombre diminué de 7 est égal à son double augmenté de 5. Ce nombre peut-il être :
a. 8 ? **b.** 9 ? **c.** 12 ? **d.** 15 ?

Simplifier une expression littérale

→ Savoir-faire p. 55

QUESTIONS FLASH

69 Les affirmations suivantes sont-elles vraies ?
a. $5x$ est une écriture simplifiée de $5 \times x$
b. $3xy$ est une écriture simplifiée de $x \times 3 \times y$
c. $5f$ est une écriture simplifiée de $f + f + f + f + f$
d. x^2 est une écriture simplifiée de $x \times 2$
e. $8x$ est une écriture simplifiée de $6x + 2x$
f. x^3 est une écriture simplifiée de $x \times x \times x$
g. $3x$ est une écriture simplifiée de $5x - 2$

70 t désigne un nombre quelconque.
Exprimer à l'aide d'une expression littérale la plus simple possible :
a. le double de t **b.** le produit de t par 8
c. le produit de t par lui-même

71 Dans chacun des cas, proposer une écriture plus simple.
a. $6 \times y$ **b.** $s \times 7$ **c.** $3 \times z \times 5$
d. $1 \times x$ **e.** $c \times c \times 5$ **f.** $4 \times a \times 5 \times b$

72 Dans chacun des cas, réintroduire le ou les signes × qui ont été supprimés et dire si l'expression est une somme, une différence ou un produit.
a. y^2 **b.** $32a$ **c.** $56abc$
d. $3x + 75$ **e.** $3z^2$ **f.** $7c - 8d$

Questions flash supplémentaires

73 Dans chacun des cas, proposer une écriture plus simple.
a. $p \times 6$ **b.** $s \times s \times s$ **c.** $0 \times z$
d. $6 \times (w + 3)$ **e.** $8y + 7y$ **f.** $4a \times 2 \times a$

74 Dans chacun des cas, proposer, si cela est possible, une écriture plus simple.
a. $x + x + x$ **b.** $3 + 5x$ **c.** $3s + 4s$
d. $9t - 5t$ **e.** $8y + 3x$ **f.** $10a - 9 \times a$

75 Dans chacun des cas suivants, proposer une écriture la plus simple possible.
a. $4 \times x \times 3 + 7 \times x$ **b.** $5a + 3b + 7a$
c. $w + 2w + 7 \times w - 3 \times w$ **d.** $5 \times y \times 3 \times z$

76 n désigne un nombre entier quelconque.
Pour chaque énoncé, associer l'expression littérale qui lui correspond.

Le nombre entier qui précède n.	n^2
Le double de n.	$n + 1$
Le nombre entier qui succède à n.	$n - 1$
Le triple de n.	$2n$
Le carré de n.	$3n$

77 Dans chacun des cas suivants, réintroduire le ou les signes × qui ont été supprimés.
$A = 5(x - 3)$ $B = 5a(3a - b)$
$C = 3x^2(8x + 5)$ $D = 3z(4a - 5b)$

78 Tout objet en mouvement possède une énergie appelée énergie cinétique, notée E. Si m est la masse de l'objet en kg et v est sa vitesse en m/s, son énergie cinétique en joules (J) est donnée par la formule :

$$E = \frac{mv^2}{2}$$

• Calculer l'énergie cinétique d'un objet de masse 12 kg ayant une vitesse de 4 m/s.

MODE EXPERT

79 **1.** Simplifier au maximum chaque écriture.
a. $7a + a^2 - 4a + a^2$ **b.** $3z \times z + z \times z$
c. $4x \times y \times x \times y \times x$
d. $3a + 7b + 4c - 2b + 8a - 3c$

2. Dire si chacune de ces expressions simplifiées est une somme, une différence ou un produit.

80 Traduire chaque énoncé par une expression littérale.
a. La somme du double de y et de la différence entre y et 3.
b. La différence entre le triple de x et le quotient de y par 2.
c. Le quotient de la différence de x et du double de y par la somme entre x et 3.

Problèmes

ceinture jaune — ceinture verte — ceinture noire

85 CALCUL MENTAL Sucreries
Calculer

Elsa achète 5 sucettes à 0,70 € pièce et 6 colliers de bonbons à 0,80 € chacun.

1. Que représente le calcul $5 \times 0{,}70$?
2. Que représente le calcul $6 \times 0{,}80$?
3. Écrire un enchainement d'opérations permettant de calculer sa dépense totale.
4. Effectuer ce calcul et conclure.

86 Croisière
Calculer

Une croisière promenade en bateau-mouche est proposée aux tarifs ci-dessous.

TARIFS
Adulte : 13,50 €
Enfant : 6 €

La recette R, en euros, pour une croisière promenade est donnée par la formule :

$$R = 13{,}50 \times A + 6 \times E$$

1. Que désignent A et E dans cette formule ?
2. Calculer la recette d'une croisière promenade :
a. lorsqu'il y a 113 adultes et 96 enfants
b. lorsqu'il y a 275 adultes et 167 enfants

87 Balistique
Calculer

Lorsqu'une balle de pistolet est tirée en l'air, la hauteur maximale h qu'elle peut atteindre est donnée par la formule :

$$h = v \times v \div 19{,}62$$

où v désigne la vitesse initiale du tir (la hauteur h est exprimée en mètres et la vitesse v en mètres par seconde).

1. Calculer la hauteur atteinte par une balle tirée à 700 m/s.
2. Sachant que la limite entre l'atmosphère et l'espace est à environ 100 km d'altitude, une balle tirée à 1 500 m/s pourrait-elle, théoriquement, entrer dans l'espace ?

88 C'est la rentrée !
Calculer, Communiquer

1. Calculer l'expression :

$$59 + 5 \times 1{,}50 + 3{,}75 \times 4 + 1{,}75 \times 2 + 4$$

2. Cette expression répond au problème ci-après ; le recopier et le compléter.

Charlotte a fait des courses pour la rentrée scolaire. Elle a acheté cinq cahiers à … l'un, deux feutres à … pièce, une trousse à …, quatre lots de stylos à … le lot et un cartable.

3. Combien coute son cartable ?
4. Combien a-t-elle dépensé ?
5. Inventer une situation problème dont la résolution correspond au calcul ci-dessous :

$$50 - 5 \times 4 + 9 \div 3$$

89 La fusée
Calculer

Dès les premiers instants après le décollage, la hauteur h, en mètres, à laquelle se trouve une fusée t secondes après son lancement est donnée par la formule :

$$h = 3{,}9t^2 + 60t$$

À quelle hauteur se trouve la fusée :
a. 3 s après le lancement ?
b. 5 s après le lancement ?

90 Sportif !
Calculer

Lors d'un raid nature, Samuel doit courir 3 boucles de 3,2 km chacune dans un bois, puis effectuer 5 tours de 4,5 km au bord d'un lac en VTT et terminer par une descente de rivière en canoë. Le raid totalise 39,7 km.

• Quelle distance Samuel doit-il parcourir en canoë ? Écrire les calculs à l'aide d'une seule expression en n'utilisant que les nombres écrits dans l'énoncé.

91 Programme de calcul
Calculer, Modéliser

Voici un programme de calcul.

> Choisir un nombre.
> Le multiplier par 5.
> Ajouter 8.

1. Calculer le résultat si le nombre choisi est 4.
2. Compléter le script ci-dessous correspondant à ce programme.

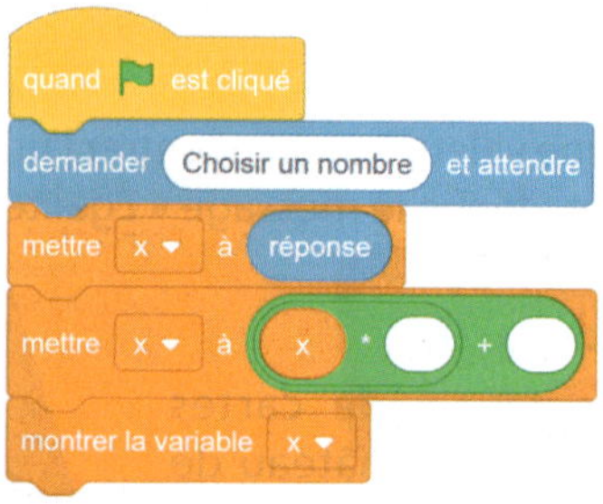

3. Écrire une expression littérale traduisant ce programme.
4. Quel nombre doit-on choisir au départ pour que le résultat soit égal à 58 ?

92 CALCUL MENTAL Nombre mystère

Calculer, Modéliser

« Je suis un nombre. Augmenté de 7, j'égale mon triple. Qui suis-je ? »
On note w ce nombre.

1. Parmi les égalités ci-dessous, laquelle traduit la description du nombre ?

a. $w \times 7 = 3 + w$
b. $w - 7 = 3 \times w$
c. $w + 7 = 3 \times w$

2. Voici cinq nombres : 2 ; 2,5 ; 3 ; 3,5 ; 4.
Certains peuvent-ils être le nombre mystère ?

93 La grotte de Lascaux

Calculer

490 000 visiteurs sont venus découvrir le nouveau centre international d'art pariétal Lascaux 4 en 2018. La majorité de la fréquentation était composée d'enfants (290 000 dont 30 000 âgés de moins de 5 ans).

- En n'utilisant que les nombres écrits dans l'énoncé, écrire un enchainement d'opérations permettant de calculer la recette totale de 2018, puis effectuer les calculs.

94 Numéros surtaxés

Calculer, Modéliser

En France, les numéros d'appel commençant par 089 ont le tarif suivant : 0,79 € par appel, puis 0,35 € par minute.

1. Combien coute un appel de 10 minutes vers un numéro commençant par 089 ? Et un appel de 30 minutes ?

2. On appelle d la durée en minutes d'un appel vers ce type de numéro. Exprimer, en fonction de d, le cout total d'un appel d'une durée de d minutes.

95 Recyclage

Calculer, Raisonner

En France, la consommation de canettes de soda est d'environ 150 canettes par seconde.

1. Alex affirme que si l'on empilait les unes sur les autres toutes les canettes consommées en France pendant une année, on atteindrait la Lune !
Sachant que la hauteur d'une canette est d'environ 11,6 cm et que la distance Terre-Lune est de 384 400 km, Alex a-t-il raison ?

2. Une canette peut être recyclée à l'infini. On estime qu'environ 60 % des canettes sont recyclées en France. Si l'on recycle 670 canettes, on récupère la quantité d'aluminium nécessaire à la fabrication d'un vélo.
Au bout d'un an, combien peut-on fabriquer de vélos avec le recyclage des canettes en France ? Écrire un enchainement d'opérations conduisant au résultat.

96 Égalité de périmètres

Calculer, Modéliser

On considère le rectangle et le carré ci-dessous.

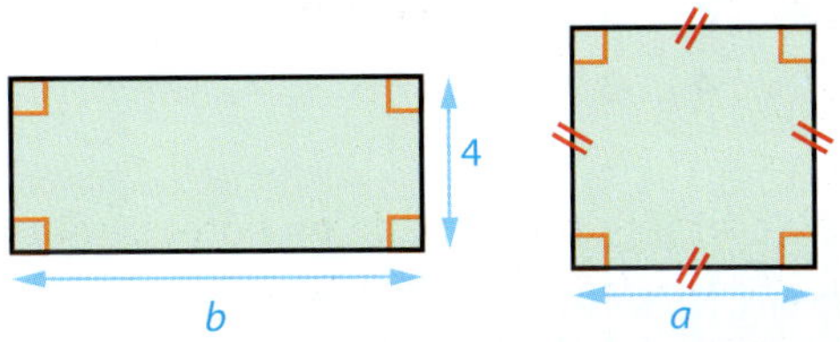

1. Exprimer le périmètre du rectangle en fonction de b et celui du carré en fonction de a.

2. Écrire l'égalité obtenue lorsque les périmètres des deux figures sont égaux.

3. Trouver une valeur de a et une valeur de b pour lesquelles cette égalité est vraie.

97 CALCUL MENTAL Histoire d'âges

Calculer, Modéliser

Amy a trois ans de moins que Sofian et Léa a 4 ans de plus que Sofian. On appelle s l'âge de Sofian.

1. Exprimer les âges d'Amy et de Léa en fonction de s.

2. Est-il possible qu'Amy ait 10 ans, Léa 17 ans et Sofian 13 ans ? Justifier.

3. Quel âge a chaque fille si Sofian a 15 ans ?

4. Exprimer la somme des âges des trois enfants en fonction de s. Si cette somme est égale à 34, quel est l'âge de Sofian ? Et celui de Léa et d'Amy ?

98 Laser game

Communiquer, Modéliser

Tim aime beaucoup aller jouer avec ses amis au *laser game*. Voici les offres proposées par la salle de jeux :

- Offre 1 : 9 € par partie
- Offre 2 : un abonnement de 30 € pour l'année et 7 € par partie

1. On note p le nombre de parties jouées par an. Écrire le cout de chaque offre en fonction de p.

2. Tim voudrait savoir à partir de combien de parties jouées par mois il a intérêt à choisir de s'abonner.
Pour cela, il utilise un tableur :

	A	B	C	D	E	F	G
1	Nombre de parties	10	12	14	15	16	18
2	Offre 1	90	108	126	135	144	162
3	Offre 2	100	114	128	135	142	156

a. Quelles formules a-t-il entrées en B2 et B3 ?
b. Aider Tim à prendre sa décision.

Problèmes

99 Missing signs

Calculer

Complete the equalities below using the signs +, −, ×, ÷ and (…).

a. 5 … 4 … 3 … 2 … 1 = 0

b. 5 … 4 … 3 … 2 … 1 = 1

c. 5 … 4 … 3 … 2 … 1 = 2

d. 5 … 4 … 3 … 2 … 1 = 3

e. 5 … 4 … 3 … 2 … 1 = 4

f. 5 … 4 … 3 … 2 … 1 = 5

100 Températures

Calculer, Modéliser

Aux États-Unis, les températures sont exprimées en degrés Fahrenheit (°F) alors qu'en France, elles sont exprimées en degrés Celsius (°C).

Pour convertir les degrés Fahrenheit en degrés Celsius, voici le programme de calcul à effectuer :

> Choisir le nombre en degrés Fahrenheit.
> Retrancher 32.
> Multiplier le résultat par 5.
> Diviser le nombre obtenu par 9.

1. En 1953, Ray Bradbury a écrit un livre intitulé *Fahrenheit 451*.
À quelle température en °C cela correspond-il ? Pourquoi a-t-il choisi ce titre ?

2. Voici deux scripts permettant de convertir des températures.

Script 1

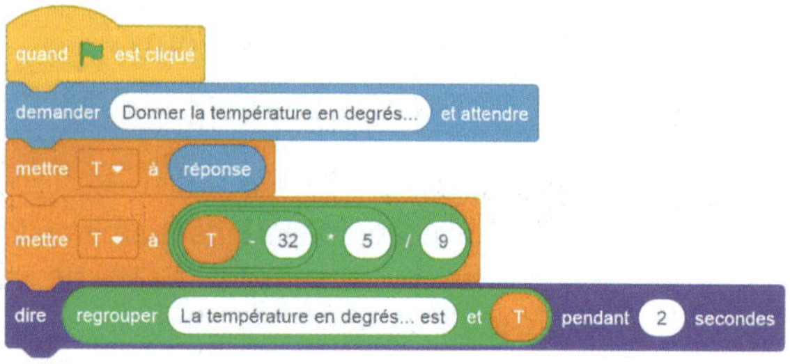

Script 2

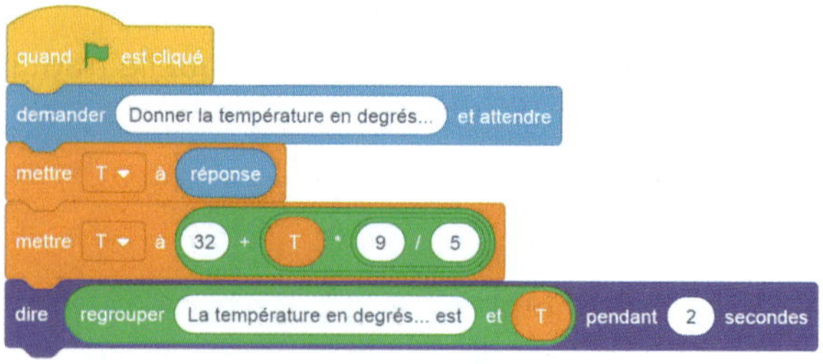

a. Lequel correspond au programme de calcul présenté précédemment ? Le compléter.

b. Traduire l'autre script par une expression littérale et en déduire une formule permettant de convertir des degrés Celsius en degrés Fahrenheit.

101 CALCUL MENTAL Qui dit vrai ?

Calculer, Raisonner

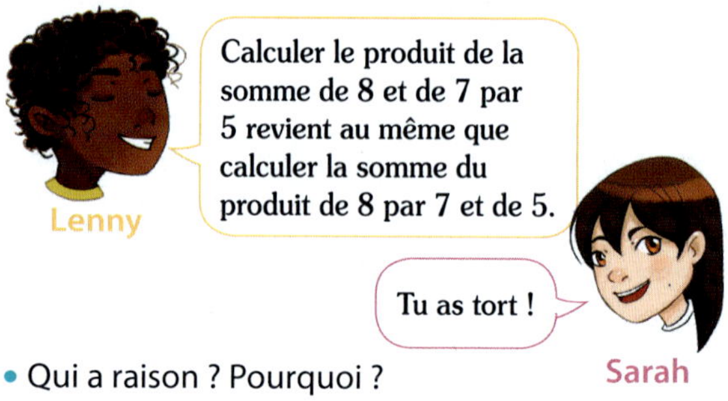

• Qui a raison ? Pourquoi ?

102 CALCUL MENTAL Programme de calcul

Chercher, Raisonner

Voici un programme de calcul :

> Choisir un nombre.
> Le multiplier par 2.
> Ajouter 8 au résultat.
> Soustraire le double du nombre de départ.

1. Appliquer ce programme avec le nombre 5, puis avec deux autres nombres au choix.

2. Quelle conjecture peut-on formuler ?

3. On choisit x comme nombre de départ. Écrire le résultat de ce programme de calcul en fonction de x.

4. Simplifier l'écriture littérale obtenue. Conclure.

DÉFIS & ÉNIGMES

103 Chocolat

Franck mange 4 carrés de chocolat noir chaque jour, sauf les jours où il joue au basket. Ces jours-là, il en mange le double. En 10 jours, il a mangé 4 tablettes de chocolat de 16 carrés chacune.

• Combien de jours a-t-il joué au basket ?

104 Le compte est bon

Écrire une expression comportant une suite d'opérations qui permet d'obtenir 9 comme résultat avec les nombres suivants :

15 ; 3 ; 4 ; 50 ; 10

Règle du jeu : tous les nombres doivent être utilisés une seule fois chacun.

105 Prismes droits

Modéliser, Communiquer

Prise d'initiative

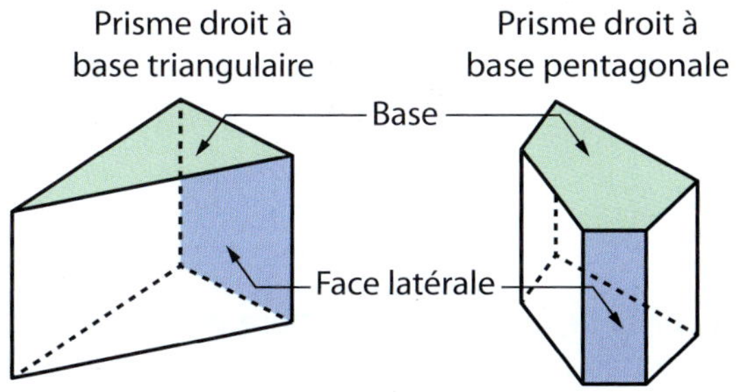

Amir a trouvé une méthode pour calculer le nombre de faces, d'arêtes et de sommets d'un prisme droit quand on connait le nombre de côtés du polygone de base. Il veut exposer rapidement et clairement sa méthode à ses camarades.

1. Trouver et rédiger une méthode qu'Amir pourrait présenter à la classe.

Voir point info p. 45.

2. La base d'un prisme droit est un polygone à 27 côtés. Quel est le nombre de faces, d'arêtes et de sommets de ce prisme droit ?

106 L'aquarium

Calculer

Un aquarium a la forme d'une calotte sphérique, c'est-à-dire une sphère tronquée. Cette calotte a pour centre O, pour rayon $R = 12$ cm et pour hauteur $h = 19{,}2$ cm.

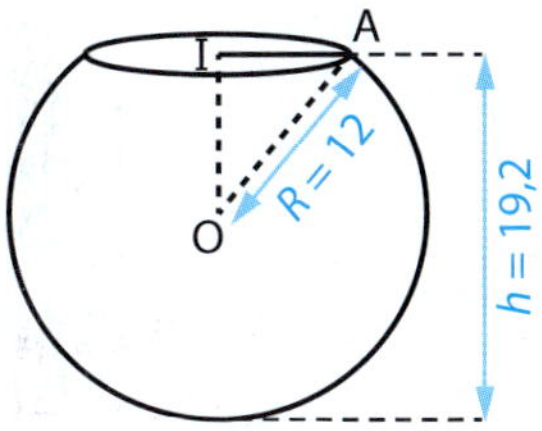

Le volume d'une calotte sphérique est donné par la formule $V = \dfrac{\pi h^2}{3}(3R - h)$ où R est le rayon de la sphère et h la hauteur de la calotte sphérique.

1. Calculer le volume de cet aquarium.

2. Combien de bouteilles d'un litre d'eau sont nécessaires pour remplir l'aquarium à ras bord ?

107 Demi-cercles

Calculer, Raisonner

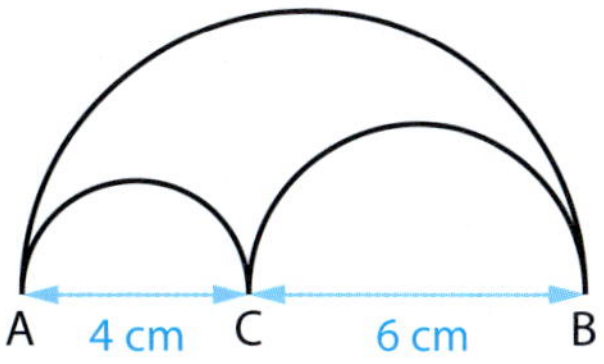

1. Naomi calcule la longueur arrondie au dixième de chacun des trois demi-cercles.
Écrire et effectuer ses calculs.

2.

Expliquer pourquoi Alix a raison.

3. Refaire les calculs de la question 1 en exprimant les résultats en fonction de π. Conclure.

MISSION DÉMONSTRATION

Raisonnement — Démontrer qu'une affirmation est vraie ou fausse

Le calcul littéral permet de prouver que certaines affirmations sont vraies pour tous les nombres grâce à l'emploi de lettres qui désignent n'importe quel nombre. Pour montrer qu'une affirmation est fausse, il suffit de trouver un exemple qui la contredit, appelé **contre-exemple**.

108 Trois élèves débattent.
Benjamin : « n^2 est toujours égal à $2n$. »
Morgane : « Non, ce n'est pas vrai ! »
Alice : « Si, j'ai vérifié en remplaçant n par 0 ! Et je l'ai fait aussi avec 2 et c'est encore vrai ! »

Pour contredire l'affirmation de Benjamin, il suffit de trouver un exemple pour lequel cette égalité est fausse : on appelle cela un contre-exemple.

1. Qui a raison ?

2. Tester l'égalité avec le nombre 3 et conclure.

109 **1. a.** Choisir trois nombres entiers consécutifs et effectuer leur somme. Recommencer avec trois autres nombres consécutifs.

b. Par quel nombre entier différent de 1 ces deux sommes sont-elles divisibles ? Tester à nouveau sur deux autres exemples. Le constat est-il encore vrai ?

c. En déduire une conjecture sur la somme de trois entiers consécutifs.

On n'a pas trouvé de contre-exemple ; on peut émettre une conjecture.

2. Pour démontrer cette conjecture, on appelle n le deuxième entier.

a. Comment peut-on écrire l'entier qui précède n ? Comment peut-on écrire l'entier qui suit n ?

b. Exprimer en fonction de n la somme de trois nombres entiers consécutifs puis simplifier cette expression littérale.

c. La conjecture est-elle démontrée ?

Travailler autrement

Utilisable en AP

À chacun son parcours !

110 Résolution de problème

Socle D1 J'utilise les langages formels (lettres) propres aux mathématiques.

Socle D4 Je pratique le calcul.

Un créateur de bijoux réalise des bracelets en disposant des perles de trois couleurs différentes selon un motif bien précis qu'il enchaine plusieurs fois. Il ajoute deux perles jaunes à chaque extrémité du bracelet pour fixer la fermeture du bracelet.

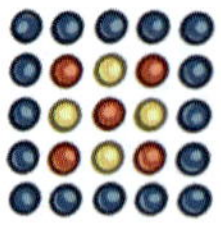

Le motif

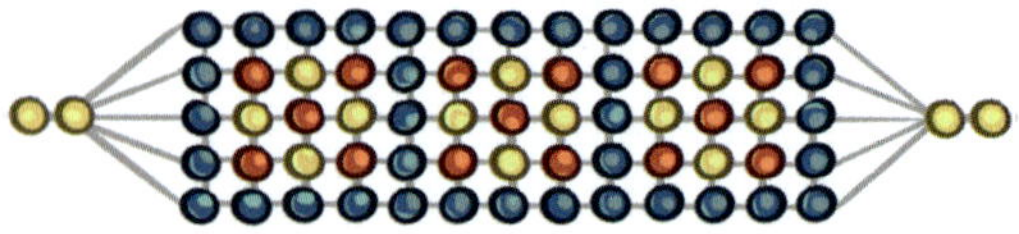

Un bracelet avec trois motifs

Questions ceinture jaune

1. Combien faut-il de perles jaunes pour un bracelet qui contient :
a. 3 motifs ?
b. 4 motifs ?
c. 7 motifs ?

2. Soit n le nombre de motifs (n est un entier supérieur ou égal à 1). Exprimer le nombre de perles jaunes en fonction de n.

Questions ceinture verte

1. Combien faut-il de perles jaunes et de perles rouges pour un bracelet qui contient 2 motifs ? 6 motifs ?
2. Soit n le nombre de motifs (n est un entier supérieur ou égal à 1). On appelle A le nombre de perles rouges et B le nombre de perles jaunes. Exprimer A et B en fonction de n.
3. On considère l'égalité $A = B$.
a. Écrire cette égalité à l'aide de la lettre n.
b. Tester cette égalité pour $n = 3$ puis pour $n = 4$.
c. Dans chaque cas, que peut-on en conclure concernant le nombre de perles rouges et le nombre de perles jaunes ?

Questions ceinture noire

1. Combien faut-il de perles bleues pour un bracelet qui contient 1 motif ? 2 motifs ? 4 motifs ?
2. Soit n le nombre de motifs (n est un entier supérieur ou égal à 1). Exprimer le nombre de perles bleues en fonction de n.
3. Les bracelets comportent tous un nombre entier de motifs. Un bracelet peut-il contenir exactement 105 perles bleues ? 115 perles bleues ? Si oui, déterminer le nombre de motifs.

Tu peux t'aider d'un tableur !

111 Analyse de documents

Socle D1 Je lis des tableaux organisant des données de natures diverses.

Socle D4 Je pratique le calcul.

Plusieurs parcs éoliens sont installés dans le département de l'Aude. Le tableau du Doc. 2 donne des informations concernant trois éoliennes.

Doc. 1 Puissance (en Watts) d'une éolienne

Formule de Betz : $P = 1{,}18r^2v^3$

r est la longueur des pales en mètres et v est la vitesse du vent en mètres par seconde

Doc. 2 Longueur des pales

	Éolienne de Port-la-Nouvelle	Éolienne de La Frigoule	Éolienne de Luc-sur-Orbieu
r (en m)	12,5	30	16

Questions ceinture jaune

1. Calculer la puissance de l'éolienne de La Frigoule si la vitesse de vent est de 10 m/s.
2. Calculer la puissance de l'éolienne de Luc-sur-Orbieu si la vitesse de vent est de 25 m/s.

Question ceinture verte

Est-il vrai que lorsque la vitesse du vent est de 15 m/s sur tout le département de l'Aude, l'éolienne de La Frigoule a une puissance plus de cinq fois supérieure à celle de Port-la-Nouvelle ? Justifier.

Question ceinture noire

On considère que la vitesse du vent est de 15 m/s sur tout le département.

- Démontrer que si l'on triple la longueur de chaque pale d'une éolienne, sa puissance est multipliée par 9.

3 Fractions : définition

TA MISSION

Approfondir tes connaissances sur la signification des fractions.

JEU

Bastien avait rangé ses dominos de façon que chaque fraction se retrouve à côté de son illustration ; son petit frère est arrivé et a tout mélangé.

• Dans quel ordre doit-il les remettre ?

POINT INFO

Le tangram, appelé en chinois ***Tchi'i Tchi'iao pan*** (« les sept planches de la ruse »), est une sorte de puzzle chinois. Son origine n'est pas connue, mais il semble avoir été inventé au début du XIXe siècle en Chine.

Une légende dit qu'au XVIe siècle, l'empereur chinois Tan fit tomber un carreau carré de faïence qui se brisa en 7 morceaux. Il ne réussit pas à reconstituer le carré original, mais dans ses tentatives, il s'aperçut qu'il pouvait créer de nombreuses formes.

À ce jour, plus de 6 000 problèmes de tangram ont été inventés.

Voir problème 106 p. 83.

Activités

Prêts pour le décollage ?

QUESTIONS FLASH — Questions flash supplémentaires

① En regardant le puzzle ci-dessous, Guillaume affirme avoir colorié en jaune $\frac{1}{7}$ de la surface du puzzle. Peut-il en être sûr ?

② Chaque figure est découpée en plusieurs parts égales. Dans chaque cas, donner la fraction de la figure qui a été coloriée.

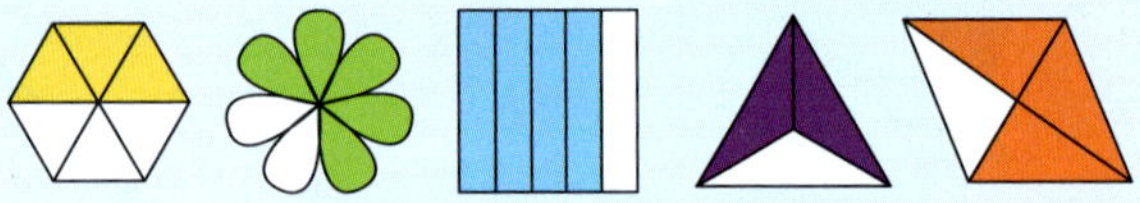

③ Donner l'écriture décimale de chaque fraction.

$\frac{5}{2}$; $\frac{17}{10}$; $\frac{3}{4}$; $\frac{100}{20}$; $\frac{20}{100}$

④ Dans chaque cas, donner sous forme de fraction l'abscisse de A.

a.
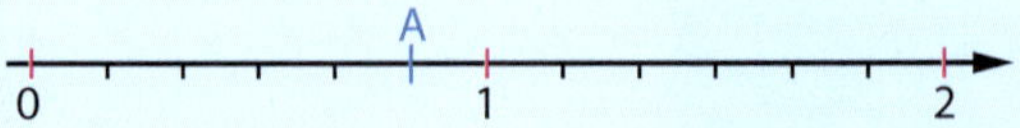

b.
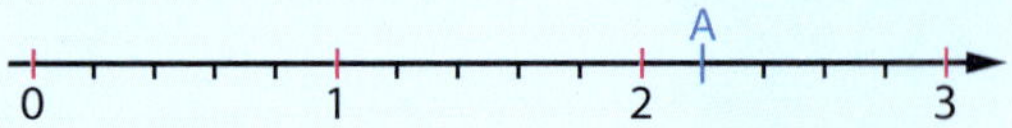

c.
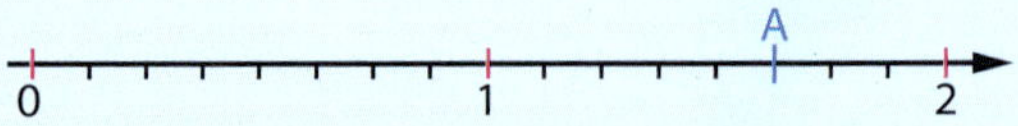

d.
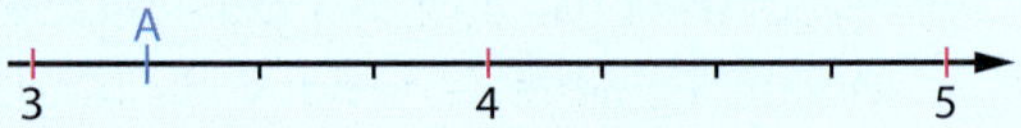

Activité 1 Jeux de briques

1. Soumia et Jules jouent avec des petites briques de tailles différentes. Soumia dit que la brique bleue représente les deux tiers de la brique rouge mais Jules ne comprend pas.

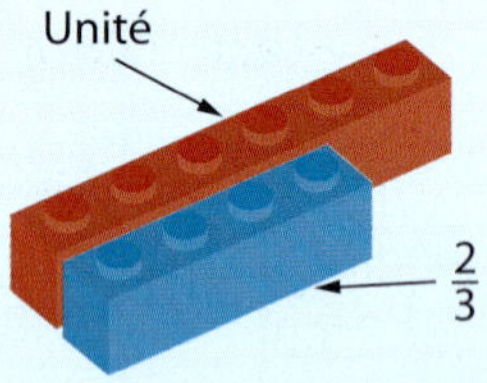

a. Expliquer à Jules pourquoi Soumia a raison.
Aurait-on pu utiliser une autre fraction ?

b. Jules aligne alors 3 briques bleues avec 2 briques unités rouges.
Peut-il compléter cette égalité : $\ldots \times \frac{2}{3} = \ldots$?

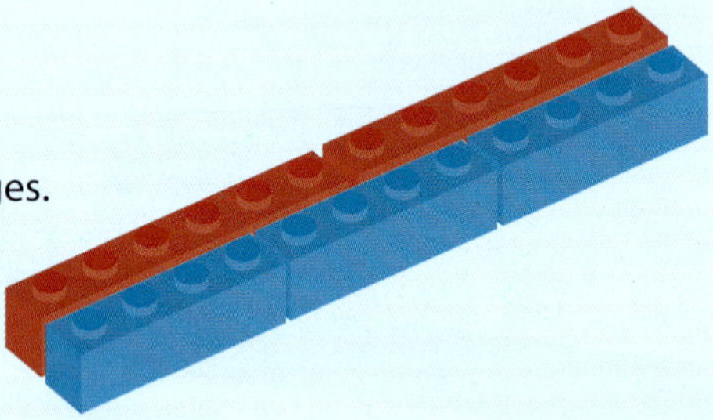

2. Jules met alors Soumia au défi : « À présent, c'est la brique verte qui est la brique unité. »
a. Quelle fraction peut-on utiliser pour exprimer la brique jaune ?
b. Combien faut-il de briques jaunes pour avoir la longueur exacte de 5 briques vertes ?
Écrire l'égalité correspondante.

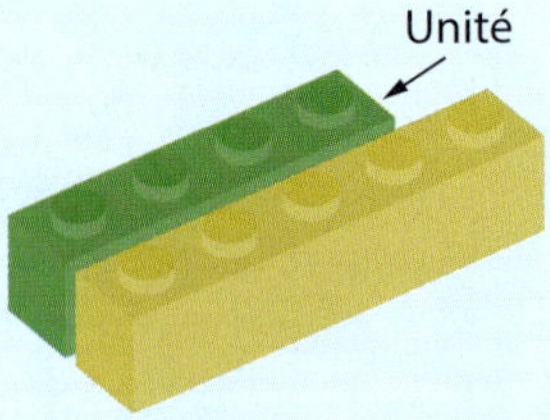

3. Recopier et compléter les égalités suivantes :
a. $3 \times \ldots = 11$ **b.** $8 \times \ldots = 7$ **c.** $\ldots \times 5 = 52$

Activité 2 Au marché

Un maraicher vient vendre ses légumes au marché ; chaque cageot contient 2,25 kg de légumes.

1. Quelle est la masse de légumes contenue dans :

a. 2 cageots ? **b.** 12 cageots ?
c. 4 cageots ? **d.** 20 cageots ?

2. Sans effectuer de calcul, indiquer ce que représente chacun des quotients suivants :

$$\frac{4,5}{2} ; \frac{27}{12} ; \frac{9}{4} ; \frac{45}{20}$$

Que peut-on en déduire ? Quelle fraction semble la plus simple ?

3. Recopier et compléter les égalités suivantes.

$$\frac{4,5}{2} \overset{\times\ldots}{=} \frac{\ldots}{12} \overset{\div\ldots}{=} \frac{\ldots}{4} \overset{\times\ldots}{=} \frac{45}{\ldots}$$

(flèches : ×... ; ÷... ; ×... au-dessus et au-dessous)

Activité 3 Prix au kilo

Un gigot d'agneau de 2,8 kg coute 26,32 €.

1. Donner un ordre de grandeur du prix d'un kilo de ce gigot.

2. On cherche à calculer le prix exact d'un kilo de ce gigot.

a. Recopier et compléter : $26,32 \div 2,8 = \frac{26,32}{2,8} = \frac{\ldots}{28}$

b. Sans calculatrice, calculer le prix exact d'un kilo de ce gigot.

3. Énoncer une méthode pour effectuer une division par un nombre décimal qui n'est pas entier.

Activité 4 Le village de la mobilité

Lors de la journée de la mobilité à Bordeaux, un sondage a été réalisé auprès de 150 élèves de 6e pour connaitre le moyen de transport qu'ils utilisent le plus fréquemment pour venir au collège. Leurs réponses sont représentées dans le diagramme circulaire ci-dessous.

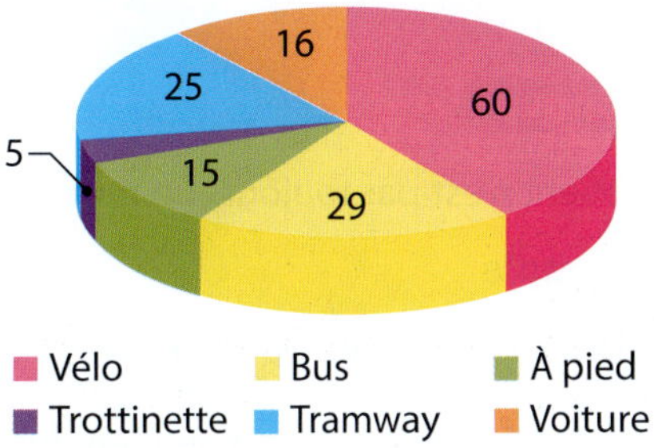

Hugo affirme que la proportion d'élèves qui viennent à vélo est de $\frac{2}{5}$.

Elsa pense qu'elle est de 40 %.

- Peut-on les départager ?

Cours

1 Connaitre la notion de fraction

Définitions

a et *b* désignent deux nombres ($b \neq 0$).

- Le **quotient de *a* par *b*** est le nombre qui, multiplié par *b*, donne *a*.

On le note $\frac{a}{b}$ ou $a : b$ ou $a \div b$.

- Si *a* et *b* sont des entiers, on dit que $\frac{a}{b}$ est une **fraction.**

dividende ↘ $a \div b = \frac{a}{b}$ ← numérateur
diviseur ↗ ← dénominateur

Exemples

- Le quotient de 5 par 4 est $\frac{5}{4}$. C'est le nombre qui, multiplié par 4, donne 5 : $\frac{5}{4} \times 4 = 5$.
- $\frac{2}{7}$ est une fraction.
- $\frac{2,5}{4}$ n'est pas écrit sous forme de fraction car 2,5 n'est pas un nombre entier.

Remarque

On ne peut jamais diviser par 0.

Définitions

a et *b* désignent deux nombres ($b \neq 0$).

- Lorsque *a* est un entier et *b* est égal à 10, 100, 1 000…, on dit que $\frac{a}{b}$ est une **fraction décimale**.
- Un **nombre décimal** est un nombre qui peut s'écrire sous la forme d'une fraction décimale.

Exemples

- $\frac{139}{100}$ est une fraction décimale car son dénominateur est 100.
- 1,39 est un nombre décimal car $1,39 = \frac{139}{100}$ donc 1,39 peut s'écrire sous la forme d'une fraction décimale.

Remarque

Un quotient n'est pas toujours un nombre décimal.

Exemple

La division décimale de 2 par 3 ne se termine jamais : $\frac{2}{3}$ n'est pas un nombre décimal, mais on peut en donner une valeur approchée :
$\frac{2}{3} \approx 0,667$.

2,0000	3
20	0,666 …
20	
20	
…	

TI	Casio	
n/d	fraction	permet de travailler avec des écritures fractionnaires.
2nde f◄►d n/d	S⇔D	permet de passer de l'écriture fractionnaire à une valeur approchée.

Savoir-faire

1 Connaitre la notion de fraction

1 **1.** Quel est le nombre qui, multiplié par 5, donne 7 ?

2. Recopier et compléter les égalités suivantes :

a. $\ldots \times 3 = 7$ **b.** $11 \times \ldots = 9$

Solution

1. Le nombre qui, multiplié par 5, donne 7 est le quotient de 7 par 5, c'est-à-dire $\frac{7}{5}$.

2. a. $\frac{7}{3} \times 3 = 7$ car le quotient de 7 par 3 est le nombre qui, multiplié par 3, donne 7.

b. $11 \times \frac{9}{11} = 9$ car le quotient de 9 par 11 est le nombre qui, multiplié par 11, donne 9.

À toi de jouer

2 **1.** Quel est le nombre qui, multiplié par 13, donne 24 ?

2. Quel est le nombre qui, multiplié par 15, donne 8 ?

3 Recopier et compléter les égalités suivantes :

a. $\ldots \times 4 = 7$ **b.** $\ldots \times 23 = 11$ **c.** $12{,}3 \times \ldots = 5$

→ Corrigé p. 308

4 Écrire le nombre $\frac{3}{4}$:

a. sous forme décimale

b. sous forme d'une fraction décimale

Solution

a. $\frac{3}{4} = 3 \div 4 = 0{,}75$

b. $\frac{3}{4} = 0{,}75 = \frac{75}{100}$

$\frac{75}{100}$ est bien une fraction décimale car le dénominateur est 100.

À toi de jouer

5 Écrire chacun des nombres suivants sous forme décimale, puis sous forme d'une fraction décimale.

a. $\frac{5}{4}$ **b.** $\frac{2}{5}$ **c.** $\frac{2{,}7}{10}$

→ Corrigé p. 308

6 On donne les quotients suivants :

$$A = \frac{9{,}4}{5} \;;\; B = \frac{7}{8} \;;\; C = \frac{10}{3}$$

1. Lequel n'est pas écrit sous forme de fraction ?

2. Montrer que A et B sont des nombres décimaux.

3. Donner une valeur approchée au centième près de C.

Solution

1. $A = \frac{9{,}4}{5}$ n'est pas écrit sous forme de fraction car son numérateur n'est pas un nombre entier.

2. $A = \frac{9{,}4}{5} = 9{,}4 \div 5 = 1{,}88 = \frac{188}{100}$.

$\frac{9{,}4}{5}$ peut s'écrire sous la forme d'une fraction décimale donc A est un nombre décimal.

$B = \frac{7}{8} = 7 \div 8 = 0{,}875 = \frac{875}{1\,000}$

$\frac{7}{8}$ peut s'écrire sous la forme d'une fraction décimale donc B est un nombre décimal.

3. $C = \frac{10}{3} \approx 3{,}33$.

3,33 est une valeur approchée au centième près de C.

La division de 10 par 3 ne se termine jamais : le nombre C n'a pas d'écriture décimale, ce n'est pas un nombre décimal.

À toi de jouer

7 On donne les quotients suivants.

$$A = \frac{7}{8} \qquad B = \frac{8}{6} \qquad C = \frac{10}{2{,}5}$$

1. Lequel n'est pas écrit sous forme de fraction ?

2. Montrer que A et C sont des nombres décimaux.

8 Parmi les quotients suivants, un seul n'est pas un nombre décimal. Lequel ? En donner une valeur approchée au dixième près.

$$\frac{41{,}2}{5} \;;\; \frac{21}{48} \;;\; \frac{4}{11}$$

→ Corrigé p. 308

Cours

2 Reconnaitre des fractions égales

Propriété

a, b et k désignent trois nombres ($b \neq 0$, $k \neq 0$).
Un quotient ne change pas si l'on multiplie ou si l'on divise son numérateur et son dénominateur par un même nombre non nul.

$$\frac{a}{b} = \frac{a \times k}{b \times k} \quad \text{et} \quad \frac{a}{b} = \frac{a \div k}{b \div k}$$

→ Mission démonstration p. 85

Exemples

- $\frac{2,5}{3} = \frac{2,5 \times 2}{3 \times 2} = \frac{5}{6}$
- $\frac{24}{30} = \frac{24 \div 3}{30 \div 3} = \frac{8}{10}$

Méthode

Simplifier une fraction consiste à écrire une fraction qui lui est égale avec un numérateur et un dénominateur plus petits.
Pour cela, on cherche un diviseur commun au numérateur et au dénominateur.

Exemple 1

On veut simplifier la fraction $\frac{2}{4}$.
2 et 4 sont divisibles par 2.
On peut donc écrire : $\frac{2}{4} = \frac{2 \div 2}{4 \div 2} = \frac{1}{2}$.

On remarque que le numérateur et le dénominateur sont tous les deux pairs.

Exemple 2

On veut simplifier la fraction $\frac{36}{15}$.

- 36 est **divisible par 3** car la somme de ses chiffres est égale à 9 et le nombre 9 est divisible par 3.
- 15 est **divisible par 3** car la somme de ses chiffres est égale à 6 et le nombre 6 est divisible par 3.
- On peut donc écrire $\frac{36}{15} = \frac{36 \div 3}{15 \div 3} = \frac{12}{5}$.

On utilise le critère de divisibilité par 3.

Remarque

Pour simplifier une fraction, on peut utiliser des critères de divisibilité.

Savoir-faire

Apprends à l'aide des exercices résolus puis entraine-toi !

2 Reconnaitre des fractions égales

9 Recopier et compléter les égalités suivantes.

a. $\frac{4}{7} = \frac{20}{\dots}$ **b.** $\frac{10}{7} = \frac{\dots}{49}$ **c.** $\frac{12}{9} = \frac{4}{\dots}$ **d.** $\frac{18}{54} = \frac{\dots}{6}$

Solution

a. $\frac{4}{7} = \frac{4 \times 5}{7 \times 5} = \frac{20}{35}$ **b.** $\frac{10}{7} = \frac{10 \times 7}{7 \times 7} = \frac{70}{49}$

c. $\frac{12}{9} = \frac{12 \div 3}{9 \div 3} = \frac{4}{3}$ **d.** $\frac{18}{54} = \frac{18 \div 9}{54 \div 9} = \frac{2}{6}$

À toi de jouer

10 **1.** Recopier et compléter les égalités suivantes.

a. $\frac{11}{3} = \frac{\dots}{21}$ **b.** $\frac{36}{15} = \frac{12}{\dots}$ **c.** $\frac{6}{13} = \frac{\dots}{39}$ **d.** $\frac{3}{7} = \frac{24}{\dots}$

→ Corrigé p. 308

11 Écrire la fraction $\frac{7}{5}$:

a. avec un dénominateur égal à 30

b. avec un dénominateur égal à 100

Solution

a. On cherche à compléter l'égalité :

$\frac{7}{5} = \frac{\dots}{30}$

$\frac{7}{5} = \frac{7 \times 6}{5 \times 6} = \frac{42}{30}$

b. On cherche à compléter l'égalité :

$\frac{7}{5} = \frac{\dots}{100}$

$\frac{7}{5} = \frac{7 \times 20}{5 \times 20} = \frac{140}{100}$

À toi de jouer

12 **1.** Écrire les fractions $\frac{5}{9}$ et $\frac{2}{3}$ avec un dénominateur égal à 36.

2. Exprimer les fractions $\frac{11}{20}$ et $\frac{7}{2}$ avec un dénominateur égal à 100.

→ Corrigé p. 308

13 Simplifier les fractions suivantes.

a. $\frac{45}{20}$ **b.** $\frac{108}{99}$

Solution

On cherche un diviseur commun au numérateur et au dénominateur.

a. 45 est **divisible par 5** car son chiffre des unités est 5.

On utilise le critère de divisibilité par 5.

20 est **divisible par 5** car son chiffre des unités est 0.

Donc $\frac{45}{20} = \frac{45 \div 5}{20 \div 5} = \frac{9}{4}$.

b. 108 est **divisible par 9** car la somme de ses chiffres est divisible par 9.

On utilise le critère de divisibilité par 9.

99 est **divisible par 9** car la somme de ses chiffres est divisible par 9.

Donc $\frac{108}{99} = \frac{108 \div 9}{99 \div 9} = \frac{12}{11}$.

À toi de jouer

14 Simplifier les fractions suivantes.

$\frac{39}{12}$; $\frac{55}{40}$; $\frac{400}{300}$; $\frac{45}{27}$

→ Corrigé p. 308

15 Écrire sous forme d'une fraction décimale :

a. 35,9 **b.** $81 \div 50$

Solution

a. $35{,}9 = \frac{35{,}9}{1} = \frac{35{,}9 \times 10}{1 \times 10} = \frac{359}{10}$

Une fraction est décimale quand le dénominateur est 10, 100, 1 000…

b. $81 \div 50 = \frac{81}{50} = \frac{81 \times 2}{50 \times 2} = \frac{162}{100}$

Ici, on doit multiplier par 2 le numérateur et le dénominateur.

À toi de jouer

16 Écrire sous forme d'une fraction décimale :

a. 48,72 **b.** $45 \div 25$

→ Corrigé p. 308

Cours

3 Diviser par un nombre décimal

Méthode

Pour diviser un nombre par un nombre décimal, on peut multiplier le dividende et le diviseur par 10, 100, 1 000… pour rendre le diviseur entier.

▸ Exemple 1

On veut effectuer la division de 8 par 1,25.

$$8 \div 1{,}25 = \frac{8}{1{,}25} = \frac{8 \times 100}{1{,}25 \times 100} = \frac{800}{125}$$

On peut ensuite poser la division :

800	125
500	6,4
0	

On obtient $8 \div 1{,}25 = 6{,}4$.

▸ Exemple 2

On veut effectuer la division de 0,36 par 1,2.

$$0{,}36 \div 1{,}2 = \frac{0{,}36}{1{,}2} = \frac{0{,}36 \times 10}{1{,}2 \times 10} = \frac{3{,}6}{12}$$

On peut ensuite poser la division :

3,6	12
36	0,3
0	

On obtient $0{,}36 \div 1{,}2 = 0{,}3$.

4 Exprimer une proportion

Définition

Une **proportion** est un rapport entre deux grandeurs.

▸ Exemple

Dans une classe de 5e, il y a 18 filles sur un total de 30 élèves.
On dit que la proportion de filles dans cette classe est égale à : $\dfrac{\text{nombre de filles}}{\text{nombre total d'élèves}} = \dfrac{18}{30}$.

Remarque

Une proportion peut s'exprimer sous la forme d'une fraction, d'un nombre décimal ou d'un pourcentage.

▸ Exemple

La proportion de filles dans une classe est égale à $\dfrac{18}{30}$.

On peut exprimer cette proportion sous différentes formes :

- $\dfrac{18}{30} = 0{,}6$ donc cette proportion est aussi égale à 0,6 ;
- $0{,}6 = \dfrac{60}{100}$ donc cette proportion est aussi égale à $\dfrac{60}{100}$ ou 60 % ;
- $\dfrac{18}{30} = \dfrac{18 \div 6}{30 \div 6} = \dfrac{3}{5}$ donc cette proportion est aussi égale à $\dfrac{3}{5}$.

On peut dire que dans cette classe, « 3 élèves sur 5 sont des filles ».

Savoir-faire

Apprends à l'aide des exercices résolus puis entraine-toi !

3 Diviser par un nombre décimal

17 Effectuer les divisions suivantes.

a. 32 ÷ 1,6 **b.** 21 ÷ 0,06 **c.** 8,28 ÷ 2,3

Solution

On écrit le quotient sous forme fractionnaire, puis on rend le dénominateur entier.

a. $32 \div 1{,}6 = \dfrac{32}{1{,}6}$ ◄ Ici, on multiplie le diviseur par 10 pour le rendre entier.

$= \dfrac{32 \times 10}{1{,}6 \times 10} = \dfrac{320}{16} = 20$

b. $21 \div 0{,}06 = \dfrac{21}{0{,}06} = \dfrac{21 \times 100}{0{,}06 \times 100} = \dfrac{2\,100}{6} = 350$

c. $8{,}28 \div 2{,}3 = \dfrac{8{,}28}{2{,}3} = \dfrac{8{,}28 \times 10}{2{,}3 \times 10} = \dfrac{82{,}8}{23} = 3{,}6$

À toi de jouer

18 **1.** Effectuer les divisions suivantes.

a. 34,2 ÷ 3,8 **b.** 94,5 ÷ 2,5

2. Calculer $\dfrac{2}{25}$ mentalement, à l'aide d'une fraction décimale.

➜ Corrigé p. 308

19 Calculer les quotients suivants.

a. 58 ÷ 0,1 **b.** 8,957 ÷ 0,01 **c.** 5,73 ÷ 0,001

Solution

a. $58 \div 0{,}1 = \dfrac{58}{0{,}1} = \dfrac{58 \times 10}{0{,}1 \times 10} = \dfrac{580}{1} = 580$

b. $8{,}957 \div 0{,}01 = \dfrac{8{,}957}{0{,}01} = \dfrac{8{,}957 \times 100}{0{,}01 \times 100}$

$= \dfrac{895{,}7}{1} = 895{,}7$

c. $5{,}73 \div 0{,}001 = \dfrac{5{,}73}{0{,}001} = \dfrac{5{,}73 \times 1\,000}{0{,}001 \times 1\,000}$

$= \dfrac{5\,730}{1} = 5\,730$

On remarque que diviser respectivement par 0,1 ; 0,01 ; 0,001… revient à multiplier par 10, 100 , 1 000…

À toi de jouer

20 Calculer les quotients suivants.

a. 73 ÷ 0,01 **b.** 0,5 ÷ 0,001 **c.** 13,24 ÷ 0,1

➜ Corrigé p. 308

4 Exprimer une proportion

21 Dans un jeu de 32 cartes, il y a 4 rois.

• Quelle est la proportion de rois dans ce jeu de cartes ?

Solution

La proportion de rois dans ce jeu est de :

$$\frac{4}{32} = \frac{4 \div 4}{32 \div 4} = \frac{1}{8} = 0{,}125$$

À toi de jouer

22 Dans un jeu de 52 cartes, il y a 13 cœurs.

• Quelle est la proportion de cœurs dans ce jeu de cartes ?

➜ Corrigé p. 308

23 Une part de 125 g de gâteau contient 30 g de sucre.

• Quel est le pourcentage de sucre dans cette part de gâteau ?

Solution

$\dfrac{30}{125} = 30 \div 125 = 0{,}24.$

Or $0{,}24 = \dfrac{24}{100} = 24\ \%$, il y a donc 24 % de sucre dans cette part de gâteau.

À toi de jouer

24 Sur son disque dur, Pierre possède 50 films dont 15 sont des films d'action.

• Quel est le pourcentage de films d'action sur le disque dur de Pierre ?

➜ Corrigé p. 308

Activités

Prêts pour le décollage ?

QUESTIONS FLASH Questions flash supplémentaires

① Compléter par un nombre entier.

a. $\frac{3}{4} = \frac{\dots}{20}$ **b.** $\frac{8}{5} = \frac{\dots}{30}$ **c.** $\frac{90}{100} = \frac{\dots}{10}$ **d.** $\frac{42}{56} = \frac{\dots}{8}$

② Simplifier les fractions suivantes.

a. $\frac{70}{100}$ **b.** $\frac{18}{40}$ **c.** $\frac{35}{55}$ **d.** $\frac{66}{54}$

③ Calculer et donner le résultat sous forme de fraction.

a. $\frac{1}{4} + \frac{5}{4}$ **b.** $\frac{8}{7} - \frac{2}{7}$ **c.** $1 - \frac{8}{11}$

d. $\frac{2}{3} + 1$ **e.** $\frac{11}{4} + \frac{3}{4} + \frac{13}{4}$

④ Calculer les $\frac{9}{10}$ de 80 €.

⑤ Calculer :

a. 10 % de 35 € **b.** 50 % de 800 g
c. 25 % de 36 cm **d.** 30 % de 400 €
e. 75 % de 200 habitants

⑥ Dans chaque cas, donner l'abscisse de A sous forme de fraction.

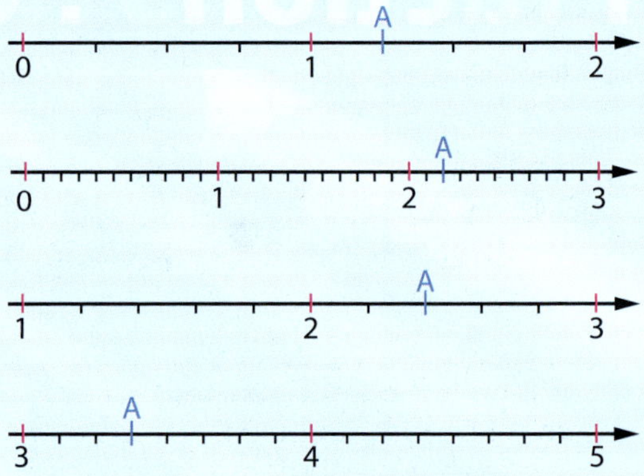

⑦ Parmi ces fractions, donner celles qui sont comprises entre 3 et 4.

a. $\frac{17}{5}$ **b.** $\frac{4}{3}$ **c.** $\frac{36}{10}$ **d.** $\frac{70}{20}$ **e.** $\frac{11}{4}$

Activité 1 Le concours de pétanque

Lors d'un concours de pétanque, le premier prix est une somme d'argent. Lily est la capitaine de l'équipe gagnante, composée aussi de Sarah et d'Eliott. Après la remise du prix, on assiste au discours suivant.

« Nous allons partager ce prix, dit Lily à ses coéquipiers. Puisque nous sommes trois, j'en prends le tiers, c'est normal. Ensuite, comme capitaine, il m'en revient en plus la moitié. Enfin, puisque j'ai le plus d'ancienneté dans cette équipe, je mérite aussi un sixième du prix. Vous vous partagerez le reste. »

On cherche à trouver la proportion totale du prix à laquelle Lily prétend.

1. Exprimer la part réclamée par Lily comme une somme de fractions.

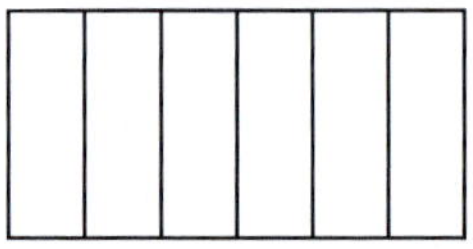

2. a. Le rectangle ci-contre représente le premier prix.
Le reproduire et représenter la part réclamée par Lily.
b. Que penser alors de la proposition de Lily ?

3. Décrire alors une méthode pour calculer la somme écrite à la question **1.**

4. Sarah et Eliott se mettent alors d'accord pour proposer une autre répartition :

Calculer alors la proportion du prix restante pour Lily.

Activité 2 Molécules

Les molécules présentées dans le tableau ci-dessous sont composées de différents atomes :

Oxygène (O = ●)	Azote (N = ●)		Carbone (C = ●)		Hydrogène (H = ○)
Dioxygène : O_2 	Diazote : N_2 	Eau : H_2O 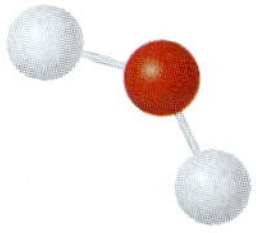	Dioxyde de carbone : CO_2 	Eau oxygénée : H_2O_2 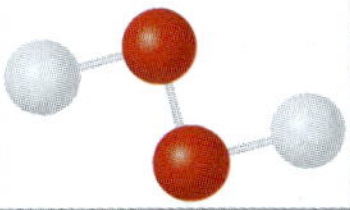	Ammoniaque : NH_3 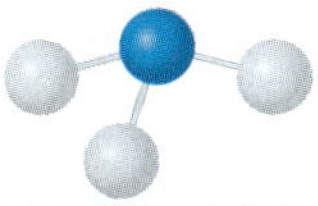
Benzène : C_6H_6 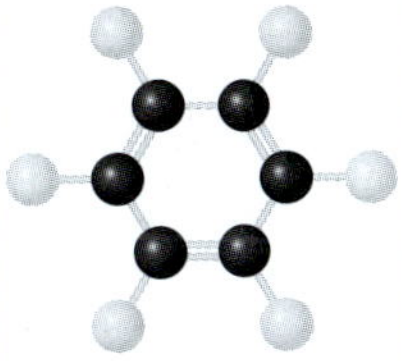	Glucose : $C_6H_{12}O_6$ 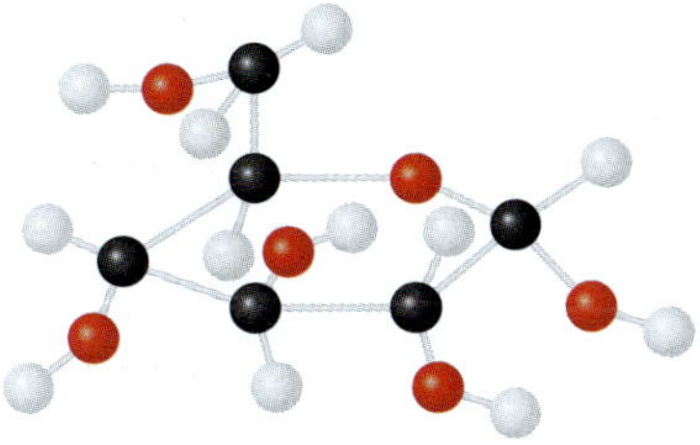		Propane : C_3H_8 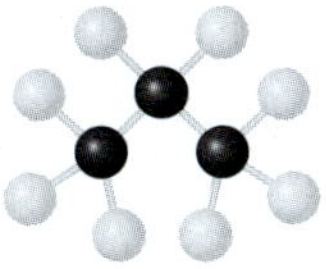	Trioxyde d'azote : N_2O_3 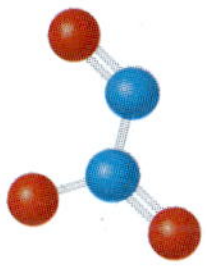	Pentaoxyde d'azote : N_2O_5 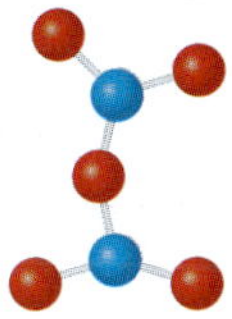

1. a. Dans le tableau ci-dessus, quelle est la proportion de molécules constituées exactement de deux atomes ? De trois atomes ? De quatre atomes ?

b. Quelle est la proportion de molécules représentée par ces trois catégories réunies ?

c. En déduire le résultat de $3 \times \frac{2}{11}$.

2. Voici ce qu'a écrit Étienne pour calculer la proportion de molécules contenant de l'azote (●) ou du carbone (●). A-t-il raison ? Pourquoi ?

$$2 \times \frac{4}{11} = \frac{8}{22}$$

Activité 3 Le nettoyage

Sofien, Helena et Jérémy ont le même écran d'ordinateur et ont choisi la même taille d'icônes. Le bureau de leur ordinateur est alors entièrement rempli. Ils décident de supprimer les icônes inutiles sur leur bureau.

Sofien dit : « J'ai supprimé $\frac{3}{5}$ de mes icônes. »

Helena réplique : « Moi, j'en ai supprimé $\frac{4}{7}$! »

Jérémy surenchérit : « J'en ai supprimé bien plus que chacun d'entre vous car j'en ai éliminé 20 sur 35 ! »

- Jérémy a-t-il raison ? Qui a supprimé le plus d'icônes ? Pourquoi ?

Activité 4 Le flan au caramel

Mathias et Yanis ont réalisé séparément leur propre recette de flan au caramel. Ils avaient les ingrédients nécessaires mais ils ne disposaient, chacun, que d'une seule bouteille de lait de 1 L. Le lendemain, ils se retrouvent au collège et décrivent leur recette :

« J'ai employé les $\frac{3}{4}$ de ma bouteille de lait », dit Yanis.

« Moi, j'ai utilisé les $\frac{7}{5}$ de ma bouteille de lait », répond Mathias.

- Que peut-on penser de ces deux affirmations ?

Cours

1 Additionner et soustraire des fractions

Propriété

a, *b* et *c* désignent trois nombres ($c \neq 0$).
Pour additionner (ou soustraire) deux fractions qui ont le même dénominateur :
- on additionne (ou on soustrait) les numérateurs ;
- on garde le dénominateur commun.

$$\frac{a}{c} + \frac{b}{c} = \frac{a+b}{c}$$

$$\frac{a}{c} - \frac{b}{c} = \frac{a-b}{c}$$

Exemples

$A = \frac{2}{5} + \frac{4}{5}$

$A = \frac{2+4}{5}$

$A = \frac{6}{5}$ ◀ 2 cinquièmes plus 4 cinquièmes est égal à 6 cinquièmes.

$B = \frac{7}{3} - \frac{5}{3}$

$B = \frac{7-5}{3}$

$B = \frac{2}{3}$ ◀ 7 tiers moins 5 tiers est égal à 2 tiers.

Méthode

Pour additionner ou soustraire deux fractions qui n'ont pas le même dénominateur, on doit d'abord les écrire avec le même dénominateur.

Exemples

$C = \frac{1}{2} + \frac{1}{4}$

$C = \frac{1 \times 2}{2 \times 2} + \frac{1}{4}$

$C = \frac{2}{4} + \frac{1}{4}$ ◀ On écrit les deux fractions avec pour dénominateur 4.

$C = \frac{3}{4}$

$D = \frac{4}{3} - \frac{5}{12}$

$D = \frac{4 \times 4}{3 \times 4} - \frac{5}{12}$

$D = \frac{16}{12} - \frac{5}{12}$ ◀ On écrit les deux fractions avec pour dénominateur 12.

$D = \frac{11}{12}$

2 Utiliser une proportion

Propriété

a, *b* et *c* sont trois nombres ($c \neq 0$).
Pour multiplier une fraction par un nombre :
- on multiplie le numérateur par ce nombre ;
- on garde le dénominateur.

$$a \times \frac{b}{c} = \frac{a \times b}{c}$$

Exemples

- $2 \times \frac{3}{7} = \frac{2 \times 3}{7} = \frac{6}{7}$
- $\frac{3}{5} \times 8 = \frac{3 \times 8}{5} = \frac{24}{5}$

Méthode

On peut utiliser cette propriété pour calculer une fraction d'une grandeur.

Exemple

On veut calculer ce que représentent les deux tiers d'une bouteille de 75 cL.

$\frac{2}{3} \times 75 = \frac{2 \times 75}{3} = \frac{150}{3} = 50$

Les deux tiers de 75 cL représentent 50 cL.

Savoir-faire

Apprends à l'aide des exercices résolus puis entraine-toi !

1 Additionner et soustraire des fractions

1 Calculer et donner le résultat sous forme de fraction.

$A = \frac{9}{8} + \frac{5}{8}$ $\quad B = \frac{4}{7} - \frac{3}{7}$

Solution

$A = \frac{9}{8} + \frac{5}{8} = \frac{9+5}{8} = \frac{14}{8}$ $\quad B = \frac{4}{7} - \frac{3}{7} = \frac{4-3}{7} = \frac{1}{7}$

Dans chaque expression, les fractions ont le même dénominateur. On garde donc ce dénominateur, puis on ajoute ou on soustrait les numérateurs.

À toi de jouer

2 Calculer et donner le résultat sous forme de fraction.

$A = \frac{6}{11} + \frac{4}{11}$

$B = \frac{13}{9} - \frac{3}{9}$

→ Corrigé p. 309

3 Calculer et donner le résultat sous forme de fraction.

$A = \frac{5}{4} + \frac{7}{12}$ $\quad B = \frac{3}{4} - \frac{3}{16} + \frac{1}{8}$ $\quad C = 2 + \frac{1}{3}$

Solution

$A = \frac{5}{4} + \frac{7}{12} = \frac{5\times 3}{4\times 3} + \frac{7}{12} = \frac{15}{12} + \frac{7}{12} = \frac{22}{12}$

On commence par écrire les fractions avec le même dénominateur : comme 12 est un multiple de 4, il suffit d'écrire la première fraction avec 12 au dénominateur.

$B = \frac{3}{4} - \frac{3}{16} + \frac{1}{8}$

$B = \frac{3\times 4}{4\times 4} - \frac{3}{16} + \frac{1\times 2}{8\times 2} = \frac{12}{16} - \frac{3}{16} + \frac{2}{16}$

$B = \frac{11}{16}$

On commence par écrire les fractions avec le même dénominateur. 16 est un multiple de 4 et 8. On peut donc écrire les trois fractions avec 16 pour dénominateur.
Il n'y a que des additions et des soustractions : le calcul s'effectue de gauche à droite.

$C = 2 + \frac{1}{3} = \frac{6}{3} + \frac{1}{3} = \frac{7}{3}$

On commence par écrire le nombre entier 2 sous forme d'une fraction de dénominateur 3.

À toi de jouer

4 Calculer et donner le résultat sous forme de fractions.

$A = \frac{1}{5} + \frac{4}{15}$

$B = 5 - \frac{1}{6}$

$C = \frac{5}{21} - \frac{1}{7}$

$D = \frac{1}{2} + \frac{5}{6} - \frac{5}{12}$

→ Corrigé p. 309

2 Utiliser une proportion

5 Elia a mangé les trois quarts d'une tablette de 200 g de chocolat.
Quelle quantité de chocolat a-t-elle mangée ?

Solution

$\frac{3}{4} \times 200 = \frac{3 \times 200}{4} = \frac{600}{4} = 150$

Donc Elia a mangé 150 g de chocolat.

À toi de jouer

6 Calculer les cinq sixièmes de 180 €.

→ Corrigé p. 309

7 Calculer 20 % de 70 €.

Solution

Un pourcentage est une fraction de dénominateur 100.

$\frac{20}{100} \times 70 = \frac{20 \times 70}{100} = \frac{1\,400}{100} = 14$

Donc 20 % de 70 € représentent 14 €.

À toi de jouer

8 1. Calculer 14 % de 50 €.
2. Calculer 35 % de 480 g.

→ Corrigé p. 309

Cours

3 Comparer des fractions

Méthode

- Pour comparer deux nombres, on peut les placer sur une droite graduée.
- a et b désignent deux nombres ($b \neq 0$). Pour repérer le nombre $\frac{a}{b}$ sur une droite graduée, on partage l'unité en b segments de même longueur, puis on reporte a fois cette longueur à partir de zéro.

▸ Exemple

On veut comparer $\frac{4}{3}$ et 1,5. On commence par placer 1,5 sur une droite graduée. Pour placer $\frac{4}{3}$, on partage l'unité en 3 segments de même longueur et on reporte 4 fois ce segment à partir de zéro. On peut voir que $\frac{4}{3} < 1{,}5$.

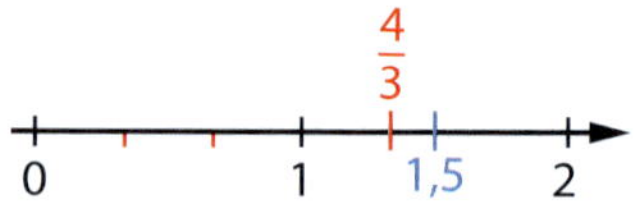

Propriété

- Pour comparer deux fractions qui ont un même dénominateur positif, on peut comparer leurs numérateurs : la fraction la plus grande est celle qui a le plus grand numérateur.
- Pour comparer deux fractions de dénominateurs différents, on peut les écrire avec le même dénominateur.

▸ Exemples

- On veut comparer $\frac{3}{7}$ et $\frac{5}{7}$.

$3 < 5$ donc $\frac{3}{7} < \frac{5}{7}$.

- On veut comparer $\frac{7}{3}$ et $\frac{13}{6}$.

On peut écrire $\frac{7}{3} = \frac{2 \times 7}{2 \times 3} = \frac{14}{6}$.

Or $14 > 13$ donc $\frac{14}{6} > \frac{13}{6}$. Donc $\frac{7}{3} > \frac{13}{6}$.

Propriété

a et b désignent deux nombres ($b > 0$).

- Si $a > b$, alors $\frac{a}{b} > 1$.
- Si $a < b$, alors $\frac{a}{b} < 1$.
- Si $a = b$, alors $\frac{a}{b} = 1$.

▸ Exemple

On veut comparer les nombres suivants : 1 ; $\frac{3}{4}$; $\frac{15}{12}$.

$3 < 4$ donc $\frac{3}{4} < 1$. Par ailleurs, $15 > 12$ donc $\frac{15}{12} > 1$. On peut conclure que $\frac{3}{4} < 1 < \frac{15}{12}$.

Propriété

Toute fraction peut être encadrée par deux nombres entiers consécutifs.

Si a et b sont deux entiers naturels ($b \neq 0$), on a : $q \leqslant \frac{a}{b} < q + 1$

où q est le quotient de la division euclidienne de a par b.

Le symbole $\leqslant$ signifie « inférieur ou égal ».

▸ Exemple

On veut encadrer la fraction $\frac{123}{17}$ par deux nombres entiers consécutifs.

La division euclidienne de 123 par 17 s'écrit $123 = 17 \times 7 + 4$ donc $7 < \frac{123}{17} < 8$.

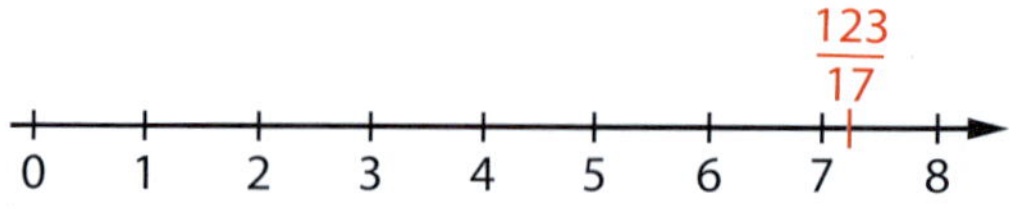

$\frac{123}{17} \approx 7{,}2$

Savoir-faire

Apprends à l'aide des exercices résolus puis entraine-toi !

3 Comparer des fractions

9 Placer sur la demi-droite graduée les nombres $\frac{7}{3}$; 2,5 et $\frac{17}{6}$ et les ranger par ordre croissant.

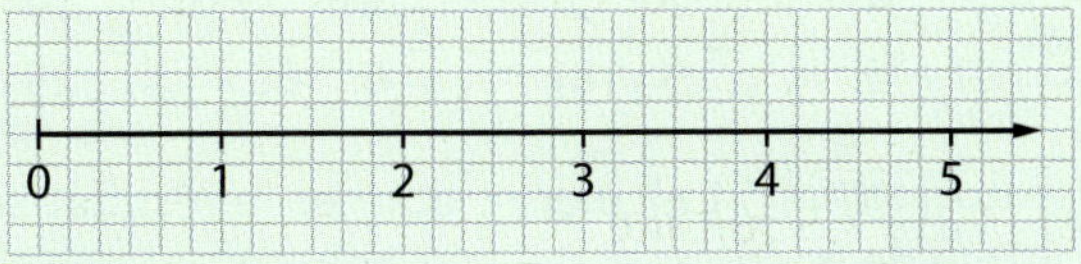

Solution

Pour placer $\frac{7}{3}$, on partage l'unité en 3 parts égales et on en prend 7.
Pour placer $\frac{17}{6}$, on partage l'unité en 6 parts égales et on en prend 17.

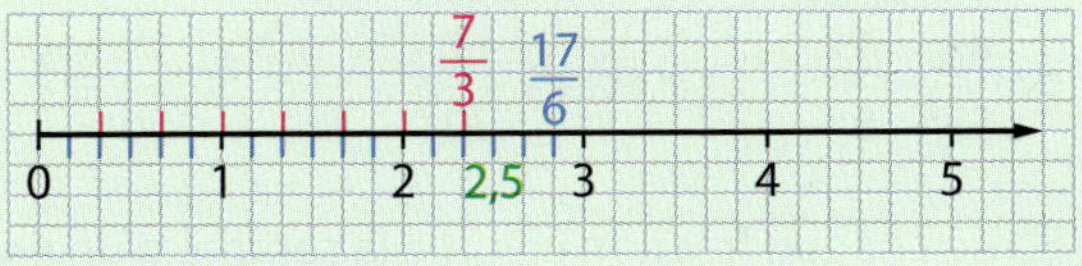

Donc $\frac{7}{3} < 2{,}5 < \frac{17}{6}$.

À toi de jouer

10

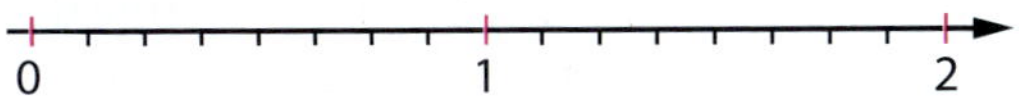

Sur cette droite graduée, placer les nombres 1,5 ; $\frac{7}{4}$ et $\frac{11}{8}$ et les ranger par ordre décroissant.

→ Corrigé p. 309

11 Comparer les fractions suivantes.

a. $\frac{17}{9}$ et $\frac{20}{9}$ **b.** $\frac{10}{3}$ et $\frac{37}{12}$ **c.** $\frac{5}{6}$ et $\frac{6}{7}$

Solution

a. $\frac{17}{9} < \frac{20}{9}$ car les deux fractions ont le même dénominateur positif et $17 < 20$.

b. $\frac{10}{3} = \frac{10 \times 4}{3 \times 4} = \frac{40}{12}$

Or $\frac{40}{12} > \frac{37}{12}$ car $40 > 37$.

Donc $\frac{10}{3} > \frac{37}{12}$.

Pour comparer des fractions de dénominateurs différents, on les écrit avec le même dénominateur.

c. $\frac{5}{6} = \frac{5 \times 7}{6 \times 7} = \frac{35}{42}$ et $\frac{6}{7} = \frac{6 \times 6}{7 \times 6} = \frac{36}{42}$

Un multiple de 6 et de 7 est 42.

Or $35 < 36$ donc $\frac{5}{6} < \frac{6}{7}$.

À toi de jouer

12 Comparer les fractions suivantes.

a. $\frac{11}{5}$ et $\frac{9}{5}$ **b.** $\frac{11}{16}$ et $\frac{3}{4}$ **c.** $\frac{4}{5}$ et $\frac{5}{6}$

→ Corrigé p. 309

13 Comparer chaque fraction avec 1.

a. $\frac{19}{20}$ **b.** $\frac{50}{41}$ **c.** $\frac{82}{82}$

Solution

a. $\frac{19}{20} < 1$ car $19 < 20$.

b. $\frac{50}{41} > 1$ car $50 > 41$.

c. $\frac{82}{82} = 1$ car le numérateur est égal au dénominateur.

À toi de jouer

14 Comparer chaque fraction avec 1.

a. $\frac{5}{3}$ **b.** $\frac{36}{38}$ **c.** $\frac{26}{23}$ **d.** $\frac{2}{2}$ **e.** $\frac{204}{100}$

→ Corrigé p. 309

15 Encadrer $\frac{105}{11}$ par deux nombres entiers consécutifs.

Solution

$105 = 11 \times 9 + 6$ donc $9 < \frac{105}{11} < 10$

On effectue la division euclidienne du numérateur par le dénominateur.

À toi de jouer

16 Encadrer ces fractions par deux nombres entiers consécutifs.

a. $\frac{151}{12}$ **b.** $\frac{115}{203}$ **c.** $\frac{3\,010}{201}$

→ Corrigé p. 309

Exercices

Ressources téléchargeables

Additionner et soustraire des fractions

→ Savoir-faire p. 91

QUESTIONS FLASH

17 Calculer et donner le résultat sous forme de fraction.

a. $\frac{3}{7}+\frac{8}{7}$ b. $\frac{5}{11}+\frac{4}{11}$ c. $\frac{8}{3}-\frac{1}{3}$

d. $\frac{11}{2}+\frac{9}{2}$ e. $\frac{7}{15}-\frac{6}{15}$ f. $\frac{13}{9}-\frac{4}{9}$

18 Calculer et donner le résultat sous forme de fraction.

a. $\frac{15}{19}+\frac{4}{19}+\frac{2}{19}$ b. $\frac{7}{5}-\frac{1}{5}+\frac{3}{5}$ c. $\frac{20}{13}-\frac{5}{13}-\frac{2}{13}$

19 Recopier et compléter les égalités avec des nombres entiers.

a. $\frac{9}{7}=\frac{\dots}{7}+\frac{3}{7}$ b. $\frac{12}{35}=\frac{8}{\dots}+\frac{4}{\dots}$ c. $\frac{9}{11}=\frac{13}{11}-\frac{\dots}{\dots}$

d. $\frac{5}{2}+\frac{\dots}{\dots}=\frac{8}{2}$ e. $\frac{4}{7}-\frac{\dots}{\dots}=\frac{1}{7}$ f. $\frac{\dots}{\dots}+\frac{3}{5}=1$

20 1. Calculer la somme de $\frac{2}{5}$ et de $\frac{7}{5}$.

2. Calculer la différence entre $\frac{20}{13}$ et $\frac{9}{13}$.

21 Calculer.

a. $1+\frac{2}{7}$ b. $1+\frac{3}{4}$ c. $\frac{21}{8}-1$ d. $\frac{30}{11}-2$

22 Calculer.

a. $\frac{7}{10}+\frac{3}{5}$ b. $\frac{7}{4}+\frac{3}{8}$ c. $\frac{4}{3}-\frac{2}{9}$ d. $\frac{52}{30}-\frac{4}{10}$

Questions flash supplémentaires

23 Recopier et compléter chaque égalité.

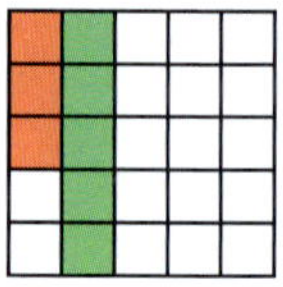

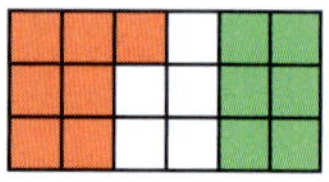

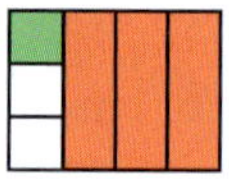

a. $\frac{3}{25}+\frac{1}{5}=\frac{\dots}{\dots}$ b. $\frac{7}{\dots}+\frac{\dots}{6}=\frac{\dots}{\dots}$ c. $\frac{1}{\dots}+\frac{3}{\dots}=\frac{\dots}{\dots}$

24 Recopier et compléter.

a. $\frac{3}{48}+\frac{5}{6}=\frac{3}{48}+\frac{5\times\dots}{6\dots}=\frac{3}{48}+\frac{\dots}{48}=\frac{\dots}{\dots}$

b. $\frac{4}{7}-\frac{11}{35}=\frac{4\times\dots}{7\times\dots}-\frac{11}{35}=\frac{\dots}{35}-\frac{\dots}{35}=\frac{\dots}{\dots}$

c. $10+\frac{7}{8}=\frac{10\times\dots}{1\times\dots}+\frac{7}{8}=\frac{\dots}{\dots}+\frac{\dots}{\dots}=\frac{\dots}{\dots}$

d. $\frac{23}{4}-3=\frac{23}{4}-\frac{3\times\dots}{1\times\dots}=\frac{\dots}{\dots}-\frac{\dots}{\dots}=\frac{\dots}{\dots}$

25 Calculer et donner le résultat sous forme de fraction.

a. $\frac{1}{20}+\frac{4}{5}$ b. $\frac{7}{9}+\frac{2}{81}$ c. $\frac{5}{6}-\frac{1}{30}$ d. $\frac{19}{28}-\frac{3}{7}$

26 CALCUL MENTAL Calculer et donner le résultat sous forme de fraction.

a. $3+\frac{7}{10}$ b. $5-\frac{8}{11}$ c. $\frac{3}{4}+2$ d. $\frac{31}{9}-3$

27 Calculer et donner le résultat sous forme de fraction.

a. $\frac{7}{2}+\frac{3}{10}$ b. $\frac{5}{6}-\frac{5}{36}$ c. $\frac{3}{7}+6$

d. $\frac{48}{55}-\frac{1}{5}$ e. $9-\frac{17}{20}$ f. $\frac{15}{56}+\frac{9}{7}$

28 Écrire chaque fraction comme la somme d'un entier et d'une fraction comprise entre 0 et 1.

a. $\frac{16}{5}$ b. $\frac{50}{8}$ c. $\frac{133}{11}$ d. $\frac{19}{28}$

29 Calculer et donner le résultat sous forme de fraction.

a. $\frac{17}{12}+\frac{3}{4}+\frac{9}{2}$ b. $\frac{4}{5}-\frac{2}{15}+\frac{1}{3}$ c. $\frac{5}{8}+\left(\frac{19}{24}-\frac{1}{3}\right)$

30 CALCUL MENTAL Parmi les nombres suivants, lesquels sont égaux au quotient $\frac{18}{5}$?

$18{,}5$ $\frac{36}{10}$ $\frac{5}{18}$ $3+\frac{3}{5}$ $\frac{90}{45}$

31 Avec la touche fraction de la calculatrice, calculer les nombres suivants sous forme de fraction.

a. $5+\frac{19}{34}$ b. $\frac{1}{6}+\frac{2}{7}$ c. $\frac{125}{53}-\frac{3}{2}$

32 En simplifiant d'abord les fractions quand c'est possible, effectuer les calculs et donner le résultat sous forme de fraction.

a. $\frac{8}{14}+\frac{15}{21}$ b. $\frac{7}{9}-\frac{14}{36}$ c. $\frac{15}{20}+\frac{14}{8}$

33 Compléter chaque égalité avec une fraction.

a. $\dots+\frac{2}{9}=\frac{7}{9}$ b. $\frac{15}{13}-\dots=\frac{2}{13}$

c. $\dots+\frac{2}{5}=\frac{22}{15}$ d. $\frac{77}{20}-\dots=3$

34 Recopier et compléter.

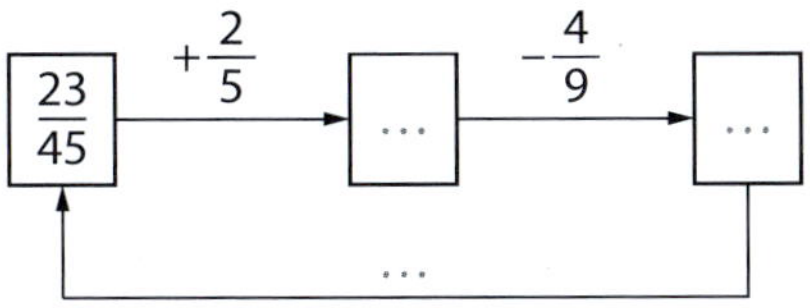

35 Donner sous forme de fraction :

a. la somme de $\frac{53}{72}$ et de $\frac{4}{9}$

b. la différence entre $\frac{9}{5}$ et $\frac{7}{65}$

c. la différence entre $\frac{89}{63}$ et la somme de $\frac{2}{3}$ et $\frac{7}{9}$

36 Adèle a vendu $\frac{2}{3}$ des billets de tombola et Léon en a vendu $\frac{1}{6}$.

• En tout, quelle est la proportion de billets vendus ?

37 Charlie a mangé un quart d'un gâteau et son frère Lino les trois huitièmes du même gâteau.

1. Quelle part du gâteau ont-ils mangée à eux deux ?

2. Quelle part du gâteau reste-t-il ?

38 On donne $x = \frac{5}{12}$ et $y = \frac{3}{2}$.

1. Calculer $x + y$.

2. Calculer $y - x$.

MODE EXPERT

39 En cherchant un multiple commun à 9 et 12, calculer et donner sous forme de fraction $\frac{5}{9} + \frac{5}{12}$.

40 En utilisant la méthode précédente, calculer et donner sous forme de fraction $\frac{25}{36} - \frac{5}{24}$.

41 En utilisant la méthode précédente, calculer et donner sous forme de fraction $\frac{11}{15} + \frac{7}{12} + \frac{3}{20}$.

42 **1.** Donner deux fractions non nulles et différentes dont la somme est $\frac{2}{7}$.

2. Donner trois fractions non nulles et différentes dont la somme est $\frac{2}{7}$.

Utiliser une proportion

→ Savoir-faire p. 91

QUESTIONS FLASH

43 Calculer et donner le résultat sous forme de fraction.

a. $5 \times \frac{2}{7}$ **b.** $13 \times \frac{3}{11}$ **c.** $\frac{7}{10} \times 8$ **d.** $\frac{5}{2} \times 11$

44 **Vrai ou faux ?**

a. $3 \times \frac{2}{7} = \frac{6}{21}$ **b.** $\frac{5}{9} \times 7 = \frac{35}{9}$ **c.** $7 + \frac{8}{5} = \frac{15}{5}$

45 **1.** Combien valent les quatre cinquièmes de 20 € ?

2. Calculer $\frac{3}{10}$ de 40 €.

3. Calculer $\frac{5}{7}$ de 56 €.

46 Traduire les expressions suivantes par un calcul :

a. les trois quarts de vingt-six

b. les cinq onzièmes de quarante-deux

c. les dix seizièmes de soixante-sept

47 Traduire les calculs suivants par une expression en français :

a. $\frac{5}{4} \times 7$ **b.** $\frac{16}{3} \times 26$ **c.** $\frac{7}{10} \times 39$

48 Calculer mentalement :

a. 50 % de 200 **b.** 25 % de 300 **c.** 10 % de 62

d. 20 % de 150 **e.** 30 % de 25 **f.** 5 % de 84

Questions flash supplémentaires

49 Traduire chaque énoncé par un calcul à effectuer :

a. le quart de 20

b. les sept tiers de 360

c. les soixante centièmes de 70

d. les trois tiers de 1 253

50 Reproduire et compléter le tableau suivant.

Nombre	24		
Double			30
Moitié			
Triple			
Tiers			
Quart		75	

51 Calculer les grandeurs suivantes (on donnera une valeur approchée au centième près) :

a. $\frac{2}{3}$ de 50 g **b.** $\frac{8}{11}$ de 6 km

c. $\frac{4}{13}$ de 5 500 calories **d.** $\frac{6}{7}$ de 13,80 €

Exercices

52 Victor a mangé les trois quarts d'un cake de 500 g.
• Quelle masse de cake a-t-il mangée ?

53 CALCUL MENTAL Exprimer en minutes :
a. le quart d'une heure
b. les deux tiers d'une heure
c. le sixième de deux heures
d. les deux cinquièmes de trois heures

54 Exprimer en secondes :
a. $\frac{10}{2}$ min b. $\frac{1}{3}$ min c. $\frac{13}{20}$ min
d. $\frac{3}{5}$ min e. $\frac{9}{4}$ min f. $\frac{14}{30}$ min

55 1. Tracer un segment [RS] de 4 cm de longueur.
Repasser en rouge les $\frac{3}{8}$ de ce segment.
2. Tracer un segment [YZ] de 9 cm de longueur.
Repasser en bleu les $\frac{4}{3}$ de ce segment.

56 1. Tracer un segment [AB] de mesure 10 cm. Placer le point C appartenant à [AB] tel que $AC = \frac{3}{4}AB$.
2. Tracer un segment [EF] de mesure 7,2 cm. Placer le point K appartenant à [EF] tel que $EK = \frac{5}{8}EF$.

57 Dans un collège de 680 élèves, les quatre cinquièmes des élèves sont demi-pensionnaires.
• Combien y a-t-il d'élèves demi-pensionnaires dans ce collège ?

58 Dans un panier de 120 fruits, les $\frac{5}{6}$ sont de belles pommes.
Les autres sont des poires.
• Combien y a-t-il de fruits de chaque sorte dans ce panier ?

59 Le réservoir de la voiture de Léa a une capacité de 48 L. Il est rempli aux $\frac{5}{8}$.
• Combien de litres d'essence manque-t-il dans ce réservoir pour qu'il soit plein ?

60 Lors d'une conversation téléphonique de 6 min, Bastien a parlé les $\frac{3}{8}$ du temps.
• Combien de temps a-t-il parlé ? Donner la réponse en minutes puis en minutes et secondes.

61 Calculer l'aire d'une figure qui a pour aire les sept sixièmes de l'aire du triangle ABC ci-dessous.

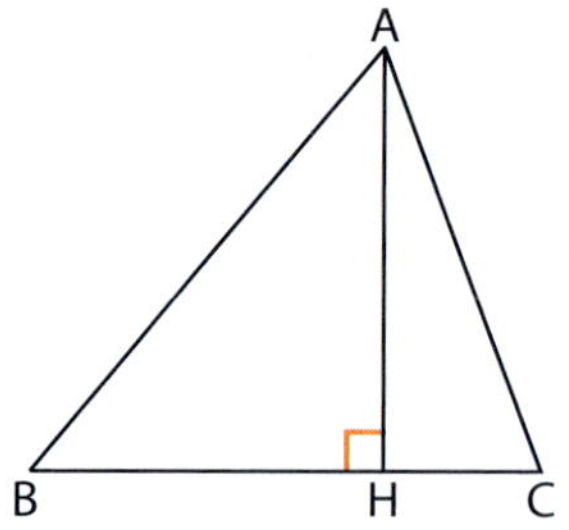

AB = 6,5 cm
BC = 6 cm
AH = 5 cm

MODE EXPERT

62 Calculer les expressions suivantes et donner le résultat sous forme de fraction simplifiée.

$A = 5 \times \frac{4}{9} + \frac{2}{3}$ $\quad B = \frac{2}{5} \times 13{,}4 - \frac{3}{100} \times 1{,}45$

$C = 11 \times \left(\frac{7}{11} \times 54 + \frac{7}{11} \times 46\right)$

63 On a $x = 125$ et $y = 104$.
1. Calculer $\frac{3}{4}x$. 2. Calculer $\frac{2}{3}(x + 2y)$.

Comparer des fractions

→ Savoir-faire p. 93

QUESTIONS FLASH

64 Compléter les phrases suivantes avec les mots qui conviennent.
a. Dans la fraction $\frac{11}{3}$, le … est supérieur au … donc elle est … à 1.
b. Les fractions $\frac{4}{7}$ et $\frac{6}{7}$ ont le même … ; la plus petite des deux est donc celle qui a le plus petit … .

65 Ranger les nombres suivants dans l'ordre décroissant.
$\frac{128}{13}$; $\frac{45}{13}$; $\frac{9}{13}$; $\frac{4}{13}$; $\frac{8}{13}$; $\frac{130}{13}$

66 Encadrer par deux entiers consécutifs les fractions suivantes :
a. $\frac{37}{5}$ b. $\frac{427}{100}$ c. $\frac{58}{7}$

67 Compléter par les symboles < ou >.
a. $\frac{1}{2} \ldots \frac{1}{4}$ b. $\frac{71}{100} \ldots \frac{7{,}2}{10}$ c. $5 \ldots \frac{15}{5}$ d. $\frac{18}{7} \ldots \frac{15}{7}$

68 **Vrai ou faux ?** Justifier.
a. $\frac{7}{6} < \frac{13}{6}$ b. $\frac{5}{7} < \frac{11}{9}$ c. $\frac{12}{7} < \frac{5\,682}{7\,437}$

Questions flash supplémentaires

69 Comparer les nombres ci-dessous.

a. $\frac{2}{3}$ et $\frac{5}{3}$ **b.** 3,2 et $\frac{31}{10}$ **c.** $\frac{5}{7}$ et 1

d. $\frac{11}{8}$ et $\frac{25}{27}$ **e.** $\frac{3}{4}$ et $\frac{70}{100}$

70 **1.** Reproduire la droite graduée ci-dessous.

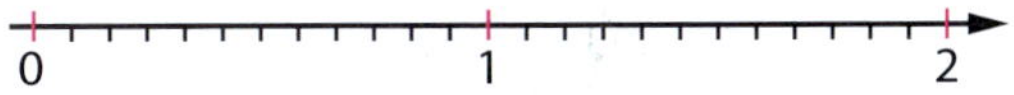

2. Après avoir placé les nombres suivants sur cette droite, les ranger par ordre décroissant.

$\frac{4}{3}$; $\frac{17}{12}$; $\frac{7}{6}$; $\frac{5}{4}$; $\frac{11}{12}$; 2

71 **1.** Reproduire la droite graduée ci-dessous.

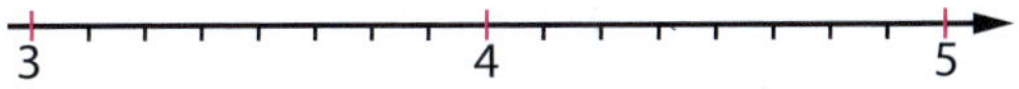

2. Après avoir placé les nombres suivants sur cette droite, les ranger par ordre croissant.

$4-\frac{3}{8}$; $4-\frac{3}{4}$; $\frac{32}{8}$; $4+\frac{7}{8}$; $5-\frac{3}{8}$

72 Recopier et entourer :
– en bleu, les quotients égaux à 1
– en rouge, les quotients inférieurs à 1
– en vert, les quotients supérieurs à 1

$\frac{7}{5}$	$\frac{25}{1}$	$\frac{12\,578}{12\,758}$	$\frac{4,3}{4,3}$	$\frac{3,5}{3,50}$
$\frac{189}{269}$	$\frac{1}{0,5}$	$\frac{45,04}{45,4}$	$\frac{3\,895}{389,5}$	$\frac{548\,231}{549\,321}$

73 **1.** Montrer que $\frac{5}{9}=\frac{15}{27}$.

2. En déduire la comparaison de $\frac{5}{9}$ et $\frac{11}{27}$.

74 Recopier et compléter.

a. $\frac{2}{3}=\frac{\dots}{18}$ donc $\frac{2}{3}\ \dots\ \frac{11}{18}$

b. $\frac{5}{7}=\frac{\dots}{35}$ donc $\frac{5}{7}\ \dots\ \frac{23}{35}$

c. $\frac{7}{4}=\frac{\dots}{\dots}$ donc $\frac{7}{4}\ \dots\ \frac{41}{24}$

75 Recopier et compléter.

a. $\frac{5}{8}=\frac{\dots}{40}$ et $\frac{3}{5}=\frac{\dots}{40}$ donc $\frac{5}{8}\ \dots\ \frac{3}{5}$

b. $\frac{13}{15}=\frac{\dots}{30}$ et $\frac{5}{6}=\frac{\dots}{30}$ donc $\frac{13}{15}\ \dots\ \frac{5}{6}$

76 **1.** Comparer $\frac{14}{3}$ et $\frac{106}{23}$ en calculant leur valeur décimale ou une valeur approchée.

2. Comparer $\frac{44}{25}$ et $\frac{8,5}{5}$ en calculant leur valeur décimale ou une valeur approchée.

77 **Vrai ou faux ?** Justifier.

a. Un cours de trois quarts d'heure dure moins longtemps qu'un cours de 0,8 h.

b. Un gâteau avec 30 % de sucre en moins est plus sucré qu'un gâteau auquel on a enlevé un tiers de sucre.

c. Baptiste qui a gagné 7 fois sur 11 aux dés a plus de réussite que Martin qui a gagné 8 fois sur 12.

78 CALCUL MENTAL

1. Écrire les nombres suivants sous forme de fractions ayant pour dénominateur 24.

$A=\frac{1}{2}$ $B=\frac{4}{6}$ $C=\frac{4}{3}$ $D=\frac{3}{12}$ $E=\frac{8}{48}$

2. En déduire le classement de ces quotients dans l'ordre croissant.

79 Ranger les nombres suivants dans l'ordre décroissant.

0 ; 1 ; $\frac{1}{3}$; $\frac{5}{9}$; $\frac{4}{3}$; $\frac{15}{5}$

80 Ranger les nombres suivants dans l'ordre croissant.

$\frac{25}{8}$; 3 ; $\frac{23}{8}$; $\frac{13}{4}$; $\frac{5,5}{2}$

81 Voici une série de fractions rangées dans l'ordre croissant.

$$\frac{1}{12}<\frac{3}{12}<\frac{5}{12}<\frac{7}{12}<\frac{9}{12}$$

Recopier cette suite de nombres en y insérant les nombres suivants au bon endroit.

$\frac{1}{2}$; $\frac{1}{3}$; $\frac{1}{6}$; 1 ; $\frac{2}{3}$; $\frac{5}{6}$

82 Ranger les nombres suivants dans l'ordre croissant.

$1+\frac{3}{7}$; $\frac{3}{14}$; 2 ; $0,5+\frac{3}{7}$; 1 ; $\frac{6}{7}$

83 Encadrer par deux nombres entiers consécutifs les fractions suivantes.

a. $\frac{253}{25}$ **b.** $\frac{94\,327}{1\,000}$ **c.** $\frac{340}{22}$

84 Lors d'une sortie scolaire, un professeur doit répartir 110 élèves en 9 groupes le plus équitablement possible.

1. Encadrer par deux nombres entiers consécutifs la fraction $\frac{110}{9}$.

2. Proposer une répartition des élèves dans les groupes.

MODE EXPERT

85 Soient $a=\frac{816}{577}$ et $b=\frac{577}{408}$.

1. Donner les valeurs approchées de a et de b au millième près. Peut-on en déduire la comparaison de a et de b ?

2. Donner des valeurs approchées de a et de b qui permettent de les comparer. Comparer a et b.

Faire le point

Version interactive du QCM

Vérifie tes connaissances.

QCM

Donner la ou les bonnes réponses parmi les trois proposées.

1 Additionner et soustraire des fractions

	Réponse A	Réponse B	Réponse C
1. $\frac{7}{4}+\frac{10}{4}$ est égal à :	$\frac{17}{8}$	$\frac{70}{4}$	$\frac{17}{4}$
2. $\frac{91}{100}-\frac{31}{100}$ est égal à :	$\frac{6}{10}$	$\frac{122}{100}$	0,6
3. $\frac{7}{5}+\frac{7}{15}$ est égal à :	$\frac{14}{20}$	$\frac{28}{15}$	$\frac{7}{20}$
4. $\frac{13}{12}-\frac{3}{4}$ est égal :	$\frac{4}{12}$	$\frac{10}{8}$	$\frac{1}{3}$

2 Utiliser une proportion

	Réponse A	Réponse B	Réponse C
1. $5\times\frac{7}{6}$ est égal à :	$\frac{35}{30}$	$\frac{7}{30}$	$\frac{35}{6}$
2. Pour calculer les $\frac{5}{9}$ de 108 km, on calcule :	$\frac{5}{9}\times 108$	$\frac{5}{9}+108$	$\frac{5}{9}-108$
3. Alice possède 42 peluches. Elle en donne les $\frac{5}{6}$ à son petit frère. Combien lui en reste-t-il ?	37	35	7
4. Trois quarts d'heure est égal à :	$\frac{3}{4}\times 60$ minutes	75 minutes	45 minutes

3 Comparer des fractions

	Réponse A	Réponse B	Réponse C
1. La fraction $\frac{57}{60}$ est :	égale à 1	inférieure à 1	supérieure à 1
2. Une fraction supérieure à $\frac{15}{8}$ est :	$\frac{11}{8}$	$\frac{9}{4}$	$\frac{9}{2}$
3. La fraction $\frac{53}{6}$ est comprise entre :	8 et 9	9 et 10	5 et 7
4. Compléter avec le bon symbole : $7 \ldots \frac{31}{5}$.	$=$	$<$	$>$

→ Corrigé p. 309

Carte mentale

Ressource téléchargeable

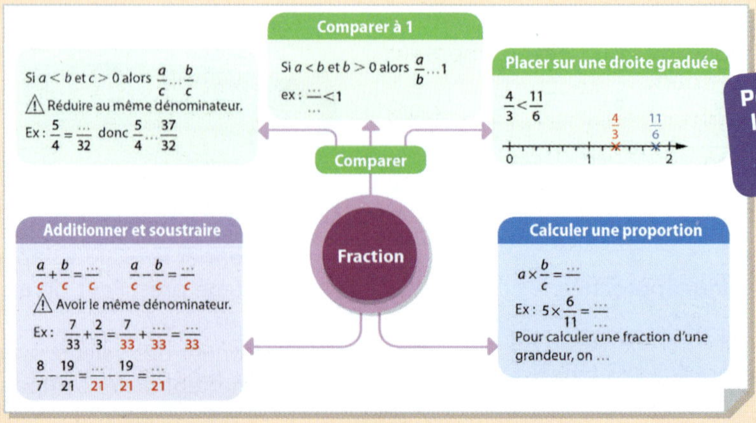

Pour t'aider à retenir le cours, télécharge et complète cette carte mentale.

Algorithmique et outils numériques

86 Et un, et deux, et trois… Fractions !

1. Reproduire la feuille de calcul ci-dessous (avant de les remplir, sélectionner les cellules A2, B2 et C2 puis effectuer un clic droit : dans « Formater les cellules » choisir « Nombres » puis « Fractions »).

	A	B	C	D
1	Fraction 1	Fraction 2	Fraction 3	Total
2	1/3	1/3	1/3	

2. Dans la cellule D2, quelle formule peut-on saisir pour calculer la somme des nombres en A2, B2 et C2 ?

3. En sélectionnant la plage de cellules A1:C2, construire le diagramme circulaire représentant ces 3 proportions.

4. Trouver des fractions à saisir dans les cellules A2, B2 et C2 dont la somme est égale à 1 et qui pourraient correspondre à chacun des diagrammes suivants.

a.
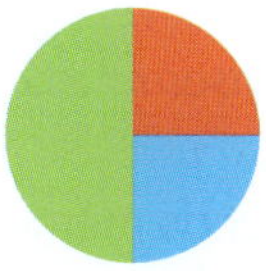
b.
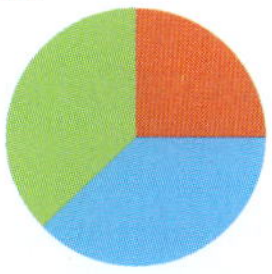
c.
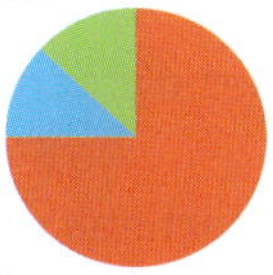
d.
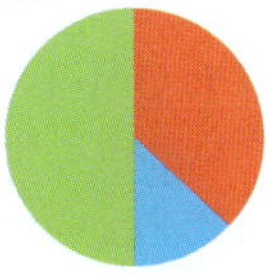

5. Dans chacun des cas précédents, vérifier par le calcul que la somme des 3 fractions est bien égale à 1.

87 Sapin écologique

Le 9 décembre 2011, l'artiste Fabrice Peltier avait confectionné pour la mairie du 4e arrondissement de Paris des arbres de Noël écologiques composés de bouteilles vertes et rouges récupérées, à l'intérieur desquelles il avait placé des diodes électroluminescentes.

Les élus d'un conseil municipal de jeunes se proposent de réaliser un sapin sur le même modèle.

Les bouteilles sont disposées en rangs successifs en partant du bas.

– Le premier rang comporte 194 bouteilles, le deuxième en comporte 187 et ainsi de suite, avec 7 bouteilles de moins à chaque rang.

– Les deux premiers rangs, les deux tiers du troisième et le dernier rang sont faits de bouteilles rouges. Toutes les autres bouteilles sont vertes.

– Le dernier rang comporte 5 bouteilles.

On cherche le nombre de bouteilles vertes nécessaires à la réalisation du sapin.

1. Reproduire la feuille de calcul suivante.

	A	B	C
1	Nombre de bouteilles par rang		Nombre de bouteilles vertes
2	194		
3			
4			
5			

2. a. Quelle formule peut-on saisir en A3 pour obtenir le nombre de bouteilles du 2e rang ?

b. Recopier la formule jusqu'au dernier rang et en déduire le nombre de rangs constituant le sapin.

3. Avec la fonction SOMME, saisir une formule dans C2 qui permet de calculer le nombre de bouteilles vertes du sapin.

4. Une diode électroluminescente coute 0,57 €. Sachant que les élus ont prévu d'en mettre une dans 80 % des bouteilles vertes, calculer le budget qu'ils vont devoir prévoir.

88 Et on rebondit !

Maxence joue avec une balle rebondissante. À chaque rebond, la hauteur maximale de la balle est égale aux trois quarts de la hauteur maximale précédente.

1. Il lâche la balle de 1,20 m de haut. À quelle hauteur maximale rebondit la balle après un rebond ? Après 3 rebonds ?

2. Reproduire et compléter le script utilisé par Maxence pour simuler les rebonds, en lâchant la balle de 1,20 m de haut. On prendra 1 cm pour 1 pas et on pourra prendre une balle comme lutin.

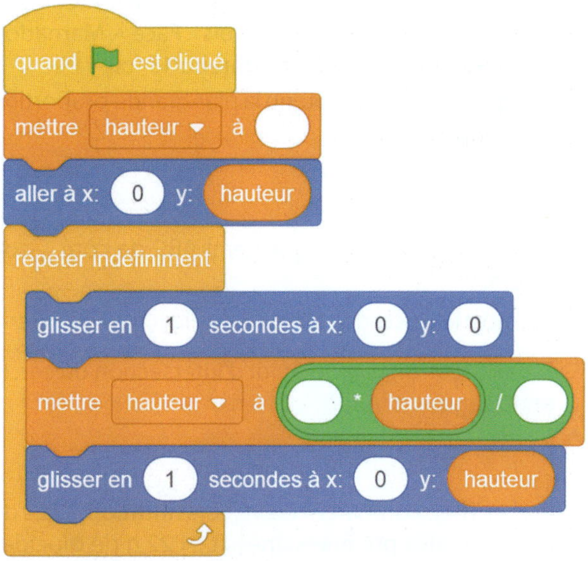

3. Si Maxence lâche sa balle de 1 m de haut, après combien de rebonds ne monte-t-elle pas à plus de 30 cm ?

Problèmes

ceinture jaune — ceinture verte — ceinture noire

89 Gaming

Calculer, Représenter

Samedi, Florent a joué sur sa console pendant $\frac{3}{4}$ h et Amélie pendant $\frac{41}{60}$ h.

1. Qui a joué le plus longtemps ?

2. Exprimer le temps de jeu de chacun en minutes.

90 Liste de lecture

Calculer

Mathilda veut organiser ses 320 morceaux de musique dans des listes de lecture. Elle en place les $\frac{3}{5}$ dans une liste qu'elle nomme « Ambiance », 30 % dans une liste qu'elle nomme « Pour chanter », le reste dans une liste « En vrac », chaque morceau ne figurant que dans une seule liste.

1. Combien a-t-elle mis de morceaux dans sa liste « Ambiance » ?

2. Combien a-t-elle mis de morceaux dans sa liste « En vrac » ?

91 Évaporation des océans

Calculer

L'eau des océans s'évapore et retombe sous forme de précipitations. Les $\frac{2}{9}$ de ces eaux évaporées retombent sur les continents, le reste retombe sur les océans. En une année, le volume d'eau évaporée des océans est égal à 430 000 km^3.

Calculer le volume d'eau retombée en une année :

a. sur les continents

b. sur les océans

92 Pile ou face

Calculer

Candice et Mamadou jouent à Pile ou Face. Candice a obtenu 10 fois « Pile » et 10 fois « Face ». Mamadou a lancé 25 fois la pièce et a obtenu 15 fois « Pile ».

• Lequel des deux a obtenu la plus grande proportion de « Pile » ?

93 Intersection

Représenter, Raisonner

1. Tracer un triangle équilatéral ABC de côté $\frac{2}{7}$ de 28 cm.

2. Tracer le cercle de centre A et de rayon $\frac{5}{9}$ de 7,2 cm.

3. Que peut-on dire du point d'intersection du cercle et du segment [AB] ?

94 Céréales

Calculer

Inès et Théo comparent les valeurs nutritionnelles de leurs céréales préférées. Inès lit : « 22 g de glucides pour 25 g ». Théo lit : « 24 g de glucides pour 30 g ».

• En proportion, quelles sont les céréales qui contiennent le plus de glucides ?

95 Tableau d'honneur

Calculer

Durant l'année 2020, les membres d'un club de badminton ont tous disputé le même nombre de matchs. Claire a gagné les $\frac{3}{5}$ de ses matchs, Karim les $\frac{2}{3}$ et Christopher les $\frac{17}{30}$.

1. Christopher pense être le meilleur. A-t-il raison ?

2. Classer ces trois membres du club.

96 Le cadeau

Calculer

Evan, Judith et Léa veulent rassembler leurs économies pour acheter un collier comme cadeau de fête des mères. Evan possède les $\frac{4}{7}$ du prix du collier, Judith en a les $\frac{13}{21}$ et Léa le tiers.

1. Ont-ils assez d'argent pour acheter ensemble ce collier ?

2. Peuvent-ils acheter un deuxième collier de même prix pour leur grand-mère ?

97 Ça ne marche pas !

Communiquer

Adil a créé ce script pour comparer une fraction à 1.

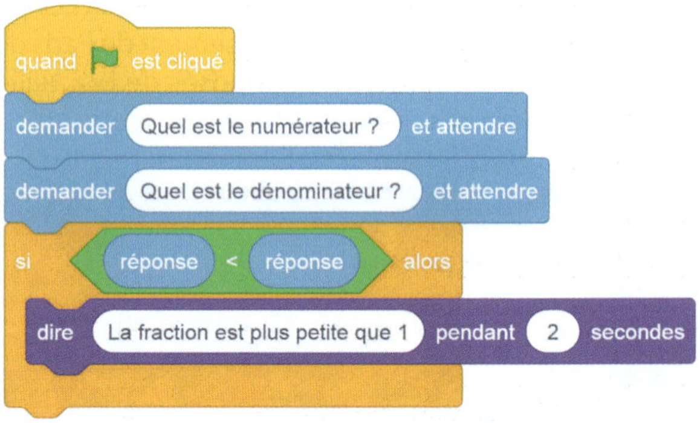

1. Trouver et expliquer les erreurs.

2. Proposer un programme qui permette de comparer une fraction à 1.

98 Le morpion

Calculer

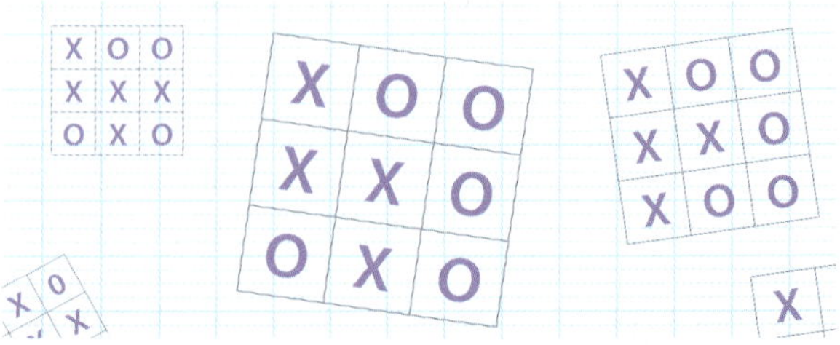

Claire et Tom ont joué au morpion. Claire a gagné 7 manches sur 18 et 1 manche sur 9 a été nulle.

• Qui a gagné ?

99 Journée sportive
Calculer

Dans un collège, lors de la grande journée sportive, les élèves de chaque classe ont disputé différents matchs de basketball, handball et football. Voici les premiers résultats obtenus.

Classe	Nombre de matchs joués	Nombre de victoires
5e A	12	8
5e B	10	7

- Quelle est la meilleure de ces deux classes ? Justifier.

100 Le lotissement
Chercher

Dans un quartier résidentiel, $\frac{5}{8}$ des maisons ont une surface supérieure à 100 m² et $\frac{15}{32}$ des maisons ont au moins un étage.

- Peut-on trouver dans ce quartier des maisons d'au moins un étage et dont la surface est supérieure à 100 m² ? Justifier.

101 Qui a raison ?
Communiquer

- Que peut-on en penser ? Expliquer.

102 Correction de copies
Calculer

Corriger les erreurs éventuelles de Jules.

a. $\frac{1}{6} + \frac{5}{12} = \frac{2}{12} + \frac{5}{12} = \frac{7}{24}$

b. $3 \times \left(4 - \frac{5}{7}\right) = 3 \times \left(\frac{28}{7} - \frac{5}{7}\right) = 3 \times \frac{23}{7} = \frac{69}{7}$

c. $\frac{3}{8} + \frac{7}{24} \times 5 = \frac{9}{24} + \frac{7}{24} \times 5 = \frac{16}{24} \times 5 = \frac{80}{24}$

d. $5 \times \frac{3}{4} = \frac{15}{20}$

103 Trop d'écran
Calculer

Un mercredi, Samy passe trois quarts d'heure le matin devant la télévision puis, après déjeuner, deux heures et demie à jouer à un jeu vidéo, et enfin 40 minutes sur son téléphone.

1. Exprimer chaque durée en fraction d'heure.
2. Exprimer la durée qu'il passe ce jour-là devant un écran en fraction d'heure, puis en heures et minutes.

104 En route
Calculer

À 130 km/h, une voiture consomme en moyenne 6,84 litres de carburant pour 100 km.
En roulant à 110 km/h, la consommation est réduite de $\frac{3}{18}$.

- Calculer la consommation moyenne de cette voiture quand elle roule à 110 km/h.

105 En rythme
Chercher

En musique, on utilise aussi les fractions pour donner la durée des notes dans une partition de musique.

Nom	Noire	Croche	Double croche	Triple croche
Représentation				
Unité de temps	Un	Un demi	Un quart	Un huitième

1. À quelle fraction simplifiée d'unité de temps correspond chaque suite de notes ?

a. 

b. 

2. Sachant qu'une blanche  vaut deux unités de temps, quelle fraction de blanche représente une triple croche  ?

3. Que faut-il ajouter à  pour avoir l'équivalent de  ?

Voir point info p. 87

106 Le retour des premiers
Calculer

1. Décomposer 30 et 42 en produit de facteurs premiers.
2. Déterminer le plus petit multiple commun à 30 et 42.
3. En déduire une comparaison de $\frac{29}{30}$ et $\frac{41}{42}$.

107 Space Heroes
Calculer

Kevin is playing Space Heroes. He has only got 3 lives left to accomplish his mission. He can see he has almost got all the suns.

1. What percentage of suns has he already got?
2. However, he doesn't know if he has a more important proportion of stars or martians. Compare these two proportions.

Problèmes

108 Programme
Modéliser

Voici un programme de calcul :

> Choisir un nombre.
> Le multiplier par $\frac{4}{7}$.
> Ajouter $\frac{3}{14}$ au résultat obtenu.

1. Quel nombre obtient-on en prenant :
a. 7 comme nombre de départ ?
b. 5 comme nombre de départ ?

2. Écrire l'expression littérale obtenue en choisissant x comme nombre de départ.

109 Test de menus
Communiquer

Un nouveau restaurant propose le menu « Printemps » et le menu « Fraicheur », qu'il teste auprès de ses clients. À l'issue de ce test, un client sur deux qui a commandé le menu « Printemps » l'a aimé, trois clients sur quatre qui ont commandé le menu « Fraicheur » ne l'ont pas aimé. Des élèves veulent calculer la proportion des clients qui ont aimé leur menu à ce déjeuner.

• Qui a raison ? Expliquer le raisonnement.

110 Ken-ken
Chercher

Ce jeu appelé « ken-ken » suit les règles suivantes :
– On utilise trois fractions.
– On ne peut écrire qu'une seule fois une même fraction dans chaque ligne et chaque colonne.
– La somme des fractions dans un secteur délimité en gras est écrite en rouge.

$\frac{11}{12}$	$\frac{4}{3}$	$\frac{7}{4}$ $\frac{5}{6}$
$\frac{15}{12}$ $\frac{5}{6}$		

• Reproduire et compléter ce ken-ken.

111 Bandes dessinées
Représenter, Calculer

Lou-Ann a compté ses bandes dessinées et les a réparties en 4 catégories :
• Super-héros • Fantasy
• Humour • Autres

Elle a ensuite construit le diagramme circulaire correspondant.

1. Aider Lou-Ann, en justifiant, à associer chaque proportion suivante au secteur correspondant sur le diagramme circulaire :

$$\frac{1}{4} \; ; \; \frac{3}{16} \; ; \; \frac{1}{8}$$

2. Calculer la proportion manquante.

3. Sachant que Lou-Ann a exactement 48 BD de super-héros, combien a-t-elle de BD de fantasy ?

4. Le frère de Lou-Ann lui fait remarquer qu'elle a plus de 40 % de ses BD dans la catégorie « Autres ». A-t-il raison ? Justifier.

112 Une boucle
Modéliser

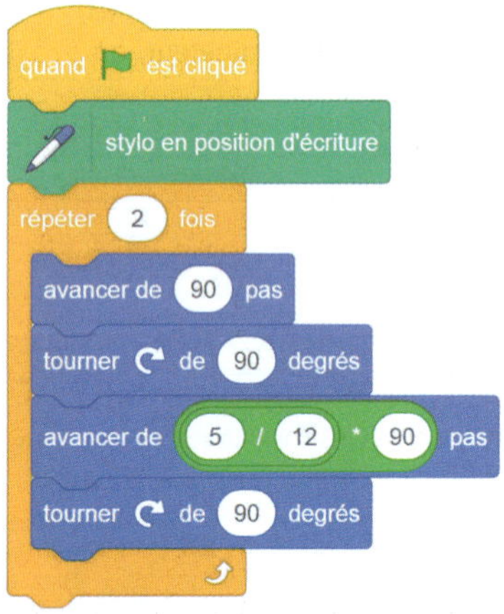

1. Tracer la figure réalisée par ce script en prenant 1 mm pour 1 pas.

2. Donner la nature de cette figure et calculer son périmètre en cm.

DÉFIS & ÉNIGMES

113 Triangle en fractions

Peut-on construire un triangle dont les côtés ont pour longueur 1 m, $\frac{5}{3}$ m et $\frac{1}{3}$ m ?

114 Égalité mystère

Retrouver les signes opératoires qui rendent cette égalité vraie.

$$6 \ldots \frac{3}{4} \ldots 7 = \frac{3}{4}$$

115 Isocèle
Raisonner

ABC est un triangle isocèle en A tel que $AB = \frac{11}{12}BC$.

1. Dans cette question, on prend BC = 6 cm.

a. Calculer la longueur AB.

b. Construire le triangle ABC.

2. On nomme x la longueur du segment BC. Exprimer en fonction de x le périmètre du triangle ABC.

116 Mon potager
Représenter, Chercher

Sylvie veut aménager son jardin en installant deux zones rectangulaires pour son potager : une pour des herbes aromatiques, une pour des salades.

Doc. 1 Le paillis

Le paillis est une couche de matériau protecteur (copeaux, écorces, ardoise) posée sur le sol, servant principalement à limiter l'arrosage et la pousse des mauvaises herbes. Il permet ainsi d'utiliser moins d'eau et moins de désherbant chimique.

Doc. 2 Contraintes techniques

- Rectangle pour les herbes aromatiques : 10 m de longueur. La largeur mesure les $\frac{3}{4}$ de la longueur.
- Rectangle pour les salades : 6,3 m de longueur. La longueur mesure les $\frac{7}{5}$ de la largeur.
- Pour les salades, la surface au sol doit être recouverte aux $\frac{4}{5}$ par du paillis.

Doc. 3 Sac de paillis d'écorce de pin maritime

6,60 € la pièce
50 L
Calibre 20/40 mm

Permet de recouvrir une surface d'environ 5 m^2.

1. Tracer une représentation à l'échelle du rectangle des herbes aromatiques en prenant pour longueur 10 cm.

2. Tracer une représentation à l'échelle du rectangle des salades en prenant pour longueur 6,3 cm.

3. Quel budget Sylvie doit-elle prévoir pour l'achat des sacs de paillis ?

117 Le bingo
Chercher

Dans un jeu télévisé, le lot à gagner est une somme d'argent. La candidate doit tirer au hasard deux boules indiscernables au toucher parmi quatre sur lesquelles il y a écrit une fraction du lot. Elle gagne le lot si la somme des fractions est supérieure à 1.

$\frac{1}{3}$ $\frac{2}{5}$ $\frac{11}{15}$ $\frac{17}{30}$

1. Donner la ou les boules représentant au moins la moitié du lot.

2. Donner les combinaisons gagnantes.

3. Quelle est la proportion de combinaisons qui sont gagnantes ?

MISSION DÉMONSTRATION

Raisonnement Le raisonnement inductif

Avec le raisonnement inductif, on part d'observations particulières pour trouver un résultat général. Ce résultat est une conjecture, c'est-à-dire un énoncé qu'on pense être vrai mais qui n'est pas encore démontré.

118 **1.** Étude de cas particuliers

Calculer les sommes suivantes : $A = \frac{1}{2} + \frac{1}{4}$; $B = \frac{1}{2} + \frac{1}{4} + \frac{1}{8}$; $C = \frac{1}{2} + \frac{1}{4} + \frac{1}{8} + \frac{1}{16}$.

2. Sans faire de calcul, énoncer une conjecture sur la valeur de la somme $\frac{1}{2} + \frac{1}{4} + \frac{1}{8} + \frac{1}{16} + \frac{1}{32}$.
Vérifier cette conjecture avec une calculatrice.

3. Énoncer de même une conjecture sur la valeur de la somme $\frac{1}{2} + \frac{1}{4} + \ldots + \frac{1}{2\,048} + \frac{1}{4\,096}$.

4. D'après les essais, même si on ajoute un très grand nombre de termes, semble-t-il que cette somme puisse être supérieure à 1 ?

Travailler autrement

Utilisable en AP

À chacun son parcours !

119 Résolution de problème

Socle D4 Je sais mener une démarche d'investigation.

Lors d'une marée montante, la hauteur d'eau évolue approximativement selon la règle suivante, dite « règle des douzièmes ». Elle monte d'un douzième du marnage* la première heure ainsi que la sixième heure, d'un sixième du marnage la deuxième ainsi que la cinquième heure, et d'un quart du marnage lors de la troisième heure, ainsi que de la quatrième heure. C'est la même chose en marée descendante.

** Marnage = hauteur en pleine mer – hauteur en basse mer.*

Questions ceinture jaune

1. Tracer un segment vertical [AB] de longueur 12 cm. Le point A représente la marée basse et le point B la marée haute. Graduer ce segment suivant l'évolution de la marée heure par heure.

2. a. À Lacanau, un lundi, la marée basse est prévue à midi. À quelle heure la hauteur de la mer atteindra-t-elle les trois quarts du marnage ?
b. Le marnage est de 3,06 m. De quelle hauteur la mer sera-t-elle montée à 17 h ?

Questions ceinture verte

1. À quelle fraction du marnage la mer monte-t-elle au bout de 4 heures ?

2. Tom sait que le marnage est de 3,06 m. Il va pêcher à marée basse. Il peut pêcher sans risque tant que la mer ne remonte pas de plus d'un mètre. Pourra-t-il pêcher pendant au moins 3 heures ?

Question ceinture noire

Il est prévu que la mer soit haute à 10 h. Tom pourra pêcher quand la mer sera descendue aux trois quarts du marnage, mais il devra repartir quand la mer sera montée d'un tiers du marnage.
- Donner la plage horaire pendant laquelle Tom pourra pêcher.

120 Analyse de documents

Socle D2 Je m'engage dans une démarche de résolution et mobilise les connaissances nécessaires.

Socle D4 Je sais prélever, organiser et traiter l'information utile.

En France, le Parlement est composé de la chambre des députés (l'Assemblée nationale) et de la chambre des sénateurs (le Sénat). L'ensemble des 925 parlementaires peut se réunir exceptionnellement en « congrès » pour réviser la Constitution française. La révision de la constitution est approuvée à condition qu'au moins trois cinquièmes des parlementaires votent « pour ».

Question ceinture jaune

$\frac{7}{25}$ des parlementaires s'apprêtent à voter pour une révision de la Constitution.
- Quelle fraction simplifiée des parlementaires votant « pour » manque-t-il pour que la révision soit approuvée ?

Question ceinture verte

155 députés et 145 sénateurs votent « contre » une révision de la Constitution, 55 parlementaires s'abstiennent et les autres votent « pour ».
- Cette révision sera-t-elle approuvée ?

Question ceinture noire

294 députés sur 577 votent « pour » une révision de la Constitution.
- Quel pourcentage de « pour » faut-il obtenir au minimum parmi les sénateurs pour faire approuver cette révision ?

5 Nombres relatifs : définition

TA MISSION

Découvrir des nouveaux nombres plus petits que zéro.

JEU

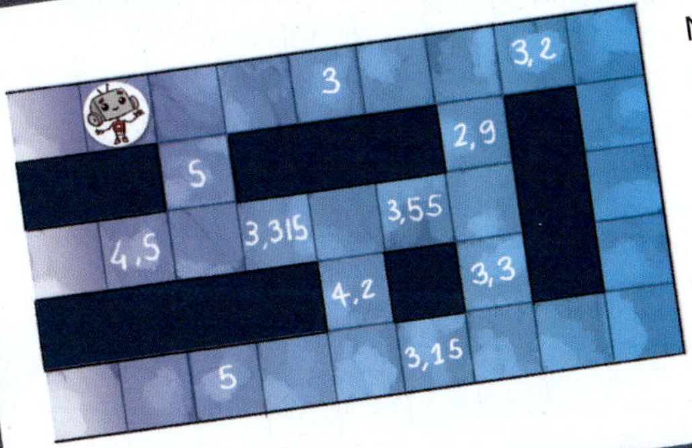

Notre robot ne peut avancer que vers un nombre toujours plus grand.

- Par où va-t-il passer pour sortir du labyrinthe ?

POINT INFO

Grâce aux données collectées par plusieurs satellites entre 2004 et 2016, une équipe de chercheurs a pu établir un nouveau record de la température la plus froide jamais relevée sur Terre : –98 °C, dans l'est de l'Antarctique.

Voir problème 73 p. 118.

Activités

Prêts pour le décollage ?

QUESTIONS FLASH — Questions flash supplémentaires

1 Voici le profil de la dixième étape du tour de France entre Tarbes et La Pierre-Saint-Martin.

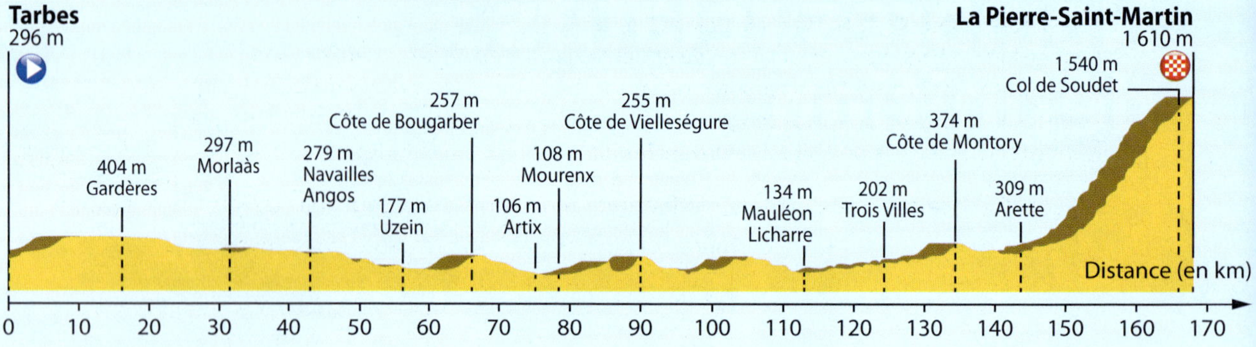

a. De quelle ville partent les coureurs ?
b. Christopher Froome a gagné cette étape. Combien de kilomètres a-t-il parcourus ?
c. Où se trouvent les coureurs au bout de 90 km ?
d. Quelle ville est à une distance de Tarbes comprise entre 110 km et 120 km ?
e. Combien de kilomètres séparent Trois Villes d'Arette ?

2 **a.** Quelles sont les positions des deux tours blanches ♖ ?
b. Quelle est la position de la dame blanche ♕ ?
c. Quelle est la position du roi noir ♚ ?

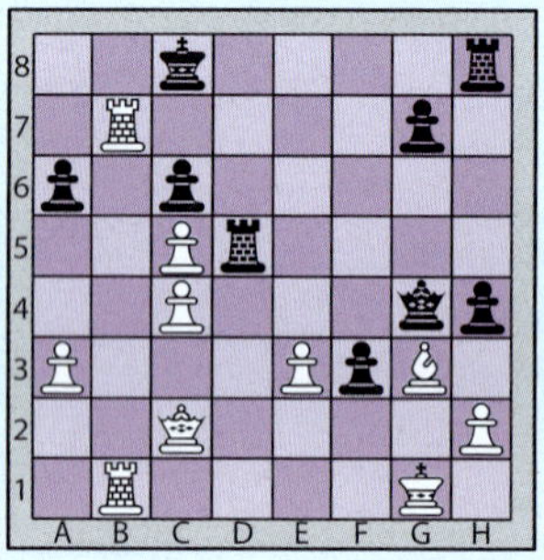

3 Dans chaque cas, intercaler un nombre décimal entre les deux nombres donnés.

a. 33 < … < 34
b. 0 < … < 0,1
c. 7,3 < … < 7,45
d. 812,4 < … < 812,7
e. 4,12 < … < 4,13
f. 54,25 < … < 54,3

4 Classer les Dalton dans l'ordre croissant de leur taille.

William 1,68 m • Joe 1,52 m
Averell 1,93 m • Jack 1,8 m

Activité 1 Dessus, dessous

1. a. Hier, il faisait 0 °C. Depuis, la température a encore baissé de 4 °C. Quelle température fait-il aujourd'hui ?
b. Pierre est au rez-de-chaussée, il descend de trois étages. À quel niveau arrive-t-il ?
c. Un avion vole à 12 000 pieds, il descend de 5 000 pieds. Quelle est alors son altitude ?
d. Jules César est né 100 ans avant Jésus-Christ. En quelle année est-il né ?
e. Clara possède 53 €. Elle dépense 18 € pour acheter un tee-shirt. Quelle somme lui reste-t-il ?
f. Un spéléologue part explorer un gouffre dont l'entrée se trouve à une altitude de 110 m. Il descend de 150 m. À quelle profondeur se trouve-t-il ?

2. Les nombres au-dessus de zéro sont appelés les nombres positifs, les nombres en-dessous de zéro sont appelés les nombres négatifs. Parmi les nombres trouvés ci-dessus, quels sont les nombres négatifs ? Comment les distinguer des nombres positifs ?

3. a. Calculer les différences suivantes.

A = 12 000 – 5 000 B = 0 – 3 C = 0 – 4
D = 53 – 18 E = 110 – 150 F = 0 – 100

b. Associer chacun de ces calculs à un problème énoncé à la question **1.**

> **Grâce aux nombres négatifs, on pourra effectuer des soustractions qui étaient jusqu'alors impossibles.**

Activité 2 En avant et en arrière

Voici un jeu qui se joue avec un dé. Le dé permet de faire bouger un pion sur une droite régulièrement graduée comme la droite ci-dessous :

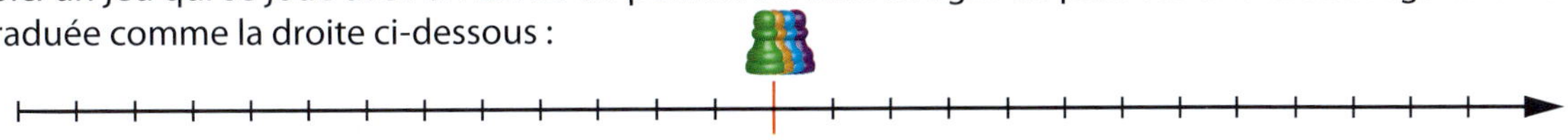

Départ

Règles du jeu

Les joueurs placent leurs pions sur le point « Départ ».
À tour de rôle, chaque joueur lance son dé et déplace son pion de la manière suivante :
– si le résultat est impair, il déplace son pion vers la droite du nombre de graduations indiquées ;
– si le résultat est pair, il déplace son pion vers la gauche du nombre de graduations indiquées.
À la fin de la partie, le vainqueur est celui dont le pion est le plus loin, dans le sens de parcours, sur la droite graduée.

Ali, Léon, Clarisse et Fatou décident d'effectuer quatre tours de ce jeu. Voici les lancers obtenus :

	Tour 1	Tour 2	Tour 3	Tour 4
Ali	⚂	⚁	⚄	⚃
Léon	⚁	⚀	⚂	⚄
Clarisse	⚀	⚅	⚃	⚃
Fatou	⚄	⚃	⚁	⚂

1. Pour chaque joueur, reproduire la droite graduée puis noter la position de leur pion après chaque tour.
2. Qui a gagné ? Comment peut-on indiquer les positions de chaque pion ?

Activité 3 Température

Pour son cours de sciences, Olivier a relevé la température extérieure chaque matin à 8 h pendant une semaine. Voici les données recueillies :

Jour	Lundi	Mardi	Mercredi	Jeudi	Vendredi	Samedi	Dimanche
Température en °C	2	−3	−4,5	−0,5	1	3,5	0

1. Quel jour a-t-il fait le plus froid ? Quel jour a-t-il fait le plus chaud ?
2. Classer les températures de la plus froide à la plus chaude.
3. Placer chaque température sur une même droite graduée.
4. Comparer la position des points sur la droite graduée et le classement fait à la question 3. Quelle règle peut-on établir sur la comparaison des nombres relatifs ?

Activité 4 Chasse à l'œuf

Pour Pâques, la grand-mère d'Alex et de Julie a caché des œufs en chocolat dans le jardin. Pour aider ses petits-enfants, elle leur a fait un plan. Chaque œuf est repéré par un point.

1. Comment peut-on faire pour donner la position précise des points A et B ?
2. Les nombres qui servent à repérer des points sont appelés les coordonnées du point. La première coordonnée est appelée **abscisse**, la deuxième coordonnée est appelée **ordonnée**.
Quelle sont les coordonnées des points C, E et F ?
3. Reproduire le repère et placer le point D de coordonnées (3 ; –2) représentant le point de départ de la chasse à l'œuf.

Un repère du plan est composé de deux axes : l'axe des abscisses et l'axe des ordonnées.

Cours

1 Connaitre les nombres relatifs

Définitions

- Un **nombre positif** est un nombre supérieur ou égal à 0. On le note avec un signe + ou sans signe.
- Un **nombre négatif** est un nombre inférieur ou égal à 0. On le note avec un signe –.
- Les nombres positifs et les nombres négatifs forment l'ensemble des **nombres relatifs**.

Exemples

- 3,2 est un nombre positif. On peut aussi le noter +3,2.
- –5,4 est un nombre négatif.
- 0 est le seul nombre à la fois positif et négatif.
- 3,2 et –5,4 sont des nombres relatifs.

Remarque

Grâce aux nombres négatifs, on pourra effectuer des soustractions qui étaient jusqu'alors impossibles. Par exemple, 8 – 10 = –2.

Dans cette égalité, il ne faut pas confondre le signe – entre 8 et 10, qui indique une soustraction entre deux nombres, et le signe – de –2, qui indique que –2 est négatif.

2 Repérer un point sur une droite graduée

Définition

Une droite graduée est une droite sur laquelle on a choisi :
- une origine ;
- un sens ;
- une unité de longueur, que l'on reporte régulièrement de part et d'autre de l'origine.

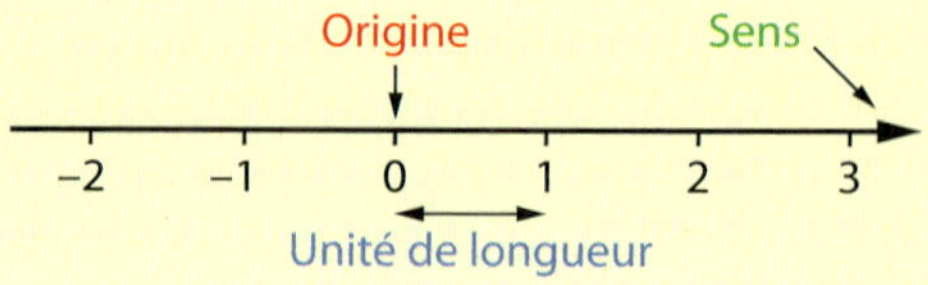

Définitions

- Sur une droite graduée, chaque point est repéré par un nombre relatif, que l'on appelle **abscisse du point**.
- La **distance à zéro** d'un nombre a est la longueur du segment [OA], où A est le point d'abscisse a et O est l'origine de la droite graduée.

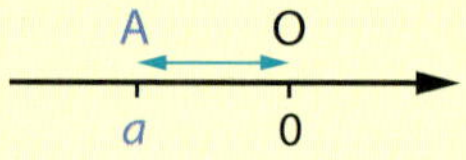

Exemples

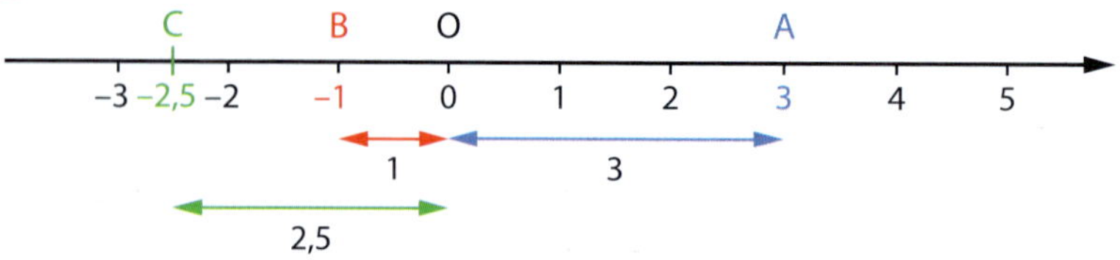

Le point A a pour abscisse 3 ; la distance à zéro de 3 est égale à 3.
Le point B a pour abscisse –1 ; la distance à zéro de –1 est égale à 1.
Le point C a pour abscisse –2,5 ; la distance à zéro de –2,5 est égale à 2,5.

Savoir-faire

Apprends à l'aide des exercices résolus puis entraine-toi !

1 Connaitre les nombres relatifs

1 Recopier et entourer les nombres négatifs.

−3 ; 10 ; +2,4 ; −8,2 ; −12,7

Solution

Les nombres négatifs sont tous les nombres qui comportent un **signe −**.

(−3) ; 10 ; +2,4 ; (−8,2) ; (−12,7)

2 Associer un nombre relatif à chaque situation.

a. Hier, il faisait 3 °C en dessous de zéro.
b. Le mont Blanc culmine à 4 810 m.
c. Pythagore est mort en 490 avant J.-C.

Solution

a. La température est inférieure à 0, il fait donc −3 °C.
b. Le mont Blanc est au-dessus du niveau de la mer, donc à +4 810 m.
c. Pythagore est mort avant J.-C., donc il est mort en −490.

3 Calculer les différences suivantes.

A = 15 − 10 B = 10 − 15 C = 15,8 − 16

Solution

A = 15 − 10 = 5 ◀ 15 > 10 donc la différence 15 − 10 est positive.

B = 10 − 15 = −5 ◀ 10 < 15 donc la différence 10 − 15 est négative.

C = 15,8 − 16 = −0,2 ◀ 15,8 < 16 donc la différence 15,8 − 16 est négative.

À toi de jouer

4 Calculer les différences suivantes et entourer en rouge celles qui sont négatives.

A = 12 − 9 B = 3 − 8 C = 12,5 − 14 D = 12 − 10,4

→ Corrigé p. 309

2 Repérer un point sur une droite graduée

5 Lire les abscisses des points P, L, O, U et F.

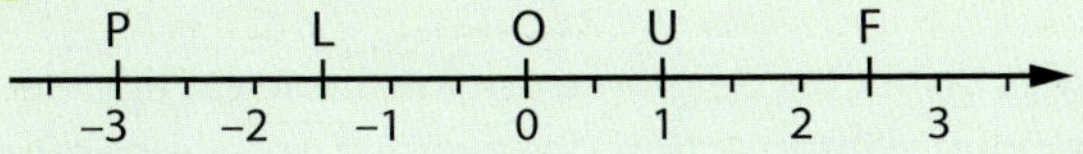

Solution

- L'abscisse du point P est −3.
- L'abscisse du point L est −1,5.
- O d'abscisse 0 est l'origine de la droite graduée.
- L'abscisse du point U est 1.
- L'abscisse du point F est 2,5.

À toi de jouer

6 Quelles sont les abscisses des points E, A, T et S ?

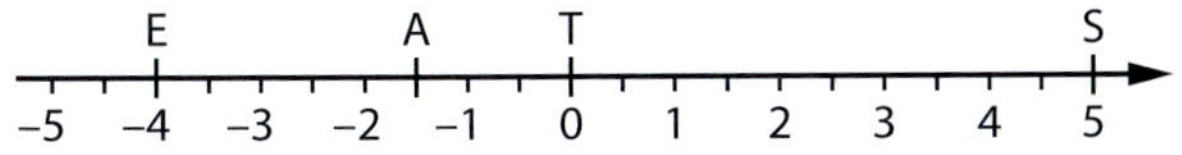

→ Corrigé p. 309

7 **1.** Reproduire la droite graduée et placer les points suivants :

A d'abscisse 0 ; C d'abscisse 1 ; H d'abscisse 2,5 ; L d'abscisse −1 ; P d'abscisse −2,5 et S d'abscisse −4.

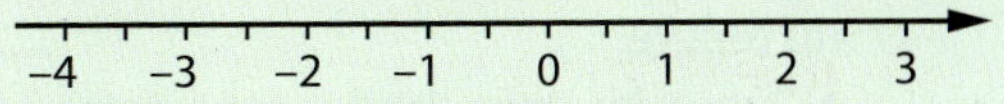

2. Quelles sont les distances à zéro de 2,5 et de −4 ?

Solution

1.

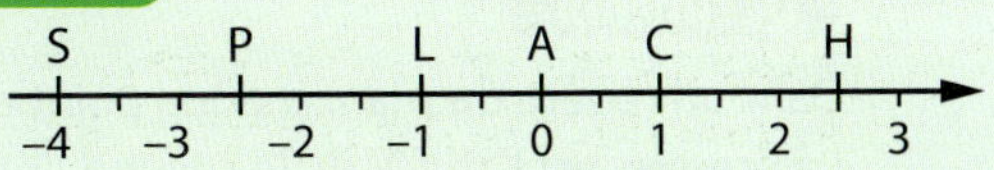

2. La distance à zéro de 2,5 est 2,5.
La distance à zéro de −4 est 4.

À toi de jouer

8 **1.** Tracer une droite graduée et placer les points R d'abscisse −5, L d'abscisse −3,5, J d'abscisse 1,5 et F d'abscisse 3.
2. Donner les distances à zéro de −5 et de 3.

→ Corrigé p. 309

Cours

3 Comparer des nombres relatifs

Définitions

a et b désignent deux nombres relatifs distincts.
Lorsqu'on parcourt une droite graduée dans le sens de la flèche, le plus petit des deux nombres a et b est celui que l'on rencontre en premier.

- On dit que a est **inférieur** à b et on note $a < b$.
- On dit aussi que b est **supérieur** à a et on note $b > a$.

▸ Exemple

Lorsqu'on parcourt cette droite dans le sens de la flèche, on rencontre d'abord –2 puis 3. Donc –2 est inférieur à 3. On note $-2 < 3$.

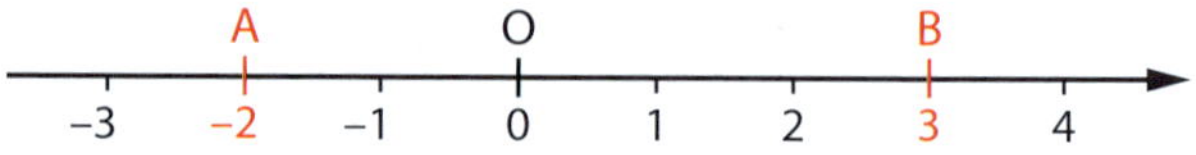

Propriétés

Comparer des nombres de signes différents
Un nombre positif est toujours supérieur ou égal à un nombre négatif.

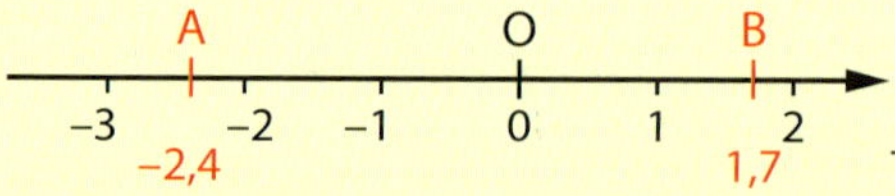

$-2{,}4 < 1{,}7$

Comparer des nombres positifs
Si deux nombres sont positifs, le plus **grand** est celui qui a la plus **grande** distance à zéro.

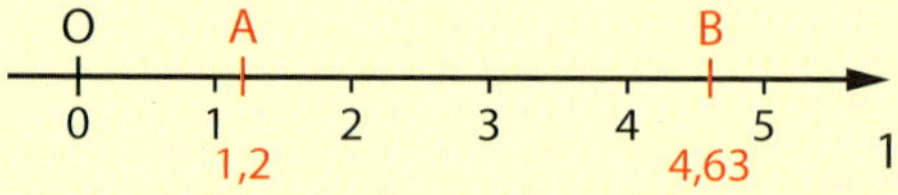

$1{,}2 < 4{,}63$

Comparer des nombres négatifs
Si deux nombres sont négatifs, le plus **grand** est celui qui a la plus **petite** distance à zéro.

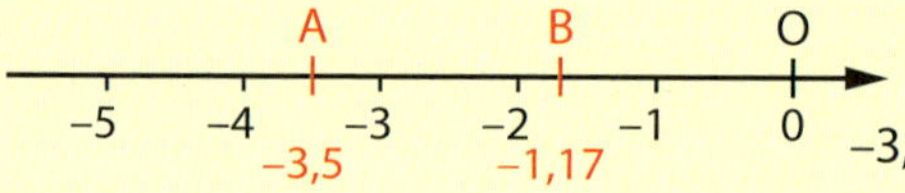

$-3{,}5 < -1{,}17$

4 Repérer un point du plan

Définitions

- Un repère du plan est formé par deux droites graduées distinctes de même origine. L'une est appelée l'**axe des abscisses** et l'autre l'**axe des ordonnées**. Le point d'intersection des axes est appelé **origine du repère**.
- Quand les deux droites sont perpendiculaires, on dit que le repère est **orthogonal**.

Définition

Dans un **repère du plan**, chaque point est repéré par deux nombres relatifs : ses **coordonnées**.
Le premier est l'**abscisse**, le second l'**ordonnée**. On les note (**abscisse** ; **ordonnée**).

▸ Exemples

- L'**abscisse** du point A est **2**.
L'**ordonnée** du point A est **3**.
Les coordonnées du point A se notent (**2** ; **3**).
- B a pour coordonnées (**–3** ; **0**).
- Les coordonnées du point C sont (**0** ; **–2**).
- D(**–3** ; **–2**).

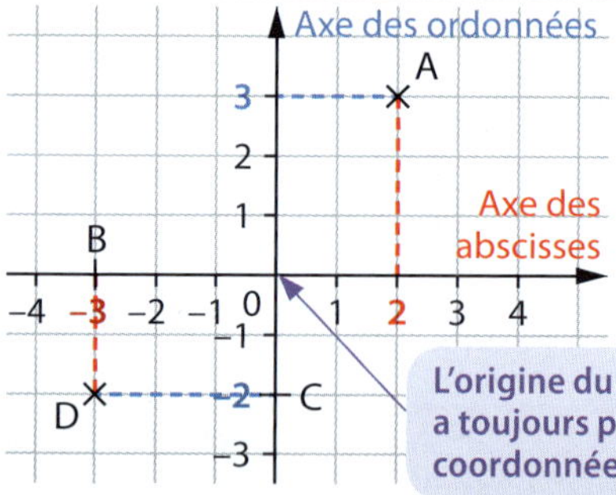

L'origine du repère a toujours pour coordonnées (0 ; 0).

Savoir-faire

Apprends à l'aide des exercices résolus puis entraine-toi !

3 Comparer des nombres relatifs

9 Compléter par < ou >.

−6 … 0 ; 5 … 0 ;
2,5 … −3 ; −6 … 4

Solution

−6 < 0 ; 5 > 0 ;
2,5 > −3 ; −6 < 4

Un nombre négatif est toujours inférieur ou égal à 0 et à n'importe quel nombre positif.

10 Compléter par < ou >.

−8 … −7 ; 4 … 5 ;
−1,5 … −3 ; −5,2 … −2,8

Solution

−8 < −7 ; 4 < 5 ;
−1,5 > −3 ; −5,2 < −2,8

Entre deux nombres négatifs, le plus grand est celui qui est le plus proche de 0.

11 Ranger les nombres suivants dans l'ordre croissant :
−10 ; −2,5 ; 1,8 ; 10 ; −3,2

Solution

−10 < −3,2 < −2,5 < 1,8 < 10

« Croissant » signifie du plus petit au plus grand : on commence donc par classer les nombres négatifs, puis on classe les nombres positifs.

À toi de jouer

12 Ranger les nombres suivants dans l'ordre décroissant.
−1 ; 2,5 ; 3 ; −4 ; −4,5 ; 11

« Décroissant » signifie du plus grand au plus petit.

→ Corrigé p. 309

4 Repérer un point du plan

13 Lire les coordonnées des points R, U, S et E.

Solution

On commence par lire les **abscisses** (sur l'axe horizontal), puis les **ordonnées** (sur l'axe vertical).

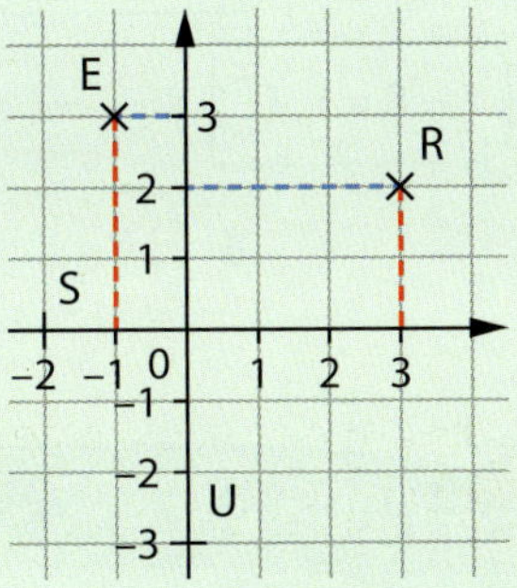

Les coordonnées des points sont :
R(3 ; 2) ; U(0 ; −3) ;
S(−2 ; 0) ; E(−1 ; 3)

À toi de jouer

14 Lire les coordonnées des points B, L, E et U.

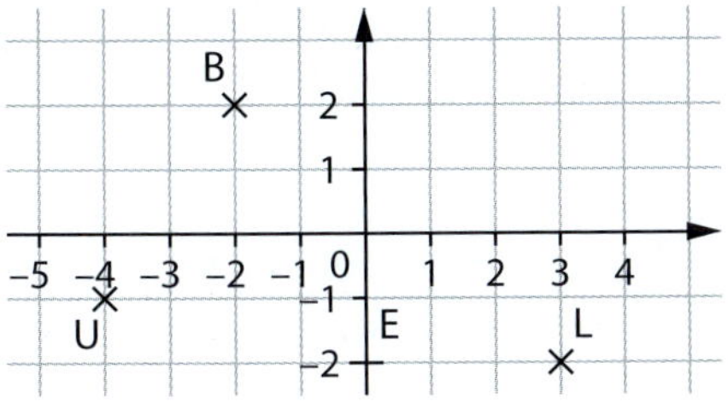

→ Corrigé p. 309

15 Construire un repère orthogonal puis placer les points suivants.
V(−2 ; 3) ; E(0 ; 4) ; R(1 ; 0) ; T(−3 ; 1)

Solution

Pour construire un repère orthogonal, on trace les deux axes perpendiculaires sur un quadrillage. On note les graduations sur chaque axe puis on place les points.

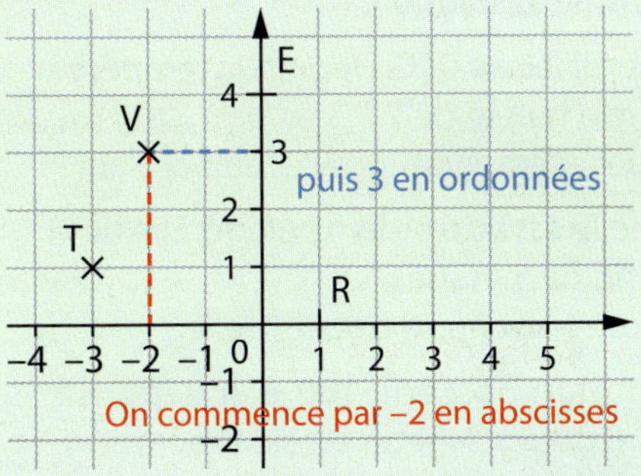

Pour placer un point, on repère d'abord l'abscisse, puis on monte (ou on descend) sur le quadrillage jusqu'à la valeur de l'ordonnée.

À toi de jouer

16 **1.** Construire un repère orthogonal.

2. Placer les points N(4 ; 5), O(−1 ; 3), I(−2 ; 0) et R(−4 ; −1) dans ce repère.

→ Corrigé p. 309

Exercices

Ressources téléchargeables

Connaitre les nombres relatifs

→ Savoir-faire p. 109

QUESTIONS FLASH

17 Quelles sont les villes où la température est négative ?

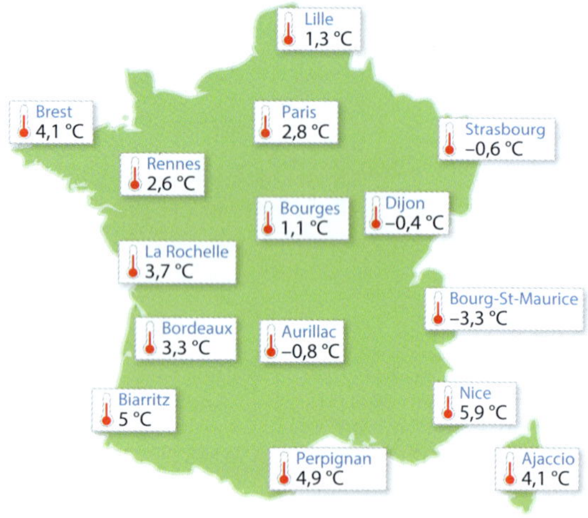

18 Dans chacun des cas suivants, donner une signification concrète du signe −.

1. Rome a été fondée en −753.
2. À bord du Nautilus, le capitaine Némo est descendu à −20 000 m.
3. L'altitude de la mer Morte est −410 m.
4. Le zéro absolu est la température théorique la plus basse qui puisse exister. Elle vaut −273,15 °C.

19 Associer le problème au nombre relatif qui en exprime la solution.

Hier, il faisait 0 °C. Depuis, la température a baissé de 7 °C. Quelle température fait-il aujourd'hui ?	−2
Gaëlle est au troisième étage. Elle descend de 5 étages. À quel niveau se trouve-t-elle ?	13
Antonin possède 100 €. Il dépense 87 € pour s'acheter un skateboard. Quelle somme lui reste-t-il ?	−7

20 **Vrai ou faux ?**

a. −7 est un nombre négatif.
b. +9 est un nombre négatif.
c. −6,7 est un nombre négatif.
d. 14,7 est un nombre relatif.
e. 0 n'est ni positif ni négatif.

Questions flash supplémentaires

21 Sarah va au 6e étage, Alix au 2e sous-sol, Eliott au 1er sous-sol et Naomi au 3e étage.

• Sur quel bouton chacun doit-il appuyer ?

22 Les situations suivantes ont-elles un sens ?

1. Pendant sa randonnée en montagne, Martin, qui a très soif, boit 1 L de sa gourde de 75 cL.
2. Ce soir, il fait 5 °C. Il faut faire attention, car cette nuit la température va baisser de 8 °C.
3. Mona a 5 bonbons. Très généreuse, elle en donne 6 à Lucien.
4. Romulus Augustule, né vers 461, est le dernier empereur romain. Auguste, le premier empereur romain, est né 524 ans avant lui.

23 CALCUL MENTAL Associer chaque opération à son résultat.

7 — 8 − 15 = — −6 — 12 − 6 =

2 − 8 = — −7 — 21 − 14 = — 0

6 — 3 − 3 =

MODE EXPERT

24 CALCUL MENTAL Voici les notes obtenues par 6 élèves d'une classe de 5e lors du dernier devoir de mathématiques :

15 ; 6 ; 17 ; 10 ; 11,5 ; 4,5

Pour indiquer les « écarts à la moyenne 10 », le professeur décide de noter 5 pour 15 et −4 pour 6.

1. Indiquer de la même manière « les écarts à la moyenne 10 » des quatre autres notes.
2. Le professeur a noté « écarts à la moyenne 10 » de six autres élèves : 1,5 ; −2 ; 3 ; −0,5 ; 7,5 ; −3,5. Retrouver les six notes obtenues par ces élèves.
3. Il y a 13 élèves en tout dans la classe, et leur moyenne à ce devoir est 11. Quel est « l'écart à la moyenne 10 » du 13e élève ?

Repérer un point sur une droite graduée

➜ Savoir-faire p. 109

QUESTIONS FLASH

25 Donner les abscisses des points A, B, C, D et E représentés sur la droite graduée suivante.

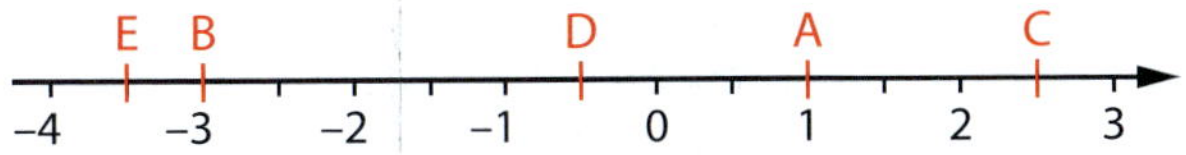

26 Donner les abscisses des points A, B, C, D et E représentés sur la droite graduée suivante.

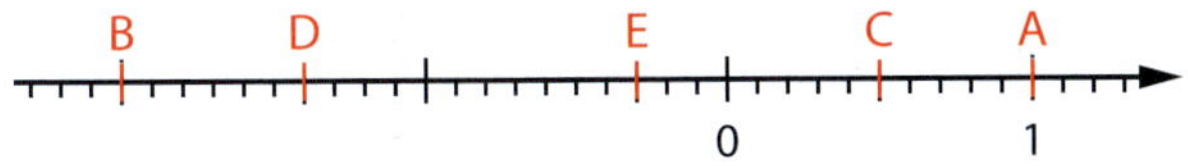

27 Donner les abscisses des points A, B, C, D, E et F représentés sur la droite graduée suivante.

28 Associer chaque point à la droite graduée qui le repère.

- A d'abscisse −2
- A d'abscisse 5,5
- A d'abscisse 2
- A d'abscisse −4

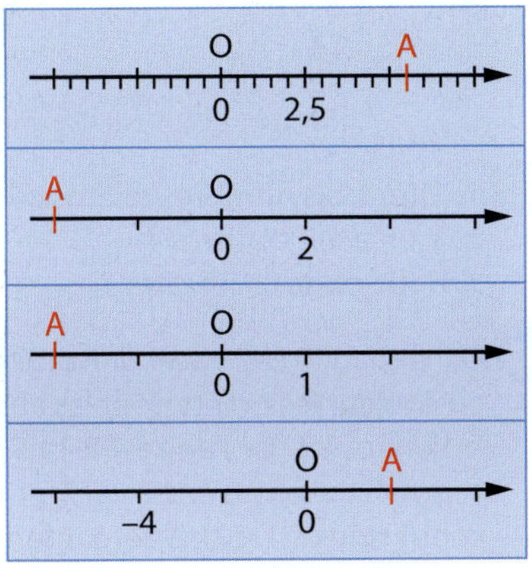

29 Donner les distances à zéro des abscisses des points A, B, C et D représentés sur la droite graduée suivante.

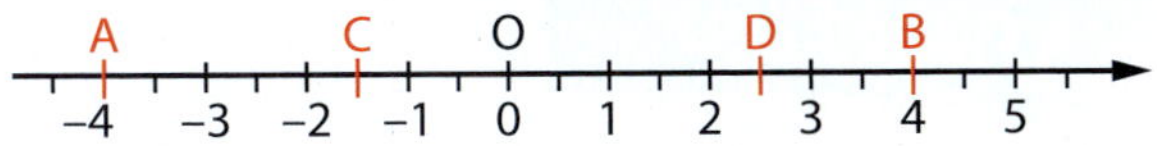

Questions flash supplémentaires

30 **1.** Tracer une droite graduée d'origine O.
2. Repasser en rouge les points d'abscisse positive.
3. Repasser en bleu ceux d'abscisse négative.
4. Quelle est la couleur du point O ?

31 **1.** Tracer une droite graduée puis placer les points E, A et I comme ci-dessous.

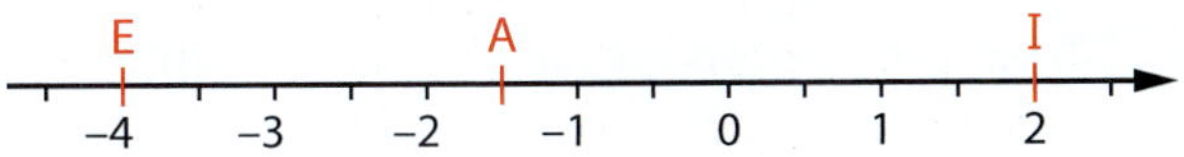

2. Donner l'abscisse des points E, A et I.
3. Placer les points N d'abscisse −5, F d'abscisse 4, T d'abscisse 1 et G d'abscisse −3,5.

32 Dans chaque cas, construire une droite graduée pour y placer les points suivants.
a. E d'abscisse −0,1 ; U d'abscisse 0,3 ; V d'abscisse −0,3 ; N d'abscisse 0,1 ; S d'abscisse 0,7.
b. R d'abscisse −20 ; M d'abscisse −100 ; A d'abscisse −75 ; S d'abscisse −10.
c. N d'abscisse 0,25 ; L d'abscisse −1 ; U d'abscisse −0,5 ; E d'abscisse 1.

33 Construire une droite graduée et y placer les points suivants.
a. Le point A d'abscisse −3.
b. Le point B distinct de A dont l'abscisse a une distance à zéro égale à celle de l'abscisse du point A.
c. Les deux points distincts C et D dont les abscisses ont des distances à zéro égales à la moitié de celle de l'abscisse du point A.

34 **1.** Donner les abscisses des points A, B et C représentés sur la droite graduée suivante.

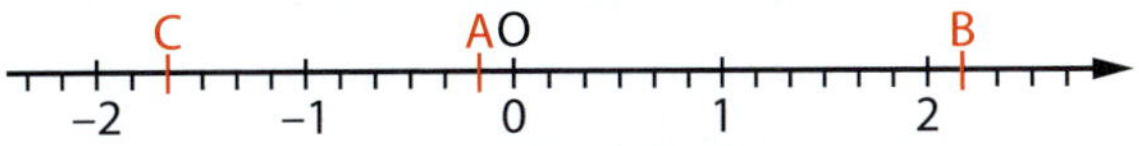

2. Reproduire la droite graduée et placer les points D, E et F d'abscisse respectives $\frac{5}{6}$, $\frac{-17}{6}$ et $\frac{-2}{3}$.

MODE EXPERT

35 L'abscisse du point P sur la droite graduée ci-dessous est −30, celle du point T est −5.

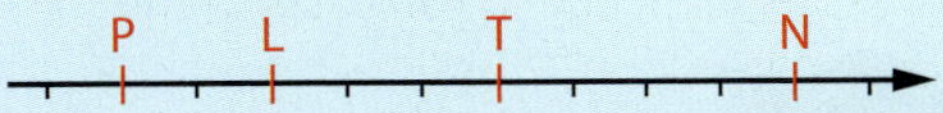

1. Où est le point O, origine de la droite ?
2. Quelles sont les abscisses des points L et N ?
3. Placer le point U d'abscisse −15.

36 L'abscisse du point C sur la droite graduée ci-dessous est −3,5, celle du point B est 4.

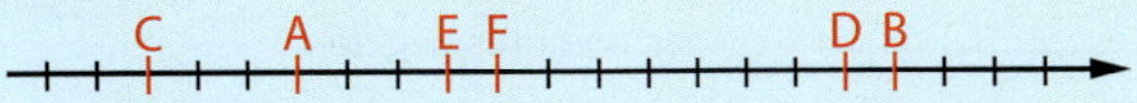

1. Quel est le point dont l'abscisse a une distance à zéro nulle ?
2. Quel est le point dont l'abscisse a une distance à zéro égale au double de la distance à zéro de l'abscisse du point A ?
3. Quel point est le symétrique du point D par rapport au point d'abscisse nulle ?

Exercices

Comparer des nombres relatifs

➜ Savoir-faire p. 111

QUESTIONS FLASH

37 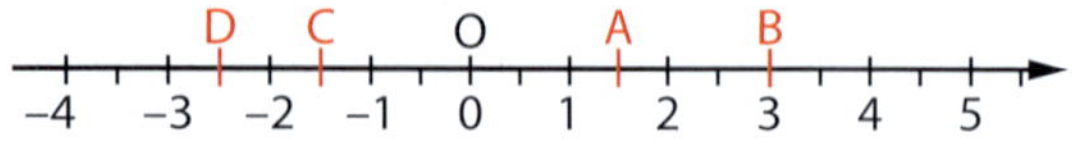

Comparer les abscisses suivantes.
a. L'abscisse de A et l'abscisse de B.
b. L'abscisse de C et l'abscisse de D.
c. L'abscisse de D et l'abscisse de O.
d. L'abscisse de C et l'abscisse de B.

38 Sur la droite graduée ci-dessous, préciser entre quelles abscisses entières consécutives se trouvent les abscisses de chacun des points A, B, C et D.

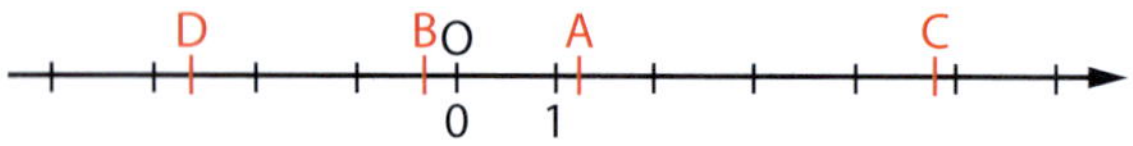

« Consécutifs » signifie « qui se suivent ».

39 Comparer les nombres suivants.
a. −12 et 0 b. −1,2 et −3
c. −3 et −4 d. −1,2 et −1,19

40 Andrea affirme qu'un nombre supérieur à −1 est toujours positif. A-t-elle raison ?

41 1. Citer un nombre inférieur à −12.
2. Citer un nombre compris entre −5 et −3.
3. Citer deux nombres entiers qui encadrent −3,4.

Questions flash supplémentaires

42 

• Yanis et Alix ont-ils raison ?

43 Classer les nombres suivants dans l'ordre décroissant.
5,1 ; −2,4 ; −3,3 ; 0 ; 5,8 ; −0,1 ; 6,5

44 Classer les nombres suivants dans l'ordre croissant.
6,3 ; −8 ; −12,5 ; 2,9 ; −0,5 ; −6,4

45 Recopier et compléter par le signe $<$ ou $>$ qui convient.
a. −4,04 … 4 b. 3,051 … −3,05
c. 0 … −57 d. −312 … −321
e. −0,001 … −0,000 1 f. 1,2 … 1,18

46 Classer ces mathématiciens grecs dans l'ordre croissant de leur année de naissance.
Pythagore : −580 ; Thalès : −625 ;
Euclide : −330 ; Archimède : −287

47 Dans les comparaisons suivantes, remplacer le ■ à l'aide d'un chiffre qui convient.
a. 4,5■ < 4,57 b. −6,28 > −6,2■
c. −3,■5 < −3,45 d. 2,2 > −2,■

48 Recopier et compléter par un nombre entier relatif qui convient.
a. 1,3 < … < 2,7 b. −2,7 < … < −1,03
c. −8,2 < … < −7,8 d. −0,5 < … < 0,2
e. 0,5 < … < 1,2 f. −0,1 < … < 1,9

49 Encadrer le nombre donné par deux nombres entiers relatifs consécutifs.
a. … < 2,8 < … b. … < −2,8 < …
c. … < −3,5 < … d. … < 25,7 < …

« Consécutifs » signifie « qui se suivent ».

50 1. Citer trois nombres relatifs compris entre −6 et −2.
2. Y en a-t-il d'autres ?
3. Peut-on tous les citer ?

51 Dans chaque cas, tracer une droite graduée et repasser en couleur les points dont les abscisses :
a. sont comprises entre −2 et 5
b. sont comprises entre −17 et −10
c. ont une distance à zéro inférieure à 4
d. ont une distance à zéro égale à 3,5
e. ont une distance à zéro supérieure à 2

MODE EXPERT

52 Voici les températures en °C relevées pendant 4 jours de sport d'hiver dans les Pyrénées.
−9 ; −2 ; −4 ; −7
Le cinquième jour a été le plus chaud. La température était un nombre entier négatif mais non nul.
• Quelle était la température du cinquième jour ?

53 Je suis un nombre relatif entier, je suis compris entre −1 532 et −1 524, la somme de mes chiffres est 15.
• Qui suis-je ?

54 Trouver deux nombres relatifs compris entre −13,21 et −13,174 dont la somme des chiffres est égale 22.

Repérer un point du plan

→ Savoir-faire p. 111

QUESTIONS FLASH

55 **Vrai ou faux ?**

a. L'abscisse du point A de coordonnées (–3 ; 4) est 4.

b. Dans un repère du plan, le point B de coordonnées (0 ; 5) est sur l'axe des abscisses.

c. Dans un repère du plan, l'abscisse et l'ordonnée d'un point peuvent être égales.

56 En utilisant le repère ci-contre, citer :
a. les points qui ont une abscisse positive
b. les points qui ont une ordonnée négative
c. les points qui ont une abscisse négative
d. les points qui ont une ordonnée positive

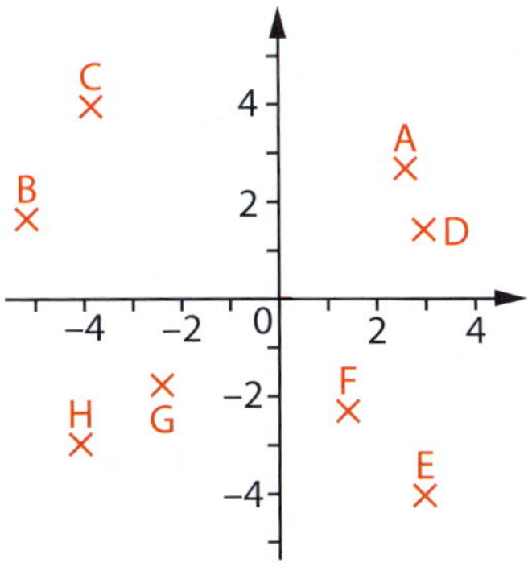

57 1. Donner les coordonnées des points F, L, E, U, R et S sur le graphique ci-contre.

2. Quels sont les points avec des abscisses positives ?

3. Quels sont les points avec des ordonnées négatives ?

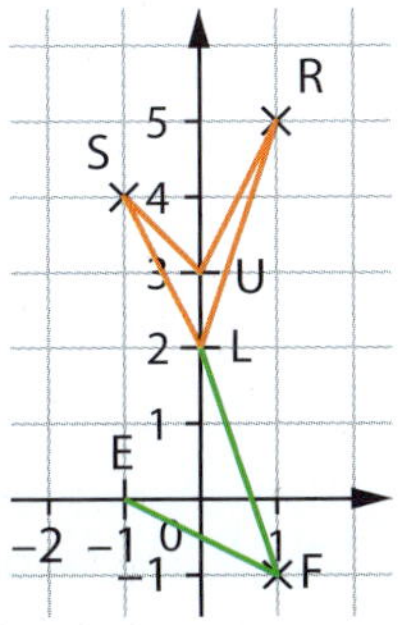

Questions flash supplémentaires

58 Tracer un repère orthogonal, puis colorier :
a. en rouge, tous les points d'abscisse positive et d'ordonnée positive
b. en vert, tous les points d'abscisse positive et d'ordonnée négative
c. en orange, tous les points d'abscisse négative et d'ordonnée positive
d. en bleu, tous les points d'abscisse négative et d'ordonnée négative

59 1. Dans un repère orthogonal, placer les points suivants :
A(3 ; 4) ; B(–2 ; 3) ; C(0 ; 5) ; D(–3 ; 0) ; E(–2 ; –5) et F(–2,5 ; 1,5)

2. Placer le point G sachant qu'il a la même abscisse que le point B et la même ordonnée que le point F.

3. Que peut-on dire des points B, E et G ?

60 1. Dans un repère orthogonal, placer les points suivants :
I(–1 ; –2) ; J(0,5 ; –2) ; K(–1 ; 0) ; L(–1 ; –3,5) ; M(1,5 ; –2)

2. Que peut-on dire des points I, J et M ?

3. Que peut-on dire des points I, K et L ?

61 1. Dans un repère orthogonal, placer le point R de coordonnées (–4 ; 5), I de coordonnées (–4 ; –2) et Z de coordonnées (1 ; –2).
2. Quelle est la nature du triangle RIZ ?

62 1. Dans un repère orthogonal d'origine O, placer le point R de coordonnées (2 ; 3), le point A de coordonnées (–1 ; –4) et le point T de coordonnées (–3 ; 1).

2. Placer le point S symétrique du point A par la symétrie centrale de centre O. Donner les coordonnées du point S.

3. Placer le point E symétrique du point R par rapport à l'axe des abscisses. Donner les coordonnées du point E.

4. Placer le point B symétrique du point T par rapport à l'axe des ordonnées. Donner les coordonnées du point B.

63 1. Déterminer graphiquement les coordonnées des points A, B et C dans le repère ci-dessous.

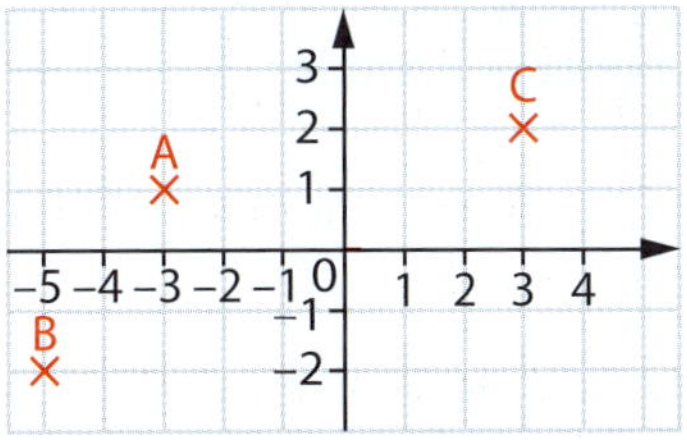

2. Reproduire ce repère et placer le point D tel que ABCD soit un parallélogramme. Déterminer graphiquement ses coordonnées.

3. Placer le point E tel que ACEB soit un parallélogramme. Déterminer graphiquement ses coordonnées.

MODE EXPERT

64 Timoko a placé trois points sur son cahier.
Dans un repère orthogonal où un carreau représente 2 unités sur chaque axe, il sait que le point A a pour abscisse –4 et le point B a pour ordonnée 14.

- En replaçant les axes du repère, aider Timoko à retrouver les coordonnées du point C.

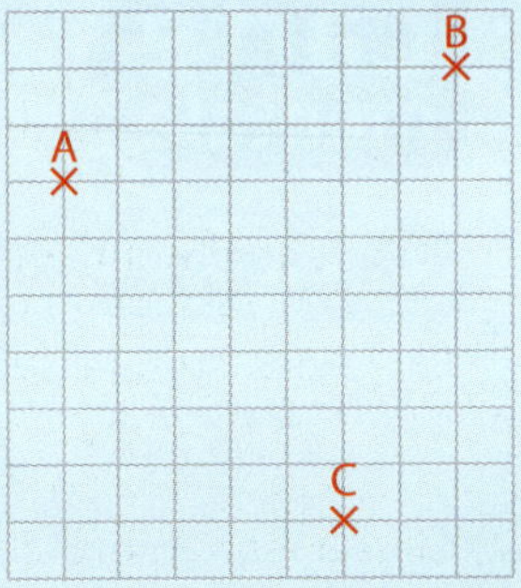

Faire le point

Version interactive du QCM

QCM

Donner la ou les bonne réponse parmi les trois proposées.

1 Connaitre les nombres relatifs

	Réponse A	Réponse B	Réponse C
1. 0 – 15 est égal à :	15	0	–15
2. –3 est un nombre :	négatif	positif	relatif
3. La distance à zéro de –12 est :	–12	0	12

2 Repérer un point sur une droite graduée

On donne la droite graduée ci-contre.

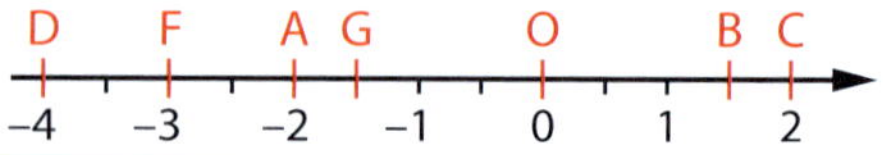

	Réponse A	Réponse B	Réponse C
1. L'abscisse du point B est :	2	1,5	positive
2. Le point d'abscisse –1,5 est :	G	C	A

3 Comparer des nombres relatifs

	Réponse A	Réponse B	Réponse C
1. –2,8 est supérieur à :	–4,1	–1,2	3,4
2. On donne la liste de nombres suivante. –5,4 ; 3,2 ; –1,5 ; 0 ; –4,5 Le plus petit des nombres de cette liste est :	–1,5	–5,4	3,2
3. L'encadrement –5 < … < –2 peut être complété par :	–5,1	–4,9	–2,1

4 Repérer un point dans le plan

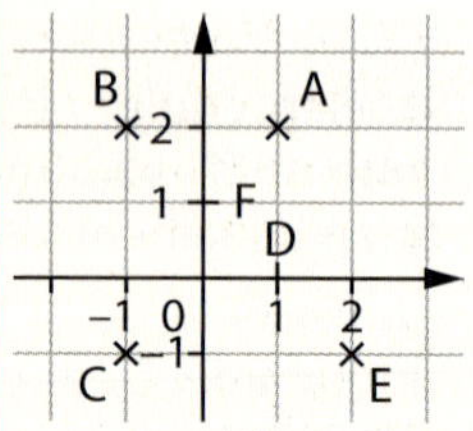

	Réponse A	Réponse B	Réponse C
1. Dans le repère ci-contre, les coordonnées du point C sont :	(–1 ; 1)	(1 ; –1)	(–1 ; –1)
2. Dans le repère ci-contre, le point de coordonnées (–1 ; 2) est :	A	B	E
3. Le point F a pour abscisse :	0	1	–1

→ Corrigé p. 309

Carte mentale

Ressource téléchargeable

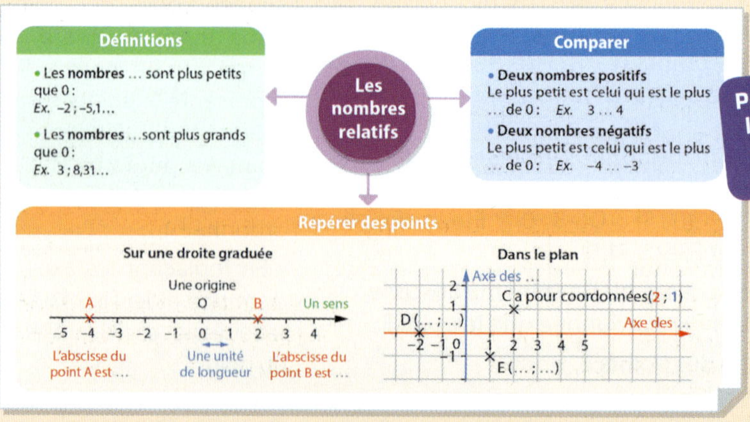

Pour t'aider à retenir le cours, télécharge et complète cette carte mentale.

Algorithmique et outils numériques

65 **Cassiopée**

Cassiopée est l'une des constellations du ciel visible dans l'hémisphère nord. Elle est très facilement reconnaissable grâce à sa forme de « W ».

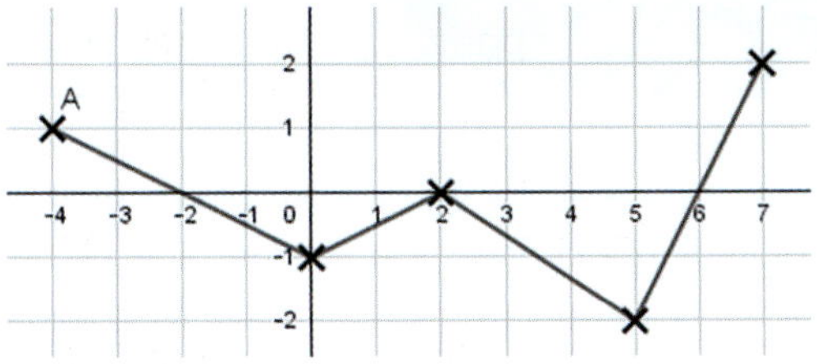

1. Ouvrir un logiciel de géométrie dynamique.

2. Placer le point A de coordonnées (–4 ; 1).

3. Terminer la construction de Cassiopée en entrant les coordonnées de chaque point.

66 **Symétriques**

Voici les outils utiles dans cet exercice :

1. Ouvrir un logiciel de géométrie dynamique.

2. Placer le point A(–2 ; 2) et le point O (0 ; 0).

3. Construire le point B symétrique de A par rapport à l'axe des abscisses. Quelles sont ses coordonnées ?

4. Construire le point C symétrique de A par rapport à O. Quelles sont ses coordonnées ?

5. Construire le point D symétrique de A par rapport à l'axe des ordonnées. Quelles sont ses coordonnées ?

6. Par lecture graphique, donner la nature du quadrilatère ABCD.

67 **Méli-mélo**

1. De quel point peut-on partir pour tracer la figure ci-contre sans lever le crayon et sans tracer deux fois le même segment ?

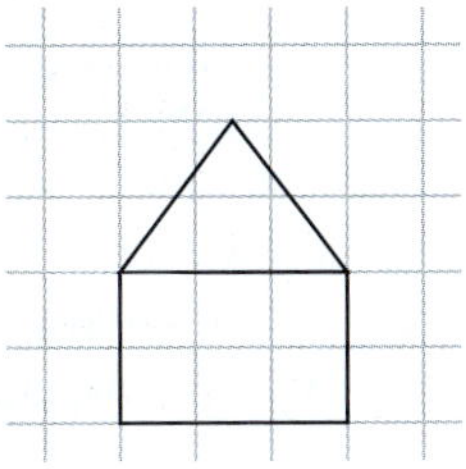

2. Lola a écrit un script pour tracer cette figure, mais les instructions ont été mélangées. Aider Lola à reconstituer son script.

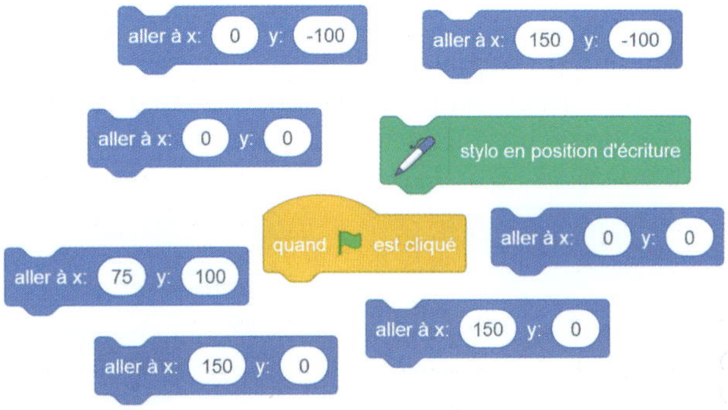

68 **Polygones**

Karim a écrit le script suivant :

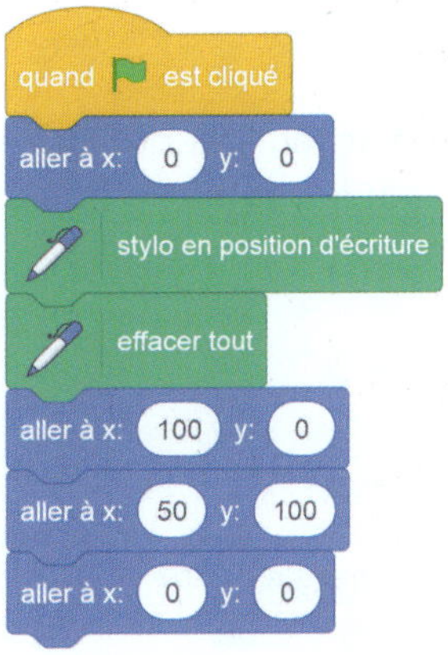

1. Quelle figure a-t-il tracée avec ce script ?

2. Compléter le script de Karim pour tracer la figure ci-contre (on ne demande pas de tracer le quadrillage).

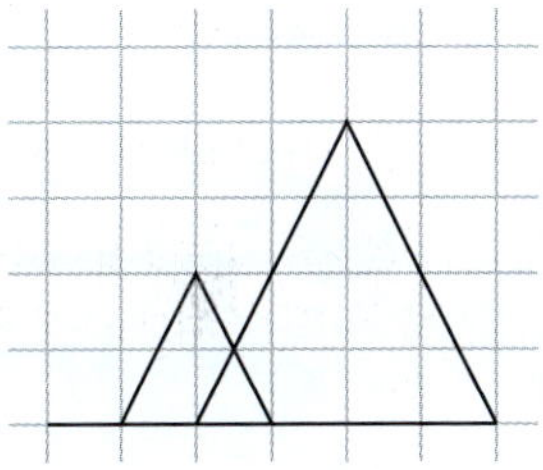

69 **Chasse au trésor**

Pat la pirate est à la recherche d'un trésor. Elle accoste sur l'île en un endroit qu'elle représente sur un plan par le point A(2 ; 3). Elle trouve ensuite une pelle en P(–3 ; 4). Elle continue son chemin et tombe sur une clé C(–4 ; 0). Pour finir, elle aperçoit une carte sous un rocher R(0 ; –2). Sur la carte est écrit : « Le trésor se trouve à l'intersection des diagonales du quadrilatère APCR. »

• À l'aide d'un logiciel de géométrie dynamique, trouver l'emplacement du trésor et afficher ses coordonnées précises.

Problèmes

ceinture jaune ceinture verte ceinture noire

70 Le puits

Représenter

Au fond de son jardin, Baptiste a un puits de 15 m de profondeur dans lequel stagnent 3 m d'eau. Pour plus de sécurité, il décide d'installer tout autour une barrière de 1,5 m de hauteur.

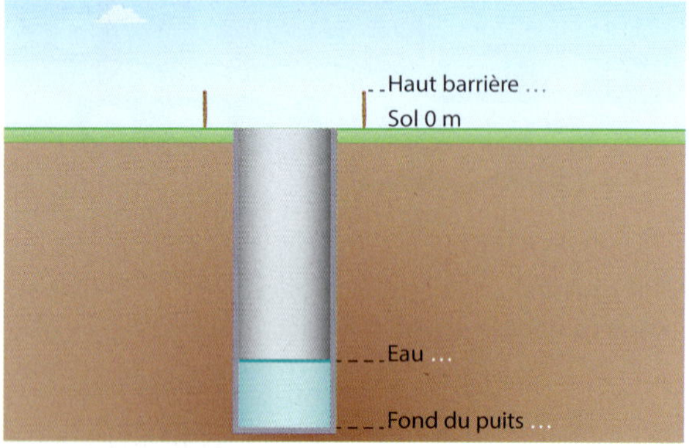

• Recopier et compléter le schéma ci-dessus en remplaçant les pointillés par les nombres relatifs qui conviennent.

71 Positif ou négatif

Modéliser

Voici un script.

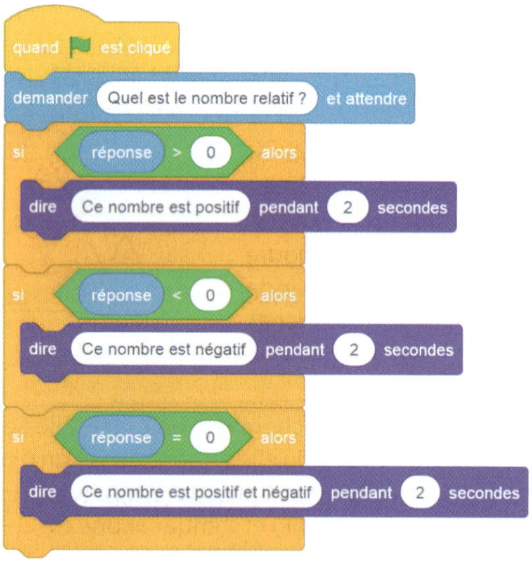

Le bloc réponse permet au programme de garder la réponse donnée par l'utilisateur quand une question est posée.

1. Que dit le lutin si la réponse donnée par l'utilisateur est –2 ?

2. Quel nombre doit donner l'utilisateur pour que le lutin dise « Ce nombre est positif et négatif » ?

3. Quel nombre compris entre –2 et –3 peut donner l'utilisateur pour que le lutin dise « Ce nombre est négatif » ?

4. Quel nombre compris entre $\frac{1}{10}$ et 0,25 peut donner l'utilisateur pour que le lutin dise « Ce nombre est positif » ?

72 Ça brille !

Représenter

La magnitude apparente d'un astre est une mesure utilisée pour indiquer sa luminosité dans le ciel. Plus la magnitude apparente est petite, plus l'objet est brillant. Voici la magnitude moyenne de quelques astres du système solaire :

	Magnitude moyenne
Soleil (S)	–26,7
Mercure (Me)	–2
Vénus (V)	–4,5
Mars (Ma)	–2,9
Lune Pleine (L)	12,7
Jupiter (J)	–2,8
Saturne (Sa)	–1
Uranus (U)	5,3
Neptune (N)	8

1. Quel est l'astre le plus brillant ? Le moins brillant ?

2. Tracer une droite graduée et y placer les différents astres en fonction de leur magnitude.

73 Très chaud ou très froid

Raisonner, Communiquer

Un thermomètre à mercure permet de mesurer des températures allant de –38 °C à 356 °C.
Avec un thermomètre à alcool, on peut mesurer des températures allant de –112 °C à 78 °C.

1. Quel thermomètre doit-on utiliser pour mesurer la température de l'eau en ébullition ?

2. L'endroit habité le plus froid sur Terre se trouve dans le nord-est de la Sibérie, dans les villes de Verkhoyansk et Oimekon, où les températures sont descendues jusqu'à –67,8 °C. Quel thermomètre peut-on utiliser pour mesurer cette température ?

3. La température la plus froide jamais mesurée sur Terre est de –98 °C. Peut-on mesurer cette température avec un thermomètre à alcool ?

Voir le point info p. 105.

74 Vénus

Représenter

Vénus, dans la mythologie romaine, et Aphrodite, dans la mythologie grecque, sont les déesses de l'amour et de la beauté.
Les deux déesses ont été représentées à de multiples reprises tout au long de l'histoire.

Vénus de Brassempouy, –22 000.

La Naissance de Vénus, 1499.

Vénus de Milo, –100.

Aphrodite sur son cygne, –460.

1. La Vénus de Brassempouy est-elle vraiment une représentation de Vénus ?

2. Classer ces œuvres dans l'ordre chronologique.

75 Rome

Calculer

Rome a été fondée au VIIIe siècle avant J.-C.

L'année de sa fondation est un nombre relatif compris entre –760 et –750. La somme des chiffres de cette année est égale à 15.

- En quelle année la ville de Rome a-t-elle été fondée ?

76 Les glaciers fondent

Représenter, Chercher

Le diagramme et le tableau donnent les variations de la masse du glacier d'Ossoue (dans les Pyrénées) par année. L'accumulation, en bleu, correspond au gain de masse (neige hivernale) et l'ablation, en orange, constitue la perte de masse (fonte estivale). En 14 ans, le glacier d'Ossoue a perdu 20 mètres d'équivalent eau, soit 22 mètres de glace.

Cette courte série de mesures illustre la régression glaciaire importante observée sur toute la chaine pyrénéenne, régression qui est due au réchauffement climatique.

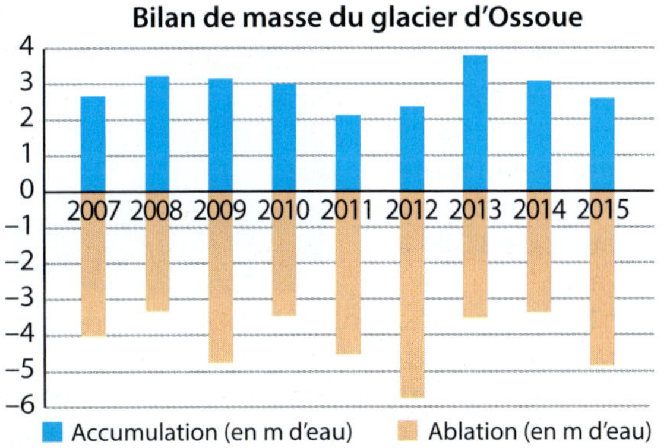

	2007	2008	2009	2010	2011	2012	2013	2014	2015
Accumulation (en m d'eau)	2,66	3,23	3,15	3,01	2,12	2,36	3,79	3,08	2,59
Ablation (en m d'eau)	–4,04	–3,35	–4,78	–3,49	–4,56	–5,77	–3,55	–3,39	–4,87

Association Moraine (Association pyrénéenne de glaciologie).

1. En quelle(s) année(s) y a-t-il eu plus de gain que de perte ? Est-ce fréquent ?

2. Classer les gains par années en ordre croissant.

3. Classer les pertes par années en ordre décroissant.

77 Décalage horaire

Calculer

On a reporté dans le tableau ci-dessous des données concernant le décalage horaire par rapport à Paris de quelques villes françaises d'outre-mer.

1. Recopier et compléter le tableau suivant.

Ville	Heure de Paris	Heure locale	Décalage horaire
Fort-de-France	10 h 00	5 h 00	…
Saint-Denis	11 h 30	14 h 30	…
Nouméa	…	22 h 00	+10
Cayenne	9 h 00	5 h 00	…
Papeete	11 h 00	…	–11

2. Placer les six villes sur une droite graduée en tenant compte du décalage horaire et en prenant Paris comme origine.

3. Quel est le décalage horaire entre Fort-de-France et Cayenne ?

4. Quel est le décalage horaire entre Papeete et Nouméa ?

78 What time?

Calculer

Samantha is at Paris Airport, she's taking the plane to Los Angeles (California) at 8:00 AM. It takes 11:30 hours to get there. The jet lag (or time difference) is –9 hours.

- What time will it be in Los Angeles when she gets there?

Problèmes

79 Histoire

Représenter, Calculer

Les plus vieux témoignages d'écriture sont des tablettes sumériennes en écriture pictographique qui datent de 3 300 ans avant J.-C.

En France, les historiens mettent en évidence quatre grandes périodes :

– l'Antiquité, période commençant avec le début de l'écriture et se terminant par la chute de l'Empire romain d'Occident (476) ;

– le Moyen Âge, période suivante allant jusqu'à la découverte de l'Amérique par les Européens (1492) ;

– l'époque moderne, s'étendant jusqu'à la Révolution française (1789) ;

– l'époque contemporaine, jusqu'à nos jours.

1. Représenter sur une droite graduée ces quatre grandes périodes de l'Histoire.

2. Combien de temps a duré le Moyen Âge ?

3. Combien de temps a duré l'Antiquité ?

80 Émissions de CO_2

Chercher, Représenter

Ce tableau représente les quantités de dioxyde carbone, exprimées en tonnes, émises par habitant par pays en 2000 et en 2017, ainsi que l'évolution de ces quantités.

Émissions en tonnes de CO_2 par habitant

	2000	2017	Évolution
France	6	4,6	–23 %
Allemagne	10	8,7	–13 %
États-Unis	20,3	14,6	–28 %
Chine	2,5	6,7	+168 %
Inde	0,8	1,6	+100 %

1. En 2000, quels sont les habitants qui émettent le plus de CO_2 ? Quels sont ceux qui émettent le moins de CO_2 ?

2. En 2017, quels sont les habitants qui émettent le plus de CO_2 ? Quels sont ceux qui émettent le moins de CO_2 ?

3. Classer les pays dans l'ordre croissant de l'évolution de leur émission de CO_2.

4. Les habitants du pays qui a la plus forte évolution sont-ils ceux qui émettent le plus de CO_2 ?

5. Citer quelques petits gestes simples du quotidien qui permettent de réduire notre consommation d'énergie.

81 Coordonnées géographiques

Représenter, Communiquer

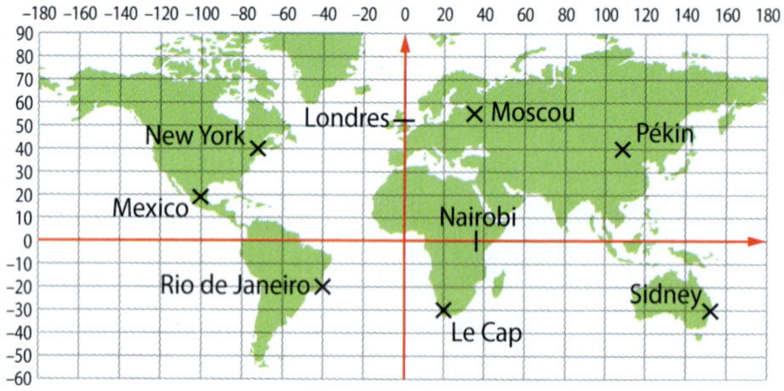

1. Quelle ville a pour coordonnées (20 ; –30) ?

2. Quelle ville est sur l'axe des ordonnées ? Quelles sont ses coordonnées ?

3. Quelle ville est sur l'axe des abscisses ? Quelles sont ses coordonnées ?

4. Citer toutes les villes dont les ordonnées sont négatives. Dans quel hémisphère se situent-elles ?

5. Quelle ville a deux coordonnées négatives ? Quelles sont ses coordonnées ?

6. Comment s'appelle le « parallèle » qui correspond à l'axe des abscisses ? Comment s'appelle le « méridien » qui correspond à l'axe des ordonnées ?

DÉFIS & ÉNIGMES

82 Qui est-ce ?

En triant ces deux listes de nombres, la première par ordre croissant, la seconde par ordre décroissant, et en utilisant le tableau ci-dessus, découvrir le nom d'une mathématicienne célèbre.

Liste 1 : 5 ; –7,2 ; –3,5 ; 1 ; –4,4 ; –3,4

Liste 2 : –17 ; 5,01 ; 2,67 ; 5 ; 2,7 ; 1,01 ; 1

A	1,01	B	–4,5	C	–9	D	13	E	5
F	11,2	G	5,01	H	–3,4	I	1	J	7
K	–6,8	L	8,01	M	2,67	N	–17	O	–4,4
P	–3,5	Q	4,35	R	2,7	S	–7,2	T	3
U	9,7	V	2,27	W	–3,6	X	–12	Y	–2

83 Chasse au trésor

Pat la pirate est à la recherche d'un nouveau trésor. Elle accoste sur une ile en A(4 ; –1) et trouve une pelle en P(–3 ; –1). Elle continue son chemin et tombe sur une carte cachée sous un rocher R(–3 ; 3).

Sur la carte est écrit : « Le trésor est enterré à l'intersection des médiatrices du triangle APR. »

- Quelles sont les coordonnées exactes du point où doit creuser Pat la pirate pour trouver le trésor ?

84 Où suis-je ?

Modéliser

Voici le script d'un lutin qui se déplace.

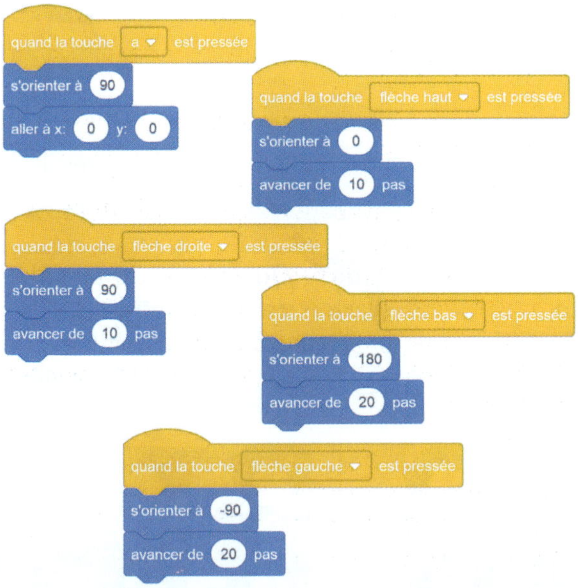

1. Quelles seront les coordonnées du lutin après avoir appuyé sur la succession de touches suivantes ?

$a \rightarrow \quad \rightarrow \uparrow \leftarrow \downarrow \uparrow \rightarrow$

2. Sur quelle succession de touches faut-il appuyer pour que le lutin se retrouve en (30 ; –40) ?

85 Puissance 3

Prise d'initiative

Chercher, Raisonner

Ce jeu se joue à deux joueurs dans un repère orthogonal.
Chaque joueur va placer des points dans le repère.
Le gagnant est celui qui aligne trois points (en ligne, en colonne ou en diagonale).

Pour placer les points, les joueurs lancent à tour de rôle 4 dés : un vert, un rouge, un bleu et un jaune.
Les dés vert et bleu sont des dés à 6 faces numérotés de 1 à 6.
Les dés rouge et jaune sont des dés à 6 faces numérotés de 0 à 5.
Le dé rouge donne la distance à zéro de l'abscisse.
Le dé jaune donne la distance à zéro de l'ordonnée.
Le dé vert donne le signe de l'abscisse : si la valeur obtenue est paire le nombre est positif, sinon le nombre est négatif.
Le dé bleu donne le signe de l'ordonnée : si la valeur obtenue est paire le nombre est positif, sinon le nombre est négatif.
Ainsi le point de coordonnées (–4 ; 0) correspond au lancer :

William et Fleur jouent ensemble.
Ce tableau récapitule le début de leur partie.

Fleur	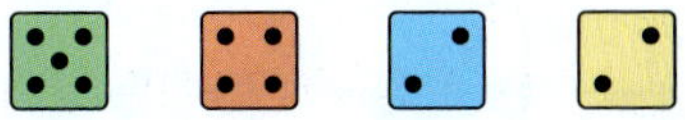
William	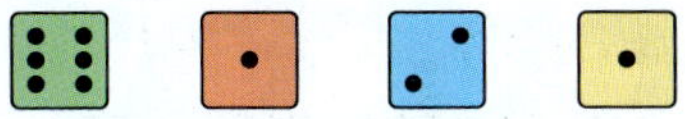
Fleur	
William	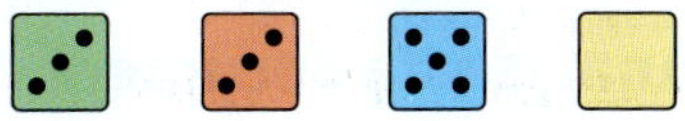

Fleur lance les dés et William lui dit : « Tu as gagné. »

- Trouver quels lancers de dés a pu faire Fleur (citer tous les lancers possibles).

MISSION DÉMONSTRATION

Raisonnement — Raisonnement par élimination

Quand on doit chercher une solution parmi plusieurs possibilités, on peut raisonner en éliminant les possibilités qui ne sont pas des solutions au problème.

86 L'assassinat de Jules César en 44 avant J.-C. a été commandité par deux hommes plus jeunes que lui, faisant partie de la liste suivante.

	Année de naissance	Année de décès
Jules César	–100	–44
Cléopâtre	–69	30
Marcus Junius Brutus	–85	–42
Cicéron	–106	–43
Vercingétorix	–82	–46
Caius Cassius Longinus	–87	–42

1. Donner les critères du problème, c'est-à-dire les caractéristiques des commanditaires de l'assassinat de Jules César.

2. Grâce à ces critères, deux personnes peuvent être éliminées. Lesquelles ?

3. L'un des trois personnages restants peut aussi être éliminé. Lequel et pourquoi ?

4. Conclure.

Travailler autrement

Utilisable en AP

À chacun son parcours !

87 Résolution de problème

Socle D2 **Je m'engage dans une démarche de résolution et mobilise les connaissances nécessaires.**

Les déplacements dans les labyrinthes se font de la manière suivante : sur la droite, sur la gauche, vers le haut et vers le bas mais toujours en direction d'un nombre relatif plus grand.

Question ceinture jaune

Trouver un prénom qui commence par la lettre G, en suivant le chemin dans le labyrinthe.

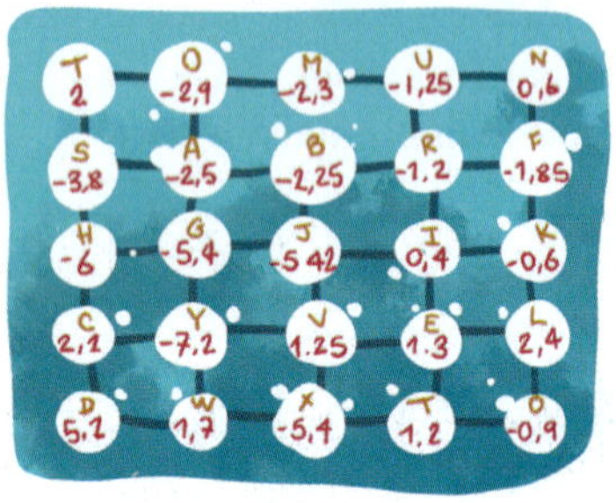

Question ceinture verte

Compléter ce labyrinthe pour qu'il y ait un chemin qui donne le prénom MORGANE.

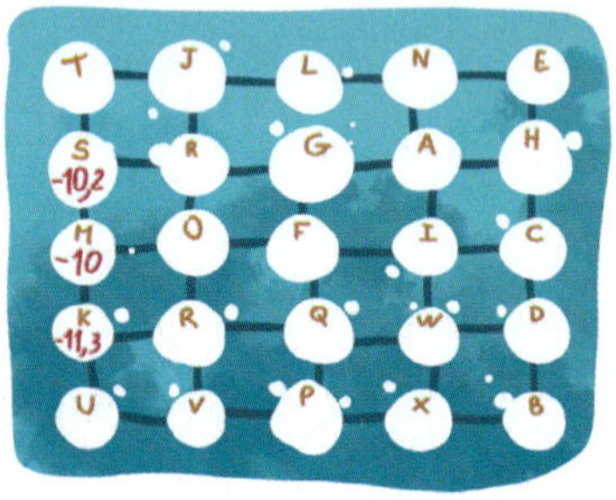

Question ceinture noire

Compléter ce labyrinthe pour qu'il n'y ait qu'un seul chemin possible et qui donne le prénom ALIENOR.

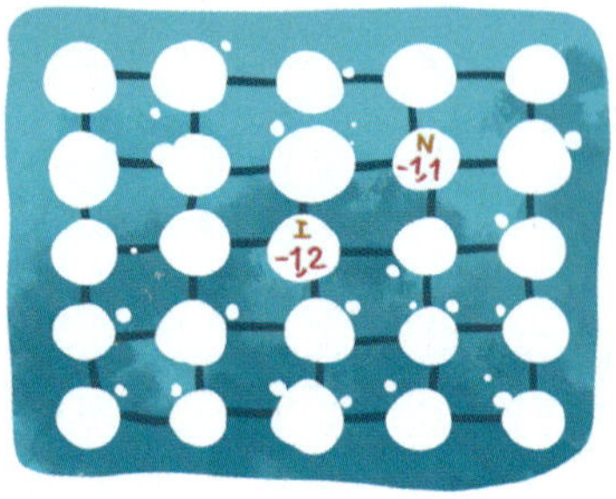

88 Analyse de documents

Socle D4 **Je sais prélever, organiser et traiter l'information utile.**

Sur deux feuilles A4 prises dans le sens paysage assemblées ensemble, réaliser une frise chronologique avec 1 cm pour représenter 50 ans. Placer ensuite les dates de naissances des mathématiciens et mathématiciennes célèbres le plus précisément possible.

Question ceinture jaune

Les mathématiciens et la mathématicienne à placer sont :

- Aristote, né en –384, qui fonde les principes du raisonnement ;
- Hypatie d'Alexandrie, née en 370 ;
- René Descartes, né en 1596, qui a écrit *Le Discours de la méthode* ;
- Leonardo Fibonacci, né en 1175 ;
- Archimède, né en –287.

Question ceinture verte

Les mathématiciens et la mathématicienne à placer sont :

- Euclide, qui avait 20 ans en –305 ;
- Ératosthène, mort en –194 à 82 ans, qui a été directeur de la grande bibliothèque d'Alexandrie ;
- Ada Lovelace, qui est morte en 1855 à l'âge de 37 ans ;
- Pierre de Fermat, qui avait 12 ans en 1613 ;
- Al-Khwarizmi, né en 780.

Question ceinture noire

Les mathématiciens et la mathématicienne à placer sont :

- Thalès, qui est mort en –546 à l'âge de 78 ans ;
- Pythagore, qui est né quand Thalès avait 44 ans ;
- Platon, qui est né 152 ans après la naissance de Pythagore ;
- Carl Friedrich Gauss, qui est mort en 1855 à l'âge de 78 ans ;
- Sophie Germain, qui est morte à 55 ans quand Gauss avait 54 ans ;
- Alan Turing, qui avait 31 ans en 1943 quand il a réussi à décrypter les messages secrets allemands codés avec la machine Enigma.

Ce travail peut être réalisé à plusieurs sur une même frise où chaque ceinture vient placer ses mathématiciens et mathématiciennes dont les portraits sont téléchargeables.

6 Nombres relatifs : opérations

TA MISSION

Apprendre à ajouter et à soustraire des nombres relatifs.

JEU

Lili veut monter de 3 barreaux, descendre de 7, puis remonter de 4, monter encore de 2 puis redescendre de 2.

- Où se trouvera-t-elle ?

POINT INFO

L'Everest, qui culmine à 8 848 m, est le sommet le plus haut du monde.

La fosse des Mariannes, qui s'enfonce à –10 971 m, est la fosse la plus profonde du monde.

La différence entre ces deux points extrêmes est de 19 819 m.

Voir problème 84 p. 137.

Activités

Prêts pour le décollage ?

QUESTIONS FLASH Questions flash supplémentaires

① Calculer :
a. la somme de 12,5 et de 22,5
b. la différence entre 10,7 et 9
c. la somme de 7 et de la différence entre 5 et 3
d. la différence entre la somme de 10 et 11 et 8

② Ce graphique représente l'évolution de la température en fonction de l'heure de la journée.
a. Dans chaque cas, préciser si la température est positive ou négative :
• à 6 h • à 10 h • à 17 h
b. Quelle température fait-il à 8 h ? à 12 h ?
c. Quelle est la température la plus haute ?
d. Quelle est la température la plus basse ?

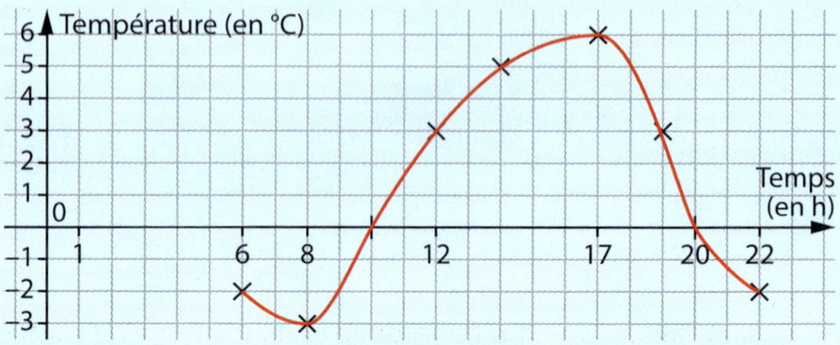

③ **a.** Pour chacun des points suivants, donner son abscisse puis sa distance à zéro.

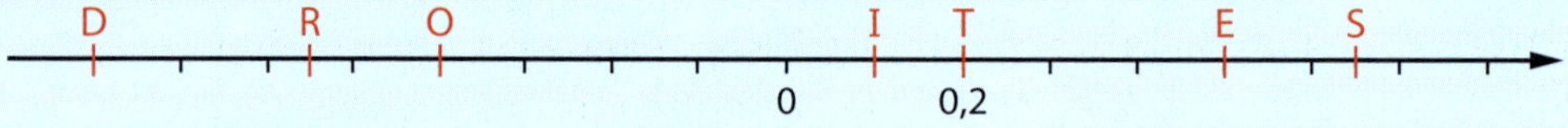

b. Classer les abscisses de ces points dans l'ordre décroissant.

④ Donner les abscisses des points A, B, C, D et E représentés sur la droite graduée suivante.

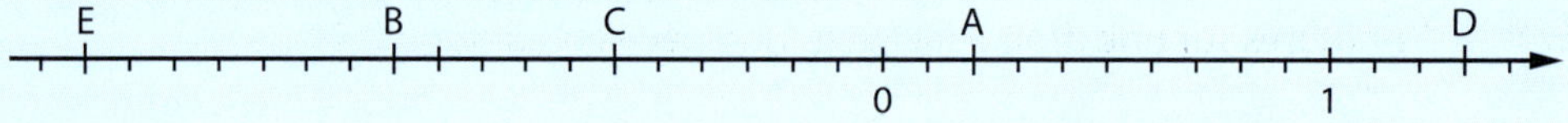

Activité 1 @Plus !

@Plus est un petit robot qui ne peut se déplacer que sur une droite graduée et ne comprend qu'un ordre : « **avance de x** ».

• Si x est positif, @Plus avance dans le sens de la flèche de la droite graduée.

Initialement, le robot est en O, l'origine.
« **@Plus, avance de 3 !** »
Le robot se retrouve à l'abscisse 3.

• Si x est négatif, il avance dans le sens contraire de la flèche de la droite graduée.

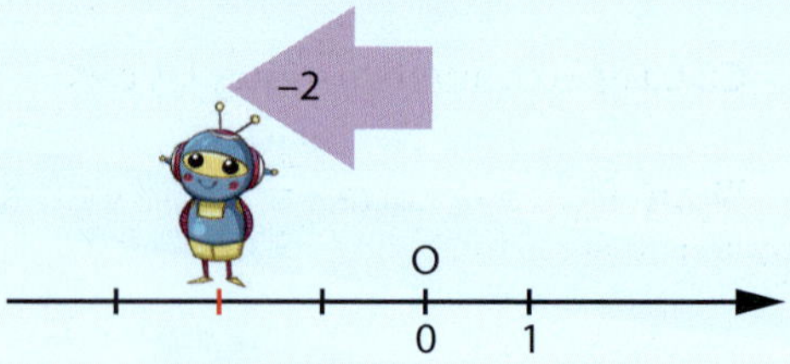

Initialement, le robot est en O, l'origine.
« **@Plus, avance de –2 !** »
Le robot fait un demi-tour et se retrouve à l'abscisse –2.

Dans chacun des cas suivants, le robot est initialement en O.
Placer sur une droite graduée le point où se retrouve le robot @Plus et donner l'abscisse de ce point :
a. « @Plus, avance de 5 ! »
b. « @Plus, avance de –4 ! »
c. « @Plus, avance de 7 ! »
d. « @Plus, avance de 0 ! »

Activité 2 En marche @Plus !

1. On donne les ordres suivants au robot @Plus de l'**activité 1**, qui se trouve initialement en O dans chaque cas.

a. « **@Plus, avance de 5 puis avance de 4 !** »
En quelle abscisse se retrouve @Plus ?
Quel calcul permet d'obtenir ce résultat ?

b. « **@Plus, avance de –6 puis avance de 3 !** »
En quelle abscisse se retrouve @Plus ?
En s'inspirant de la question précédente, quelle égalité peut-on écrire ?

2. De la même manière, écrire les égalités correspondant aux deux ordres suivants.

a. « **@Plus, avance de –7 puis avance de –2.** »

b. « **@Plus, avance de 2 puis avance de –6.** »

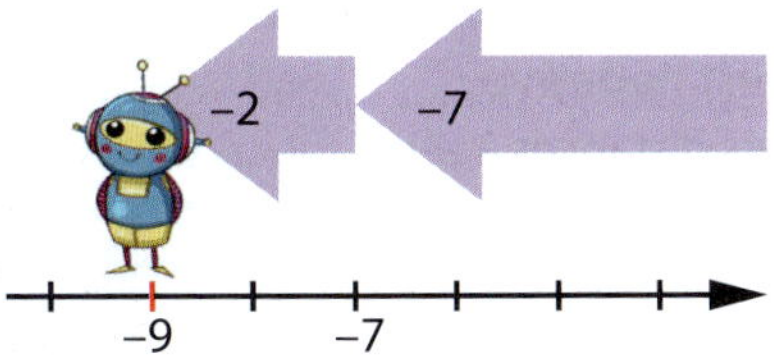

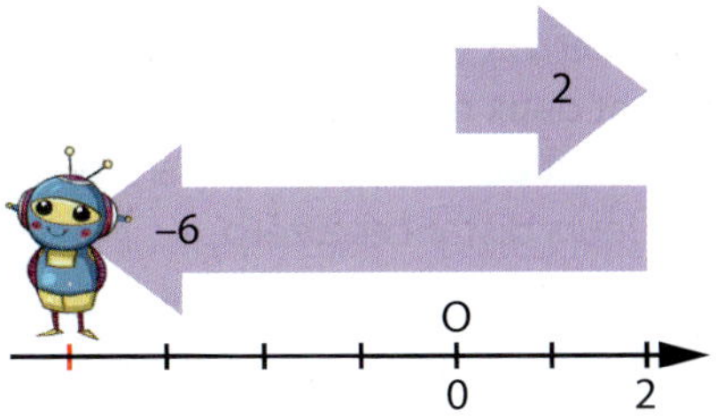

Pour éviter d'avoir deux signes + ou – qui se suivent, on peut mettre des parenthèses autour d'un nombre négatif.

3. a. À l'aide d'une droite graduée et du robot @Plus, déterminer les sommes suivantes :

$6 + 7 \quad ; \quad -3 + -9 \quad ; \quad 7 + 4 \quad ; \quad -2 + (-5)$

b. Que peut-on remarquer sur la somme de deux nombres relatifs de même signe ?

4. a. À l'aide d'une droite graduée et du robot @Plus, déterminer les sommes suivantes :

$2 + (-4) \quad ; \quad -7 + 5 \quad ; \quad 9 + (-3) \quad ; \quad 1 + (-10)$

b. Que peut-on remarquer sur la somme de deux nombres relatifs de signes différents ?

5. a. À l'aide d'une droite graduée et du robot @Plus, déterminer les sommes suivantes :

$6 + (-6) \quad ; \quad -2 + 2 \quad ; \quad 3{,}5 + (-3{,}5)$

b. Placer ces 6 nombres sur une droite graduée. Que peut-on remarquer ?

Activité 3 Qui peut le plus, peut le moins

1. Calculer la somme de toutes les cartes.

2. Si on enlève la carte 

que vaut alors la somme des cartes ?

3. On remet la carte précédente et on enlève la carte 

. Que vaut alors la somme des cartes ?

4. Même question pour les cartes suivantes.

a. 

b. 

c. 

5. Proposer une méthode générale pour soustraire un nombre relatif.

Activité 4 Bruxelles

Jules part d'Orléans. Il doit se rendre à Bruxelles après avoir pris Ibrahim à Paris et Luna à Valenciennes.
On a représenté le trajet sur une droite graduée en prenant Paris comme origine.

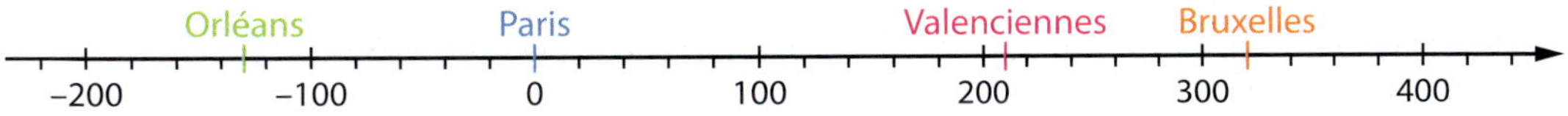

1. Quelle distance Jules a-t-il parcourue entre Orléans et Paris ?

2. Quelle distance Jules a-t-il parcourue en tout ? Trouver une opération qui permet de calculer cette distance et qui n'utilise que les abscisses de deux points.

Cours

3 Soustraire avec des nombres relatifs

Propriété

Pour **soustraire** un nombre relatif, on ajoute son opposé.

▸ Exemple 1

On veut calculer $A = -5 - 2$.

Pour soustraire 2, on ajoute son opposé : -2.

$A = -5 - 2$

$A = -5 + (-2)$

$A = -(5 + 2)$

$A = -7$

▸ Exemple 2

On veut calculer $B = 3 - (-6{,}2)$.

Pour soustraire $-6{,}2$, on ajoute son opposé : $6{,}2$.

$B = 3 - (-6{,}2)$

$B = 3 + 6{,}2$

$B = 9{,}2$

Propriété

La **distance entre deux points** sur une droite graduée est égale à la différence entre la plus grande abscisse et la plus petite.

▸ Exemple

La distance entre A et B est égale à :

$AB = 3{,}5 - (-2)$

$AB = 3{,}5 + 2$

$AB = 5{,}5$

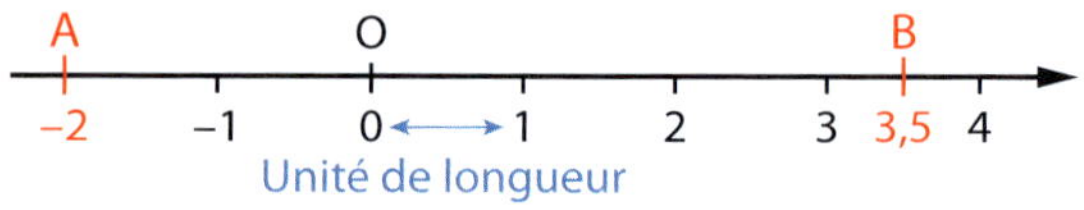

4 Enchainer des additions et des soustractions de nombres relatifs

Méthode

Pour effectuer des additions et soustractions de nombres relatifs, on peut :
- **transformer** les soustractions en additions ;
- **regrouper** les nombres positifs entre eux et les nombres négatifs entre eux.

▸ Exemple

On veut calculer $A = -1 + 3 - (-7) + (-2) - 5 - 4$.

• On transforme les soustractions en additions :

$A = -1 + 3 - (-7) + (-2) - 5 - 4$

$A = -1 + 3 + 7 + (-2) + (-5) + (-4)$

• On regroupe les termes positifs entre eux et les termes négatifs entre eux.

$A = 3 + 7 + (-1) + (-2) + (-5) + (-4)$

$A = 10 + (-12)$

$A = -2$

Savoir-faire

Apprends à l'aide des exercices résolus puis entraine-toi !

3 Soustraire avec des nombres relatifs

9 Calculer : A = –12 – 3 et B = –15 – (–8).

Solution

A = –12 – 3
A = –12 + (–3)
A = –15

Pour soustraire 3, on ajoute son opposé –3.

B = –15 – (–8)
B = –15 + 8
B = –7

Pour soustraire –8, on ajoute son opposé 8.

À toi de jouer

10 Calculer les expressions suivantes.

A = 12 – 8
B = 15 – (–9)
C = –4,5 – 12,1
D = –3,5 – (–1,2)

→ Corrigé p. 309

11 Calculer la distance entre I et J et entre I et K :

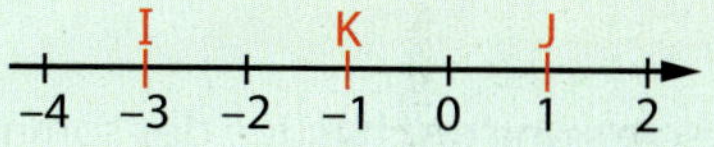

Solution

IJ = 1 – (–3)
IJ = 1 + 3
IJ = 4

L'abscisse du point I est –3. L'abscisse du point J est 1. 1 > –3. La distance entre I et J est égale à la différence entre 1 et (–3).

IK = –1 – (–3)
IK = –1 + 3
IK = 2

L'abscisse du point I est –3. L'abscisse du point K est –1. –1 > –3. La distance entre I et K est égale à la différence entre –1 et (–3).

À toi de jouer

12 Le point R a pour abscisse –7,5, le point T a pour abscisse –5 et le point U a pour abscisse 3,5.
• Calculer la distance entre R et T et la distance entre U et T.

→ Corrigé p. 309

4 Enchainer des additions et des soustractions de nombres relatifs

13 Calculer A = –3 + 8 – (–5) – 7 + (–8) + 10 + (–4) et B = –5,7 – 10 + 1,8 + 2,7 – 21,8 – 0,3 + 6,2

Solution

A = –3 + 8 – (–5) – 7 + (–8) + 10 + (–4)
A = –3 + 8 + 5 + (–7) + (–8) + 10 + (–4)
A = –3 + 5 + (–7) + 10 + (–4)
A = 5 + 10 + (–3) + (–7) + (–4)
A = 15 + (–14)
A = 1

On commence par transformer les soustractions en additions.
On peut chercher si certains nombres sont opposés, comme ici 8 et – 8.
On regroupe les nombres positifs et les nombres négatifs.

B = –5,7 – 10 + 1,8 + 2,7 – 21,8 – 0,3 + 6,2
B = –5,7 + (–10) + 1,8 + 2,7 + (–21,8) + (–0,3) + 6,2
B = 1,8 + 2,7 + 6,2 + (– 5,7) + (–10) + (–21,8) + (–0,3)
B = 10,7 + (–37,8)
B = –27,1

À toi de jouer

14 Calculer A = 8 – 73 + (–8) + 5 – 7 – (–2) – 74 et B = –5,2 + 0,25 – 8 – 3,8 + 7,3 – 2 + 1,75.

→ Corrigé p. 309

Exercices

Ressources téléchargeables

Additionner des nombres relatifs

→ Savoir-faire p. 127

QUESTIONS FLASH

15 Préciser le signe de chacune des sommes suivantes.

A = –3 + 8 B = –5 + 5 C = 2 + 4

D = 8 + (–10) E = –12,1 + (–8,7) F = 2,4 + (–2,5)

16 Associer chaque phrase à la somme qui lui correspond.

Lou plonge à 10 m, puis descend encore de 5 m.	5 + 10
Clément cueille 5 fleurs puis encore 10 fleurs.	5 + (–10)
Lors d'un jeu de hasard, Nicolas a gagné 5 € puis perdu 10 €.	(–10) + (–5)

17 Relier chaque calcul au résultat qui convient.

–12 + 5	–17
–5 + (–12)	–7
12 + (–5)	17
12 + 5	7

18 Calculer chacune des expressions suivantes.

A = 4 + (–5) B = 12 + 7 C = –8 + (–5)

D = –4 + 4 E = 21 + (–31) F = –5 + 8

19 Calculer chacune des expressions suivantes.

A = –2 + 3 + (–4) + 5

B = 3 + (–4) + (–7) + 4

C = 0,5 + 2 + (–4) + 2

Questions flash supplémentaires

20 CALCUL MENTAL Calculer chacune des expressions suivantes.

A = 7 + (–11) B = 4 + 8

C = –10 + (–2) D = –13,3 + 13,3

E = 12,3 + (–21) F = 2,3 + 4,5

21 Calculer chacune des expressions suivantes.

A = 2,3 + 4,8 B = –4,1 + (–5,4)

C = 2,5 + (–1,8) D = –7,2 + 2,9

E = –158 + (–87) F = 157 + (–278)

22 Calculer les expressions suivantes.

A = 4 + (–7) + (–11)

B = –12 + (–2,3) + 7,8

C = –0,5 + 3 + (–2,5) + 2

23 CALCUL MENTAL Recopier et compléter le tableau ci-dessous.

+	–17	41	–61	15
25				
–13				
–74				

24 CALCUL MENTAL Recopier et compléter chaque pyramide en sachant que le nombre de chaque case est égal à la somme des nombres des deux cases en dessous.

a.

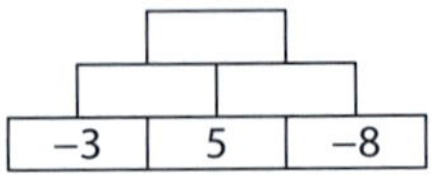

b.

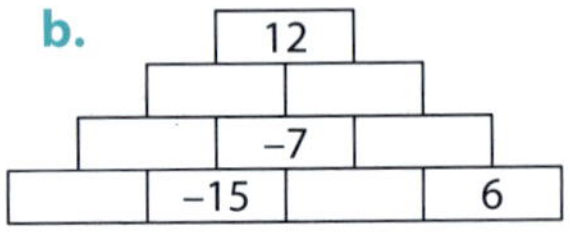

25 On considère les nombres suivants :

26,4 ; –8,4 ; 7,8 ; –26,4 ; 8,4 ; –25,4 ; –7,8

Parmi ces nombres, trouver celui qui est :

a. la somme de –9,3 et de 17,1

b. la somme de –17,1 et de –9,3

c. la somme de 17,1 et de 9,3

d. la somme de –17,1 et de 9,3

26 Calculer les expressions suivantes.

A = –3 + (–5) + 6 + (–1) + 12 + 8

B = 9 + (–5) + 6 + 9 + (–7) + (–2)

C = 0,1 + 0,5 + (–0,4) + 0,8 + (–0,6)

27 CALCUL MENTAL Calculer astucieusement :

A = 0,4 + (–5) + (–2,5) + 5 + 1,6

B = –5,5 + 1,95 + 5,1 + (–1,5) + 0,05 + (–2,1)

C = 250 + (–425) + 150 + (–123) + (–75) + 38

28 a, b et c sont trois nombres relatifs.

On note A = $a + b + c$.

1. Calculer A pour $a = –2$; $b = 5$; $c = –3$.

2. Calculer A pour $a = –7,3$; $b = 2,9$; $c = 13,4$.

MODE EXPERT

29 Citer, si possible :

a. deux nombres négatifs dont la somme est –7,4

b. deux nombres de signes contraires dont la somme est égale à –3,15

c. deux nombres positifs dont la somme est égale à –4,99

30 Dire si l'affirmation suivante est vraie ou fausse. Justifier la réponse.

« La somme de deux nombres est toujours plus grande que chacun des deux nombres. »

Reconnaitre deux nombres opposés

→ Savoir-faire p. 127

QUESTIONS FLASH

31 Sans faire de calcul, dire lesquelles de ces sommes sont nulles (c'est-à-dire égales à 0).
A = 6 + (−6) B = −4 + 5 C = −12 + 12
D = 3,5 + 3,5 E = 3 + (−3) F = −2 + (−2)

32 Donner les opposés des nombres suivants.
−5 ; 6 ; −2,4 ; 3,8 ; 0

33 **Vrai ou faux ?**
a. L'opposé de −8 est 8.
b. La somme de deux nombres opposés est négative.
c. Deux nombres opposés n'ont pas le même signe.
d. Deux nombres sont opposés s'ils ont la même distance à 0.
e. L'opposé d'un nombre est toujours négatif.
f. L'opposé de l'opposé d'un nombre est le nombre lui-même.

Questions flash supplémentaires

34 Trouver tous les couples de nombres entiers opposés compris entre −5,8 et 4,8.

35 On donne la droite graduée suivante.

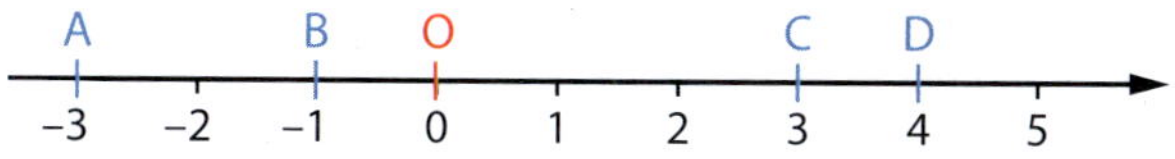

1. Citer deux points qui ont des abscisses opposées.
2. Que dire de ces deux points ?
3. Quelle est l'abscisse du point E symétrique de B par rapport à O ?

36 Relier les sommes à l'opposé de leur résultat.

−0,85 + (−0,3)	1,15
−3 + 8,15	5,15
−9,85 + 11	−1,15
−2 + (−3,15)	−5,15

37 Parmi les nombres suivants :
−5,3 ; −10,4 ; 9,8 ; −9,8 ; 0 ; 14,4 ; 5,3 ; 10,4 ; −14,4
Trouver celui qui est :
a. l'opposé de −5,3
b. l'opposé de la somme de −2,3 et de 12,1
c. la somme de −3 et de l'opposé de 7,4

38 Parmi les expressions suivantes, trouver celles dont les résultats sont des nombres opposés.
A = −2 + (−5) B = −2 + 5 C = −7 + 14
D = −7 − 14 E = −10 + 13

MODE EXPERT

39 Relier les sommes dont les résultats sont des nombres opposés.

−12 + (−2,3)	12 + (−2,5)
−7,2 + 13,1	24,7 + (−3,6)
12,3 + (−33,4)	−3,4 + 29,4
−7 + (−2,5)	−3,4 + 17,7
−13 + (−13)	−3,65 + (−2,25)

40 Trouver le nombre qui est :
a. l'opposé de l'opposé −2,317
b. l'opposé de la somme de −3 et de l'opposé de 7,4
c. l'opposé de la somme de l'opposé de 5,1 et de l'opposé de −7,3

Soustraire deux nombres relatifs

→ Savoir-faire p. 129

QUESTIONS FLASH

41 Transformer chaque soustraction en addition.
A = 5 − (−3) B = 10 − 5 C = −10 − (−5)
D = −2 − 4 E = 3 − 8 F = 7 − (−5)

42 Préciser le signe de chacune des différences suivantes.
A = −2 − 7 B = 3 − (−5) C = −2 − (−0,5)
D = −3 − (−7) E = 12 − 21 F = 14 − 8

43 Relier chaque calcul au résultat qui convient.

13 − 4	17
4 − (−13)	−9
−13 − 4	−17
4 − 13	9

44 Calculer chacune des expressions suivantes.
A = 5 − 4 B = 10 − (−5) C = −5 − 8
D = 9 − 13 E = −8 − (−7) F = 6 − (−7)

45 Effectuer le calcul qui correspond à chaque phrase.
a. La différence entre 2 et 3.
b. La différence entre −2 et −3.
c. La différence entre 2 et −3.
d. La différence entre −2 et 3.

Questions flash supplémentaires

Faire le point

Version interactive du QCM

Vérifie tes connaissances.

QCM

Donner la ou les bonnes réponses parmi les trois proposées.

1 Additionner des nombres relatifs

	Réponse A	Réponse B	Réponse C
1. –5,3 + 4,2 =	1,1	–1,1	–9,5
2. 2 + (–3,5) =	1,5	–5,5	–1,5
3. 3 + (–5) + (–8) + 7 =	–3	–7	–17

2 Reconnaitre deux nombres opposés

	Réponse A	Réponse B	Réponse C
1. L'opposé de –5,2 est :	–5,2	0	5,2
2. L'opposé d'un nombre positif est :	négatif	positif	on ne peut pas savoir
3. –7,3 + 7,3	0	–14,6	14,6

3 Soustraire avec des nombres relatifs

	Réponse A	Réponse B	Réponse C
1. –8 – 7 =	–1	–15	15
2. –8 – (–7) =	–1	–15	15
3. Si A = 7 – 15 – (–3), alors :	A est négatif	A est supérieur à –2	A est inférieur à –2
4. On donne la droite graduée suivante. 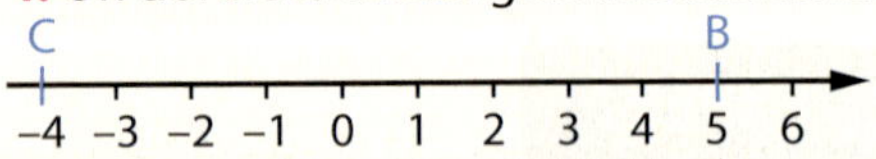 La distance BC est égale à :	5 – 4	5 – (–4)	–4 – 5

4 Enchainer des additions et des soustractions de nombres relatifs

	Réponse A	Réponse B	Réponse C
1. –5 + 8 – 10 – 7 + 5 =	–9	–19	1
2. 8 – (–5) + (–2) =	1	–11	11
3. Si A = 7 + (–5) – 4 – (–8) + 3, alors :	A est positif	A est supérieur à 10	A est inférieur à 12

→ Corrigé p. 309

Carte mentale

Ressource téléchargeable

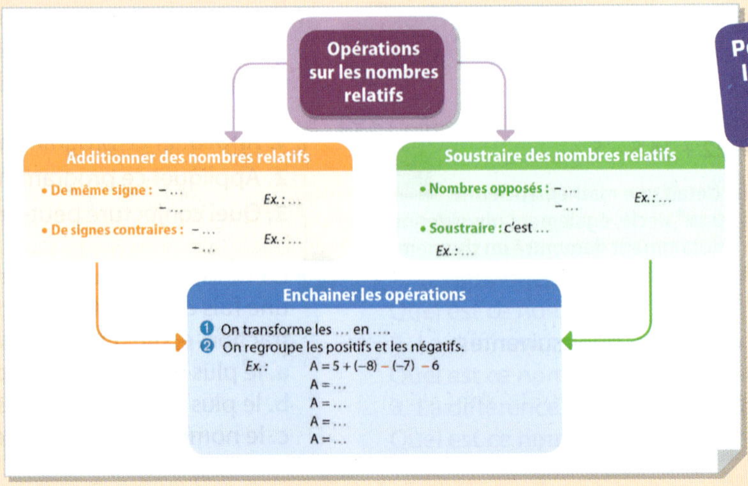

Pour t'aider à retenir le cours, télécharge et complète cette carte mentale.

Algorithmique et outils numériques

74 Le groupe de rock

La sorcière Wizard Girl veut monter un groupe de rock. Elle va partager cette idée avec ses amies.
Elle doit d'abord aller chez Elf, qui est un super bassiste, pour lui proposer de jouer ensemble ; elle ira ensuite chez Witch, très forte à la batterie ; puis chez Fairy, la meilleure chanteuse de la forêt ; enfin, elle retournera chez elle pour s'entrainer à la guitare.
Le plan est le suivant.

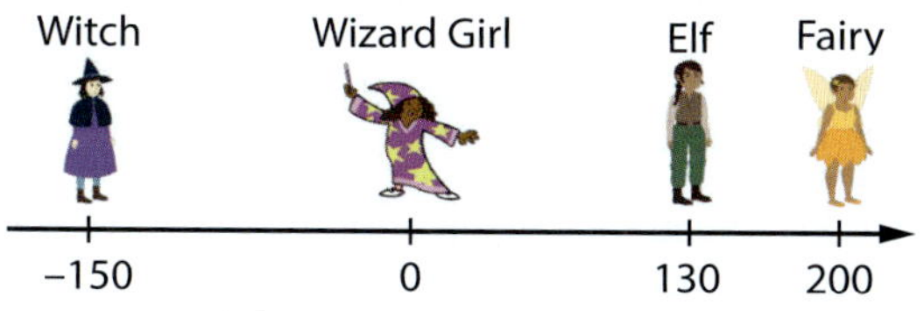

1. Choisir les 4 lutins et les placer à l'aide des commandes suivantes.

2. À l'aide des commandes suivantes, écrire un script qui permet à Wizard Girl de faire son trajet.

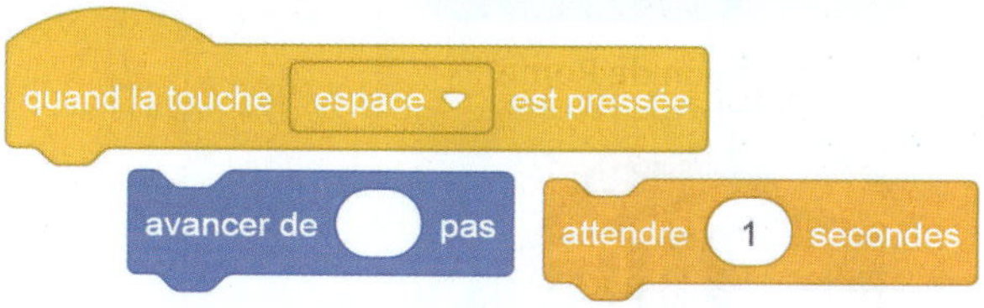

3. De combien de pas a-t-elle avancé en tout ?

75 Programmes de calcul

1. Voici un programme de calcul.

> Choisir un nombre.
> Effectuer la différence entre 5 et ce nombre.

a. Réaliser un script dans lequel :
– le lutin demande à l'utilisateur avec quel nombre il veut appliquer le programme de calcul ci-dessus ;
– le lutin annonce d'abord si le résultat est négatif, positif ou nul, puis annonce ce résultat.
Les blocs suivants pourront être utilisés :

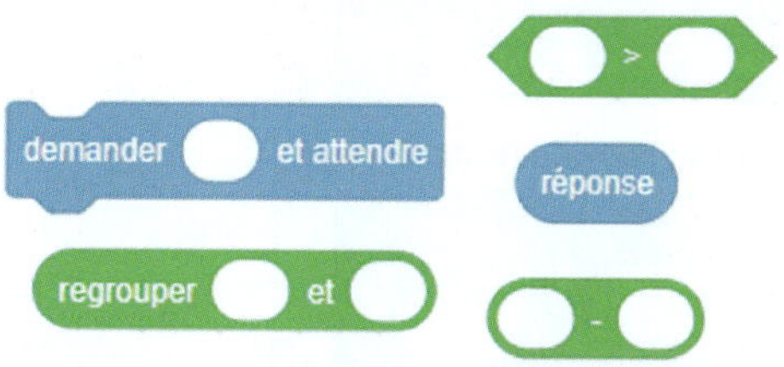

b. Comment faut-il choisir le nombre de départ pour que le lutin annonce un résultat négatif ?

2. On considère à présent le programme de calcul suivant.

> Choisir un nombre.
> Multiplier ce nombre par 2.
> Effectuer la différence entre le résultat et 4.

a. Modifier le script précédent pour l'adapter à ce programme de calcul.
b. Comment faut-il choisir le nombre de départ pour que le lutin annonce un résultat positif ?

76 La boucle est bouclée

Voici un programme de calcul.

> Choisir un nombre.
> Prendre le triple du nombre choisi.
> Prendre le double du nombre choisi.
> Calculer la différence entre le premier nombre obtenu et le second.

1. Appliquer ce programme de calcul avec le nombre 3, puis avec le nombre 2,5.

2. On veut appliquer à nouveau ce programme de calcul à des nombres négatifs : –8 ; –23 ; –52.
a. Reproduire cette feuille de calcul avec un tableur.

	A	B	C	D
1	Nombre choisi	-8	-23	-52
2	Son triple			
3	Son double			
4	Leur différence			

b. Quelles formules peut-on saisir en B2, B3 et B4 puis recopier vers la droite ?

3. Finalement, que semble faire ce programme de calcul ? Comment peut-on l'expliquer ?

77 Coordonnées opposées

1. Ouvrir un logiciel de géométrie dynamique.
2. Faire apparaitre les axes et la grille en cliquant sur .
3. Placer le point A de coordonnées (–2 ; 7).

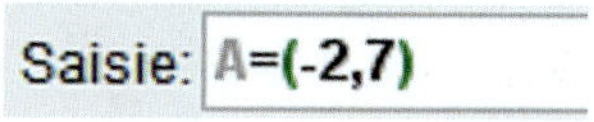

4. Placer le point B dont les coordonnées sont les opposées de celles de A.
Que peut-on dire du point B par rapport au point A ?
5. Placer le point C qui a :
– pour abscisse, l'abscisse du point A ;
– pour ordonnée, l'opposé de l'ordonnée du point A.
Que peut-on dire du point C par rapport au point A ?
6. Placer le point D qui a :
– pour abscisse, l'opposé de l'abscisse du point A ;
– pour ordonnée, l'ordonnée du point A.
Que peut-on dire du point D par rapport au point A ?

Problèmes

ceinture jaune · ceinture verte · ceinture noire

78 L'ascenseur fou

Modéliser, Calculer

Maïna est au deuxième étage. Elle entre dans l'ascenseur et appuie sur le bouton RDC (rez-de-chaussée), mais au lieu de descendre, l'ascenseur se met à monter et descendre n'importe comment. Il monte d'abord de 3 étages, puis descend de 4 étages et encore de 2 étages pour enfin s'arrêter un étage plus haut.

- Maïna va-t-elle sortir au rez-de-chaussée ?

79 CALCUL MENTAL Programmes de calcul

Calculer

1. Gabrielle pense à un nombre puis lui ajoute −6. Elle obtient 15. Quel est ce nombre ?
2. Eunice pense à un nombre puis lui soustrait 8. Elle obtient −5. Quel est ce nombre ?
3. Rayan pense à un nombre puis lui soustrait −9. Il obtient −2. Quel est ce nombre ?

80 Comptes

Calculer

Pour connaitre le solde de son compte en banque, Eneko a fait un tableau récapitulant ses dépenses et ses recettes.

Date	Opération	Montant en €
31/03	Solde	+33,50 €
01/04	Argent de poche	+45 €
05/04	Téléphone	−19,90 €
12/04	Achat livres	−12,40 €
21/04	Anniversaire	+60 €
25/04	Cadeau Clémentine	−24,90 €
30/04	Solde	

- Quelle somme lui reste-t-il à la fin du mois d'avril ?

81 L'effet de serre

Modéliser, Calculer

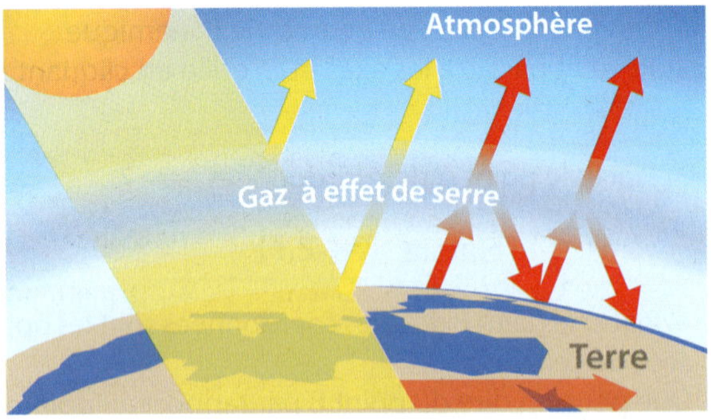

À l'origine, l'effet de serre est un phénomène naturel. La chaleur du soleil entre dans l'atmosphère et s'y trouve piégée par des « gaz à effet de serre », ce qui provoque une augmentation de la température du globe terrestre. On a ainsi une température moyenne de 15 °C à la surface de la Terre. S'il n'y avait pas cet effet de serre naturel, la température moyenne serait de −18 °C. Il n'y aurait pas de vie humaine sur la Terre.

1. Quelle est l'amplitude entre ces deux températures ?

   L'amplitude thermique est la différence entre la température la plus haute et la température la plus basse.

2. Depuis les années 70, le climat mondial se réchauffe de 0,17°C par décennie. Cette augmentation de température est due, entre autres, à l'émission par l'activité humaine de gaz à effet de serre.
Quelle a été l'augmentation de température entre 1970 et 2020 ?

82 Architecture

Calculer

Dans le tableau suivant, on donne la date de début et la date de fin de construction de grands monuments.

	Début	Fin
Parthénon (Athènes) 	−447	−432
Panthéon de Rome 	−27	125
Mosquée Bleue (Istanbul) 	1609	1616
Notre-Dame (Paris) 	1163	1345
Sagrada Familia (Barcelone) 	1882	prévue en 2026

- Classer ces monuments dans l'ordre décroissant de la durée de leur construction.

83 Tour de France

Calculer

Voici le profil schématisé de la 19e étape du Tour de France 2015, qui part de Saint-Jean-de-Maurienne et arrive à La Toussuire.

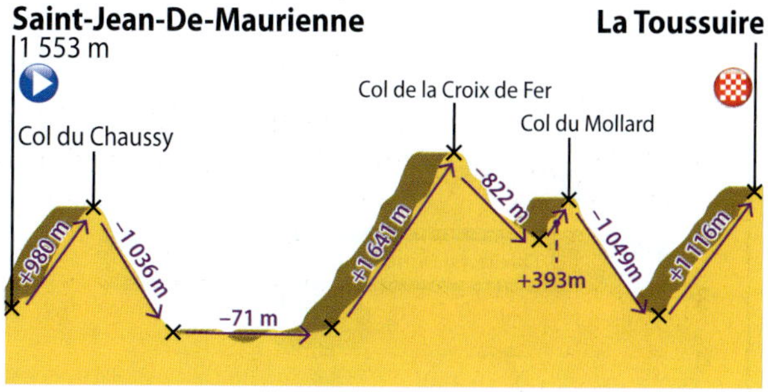

- À quelle altitude est l'arrivée ?

84 Big Gap

Calculer

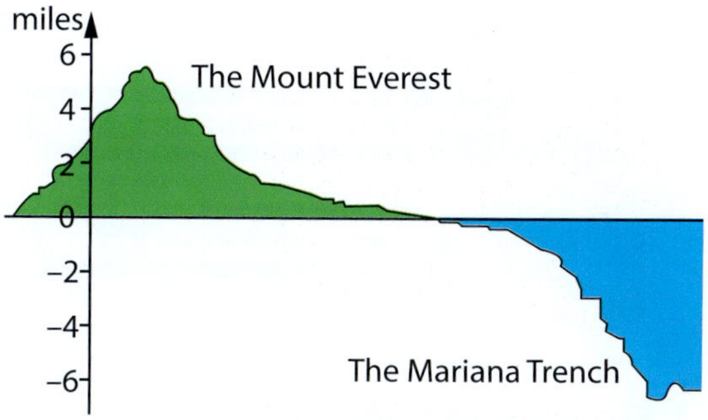

The altitude of the Everest is 5,489 miles and the depth of the Mariana Trench is 6,831 miles.

- What is the distance between these two extremes?

Voir le point info p. 123.

85 Scratch et priorités

Modéliser, Calculer

Les commandes sont des opérateurs qui permettent de faire des calculs avec Scratch. C'est leur emboitement qui indique l'ordre de priorité des calculs, car il n'y a pas de parenthèses.

Voici deux calculs effectués avec Scratch.

1. Que dira le lutin si l'utilisateur appuie sur la flèche du haut ?

2. Que dira le lutin si l'utilisateur appuie sur la flèche du bas ?

86 Lacs

Modéliser, Calculer

Le lac Tanganyika en Afrique et le lac Baïkal en Sibérie sont les deux lacs les plus profonds du monde.

1. Le lac Tanganyika est le lac le plus long du monde (677 km) ; il s'étend sur quatre pays différents. Son altitude est de 775 m et sa profondeur maximale est de 1 433 m.
À quelle altitude se trouve le point le plus bas du lac Tanganyika ?

2. Le lac Baïkal est la plus grande réserve d'eau douce du monde. Il est à une altitude de 455 m et son point le plus bas se situe à 1 182 m en dessous du niveau de la mer.
Le lac Baïkal est-il le lac le plus profond du monde ?

87 Plongée dans la mer Rouge

Chercher, Communiquer

Lors d'une plongée dans la mer Rouge, Chloé et Siméo peuvent descendre jusqu'à 60 m. Au cours de leur périple, ils ont pu voir des poissons extraordinaires. Sur la droite graduée ci-dessous, on a représenté les différentes rencontres qu'ils ont pu faire.

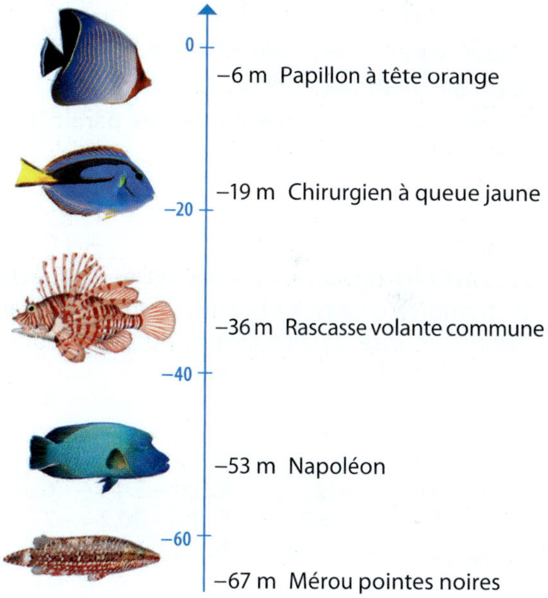

1. Ont-ils vraiment pu voir tous ces poissons ?

2. Quelle profondeur sépare le poisson papillon et la rascasse ?

3. Quelle profondeur sépare le napoléon et le chirurgien ?

4. Que permet de calculer l'expression −36 − (−53) ?

5. Ils ont aussi croisé une demoiselle domino séparée d'une profondeur de 7 m de la rascasse. À quelles profondeurs peut-elle se trouver ?

Problèmes

88 Méthode

Communiquer, Raisonner

Thelma et Jeanne ont calculé l'expression :

$$A = -17 + 25 + (-47) - (-51) - 25$$

Voici leurs réponses :

Thelma :

$A = -17 + 25 + (-47) - (-51) - 25$
$A = -17 + 25 + (-47) + 51 + (-25)$
$A = 8 + (-47) + 51 + (-25)$
$A = -39 + 51 + (-25)$
$A = 12 + (-25)$
$A = -13$

Jeanne :

$A = -17 + 25 + (-47) - (-51) - 25$
$A = -17 + \not{25} + (-47) + 51 + (-\not{25})$
$A = 51 + (-17) + (-47)$
$A = 51 + (-64)$
$A = -13$

1. Leurs calculs sont-ils corrects ?
2. Quelle méthode a utilisée Thelma ?
3. Quelle méthode a utilisée Jeanne ?
4. Laquelle de ces deux méthodes parait la plus efficace ?

89 Quelle note ?

Calculer, Représenter

Liwa est interrogé sur les additions et les soustractions de nombres relatifs. Il obtient 1 point pour chaque bonne réponse, 0 point s'il n'y a aucune réponse et –0,5 point si la réponse est fausse.
Voici sa copie :

a. –6 + 10 = 4	b. –5 + (–4) = –9
c. –10 + 2 = –12	d. 3,8 – 5,4 = –1,6
e. 5,5 – (–3,5) = 2	f. 8,2 – 10,2 = –2
g. 3,5 + (–4,5) = –1	h. –5,8 – 2,3 = –7,1
i. 15,8 – 20,5 = …	j. –4,7 – (–7,9) = …

1. Quelle est la note de Liwa ?
2. Corriger ses erreurs et terminer les calculs qui n'ont pas été faits.

90 Des points, des distances et des milieux

Modéliser, Calculer

Le but de ce programme est de calculer la distance entre deux points dont l'abscisse a été donnée par l'utilisateur.

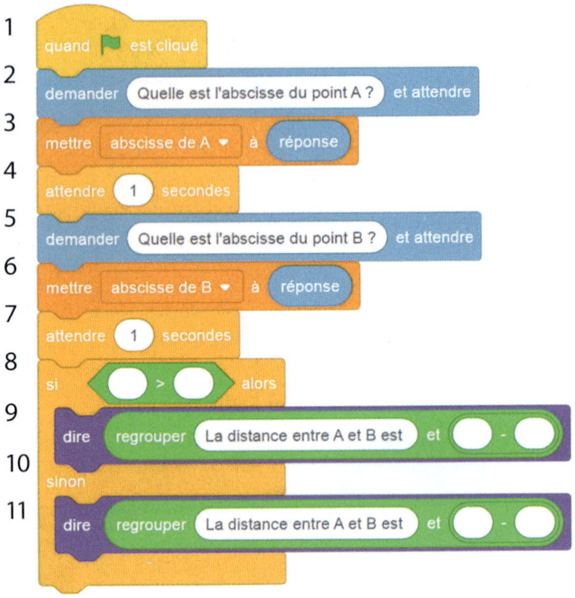

1. Recopier et compléter les lignes 8, 9 et 11.
2. L'utilisateur a donné 2 comme abscisse du point A et –6 comme abscisse du point B. Quelle sera la distance entre A et B ?
3. Le programmeur souhaite ajouter une ligne qui permettrait de calculer l'abscisse du milieu du segment [AB]. En utilisant les commandes suivantes, écrire la ligne correspondante.

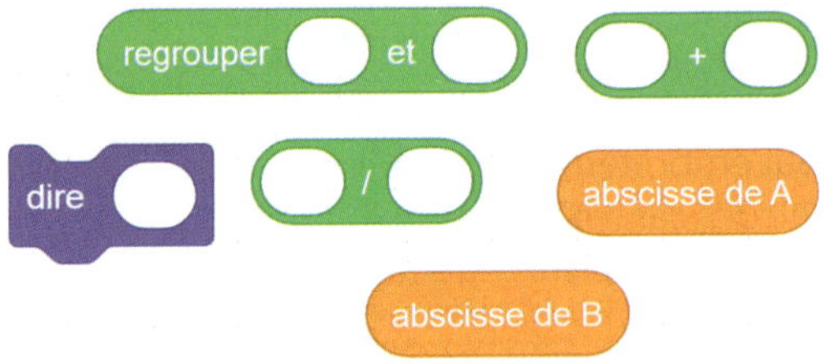

DÉFIS & ÉNIGMES

91 Calculatrice

La calculatrice d'Azélia est cassée. Elle ne peut qu'ajouter 5 et retrancher 13. Voici l'écran de sa calculatrice :

-100

• Comment peut-elle faire pour afficher –101 ?

92 Toujours plus !

1. Calculer :

a. 1 – 2
b. 1 – 2 + 3
c. 1 – 2 + 3 – 4
d. 1 – 2 + 3 – 4 + 5

2. Déduire des résultats précédents le résultat de la somme : 1 – 2 + 3 – 4 + 5 – … + 97 – 98 + 99 – 100.

93 Pression
Chercher, Modéliser

La pression est une force appliquée sur une surface.

La pression atmosphérique (P_A) au niveau de la mer est d'environ 1 bar, c'est-à-dire environ 1 kg par cm². Cela signifie qu'au niveau de la mer, chaque cm² de notre corps supporte environ 1 kg.
Dans l'eau, à 10 m de profondeur, chaque cm² de notre peau doit aussi supporter le poids d'un litre d'eau (1 kg).
La pression due à l'eau (P_E) à 10 m de profondeur est donc de 1 kg/cm², c'est-à-dire 1 bar. Si on descend à nouveau de 10 m, la pression augmentera à nouveau de 1 bar.
La pression absolue (P_T) en plongée est la pression totale, on a donc $P_T = P_A + P_E$.

1. Calculer la pression absolue subie par le corps à –10 m.

2. Denis est à –30 m, il descend à –60 m. De combien augmentera la pression absolue ?

3. Martine est à –10 m, elle est descendue et la pression absolue a augmenté de 4 bars. À quelle profondeur est-elle ?

94 Carré magique
Raisonner, Calculer

Prise d'initiative

Dans un carré magique, les sommes de tous les nombres d'une même ligne, d'une même colonne et d'une même diagonale sont égales.

①

–3	2	1
–1		

1. Compléter le carré magique ①.

2. Compléter le carré magique ② en utilisant une seule fois tous les nombres relatifs compris entre –12 et 12.

②

		–5	11	
	12	–2	–11	
–1	–10	6		8
7		9		–9
10	1	–8	3	

95 Casse-tête
Raisonner, Calculer

Prise d'initiative

1. La somme de deux nombres relatifs est –18. Leur différence est 4.
Quels sont ces deux nombres ?

2. On cherche un nombre relatif à trois chiffres.
- Sa distance à zéro est comprise entre 4 et 5.
- Son chiffre des dixièmes est la moitié de celui de ses unités.
- Son opposé est un nombre relatif supérieur à zéro.
- Le chiffre des centièmes est le tiers de la somme des chiffres des dixièmes et des unités.

Quel est ce nombre ?

MISSION DÉMONSTRATION

Raisonnement — Conjecture et démonstration

À partir de l'observation de cas particuliers, on peut parfois énoncer une **conjecture**, c'est-à-dire un énoncé qu'on pense être vrai mais qui n'est pas encore démontré.
Pour prouver que cette conjecture est vraie, il faut ensuite rédiger une **démonstration**.

96 **1. Conjecture**

a. Recopier et compléter le tableau suivant :

a	b	$a + b$	opposé de $a + b$	opposé de a	opposé de b	opposé de a + opposé de b
4	7					
–2	6					
8	–5					
–9	–11					

b. En ajoutant d'autres exemples si nécessaire et en observant ce tableau, quelle conjecture peut-on faire sur l'opposé de la somme et la somme des opposés ?

2. Démonstration

a. Calculer $a + b + (-a) + (-b)$.

b. Quelle est la définition de l'opposé de $a + b$?

c. Conclure en utilisant les deux questions précédentes.

Travailler autrement

Utilisable en AP

À chacun son parcours !

97 Analyse de document

Socle D2 Je m'engage dans une démarche de résolution et mobilise les connaissances nécessaires.

Socle D4 Je sais prélever, organiser et traiter l'information utile.

Le tarot est un jeu de cartes qui se joue à 4 ou 5 joueurs. Au tarot à 5 joueurs, le joueur qui « prend » a le choix entre quatre mises : « prise », « garde », « garde sans le chien » et « garde contre le chien ».

- Lorsqu'il « prend », un joueur « appelle » un autre joueur qui sera son coéquipier durant la partie.
- Chaque mise lui fait gagner ou perdre des points.

– Prise : 25 points – Garde : 2 × la prise – Garde sans le chien : 4 × la prise – Garde contre le chien : 6 × la prise

- En cas de victoire, le joueur qui a « pris » remporte deux fois la mise, celui qui joue avec lui remporte une fois la mise, les trois autres joueurs perdent chacun une fois la mise.
- En cas de défaite, le joueur qui a « pris » perd deux fois la mise, celui qui joue avec lui perd une fois la mise, les trois autres joueurs gagnent chacun une fois la mise.
- Pour que le score soit correct, il faut que la somme des points de tous les joueurs soit égale à 0.

Question ceinture jaune

Lors de la première partie, Pierre a misé une garde, il était avec Selim.

- Compléter le tableau des scores.

Selim	Djamal	Jean	Pierre	Sophie
+50				

Questions ceinture verte

Au bout de plusieurs tours, voici le tableau des scores :

Selim	Djamal	Jean	Pierre	Sophie
+300	−125	−100	50	−125
+250	−25	−150	+100	−175

Lors de la dernière partie :

1. Quels joueurs ont gagné, quels joueurs ont perdu ?

2. Quelle était la mise ? Quel joueur a « pris » ? Avec qui jouait-il ?

Questions ceinture noire

C'est le moment de la dernière partie. Sophie a « pris » une garde sans le chien et joue avec Djamal. Voici les résultats avant d'avoir comptabilisé les derniers points :

Selim	Djamal	Jean	Pierre	Sophie
+450	+375	−600	−125	−100

1. Les scores sont-ils corrects ?

2. Quels sont les deux classements possibles après cette dernière partie ?

98 Résolution de problème

Socle D2 Je m'engage dans une démarche de résolution et mobilise les connaissances nécessaires.

Socle D4 Je sais prélever, organiser et traiter l'information utile.

Coline vient de créer un jeu vidéo grâce à Scratch.
Dans ce jeu, l'utilisateur manœuvre un plongeur qui doit ramasser des déchets au fond de l'océan pour gagner des points en évitant de ramasser les animaux marins qui font perdre des points.
Le tableau ci-contre récapitule les points gagnés ou perdus.

−15 points	70 points	−30 points	−40 points	45 points

−20 points	35 points	−25 points	50 points	−35 points

Question ceinture jaune

Florentin fait trois parties du jeu et voici ce qu'il a ramassé à la fin de chaque partie.

Partie 1			
Partie 2			
Partie 3			

- Quel score a-t-il obtenu à chaque partie ?

Question ceinture verte

Adèle fait deux parties où elle ramasse quatre objets.

Partie 1				
Partie 2				

- Que doit-elle pêcher à la deuxième partie pour battre son score de la première partie ? Donner toutes les possibilités.

Question ceinture noire

Timothé ne fait qu'une partie, il ramasse 3 objets et gagne 80 points.

- Donner toutes les possibilités de sa pêche.

Tu peux t'amuser à programmer ce jeu sur Scratch.

7 Grandeurs et proportionnalité

TA MISSION

Reconnaitre et traiter une situation de proportionnalité.

JEU

Voici deux images dont l'une est la réduction de moitié de l'autre.

- Trouve les cinq erreurs qui se sont glissées à l'intérieur.

POINT INFO

En 2017, l'astronaute français Thomas Pesquet a participé à la mission « Proxima » de l'Agence Spatiale Européenne. Durant ses 196 jours dans l'espace, il a réalisé avec ses partenaires plus de 110 expériences visant à faire progresser la connaissance du corps humain, de la biologie et de la physique.

Voir problème 77 p. 158.

Activités

Prêts pour le décollage ?

QUESTIONS FLASH Questions flash supplémentaires

1 20 secondes sont nécessaires pour télécharger un certain fichier sur ordinateur.
a. Combien de temps faudra-t-il pour télécharger un fichier trois fois plus grand, sachant que la durée de téléchargement est proportionnelle à la taille du fichier ?
b. Combien de temps faudra-t-il pour télécharger un fichier quatre fois moins grand ?

2 À la foire, 3 gaufres coutent 2 €.
a. Combien coutent 6 gaufres ?
b. Combien coutent 9 gaufres ?
c. Combien coutent 15 gaufres ?

3 Céline achète 2,5 kg de courgettes bio au marché.

- Combien va-t-elle payer ?

4 Pour la rentrée, Tiago achète 14 stylos identiques et paie 7 €. Clara achète les 7 mêmes stylos.
- Combien paie-t-elle ?

5 Amel et Clément vont au restaurant avec leurs quatre enfants. Tous commandent le même menu « moules-frites ». Ils paient au total 54 €.
- Combien auraient payé Amel et Clément s'ils étaient allés au restaurant sans leurs enfants ?

6 On peut lire dans une recette de pâte à crêpes : « délayer 1 L de lait pour 24 crêpes ».
a. Quel volume de lait faudra-t-il pour 6 crêpes ?
b. Quel volume de lait faudra-t-il pour 8 crêpes ?

7 **a.** Par quel nombre faut-il multiplier 4 pour obtenir 10 ?
b. Par quel nombre faut-il multiplier 3 pour obtenir 7 ?

8 Voici deux tableaux de proportionnalité. Retrouver le coefficient de proportionnalité.

Quantité de peinture (L)	4	10
Surface peinte (m^2)	48	120

$\times ?$

Nombre de bonbons achetés	3	5	8
Prix (€)	2,25	3,75	6

$\times ?$

9 Dans une classe de 28 élèves, 25 % des élèves se sont inscrits à l'association sportive du collège.
- Combien d'élèves cela représente-t-il ?

10 Mathis a une voiture de sport en modèle réduit 27 fois plus petite que celle de son père.
- Quelle est l'échelle du modèle de Mathis ?

11 Thibaut a fait un plan de sa chambre rectangulaire à l'échelle $\frac{1}{100}$. Les dimensions de sa chambre sur le plan sont 3 cm et 4 cm.
- Quelles sont les dimensions réelles de sa chambre en mètres ?

Activité 1 Dans la vie courante

Pour chaque situation, nommer les deux grandeurs de l'énoncé en précisant leurs unités s'il y en a, puis dire si ces deux grandeurs sont proportionnelles ou non.

a. Ina mesurait 75 cm à l'âge de 1 an. Aujourd'hui, elle a 3 ans et mesure 1 m.

b. Guillaume est inquiet, son robinet fuit de 0,3 L par heure.

c. Marie achète 3,2 kg d'aubergines à 3,50 € le kilogramme.

d. Mehdi adore les avocats. Il hésite entre un avocat pour 1,35 € ou deux avocats pour 2,50 €.

e. Anaïs a fait 3 tours de piste en 12 minutes et Enrick 4 tours en 15 minutes.

f. Le musée du Louvre à Lens propose trois formules de visite accompagnée pour les groupes scolaires : 1 h : 60 € ; 1 h 30 : 90 € ; 2 h : 120 €.

Activité 2 En cuisine !

Nelly prépare un couscous. Elle sait que le nombre de kilocalories apportées par la semoule cuite est proportionnel à la masse de semoule préparée :
- une masse de 180 g de semoule apporte 216 kilocalories ;
- une masse de 150 g de semoule apporte 180 kilocalories.

Nelly voudrait connaitre le nombre de kilocalories apportées par 30 g de semoule.

- Proposer plusieurs méthodes de calcul en détaillant le raisonnement utilisé.

Activité 3 Faire un choix

Christelle achète toujours le dentifrice de la même marque. Aujourd'hui, en période de soldes, elle trouve dans deux supermarchés des réductions immédiates dont elle souhaite profiter.

Offre 1

Offre 2

- Le tube de dentifrice coute habituellement 3,50 €. Quelle offre est la plus avantageuse ?

Activité 4 Partages inégaux

1. Alexis a deux enfants : Zélie (8 ans) et Félix (5 ans). Il dispose de 20 pièces en chocolat qu'il souhaite donner à ses enfants.
Comme ils n'ont pas le même âge, Alexis opte pour le partage inégal suivant : à chaque fois que Zélie reçoit 3 pièces, Félix en reçoit 2.
Il distribue donc tour à tour 3 pièces à sa fille et 2 à son fils, jusqu'à avoir tout distribué.

a. Combien de pièces aura alors Zélie ? On note ce nombre a.
b. Combien de pièces aura alors Félix ? On note ce nombre b.
c. Vérifier que les nombres $\frac{a}{3}$ et $\frac{b}{2}$ sont égaux. Comment peut-on l'expliquer ?
d. Quelle fraction du nombre total de pièces chaque enfant aura-t-il reçue ?

> On dit que les nombres a et b sont dans le ratio 3 pour 2, et on note ce ratio 3 : 2.

2. Isabelle distribue de l'argent de poche à ses trois enfants Luke (8 ans), Tom (10 ans) et Maëva (12 ans). Comme ils n'ont pas le même âge, elle opte pour le partage inégal suivant : à chaque fois que Luke reçoit 8 €, Tom reçoit 10 € et Maëva 12 €.

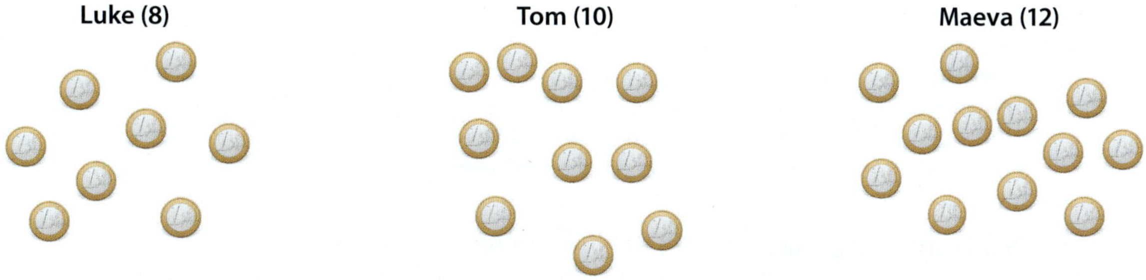

a. Selon quel ratio s'effectue ce partage entre Luke, Tom et Maëva ?
b. En janvier, elle a donné en tout 75 €. Combien les trois enfants ont-ils reçu chacun ?

Cours

1 Reconnaitre une situation de proportionnalité

Définition

Deux grandeurs sont **proportionnelles** si les valeurs de l'une s'obtiennent en multipliant les valeurs de l'autre par un même nombre appelé **coefficient de proportionnalité**.

▸ Exemple 1

Anna achète pour 1,50 € de bonbons à la boulangerie.
Chaque bonbon coute 0,15 €.

prix à payer =
nombre de bonbons achetés × ***0,15***

Le prix à payer est proportionnel au nombre de bonbons achetés, avec **0,15** pour coefficient de proportionnalité.
Avec 1,50 €, Anna peut acheter 10 bonbons :

$1{,}50 = 10 \times 0{,}15$.

▸ Exemple 2

À la boulangerie, Isham lit :

> Prix d'une baguette : 0,85 €
> Pour 3 baguettes achetées,
> la 4ᵉ est offerte.

Le prix de 3 baguettes est le même que le prix de 4 baguettes.
Le prix à payer n'est pas proportionnel au nombre de baguettes achetées.

Définition

Dans un tableau représentant deux grandeurs, si les valeurs de la première grandeur sont proportionnelles aux valeurs de la seconde, ce tableau est appelé **tableau de proportionnalité**.

Méthode

Pour déterminer si deux grandeurs représentées dans un tableau sont proportionnelles, on peut calculer les quotients des valeurs correspondantes de ces grandeurs.

▸ Exemple 1

On a relevé dans le tableau ci-dessous la consommation, en fonction du temps, d'un robinet mal fermé.

Temps écoulé (en jours)	1	7	365
Quantité d'eau (en L)	0,432	3,024	157,68

× **0,432**

On calcule les quotients : $\frac{0{,}432}{1} = 0{,}432$; $\frac{3{,}024}{7} = 0{,}432$; $\frac{157{,}68}{365} = 0{,}432$

Tous les quotients sont égaux à 0,432 : le tableau est donc un tableau de proportionnalité.
La quantité d'eau est proportionnelle au temps écoulé, avec **0,432** pour coefficient de proportionnalité.

▸ Exemple 2

Angèle et Clara achètent respectivement un pack de 6 litres de jus d'orange à 9,12 € et un pack de 4 litres à 6,48 €. On récapitule ces résultats dans un tableau ci-contre.

Quantité de jus (en L)	6	4
Prix à payer (en €)	9,12	6,48

On calcule les quotients : $\frac{9{,}12}{6} = 1{,}52$; $\frac{6{,}48}{4} = 1{,}62$

Les quotients ne sont pas égaux, ce tableau n'est donc pas un tableau de proportionnalité.
Le prix à payer n'est pas proportionnel à la quantité de jus d'orange achetée ; il n'y a pas de coefficient de proportionnalité.

Savoir-faire

Apprends à l'aide des exercices résolus puis entraine-toi !

1 Reconnaitre une situation de proportionnalité

1 **1.** Lundi, au marché, Alvin a acheté 1 kg de tomates pour 2,65 €. Mercredi, il achète 3 kg de ces mêmes tomates pour 7,95 €.
Le prix à payer est-il proportionnel à la masse de tomates achetées ?

2. Chloé, qui adore les fruits exotiques, se laisse tenter par des mangues. Elle peut lire : « 2,80 € la mangue et 5 € les 2 ».
Le prix est-il proportionnel au nombre de mangues achetées ?

Solution

1. $1 \times 2{,}65 = 2{,}65$ et $3 \times 2{,}65 = 7{,}95$.
Dans les deux cas, le prix à payer est égal à la masse de tomates achetées multipliée par 2,65.
Le prix à payer est donc proportionnel à la masse de tomates achetées.

2. Une mangue coute 2,80 €. Si le prix était proportionnel au nombre de mangues achetées, deux mangues couteraient 2 x 2,80 € soit 5,60 €.
Le prix à payer n'est donc pas proportionnel au nombre de mangues achetées.

À toi de jouer

2 Un professeur demande à ses élèves de compter le nombre de sommets et le nombre de diagonales de quelques polygones. Il recense les résultats.
– Hexagone : 6 sommets et 9 diagonales
– Octogone : 8 sommets et 20 diagonales
– Décagone : 10 sommets et 35 diagonales
• Le nombre de diagonales est-il proportionnel au nombre de sommets ?

→ Corrigé p. 309

3 Mila s'entraine en vue d'un semi-marathon. Voici ses derniers résultats :

Distance (en km)	9,6	12,4	16,5	21,1
Temps (en min)	54	69,75	95	124,65

• Ce tableau est-il un tableau de proportionnalité ? Si oui, avec quel coefficient de proportionnalité ?

Solution

On calcule les quotients :

$$\frac{54}{9{,}6} = 5{,}625 \; ; \; \frac{69{,}75}{12{,}4} = 5{,}625 \; ; \; \frac{95}{16{,}5} \approx 5{,}76$$

Tous les quotients ne sont pas égaux, ce n'est donc pas un tableau de proportionnalité : la distance et le temps ne sont pas des grandeurs proportionnelles.
Il n'y a pas de coefficient de proportionnalité.

4 Alizée a découvert un site qui développe des photos en format Polaroid et affiche les tarifs suivants.

Nombre de photos	1	10	50	250
Prix à payer (en €)	0,07	0,70	3,50	17,50

• Ce tableau est-il un tableau de proportionnalité ? Si oui, avec quel coefficient de proportionnalité ?

Solution

On calcule les quotients :

$$\frac{0{,}07}{1} = 0{,}07 \; ; \; \frac{0{,}70}{10} = 0{,}07 \; ; \; \frac{3{,}50}{50} = 0{,}07 \; ; \; \frac{17{,}50}{250} = 0{,}07$$

Tous les quotients sont égaux, c'est donc un tableau de proportionnalité : le prix à payer est proportionnel au nombre de photos, avec pour coefficient de proportionnalité 0,07.

À toi de jouer

5 Un alpiniste a relevé le dénivelé (c'est-à-dire la différence d'altitude) effectué depuis le départ de son ascension en fonction du nombre d'heures de marche.

Temps de marche (en h)	1	2,5	4	5,5
Dénivelé (en m)	300	750	1 200	1 500

• Ce tableau est-il un tableau de proportionnalité ? Si oui, avec quel coefficient de proportionnalité ?

→ Corrigé p. 309

Cours

2 Calculer une quatrième proportionnelle

Propriété

Dans un tableau de proportionnalité à quatre cases, lorsque l'on ne connait que trois valeurs, on peut calculer la quatrième valeur, appelée **quatrième proportionnelle**.

Méthode 1

À l'aide du coefficient de proportionnalité

Pour compléter un tableau de proportionnalité, on peut utiliser un coefficient de proportionnalité pour passer d'une ligne à l'autre.

▸ Exemple

Marie voudrait mettre 5,5 L d'essence dans son scooter. La station-service affiche un prix de l'essence à 1,22 € le litre. Combien devrait-elle payer ?

Marie n'a que 5 €. Quelle quantité d'essence peut-elle acheter ?

On représente cette situation par un tableau de proportionnalité :

Quantité d'essence achetée (en L)	1	5,5	?
Prix à payer (en €)	1,22	?	5

(× 1,22 de la première ligne à la deuxième ; ÷ 1,22 de la deuxième ligne à la première)

Le prix à payer est proportionnel à la quantité d'essence achetée avec pour coefficient de proportionnalité 1,22. Marie devrait donc payer 5,5 × 1,22 € soit 6,71 €.

Avec 5 €, Marie peut acheter 5 L ÷ 1,22 soit environ 4,1 L.

Méthode 2

Liens entre les colonnes

Pour obtenir les nombres d'une colonne dans un tableau de proportionnalité, on peut :

– **multiplier ou diviser** les nombres d'une autre colonne par un même nombre ;

– **ajouter ou soustraire** les nombres de deux autres colonnes.

▸ Exemple

Une recette de pâte à crêpes indique qu'il faut 300 g de farine pour cuisiner 12 crêpes. Quelle masse de farine faut-il pour cuisiner 4 crêpes ? 16 crêpes ?

La masse de farine à utiliser est proportionnelle au nombre de crêpes à cuisiner, on peut donc faire un tableau de proportionnalité.

Nombre de crêpes	12	4	16
Masse de farine (en g)	300	?	?

(÷ 3 de la colonne 12 à la colonne 4 ; colonnes 12 et 4 ajoutées pour obtenir la colonne 16)

Pour faire 4 crêpes, il faut utiliser :

300 g ÷ 3 soit 100 g de farine

Pour faire 16 crêpes, il faut utiliser :

300 g + 100 g soit 400 g de farine

Méthode 3

Passage par l'unité

Pour traiter une situation de proportionnalité, il est parfois plus judicieux de revenir à l'unité.

▸ Exemple

Lucile a acheté 3 cahiers pour 4,05 €.

Emma a besoin de 7 cahiers. Combien devra-t-elle payer ?

Nombre de cahiers	3	7
Prix (en €)	4,05	?

3 cahiers coutent 4,05 €, donc 1 cahier coute $\frac{4{,}05€}{3} = 1{,}35$ €.

Donc 7 cahiers coutent 7 × 1,35 € = 9,45 €.

Savoir-faire

2 Calculer une quatrième proportionnelle

6 Un vendeur ambulant propose des marrons chauds à 25 € le kg.
1. Combien coute une portion de 150 g de marrons chauds ?
2. Quelle quantité de marrons chauds peut-on acheter pour 10 € ?

Solution

Quantité de marrons achetés (en kg)	1	0,15	?
Prix à payer (en €)	25	?	10

÷ 25 ; × 25

1. Il s'agit d'une situation de proportionnalité.
150 g = 0,15 kg
$0{,}15 \times 25 = 3{,}75$
Une portion de 150 g de marrons coute 3,75 €.
2. $10 \div 25 = 0{,}4$. Avec 10 €, on peut acheter 0,4 kg, soit 400 g de marrons.

À toi de jouer

7 Pour se fournir en café, Antoine commande sur internet des capsules. Le lot de 2 est vendu 0,70 €.
1. Combien couteront 60 capsules ? **2.** Combien de capsules peut-il acheter avec 14 € ?

→ Corrigé p. 309

8 Voici les ingrédients de la recette d'un gâteau au yaourt pour 4 personnes :
500 g de farine ; 250 g de sucre ; 2 œufs ; 1 yaourt nature ; 5 g de levure en poudre ; 20 cL d'huile.
- Quelle quantité de chaque ingrédient doit-on utiliser pour faire un gâteau au yaourt pour 10 personnes ?

Solution

Nombre de personnes	4	10
Masse de farine (g)	500	1 250

× 2,5

Pour chaque ingrédient, la quantité est proportionnelle au nombre de personnes. Pour passer de 4 à 10 personnes, il faut multiplier la quantité par 2,5 (car $\frac{10}{4} = 2{,}5$). Il faut donc $2{,}5 \times 500$ g de farine, soit 1 250 g (ou 1,25 kg) de farine.
De la même façon, on multiplie la quantité de chaque ingrédient par 2,5, ce qui donne 625 g de sucre, 5 œufs, 2,5 yaourts nature, 12,5 g de levure en poudre et 50 cL d'huile.

À toi de jouer

9 Au restaurant asiatique, Victor achète 8 nems pour 7,60 €. Morgane en veut 11 et Théo 9.
- Combien chacun va-t-il payer ?

→ Corrigé p. 309

10 Lionel a trouvé un petit job d'été. Il est payé à la journée. En travaillant 5 jours, il a gagné 325 €.
1. Combien gagnera-t-il en travaillant pendant 9 jours ?
2. Combien de jours devra-t-il travailler pour obtenir les 1 000 € qu'il convoite ?

Solution

Nombre de jours de travail	5	9	?
Salaire (€)	325	?	1 000

÷ 65 ; × 65

1. $\frac{325}{5} = 65$ donc 1 jour de travail est payé 65 €.
$65\text{ €} \times 9 = 585$ €. Lionel sera payé 585 € pour 9 jours.
2. $\frac{1\,000}{65} \approx 15{,}4$ donc Lionel devra travailler 16 jours pour gagner au moins 1 000 €.

À toi de jouer

11 Il me faut 20 minutes pour parcourir 4 km à vélo. À cette allure :
1. Combien de temps me faut-il pour parcourir 5 km ? **2.** Quelle distance vais-je parcourir en 1 h 05 min ?

→ Corrigé p. 310

Cours

3 Utiliser un pourcentage ou une échelle

Propriété

p désigne un nombre positif.
Calculer p % d'une quantité revient à multiplier cette quantité par $\frac{p}{100}$.

▸ Exemple

Dans un pot de crème fraiche de 20 cL, il y a 12 % de matière grasse.

$12\ \%$ **de** $20 = \frac{12}{100} \times 20 = 2{,}4$. La quantité de matière grasse dans le pot est égale à 2,4 g.

Remarque

Un pourcentage exprime une proportion par rapport à 100. Il peut s'écrire sous plusieurs formes :

15 %	=	$\frac{15}{100}$	=	0,15
pourcentage		**écriture fractionnaire**		**écriture décimale**

Méthode

Pour **calculer un pourcentage**, on peut exprimer une proportion de dénominateur 100 ou utiliser un tableau de proportionnalité.

▸ Exemples

- **À l'aide d'une proportion de dénominateur 100**

4 personnes sur 5 trient leurs déchets. Quel pourcentage cela représente-t-il ?

On peut exprimer $\frac{4}{5}$ comme une proportion de dénominateur 100 : $\frac{4}{5} = \frac{80}{100} = 80\ \%$.

80 % des personnes trient leurs déchets.

- **À l'aide d'un tableau de proportionnalité**

Dans une classe de 23 élèves de 3e, 15 élèves connaissent leur orientation scolaire pour l'année suivante. Quel pourcentage cela représente-t-il ?

On peut représenter cette situation par un tableau de proportionnalité :

Nombre d'élèves connaissant leur orientation	15	**?**
Nombre d'élèves dans la classe	23	100

$\div \frac{23}{15}$ (de bas en haut) ; $\times \frac{23}{15}$ (de haut en bas)

? $= 100 \div \frac{23}{15} \approx 65{,}2$. La proportion d'élèves connaissant leur orientation est d'environ 65,2 %.

Définition

On dit qu'un plan est **à l'échelle** si les distances sur le plan sont proportionnelles aux distances réelles.
Le coefficient de proportionnalité égal au rapport $\frac{\text{distances sur le plan}}{\text{distances réelles}}$, où les deux distances sont exprimées dans la même unité, est appelé **échelle** du plan.

Remarque

Dire qu'un plan est à l'échelle $\frac{1}{1\,000}$ signifie que 1 cm sur le plan représente 1 000 cm en réalité.

▸ Exemple

La distance à vol d'oiseau entre Bordeaux et Pau sur une carte à l'échelle $\frac{1}{250\,000}$ est de 86 cm.

Distances sur le plan (en cm)	1	86
Distances réelles (en cm)	250 000	**?**

× 86

? $= 250\,000 \times 86 = 21\,500\,000$.

La distance entre Bordeaux et Pau est donc de 21 500 000 cm, soit 215 km.

Savoir-faire

Apprends à l'aide des exercices résolus puis entraine-toi !

3 Utiliser un pourcentage ou une échelle

12 En 2019, on comptait 228 femmes et 349 hommes à l'Assemblée nationale.

- Quel était le pourcentage de femmes députées ?

Solution

Le nombre total de députés est 228 + 349 = 577.
Le coefficient de proportionnalité qui permet de calculer le nombre de femmes députées est $\frac{228}{577}$.
Le pourcentage de femmes députées était donc $100 \times \frac{228}{577} \approx 40\,\%$.

Nombre de femmes députées	228	?
Nombre total de députés	577	100

$\times \frac{228}{577}$

À toi de jouer

13 Le château de Versailles a une surface au sol d'environ 60 000 m².

1 ha = 10 000 m²

- Quel pourcentage du parc, dont la superficie est 815 ha, cela représente-t-il ? Arrondir à l'unité.

→ Corrigé p. 310

14 En 2003, on a utilisé en France 15 milliards de sacs plastique. En 2010, cette consommation avait diminué de 95 %.

- Combien de sacs plastique a-t-on utilisé en 2010 ?

Solution

$\frac{95}{100} \times 15\,000\,000\,000 = 14\,250\,000\,000$

Le nombre de sacs plastique utilisés a diminué de 14 250 000 000.

$15\,000\,000\,000 - 14\,250\,000\,000 = 750\,000\,000$

On a utilisé 750 millions de sacs plastique en 2010.

À toi de jouer

15 En 1916, la taille moyenne d'un homme était 1,66 m. Cette donnée a augmenté de 8,4 % en un siècle.

- Quelle était la taille moyenne d'un homme en 2016 ? Arrondir au centimètre.

→ Corrigé p. 310

16 La distance à vol d'oiseau entre deux villes est 75 km. Sur une carte, on mesure 5 cm entre ces villes.

1. Quelle est l'échelle de la carte ?
2. La distance sur la carte entre deux autres villes est de 3,2 cm. Quelle est la distance réelle entre ces deux villes ?

Solution

Longueur sur la carte (cm)	1	5	3,2
Longueur réelle (cm)	?	7 500 000	?

$\times 1\,500\,000$

1. 75 km = 7 500 000 cm
Chercher l'échelle de la carte revient à chercher quelle longueur 1 cm sur la carte représente dans la réalité.
Le coefficient de proportionnalité qui permet de calculer les longueurs réelles est $\frac{7\,500\,000}{5} = 1\,500\,000$.
L'échelle de la carte est donc $\frac{1}{1\,500\,000}$.
2. 3,2 cm × 1 500 000 = 4 800 000 cm = 48 km. La distance entre ces deux villes est de 48 km.

À toi de jouer

17 On fabrique la maquette d'une voiture de course. La voiture mesure 3,8 m de longueur, la maquette 20 cm.

1. Quelle est l'échelle de la reproduction ?
2. La hauteur de la maquette est de 6 cm. Quelle est la hauteur de la voiture de course ?

→ Corrigé p. 310

Cours

4 Partager une quantité selon un ratio

Définition

a, *b*, *i* et *j* désignent des nombres positifs.

On dit que les deux nombres *a* **et** *b* **sont dans le ratio** $i : j$ si $\frac{a}{i} = \frac{b}{j}$.

Exemples

- Deux nombres *a* et *b* sont dans le ratio 2 : 3 si $\frac{a}{2} = \frac{b}{3}$.

Le ratio 2 : 3 peut se lire « 2 pour 3 ».

- Partager des œufs de Pâques selon le ratio 2 : 3 entre Raphaël et Enzo signifie qu'à chaque fois qu'on donne 2 œufs à Raphaël, on en donne 3 à Enzo.
Le nombre d'œufs de Raphaël et le nombre d'œufs de Enzo sont alors dans le ratio 2 : 3.

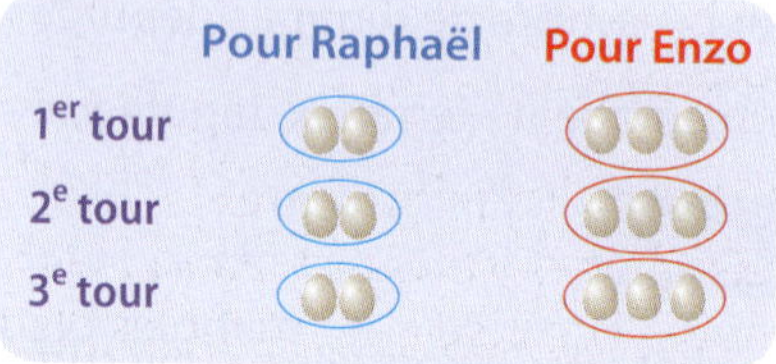

Propriétés

a et *b* désignent des nombres positifs. Si *a* et *b* sont dans le ratio 2 : 3, alors :

- le tableau ci-contre est un tableau de proportionnalité ;

a	*b*
2	3

- *a* est égal à $\frac{2}{5}$ du nombre $a + b$; *b* est égal à $\frac{3}{5}$ du nombre $a + b$.

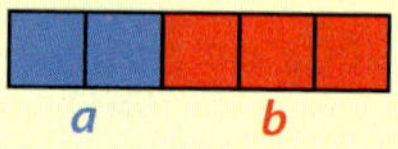

Remarque

→ Mission démonstration p. 161

Cette propriété reste vraie si l'on remplace 2 et 3 par d'autres nombres positifs.

Exemple

On partage 30 œufs de Pâques selon le ratio 2 : 3 entre Raphaël et Enzo.

- Raphaël obtiendra $\frac{2}{5}$ des œufs, soit $\frac{2}{5} \times 30 = 12$ œufs.
- Enzo obtiendra $\frac{3}{5}$ des œufs, soit $\frac{3}{5} \times 30 = 18$ œufs.

Le tableau ci-contre est un tableau de proportionnalité.

12	18
2	3

Définition

a, *b*, *c*, *i*, *j*, *k* désignent des nombres positifs. On dit que *a*, *b* et *c* sont dans le ratio $i : j : k$ si $\frac{a}{i} = \frac{b}{j} = \frac{c}{k}$.

Exemples

- Trois nombres *a*, *b* et *c* sont dans le ratio 2 : 3 : 5 si $\frac{a}{2} = \frac{b}{3} = \frac{c}{5}$.

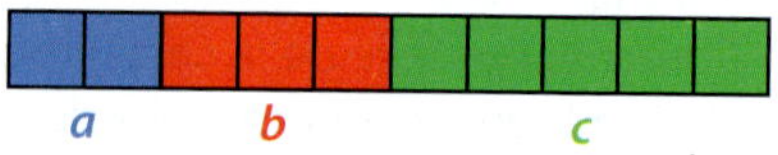

- Dans la recette d'un gâteau pour 4 personnes, il faut 200 g de sucre, 300 g de farine et 500 g de lait. Les masses de sucre, de farine et de lait sont dans le ratio 2 : 3 : 5 puisque $\frac{200}{2} = \frac{300}{3} = \frac{500}{5} = 100$.

Propriétés

a, *b*, *c* désignent des nombres positifs.
Si *a*, *b* et *c* sont dans le ratio 2 : 3 : 5, alors :

- le tableau ci-contre est un tableau de proportionnalité.

a	*b*	*c*
2	3	5

- *a* est égal à $\frac{2}{10}$ du nombre $a + b + c$ (*b* et *c* sont respectivement égaux à $\frac{3}{10}$ et $\frac{5}{10}$ de ce nombre).

Savoir-faire

Apprends à l'aide des exercices résolus puis entraine-toi !

4 Partager une quantité selon un ratio

18 Dans une classe de 30 élèves, il y a 12 filles.

- Quel est le ratio *garçons : filles* dans cette classe ?

Solution

30 – 12 = 18, il y a donc 18 garçons dans la classe pour 12 filles.

Le ratio *garçons : filles* est 18 : 12.

On peut aussi remarquer que $\frac{18}{3} = \frac{12}{2} = 6$, donc on peut aussi dire que ce ratio est 3 : 2.

À toi de jouer

19 Dans le pavage ci-contre :

a. Quel est le ratio *triangles blancs : triangles rouges* ?

b. Dans quel ratio sont les triangles bleus, rouges et blancs ?

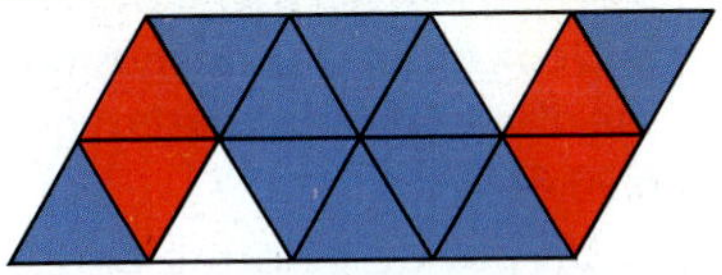

→ Corrigé p. 310

20 Le cocktail Bora-Bora se prépare avec de la grenadine, du jus de fruit de la passion et du jus d'ananas selon le ratio 1 : 6 : 13.

- Pour préparer 1 litre de ce cocktail, quelle quantité de chaque ingrédient faut-il ?

Solution

1 + 6 + 13 = 20 donc il faut :

- $\frac{1}{20} \times 100$ cL = 5 cL de grenadine ;
- $\frac{6}{20} \times 100$ cL = 30 cL de jus de fruit de la passion ;
- $\frac{13}{20} \times 100$ cL = 65 cL de jus d'ananas.

À toi de jouer

21 On ajoute parfois du méthanol à l'essence pour en réduire la pollution et le cout, généralement dans un ratio *essence : méthanol* de 9 : 1. Quelle est la quantité de méthanol contenue dans un plein de 50 L ?

22 Lilia (12 ans), Lou (10 ans) et Tom (9 ans) se partagent 155 € selon le ratio de leurs âges. Quelle somme reçoit chacun ?

→ Corrigé p. 310

23 Charlotte veut faire de la peinture mauve en mélangeant du bleu et du rouge dans le ratio 3 : 2. Elle dispose de 1,5 L de peinture bleue.

1. Quelle quantité de peinture rouge doit-elle utiliser ?

2. Combien obtiendra-t-elle de peinture mauve ?

Solution

1. Notons x la quantité de peinture rouge que Charlotte doit utiliser.

Le tableau ci-contre est un tableau de proportionnalité, avec 2 pour coefficient de proportionnalité.

1,5	x
3	2

(÷ 2 ; × 2)

On a donc : $x = \frac{2}{2} = 1$. Charlotte doit utiliser 1 L de peinture rouge.

2. La quantité de peinture mauve qu'elle obtiendra sera : 1,5 L + 1 L = 2,5 L.

À toi de jouer

24 Pour réaliser des rochers à la noix de coco, une recette utilise seulement trois ingrédients : de la noix de coco râpée, de la farine et du lait concentré sucré dans le ratio 2 : 1 : 3.

- Si on utilise 100 g de noix de coco, quelle masse de préparation obtiendra-t-on avant cuisson ?

→ Corrigé p. 310

Exercices

Ressources téléchargeables

Reconnaitre une situation de proportionnalité

→ Savoir-faire p. 145

QUESTIONS FLASH

25 Dire si les situations suivantes sont des situations de proportionnalité.

1. Au supermarché, un paquet de gâteaux coute 1,50 € l'unité et un lot de 6 paquets des mêmes gâteaux coute 10 €.

2. Deux morceaux de musique coutent 2,30 € sur un site d'achat de musique en ligne. Six morceaux coutent 6,90 €.

3. Un pot de peinture de 2,5 L permet de couvrir 12 m² de façade, tandis qu'un pot de 10 L d'une autre peinture permet de recouvrir 80 m².

4. On calcule le volume d'un cube à partir de la longueur d'une de ses arêtes.

Longueur d'une arête (cm)	3	5
Volume du cube (cm³)	27	125

Questions flash supplémentaires

26 Un pot de 40 mL de crème hydratante coute 9,90 € ; celui de 100 mL coute 24,75 €.

• Le prix de la crème est-il proportionnel à la quantité ?

27 Louise va chez le coiffeur. Voici les tarifs :

• Le prix est-il proportionnel au nombre de soins ?

28 CALCUL MENTAL Les dimensions du girafon sont-elles proportionnelles aux dimensions de la girafe ?

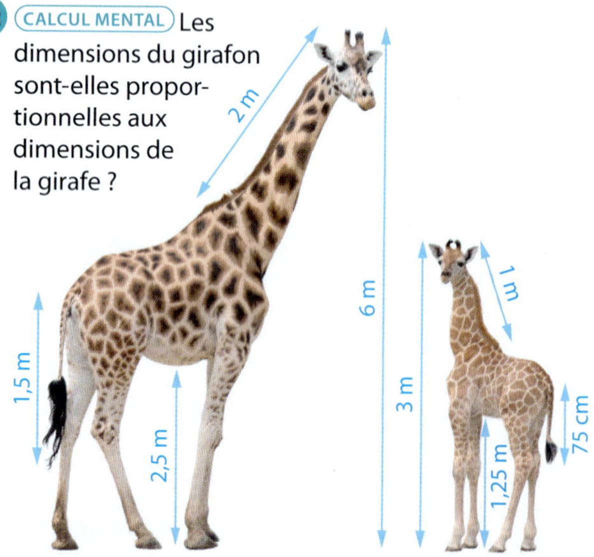

29 Un même chocolat est vendu en vrac dans une boulangerie.

• Un client interpelle le boulanger et lui signale une erreur. Laquelle ?

30 CALCUL MENTAL Un professeur demande à ses élèves de tracer un carré, de calculer son périmètre puis son aire. Voici les longueurs des côtés choisis par Lucy, Sam et Pauline.

Longueur du côté du carré (cm)	3 cm	5 cm	8 cm
Périmètre du carré (cm)			
Aire du carré (cm²)			

1. Recopier et compléter le tableau.

2. Le périmètre des carrés est-il proportionnel aux longueurs de leurs côtés ? Justifier.

3. L'aire des carrés est-elle proportionnelle aux longueurs de leurs côtés ? Justifier.

31 Étienne est représentant de commerce. Il utilise sa voiture chaque jour pour travailler.
Voici les informations qu'il a collectées :

	Semaine du 10/06/2019 au 14/06/2019	Semaine du 17/06/2019 au 21/06/2019
Distance parcourue	380 km	570 km
Durée totale	4 h 30 min	6 h 45 min
Dépense pour l'essence	28,50 €	40 €

Pour les deux semaines observées :

1. Le temps passé en voiture est-il proportionnel à la distance parcourue ?

2. La dépense occasionnée est-elle proportionnelle à la distance parcourue ?

MODE EXPERT

32 La longueur d'un cercle est-elle proportionnelle à son rayon ? Et à son diamètre ? Justifier.

33 L'aire d'un disque est-elle proportionnelle à son rayon ? Justifier.

Calculer une quatrième proportionnelle

→ Savoir-faire p. 147

QUESTIONS FLASH

34 Voici ce qu'on peut lire dans une fromagerie du Pays Basque.

1. Paddy commande 1 kg de ce fromage de brebis. Combien va-t-il payer ?

2. Eléa en achète 700 g. Quelle sera sa dépense ?

35 Un bouquet de 30 roses coute 36 €.

- Combien coutent 5 roses ?

36 Emma met 60 L d'essence à 1,10 € le litre dans sa voiture.

- Combien paie-t-elle ?

37 Retrouver les coefficients de proportionnalité manquants de ces tableaux de proportionnalité :

× …

7	4
840	480

× …

7	9,8
9	12,6

38 Roxanne a couru 10 km en une heure. Maylis, fatiguée de courir à la même allure, s'est arrêtée au bout de 45 min.

- Quelle distance Maylis a-t-elle parcourue ?

Questions flash supplémentaires

39 Dans un magasin de bricolage, 2,50 m de corde coutent 8 €.

1. Combien coutent 7,5 m de cette même corde ?

2. Quelle longueur de corde a-t-on achetée si on a payé 19,20 € ?

40 En pressant 5 pamplemousses, on obtient 24 cL de jus.

1. Quel volume de jus obtiendra-t-on si l'on presse 7 pamplemousses similaires ?

2. Combien de pamplemousses seront nécessaires au minimum pour obtenir une bouteille de 1,5 L ?

41 Lucas fait des crêpes pour la Chandeleur. Voici sa recette pour 8 personnes.

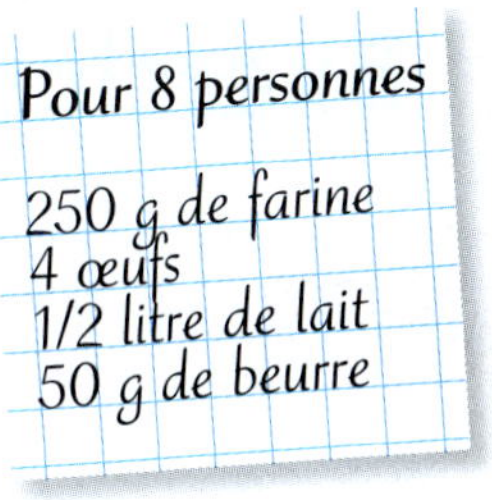

- Quelles sont les quantités des ingrédients à utiliser si Lucas veut faire des crêpes pour 24 personnes ? Et pour 26 personnes ?

42 En trottinette électrique, Nico parcourt 4 km en 10 min. S'il roule à cette même allure :

1. Quelle distance parcourt-il en 45 min ?

2. En combien de temps parcourt-il 30 km ? Donner la réponse en heures et minutes.

43 La Garonne prend sa source dans les Pyrénées espagnoles et coule sur 647 km avant de se jeter dans l'océan Atlantique par l'estuaire de la Gironde. Son débit a été relevé par des stations hydrométriques : 650 mètres cube d'eau se déversent dans l'océan chaque seconde.

1. Quel volume d'eau se déverse en 1 minute ?

2. En combien de temps 32 500 mètres cubes d'eau se déversent-ils dans l'océan ?

44 En 2017, en France, le parc éolien composé de 7 400 éoliennes produisait 24 TWh (térawhattheure).

C'est l'Allemagne qui se plaçait au 1er rang européen avec une production de 111,6 TWh.

1. En supposant que la production d'énergie est proportionnelle au nombre d'éoliennes, calculer le nombre d'éoliennes installées en Allemagne.

2. La production française d'électricité d'origine nucléaire a représenté un total de 379,2 TWh pour l'année 2017. Combien faudrait-il d'éoliennes en France pour remplacer les centrales nucléaires ?

Le térawhattheure est une unité de mesure de la quantité d'énergie consommée par un appareil.

MODE EXPERT

45 Si l'on parcourt 114 km en 1 h 12 min, quelle distance parcourt-on en 1 h 40 min 48 s, en gardant la même allure ?

46 Un robinet fuit à raison de 0,5 cm^3 toutes les 5 secondes.

- Quel volume d'eau (en litres) a été perdu en une journée ?

Exercices

Utiliser un pourcentage ou une échelle

➜ Savoir-faire p. 149

QUESTIONS FLASH

47 Un pull coûtant 60 € est soldé –10 %. Quel est le montant de la remise effectuée ? Quel est alors le prix du pull soldé ?

48 La surface des océans représente environ $\frac{3}{4}$ de la surface de la Terre.
Quel pourcentage représente la surface des océans sur la planète ?

49 Le salaire net mensuel de Marion est de 2 000 €. Il augmente de 2 %. Quel est son nouveau salaire ?

50 Kévin a une figurine de 10 cm représentant son héros préféré, Han Solo, qui mesure 1,80 m.

• Quelle est l'échelle de la figurine ?

51 Sur une carte de France à l'échelle $\frac{1}{3\,000\,000}$, Lille et Brest sont distantes de 20 cm. Quelle est la distance réelle (en km) entre Lille et Brest ?

52 Un des plus grands navires au monde, le CSCL Globe, a une longueur de 400 m. Quelle serait sa longueur sur une maquette à l'échelle $\frac{1}{200}$?

Questions flash supplémentaires

53 CALCUL MENTAL C'est la période des soldes.
Christian a repéré trois chemises dans trois boutiques différentes.

Magasin A | Magasin B | Magasin C

• Quel magasin doit-il choisir pour payer sa chemise le moins cher ?

54 Une personne vivant à Lyon est payée au SMIC. Elle vit seule dans un appartement pour lequel elle dépense 420 € de loyer chaque mois en 2019.

• Quel pourcentage de son salaire est utilisé pour payer le loyer ? Arrondir à l'unité.

> Le SMIC (Salaire Minimum Interprofessionnel de Croissance) est le salaire minimum légal que tout salarié doit percevoir. En janvier 2019, il s'élevait à 1 204 € par mois.

55 Roger Federer, tennisman suisse, a remporté de nombreux tournois. Voici ses résultats pour l'année 2019.

Surface	Matchs joués	Victoires	Défaites
Terre battue	11	9	2
Dur	20	18	2
Gazon	12	11	1

1. Calculer le pourcentage de victoires de Roger Federer sur terre battue, sur dur et sur gazon. Arrondir tous les résultats à l'unité.

2. Quel est son pourcentage de victoires sur l'ensemble de ses matchs joués ?

56 En 2014, pour la première fois dans l'histoire, une femme (Anne Hidalgo) a été élue maire de la ville de Paris. Lors de cette élection, 1 018 280 électeurs étaient inscrits sur les listes électorales. Au second tour, il y a eu 423 823 abstentions.

1. Calculer le nombre de votants.

2. Calculer le pourcentage d'abstention arrondi au dixième.

3. La nouvelle maire a eu 50,7 % des voix. Calculer le nombre de personnes qui ont voté pour elle au second tour.

4. En Belgique, le vote est obligatoire depuis 1893. Si un électeur ne se rend pas aux urnes, il risque une amende pouvant aller jusqu'à 80 €. Généralement, 9 électeurs sur 11 votent aux élections en Belgique. Quel est le pourcentage d'abstention dans ce pays ?

57 Une entreprise spécialisée dans la vente de logiciels décide d'augmenter les salaires mensuels de tous ses informaticiens de 5 % chaque mois, et ce pour les deux prochains mois.
Au 1er janvier 2019, le salaire de Philippe est de 2 400 €.

1. Quelle sera sa paye au 1er février 2019 ?

2. Quelle sera sa paye au 1er mars 2019 ?

3. Une journaliste en reportage dans l'entreprise conclut son intervention télévisée ainsi : « Le salaire des informaticiens aura donc augmenté de 10 % en 2 mois ! »
Que penser de son affirmation ?

58 La tour Eiffel mesure 324 m de haut. Un vendeur propose un modèle réduit de hauteur 18 cm.

- Quelle est l'échelle de ce modèle réduit ?

59 Une Ferrari F50 a pour hauteur 1,092 m. On fabrique une maquette de cette voiture de hauteur 9,1 cm.

1. Quelle est l'échelle de cette maquette ?
2. Quelle est la longueur réelle en mètres de la Ferrari si la longueur sur maquette est 37,3 cm ?

MODE EXPERT

60 Un boxeur de 80 kg se pèse après un match et lit 76,8 kg. De quel pourcentage sa masse a-t-elle diminué ?

61 À quel pourcentage de réduction correspondent deux baisses successives de 10 % ?

Partager une quantité selon un ratio

→ Savoir-faire p. 151

QUESTIONS FLASH

62 Dans quel ratio sont les chats et les chiens ici ?

63 En 5e A, on compte 30 élèves dont 16 filles. Dans quel ratio sont les garçons et les filles de cette classe ?

64 Dans une classe de 30 élèves, on peut compter 20 bruns, 6 blonds et des roux. Dans quel ratio sont les élèves bruns, les élèves blonds et les élèves roux ?

65 Une vinaigrette se compose de vinaigre et d'huile selon le ratio 1 : 3. Quelle quantité d'huile dois-je prévoir si j'ai déjà versé 2 cL de vinaigre ? Quelle sera alors la quantité de vinaigrette ?

Questions flash supplémentaires

66 CALCUL MENTAL Charlie décide de distribuer ses billes à Chloé et Maël selon le ratio 6 : 2.

1. Si Charlie donne 3 billes à Chloé, combien doit-il en donner à Maël ?
2. Si Charlie donne 8 billes à Maël, combien doit-il en donner à Chloé ?
3. Charlie a 40 billes. Combien de billes doit-il donner à Chloé et Maël ?

67 Séverine et Arnaud investissent de l'argent dans une entreprise. Au bout d'un an, l'entreprise a réalisé un bénéfice de 40 000 €. La redistribution des bénéfices entre Séverine et Arnaud doit s'effectuer selon le ratio 7 : 3.

1. Quelle somme d'argent chacun recevra-il ?
2. L'année suivante, Marc rejoint les investisseurs. Les bénéfices s'élèvent à 18 000 €. Quelle somme recevra chaque investisseur si la distribution se fait selon le ratio 7 : 3 : 2 ?

68 Béatrice vient de préparer un *carrot cake*. Elle souhaite maintenant ajouter un glaçage sur le gâteau. Pour cela, il lui faut du beurre, du sucre glace et du fromage à tartiner selon le ratio 7 : 18 : 20.

- Quelles masses de beurre, de sucre glace et de fromage doit-elle prendre pour obtenir 450 g de glaçage ?

69 En France, il y a environ 105 garçons pour 100 filles. On dit que le sexe ratio est de 105 : 100.
En 2018, 758 090 bébés sont nés.

- Calculer le nombre de bébés garçons et le nombre de bébés filles nés en 2018.

70 Noémie fête son anniversaire. Pour l'occasion, sa mère décide de préparer une grande quantité de cocktail. Voici le dosage conseillé par une amie.

> Pour un cocktail vitaminé,
> mélanger du jus d'orange, du jus
> d'ananas et du jus de mangue
> selon le ratio **4 : 2 : 1.**

Elle ouvre ses placards, trouve 6 L de jus d'orange et choisit de tout utiliser.

- De quel volume de jus d'ananas et de jus de mangue doit-elle disposer pour obtenir son cocktail ?

71 Dire qu'un écran est au format $a : b$ signifie que la longueur et la largeur de l'écran sont dans le ratio $a : b$.

	Ratio	Longueur	Largeur
Téléviseur	4 : 3		21 cm
Écran de projection cinéma	16 : 9	600 cm	

- Retrouver les dimensions manquantes de ces deux écrans.

MODE EXPERT

72 a est un nombre positif. Partager $500a$ selon le ratio 2 : 5 : 1.

Faire le point

Version interactive du QCM

Vérifie tes connaissances.

QCM

Donner la ou les bonnes réponses parmi les trois proposées.

1 Reconnaitre une situation de proportionnalité

	Réponse A	Réponse B	Réponse C
1. Un site internet propose des films à la location à 4,99 € le film. Le prix à payer est-il proportionnel au nombre de films loués ?	Oui	Non	On ne peut pas savoir
2. Si 3 stylos coutent 8,40 € et 5 stylos 14 €, le prix des stylos est-il proportionnel au nombre de stylos achetés ?	Oui	Non	On ne peut pas savoir

2 Calculer une quatrième proportionnelle

1. Quel est le coefficient de proportionnalité ?

Nombre de morceaux de musique	30	60
Capacité de stockage (en Go)	90	180

	Réponse A	Réponse B	Réponse C
1.	3	6	2
2. Un restaurant propose un menu unique. Une famille de 3 personnes vient de payer 36 €. Combien va payer un groupe de 12 personnes ?	Plus de 100 €	168 €	144 €

3 Utiliser un pourcentage ou une échelle

	Réponse A	Réponse B	Réponse C
1. Dans l'orchestre de Sylvain, on compte 15 percussions, 25 cuivres et 20 cordes. Le pourcentage de cuivres dans cet orchestre est d'environ :	60 %	25 %	42 %
2. Si 1 cm sur une carte représente 200 m en réalité, alors 3,5 cm sur la carte représentent en réalité :	350 m	0,7 km	700 m

4 Partager une quantité selon un ratio

	Réponse A	Réponse B	Réponse C
1. Dans un groupe de 40 enfants, le ratio *filles : garçons* est 3 : 2. Quel est le nombre de garçons du groupe ?	16	24	26
2. Une heure de cours de mathématiques se répartit selon le ratio 4 : 3 : 5 pour les activités, la leçon et les exercices. La leçon dure :	15 min	20 min	moins longtemps que les exercices

→ Corrigé p. 310

Carte mentale

Ressource téléchargeable

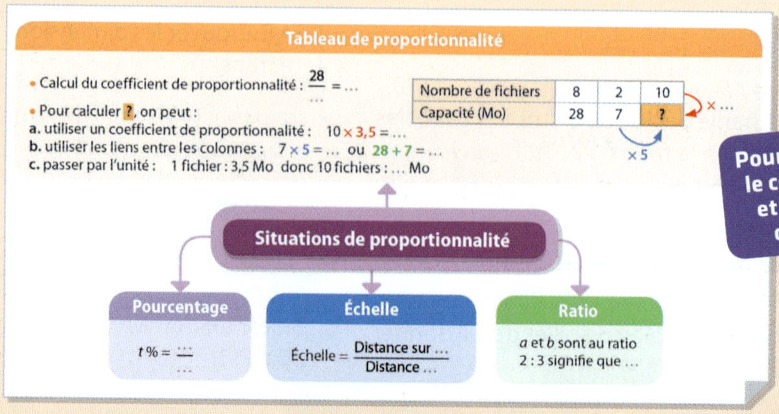

Pour t'aider à retenir le cours, télécharge et complète cette carte mentale.

Algorithmique et outils numériques

73 Facture et tableur

Max est artisan. Quand il facture une prestation, il perçoit le « prix hors taxes » et doit aussi facturer à son client la TVA (taxe sur la valeur ajoutée), qui représente un certain pourcentage du prix hors taxes. En ajoutant les deux, il obtient le prix TTC (toutes taxes comprises) :

prix TTC = prix hors taxes + TVA

Il a réalisé la feuille de calcul suivante, avec un pourcentage de TVA de 20 %.

	A	B
1	Prix hors taxe en euros	
2	Pourcentage de la TVA	20%
3	Montant de la TVA en euros	
4	Prix TTC en euros	

1. Reproduire cette feuille de calcul. Saisir les formules adéquates dans les cellules B3 et B4 pour faire afficher le montant de la TVA et le prix TTC lorsqu'un prix hors taxes est saisi en B1.

Une formule commence toujours par « = ».

2. Utiliser cette feuille de calcul pour obtenir le prix TTC d'une pose de robinet à 120 € HT et d'une réparation à 341 € HT.

3. Reproduire la facture suivante dans une feuille de calcul.

	A	B	C	D	E
1	Entreprise Max tous travaux				
2	Facture				
3	**Libellé**	**Quantité**	**Prix unité HT**	**Total HT**	**TVA (20%)**
4	**Bouchage fissure**	**4**	**45**		
5	**Pose radiateur**	**3**	**100**		
6	**Installation mécanisme WC**	**1**	**72**		
7					
8	MONTANT TOTAL HT				
9	TVA GLOBALE				
10	MONTANT TTC EN EUROS				

a. Saisir des formules adéquates en D4 et E4 et les recopier vers le bas jusqu'à D6 et E6.
b. Saisir des formules adéquates en B8, B9 et B10 pour obtenir la facture que Max remettra au client.

74 En route pour les Pays-Bas

Antonia étudie une carte routière pour préparer son voyage aux Pays-Bas. La carte est à l'échelle $\frac{1}{4\,000\,000}$.
Elle mesure des distances sur la carte et souhaite connaitre les distances réelles correspondantes.

1. Réaliser un programme avec Scratch qui demande à l'utilisateur : « Quelle est la distance en cm sur la carte ? » et qui affiche ensuite : « La distance réelle en km est .... »

On pourra utiliser les commandes suivantes :

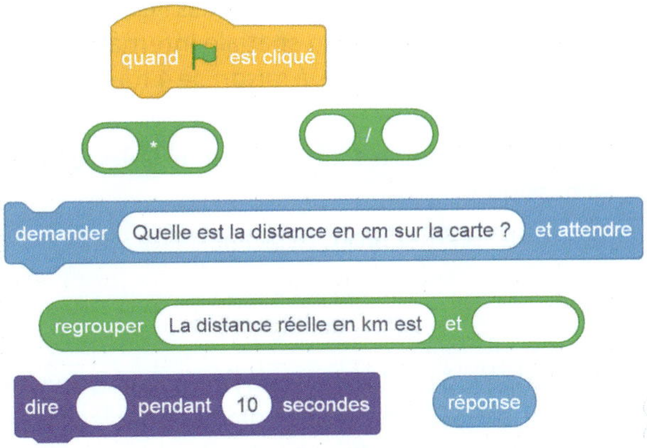

2. Tester le programme en entrant comme réponse en cm : 7,2. Le lutin doit alors annoncer : « La distance réelle est 288 km. » Si ce n'est pas le cas, revoir le script.

75 C'est béton !

Pour fabriquer du béton, il faut mélanger du ciment, du sable et du gravier selon le ratio 1 : 2 : 3.

1. Réaliser un programme avec Scratch qui demande à l'utilisateur : « Quel volume de béton veux-tu (en L) ? » et qui affiche ensuite : « Il te faut ... L de ciment » puis « ... L de sable » puis « ... L de gravier. »

2. Tester le programme en entrant comme réponse : « 600 ». Vérifier par des calculs que les réponses données par le lutin sont correctes.

76 Drapeau tricolore

Les dimensions du drapeau français sont dans le ratio 3 : 2. Les trois rectangles bleu, blanc et rouge sont superposables.

1. Ouvrir GeoGebra, enlever la grille et les axes.
2. Tracer un segment [AB] de longueur 9 .
3. Construire un rectangle ABCD tel que les longueurs AB et AD soient dans le ratio 3 : 2. Le rectangle doit conserver ses caractéristiques si on déplace un sommet.

On peut utiliser les outils ci-contre.

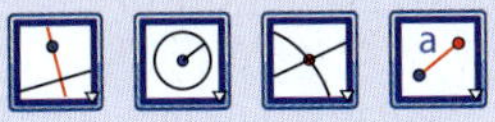

4. Construire à l'intérieur les trois rectangles bleu, blanc et rouge.
5. Dans quel ratio sont les dimensions du rectangle bleu ? Justifier.

Problèmes

ceinture jaune · ceinture verte · ceinture noire

77 Tours de Terre

Modéliser, Calculer

En 2017, l'astronaute français Thomas Pesquet a passé 196 jours dans la Station spatiale internationale en orbite autour de la Terre, à raison de 4 tours de Terre toutes les 6 heures.

- Combien de fois a-t-il fait le tour de la Terre lors de sa mission ?

Voir le point info p. 141.

78 Les poules

Modéliser, Raisonner

Nathan élève 6 poules dans son jardin. Il utilise en tout chaque jour 630 grammes de graines pour les nourrir. Nathan va acquérir deux poules de plus.

- De quelle masse de graines (en kilogrammes) aura-t-il besoin pour toutes les nourrir pendant un mois ?

79 Vive l'Algarve !

Chercher, Calculer

L'Algarve est une région très touristique du Portugal. Une de ses plages les plus connues, nommée Praia da Falésia, propose un parking avec les tarifs suivants.

TARIFS DU PARKING

Période du 1er juillet au 31 aout
- 0,70 € toutes les 15 min
- Tout quart d'heure entamé est dû.

Autre période
0,10 € l'heure

1. Joaquim et Cécile sont restés de 10 h à 17 h le 1er septembre. Combien ont-ils payé ?
2. Camille et Pedro sont restés 5 h 50 min le 4 juillet. Combien ont-ils payé ?
3. Le 11 juillet, Eva s'est garée à 9 h 35 et a quitté le parking à 16 h 20. Combien a-t-elle payé ?

80 Nouvelle voiture

Raisonner, Calculer

Valérie souhaite acheter une voiture qui consomme moins que celle qu'elle a actuellement. Elle a rassemblé dans le tableau suivant les informations qu'elle a relevées pour différents modèles.

Modèle A	4,1 L pour 100 km
Modèle B	0,049 L pour 1 km
Modèle C	16,95 km pour 1 L
Modèle D	4,9 L pour 100 km
Modèle E	17,24 km pour 1 L

- Trouver la voiture qui consommera le moins.

81 Dollar

Modéliser, Calculer

Francis part à New York pour une semaine. Il souhaite partir avec des dollars en poche pour ne pas payer de frais bancaires avec sa carte bleue.
Il en commande sur Internet pour 800 €, il reçoit 904 $ sans aucun frais supplémentaire.

1. Au moment de son achat, quel est le cours du dollar en euros (c'est-à-dire la valeur d'un dollar en euros) ?
2. Francis achète un tee-shirt souvenir de la ville à 20 $. Quel est le prix du tee-shirt en euros ?

82 Moins de chômeurs

Calculer

Tous les trimestres, Pôle Emploi indique le nombre de chômeurs en France. Au 31 mars 2019, il y avait 3,633 millions de chômeurs.
Au 1er juillet 2019, le nombre de chômeurs a diminué de 0,5 %.

- Combien y avait-il de chômeurs au 1er juillet 2019 ?

83 Soldes

Raisonner, Calculer, Communiquer

Hélène a reçu ce SMS :

Opération Automne dans votre magasin : une sélection d'articles démarqués –30 % et pour vous –10 % supplémentaires.

Elle décide de faire ses achats dans ce magasin. Voici son ticket de caisse :

Pull fantaisie	15,33 € (~~21,90 €~~)
Parka doublée	... € (~~65,10 €~~)
Sous total	... €
Remise supplémentaire (10 %)	... €
Total	... €

1. Recopier et compléter le ticket de caisse.
2. Hélène pensait avoir bénéficié au final d'une remise de 40 %.

a. Combien aurait-elle alors payé ?

b. Que peut-on en conclure ?

84 Tour Eiffel

Modéliser, Raisonner

Voici un croquis à l'échelle de la tour Eiffel :

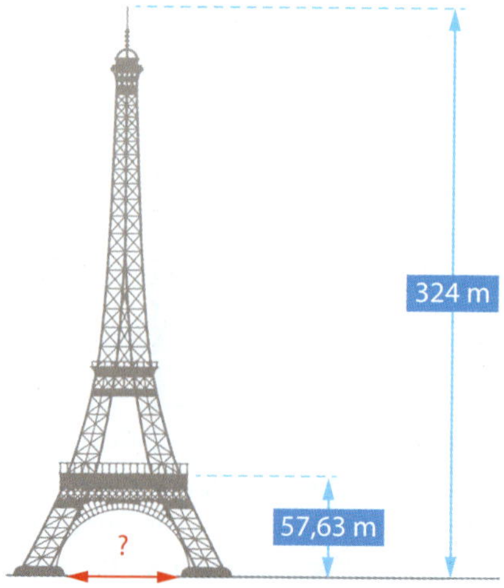

- Estimer la distance réelle entre deux piliers au sol.

85 Big big bears

Modéliser, Calculer

In Yellowstone National Park (USA), in 2018, the ratio of Grizzly bears to black bears was 24:19.

- Find out the number of each species, considering that the total of Grizzly and black bears was 1,290.

En anglais, on utilise la virgule comme séparateur des milliers et le point comme séparateur décimal.

86 Économisons l'eau

Modéliser, Calculer

La famille Portier fait installer une pomme de douche avec aérateur qui permet d'économiser 40 % d'eau. La famille consommait 145 m^3 d'eau par an pour la douche.

1. Quel volume d'eau va-t-elle économiser en un an ?
2. Le prix du mètre cube d'eau étant de 3,43 €, quelles économies aura fait la famille Portier sur l'année ?

87 Attention aux prix

Calculer, Communiquer

Une grande surface vend un pot de 370 g de confiture à 2,25 € et un pot de 1 kg à 5,39 €.

- Le pot le moins cher est-il le plus économique ?

88 Trop, c'est trop

Raisonner, Calculer

TROP est un rectangle dont le ratio *longueur : largeur* vaut 5 : 3. La largeur RO du rectangle vaut 2,7 cm.

- Calculer l'aire du rectangle TROP en cm^2.

89 Pollution en mer

Représenter, Calculer

En mer, un pétrolier heurte un récif qui perce un trou dans la coque, là où le pétrole est stocké. Quelques jours plus tard, le pétrole s'est répandu comme le montre la carte ci-dessous.

1. À quelle distance de la côte se trouve le pétrolier ?

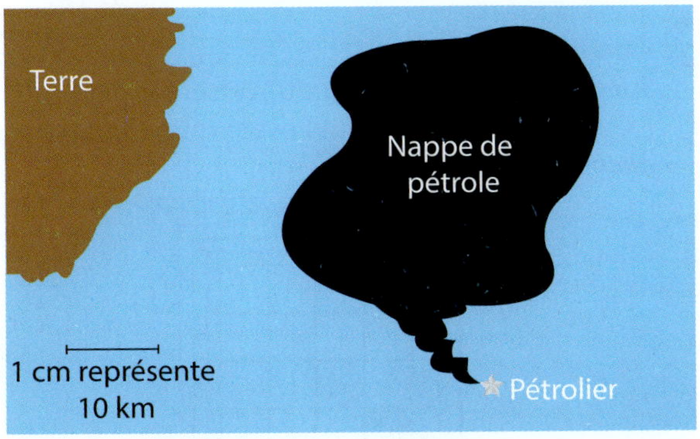

2. Quelle est la surface approximative de la nappe de pétrole en km^2 ?

D'après PISA.

90 Un bouquet ?

Raisonner, Calculer

Sur Internet, un bouquet de 20 roses rouges coute 12,40 €. Le prix d'un bouquet est proportionnel au nombre de roses qu'il contient et les frais de livraison sont de 4,50 €.

- La famille Latour s'est fait livrer un bouquet et a payé 20 €. Combien de roses rouges contenait ce bouquet ?

91 Des billes

Modéliser, Raisonner, Calculer

Malik a 25 billes : 15 vertes et 10 rouges. Lina a 30 billes, également toutes vertes ou rouges. Le ratio des billes vertes aux billes rouges est le même pour Malik et Lina.

- Combien Lina a-t-elle de billes vertes de plus que Malik ?

92 Tout doit disparaitre !

Représenter, Calculer

Un magasin qui va bientôt fermer doit liquider son stock. Il décide de vendre tous ses articles avec 70 % de réduction.

1. Écrire, en une expression, un calcul qui permet de trouver le prix soldé d'un article qui coutait 40 €.
2. Compléter la dernière ligne de ce script qui affiche le prix soldé d'un article dont le prix initial est entré par l'utilisateur.

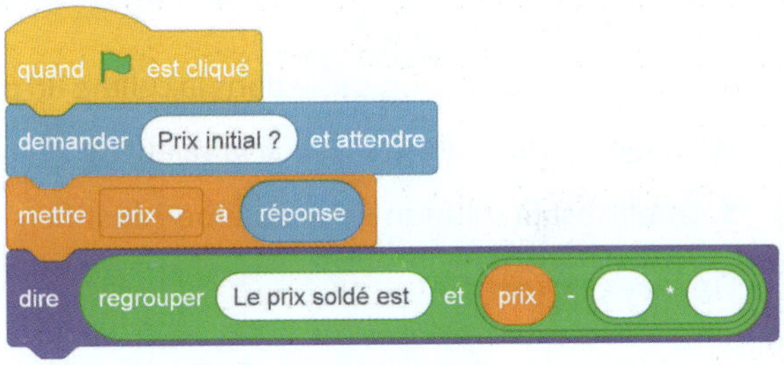

3. Réécrire la dernière ligne du script en utilisant seulement une multiplication.

93 Agroglyphes

Représenter, Raisonner

Les *crop circles*, ou agroglyphes, sont des motifs souvent géométriques tracés dans des champs de céréales, que certains attribuent aux extra-terrestres.

En juin 2017, un agroglyphe géant composé de nombreux cercles est apparu en une nuit dans un champ du département du Cher. Le plus grand de ces cercles avait une longueur de 1,571 km.

- Représenter ce cercle à l'échelle $\frac{1}{6\,250}$.

Problèmes

94 Miam !

Raisonner, Calculer

Un pâtissier vend deux tartes aux fruits : la première de 20 cm de diamètre coute 20 €, la seconde de 30 cm de diamètre coute 30 €.

• Quelle tarte est la plus économique ?

95 Les nombres mystères

Représenter, Calculer

Deux nombres entiers a et b sont dans le ratio 3 : 2.
Si on ajoute 2 à chacun de ces nombres, ils sont alors dans le ratio 7 : 5.
Pour trouver ces deux nombres a et b, on utilise un tableur :

	A	B	C	D	E	F	G	H	I	J	K	L	M
1	a	3	4	5	6	7	8	9	10	11	12	13	14
2	b	2	2,667	3,333	4	4,667	5,333	6	6,667	7,333	8	8,667	9,333
3	a/b	1,5	1,5	1,5	1,5	1,5	1,5	1,5	1,5	1,5	1,5	1,5	1,5
4	a+2	5	6	7	8	9	10	11	12	13	14	15	16
5	b+2	4	4,667	5,333	6	6,667	7,333	8	8,667	9,333	10	10,67	11,33
6	(a+2)/(b+2)	1,25	1,286	1,313	1,333	1,35	1,364	1,375	1,385	1,393	1,4	1,406	1,412

1. Quelle formule a-t-on saisie dans la cellule B2 puis recopiée vers la droite, pour obtenir des nombres a et b qui soient dans le ratio 3 : 2 ?

2. Quelle formule a-t-on saisie dans la cellule B3 puis recopiée vers la droite, pour avoir la valeur de $\frac{a}{b}$? Que remarque-t-on ?

3. Quelles formules a-t-on saisies dans les cellules B4 et B5 puis recopiées vers la droite, pour obtenir les valeurs de $a + 2$ et $b + 2$?

4. Quelle formule a-t-on saisie dans la cellule B6 puis recopiée vers la droite, pour avoir la valeur de $\frac{a+2}{b+2}$?

5. Quelle est la solution du problème ? Justifier.

96 Déforestation

Prise d'initiative

Chercher, Raisonner, Calculer

Les chiffres dévoilés en 2018 à la COP 24 (conférence internationale sur le climat) en Pologne montrent que l'équivalent en surface de 147 terrains de basketball de forêts sont détruits toutes les 15 secondes dans le monde.

• À ce rythme, en combien de temps la forêt d'Orléans serait-elle détruite ?

Doc. 1

Dimensions d'un terrain de basketball : 28 m par 15 m

Doc. 2 La forêt domaniale d'Orléans

La forêt d'Orléans, plus grande forêt domaniale de France, s'étend sur presque 35 000 hectares. Elle suit un arc de cercle de près de 50 km entre Orléans et Dampierre-en-Burly, au nord de la vallée de la Loire.

Source : Office national des forêts.

Doc. 3

1 hectare = 10 000 mètres carrés

Depuis 1987, la France gagne de la superficie forestière chaque année.

97 Mangez des pommes !

Représenter, Calculer

On achète au marché un sachet de 160 grammes de pommes déshydratées. La pomme déshydratée ne contient que 25 % d'eau alors que la pomme fraiche en contient 85 %.

• Calculer la masse de pommes fraiches nécessaires pour réaliser le contenu de ce sachet.

DÉFIS & ÉNIGMES

98 Tonte rapide

Aline tond un terrain de football en 60 minutes. Lilou peut faire le même travail en 20 minutes seulement ! Elles décident de travailler ensemble.

• Combien de temps leur faudra-t-il au minimum pour tondre les 5 terrains de leur club de football ?

D'après Mathématiques sans Frontières.

99 Polyglottes

Dans le collège de Millie, 80 % des élèves parlent l'allemand, 65 % parlent l'espagnol. Tous parlent au moins l'une des deux langues.

• Quel pourcentage des élèves est bilingue ?

100 Cube percé

Sur chaque face, les 3 trous traversent le gros cube.

• Dans ce gros cube, quel est le ratio *petits cubes pleins : petits cubes vides* ?

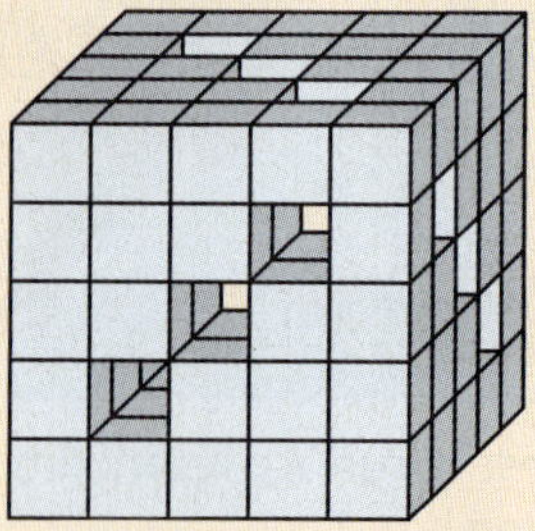

101 Au théâtre

Chercher, Modéliser, Calculer

Voici les tarifs que l'on peut trouver pour un théâtre selon la place choisie.

Doc. 1 Saison 2019/2020

Position dans la salle	Prestige	Balcon face	Balcon côté	Parterre
Plein tarif (en euro)	109,00	81,00	51,00	41,00

Doc. 2 Tarifs préférentiels

−10 %	−30 %
aux abonnés du Théâtre	– aux seniors de 65 ans ou plus – aux jeunes de moins de 18 ans

Les réductions ne sont pas cumulables.

1. Quel sera le prix payé par la famille Caudron, qui n'est pas abonnée et qui est composée de la grand-mère (69 ans), de la mère (43 ans), du père (40 ans) et des deux enfants (11 et 14 ans) pour un spectacle au « Parterre » ?

2. Un professeur de Français emmène sa classe de 5e de 27 élèves voir *Le Malade imaginaire*. Tout le groupe sera positionné au « Balcon côté ». Quel sera le prix de la séance, sachant que le professeur et les deux accompagnateurs sont abonnés au théâtre et que les élèves sont tous mineurs ?

102 Une longue journée

Prise d'initiative

Chercher, Raisonner, Calculer, Communiquer

Un commercial habitant Reims doit faire l'aller-retour à Dijon dans la journée pour son travail. Il utilise son véhicule et emprunte l'autoroute.

- Réaliser sa fiche de frais récapitulant ses dépenses (incluant : essence, péages et restaurant).

Doc. 1 Carte du trajet

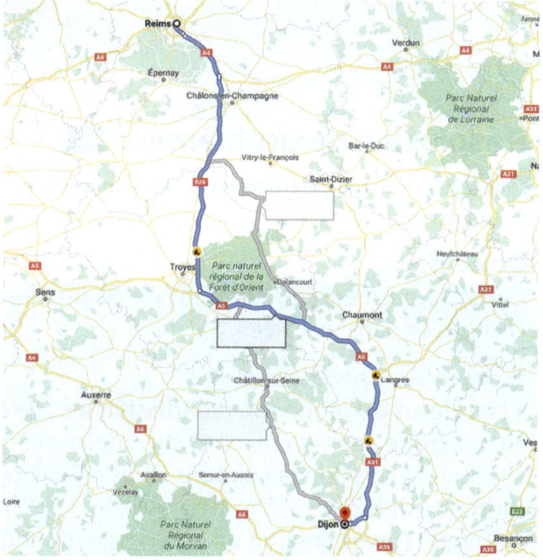

Reims – Dijon : 300 km

Doc. 2 Informations concernant le véhicule

Voiture de classe 1, consommant 6,9 L de gazole aux 100 km.

Doc. 3 Tarifs des péages autoroutiers

Entrée	Sortie	Classe 1	Classe 2	Classe 3	Classe 4	Classe 5
Reims	Dijon	30,80 €	47,10 €	75,60 €	102,90 €	18,00 €
Dijon	Reims	30,80 €	47,10 €	75,60 €	102,90 €	18,00 €

Doc. 4 Prix de l'essence au litre

SP98 : 1,649
SP95 : 1,619
Gazole : 1,449

Doc. 5 Restaurant « La poêlée »

Menu du midi : 15 € tout compris

MISSION DÉMONSTRATION

Démo de cours

On veut démontrer la propriété suivante.

a et b désignent des nombres positifs. Si a et b sont dans le ratio 2 : 3, alors :

- le tableau ci-contre est un tableau de proportionnalité
- a est égal à $\frac{2}{5}$ du nombre $a + b$

a	b
2	3

103

1. Si a et b sont dans le ratio 2 : 3, quelle égalité peut-on écrire d'après la définition ?

2. Expliquer pourquoi cela signifie alors que le tableau ci-contre est un tableau de proportionnalité.

a	b
2	3

3. Compléter le tableau de proportionnalité suivant.

a	b	$a+b$
2	3	…

4. En déduire le nombre par lequel il faut multiplier pour passer de la 3e à la 1re colonne.

a	b	$a+b$
2	3	…

$\times$?

5. Compléter alors l'égalité : $a = \ldots \times (a+b)$.

6. Que peut-on en conclure ?

Cours

2 Représenter graphiquement des données

Définition

Un **diagramme en bâtons** est un diagramme dans lequel les hauteurs des bâtons sont proportionnelles aux effectifs des catégories.

Exemple

Le professeur de mathématiques a relevé les notes de ses élèves au dernier contrôle :

Note	7	8	9	10	11	12	13	14	15	16
Effectif	2	3	1	4	5	3	3	6	2	1

Chaque note est représentée par un bâton ; la hauteur du bâton correspond à l'effectif de la note.

On lit l'effectif sur l'axe vertical.

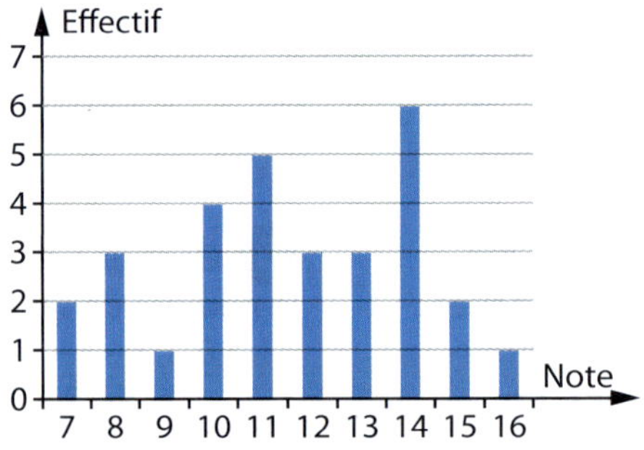

On place la donnée étudiée sur l'axe horizontal.

Définition

Un **diagramme circulaire** est un diagramme dans lequel les mesures des angles des secteurs sont proportionnelles aux effectifs des catégories.

Exemple

Voici la répartition des 100 élèves de 5e d'un collège selon leur seconde langue vivante :

Langue	Allemand	Espagnol	Italien	Anglais	**Total**
Effectif	15	50	10	25	100
Angle	54°	180°	36°	90°	360°

× 3,6

L'effectif total est 100 ; il correspond à 360° sur le diagramme circulaire.

Il suffit donc de multiplier chaque effectif par 3,6 pour obtenir la mesure de l'angle correspondant.

On reporte les résultats obtenus dans le tableau, puis on construit le diagramme.

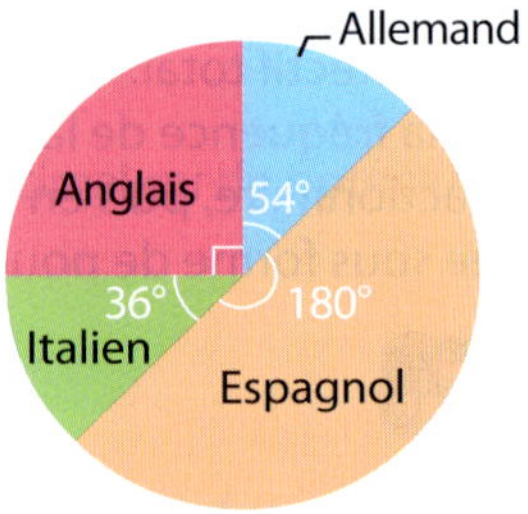

Remarque

On peut également construire un diagramme semi-circulaire. La somme des mesures des angles est alors égale à 180°.

Savoir-faire

Apprends à l'aide des exercices résolus puis entraine-toi !

2 Représenter graphiquement des données

6 Une enquête a été réalisée auprès des élèves d'une classe de 5e pour connaitre le nombre d'animaux familiers que chacun possédait. Les résultats de l'enquête sont présentés dans le tableau ci-dessous.

Nombre d'animaux	0	1	2	3
Nombre d'élèves	10	8	6	2

- Construire un diagramme en bâtons représentant les résultats de cette enquête.

Solution

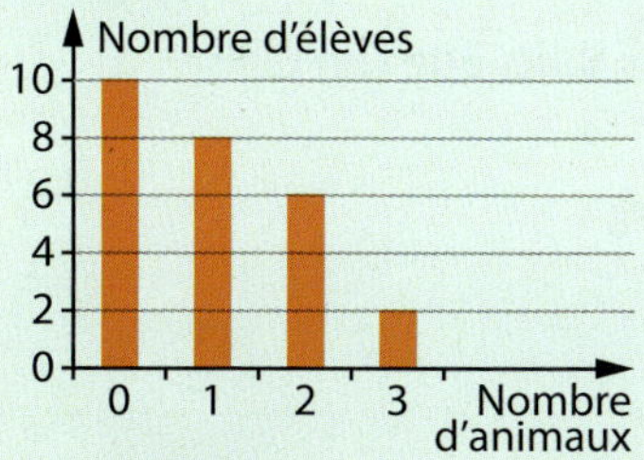

Le nombre d'animaux familiers est la donnée que l'on étudie : on le place sur l'axe horizontal.

Le nombre d'élèves est l'effectif : on le place sur l'axe vertical.

On choisit des graduations régulières sur chaque axe de façon à ce que toutes les données puissent apparaitre et on écrit une légende pour chaque axe.

À toi de jouer

7 On donne, ci-contre, les âges des membres d'un club de judo.

- Construire un diagramme en bâtons représentant cette répartition.

Âge (en années)	6	7	8	9	10	11
Effectif	5	9	7	4	8	5

→ Corrigé p. 310

8 On a réalisé un sondage auprès d'un groupe d'adultes pour savoir combien de fois ils vont au cinéma chaque mois. Voici leurs réponses, en pourcentage :

jamais : 50 % – une fois : 15 % – deux fois : 20 % – trois fois : 10 % – plus de trois fois : 5 %

- Construire un diagramme circulaire représentant les résultats de ce sondage.

Solution

On commence par regrouper les données de l'exercice dans un tableau.

On calcule ensuite la mesure de l'angle correspondant à chaque pourcentage, sachant que ces deux grandeurs sont proportionnelles et que l'angle qui correspond à 100 % mesure 360°.

Nombre de fois	0	1	2	3	plus de 3	**Total**
Fréquence	50 %	15 %	20 %	10 %	5 %	100 %
Angle	180°	54°	72°	36°	18°	360°

× 3,6

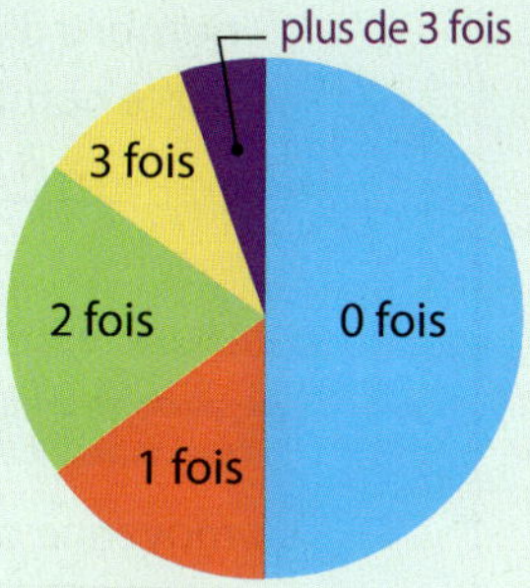

À toi de jouer

9 Construire un diagramme circulaire représentant la répartition des moyens de transport utilisés par les employés d'une entreprise pour se rendre au travail.

Transport					
Fréquence	30 %	5 %	5 %	45 %	15 %

→ Corrigé p. 310

Cours

3 Calculer une moyenne

Définition

La **moyenne** d'une série de données numériques est égale au quotient de la somme de ces données par l'effectif total.

$$\text{moyenne} = \frac{\text{somme des données}}{\text{effectif total}}$$

▸ Exemple

Un athlète a effectué cinq sauts en longueur et a obtenu les résultats suivants (en mètres) :

7,65 7,72 7,99 7,85 7,88

Pour calculer sa moyenne, on calcule la somme des longueurs de ses sauts que l'on divise par le nombre de sauts :

$$\frac{7{,}65 + 7{,}72 + 7{,}99 + 7{,}85 + 7{,}88}{5} = \frac{39{,}09}{5} = 7{,}818$$

La longueur moyenne de ses sauts est donc 7,818 m.

Définition

La **moyenne pondérée** d'une série de données numériques est égale à la somme des produits de chaque donnée par son effectif, divisée par l'effectif total.

$$\text{moyenne pondérée} = \frac{\text{somme des produits des données par leurs effectifs}}{\text{effectif total}}$$

Le mot « pondéré » vient de « poids » : les données considérées n'ont pas toutes le même poids (ou coefficient).

▸ Exemple

Un sondage a été réalisé auprès de 10 000 collégiens pour connaitre le nombre d'enfants présents dans leur foyer. Voici leurs réponses :

Nombre d'enfants	1	2	3	4	5	6
Nombre de familles	4 525	3 551	1 364	413	102	45

Pour calculer la moyenne du nombre d'enfants par famille, on effectue les produits du nombre d'enfants par le nombre de familles, on les additionne, puis on divise le résultat par le nombre total de familles.

$$\frac{1 \times 4\,525 + 2 \times 3\,551 + 3 \times 1364 + 4 \times 413 + 5 \times 102 + 6 \times 45}{4\,525 + 3\,551 + 1364 + 413 + 102 + 45} = \frac{18\,151}{10\,000} = 1{,}8151$$

Le nombre moyen d'enfants par famille est d'environ 1,8.

Remarque

La moyenne d'une série de données n'est pas nécessairement égale à l'une des valeurs.

Propriété

La moyenne d'une série de données est toujours comprise entre la plus petite et la plus grande valeur de la série.

▸ Exemple

Dans l'exemple précédent : $1 < 1{,}8151 < 6$

(1 : valeur minimale ; 1,8151 : moyenne ; 6 : valeur maximale)

3 Calculer une moyenne

10 On a relevé à Bordeaux les températures des huit premiers jours d'un mois de juillet.

Jour	1	2	3	4	5	6	7	8
T (en °C)	24	25	28	26	27	23	23	24

• Calculer la moyenne de ces températures.

Solution

$$\frac{24+25+28+26+27+23+23+24}{8}=\frac{200}{8}=25$$

On calcule la somme de ces températures que l'on divise par le nombre de jours.

La température moyenne durant ces 8 premiers jours du mois de juillet est de 25 °C.

À toi de jouer

11 Marie a relevé le temps passé (en minutes) chaque jour de la semaine pour faire ses devoirs :

35 – 40 – 90 – 35 – 45 – 60 – 80

• Calculer la durée moyenne par jour du temps passé par Marie à faire ses devoirs.

→ Corrigé p. 310

12 Dans une entreprise qui emploie 17 personnes, 6 salariés gagnent 1 450 €, 9 salariés gagnent 1 350 € et 2 salariés gagnent 2 010 €.

• Calculer le salaire moyen des salariés de cette entreprise.

Solution

$$\frac{1\,450\times6+1\,350\times9+2\,010\times2}{17}=\frac{24\,870}{17}\approx1\,463$$

On calcule le produit de chaque salaire par son effectif, on les additionne puis on divise par le nombre total d'employés.

Le salaire moyen des employés de cette entreprise est d'environ 1 463 €.

On obtient ici une valeur approchée du salaire moyen.

À toi de jouer

13 Un stand sur le marché propose des serviettes de plage : 4 modèles à 15 €, 6 modèles à 22,50 € et 5 modèles à 35 €. Calculer le prix moyen d'une serviette de plage vendue sur ce stand.

→ Corrigé p. 310

14 Lily pratique régulièrement la course à pied. Elle a relevé pendant 2 mois ses temps sur un 10 km :

Temps (en min)	52	53	54	55	57
Effectif	3	7	6	5	3

• Calculer son temps moyen durant ces deux mois.

Solution

L'effectif total est : 3 + 7 + 6 + 5 + 3 = 24.

$$\frac{52\times3+53\times7+54\times6+55\times5+57\times3}{24}\approx54$$

Son temps moyen est d'environ 54 min.

À toi de jouer

15 Un entraineur d'athlétisme relève les distances de lancers de javelots de ses athlètes sur un entrainement.

Distance (en m)	36	37	38	39	40
Effectif	4	5	8	6	2

• Calculer la distance moyenne de ces lancers de javelots.

→ Corrigé p. 310

Exercices

Ressources téléchargeables

Calculer des effectifs et des fréquences

→ Savoir-faire p. 167

QUESTIONS FLASH

16 À la question : « Quel est ton sport de ballon préféré ? », voilà les réponses données :

football – handball – football – rugby – rugby – football – football – rugby – basket – basket

1. Quel est l'effectif total de cette série statistique ?
2. Quel est l'effectif de la donnée « rugby » ?
3. Quelle est la fréquence de la donnée « football » ?

17 Un restaurateur mène une enquête auprès de ses clients. Il leur pose la question : « Quel est votre parfum de glace préféré ? » Voici les différentes réponses obtenues :

Parfum	Vanille	Chocolat	Fraise	Pistache
Effectif	33	26	17	24

1. Combien de personnes ont répondu « pistache » ?
2. Quel est le parfum préféré des personnes interrogées ?
3. Quel est l'effectif total ?
4. Quelle est la fréquence du parfum « fraise » ?

18 Dans une classe de 30 élèves de 5e, on a relevé les différentes langues vivantes 2 choisies par les élèves de la classe dans le tableau ci-dessous.

LV2	Espagnol	Italien	Allemand
Effectif	15		6

1. Quelles sont les différentes langues enseignées en LV2 dans cette classe ?
2. Combien d'élèves y a-t-il au total ?
3. Combien d'élèves font de l'italien ?
4. Quelle est la fréquence de la donnée « Espagnol » exprimée sous forme de fraction puis en pourcentage ?

19 Voici la répartition des différentes essences d'arbres dans une forêt.

Arbre	Châtaignier	Chêne	Charme	Autres
Fréquence	0,45	0,35		0,08

1. Parmi les trois expressions ci-dessous, laquelle permet de calculer la fréquence des « charmes » ?
a. (0,45 + 0,35 + 0,08) ÷ 3
b. 1 – 0,45 + 0,35 + 0,08
c. 1 – (0,45 + 0,35 + 0,08)
2. Combien vaut la fréquence des « charmes » ?

Questions flash supplémentaires

20 On a relevé les mois de naissance des élèves d'une classe de 5e :

janvier – novembre – mai – avril – novembre – octobre – décembre – juillet – mai – octobre – décembre – mai – janvier – avril – mai – mai – aout – juillet – février – avril – mai – novembre – novembre – juin – mai

1. Reproduire et compléter le tableau suivant.

Mois de naissance	Janvier	Février	Mars	...
Effectif				
Fréquence (valeur exacte sous forme de fraction)				
Fréquence (valeur approchée en écriture décimale)				

2. Quel est le mois de naissance le plus représenté ?
3. Quels sont les mois de naissance les moins représentés ?

21 Dans la classe de Yanis et Naomi, il y a 24 élèves, dont 9 filles.

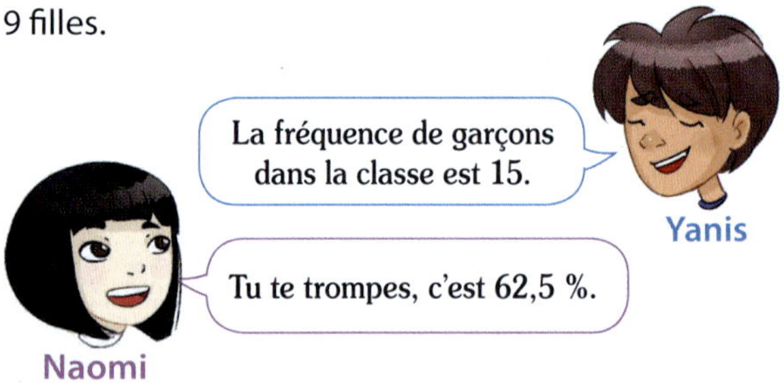

• Qui a raison ? Justifier.

22 Voici les médailles remportées par la France aux Jeux olympiques de Rio en 2016 :

Médaille	Or	Argent	Bronze	Total
Effectif	10		14	42

1. Combien de médailles d'argent la France a-t-elle remportées ?
2. Quelle est la fréquence des médailles d'or en pourcentage arrondi au dixième ?

23 Calculer la fréquence d'apparition de la lettre « e » dans la célèbre phrase du tableau de Magritte ci-dessous.

24 CALCUL MENTAL On a relevé les modes de transports utilisés par les 25 élèves d'une classe pour venir au collège. Compléter le tableau ci-dessous.

Transport	Effectif	Fréquence
À pied	5	
Vélo	7	
Voiture		20 %
Bus		
Total		

MODE EXPERT

25 On a relevé la taille de 25 lentilles germées au bout de 10 jours.

1. Recopier et compléter le tableau suivant.

Taille en cm	0	5	7	9	12	Total
Effectif	1		8		3	
Fréquence sous forme décimale				0,4		

2. Combien de plantules mesurent 7 cm ou plus ?

3. On veut répondre à la question : « Combien de plantules mesurent au plus 5 cm ? »

a. Reformuler la question en utilisant le mot « moins ».

b. Répondre à cette question.

4. Calculer le pourcentage de plantules dont la taille est au moins égale à 9 cm.

Représenter graphiquement des données

→ Savoir-faire p. 169

QUESTIONS FLASH

26 Donner quatre informations tirées du diagramme ci-dessous.

Nombre de centimètres de neige accumulés durant l'hiver 2000 à Maniwaki (Canada)

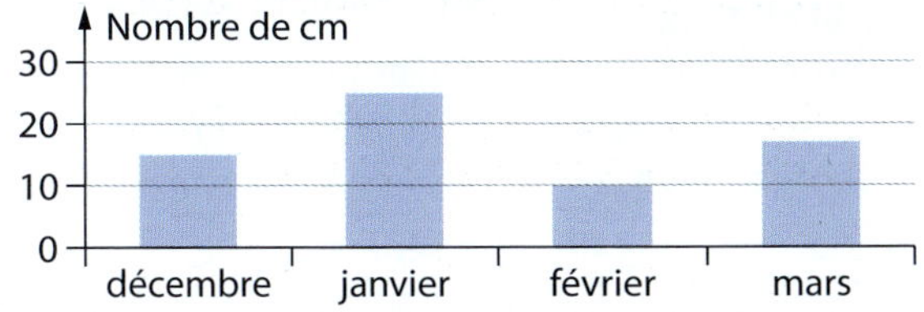

27

L'emploi au Canada

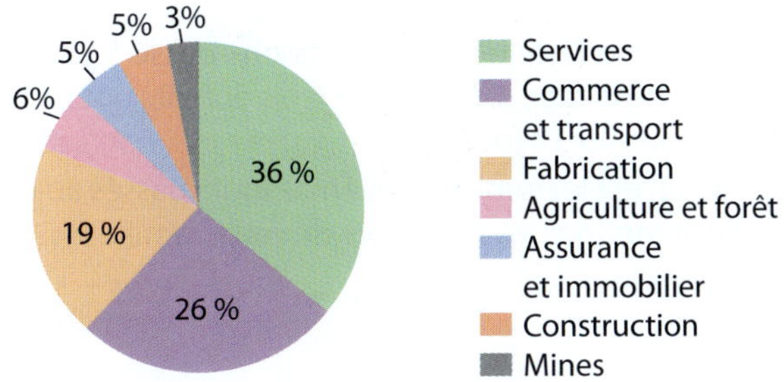

Compléter les phrases suivantes.

a. ... % des Canadiens ayant un emploi travaillent dans les mines.

b. Il y a autant de Canadiens qui travaillent dans le secteur de ... que dans celui de ... .

c. Le nombre de Canadiens travaillant dans ... est le double de celui travaillant dans ... .

d. Environ un quart des Canadiens ayant un emploi travaillent dans le secteur ... .

28 On construit un diagramme en bâtons avec une échelle de 2 cm pour un effectif égal à 10. À quelle hauteur de bâtons correspondent les effectifs suivants ?

a. 5 **b.** 20 **c.** 15

29 Dans une école de musique, les élèves sont répartis de la façon suivante.

Instrument	Violon	Piano	Guitare	Batterie
Effectif	2	12	10	4

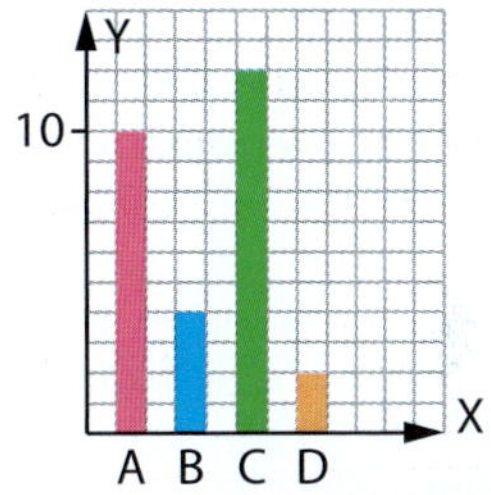

• Quelles informations doit-on écrire sur les étiquettes A, B, C, D, X et Y ?

30 On construit un diagramme semi-circulaire. À quels angles correspondent les pourcentages suivants ?

a. 50 % **b.** 10 % **c.** 40 %

Questions flash supplémentaires

31 Reproduire et compléter le diagramme en bâtons correspondant aux ingrédients de ce crumble.

Ingrédients (pour 8 personnes) :
- *200 g de farine*
- *125 g de beurre*
- *150 g de sucre*
- *500 g de fruits rouges mélangés (groseilles, framboises, cerises, cassis...)*

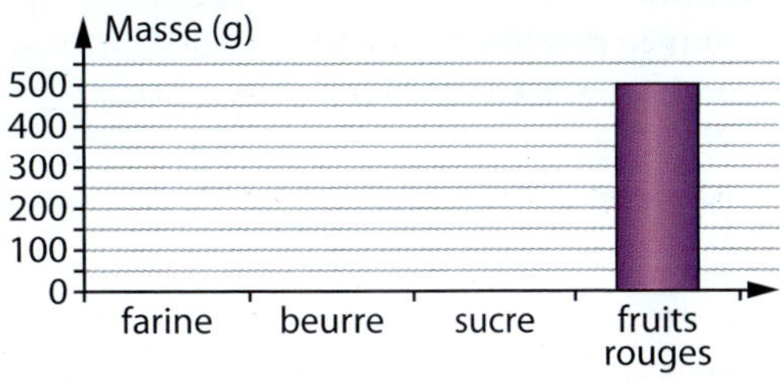

32 Jules et Aymeric lancent un dé à tour de rôle et notent les faces qui apparaissent dans un tableau.

Chiffre	1	2	3	4	5	6
Nombre d'apparitions	卌	III	卌II	IIII	卌I	I

• Construire un diagramme en bâtons représentant le nombre d'apparitions de chaque chiffre lors de ces lancers de dé.

Exercices

33 Le streaming est la première source d'écoute musicale. Une enquête en 2019 a donné la répartition suivante (source : IFPI 2019).
15 % : streaming audio financé par la publicité
37 % : streaming audio payant
48 % : streaming vidéo

1. Reproduire et compléter le tableau suivant.

Type de streaming	Streaming vidéo	Streaming audio payant	Streaming audio financé par la pub	Total
Pourcentage				
Angle (en °)				

2. Construire un diagramme circulaire représentant cette enquête.

34 Voici la répartition des pertes et du gaspillage des productions agricoles en France en 2016 en kg et par an dans différents secteurs.

Production	48
Transformation	32
Distribution	20
Consommation domicile	29
Consommation collective	21

Source : Ministère de la Transition écologique et solidaire.

• Construire un diagramme circulaire représentant cette enquête.

35 Dans une classe de 30 élèves de 5e, on a relevé les différentes langues vivantes 2 choisies par les élèves dans le tableau ci-dessous.

LV2	Espagnol	Italien	Allemand
Effectif	15		6

• Construire un diagramme circulaire qui représente la répartition des élèves suivant la LV2 choisie.

36 Le diagramme en bâtons ci-dessous représente le nombre moyen de traitements phytosanitaires selon les espèces fruitières en 2015.

Un produit phytosanitaire est un produit utilisé pour soigner ou prévenir les maladies des organismes végétaux.

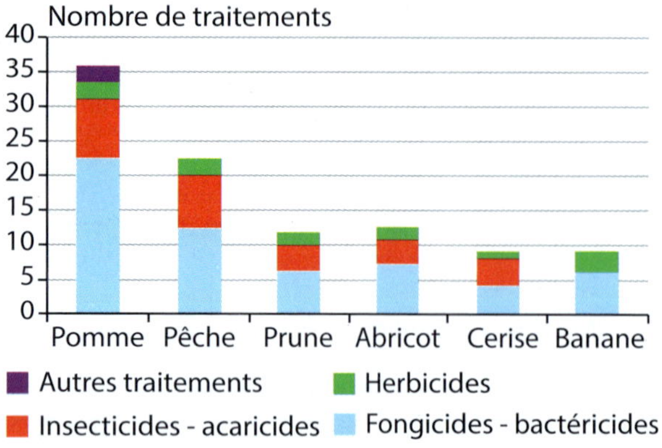

Source : Ministère de la Transition écologique et solidaire.

1. Combien de traitements phytosanitaires reçoit en moyenne une pêche en 2015 ?

2. Quel fruit reçoit le plus de traitements ?

3. En moyenne, combien d'insecticides reçoit une prune ?

4. Quel fruit reçoit le plus d'herbicides ?

MODE EXPERT

37 Dans le tableau ci-dessous, on a noté la consommation d'énergie renouvelable en milliers de TEP suivant les filières en 2005 et en 2018.

	2005	2018
Électricité	6 100	9 300
Chauffage	8 700	13 000
Carburant	600	3 400

Source : Ministère de la Transition écologique et solidaire.

• Sur un même diagramme en bâtons, représenter cette consommation en 2005 et 2018.

TEP (Tonne équivalent pétrole) est une unité d'énergie qui correspond au pouvoir calorique moyen d'une tonne de pétrole.

Calculer une moyenne

→ Savoir-faire p. 171

QUESTIONS FLASH

38 Calculer la moyenne de chaque série de données.
a. 10 – 12 – 14
b. 8 – 12 – 10 – 11 – 9
c. 7 – 13 – 16 – 4
d. 1,8 – 10,5 – 2,7

39 La moyenne d'une série de 70 données est 30.
• Quelle est la somme de ces 70 données ?

40 **Vrai ou faux ?**
On considère la série statistique suivante.

Valeur	1	49
Effectif	2	1 048

a. La moyenne de cette série est 25.
b. L'effectif total de cette série est 50.
c. La moyenne de cette série est plus proche de 49 que de 1.

41 Dans une famille, les parents ont passé 5 jours au bord de la mer, alors que les trois enfants ont préféré y séjourner 10 jours.
• Quel est le nombre moyen de jours passés au bord de la mer par les membres de cette famille ?

Questions flash supplémentaires

42 Voici des températures relevées dans la ville de Nice pendant la dernière semaine du mois de juin :

L	M	M	J	V	S	D
25 °C	23 °C	26 °C	27 °C	25 °C	24 °C	25 °C

• Quelle est la moyenne de ces températures sur cette semaine ?

43 Voici les notes obtenues au premier trimestre par Mathieu et Marie en SVT.
Mathieu : 11 – 8 – 11,5 – 9,5
Marie : 12,5 – 11,5 – 8 – 8,5 – 9,5

• Lequel des deux a la meilleure moyenne ?

44 On donne les tailles des joueurs de l'équipe de France de basket demi-finaliste de la Coupe du monde 2019 :
1,78 m – 2,02 m – 1,96 m – 1,98 m – 1,98 m – 2,15 m – 2,09 m – 1,9 m – 2,06 m – 2,06 m – 2 m

1. Donner deux valeurs entre lesquelles est comprise la moyenne des tailles des basketteurs de l'équipe de France.

2. Calculer la taille moyenne d'un basketteur de l'équipe de France.

45 Le diagramme suivant représente le nombre de visiteurs de la Tour Eiffel entre 2011 et 2017.

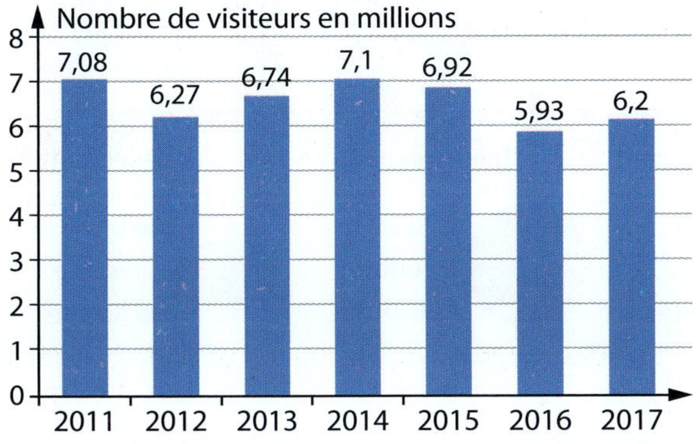

Source : Statista.

1. Calculer le nombre de visiteurs moyen par an entre 2011 et 2017.

2. La Tour Eiffel est ouverte tous les jours de l'année. Quel a été le nombre moyen de visiteurs par jour en 2017 ?

46 On a relevé la taille de 25 plantules de lentilles germées au bout de 10 jours.

Taille en cm	0	5	7	9	12	Total
Effectif	1	3	8	10	3	25

• Calculer la taille moyenne en cm arrondie au dixième d'une plantule de lentille germée au bout de 10 jours.

47 Voici les notes sur 20 obtenues par Laure ce trimestre en mathématiques :

12 (coefficient 2) 15 (coefficient 1)
9 (coefficient 2) 15 (coefficient 1)

• Quelle est sa moyenne trimestrielle ?

Une note coefficient 2 compte deux fois plus qu'une note coefficient 1 : on peut considérer les coefficients comme des effectifs.

48 Une crèche accueille 60 enfants. Le prix pour une journée de garde varie en fonction des revenus de chaque famille. Le diagramme en bâtons ci-dessous représente la répartition du nombre d'enfants selon le prix d'une journée de garde.

Répartition du nombre d'enfants selon le prix d'une journée de garde

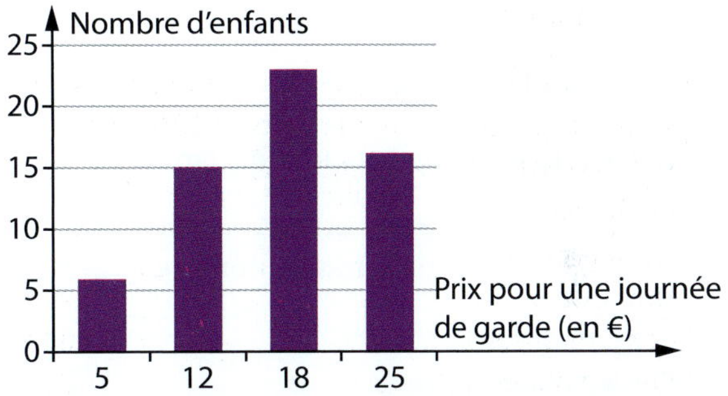

• Calculer le prix moyen d'une journée de garde par enfant dans cette crèche.

49 Chaque année un collège organise une course pour soutenir une association caritative. Dans le tableau ci-dessous, le professeur d'EPS a noté les performances des élèves de 5e.

Distance parcourue en km	1	2	3	4	5	6
Nombre d'élèves	8	18	40	31	27	12

Mattéo, qui a couru 4 km, affirme avoir couru plus que la moyenne de la distance parcourue par les participants.

• A-t-il raison ?

MODE EXPERT

50 Voici une série de données : 14 17 18 20 25

• Quel nombre doit-on ajouter à cette série pour que la moyenne soit égale à 20 ?

51 Si on ajoute 2 à chacune des dix données d'une série statistique, de combien augmente la moyenne ? Justifier.

Faire le point

Version interactive du QCM

Vérifie tes connaissances.

QCM

Donner la ou les bonnes réponses parmi les trois proposées.

En mesurant la taille (en cm) de différentes tortues, on trouve : 3 – 10 – 3 – 3 – 4 – 4 – 10 – 14 – 3 – 3.
Ces tortues sont rangées dans trois catégories. Les tortues de moins de 6 cm sont des bébés, celles entre 6 et 12 cm sont jeunes et celles de plus de 12 cm sont des adultes.

1 Calculer des effectifs et des fréquences

	Réponse A	Réponse B	Réponse C
1. L'effectif total de cette série de données est :	10	10 %	57
2. L'effectif des tortues de 4 cm est :	4	2	10
3. La fréquence des tortues de 3 cm :	1,5	$\frac{50}{100}$	0,5

2 Représenter graphiquement des données

	Réponse A	Réponse B	Réponse C
1. Le diagramme en bâtons qui donne la répartition des tortues selon leur taille :	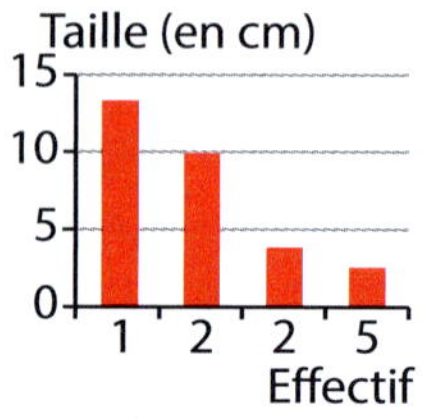	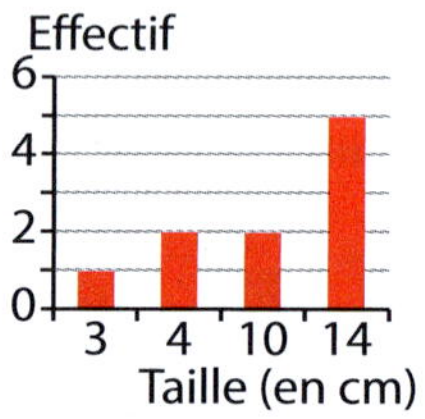	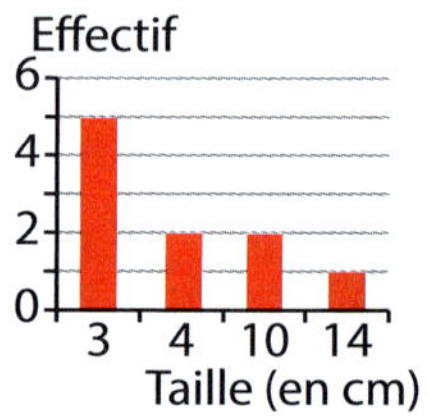
2. Le diagramme circulaire qui représente la répartition des tortues selon leur catégorie est :	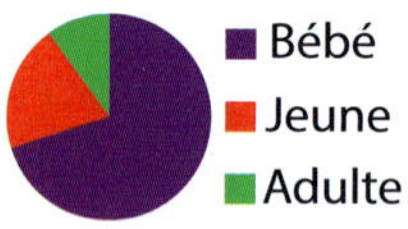	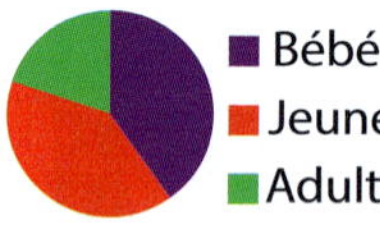	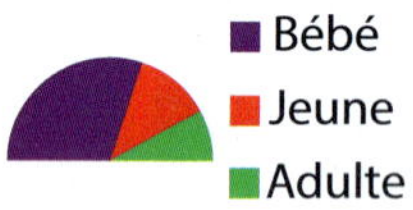

3 Calculer une moyenne

	Réponse A	Réponse B	Réponse C
1. La taille moyenne des tortues est :	6,5	5,7	44,4
2. L'expression qui permet de calculer la taille moyenne des bébés tortues est :	$\frac{3+4}{2}$	$(3\times5+4\times2)\div7$	$\frac{3\times5+4\times2}{7}$

→ Corrigé p. 310

Carte mentale

Ressource téléchargeable

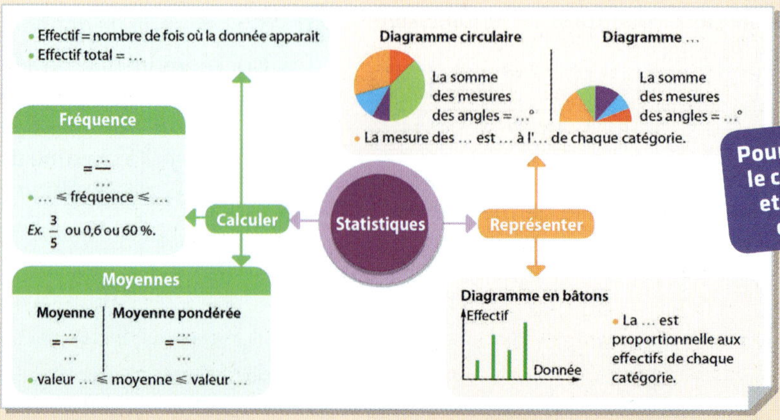

Pour t'aider à retenir le cours, télécharge et complète cette carte mentale.

Algorithmique et outils numériques

52 Fréquence

Tom souhaite écrire un script qui permet de calculer la fréquence d'une donnée en pourcentage.

1. Compléter et terminer le script de Tom.

```
quand [drapeau] est cliqué
demander (Quel est l'effectif total de la série ?) et attendre
mettre [effectif total ▾] à ( )
demander (Quel est l'effectif de la donnée ?) et attendre
mettre [effectif ▾] à ( )
```

2. Voici la répartition des effectifs d'un club de sport selon les catégories d'âge.
Recopier et compléter le tableau suivant à l'aide de ce script.

Catégorie	Poussins	Benjamins	Minimes	Cadets
Effectif	20	24	23	13
Fréquence en %				

53 Sondage

1. Poser la question suivante à l'ensemble de la classe et relever les réponses obtenues : « Quel moyen de transport utilises-tu pour venir au collège ? »

2. Sur un tableur, reproduire et compléter le tableau suivant avec les données récoltées en **1.**

	A	B	C
1	Mode de transport	Effectif	Fréquence en %
2	À pied/Vélo/Trotinette		
3	Transport en commun/Bus collectif		
4	Voiture personnelle		
5	Total		

3. Quelle formule peut-on entrer en B5 pour calculer l'effectif total ?

4. Quelles formules peut-on entrer en C2, C3 et C4 pour calculer la fréquence en pourcentage ?

5. À l'aide de l'assistant graphique du tableur, construire un diagramme en bâtons représentant cette répartition.

6. À l'aide de l'assistant graphique du tableur, construire un diagramme circulaire représentant cette répartition.

54 Évolution du prix moyen

Le tableau ci-après, extrait d'un tableur, représente les prix de dix livres et DVD commandés auprès d'un centre d'achats par correspondance.

1. Reproduire cette feuille de calcul, puis entrer dans la cellule B13 la formule permettant de calculer le prix moyen de ces dix articles.

2. Quelle formule peut-on entrer dans la cellule C2 et recopier vers le bas pour augmenter chaque prix de 1 € ?

3. Recopier la formule entrée en B13 pour calculer le nouveau prix moyen. Que devient ce nouveau prix moyen ?

4. Quelle modification peut-on faire sur la série de prix affichée dans la colonne B pour que le prix moyen soit de 13 € ?

	A	B	C
1	Références	Prix	Prix + 1 €
2	DVD 1	12,5	
3	Livre R1	10	
4	DVD R2	14	
5	DVD R3	11	
6	Livre R2	5,5	
7	Livre R3	15,5	
8	DVD R4	13	
9	Livre R5	21,5	
10	DVD R5	16	
11	DVD R 6	13,5	
12			
13	Moyenne		

55 Objectif atteint ?

Laura est partie faire un trek dans les Pyrénées. Son objectif consiste à marcher en moyenne 17,5 km par jour. Elle a déjà parcouru 6 étapes dont les distances sont répertoriées dans la feuille de calcul ci-dessous.

	A	B
1	Étapes	Distances en km
2	Jour 1	20,5
3	Jour 2	11
4	Jour 3	15
5	Jour 4	22
6	Jour 5	18
7	Jour 6	12,5
8	Jour 7	
9		
10	Moyenne des six première étapes	
11	Moyenne sur la semaine	

1. Recopier cette feuille de calcul, puis insérer dans la cellule B10 une formule permettant de calculer la distance moyenne parcourue par jour en 6 jours.

2. Compléter la cellule B11 puis, à l'aide d'essais successifs, déterminer la distance qu'elle doit parcourir le dernier jour pour atteindre son objectif.

3. À l'aide de l'assistant graphique du tableur, représenter les distances parcourues par Laura chaque jour de la semaine.

Problèmes

ceinture jaune · ceinture verte · ceinture noire

56 Basket

Représenter, Calculer

Louise a noté le nombre de paniers qu'elle a marqués à chacun de ses matchs de basket tout au long de sa saison :

3 – 6 – 5 – 6 – 3 – 3 – 4 – 5 – 7 – 5 –
4 – 5 – 3 – 7 – 4 – 5 – 6 – 3 – 5

1. Regrouper ces résultats dans un tableau.

2. Combien de matchs Louise a-t-elle joués ?

3. Quelle est la valeur la plus représentée ?

4. Louise a-t-elle marqué plus de 5 paniers à au moins 50 % des matchs ?

5. Calculer le nombre moyen de paniers que Louise a marqués à chaque match.

6. Représenter les performances de Louise à l'aide d'un diagramme en bâtons.

57 CALCUL MENTAL Jeux vidéo

Calculer, Communiquer

Il existe beaucoup de sites qui notent les jeux vidéo en fonction de plusieurs critères. Voici les jeux testés sur un site (chaque critère est sur 5 points) :

Critères \ Jeux	Zenia	Golf	Empire	War
Scénario	5	2	5	3
Graphisme	5	3	4	3
Technique	2	5	4	4
Prise en main	2	5	2	2
Temps de jeu	2	3	3	3
Son	3	2	2	3

1. Calculer la note moyenne de chaque jeu.

2. Classer ces jeux du moins bien noté au mieux noté.

3. Est-ce que la note moyenne est un bon critère de classement ?

58 La course des vendanges

Calculer

Voici, en minutes et secondes, les temps réalisés par les neuf meilleurs coureurs lors des 10 km d'une « course des vendanges ».

1. 33:00 **2.** 33:32 **3.** 33:36
4. 33:43 **5.** 34:02 **6.** 35:27
7. 35:32 **8.** 35:37 **9.** 35:52

• Calculer le temps moyen, en minutes et secondes, de ces participants.

59 Méli-mélo

Calculer, Raisonner, Communiquer

Lola a réalisé un script pour calculer la moyenne de trois nombres mais elle a mélangé les instructions.

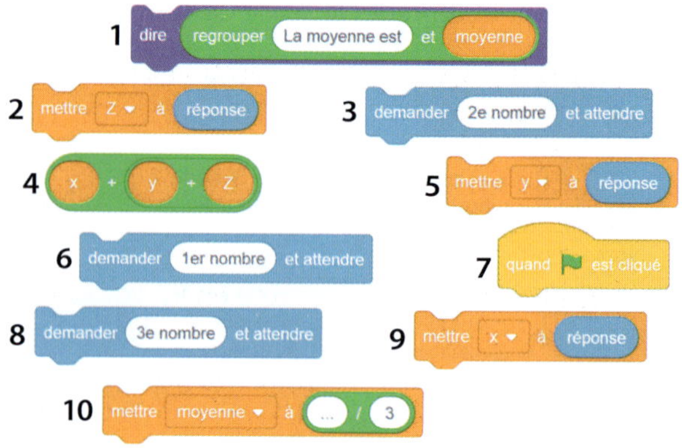

1. Quelles sont les variables utilisées dans ce script ?

2. Aider Lola à reconstituer son script.

60 Orchestre

Représenter, Calculer, Communiquer

Les musiciens de l'Orchestre de Paris sont répartis en quatre catégories :

– les cordes (74)
– les bois (20)
– les cuivres (18)
– les percussions (5)

1. Représenter cette répartition par un diagramme semi-circulaire.

2. Les cordes représentent-elles plus des $\frac{3}{4}$ des instruments de l'orchestre ?

61 Rugby

Représenter, Communiquer

The chart below gives the teams which won the six nations tournament and those which were second.

	First	Second
2010	France	Ireland
2011	England	France
2012	Wales	England
2013	Wales	England
2014	Ireland	England
2015	Ireland	England
2016	England	Wales
2017	England	Ireland
2018	Ireland	Wales
2019	Wales	England

1. Draw a bar chart* showing the teams which won the tournament.

2. Mike, who supports the English team, says that England finished first or second more than 50 % of the time. Is it true?

**a bar chart = diagramme en bâtons*

62 Habitation

Représenter, Calculer, Communiquer

Dans le tableau ci-après, on a indiqué le nombre de résidences principales selon le type de logement en Gironde en 2012.

	A	B	C	D	E	F	G	H
1	Nombre de pièces	1	2	3	4	5	6	Total
2	Effectif (en milliers)	40	80	130	180	130	100	660
3	Fréquence (en %)	6						

1. a. Parmi les expressions suivantes, choisir celle ou celles qu'on a pu entrer dans la cellule H2 puis recopier en H3.
=40+80+130+180+100
=somme(B2:G2)
=B2+C2+D2+E2+F2+G2

b. Quelle formule a-t-on entrée en B3 pour calculer la fréquence en % ?

2. Les logements de 4 pièces représentent-ils plus du cinquième de l'effectif total ?

3. Calculer le nombre moyen de pièces par résidence principale. Interpréter ce résultat.

4. Construire un diagramme en bâtons qui représente cette situation.

5. Rédiger un texte court qui commente ce diagramme.

63 Biodiversité

Chercher, Représenter, Calculer

Une espèce protégée est une espèce qu'il est interdit de chasser, pêcher, cueillir, détruire, déplacer à tous les stades de développement (graines, œufs, jeunes, adultes, etc.) selon une réglementation internationale, nationale, régionale, départementale ou locale.

Dans les textes réglementaires, cette protection est parfois étendue au milieu de vie de l'espèce et donc à certains écosystèmes. Il y a un peu plus de 7 000 espèces protégées en France.

Voici la répartition des espèces vertébrées protégées en France.

1. Recopier et compléter le tableau suivant.

	Effectifs	Fréquence en % arrondie à l'unité près
Amphibiens	164	
Reptiles	329	
Oiseaux		60
Poissons		
Mammifères	292	
Total	2 455	

Source : Ministère de la Transition écologique et solidaire.

2. Représenter la répartition de ces espèces protégées dans un diagramme circulaire.

64 Salaire moyen

Calculer, Raisonner, Communiquer

Pour deux entreprises, voici les salaires des six personnes qui les composent.

- Entreprise A : 4 ouvriers, 1 secrétaire et 1 cadre dirigeant
Salaires annuels : 13 970 € – 13 970 € – 13 970 € – 13 970 € – 14 200 € – 41 280 €
- Entreprise B : 3 ouvriers, 2 secrétaires et 1 cadre
Salaires annuels : 14 300 € – 14 300 € – 14 300 € – 18 600 € – 18 600 € – 31 260 €

1. Quel est le salaire moyen annuel dans chaque entreprise ?

2. Pour chaque entreprise, combien y a-t-il de personnes ayant un salaire supérieur au salaire moyen ?

3. Que peut-on conclure concernant le calcul de la moyenne ?

65 Badminton

Représenter, Calculer

Le diagramme en bâtons ci-dessous illustre une enquête faite sur l'âge des 30 adhérents d'un club de badminton, mais le rectangle correspondant aux adhérents de 16 ans a été effacé.

1. Calculer le nombre d'adhérents ayant 16 ans.

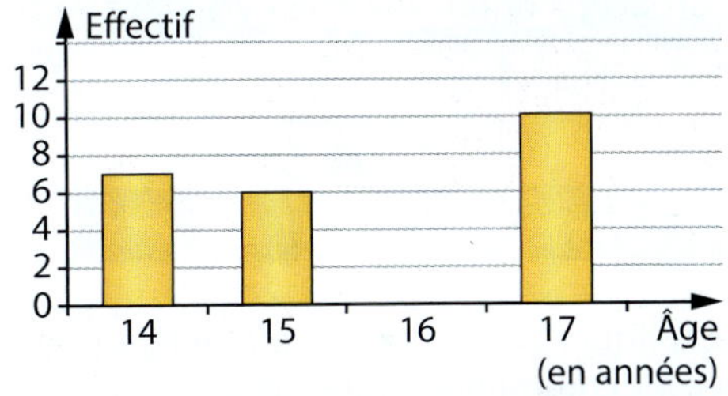

2. Quel est le pourcentage du nombre d'adhérents ayant 15 ans ?

3. Calculer l'âge moyen des adhérents au club.

4. Reproduire et compléter le tableau ci-dessous, puis réaliser un diagramme semi-circulaire représentant la répartition des adhérents selon leur âge. On prendra un rayon de 4 cm.

Âge	14 ans	15 ans	16 ans	17 ans	Total
Nombre d'adhérents	7	6		10	30
Mesure de l'angle (en °)					180

D'après DNB Asie Madagascar, juillet 2006.

66 Anniversaire

Calculer, Raisonner, Communiquer

À une fête d'anniversaire, il y a douze enfants dont les âges sont 6, 7, 8, 9 et 10 ans. Quatre d'entre eux ont 6 ans. Les plus nombreux sont les enfants de 8 ans.

- Quelle est la moyenne d'âge de ces douze enfants ? Expliquer la démarche.

Problèmes

67 Moyenne
Calculer, Raisonner, Communiquer

Voici les notes sur 20 obtenues par Nathan en SVT, jusqu'à la moitié du 3e trimestre de son année de 5e :
1er trimestre : 7 – 15 – 7 – 11
2e trimestre : 10 – 16 – 13 – 11
3e trimestre : 19 – 11

1. Calculer la moyenne de Nathan à chaque trimestre.

2. Calculer la moyenne des moyennes des trois trimestres.

3. Le professeur de SVT annonce à Nathan que sa moyenne annuelle est exactement de 12/20. Comment a-t-il calculé la moyenne annuelle ?

4. Quelle dernière note Nathan doit-il obtenir pour que sa moyenne au 3e trimestre soit 14 ?

68 La dernière note
Capucine a déjà eu deux notes, elle souhaite calculer sa moyenne avec la troisième. Pour cela, elle a écrit le script suivant.

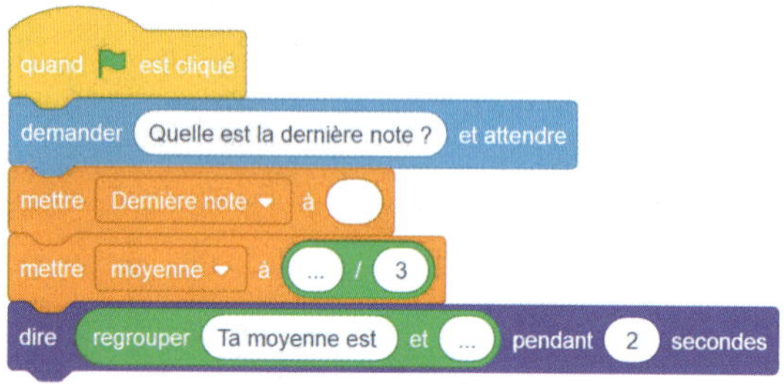

1. Expliquer comment compléter le script ci-dessus avec les commandes suivantes.

2. Quelles sont les deux premières notes de Capucine ?

3. Quelle note Capucine doit-elle avoir si elle veut que sa moyenne soit égale à 15 ?

4. Comment modifier ce script pour que la dernière note soit coefficient 2 ?

69 À la façon d'Arthur Buxton
Chercher, Représenter, Calculer — Prise d'initiative

Représenter par un diagramme circulaire les différents tons de couleurs de ce dessin sur papier ou à l'aide d'un tableur.

Voir le point info p. 163.

70 Médecins généralistes
Représenter, Raisonner, Calculer, Communiquer — Prise d'initiative

D'après le document suivant, que peut-on dire de la densité des médecins généralistes libéraux selon le département ? Argumenter la réponse.

Départements	Guyane	Mayenne	Gironde	Hautes-Alpes
Nombre d'habitants	296 711	317 742	1 595 903	146 148
Nombre de médecins généralistes libéraux	118	221	1 872	220

DÉFIS & ÉNIGMES

71 Citation codée
On a codé une citation de Georg Cantor, mathématicien allemand (1845-1918). Chaque lettre de l'alphabet est remplacée par un signe.

• Décoder cette phrase à l'aide du diagramme en bâtons qui donne le nombre d'apparitions de chaque lettre.

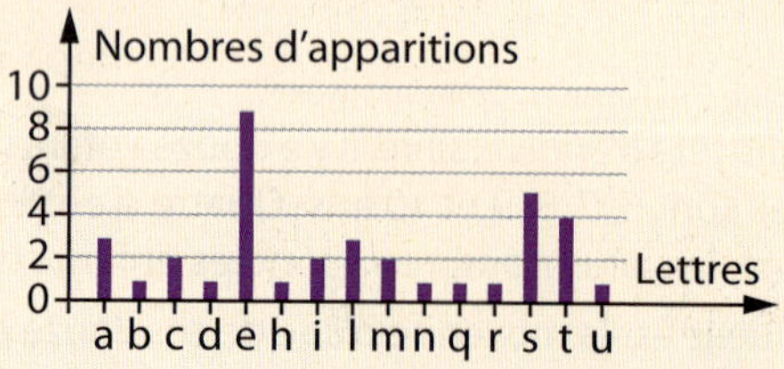

72 Les notes perdues
Un professeur de mathématiques a créé la feuille de calcul ci-dessous où les notes sont rangées dans l'ordre croissant. Il a malencontreusement effacé le contenu de certaines cellules de la ligne 1.

	A	B	C	D	E	F	G	H	I
1	Note				10				
2	Effectif	2	3	3	2	4	5	4	3
3									
4	Moyenne	12							

• Sans calculatrice, trouver une série de notes pouvant correspondre au relevé de notes de cette classe.

73 Pollution

Prise d'initiative

Chercher, Représenter, Calculer, Communiquer

La pollution de l'air est un sujet très préoccupant car elle est la 3e cause de mortalité en France et agit fortement sur le climat.

Doc. 1 Relevé journalier du taux de pollution en particules, mesuré en µg par m^3, sur l'agglomération parisienne durant le mois de juillet 2019

42 ; 49 ; 53 ; 62 ; 68 ; 84 ; 54 ; 45 ; 44 ; 61 ; 61 ; 43 ; 43 ; 34 ; 44 ; 58 ; 70 ; 44 ; 43 ; 39 ; 41 ; 81 ; 76 ; 105 ; 91 ; 57 ; 34 ; 35 ; 54 ; 34 ; 33.

Doc. 2 Indice de la qualité de l'air

0	20	50	60	90	100
Très bon	Bon	Moyen	Médiocre	Mauvais	Très mauvais

1. Sachant que l'on atteint un niveau d'information et de recommandations lorsque le taux est supérieur ou égal à 90, combien y a-t-il eu de journées au cours du mois de juillet 2019 où ce niveau a été atteint ?
2. Calculer le taux moyen de pollution sur ce mois de juillet. Interpréter ce résultat.
3. Représenter la répartition des journées de ce mois de juillet 2019 en fonction de l'indice de la qualité de l'air par un diagramme adapté.
4. Quelles actions peuvent être menées pour faire baisser le taux de pollution ?

74 Les terres d'une seigneurie

Prise d'initiative

Chercher, Représenter

À partir des documents suivants, représenter graphiquement la répartition des terres d'une seigneurie.

Doc. 1 La seigneurie au Moyen Âge

Au Moyen Âge, le seigneur dirige un vaste domaine : la seigneurie. Elle est constituée de forêts, ainsi que de terres cultivables de deux sortes :
- la réserve, dont le seigneur se réserve la totalité de la production ; les paysans y font des corvées ;
- les tenures, qui sont des terres louées par le seigneur aux paysans en échange de redevances.

Doc. 2 Répartition des terres d'une seigneurie

- **Forêt** : 0,3 km^2
- **Tenures** : 50 parcelles ayant une surface moyenne de 1 arpent chacune.
- **Réserve** : surface de 10 arpents

1 arpent = 0,5 ha

MISSION DÉMONSTRATION

Raisonnement — **Raisonnement par élimination**

Pour trouver la bonne réponse parmi plusieurs proposées dans un QCM dont une seule réponse est correcte, on peut procéder par élimination : on élimine les solutions incorrectes jusqu'à ce qu'il n'en reste plus qu'une, qui est alors la bonne réponse.

75 Dans chacun des cas suivants, donner la seule réponse correcte parmi les trois proposées.

1. Voici les ventes réalisées un samedi par la pizzeria « Chez Enzo ».

Prix (en €)	7,5	8	9	9,5	11
Effectif	10	13	19	14	14

Le prix moyen d'une pizza vendu ce samedi est :

Réponse A	Réponse B	Réponse C
3,5 €	9,1 €	14 €

Tu peux éliminer deux des réponses sans faire aucun calcul !

2. Un vendeur de téléphone mobile a relevé les couleurs vendues du nouveau modèle.

Blanc	Noir	Jaune	Rouge
35	45	17	23

Le diagramme circulaire représentant la répartition de ces couleurs de téléphone est :

Réponse A

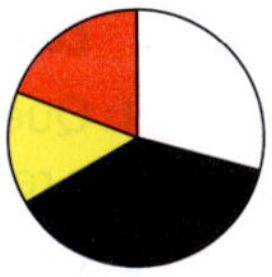

Réponse B

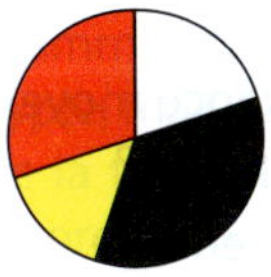

Réponse C

Activités

Prêts pour le décollage ?

QUESTIONS FLASH

Questions flash supplémentaires

① Le papier et le carton représentent plus d'un quart du contenu de nos poubelles. Vrai ou faux ?

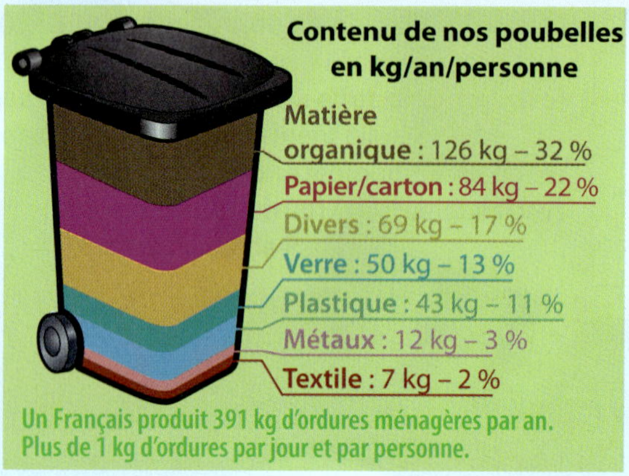

② Sur ce dessin, quelle est la proportion de chats roux ?

③ Dans le collège de Mariam, il y a 340 élèves, dont 10 % viennent à pied.

- Combien d'élèves viennent à pied ?

④ Dans la classe de Lucie, il y a 30 élèves dont 15 filles. Un professeur s'exclame : « *Fifty-fifty!* »

- Expliquer pourquoi.

⑤ Dans ce magasin, Alexei achète un pantalon dont le prix avant les soldes était de 44 €.

- Quel prix va-t-il payer ?

⑥ Dans le club d'équitation de Lucien, il y a deux tiers de filles.

- Y a-t-il plus de filles ou de garçons dans ce club ?

⑦ Que signifie « 12 % des gens sont gauchers » ?

Activité 1 La poisse !

Maxence s'exclame : « J'ai la poisse ! Quand je joue avec un dé, je n'obtiens quasiment jamais le 6 ! »

Sa petite sœur, Amy, lui répond : « Tu n'as qu'à le lancer 6 fois, tu seras sûr d'en obtenir un ! »

- Commenter cette discussion.

Activité 2 La mémoire du dé

Lina et ses copains jouent au Trivial Pursuit.
Lina vient d'obtenir quatre fois de suite le 1 avec le dé. Elle se plaint de ne pas avoir de chance. Ses amis lui répondent :

« Comme tu as déjà obtenu quatre fois le 1, tu es quasiment sûre que la prochaine fois, ce ne sera pas le cas. »

- Ont-ils raison ?

Activité 3 Corvée de lave-vaisselle

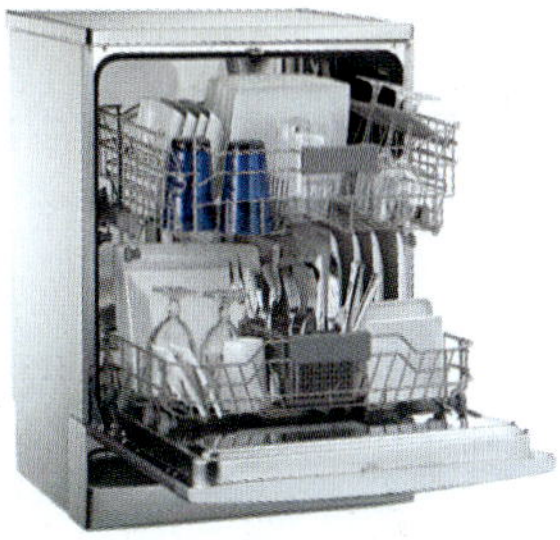

Simon a deux frères, Evan et Loris, et une sœur, Émeline. Ils vivent avec leurs deux parents : Gaëlle et Charles. Pour savoir qui vide le lave-vaisselle, ils organisent à chaque fois un tirage au sort : ils écrivent chaque prénom sur un papier qu'ils mettent dans un chapeau. Un papier est ensuite tiré du chapeau.

1. Que peut-on obtenir comme résultat ?
2. Peut-on prévoir qui videra le lave-vaisselle ?
3. Inventer une expérience du même type.

Activité 4 Ça roule !

Jamel et Solène veulent jouer à la roulette. Celle-ci comporte 37 cases : 18 rouges, 18 noires et 1 verte. Lorsqu'on lance une bille en faisant tourner la roulette, elle peut s'arrêter sur une case de couleur rouge, noire ou verte. Jamel dit à Solène : « Comme il y a 3 couleurs possibles, tu as une chance sur trois de tomber sur la case verte. »
Solène n'est pas d'accord.

- Qui a raison ?

Activité 5 Que d'adverbes !

Pour chaque phrase, choisir l'adverbe qui semble le plus adapté.

	Jamais	Rarement	Souvent	Toujours
a. À la plage, on se baigne.				
b. Une personne pèse plus de 1 000 kg.				
c. Des rollers ont des roues.				
d. On trouve un billet de 50 € dans la rue.				
e. On obtient 7 en lançant un dé.				
f. On obtient une consonne en tirant au hasard une lettre de l'alphabet.				
g. On obtient un double 6 en lançant deux dés.				
h. En France, à minuit, il fait nuit.				

Activité 6 Que la chance soit avec toi !

Traduire chacune des phrases suivantes en utilisant le mot « probabilité ».

a. En France, neuf personnes sur dix ont un téléphone portable.

b. À cette tombola, il y a une chance sur trois de gagner un lot.

c. Deux fois sur trois, ma voiture ne démarre pas.

d. On a 85 % de chances d'obtenir son diplôme national du brevet.

e. Il y a de fortes chances qu'il pleuve demain.

f. Il est peu probable que je vienne te voir cette semaine.

g. Ce dé est truqué.

Cours

1 Décrire une expérience aléatoire

Définitions

• Une **expérience aléatoire** est une expérience dans laquelle intervient le hasard : on ne peut pas en prévoir le résultat à l'avance.
• Les différents résultats possibles d'une expérience aléatoire sont appelés des **issues.**

▸ **Exemple 1**

On lance **une pièce de monnaie** et on observe la face du dessus.

Il y a deux issues : « **Pile** » et « **Face** ».

On ne peut pas savoir à l'avance laquelle des deux on va obtenir.

▸ **Exemple 2**

On lance un **dé à 6 faces** et on observe le numéro inscrit sur la face du dessus.

Il y a 6 issues : **1**, **2**, **3**, **4**, **5** et **6**.

On ne peut pas savoir à l'avance laquelle de ces 6 issues on va obtenir.

Définitions

• Selon l'issue obtenue lors d'une expérience aléatoire, un **évènement** peut être **réalisé** ou non.
• On peut décrire un évènement par une phrase ou en donnant la liste des issues qui le réalisent.

▸ **Exemples**

• **Lancer de dé**

Lors d'un lancer de dé, on s'intéresse à la question suivante : « Le résultat obtenu est-il pair ? »

On parle alors de l'**évènement** « Obtenir un résultat pair », c'est-à-dire « Obtenir 2, 4 ou 6 ».

– Si on obtient l'une des issues 2, 4 ou 6, on dit que **l'évènement** « Obtenir un résultat pair » **est réalisé**.
– Si on obtient l'une des issues 1, 3 ou 5, on dit que **l'évènement** « Obtenir un résultat pair » **n'est pas réalisé**.

• **Lancer de fléchettes**

On tire une fléchette les yeux bandés vers la cible ci-contre et on observe le nombre de points obtenus. Si la fléchette ne se plante pas dans la cible, on n'obtient aucun point. On s'intéresse à la question suivante : « le nombre de points obtenus est-il supérieur à 60 ? »
On parle alors de **l'évènement** « Obtenir un nombre de points supérieur à 60 », c'est-à-dire « Obtenir 80 ou 100 ».
– Si on obtient l'une des issues 80 ou 100, on dit que **l'évènement** « Obtenir un nombre de points supérieur à 60 » **est réalisé**.
– Si on obtient l'une des issues 0, 20, 40 ou 50, on dit que **l'évènement** « Obtenir un nombre de points supérieur à 60 » **n'est pas réalisé**.

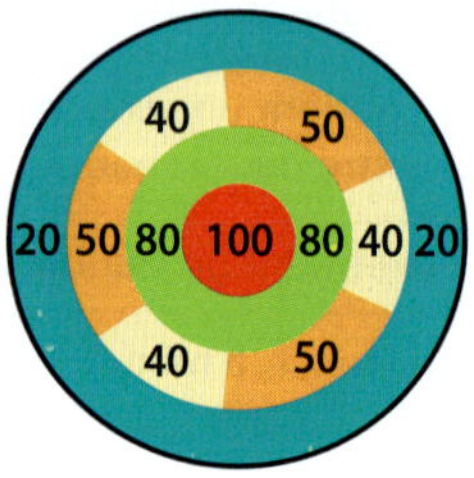

Définition

Si un évènement n'est réalisé que par une seule issue, on dit que c'est un **évènement élémentaire**.

▸ **Exemple**

On reprend l'exemple de la cible précédente. Les issues de cette expérience aléatoire sont : 0, 20, 40, 50, 80 et 100.
On peut s'intéresser à l'évènement « Obtenir 100 points ».
Si on obtient l'issue 100 lors de cette expérience, cet évènement sera réalisé. Si on obtient une autre issue, cet évènement ne sera pas réalisé.
Cet évènement n'est réalisé que par une seule issue, c'est donc un évènement élémentaire.

Savoir-faire

Apprends à l'aide des exercices résolus puis entraine-toi !

1 Décrire une expérience aléatoire

1 Parmi les expériences suivantes, quelles sont celles qui sont aléatoires ? Justifier.
a. On lance une bouteille d'eau en l'air et on regarde si elle retombe droite sur le sol.
b. On lâche une balle de tennis à 1 mètre au-dessus du sol et on regarde si elle tombe sur le sol.

Solution

a. C'est une expérience aléatoire car la bouteille peut retomber droite ou couchée sur le sol sans que l'on puisse le prévoir.
b. Ce n'est pas une expérience aléatoire car la balle tombera toujours à cause de la gravité terrestre.

À toi de jouer

2 Laurie tape à sa calculatrice :

5 × 4 EXE

Elle regarde ensuite le résultat affiché.
- Est-ce une expérience aléatoire ? Justifier.

→ Corrigé p. 310

3 Décrire une expérience aléatoire liée à cette image et en donner les issues.

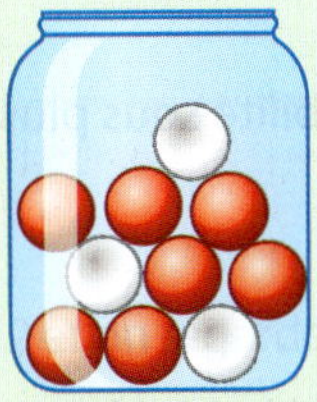

Solution

On met dans une urne 7 boules rouges et 3 boules blanches. On tire au hasard une boule de cette urne et on regarde sa couleur.
Il y a 2 issues possibles : blanc et rouge.

À toi de jouer

4 Décrire une expérience aléatoire liée aux neuf balles représentées ci-dessous et en donner les issues.

→ Corrigé p. 310

5 Un ordinateur choisit au hasard un nombre parmi les nombres entiers de 1 à 40. Quelles issues réalisent l'évènement « Obtenir un multiple de 5 » ?

Solution

Les issues de cette expérience aléatoire sont tous les nombres entiers compris entre 1 et 40.
Parmi eux, les multiples de 5 sont 5, 10, 15, 20, 25, 30, 35, 40. Ce sont les issues qui réalisent l'évènement « Obtenir un multiple de 5 ».

À toi de jouer

6 On lance un dé à 12 faces numérotées de 1 à 12 et on regarde le numéro de la face du dessus.
- Quelles sont les issues qui réalisent l'évènement « Obtenir un nombre inférieur ou égal à 7 » ?

→ Corrigé p. 310

7 Dans un sac, on met des cartons sur lesquels on a écrit les lettres du mot ESPAGNOL.
On tire un carton au hasard dans le sac et on regarde la lettre écrite dessus.
- Quelles issues ne réalisent pas l'évènement « Obtenir une voyelle » ?

Solution

Les issues de cette expérience aléatoire sont les lettres : E, S, P, A, G, N, O et L.
Celles qui réalisent l'évènement « Obtenir une voyelle » sont les voyelles E, A, O. Donc les issues ne réalisant pas l'évènement « Obtenir une voyelle » sont les issues restantes : S, P, G, N et L (c'est-à-dire les consonnes).

À toi de jouer

8 Dans un magasin, tous les vêtements sont soldés, certains à « moins 40 % », certains à « moins 20 % » et les autres à « moins 70 % ». On prend un vêtement au hasard et on s'intéresse au pourcentage de réduction affiché.
- Quelles sont les issues qui ne réalisent pas l'évènement « Le vêtement est soldé à plus de 50 % » ?

→ Corrigé p. 310

Exercices

Ressources téléchargeables

Décrire une expérience aléatoire

→ Savoir-faire p. 187

QUESTIONS FLASH

17 Parmi les expériences suivantes, quelles sont celles qui sont aléatoires ? Justifier.
a. On lance une pièce de monnaie et on regarde la face du dessus.
b. On appuie sur le chiffre 1 sur une calculatrice et on regarde ce qui s'affiche à l'écran.
c. On interroge un collégien au hasard dans la classe et on lui demande s'il a le droit de voter aux élections présidentielles.

18 On lance un dé à 6 faces numérotées de 1 à 6 et on observe la face du dessus.
• Quelles sont les issues de cette expérience aléatoire ?

19 Pour chacune des expériences aléatoires suivantes, donner la liste des issues.
a. Tirer une boule dans l'urne ci-contre et regarder sa couleur.

b. Les yeux fermés, placer son doigt sur la grille de sudoku ci-contre et regarder le chiffre sur lequel il est.

9	5	7	6	1	3	2	8	4
4	8	3	2	5	7	1	9	6
6	1	2	8	4	9	5	3	7
1	7	8	3	6	4	9	5	2
5	2	4	9	7	1	3	6	8
3	6	9	5	2	8	7	4	1
8	4	5	7	9	2	6	1	3
2	9	1	4	3	6	8	7	5
7	3	6	1	8	5	4	2	9

c. Tourner la roue et regarder la couleur sur laquelle la flèche pointe lorsqu'elle s'arrête.

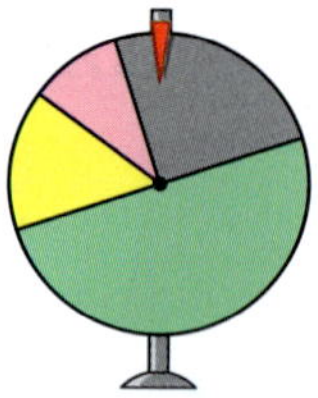

20 On lance une bouteille d'eau en l'air et on regarde comment elle retombe.
• Quelles sont les issues de cette expérience aléatoire ?

21 Les expériences suivantes sont-elles des expériences aléatoires ? Justifier.
a. On achète 3 timbres « tarif rapide » à la poste et on regarde le prix à payer.
b. On remplit une grille de loto et on regarde si on a un numéro gagnant lors du tirage.
c. On demande à une personne dans la rue si elle a acheté du pain aujourd'hui.

22 Dire si chacune des expériences aléatoires suivantes comporte 2, 3 ou 4 issues.
a. On note les chiffres de l'année 2019 sur des cartons et on en tire un au hasard.
b. On note les lettres du mot ANANAS sur des cartons et on en tire un au hasard.
c. On note les chiffres du nombre 121 sur des cartons et on en tire un au hasard.
d. On note les couleurs du drapeau des USA sur des cartons et on en tire un au hasard.

Questions flash supplémentaires

23 À l'entrée d'un collège, la surveillante demande à un élève choisi au hasard quelle est sa classe.

• Est-ce une expérience aléatoire ? Si oui, quelles en sont les issues ?

24 **1.** Caroline écrit les lettres de son prénom sur des papiers identiques qu'elle plie en quatre. Elle en prend un au hasard et regarde la lettre inscrite dessus.
Donner les issues de cette expérience aléatoire.
2. Natacha fait la même chose que Caroline avec les lettres de son prénom.
Donner les issues de cette expérience aléatoire.

25 On demande à un élève de choisir au hasard un diviseur de 6.
• Lister les issues de cette expérience aléatoire.

26 Aujourd'hui, Agnès conduit Karim chez le dentiste avec sa nouvelle voiture, que Karim ne connait pas. Sur la route, elle va à la station-service et met 10 litres de carburant dans sa voiture. Elle demande à Karim de deviner combien elle a payé.

• Est-ce une expérience aléatoire ? Justifier.

27 Emma va dans sa crêperie préférée. Elle commande une salade composée de 5 ingrédients. Elle note le prix payé.

• Est-ce une expérience aléatoire ? Justifier.

Salade à composer soi-même
Create your own salad

4 ingrédients : .... 9,30 €
5 ingrédients : .... 10,30 €
6 ingrédients : .... 11,30 €
7 ingrédients : .... 12,30 €
8 ingrédients : .... 13,30 €

INGRÉDIENTS :
Jambon, lardons, poulet, emmental, chèvre, œuf, pomme de terre, oignons, poivrons, noix, pommes cuites, mozzarella, champignons, chèvre maison aux herbes, bleu d'Auvergne, tomate.
Ham, bacon, chicken, swiss cheese, goat cheese, egg, potatoe, onions, red pepper, walnuts, cooked apples, mozzarella, mushrooms, goat cheese with herbs, blue cheese, tomato.

28 Les boules du loto sont numérotées de 1 à 49. Une machine en tire une au hasard et on note son numéro.

• Quelles issues réalisent l'évènement « Le numéro est plus grand que 40 » ?

29 Ludovic a trouvé cette œuvre de Pixel Art sur internet. Il a imprimé l'image puis il a découpé chaque pixel, c'est-à-dire les petits carrés de couleur unie.
Ensuite il met tous les carrés dans un sac, puis il tire au hasard un des carrés et regarde sa couleur.

• Quelles sont les issues de cette expérience aléatoire ?

30 Voici la carte d'identité de Monsieur Martin.

RÉPUBLIQUE FRANÇAISE
CARTE NATIONALE D'IDENTITÉ N° : 98765235012 Nationalité Française
Nom : MARTIN
Nom d'usage : MARTIN
Prénom(s) : CHARLES, JEAN, PIERRE
Sexe : M Né(e) le : 01.03.1975
à : PARIS (75)
Taille : 1,70 m
Signature du titulaire :

1. M. Martin écrit les 8 chiffres qui composent sa date de naissance sur huit papiers identiques qu'il plie en quatre de la même façon. Il en prend un au hasard et regarde le chiffre inscrit dessus.
Donner la liste des issues de cette expérience aléatoire.

2. Il fait la même expérience avec les chiffres qui composent son numéro de carte nationale d'identité. Donner la liste des issues de cette expérience aléatoire.

31 On met les jetons ci-dessous dans un sac et on en tire un au hasard.

1. On note la couleur du jeton.
a. Quelles sont les issues de cette expérience aléatoire ?
b. Donner un évènement qui peut se réaliser lors de cette expérience.

2. On note la valeur du jeton.
a. Quelles sont les issues de cette expérience aléatoire ?
b. Donner un évènement qui peut se réaliser lors de cette expérience.
c. Donner un évènement qui ne peut pas se réaliser lors de cette expérience.

MODE EXPERT

32 On lance simultanément deux dés cubiques, un rouge et un jaune, et on forme un nombre avec les numéros qui apparaissent sur le dessus des dés : le dé rouge donne le chiffre des dizaines, le dé jaune donne le chiffre des unités.
Exemple : Les dés ci-dessous forment le nombre 36.

• Quelles sont les issues de cette expérience aléatoire ?

33 Dans le dossier personnel de chaque élève du collège Paul Éluard, il y a les informations suivantes :

Nom
Prénom
Date de naissance : jj/mm/aaaa
Sexe : ☐ fille ☐ garçon
Classe antérieure : CM2, 6e, 5e, 4e, 3^{e}

Imaginer une expérience aléatoire concernant les élèves de ce collège pour laquelle :
a. il y a exactement 5 issues ;
b. il y a exactement 2 issues ;
c. il y a exactement 12 issues ;
d. il y a plus de 20 issues et moins de 30 issues.

Exercices

Exprimer la probabilité d'un évènement

➜ Savoir-faire p. 189

QUESTIONS FLASH

34 On lance un dé équilibré à 6 faces numérotées de 1 à 6.

• A-t-on plus de chances d'obtenir le 2 ou le 6 ? Justifier.

35 On tire une boule au hasard dans l'urne ci-contre et on regarde sa couleur.

• Quelle est l'issue la plus probable ? Justifier.

36 Reformuler les phrases suivantes à l'aide du mot « probabilité ».

a. À ce jeu, j'ai 23 chances sur 50 de gagner.

b. 87 % des Français sont droitiers.

c. 4 Américains sur 10 ne parlent pas anglais en famille.

d. 3 étudiants sur 5 ont des difficultés à trouver un logement.

e. Dans la classe de mon cousin, il y a 1 garçon pour 2 filles.

37 Dans la boite de Fred, il y a 5 chocolats dont 3 chocolats blancs. Il sort de sa boite un chocolat au hasard.

1. Quelle est la probabilité qu'il soit blanc ?
2. Quelle est la probabilité qu'il contienne du cacao ?

38 Dans le collège de Nadir, 12,4 % des élèves sont inscrits à l'UNSS (Union Nationale du Sport Scolaire). On prend le nom d'un élève au hasard.

• Quelle est la probabilité que ce soit celui d'un élève inscrit à l'UNSS ?

39 Voici la composition de la classe de 6e A.

Filles	Garçons	Total
15	12	27

On prend le nom d'un élève de cette classe au hasard.

1. Quelle est la probabilité que ce soit une fille ?
2. Quelle est la probabilité que ce soit un collégien ?

40 Dans la classe de Gabrielle, on compte 11 garçons et 14 filles. On choisit un élève au hasard dans la classe de Gabrielle.

• Quelle est la probabilité que ce soit une fille ?

Questions flash supplémentaires

41 Alix a un téléphone portable. Parmi les SMS qu'elle envoie, deux sur onze sont destinés à ses parents. On prend un SMS au hasard sur sa facture.

• Quelle est la probabilité qu'il ait été envoyé à ses parents ?

42 On tourne la roue suivante et on regarde sur quelle couleur la flèche pointe lorsqu'elle s'arrête.

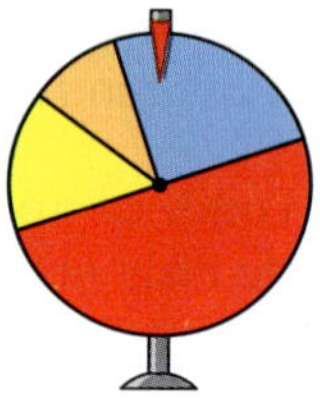

1. Quelle est la probabilité que la flèche soit sur le rouge ? Justifier.
2. A-t-on plus de chance d'obtenir jaune ou rouge ? Justifier.

43 Les yeux fermés, on appuie sur une touche de la calculatrice ci-contre.

1. Quelle est la probabilité qu'on ait appuyé sur la touche ⊗ ?
2. Quelle est la probabilité qu'on ait appuyé sur un chiffre ?

44 Dans la galette des rois se trouve une fève. Ugo partage la galette en 6 parts identiques et prend une part au hasard.

• Quelle est la probabilité qu'il doive porter la couronne ?

45 Un sachet contient 3 beignets à la pomme et 2 beignets au chocolat. On tire un beignet au hasard.

• Quelle est la probabilité qu'il soit au chocolat ?

46 Dans un cours de hip-hop, 8 danseurs portent un tee-shirt jaune et 12 danseurs portent un tee-shirt rouge. L'un des danseurs réalise une belle figure.

• Quelle est la probabilité qu'il porte un tee-shirt jaune ?

47 Pour chacune des expériences aléatoires suivantes, choisir la réponse la plus adaptée.

Expérience	Peu probable	Assez probable	Très probable
On teste une voiture neuve et celle-ci ne démarre pas.			
On mesure une femme et sa taille est inférieure à 2 m.			
On arrive à un feu tricolore et celui-ci est vert.			
On fait tomber sa tartine et elle tombe du côté de la confiture.			
On fait un numéro de téléphone au hasard et la personne qui répond est une fille.			
On achète du lait dans un supermarché et la date limite de consommation est dépassée.			

48 Lors de la Coupe du monde de football de 2018 en Russie, l'entraineur de l'équipe de France, Didier Deschamps, a sélectionné 23 joueurs français parmi lesquels figurent 3 gardiens de buts. On choisit au hasard un nom parmi tous ces joueurs.

• Quelle est la probabilité que ce soit le nom d'un gardien de but ?

49 CALCUL MENTAL Un triangle ROC est tel que :

$$\widehat{ORC} = 78° \text{ et } \widehat{OCR} = 22°.$$

• Quelle est la probabilité que l'angle $\widehat{COR}$ mesure 85° ? Justifier.

Tu peux t'aider d'un schéma codé.

50 On considère quatre points A, B, C et D appartenant à un cercle de centre O et de rayon 2 cm. On choisit un point au hasard parmi A, B, C et D.

• Quelle est la probabilité qu'il soit à une distance de 2 cm du point O ? Justifier.

51 CALCUL MENTAL Dans le collège de Florian, 48 des 300 élèves viennent tous les jours à vélo. On croise un élève dans le collège.

• Quelle est la probabilité qu'il soit venu à vélo ? Exprimer ce résultat à l'aide d'un pourcentage.

52 Dans le collège Jules Ferry, il y a 600 élèves.
Voici la répartition des élèves qui suivent un atelier scientifique dans ce collège :

Sixième	Cinquième	Quatrième	Troisième
0	18	16	15

1. Dans la liste alphabétique des élèves qui suivent un atelier scientifique dans ce collège, on prend un nom au hasard. Quelle est la probabilité que ce soit un élève de Troisième ?

2. Dans la liste alphabétique des élèves du collège, on prend un nom au hasard. Quelle est la probabilité que ce soit un élève qui suive l'atelier scientifique ? Exprimer ce résultat à l'aide d'un pourcentage.

53 CALCUL MENTAL Dans un groupe de skateurs, il y a 20 % de collégiens, 30 % de lycéens, les personnes restantes étant des adultes. Dans la liste des membres de ce groupe, on prend un nom au hasard.

• Quelle est la probabilité que ce soit le nom d'un adulte ?

MODE EXPERT

54 Le jeu « 421 » consiste à lancer simultanément trois dés cubiques ; le but est d'obtenir le nombre 421 à partir des trois numéros qui apparaissent sur le dessus des dés.
Exemple de réussite :

• A-t-on autant de chance d'obtenir 421 que d'obtenir 666 ? Justifier.

55 Dans un collège, 20 % des élèves sont en 3e et deux cinquièmes des élèves de 3e sont des garçons. On choisit au hasard le nom d'un élève du collège.

• Quelle est la probabilité que ce soit un garçon de Troisième ?

Fair oint

Version du QCM

Vérifie tes connaissances.

QCM

Donner la ou les bonnes réponses parmi les trois proposées.

1 Décrire une expérience aléatoire

	Réponse A	Réponse B	Réponse C
1. Parmi ces trois expériences, laquelle ou lesquelles sont aléatoires ?	On appuie au hasard sur une touche du clavier d'un téléphone et on regarde le caractère affiché à l'écran.	On demande à la première personne qu'on croise dans la rue si elle a plus ou moins de 40 ans.	On refroidit de l'eau à −30 °C et on regarde si elle gèle.
2. Voici le patron et la représentation en perspective cavalière d'un dé particulier :  Une fois ce dé construit, on le lance et on observe la couleur de la face sur laquelle il tombe. Combien y a-t-il d'issues à cette expérience aléatoire ?	8	7	4
3. On lance un dé cubique dont les faces sont numérotées de 1 à 6 et on regarde si le résultat est pair ou impair. Quelles sont les issues de cette expérience aléatoire ?	2, 4, 6	1, 2, 3, 4, 5, 6	Pair, impair

2 Exprimer la probabilité d'un évènement

	Réponse A	Réponse B	Réponse C
1. Lydia a donné naissance à une petite fille en 2016. En 2019, elle est enceinte de son second enfant. On s'intéresse à la probabilité qu'il soit un garçon. Cet évènement :	est improbable	a une chance sur deux de se réaliser	est très probable
2. On tire au hasard une boule de cette urne. Quelle est la probabilité de tirer une boule rouge ? 	$\frac{2}{5}$	$\frac{2}{7}$	$\frac{5}{7}$
3. On lance un dé équilibré à six faces et on regarde la face du dessus. La probabilité d'obtenir un nombre pair est égale à :	50 %	$\frac{3}{6}$	$\frac{1}{2}$

→ Corrigé p. 310

Carte mentale

Ressource téléchargeable

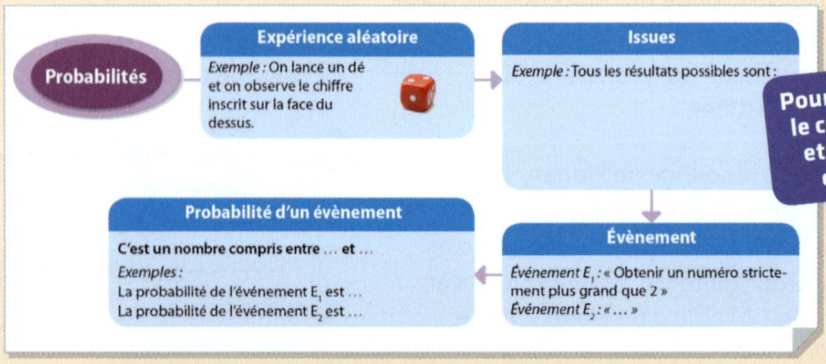

Pour t'aider à retenir le cours, télécharge et complète cette carte mentale.

Algorithmique et outils numériques

56 Simulation

Lola a écrit le script suivant afin de simuler le lancer d'une pièce. Elle voudrait savoir, en répétant l'expérience dix fois, le nombre de fois où elle obtient « Pile ».

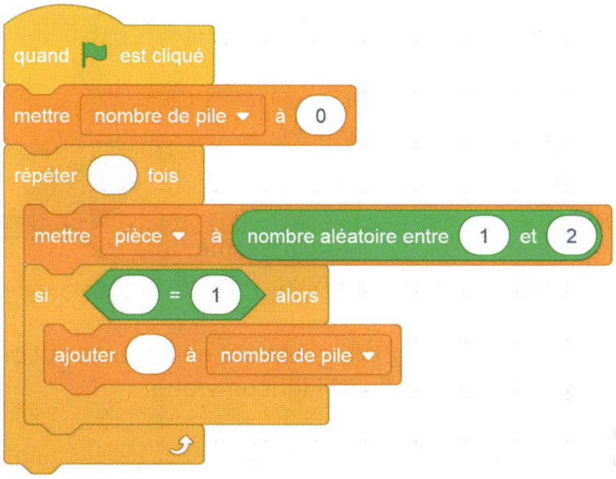

1. Expliquer le rôle joué par chacune des deux variables de ce script.

2. Que représente le chiffre 1 dans l'instruction  ?

3. Compléter ce script.

4. Exécuter ce script. Obtient-on toujours le même résultat ? Expliquer.

5. Comment faut-il modifier ce script pour afficher le nombre de fois où « Face » est obtenu ?

6. Modifier ce script pour simuler 20 lancers consécutifs d'un dé cubique équilibré dont les faces sont numérotées de 1 à 6 et afficher le nombre de fois où le nombre 6 a été obtenu.

57 Lancers de dés

On a lancé 100 fois un dé et on a noté les résultats dans les 10 premières colonnes de la feuille de calcul ci-dessous.

	A	B	C	D	E	F	G	H	I	J	K	L	M	N
1	6	4	6	1	1	1	4	3	2	1	Nombre de 1		Fréquence de 1	
2	1	2	1	4	6	5	4	1	3	4	Nombre de 2		Fréquence de 2	
3	5	1	2	2	1	2	2	6	6	1	Nombre de 3		Fréquence de 3	
4	2	3	4	6	5	2	1	2	4	3	Nombre de 4		Fréquence de 4	
5	4	1	5	5	6	4	3	5	6	6	Nombre de 5		Fréquence de 5	
6	1	3	3	1	2	3	1	2	2	6	Nombre de 6		Fréquence de 6	
7	1	6	3	5	5	5	3	6	2	4	Total		Total	
8	1	4	4	4	2	2	6	6	6	3				
9	4	1	2	4	1	5	6	2	1	1				
10	2	5	1	4	4	4	2	3	6	1				

Dans un tableur, la fonction « NB.SI » permet de compter combien de fois une valeur apparait dans une plage de cellules donnée.

1. Dans quelle cellule faut-il saisir la formule =NB.SI(A1:J10;5) ? Que permet-elle de calculer ?

2. Saisir des formules appropriées dans les cellules L1 à L7.

3. a. Comment peut-on calculer la fréquence d'apparition du nombre 1 ?

b. Saisir des formules appropriées dans les cellules N1 à N7.

4. a. En lançant une fois le dé, quelle est la probabilité d'obtenir 1 ? D'obtenir 2 ? D'obtenir 6 ?

b. Comparer ces probabilités aux fréquences obtenues à la question 3.

58 Des pièces

Un tableur peut fournir un nombre entier choisi au hasard. Par exemple, la formule =ALEA.ENTRE.BORNES(1;6) donne un nombre entier au hasard parmi les nombres 1, 2, 3, 4, 5, 6. Chaque nombre a autant de chances que les autres d'être obtenu.

On peut utiliser cette formule pour simuler le lancer d'un dé, c'est-à-dire remplacer l'expérience d'un lancer réel d'un dé équilibré par une expérience de tirage d'un nombre au hasard.

On a simulé ici sur tableur 300 lancers d'une pièce de monnaie équilibrée. Le 0 représente l'obtention de « Pile » et le 1 l'obtention de « Face ».

	A	B	C	D	E	F	G	H	I	J	K	L	M	N	O	P	Q	R	S	T	U	V	W	X	Y	Z	AA	AB	AC	AD
1	1	0	1	0	0	1	0	0	0	0	0	0	0	1	0	0	0	1	1	1	0	0	1	0	1	1	0	1	1	1
2	0	1	1	0	1	0	1	0	0	0	1	1	1	1	1	0	1	1	0	0	0	1	0	1	0	1	0	1	0	0
3	1	1	0	1	0	1	1	0	0	1	1	0	0	1	0	1	0	1	1	0	1	0	0	0	0	0	0	1	0	0
4	1	0	1	0	1	0	1	1	1	1	1	1	1	1	0	0	1	0	0	1	0	0	1	1	0	0	1	0	1	0
5	0	1	1	0	0	0	1	0	0	0	1	1	0	1	1	1	1	1	0	0	0	1	1	0	0	0	0	1	0	1
6	0	1	1	0	0	1	0	1	0	1	1	0	1	1	0	0	1	1	0	0	1	1	0	0	0	0	1	0	0	1
7	1	1	0	1	1	1	0	1	0	1	0	0	0	0	1	1	0	1	1	0	1	1	1	1	0	0	0	1	1	1
8	1	0	0	1	1	0	1	0	0	0	0	0	1	0	1	0	1	1	0	1	1	1	1	1	0	1	0	0	0	0
9	1	0	1	1	0	0	0	0	0	0	0	0	0	0	0	0	0	1	0	0	0	0	1	1	0	0	1	0	1	0
10	0	0	0	1	1	1	0	1	0	0	1	1	0	0	1	0	0	0	1	1	0	0	0	1	1	1	0	1	1	1

1. À l'aide de la fonction ALEA.ENTRE.BORNES, simuler 300 lancers d'une pièce comme dans la feuille de calcul ci-dessus.

2. Écrire la formule =SOMME(A1:AD10) dans une cellule vide. Pourquoi permet-elle de connaitre le nombre de « Face » obtenues ?

3. Calculer la fréquence d'apparition de l'issue « Face ».

4. Tous les élèves de la classe obtiennent-ils la même fréquence d'apparition de l'issue « Face » ?

5. Comparer ce résultat avec la probabilité d'obtenir « Face » lors du lancer d'une pièce de monnaie équilibrée.

6. Recommencer l'exercice avec 3 000 lancers. Que constate-t-on ?

Problèmes

ceinture jaune · ceinture verte · ceinture noire

59 Sans trucage
Modéliser, Raisonner

On lance une pièce équilibrée 15 fois et on obtient 15 fois « Pile ».

- Peut-on savoir ce qu'il va se passer au prochain lancer ?

60 Loto
Raisonner, Communiquer

Dans les années 1990, l'un des slogans de la Française des jeux pour le loto a été : « 100 % des gagnants ont tenté leur chance. »

- Que peut-on penser de ce slogan ?

61 CALCUL MENTAL Histoire d'urnes
Modéliser, Chercher, Calculer, Représenter

Dans une urne, il y a 5 boules rouges et 8 boules noires.

- Combien faut-il rajouter de boules rouges pour avoir 50 % de chances de tirer une boule noire ?

62 CALCUL MENTAL Des jeux
Modéliser, Calculer, Communiquer, Représenter

On s'intéresse à trois jeux de hasard différents.
– Au jeu A, on a une chance sur quatre de gagner.
– Au jeu B, on a 28 % de chances de gagner.
– Au jeu C, on gagne 3 fois sur 10.

- À quel jeu vaut-il mieux jouer ?

63 Bleu, blanc, rose !
Modéliser, Communiquer, Raisonner

On fait tourner une fois la roue de loterie présentée ci-contre.

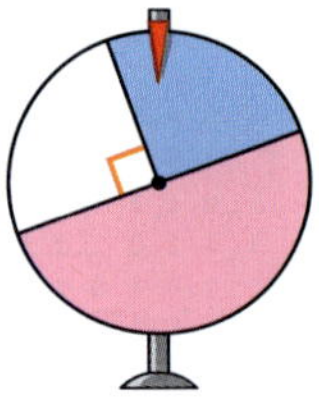

1. Quelle couleur faut-il choisir pour avoir le plus de chances de gagner ?
2. Quelle est alors la probabilité de gagner à ce jeu ?

64 Alphabet
Modéliser, Raisonner, Calculer

Dans un sac, on place 26 boules identiques au toucher portant les lettres de l'alphabet. On tire au hasard une boule dans ce sac et on regarde la lettre obtenue.

1. Quelle est la probabilité que ce soit le K ?
2. Quelle est la probabilité que ce soit une voyelle ?
3. Quelle est la probabilité que ce soit une consonne ?

65 Aléatoire
Modéliser, Calculer

On exécute le script ci-dessus.

1. Quelle est la probabilité que le lutin dise le nombre 22 ?
2. Quelle est la probabilité que le lutin dise un nombre impair ?
3. Donner un évènement certain et un évènement impossible.

66 The spinner
Modéliser, Communiquer, Raisonner

Margaret spins this spinner.

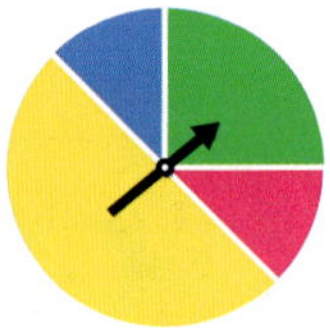

1. What colour is she most likely to get?
2. Margaret says: "I've got the same chance to get pink or green." Right or wrong?
3. Margaret says: "I've got about one chance out of two of getting yellow." Right or wrong?

67 Roi de cœur
Chercher, Calculer, Modéliser

Dans un jeu de 32 cartes, il y a 4 catégories : cœur, carreau, pique et trèfle. Dans chaque catégorie, il y a 8 cartes : 7, 8, 9, 10, valet, dame, roi et as. On tire une carte au hasard dans ce jeu.

1. Quelle est la probabilité d'obtenir un roi ?
2. Quelle est la probabilité d'obtenir un cœur ?
3. Quelle est la probabilité d'obtenir le roi de cœur ?
4. Quelle est la probabilité d'obtenir une carte rouge (cœur ou carreau) ?

68 CALCUL MENTAL Trions !
Chercher, Représenter, Communiquer

Voici des chiffres issus d'un article du journal *Le Monde* publié en 2014, indiquant le pourcentage de Français qui trient systématiquement leurs déchets en fonction de leur âge et leur mode de vie.

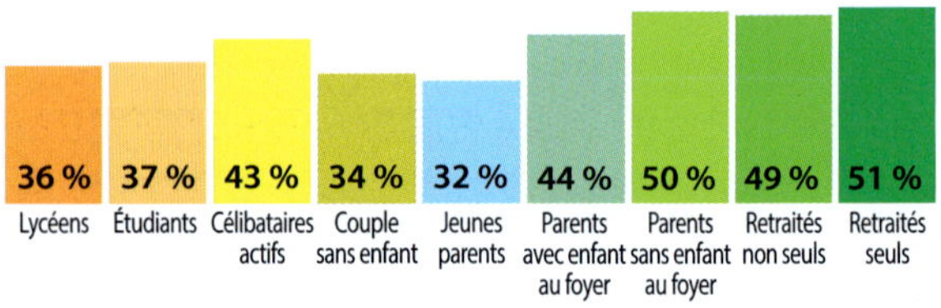

1. On choisit un étudiant au hasard. Quelle est la probabilité que cet étudiant trie systématiquement ses déchets ?
2. Un journaliste prétend qu'en 2014, 4 couples sans enfant sur 10 ne triaient pas systématiquement leurs déchets. Que peut-on en penser ?

69 CALCUL MENTAL À l'œil
Modéliser, Calculer

Dans une classe de 30 élèves, on choisit un élève au hasard. La probabilité qu'il ait les yeux bleus vaut $\frac{1}{5}$.

• Combien d'élèves ont les yeux bleus dans cette classe ?

70 Bonbons
Modéliser, Représenter, Calculer

Un paquet de bonbons contient 20 bonbons : 14 au chocolat, 2 au caramel et 4 au gout cola. On prend au hasard un bonbon dans ce paquet.

1. Classer les évènements suivants du moins probable au plus probable.
A : « Obtenir un bonbon au chocolat. »
B : « Obtenir un bonbon au caramel. »
C : « Obtenir un bonbon au citron. »
D : « Obtenir un bonbon au gout cola. »

2. Placer la probabilité de chacun de ces évènements sur une droite graduée.

71 Carré ou pas ?
Modéliser, Calculer

On exécute le script ci-dessous.

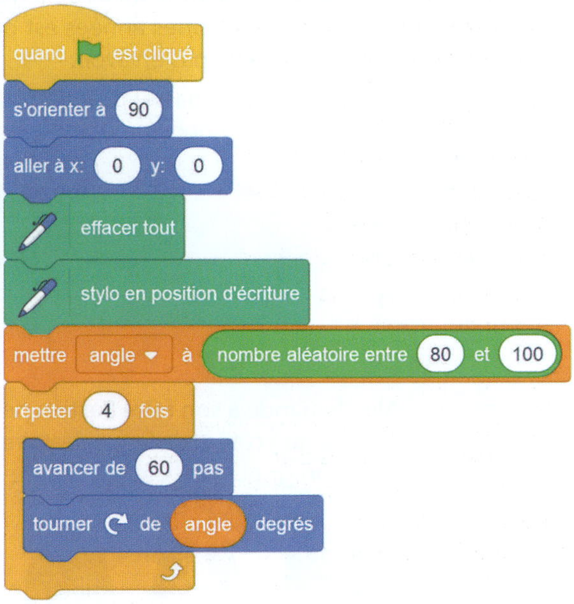

• Quelle est la probabilité que la figure obtenue soit un carré ?

72 Prise de risque
Modéliser, Raisonner, Communiquer

Simon et Ophélie jouent à un jeu : ils lancent chacun leur tour un dé. Chacun relève les points qu'il a obtenus et les additionne. Le gagnant est celui qui se rapproche le plus de 23 sans dépasser ce nombre.

• Simon a obtenu 21 points. A-t-il intérêt à rejouer ?

73 Ça tourne !
Modéliser, Calculer

On fait tourner une fois la roue ci-contre.

1. Quelle est la probabilité que la roue s'arrête sur une case bleue ?

2. La probabilité que la roue s'arrête sur un nombre pair est-elle la même que la probabilité que la roue s'arrête sur un nombre impair ?

3. Quelle est la probabilité que la roue s'arrête sur un nombre premier ?

74 Roues
Modéliser, Raisonner, Communiquer

Voici 3 roues A, B et C. On gagne si la flèche pointe sur le rouge.

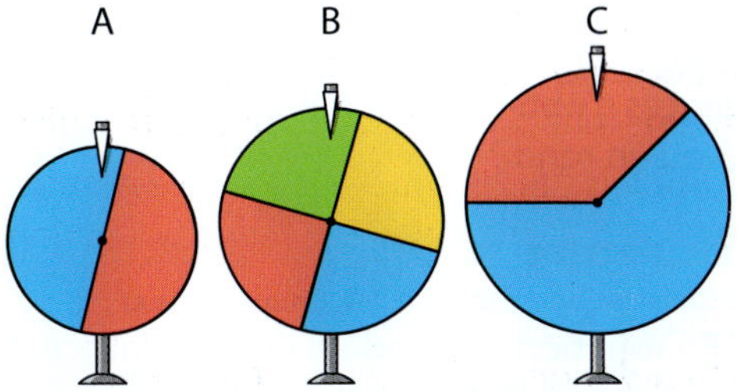

• Avec quelle roue a-t-on le plus de chances de gagner ?

75 Cible
Modéliser, Représenter, Chercher, Calculer, Communiquer

On lance une fléchette sur une cible et on gagne si on atteint la zone verte.

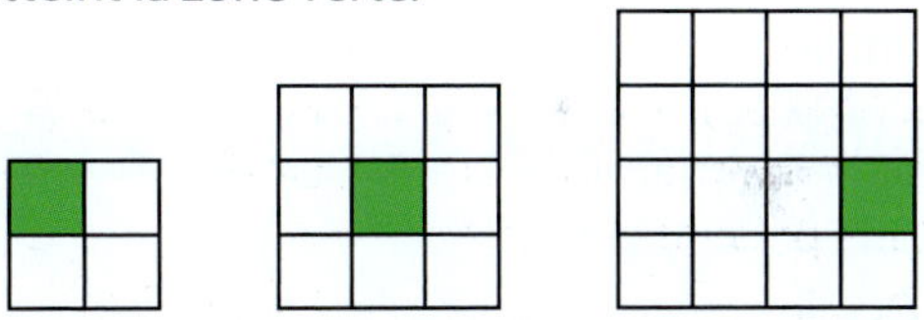

• En admettant que la fléchette atteigne la cible pour tous les lancers, avec quelle cible est-il préférable de jouer ?

76 Fête foraine
Modéliser, Chercher, Calculer

Au stand d'une fête foraine, un jeu consiste à tirer au hasard un billet de loterie dans un sac contenant exactement 180 billets.
– 4 de ces billets permettent de gagner une grande peluche.
– 12 permettent de gagner une petite peluche.
– 36 permettent de gagner un porte-clés.
– 68 permettent de gagner un autocollant.
– Les autres billets sont des billets perdants.

1. Quelle est la probabilité pour un participant de gagner un porte-clés ?

2. Quelle est la probabilité pour un participant de gagner une peluche (grande ou petite) ?

3. Quelle est la probabilité pour un participant de ne rien gagner ?

Problèmes

77 Cartes à jouer

Modéliser, Chercher, Raisonner, Calculer, Communiquer

Clémentine possède un jeu de 6 cartes un peu spécial.

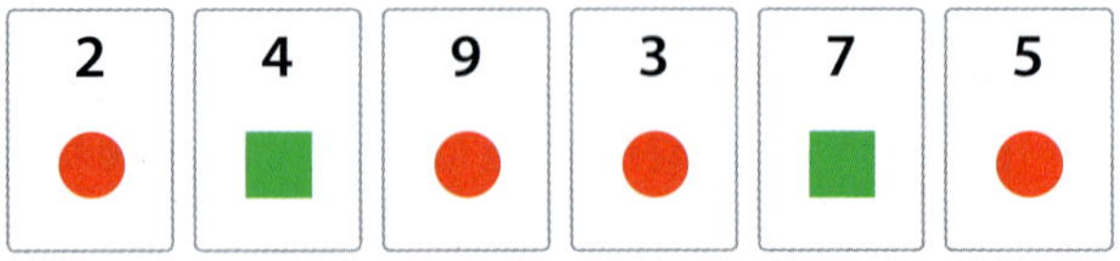

Elle les mélange et les pose sur la table à l'envers puis retourne la première carte.

- En retournant la deuxième carte, a-t-elle plus de chances d'obtenir un nombre strictement supérieur à 3 ou un rond ?

78 Calculatrice

Modéliser, Chercher, Calculer, Communiquer

1. En fonction du modèle de calculatrice, taper la séquence suivante.

CASIO Fx–92 + Spéciale Collège

TI Collège Plus

Numworks

2. Taper plusieurs fois sur la touche « EXE » ou « entrer » selon le modèle. À quoi sert cette séquence ?

3. Quelle est probabilité d'obtenir un multiple de 3 ?

79 Stupeur et tremblements

Modéliser, Communiquer

Une chaine de télévision a diffusé un documentaire sur les tremblements de terre et la fréquence à laquelle ils se produisent. Ce reportage comprenait un débat sur la prévisibilité des tremblements de terre. Un géologue a affirmé : « Au cours des vingt prochaines années, la probabilité qu'un tremblement de terre se produise à Zedville est de deux sur trois. »

Parmi les propositions suivantes, laquelle exprime le mieux ce que veut dire ce géologue ?

1. Puisque $\frac{2}{3} \times 20 \approx 13,3$, il y aura donc un tremblement de terre à Zedville dans 13 à 14 ans à partir de maintenant.

2. $\frac{2}{3}$ est supérieur à $\frac{1}{2}$, on peut donc être certain qu'il y aura un tremblement de terre à Zedville au cours des vingt prochaines années.

3. La probabilité d'avoir un tremblement de terre à Zedville dans les vingt prochaines années est plus forte que la probabilité de ne pas en avoir.

4. On ne peut pas dire ce qui se passera, car personne ne peut être certain du moment où un tremblement de terre se produit.

D'après PISA.

DÉFIS & ÉNIGMES

80 Qui est-ce ?

Jimi et Ewan jouent au jeu « Qui est-ce ? ». Jimi doit trouver la carte personnage détenue par Ewan. Il sait que cela ne peut pas être Hugo, qu'il doit lui-même faire découvrir à Ewan. Jimi est un peu perdu dans les dernières questions qu'il a posées : il se souvient uniquement que le personnage qu'il doit trouver porte des lunettes ou que c'est une fille (qui porte éventuellement des lunettes). Il tente alors le tout pour le tout et fait une proposition de personnage.

- Quelle est la probabilité que Jimi gagne ?

81 Surligneurs

Alix demande à son frère Bastien de placer côte à côte et de façon aléatoire trois surligneurs de couleurs différentes : jaune, rose et bleu.

- Quelle est la probabilité que Bastien place les trois surligneurs comme ci-dessus ?

82 CALCUL MENTAL Salaires

Représenter, Calculer, Chercher

Voici la répartition des salaires nets mensuels, en euros, dans l'entreprise Mario :

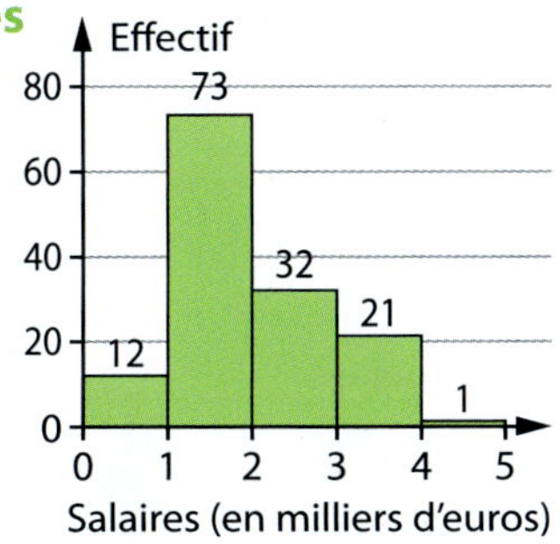

1. Combien d'employés y a-t-il dans l'entreprise Mario ?
2. On croise un employé. Y a-t-il plus de chances qu'il gagne moins de 2 000 € ou plus de 2 000 € ?

83 Périmètre

Modéliser, Calculer

On exécute le script ci-dessous.

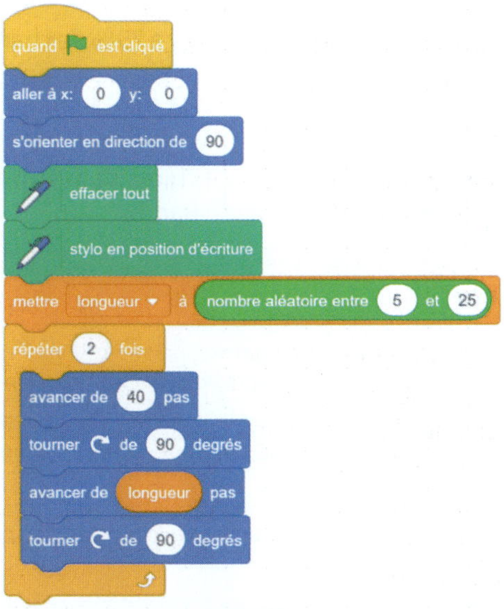

1. Que trace le lutin ?
2. Quelle est la probabilité que la figure tracée ait un périmètre de 126 pas ?

84 Sans pièce

Prise d'initiative

Modéliser, Chercher, Calculer, Communiquer

On souhaite tirer à « Pile » ou « Face » mais on n'a pas de pièce à disposition.

- Comment pourrait-on faire autrement ?

85 Puissance 4

Modéliser, Chercher, Calculer, Communiquer

Au jeu « puissance 4 », il faut aligner 4 pions de la même couleur pour gagner. On est en cours de partie et c'est au joueur qui a les pions jaunes de jouer.

- Si le joueur met son pion au hasard dans une des colonnes, quelle est la probabilité qu'il gagne ?

86 Bissextile

Prise d'initiative

Modéliser, Chercher, Calculer, Communiquer

Une année est bissextile si :

– elle est divisible par 4 mais pas par 100

ou

– elle est divisible par 400.

On choisit une année au hasard entre 2010 et 2020 (inclus).

- Quelle est la probabilité qu'elle soit bissextile ?

87 Pièce ou dé

Prise d'initiative

Modéliser, Chercher, Calculer, Communiquer

Ilian et Amandine jouent l'un contre l'autre à un jeu. L'un lance une pièce équilibrée et marque 3 points s'il obtient « Face » et 6 points s'il obtient « Pile ». L'autre lance un dé équilibré à 6 faces et marque le nombre de points correspondant à son tirage. Ilian laisse le choix à Amandine.

- Vaut-il mieux qu'elle choisisse la pièce ou le dé ?

MISSION DÉMONSTRATION

Raisonnement Le contre-exemple

Pour justifier qu'une affirmation générale est fausse, il suffit de donner un seul **contre-exemple**, c'est-à-dire un exemple particulier pour lequel l'affirmation est fausse.

88 Une roue de loterie est découpée en secteurs identiques comme ci-contre. On tourne la roue et on note la couleur obtenue.

Maya affirme : « Si je repeins un secteur de la roue d'une des couleurs déjà présentes dans la roue, quels que soient la couleur et le secteur choisis, la probabilité d'obtenir la couleur verte est modifiée. »

- Que peut-on dire de l'affirmation de Maya ? Justifier.

89 On considère une urne opaque contenant 10 boules de deux couleurs différentes : jaune ou verte. On tire une boule au hasard, puis on regarde sa couleur. Giovanni affirme que, quelle que soit la répartition des boules dans l'urne, si on ajoute dans l'urne un nombre identique de boules jaunes et de boules vertes, alors la probabilité d'obtenir une boule jaune est inchangée.

- Que peut-on dire de l'affirmation de Giovanni ? Justifier.

Travailler autrement

Utilisable en AP

À chacun son parcours !

90 Résolution de problème

Socle D1 Je comprends, je m'exprime en utilisant les langages mathématiques.

Socle D2 Je sais identifier un problème, m'engager dans une démarche de résolution, mobiliser les connaissances nécessaires.

La chienne de Julia, Bambi, a eu une portée de chiots. Il y en a de deux couleurs : 3 blancs et des noirs.
Pendant la nuit, l'un des chiots saute sur le lit de Julia.

Questions ceinture jaune

Il y deux fois plus de chiots noirs que de chiots blancs.

1. Quelle est la probabilité que le chiot sautant sur le lit de Julia soit noir ?

2. Julia affirme qu'il y a plus de 3 chances sur 4 que cela se produise. A-t-elle raison ?

Question ceinture verte

Il y a 1 chance sur 3 que le chiot sautant sur le lit de Julia soit blanc.

- Combien y a-t-il de chiots dans la portée de Bambi ?

Question ceinture noire

Il y a 75 % de chances que le chiot sautant sur le lit de Julia soit noir.

- Combien y a-t-il de chiots dans la portée de Bambi ?

91 Résolution de problème

Socle D1 Je comprends, je m'exprime en utilisant les langages mathématiques. J'utilise des représentations d'expériences.

Socle D2 Je sais identifier un problème, m'engager dans une démarche de résolution, mobiliser les connaissances nécessaires.

Socle D4 Je prélève, organise et traite l'information utile ; je modélise pour représenter une situation ; je rends compte de ma démarche.

Eliott, Naomi et Sarah ont chacun un sac contenant des billes. Chacun tire au hasard une bille dans son sac.
Le contenu des sacs est le suivant :

Eliott Naomi Sarah

Questions ceinture jaune

1. Lequel de ces élèves a la probabilité la plus grande de tirer une bille rouge ? Justifier.

2. Lequel de ces élèves a la probabilité la plus faible de tirer une bille rouge ? Justifier la réponse.

Question ceinture verte

On souhaite que Sarah ait la même probabilité qu'Eliott de tirer une bille rouge.

- Avant le tirage, combien de billes noires faut-il ajouter pour cela dans le sac de Sarah ? Justifier la réponse.

Question ceinture noire

On souhaite que les trois élèves aient la même probabilité de tirer une bille rouge.

- Avant le tirage, combien de billes noires faut-il ajouter pour cela dans les sacs de Naomi et de Sarah ? Justifier la réponse.

10 Construction et transformation de figures

TA MISSION

Découvrir un nouveau type de symétrie.

JEU

- À quelle heure Alix a-t-elle pris ce selfie ?

POINT INFO

L'artiste néerlandais Maurits Cornelis Escher (1898–1972) a été fortement inspiré par les mathématiques.
Jour et Nuit (1938) est une gravure où deux villages symétriques s'opposent, l'un représentant le jour et l'autre la nuit.

Voir problème 67 p. 214.

Activités

Prêts pour le décollage ?

QUESTIONS FLASH Questions flash supplémentaires

1 Dans chaque cas, dire si les personnages sont symétriques par rapport à la droite *d*.

① 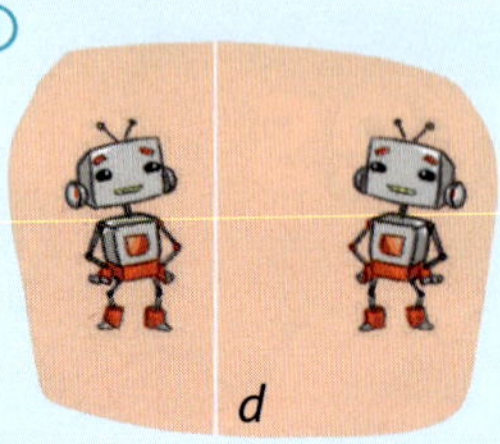

② 

③ 

④ 

2 Parmi les figures suivantes, indiquer si la droite *d* est la médiatrice du segment [AB]. Justifier la réponse.

ⓐ 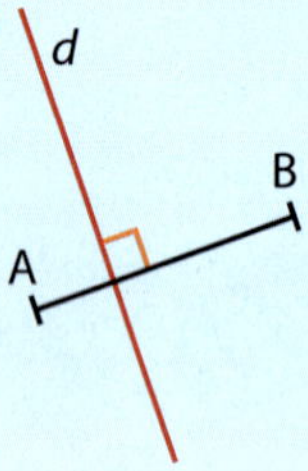

ⓑ 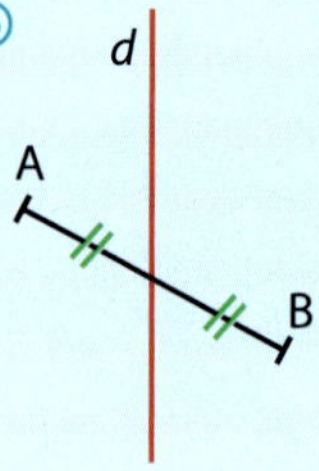

ⓒ 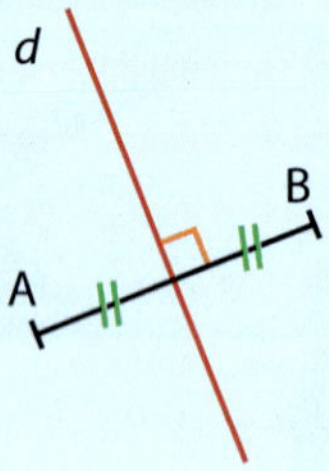

3 Les panneaux de signalisation suivants ont-ils des axes de symétrie ?

Sens interdit à tous les véhicules

Circulation dans les deux sens

Arrêt à l'intersection

Interdiction de dépasser la vitesse indiquée sur le panneau

Route prioritaire

Intersection où le conducteur doit céder le passage aux véhicules débouchant de sa droite

4 Parmi les figures suivantes, indiquer si le point O est le milieu du segment [AB]. Justifier la réponse.

ⓐ 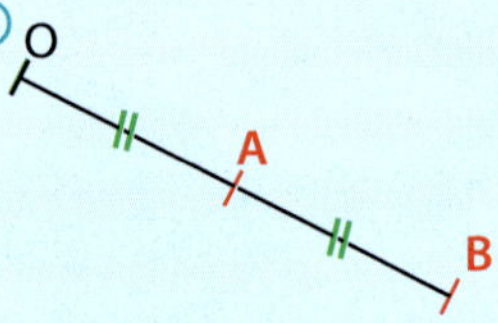

ⓑ 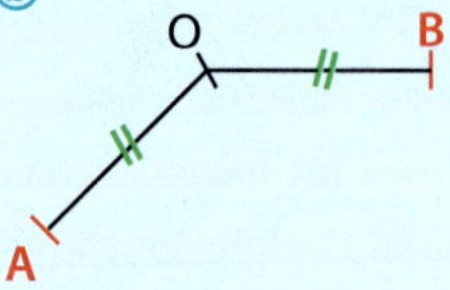

ⓒ 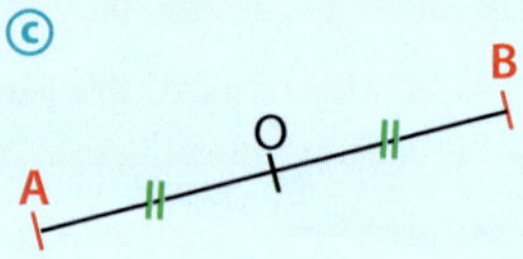

Activité 1 La disparition

Prise d'initiative

Carla veut construire le symétrique de la droite (AB) par rapport à une droite *d*. Malheureusement, la droite *d* a été effacée.
Il reste quand même le point A′ symétrique de A par rapport à *d*.

- Comment doit-elle faire ?

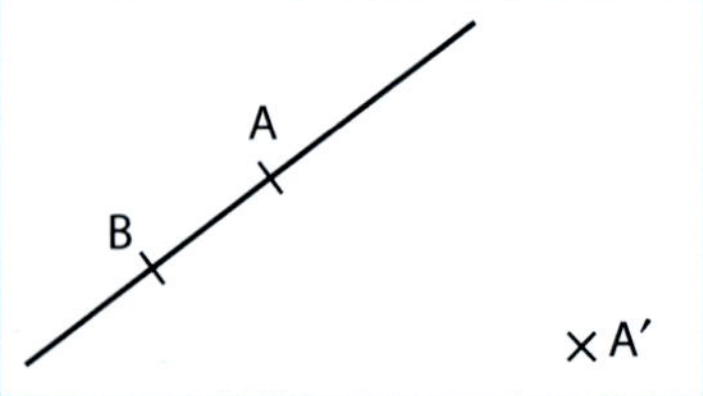

Activité 2 Que fait cocotte ?

Cocotte la petite poulette se promène dans la cour de la ferme. On a schématisé ci-contre ses positions à différents moments de sa promenade.

- Décrire le déplacement qu'elle a effectué pour passer de chaque position à la suivante.

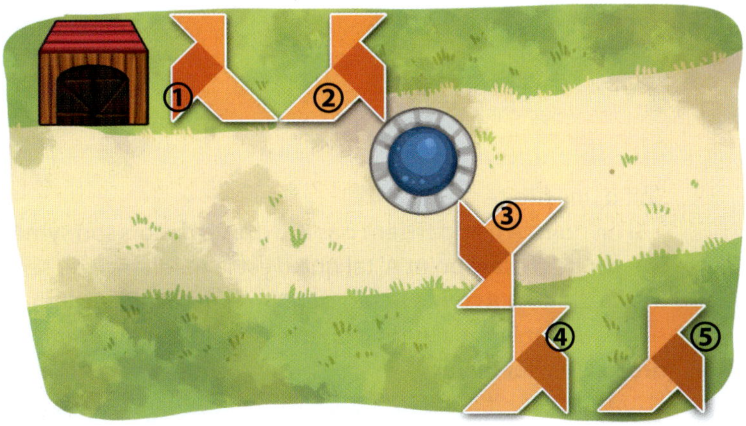

Activité 3 Où est le centre de symétrie ?

1. Ouvrir le fichier logiciel. Les deux cocottes sont symétriques par rapport à un point O. Le but de l'activité est de trouver la position de ce point O.
2. À l'aide de l'outil « segment », construire les segments [AA'], [BB'] et [CC'].
3. À l'aide de l'outil « déplacer », sélectionner la cocotte C_1 et la faire bouger.
4. Que peut-on remarquer ? Décrire une méthode générale pour déterminer la position du centre de symétrie d'une figure.

Activité 4 Qui est l'intrus ?

Prise d'initiative

Trouver l'intrus parmi les quatre cartes ci-dessous.

Activité 5 Construction de frise

Candice souhaite décorer le contour de sa future piscine d'une frise faite à l'aide de petits carreaux carrés. En voici le motif :

1. En observant cette frise de mosaïque, décrire comment elle peut être obtenue en utilisant le motif bleu ① et des symétries centrales.
2. En prenant comme unité le petit carreau carré, comparer les aires du motif bleu ① et du motif noir ②, puis celles du motif noir ② et du motif bleu ③. Que peut-on en conclure ?
3. Sur une feuille quadrillée, reproduire le motif bleu ① puis construire la frise de mosaïques en utilisant les symétries trouvées en 1.

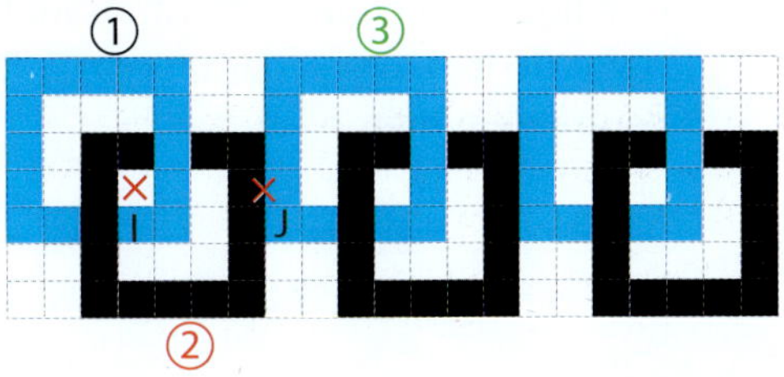

Cours

1 Transformer une figure par symétrie axiale

Définition

Soit *d* une droite.

- **Si un point A n'appartient pas à la droite *d***, alors son **symétrique par rapport à la droite *d*** est le point A′ tel que *d* est la médiatrice du segment [AA′] (c'est-à-dire la droite qui coupe le segment [AA′] perpendiculairement en son milieu).
- **Si un point B appartient à la droite *d***, alors son **symétrique par rapport à la droite *d*** est lui-même.

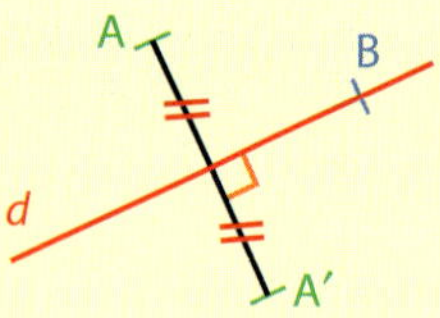

Définition

Soit $\mathscr{F}$ une figure et *d* une droite.
On appelle **symétrique de la figure** $\mathscr{F}$ par rapport à la droite *d* la figure obtenue en construisant le symétrique de chaque point de la figure $\mathscr{F}$. La droite *d* est appelée **axe de symétrie**.

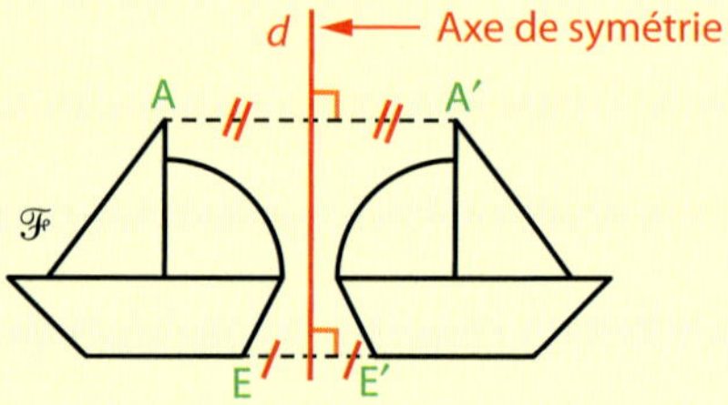

Propriété

Deux figures symétriques par rapport à une droite *d* sont superposables : elles se superposent quand on « plie » le long de cette droite.

2 Transformer une figure par symétrie centrale

Définition

Soit O un point. Par la **symétrie de centre O** :

- le **symétrique** d'un **point C distinct de O** est le point C′ tel que O est le milieu du segment [CC′] ;
- le symétrique du **point O** est lui-même.

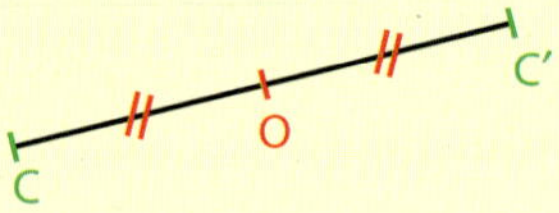

Définition

Soit $\mathscr{F}$ une figure et O un point.
On appelle **symétrique de la figure** $\mathscr{F}$ par rapport au point O la figure obtenue en construisant le symétrique de chaque point de la figure $\mathscr{F}$ par rapport à O. Le point O est appelé **centre de symétrie**.

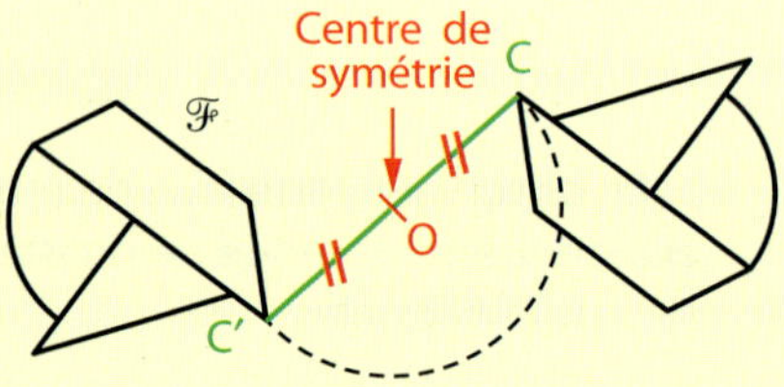

Propriété

Deux figures symétriques par rapport à un point O se superposent lorsqu'on effectue un demi-tour autour du point O.

Savoir-faire

Apprends à l'aide des exercices résolus puis entraine-toi !

1 Transformer une figure par symétrie axiale

1 Construire le symétrique A′ du point A par rapport à la droite d_1.

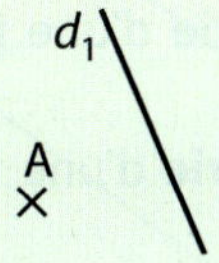

Solution

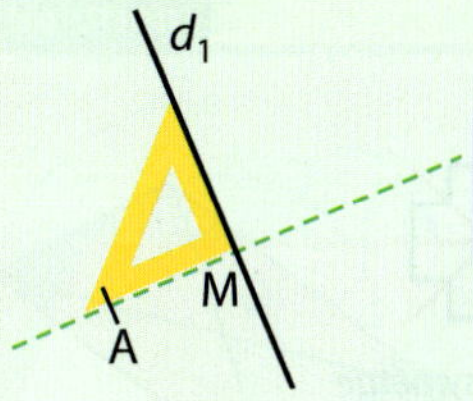

On commence par tracer la droite perpendiculaire à d_1 qui passe par A.

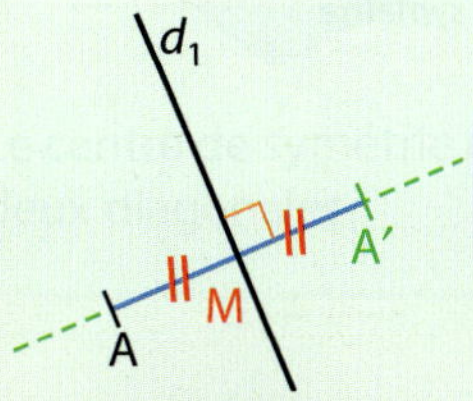

On place ensuite le point A′ sur cette droite tel que MA′ = AM.

2 Construire le symétrique du triangle IJK par rapport à la droite d_2.

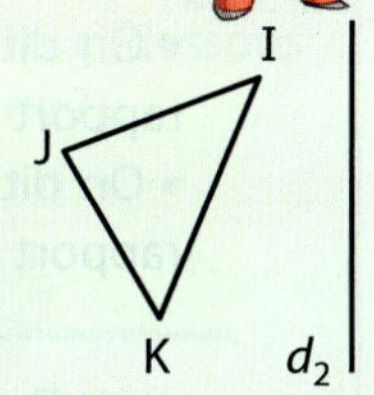

Solution

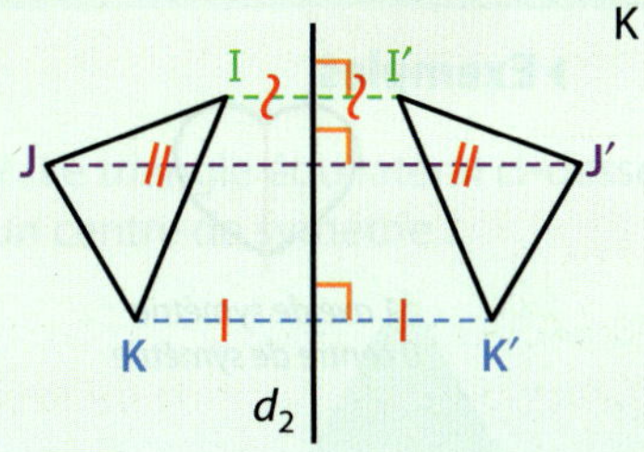

On trace le symétrique de chaque sommet : I′ symétrique de I, puis J′ symétrique de J et enfin K′ symétrique de K.

À toi de jouer

3 **1.** Tracer un triangle TOM quelconque.
2. Construire le symétrique du triangle TOM par rapport à la droite (TO).

→ Corrigé p. 311

2 Transformer une figure par symétrie centrale

4 Construire le symétrique B′ du point B par rapport au point O_1.

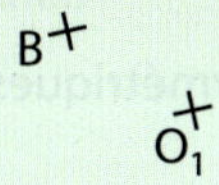

Solution

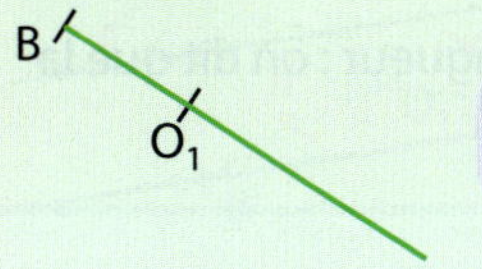

On commence par tracer la demi-droite $[BO_1)$.

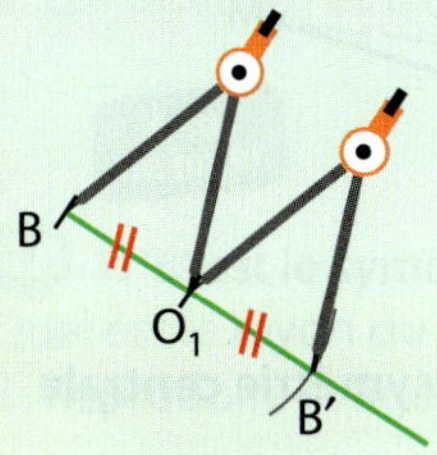

À l'aide du compas, on reporte la longueur BO_1 à partir du point O_1, puis on place le point B′.

5 Construire le symétrique du triangle EFG par rapport au point O_2.

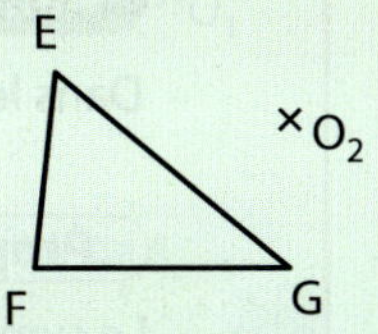

Solution

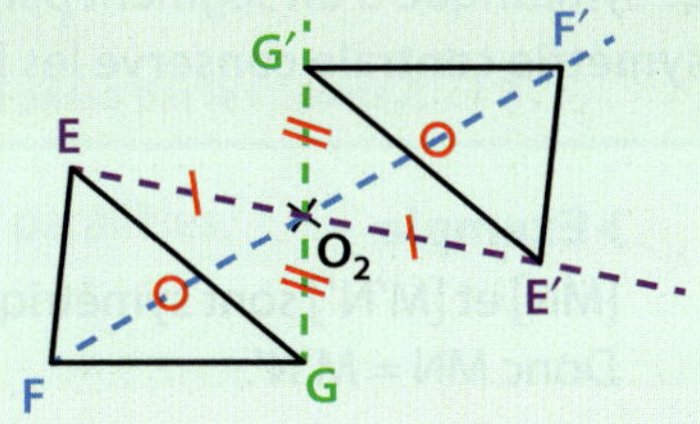

On construit le symétrique de chaque sommet par rapport au point O_2. E′ est le symétrique de E, F′ est le symétrique de F et G′ est le symétrique de G.

À toi de jouer

6 **1.** Construire un triangle SAM quelconque.
2. Construire le symétrique du triangle SAM par rapport au point A.

→ Corrigé p. 311

Exercices

Ressources téléchargeables

Transformer une figure par symétrie axiale

→ Savoir-faire p. 205

QUESTIONS FLASH

12 **Vrai ou faux ?**
Dans chaque cas, dire si les points A et B sont symétriques par rapport à la droite d. Justifier.

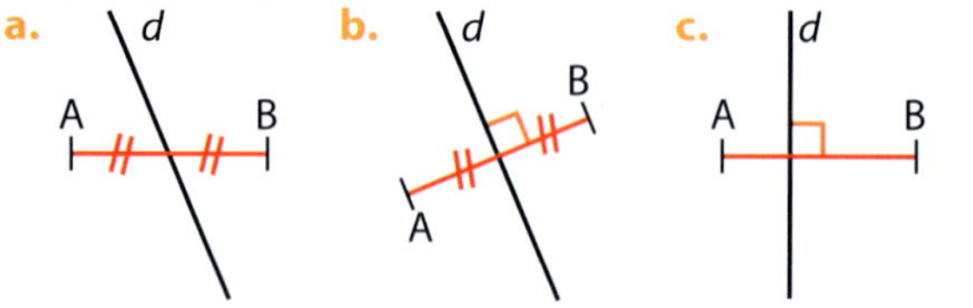

13 **Vrai ou faux ?**
Dire si les droites noires semblent symétriques par rapport à la droite d.

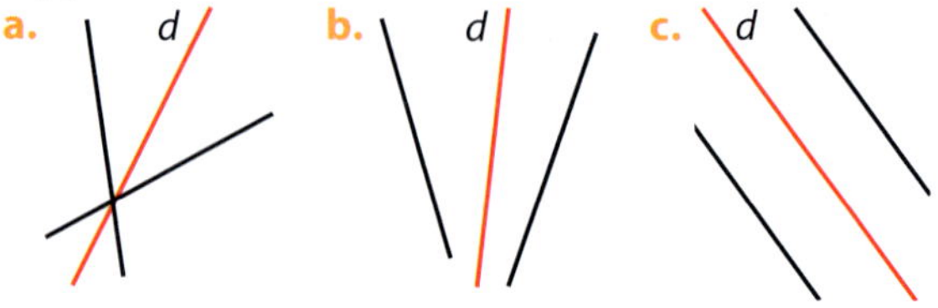

14 **Vrai ou faux ?**
Dire si les papillons semblent symétriques par rapport à la droite d.

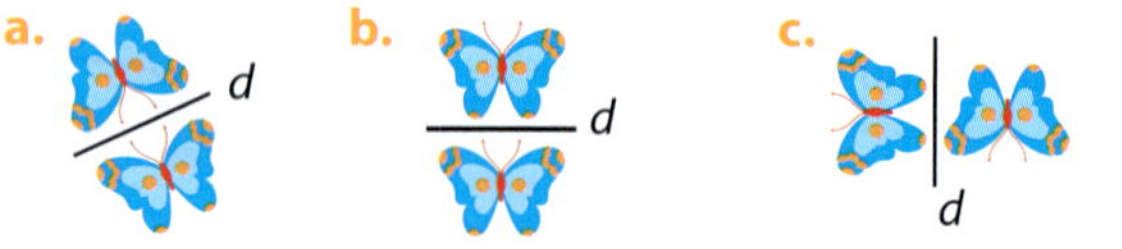

Questions flash supplémentaires

15 Reproduire la figure puis construire le symétrique du point A par rapport aux droites d_1, d_2, d_3 et d_4.

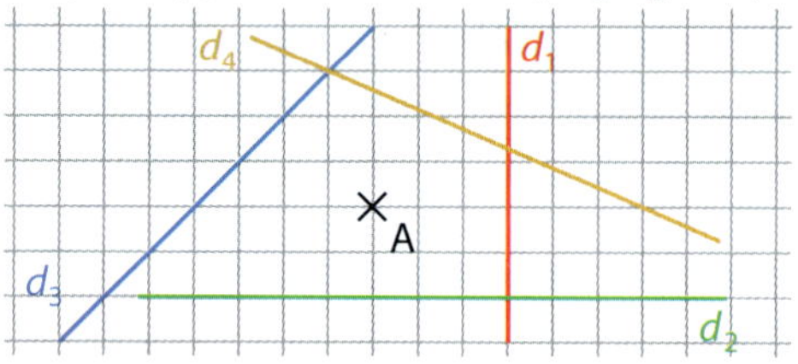

16 Reproduire une figure comme celle proposée ci-contre et construire les symétriques des points A, B et C par rapport à la droite d.

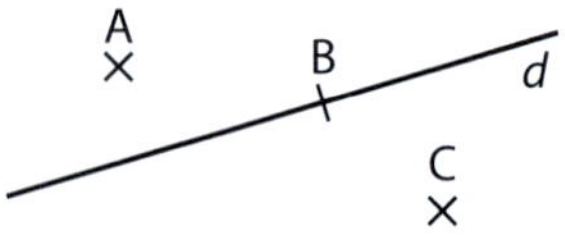

17 Dans chacun des cas suivants, reproduire une figure comme celle proposée et construire le symétrique de la droite d_1 par rapport à la droite d.

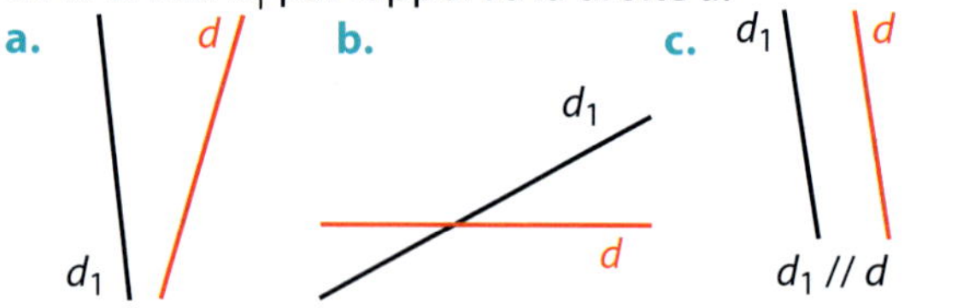

18 Dans chacun des cas suivants, reproduire la figure et construire le symétrique du polygone par rapport à la droite d.

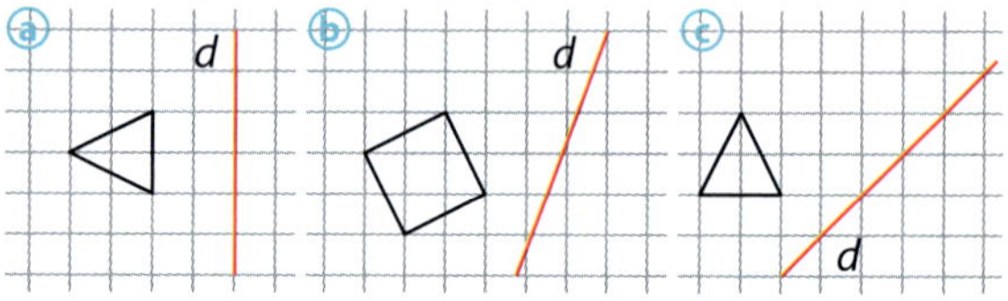

19 Dans chacun des cas suivants, construire une figure comme celle proposée puis construire le symétrique du triangle ABC par rapport à la droite d.

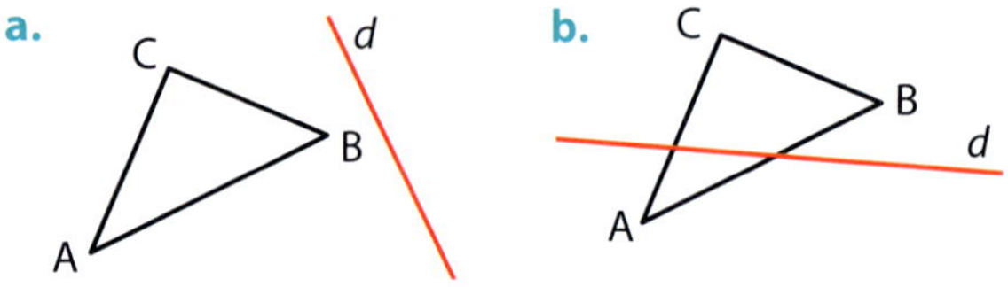

20 Dans chacun des cas suivants, reproduire la figure et construire le symétrique du polygone bleu par rapport à la droite d_1 puis par rapport à la droite d_2.

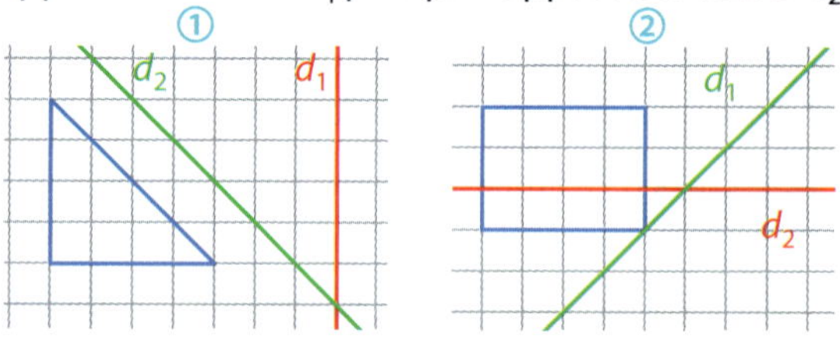

MODE EXPERT

21 Reproduire la figure et construire le symétrique du rectangle bleu par rapport à la droite d_1 puis par rapport à la droite d_2.

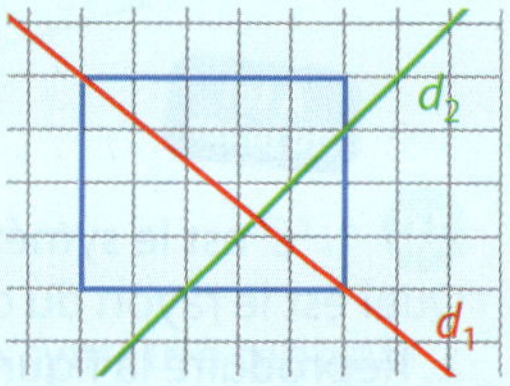

22 Construire une figure comme celle proposée puis construire son symétrique par rapport à la droite d.

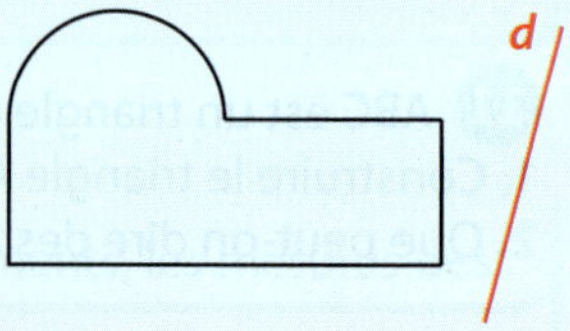

Transformer une figure par symétrie centrale

→ Savoir-faire p. 205

QUESTIONS FLASH

23 **Vrai ou faux ?**
Dans chaque cas, dire si les points A et B sont symétriques par rapport au point O. Justifier.

a.

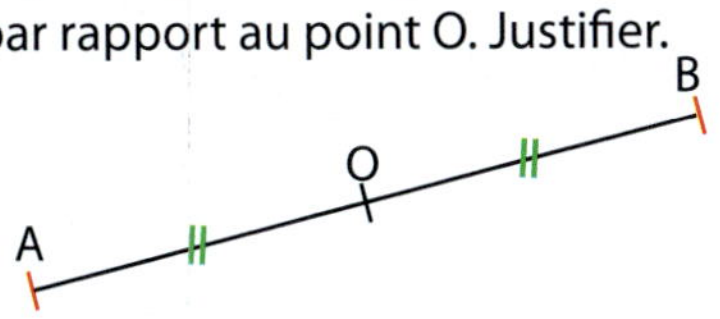

b.

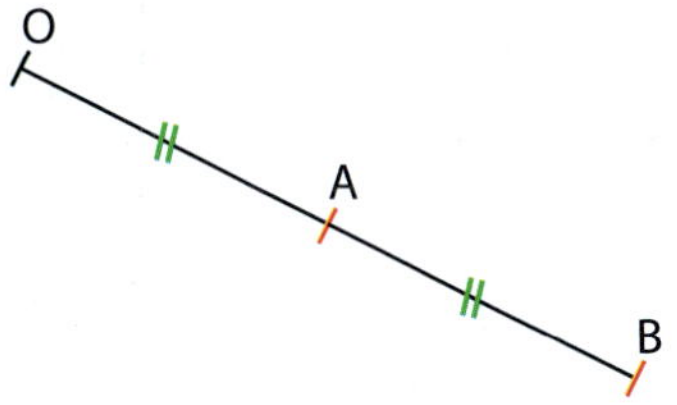

c.

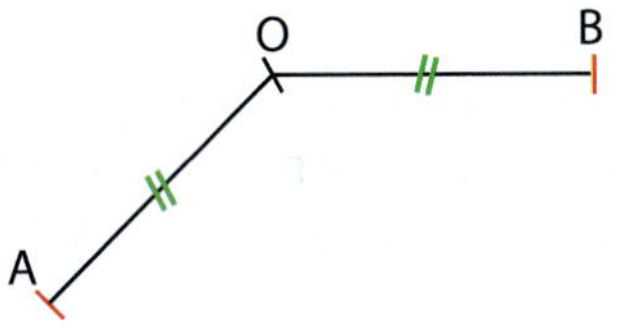

24 Les figures suivantes semblent-elles symétriques par rapport au point O ?

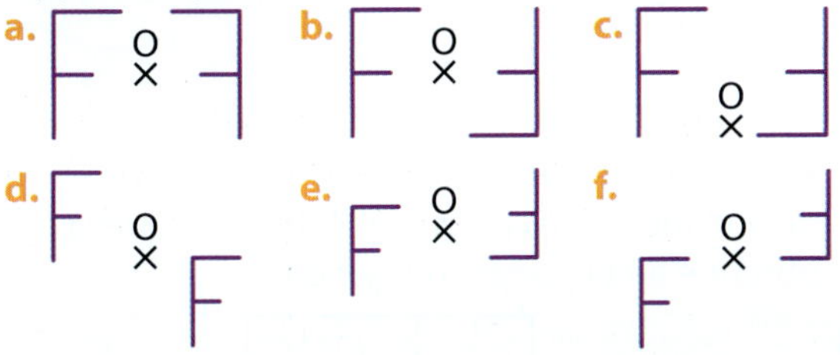

25 Chacune des figures suivantes est symétrique par rapport au point A, B ou C. Quel est ce point ?

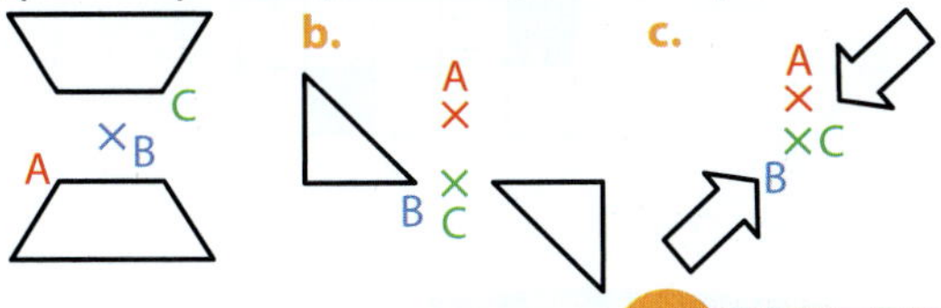

Questions flash supplémentaires

26 Observer le quadrillage et compléter les phrases par le point qui convient.

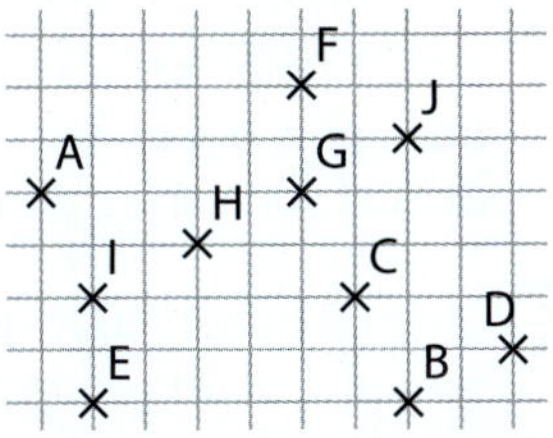

a. Le symétrique du point A par rapport à H est …
b. … est le symétrique de J par rapport à G.
c. E et F sont symétriques par rapport à …
d. Le symétrique de H par rapport à C est …
e. … est le milieu du segment [BG].

27 Dans chacun des cas suivants, reproduire une figure comme celle proposée et tracer à main levée le symétrique de la lettre T par rapport au point O.

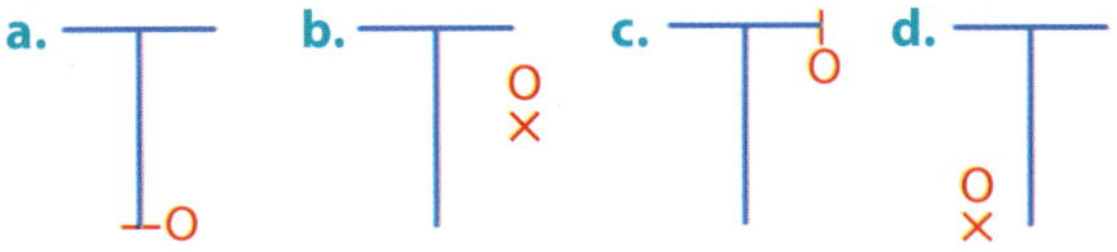

28 **1.** Reproduire la figure ci-contre.

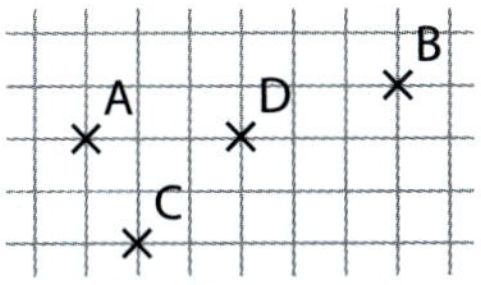

2. Construire les symétriques de ces quatre points par rapport au point D.
3. Construire les symétriques des points A, B, C et D par rapport au point C.

29 **1.** Reproduire une figure comme celle proposée ci-contre.

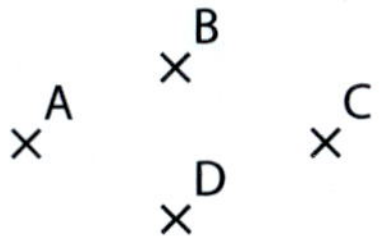

2. Construire les symétriques de ces quatre points par rapport au point D.
3. Construire les symétriques des points A, B, C et D par rapport au point B.

30 Tracer un segment [MN] de longueur 7,4 cm. Les points M et N sont symétriques par rapport à un point O.
- En justifiant le tracé, placer ce point O.

31 Dans chacun des cas suivants, reproduire la figure et construire le symétrique du polygone par rapport au point O.

a.

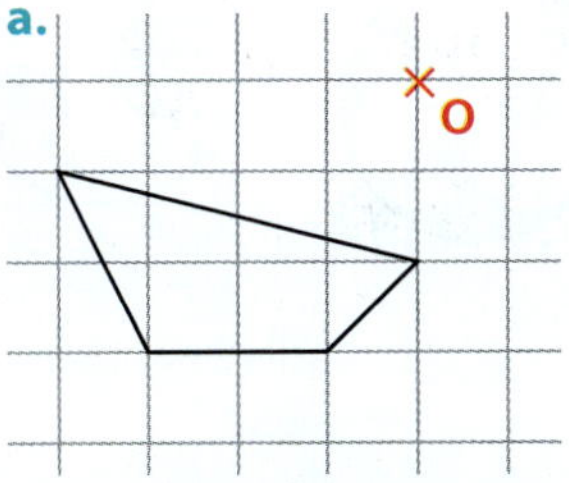

b.

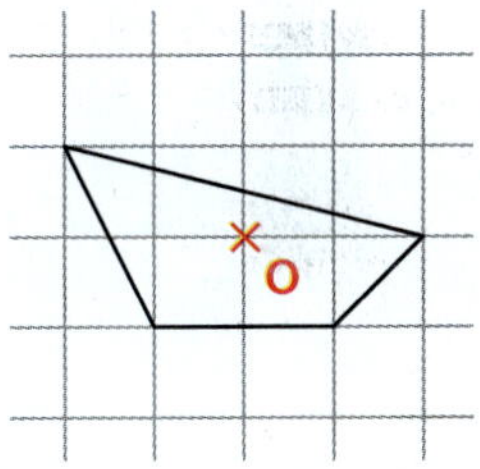

MODE EXPERT

32 Reproduire cette figure et construire le symétrique du polygone par rapport au point O.

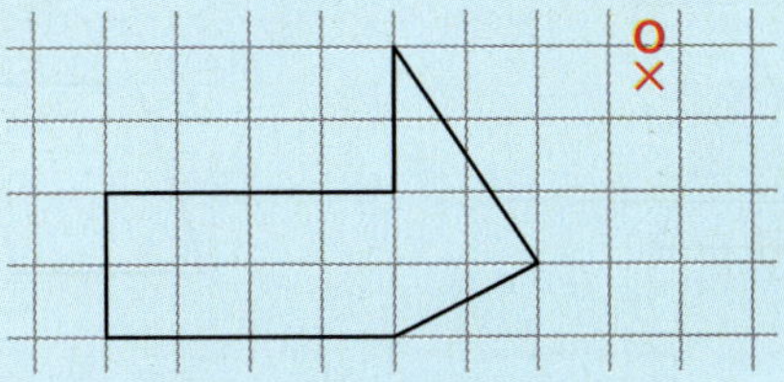

33 Construire une figure comme celle proposée ci-contre puis construire le symétrique de la flèche par rapport au point O.

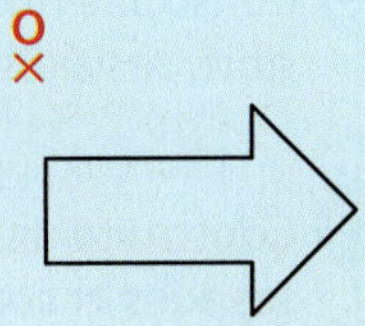

Exercices

Reconnaitre un axe ou un centre de symétrie

→ Savoir-faire p. 207

QUESTIONS FLASH

34 Les lettres suivantes ont-elles des axes ou un centre de symétrie ?

H E Z

35 Les drapeaux suivants ont-ils des axes ou un centre de symétrie ?

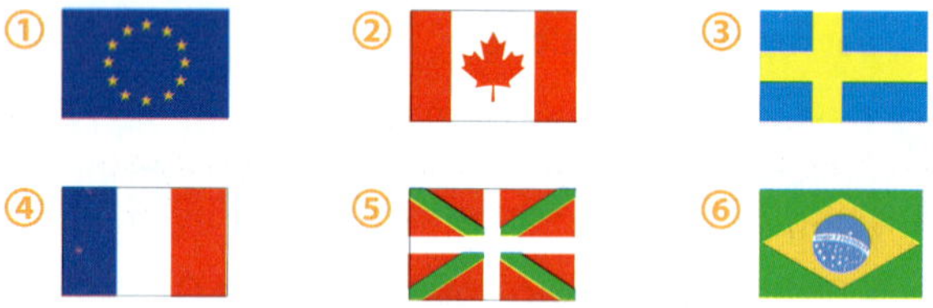

36 Les figures suivantes ont-elles des axes ou un centre de symétrie ?

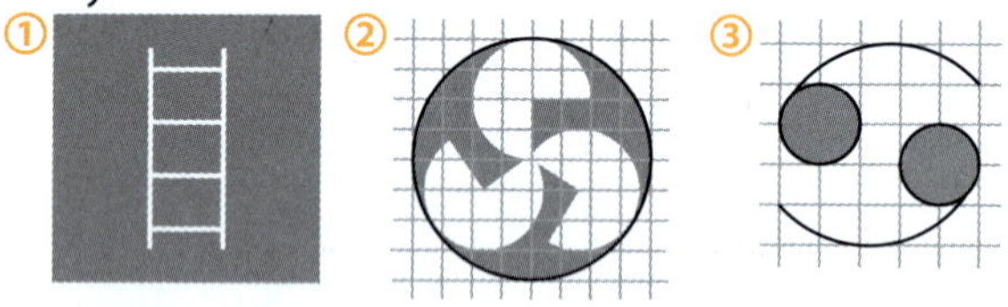

Questions flash supplémentaires

37 Reproduire les figures suivantes et tracer, quand c'est possible, leurs axes de symétrie et leur centre de symétrie.

a.

b.
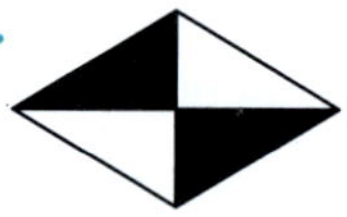

c.
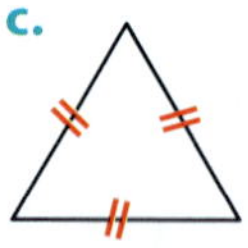

d.
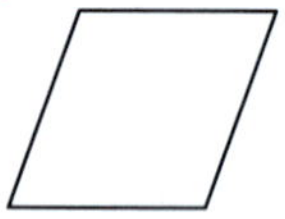

38 Construire un triangle isocèle puis tracer, si c'est possible, ses axes et son centre de symétrie.

39 Construire un rectangle puis tracer, si c'est possible, ses axes et son centre de symétrie.

40 Associer chaque figure à l'affirmation qui lui correspond.

Je suis une figure avec 1 axe de symétrie et pas de centre de symétrie. •	• 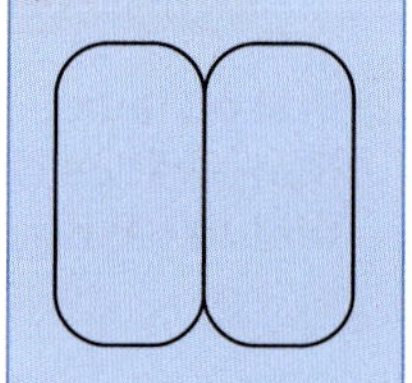
Je suis une figure avec 2 axes de symétrie et un centre de symétrie. •	• 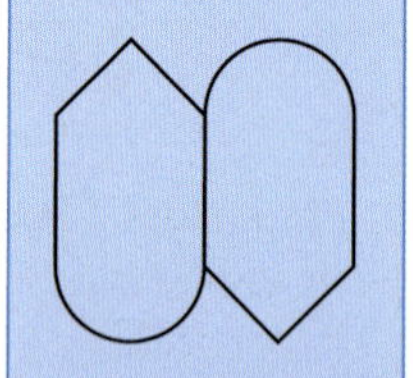
Je suis une figure avec 3 axes de symétrie et pas de centre de symétrie. •	• 
Je suis une figure avec aucun axe de symétrie et un centre de symétrie. •	• 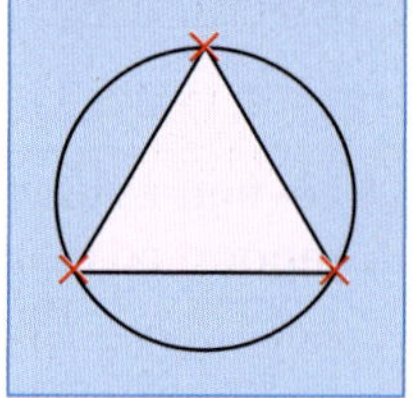

41 Reproduire la figure suivante et la compléter en coloriant le moins de carrés possibles pour que la figure obtenue ait un centre de symétrie.

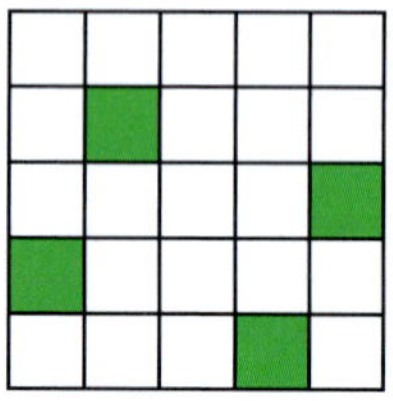

MODE EXPERT

42 Construire un cerf-volant composé de deux triangles isocèles ayant la même base puis tracer, si c'est possible, ses axes et son centre de symétrie.

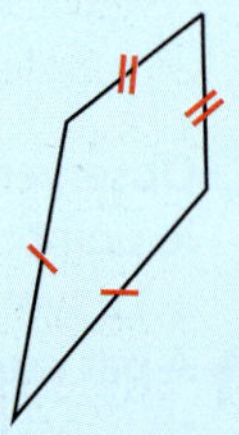

43 Citer un quadrilatère qui a exactement deux axes de symétrie et un centre de symétrie.

44 Citer un quadrilatère avec un centre de symétrie mais pas d'axe de symétrie.

Utiliser les propriétés de la symétrie centrale

→ Savoir-faire p. 207

QUESTIONS FLASH

45 Dans quel cas les droites semblent-elles symétriques par rapport au point O ?

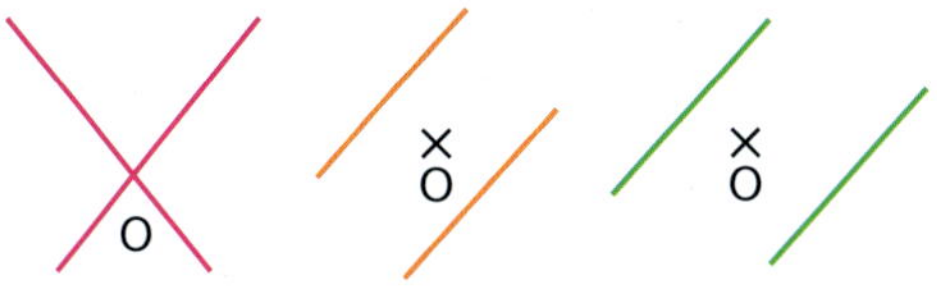

46 Est-il possible de trouver un point O tel que le segment [A′B′] soit le symétrique du segment [AB] par rapport à O ?

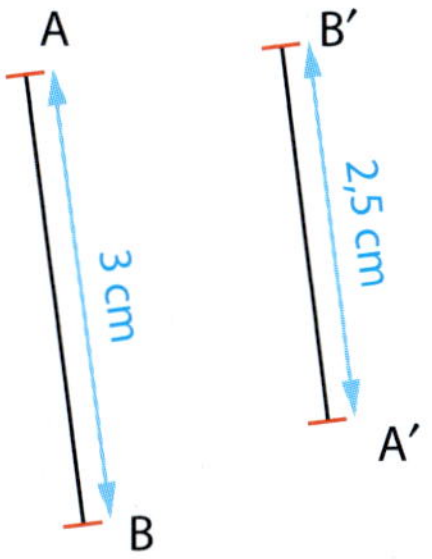

47 $\mathscr{C}$ est un cercle de rayon 3 cm.

- Quel est le diamètre du cercle $\mathscr{C}'$ symétrique de $\mathscr{C}$ par rapport à un point O ?

48 Une figure a une aire de 12 cm².

- Quelle est l'aire du symétrique de cette figure par rapport à un point O ?

Questions flash supplémentaires

49 Dans chacun des cas suivants, construire une figure comme celle proposée puis construire son symétrique par rapport à O_1 puis par rapport à O_2.

a.

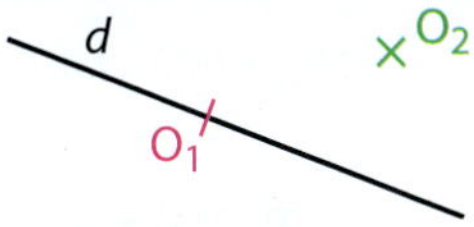

b.

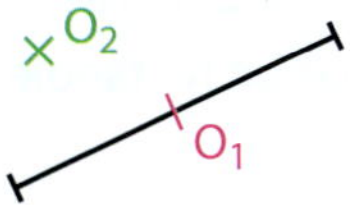

50 **1.** Reproduire cette figure où $\mathscr{C}$ est un cercle de centre O et de rayon 3 cm.

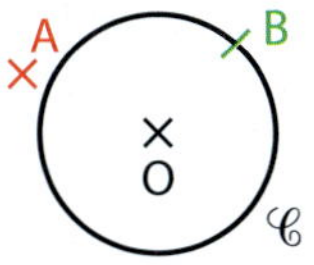

2. Construire le symétrique de $\mathscr{C}$ par rapport :

a. au point A

b. au point B

c. au point O

51 **1.** Tracer un segment [EF] de longueur 4 cm. Placer un point I qui n'appartient pas à [EF]. Construire le symétrique [E′F′] du segment [EF] par rapport à I.

2. Quelle est la longueur du segment [E′F′] ?

52 Les triangles ABC et A′B′C′ sont symétriques par rapport à O. Observer les indications sur la figure, puis recopier et compléter les phrases suivantes.

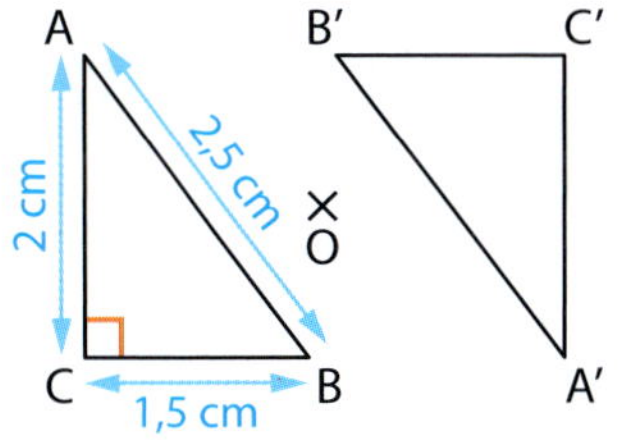

a. Le côté [A′B′] mesure … cm.

b. La mesure de l'angle $\widehat{ABC}$ est égale à la mesure de l'angle …

c. Le périmètre du triangle A′B′C′ est égal à … cm.

d. Le triangle A′B′C′ est un triangle …

53 ABCD est un rectangle tel que AB = 3 cm et BC = 2 cm. I est le milieu du segment [AB].

1. Tracer le symétrique du rectangle ABCD par rapport au point I.

2. Calculer l'aire de ce symétrique. Justifier la réponse.

MODE EXPERT

54 **1.** Reproduire la figure ci-dessous, composée de trois segments et d'un demi-cercle de diamètre [CD].

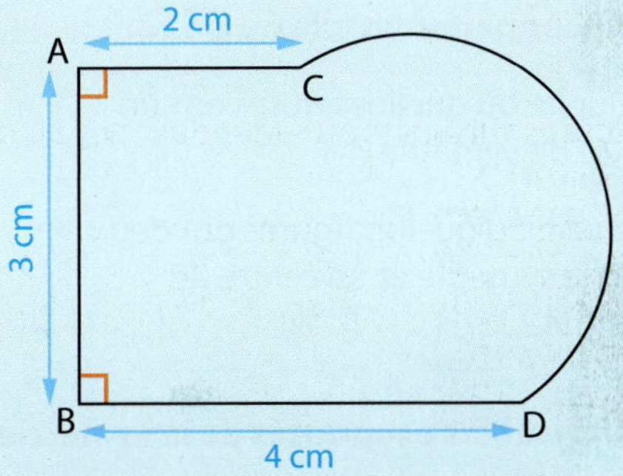

2. Construire le symétrique de cette figure par rapport au point D. Nommer A′, B′ et C′ les points ainsi obtenus.

3. Quelle est la longueur du segment [A′C′] ? Justifier.

55 **1.** Reproduire le quadrilatère suivant.

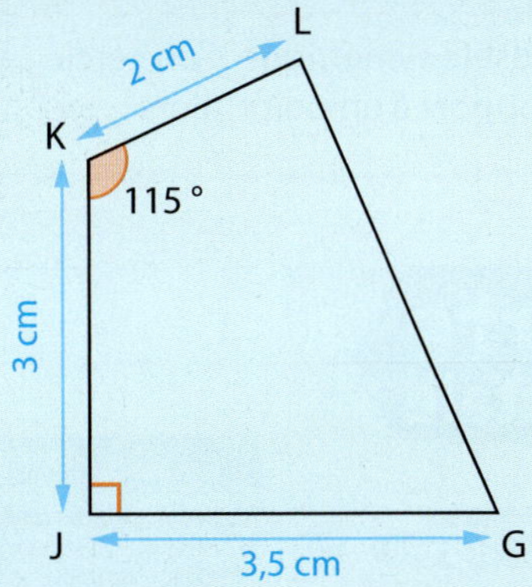

2. Placer le point M intersection de (KG) et (JL).

3. Construire le symétrique de GJKL par rapport au point M. Nommer G′J′K′L′ le quadrilatère obtenu.

4. Quelle est la mesure de l'angle $\widehat{J'K'L'}$? Justifier.

Faire le point

Version interactive du QCM

Vérifie tes connaissances.

QCM

Donner la ou les bonnes réponses parmi les trois proposées.

1 Transformer une figure par symétrie axiale

	Réponse A	Réponse B	Réponse C
1. Si deux points A et A′ sont symétriques par rapport à une droite *d*, alors on peut affirmer que :	*d* passe par le milieu de [AA′]	*d* est perpendiculaire à [AA′]	*d* est la médiatrice de [AA′]
2. Le symétrique d'une figure par symétrie axiale s'obtient en :	pliant le long d'une droite	effectuant un demi-tour autour d'un point	faisant glisser le long d'une droite

2 Transformer une figure par symétrie centrale

	Réponse A	Réponse B	Réponse C
1. Quelle ou quelles figures représentent deux quadrilatères symétriques par rapport à O ?	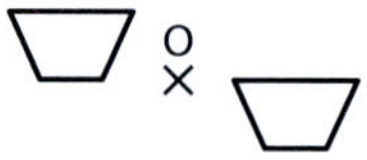	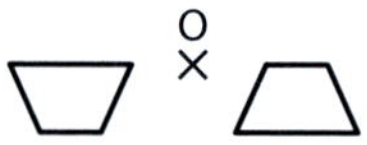	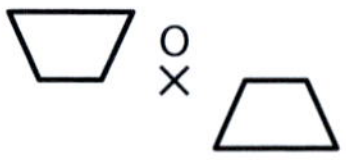
2. O est le milieu du segment [AB], alors :	B est le symétrique de O par rapport à A	O est le symétrique de A par rapport à B	B est le symétrique de A par rapport à O

3 Reconnaitre un axe ou un centre de symétrie

	Réponse A	Réponse B	Réponse C
1. Quelle ou quelles figures ont un centre de symétrie ?			
2. Quelle ou quelles figures ont deux axes de symétrie et un centre de symétrie ?		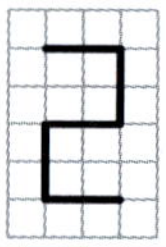	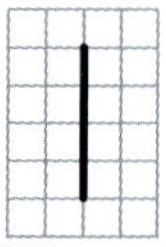

4 Utiliser les propriétés de la symétrie centrale

	Réponse A	Réponse B	Réponse C
1. Le symétrique d'une droite *d* par rapport à un point est une droite :	sécante à la droite *d*	parallèle à la droite *d*	perpendiculaire à la droite *d*
2. Si A′B′C′D′ est le symétrique d'un rectangle ABCD par rapport à un point, alors :	ABCD et A′B′C′D′ ont la même aire	on ne peut rien dire	A′B′C′D′ n'est pas un rectangle
3. Si $\mathscr{C}'$ est le symétrique d'un cercle $\mathscr{C}$ par rapport à un point, alors :	$\mathscr{C}$ et $\mathscr{C}'$ ont le même périmètre	$\mathscr{C}$ et $\mathscr{C}'$ ont la même aire	on ne peut rien dire

→ Corrigé p. 311

Carte mentale

Ressource téléchargeable

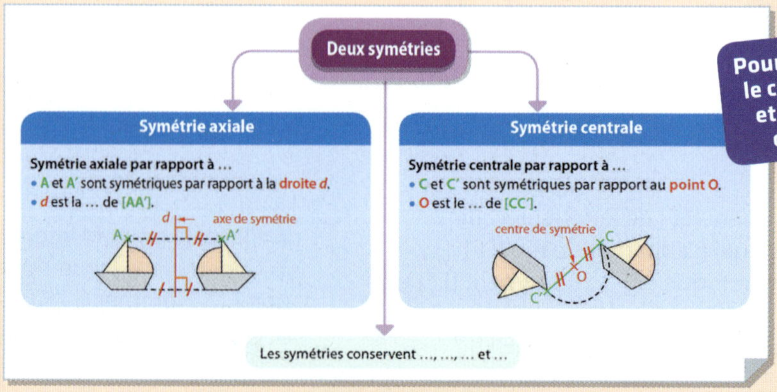

Pour t'aider à retenir le cours, télécharge et complète cette carte mentale.

Algorithmique et outils numériques

56 Symétrique (1)

Liam a écrit le script suivant.

```
quand [drapeau] est cliqué
effacer tout
stylo en position d'écriture
avancer de (100) pas
tourner ↺ de (120) degrés
avancer de (100) pas
tourner ↺ de (120) degrés
avancer de (100) pas
tourner ↺ de (120) degrés
```

1. Quelle figure a-t-on dessinée avec ce script ?
2. Compléter le script pour dessiner ensuite le symétrique de cette première figure par rapport à l'un de ses côtés.
3. L'ensemble de la figure ainsi obtenue a-t-elle :
a. d'autres axes de symétrie ?
b. un centre de symétrie ?

57 Symétrique (2)

1. Quelle figure les instructions ci-dessous permettent-elles de tracer ?

```
répéter (4) fois
    avancer de (100) pas
    tourner ↻ de (90) degrés
```

2. Compléter le programme ci-contre pour dessiner ensuite le symétrique de cette première figure par rapport à l'un de ses sommets.

```
quand [drapeau] est cliqué
aller à x: (0) y: (0)
s'orienter à (90)
effacer tout
stylo en position d'écriture
répéter (4) fois
    avancer de (100) pas
    tourner ↻ de (90) degrés
```

3. L'ensemble de la figure ainsi obtenue a-t-elle :
a. un ou des axes de symétries ?
b. un centre de symétrie ?

58 Reproduction

On souhaite reproduire la figure ci-contre à l'aide d'un logiciel de géométrie dynamique.
1. Construire d'abord le triangle équilatéral rose central.
2. Reproduire ensuite ce triangle en utilisant les outils « symétrie axiale » et « symétrie centrale ».

Voici les outils à utiliser : 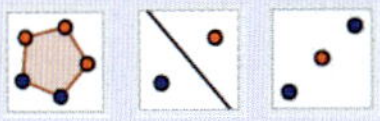

59 La fleur

Reproduire la figure ci-contre, composée de pentagones réguliers, à l'aide d'un logiciel de géométrie dynamique.

60 L'étoile

Reproduire la figure ci-contre, composée d'hexagones réguliers, à l'aide d'un logiciel de géométrie dynamique.

61 La frise

On souhaite reproduire la frise ci-dessous à l'aide d'un logiciel de géométrie dynamique.

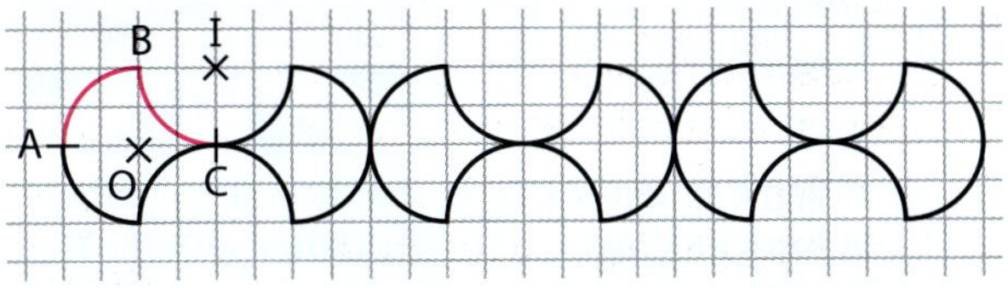

1. On commence par construire le motif de base rose.
a. Afficher le quadrillage puis placer les points A, B, C, O et I comme sur le modèle.
b. À l'aide de l'outil , tracer l'arc de cercle de centre O et d'extrémités A et B.
c. Tracer ensuite l'arc de cercle de centre I et d'extrémités B et C.
2. Avec les outils « symétrie axiale » et « symétrie centrale », poursuivre la construction de la frise.

62 À toi de créer

Prise d'initiative

1. À l'aide de différents outils d'un logiciel de géométrie dynamique, créer un motif de base.
2. Créer une frise en utilisant les outils de symétrie.

Problèmes

ceinture jaune — ceinture verte — ceinture noire

63 Quelle heure est-il ?

Représenter

L'heure du réveil de Youssouf se reflète dans un miroir.
Voilà ce qu'il peut y lire :

• Quelle heure est-il ?

64 Quelle voiture ?

Chercher

Kim cherche la voiture de son amie Claire. Elle sait que le logo de la marque a un centre de symétrie et deux axes de symétrie.

• Quel est le logo de la voiture de Claire ?

65 Union Flag (Union Jack)

Représenter

How many axes and centers of symmetry are there in the flags?

Scottish flag
St Andrew's Cross

English Flag
St George's Cross

Irish flag before 1922
St Patrick's Cross

The three flags gathered in 1801: the Union Flag

66 Quel est le bon ?

Représenter

Sur la figure ci-contre, ROSE est un carré de centre H. Les points I, J, K et L sont les milieux respectifs des côtés [RO], [OS], [SE] et [ER].

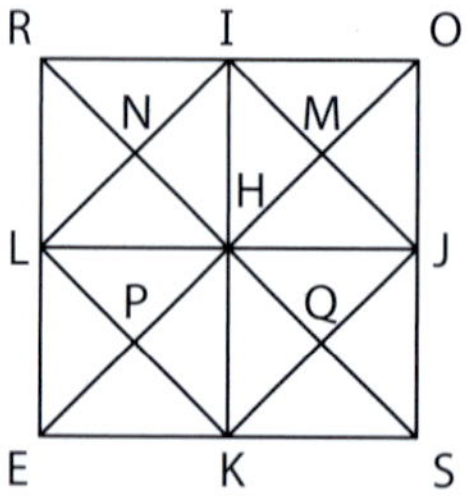

1. Quel est le symétrique du triangle RNI par rapport à la droite (IK) ?

2. Quel est le symétrique du triangle IMO par rapport au point H ?

3. Donner deux symétries qui permettent d'obtenir le triangle LPE à partir du triangle QJS.

4. Donner deux symétries qui permettent d'obtenir le triangle KPE à partir du triangle LHP.

67 Les pavages d'Escher

Communiquer

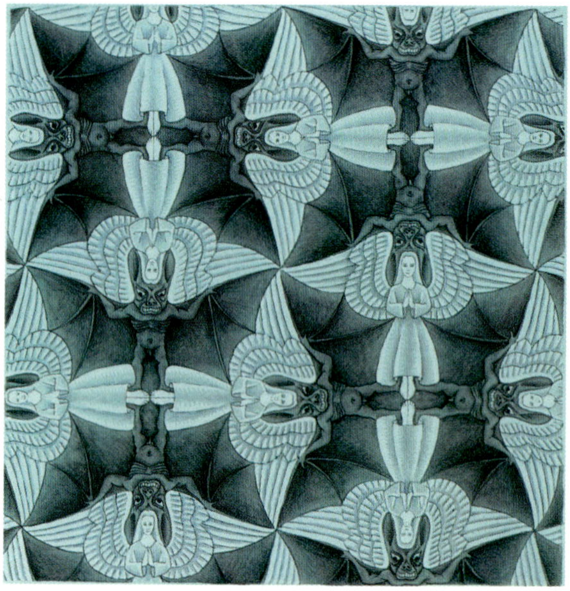

Sur la gravure *Symmetry Drawing E45* de M. C. Escher, mettre en évidence :

a. deux symétries axiales

b. deux symétries centrales

Voir le point info p. 201.

68 Symétrique

Modéliser, Représenter

Bouchra a écrit le script ci-contre.

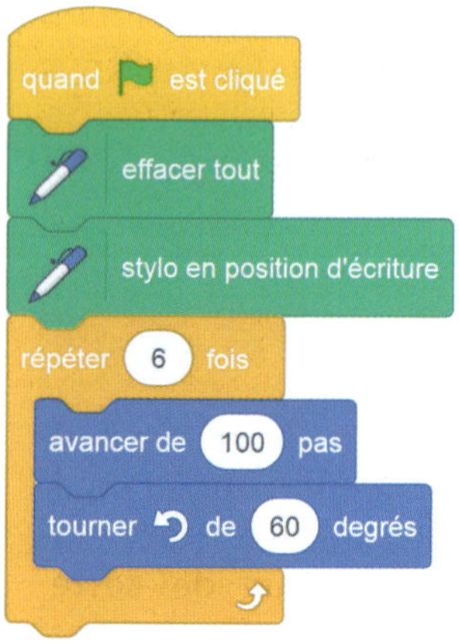

1. Quelle figure a-t-elle dessinée ?

2. Où Bouchra doit-elle insérer les commandes ci-dessous, après les avoir complétées, pour dessiner ensuite le symétrique de cette première figure par rapport à l'un de ses côtés ?

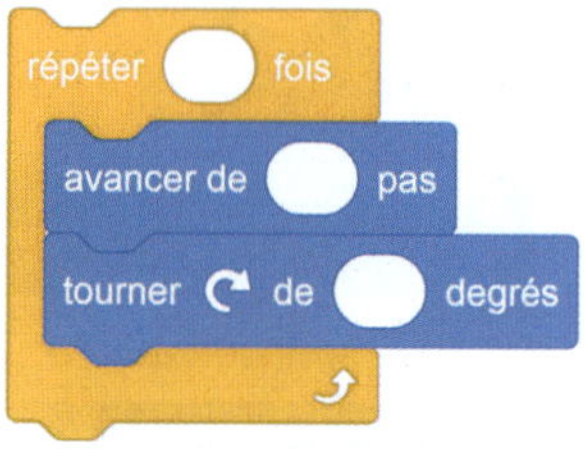

3. Représenter la nouvelle figure ainsi obtenue.

4. Cette figure a-t-elle :

a. d'autres axes de symétrie ?

b. un centre de symétrie ?

69 Sur une demi-droite graduée

Chercher

1. Reproduire la demi-droite graduée ci-dessous.

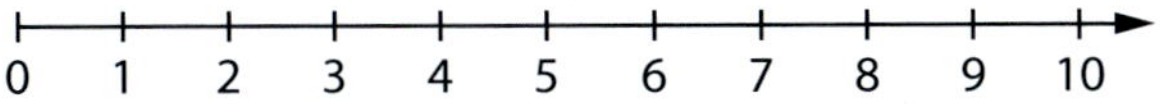

2. Placer le point F d'abscisse 0 et le point C d'abscisse 3.
3. Quelle est l'abscisse du point L, symétrique de F par rapport à C ? Placer le point L.
4. Les points C et L sont symétriques par rapport à I. Quelle est l'abscisse du point I ? Placer I.
5. Placer le point A symétrique de I par rapport à C, puis le point E symétrique de I par rapport à L.

70 La croix basque

Représenter

1. Reproduire sur un papier quadrillé la figure ci-contre.
2. Compléter la figure pour que O soit son centre de symétrie.

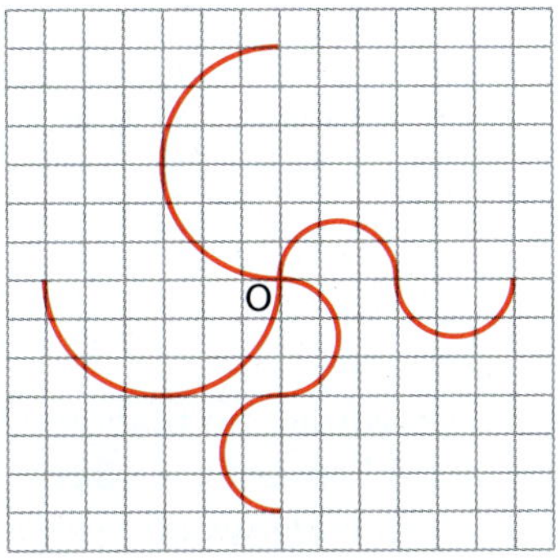

71 Pavage

Représenter, Communiquer

Un pavage est une méthode de remplissage du plan à l'aide d'un motif répétitif qui permet de recouvrir entièrement le plan sans « trous » ni superpositions.

1. Prendre une feuille de papier au format A4 et la plier deux fois afin d'obtenir 4 rectangles identiques, comme sur le schéma ci-contre.

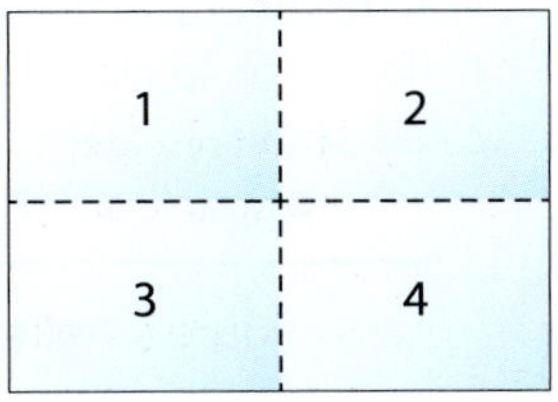

2. Reproduire le motif ci-dessous où I et J sont les milieux respectifs de [OB] et [OC].

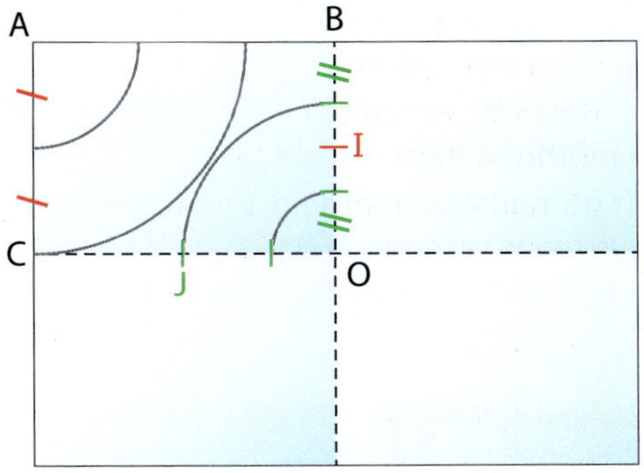

3. Compléter le motif selon les étapes suivantes.
   a. Construire le symétrique du motif du rectangle 1 par rapport au point I.
   b. Construire le symétrique du tout par rapport à la droite (OC).
4. Colorier les motifs de manière identique.
5. Former un grand rectangle en assemblant les feuilles réalisées en classe.

72 Chasse au trésor

Représenter

Paulo a trouvé une carte au trésor.

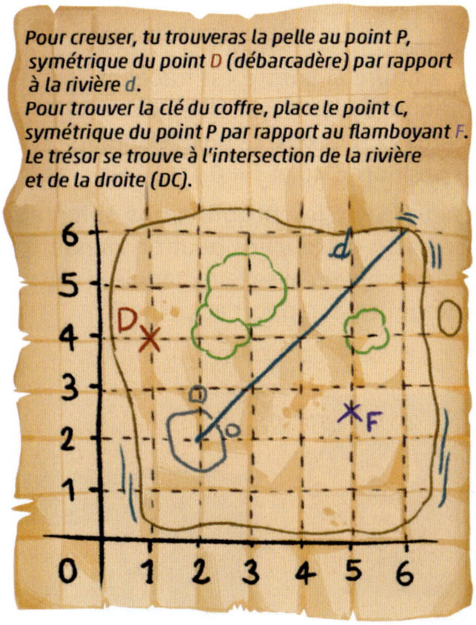

• Quelles sont les coordonnées de l'emplacement du trésor ?

73 Le potager de Villandry

Représenter

Le potager de Villandry se compose de neuf carrés de taille identique, mais chaque motif géométrique mêlant légumes et fleurs diffère d'un carré à l'autre.

1. Reproduire la figure ci-dessous sur du papier quadrillé.

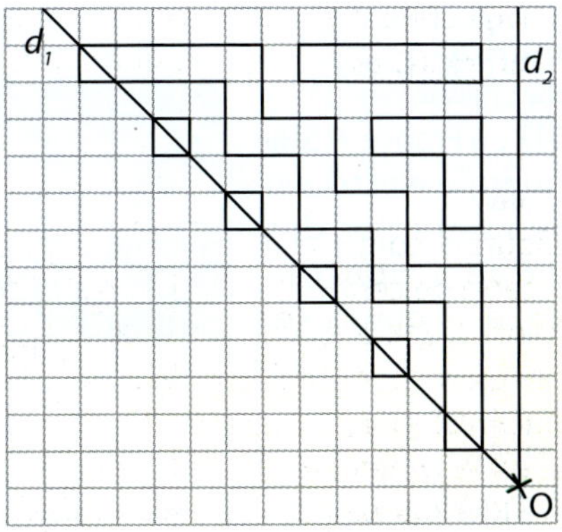

2. Construire le symétrique de cette figure par rapport à la droite d_1.
3. Construire le symétrique de l'ensemble obtenu par rapport au point O, puis de ce nouvel ensemble par rapport à la droite d_2.
4. Quel carré du potager a été reproduit ?

Problèmes

74 Pas à pas
Modéliser

Sur la figure ci-contre est tracé un rectangle de longueur 60 pixels et de largeur 20 pixels. Le point O indiqué correspond à la position $x = 0$ et $y = 0$.

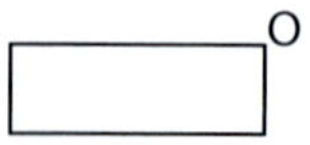

• En utilisant les programmes suivants, quelle succession de touches peut-on presser pour que le programme réalise le rectangle ci-dessus et son symétrique par rapport au point O ?

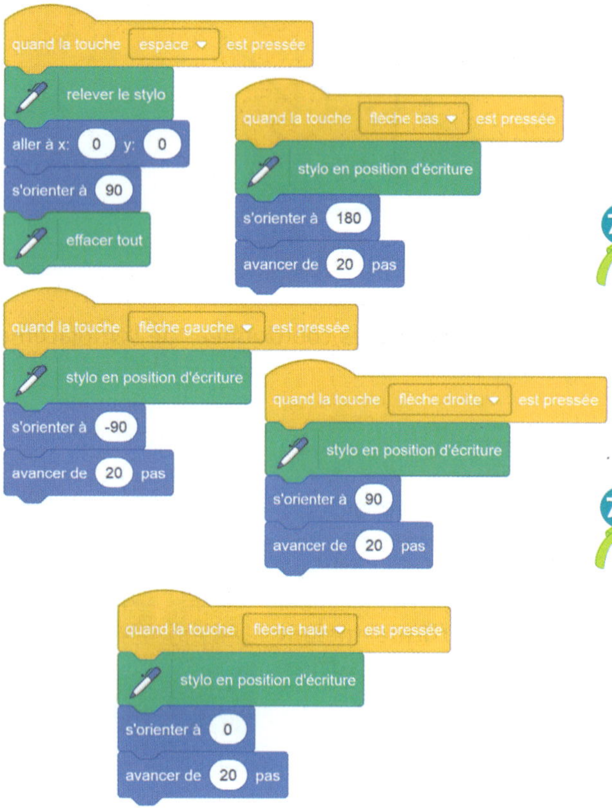

75 Le moulin
Chercher, Raisonner

En 2017 en France, 4,5 % de l'énergie électrique est produite par des éoliennes, sources d'énergie renouvelable.

En vacances sur la côte méditerranéenne, Louis a pu observer les éoliennes en marche le long de la route. De retour chez lui, il veut construire un moulin à vent en papier. Les quatre pales sont identiques. Il a positionné les deux premières pales. Sur son modèle, le moulin doit avoir un centre de symétrie.

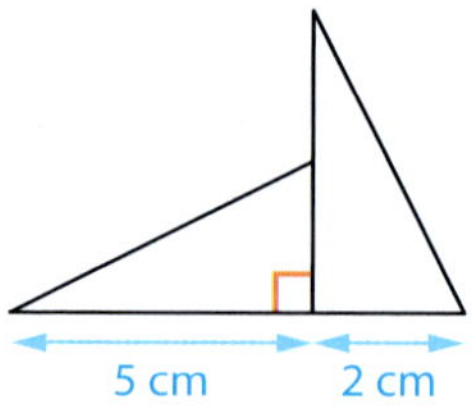

1. Reproduire et compléter son dessin, en précisant le centre de symétrie utilisé.
2. Quelle est la nature des pales qui manquent ?

76 Périmètre
Raisonner

1. Construire un triangle LEO tel que OE = 4,3 cm, OL = 3,1 cm et EL = 5,8 cm.
2. Placer un point A à l'extérieur du triangle LEO.
3. Construire le symétrique L'E'O' de LEO par rapport à A.
4. Calculer le périmètre du triangle L'E'O'.

77 Spectacle
Modéliser, Chercher

Pour le spectacle de fin d'année, la maitresse a placé 6 élèves de sa classe de CE2 comme sur le schéma ci-dessous.

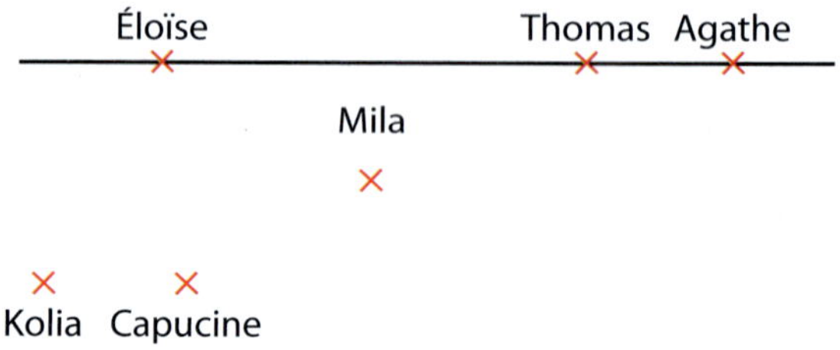

Elle veut que la position des élèves soit symétrique par rapport à Mila.

• En utilisant uniquement une règle non graduée, déterminer la position d'Ilian, le dernier élève à ne pas être encore placé. Justifier cette construction.

DÉFIS & ÉNIGMES

78 À la queue leu leu
Compléter la suite suivante.

79 Quelle heure est-il ?
Adrien entre dans la cantine, il regarde l'heure indiquée et s'aperçoit que cette heure admet un centre de symétrie. Quand il sort de la cantine une demi-heure plus tard, il s'aperçoit que l'heure affichée admet un axe de symétrie.

• À quelle heure est-il rentré à la cantine ?

80 Le tabouret

Modéliser, Raisonner

Guillaume a déplié son tabouret. L'assise (en bleu) mesure 52 cm.

1. Quel est l'écartement entre les pieds ? Justifier.

2. L'assise est-elle parallèle au sol ? Justifier.

81 Où est le milieu ?

Chercher

Dans la figure ci-dessous, le segment [MN] n'est pas complètement représenté. Les segments [IJ] et [MN] sont symétriques par rapport à O.

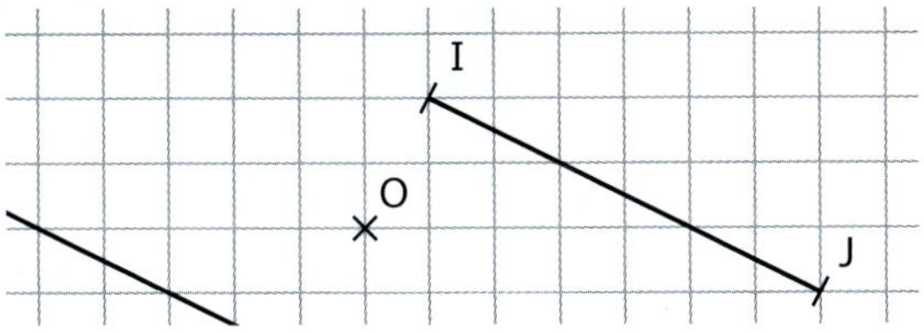

1. Reproduire la figure.

2. Sans construire M et N, retrouver le milieu du segment [MN].

82 Le point disparu

Raisonner, Communiquer

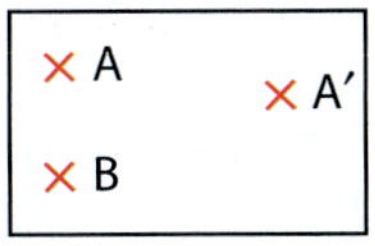

Naomi et Lenny réfléchissent à l'exercice suivant. « A et A′ sont symétriques par rapport à O. Construire la droite (A′B′) symétrique de la droite (AB) par rapport à O ». La figure est donnée avec l'énoncé mais le point O a été effacé.

• Trouver les méthodes des deux élèves.

83 Composée

Chercher, Communiquer

d et *d′* sont deux droites perpendiculaires en O.
M est un point qui n'appartient ni à *d* ni à *d′*.
M′ est le symétrique de M par rapport à *d* et M″ est le symétrique de M′ par rapport à *d′*.

• Conjecturer une façon de construire le point M″ directement à partir du point M, sans construire le point M′.

84 Plus court chemin

Prise d'initiative

Chercher, Modéliser

Arthur veut aller chez Louis en passant par la rivière et en empruntant le chemin le plus court possible.

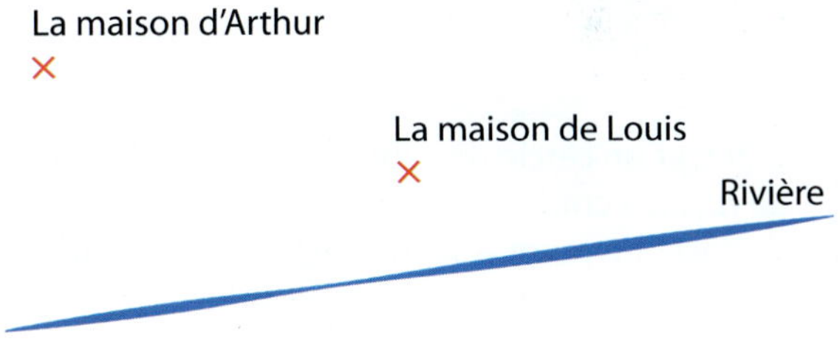

• Aider Arthur en lui indiquant sur le plan le chemin qu'il doit emprunter.

MISSION DÉMONSTRATION

Raisonnement Décomposer un problème en plusieurs étapes

Certains problèmes doivent se résoudre en plusieurs étapes.
Après avoir tracé une figure, on recherche dans le cours les propriétés nécessaires pour répondre à la consigne. Chaque propriété à utiliser constitue une étape de la résolution du problème.
On rédige ensuite la réponse étape par étape.

85 Soient une droite *d* et deux points A et B de part et d'autre de la droite *d*. On note d_1 et d_2 les droites symétriques de *d* respectivement par rapport à A et B.

• Démontrer que les droites d_1 et d_2 sont parallèles.

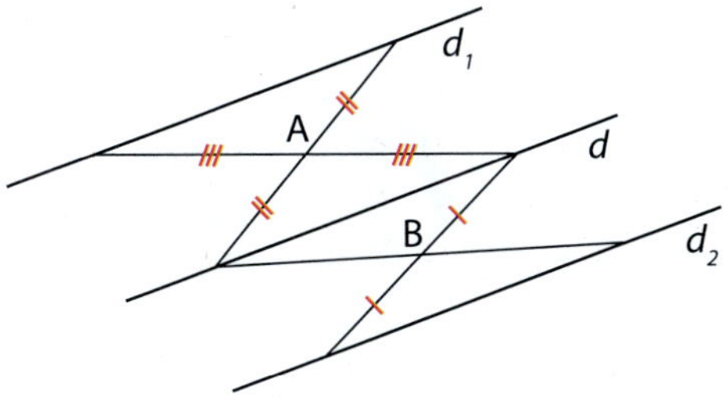

Tu peux procéder en trois étapes.

Étape 1 : démontrer que les droites d et d_1 sont parallèles.

Étape 2 : démontrer que les droites d et d_2 sont parallèles.

Étape 3 : utiliser les conclusions obtenues aux étapes 1 et 2 pour démontrer que les droites d_1 et d_2 sont parallèles.

Travailler autrement

Utilisable en AP

86 Résolution de problème

Socle D1 Je produis et j'utilise des représentations d'objets tels que schémas ou figures géométriques.

Un vitrail est une composition formée de pièces de verre. Celles-ci peuvent être blanches ou colorées et peuvent recevoir un décor. Cette technique a été développée particulièrement au Moyen Âge et a permis de décorer de nombreux édifices religieux.

Rosace nord de Notre-Dame de Paris

Questions ceinture jaune

À l'aide des indications suivantes, réaliser la reproduction du vitrail ci-dessous.

1. Tracer un cercle de centre A et de rayon 5 cm.
2. Placer un point B sur le cercle.
3. Placer les points C et D sur le cercle tel que $\widehat{DBC} = 40°$.
4. Placer B′, C′ et D′ les symétriques respectifs de B, C et D par rapport à A.
5. Tracer les segments nécessaires à la reproduction du vitrail et colorier.

Questions ceinture verte

À l'aide des indications suivantes, réaliser la reproduction d'un vitrail.

1. Tracer un demi-cercle de diamètre [AB], de longueur 10 cm et de centre O.
2. Placer le point C sur ce demi-cercle tel que AC = 5 cm.
3. Placer le point D sur le segment [BC] tel que $\widehat{CAD} = 40°$.
4. Tracer, à l'intérieur du demi-cercle de diamètre [AB], le demi-cercle de diamètre [CD].
5. Tracer les segment [AB], [AC] et [CB].
6. Construire le symétrique de cette figure par rapport au point O.
7. Colorier la reproduction du vitrail ainsi obtenue.

Question ceinture noire

Ce vitrail a été cassé. Au départ, il avait la forme d'un disque de diamètre 10 cm et avait un centre de symétrie.

- Reproduire la partie intacte du vitrail puis construire la partie cassée.

87 Analyse de documents

Socle D1 Je produis et j'utilise des représentations d'objets tels que schémas ou figures géométriques.

Socle D4 Je sais prélever, organiser et traiter l'information utile.

Flore veut décorer une couverture avec un patchwork. Elle hésite entre trois motifs et dispose de trois gabarits.

Motif 1

Motif 2

Motif 3

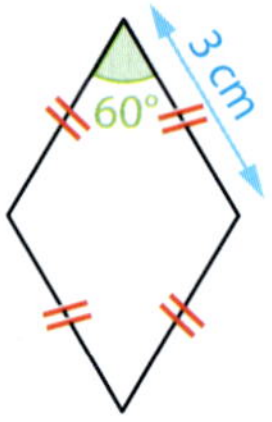

Gabarit 1

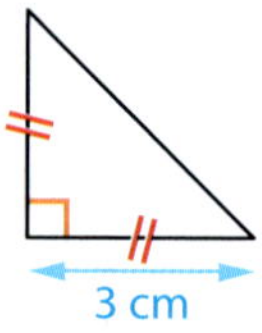

Gabarit 2

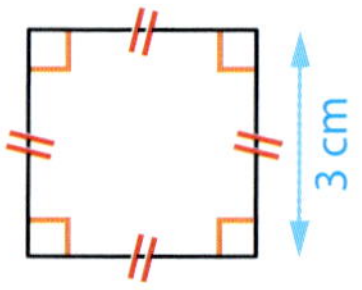

Gabarit 3

Question ceinture jaune

En utilisant l'un de ces trois gabarits, reproduire en grandeur réelle le motif 1 choisi par Flore. Préciser quelles sont les symétries utilisées.

Question ceinture verte

En utilisant l'un de ces trois gabarits, reproduire en grandeur réelle le motif 2 choisi par Flore. Préciser quelles sont les symétries utilisées.

Question ceinture noire

En utilisant l'un de ces trois gabarits, reproduire en grandeur réelle le motif 3 choisi par Flore. Préciser quelles sont les symétries utilisées.

11 Angles

TA MISSION

Découvrir et utiliser de nouvelles propriétés sur les angles.

JEU

Voici les règles du jeu. Deux joueurs estiment la mesure de chacun des trois angles ci-contre, à l'œil nu. Ils vérifient ensuite à l'aide de leur rapporteur.
Le joueur ayant donné l'estimation la plus proche de la mesure exacte gagne 2 points. En cas d'égalité, chacun marque 1 point.
Le gagnant est celui qui a le plus de points.

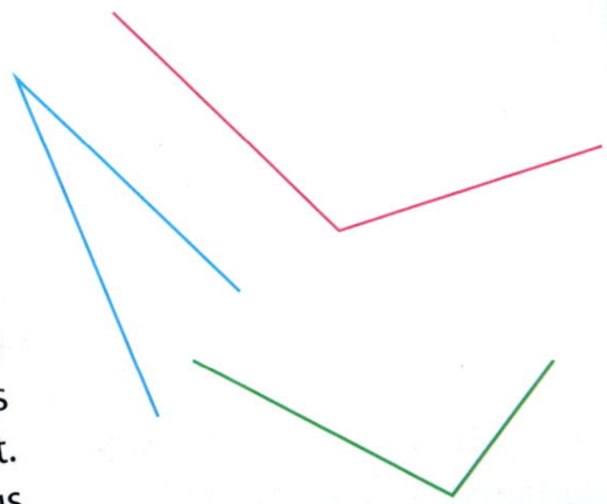

POINT INFO

Les mirages sont des phénomènes optiques bien réels qui ont lieu dans des circonstances particulières. La forme la plus courante est le mirage chaud, qui se produit lorsque la température du sol est très élevée (désert, route goudronnée…) et qui donne l'impression d'une flaque d'eau. Il est dû à la déviation des faisceaux lumineux provoquée par les différences de températures.

Voir problème 73 p. 235.

Activités

Prêts pour le décollage ?

QUESTIONS FLASH

Questions flash supplémentaires

① **a.** Nommer les angles représentés ci-dessous.

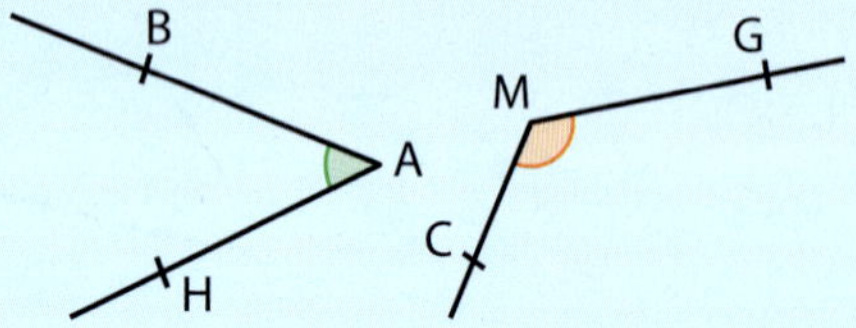

b. L'angle vert est-il aigu ou obtus ?

c. L'angle orange est-il aigu ou obtus ?

② Nommer les trois angles représentés en couleur dans la figure suivante.

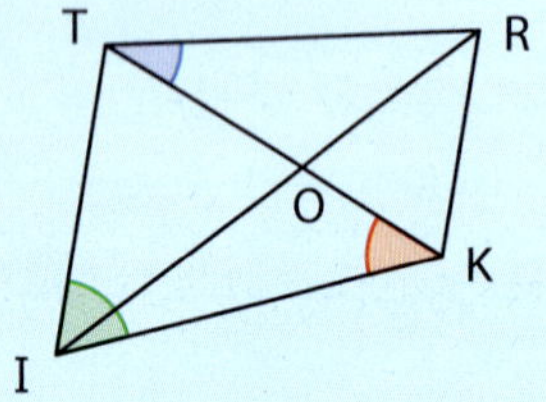

③

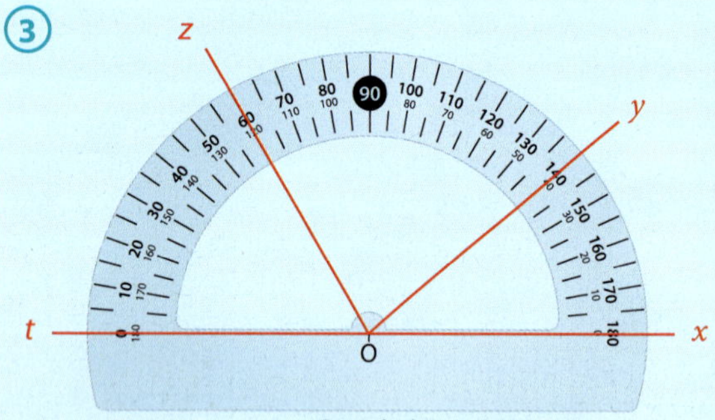

$O \in (xt)$

Quelles sont les mesures des angles suivants ?

$\widehat{tOz}$; $\widehat{xOy}$; $\widehat{zOx}$; $\widehat{yOz}$

④ Déterminer la mesure de l'angle $\widehat{zOy}$.

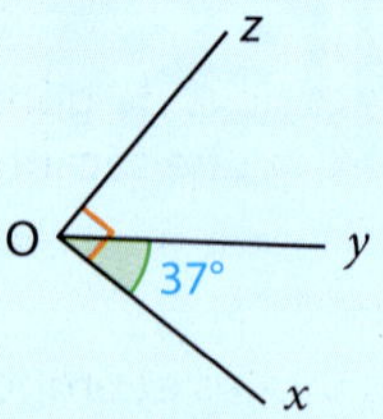

⑤ Les points J, O et L sont alignés.

a. Combien mesure l'angle $\widehat{JOL}$? Comment appelle-t-on cet angle particulier ?

b. Combien mesure l'angle $\widehat{MOL}$?

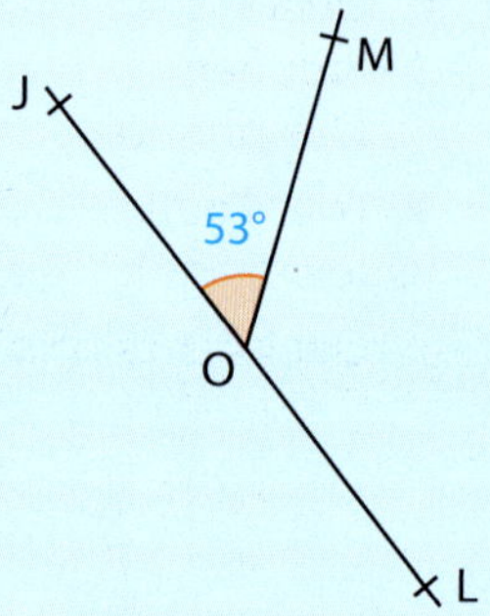

⑥ Les points J, O et L sont alignés. Calculer la mesure de l'angle $\widehat{IOK}$.

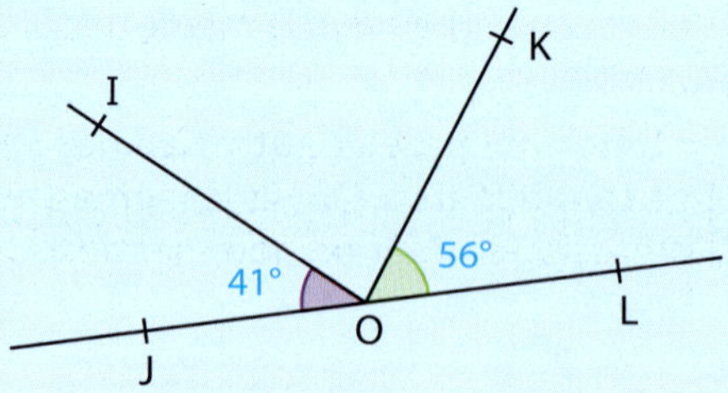

Activité 1 Des couples d'angles

1. Construire une figure similaire à la figure ci-contre, représentant deux droites d_1 et d_2 coupées par une droite d.

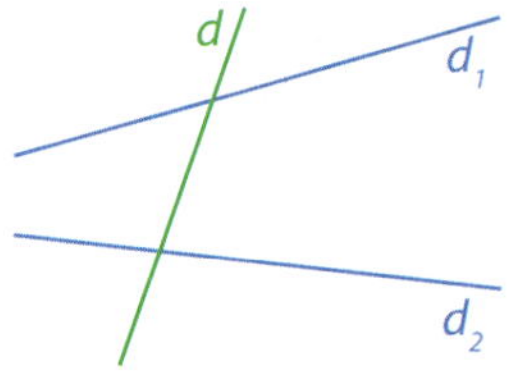

2. Marquer **en rouge** deux angles qui n'ont pas le même sommet et situés :
- de part et d'autre de la droite d ;
- entre les droites d_1 et d_2.

Ces deux angles sont appelés des angles « alternes-internes ».

3. Marquer **en bleu** deux angles qui n'ont pas le même sommet et situés :
- du même côté de la droite d ;
- l'un entre les droites d_1 et d_2, l'autre non.

Ces deux angles sont appelés des angles « correspondants ».

4. Parmi les figures suivantes, sur lesquelles sont représentés des angles alternes-internes ? Sur lesquelles sont représentés des angles correspondants ?

Activité 2 Avec deux droites parallèles

1. À l'aide d'un logiciel de géométrie dynamique, tracer deux droites parallèles et une sécante à ces deux droites.

2. Avec l'outil, mesurer deux angles alternes-internes. Que remarque-t-on ?

3. Déplacer ces droites et proposer une conjecture.

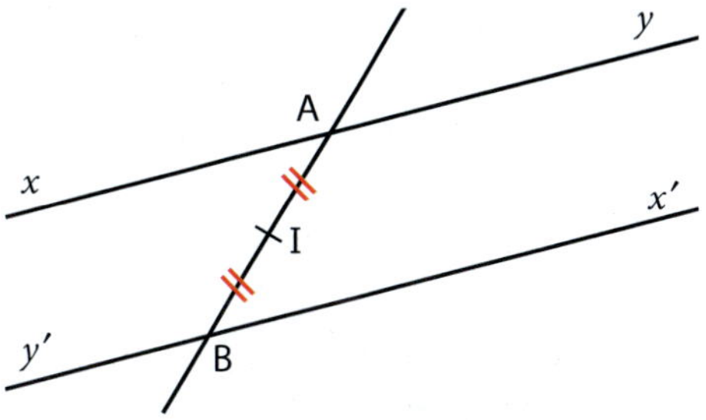

4. On souhaite démontrer cette conjecture. Sur la figure ci-contre, les droites (xy) et $(x'y')$ sont parallèles.
a. Quel est le symétrique de la droite (xy) par rapport au point I ? Justifier.
b. Que peut-on en déduire pour les angles alternes-internes $\widehat{IAx}$ et $\widehat{IBx'}$? Expliquer.

5. Avec l'outil, mesurer deux angles correspondants. Que remarque-t-on ?

6. Déplacer ces droites et proposer une conjecture.

Cette conjecture est démontrée dans le problème 73 p. 234.

Activité 3 Nez à nez

1. Tracer deux demi-droites [AB) et [AC).

2. Construire les points B′ et C′, symétriques respectifs de B et de C par rapport à A.

3. Trouver un angle ayant la même mesure que l'angle $\widehat{BAC}$. Justifier.

4. a. Déterminer deux autres angles étant dans la même configuration. Ont-ils la même mesure ?
b. Comment pourrait-on nommer de tels angles ?

Activité 4 Somme des angles d'un triangle

1.

Deux expérimentations pour un triangle

Groupe 1. Construire un triangle. Mesurer les trois angles de ce triangle puis calculer la somme de ces trois mesures.

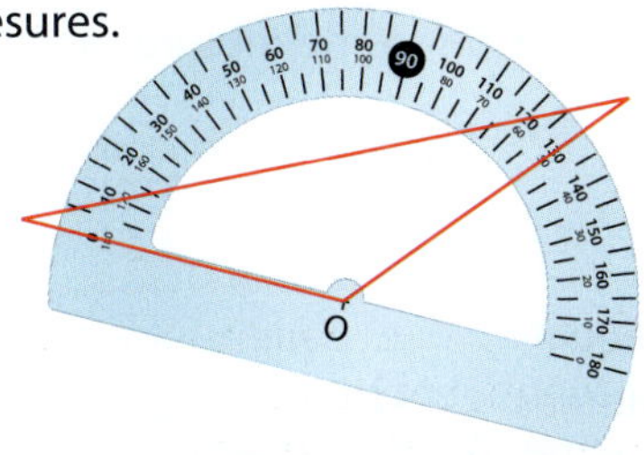

Groupe 2. Construire un triangle. En réalisant des pliages comme dans la figure ci-dessous, ramener les trois sommets de ce triangle pour former un rectangle.

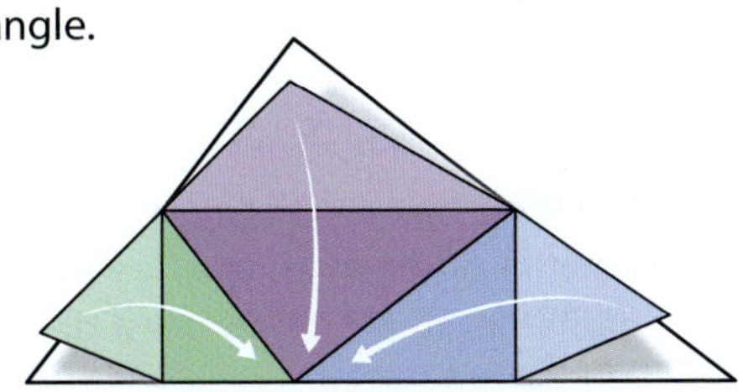

2. À partir des expérimentations, que peut-on conjecturer sur la somme des trois angles d'un triangle ?

Cette conjecture est démontrée dans le problème 90 p. 237.

Cours

1 Utiliser des angles alternes-internes

Définition

d et *d′* sont deux droites coupées par une droite *s* en deux points distincts A et B.

Deux angles sont alternes-internes si :
- ils ont pour sommets A et B ;
- ils sont situés de part et d'autre de la droite *s* ;
- ils sont entre les droites *d* et *d′*.

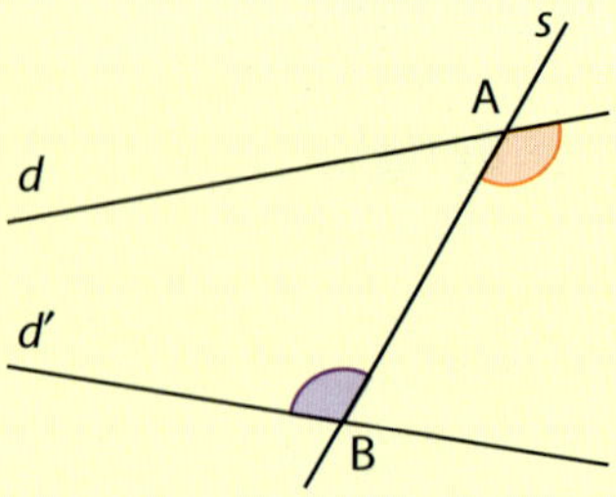

Remarque

Ces trois droites définissent également une deuxième paire d'angles alternes-internes.

Alternes : de part et d'autre de la droite *s*.
Internes : entre les deux droites *d* et *d′*.

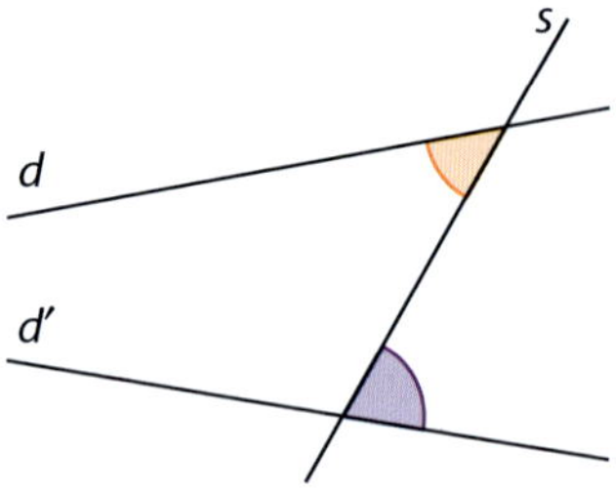

Propriété

d et *d′* sont deux droites coupées par une droite *s* en deux points distincts.

Si *d* et *d′* sont parallèles, alors les angles alternes-internes qu'elles forment avec la droite *s* sont de même mesure.

▸ Exemple

Dans la figure ci-contre, les droites *d* et *d′* sont coupées par la droite *s*, formant ainsi deux angles alternes-internes représentés en vert.

Comme on sait que *d* et *d′* sont parallèles, on peut en conclure que ces deux angles ont même mesure, soit 31°.

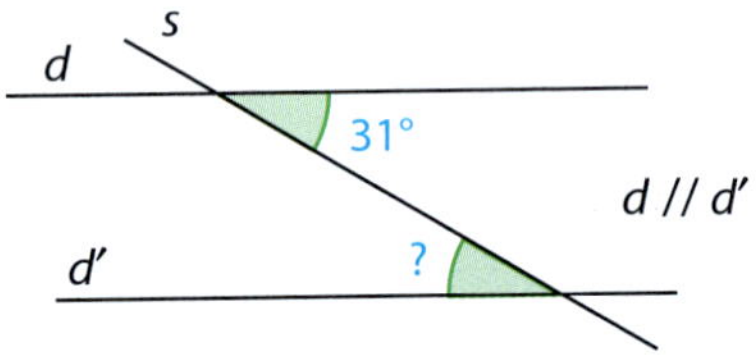

Propriété (réciproque)

d et *d′* sont deux droites coupées par une droite *s* en deux points distincts.

Si *d* et *d′* forment avec la droite *s* deux angles alternes-internes de même mesure, alors *d* et *d′* sont parallèles.

▸ Exemple

Dans la figure ci-contre, les droites *d* et *d′* sont coupées par la droite *s*, formant ainsi deux angles alternes-internes représentés en vert.

Comme on sait que ces deux angles ont même mesure, on peut en conclure que les droites *d* et *d′* sont parallèles.

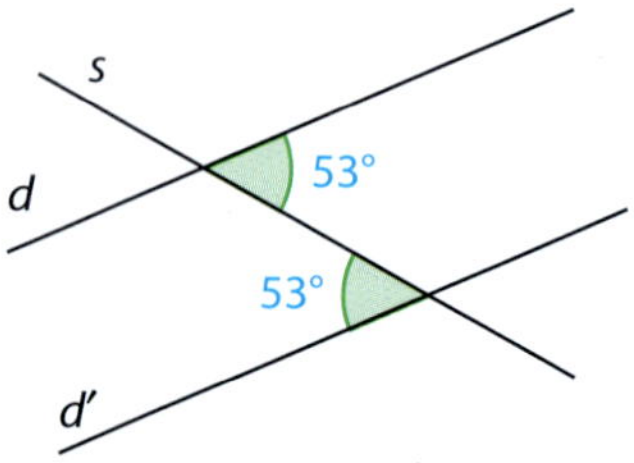

Savoir-faire

Apprends à l'aide des exercices résolus puis entraine-toi !

1 Utiliser des angles alternes-internes

1 Reproduire la figure ci-dessous et marquer de deux couleurs différentes les deux paires d'angles alternes-internes.

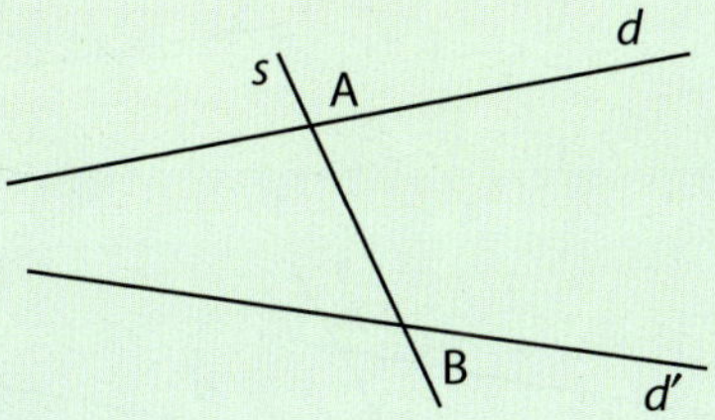

Solution

Les angles rouges n'ont pas le même sommet, ils sont de part et d'autre de la droite *s* et entre les droites *d* et *d′*. On peut dire la même chose pour les angles verts.

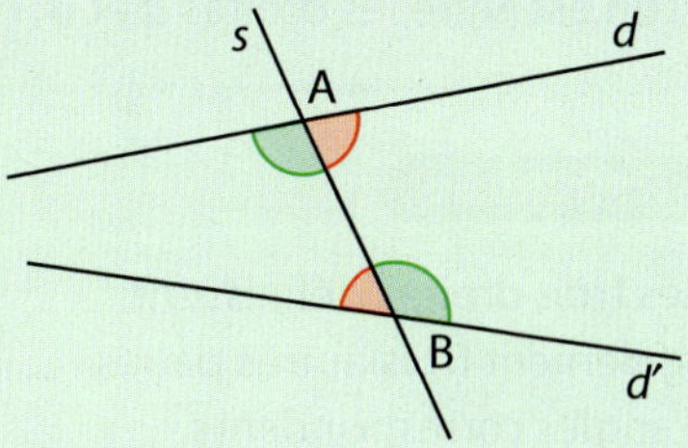

À toi de jouer

2 Dans les figures ci-dessous, citer les deux paires d'angles alternes-internes.

ⓐ

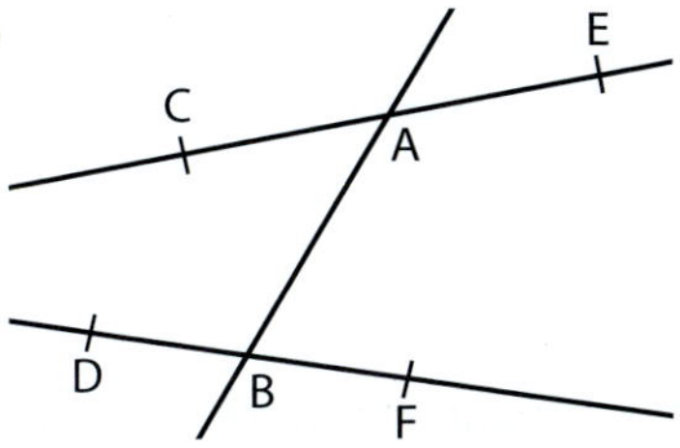

ⓑ

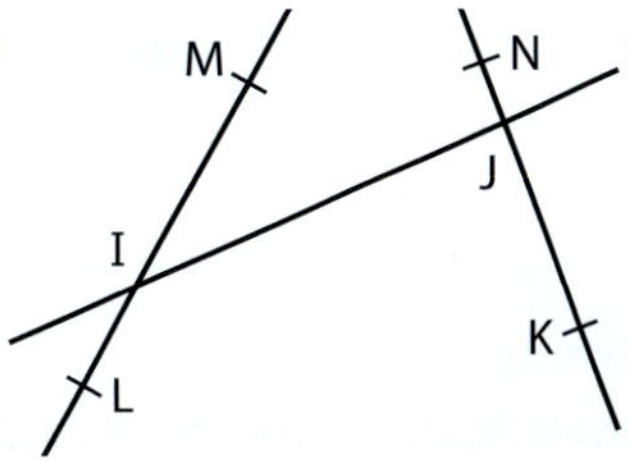

→ Corrigé p. 311

3 A, B et E sont alignés.
E, D et F sont alignés.
(AB) // (CD).

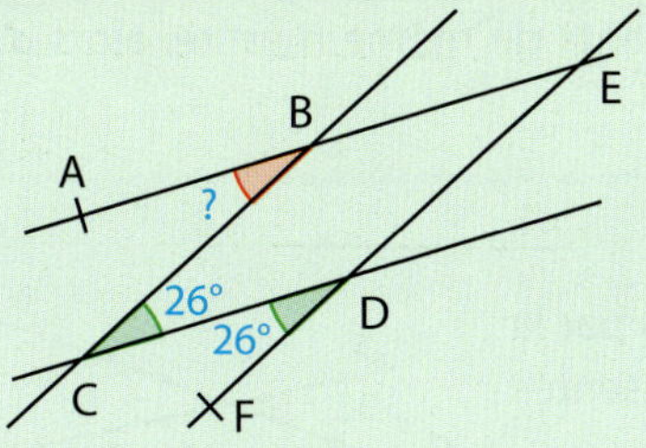

1. Déterminer la mesure de l'angle $\widehat{ABC}$.

2. Démontrer que les droites (BC) et (DE) sont parallèles.

Solution

1. On repère les angles $\widehat{BCD}$ (mesure connue) et $\widehat{ABC}$ (mesure cherchée) et les trois droites qui les forment.

Les droites (AB) et (CD) sont coupées par la droite (BC). Elles forment les angles alternes-internes $\widehat{BCD}$ et $\widehat{ABC}$. Les droites (AB) et (CD) sont parallèles donc $\widehat{BCD}$ et $\widehat{ABC}$ ont même mesure : $\widehat{BCD} = 26°$ donc $\widehat{ABC} = 26°$.

2. On repère les angles $\widehat{BCD}$ et $\widehat{CDF}$ (mesures connues) et les trois droites qui les forment.

Les droites (BC) et (DE) sont coupées par la droite (CD). Elles forment les angles alternes-internes $\widehat{BCD}$ et $\widehat{CDF}$. Les angles $\widehat{BCD}$ et $\widehat{CDF}$ ont même mesure (26°), donc les droites (BC) et (DE) sont parallèles.

À toi de jouer

4 Dans la figure ci-dessous, les points P, A et R sont alignés, de même que les points R, L et M. Les droites (RL) et (AU) sont parallèles.

1. Déterminer la mesure de l'angle $\widehat{ULM}$.

2. Démontrer que les droites (PA) et (UL) sont parallèles.

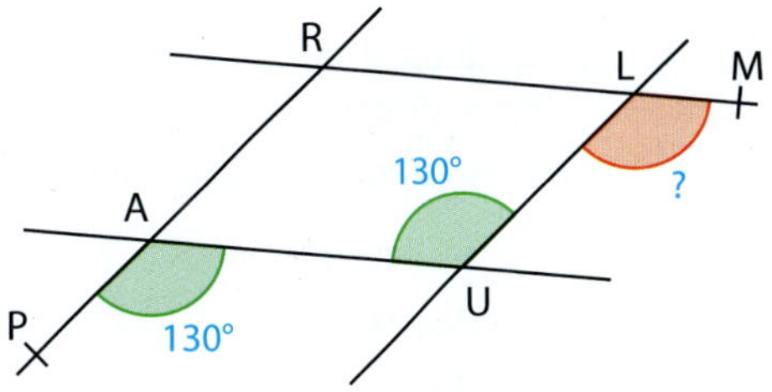

→ Corrigé p. 311

Cours

2 Utiliser des angles correspondants

Définition

d et d' sont deux droites coupées par une sécante s en deux points distincts A et B.
Deux angles sont correspondants si :
- ils ont pour sommets A et B ;
- ils sont situés du même côté de la droite s ;
- l'un est entre les droites d et d', l'autre non.

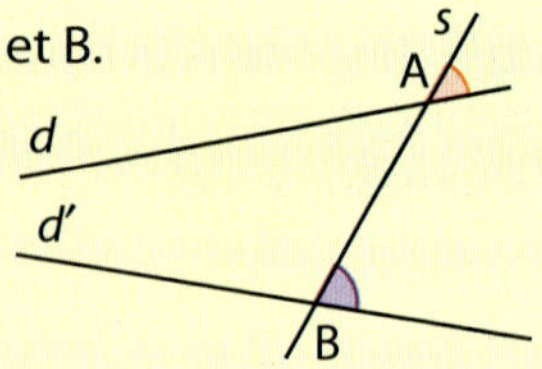

Remarque

Ces trois droites définissent également trois autres paires d'angles correspondants.

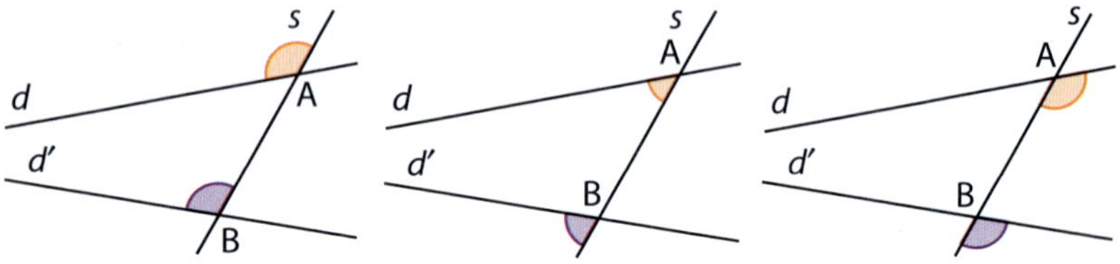

Propriété

d et d' sont deux droites coupées par une droite s en deux points distincts.
Si d et d' sont parallèles, alors les angles correspondants qu'elles forment avec la droite s sont de même mesure.

▸ Exemple

Dans la figure ci-contre, les droites d et d' sont coupées par la droite s, formant ainsi deux angles correspondants représentés en rouge.
Comme on sait que d et d' sont parallèles, on peut en conclure que ces deux angles ont même mesure, soit 48°.

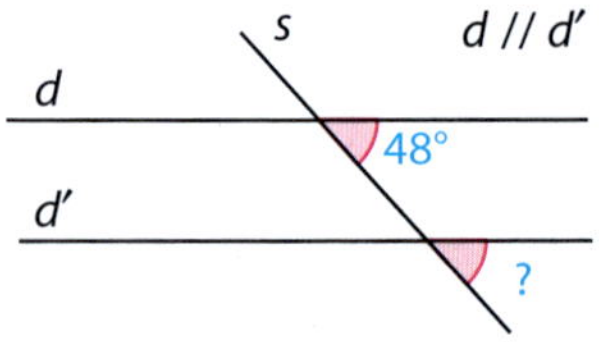

Propriété (réciproque)

d et d' sont deux droites coupées par une droite s en deux points distincts.
Si d et d' forment avec la droite s deux angles correspondants de même mesure, alors d et d' sont parallèles.

▸ Exemple

Dans la figure ci-contre, les droites d et d' sont coupées par la droite s, formant ainsi deux angles correspondants représentés en rouge.
Comme on sait que ces deux angles ont même mesure, on peut en conclure que les droites d et d' sont parallèles.

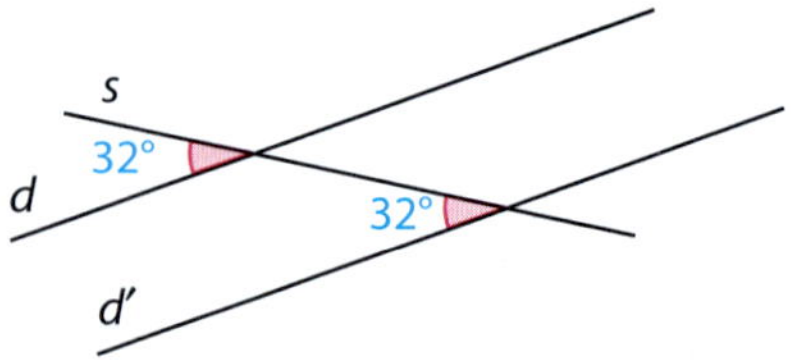

Remarque

Dans le cas où des angles correspondants ont pour mesure 90°, on retrouve les propriétés suivantes.

- Si deux droites sont parallèles et si une troisième droite est perpendiculaire à l'une, alors elle est perpendiculaire à l'autre.

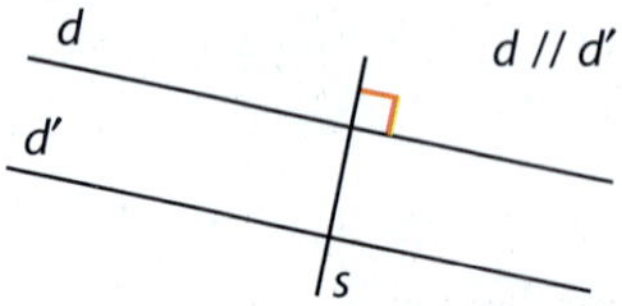

$d \mathbin{//} d'$ et $s \perp d$ donc $s \perp d'$.

- Si deux droites sont perpendiculaires à une même droite, alors elles sont parallèles entre elles.

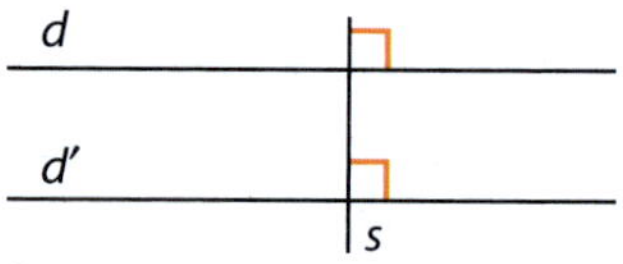

$d \perp s$ et $d' \perp s$ donc $d \mathbin{//} d'$.

Savoir-faire

Apprends à l'aide des exercices résolus puis entraine-toi !

2 Utiliser des angles correspondants

5 Reproduire la figure ci-dessous et marquer de quatre couleurs différentes les quatre paires d'angles correspondants.

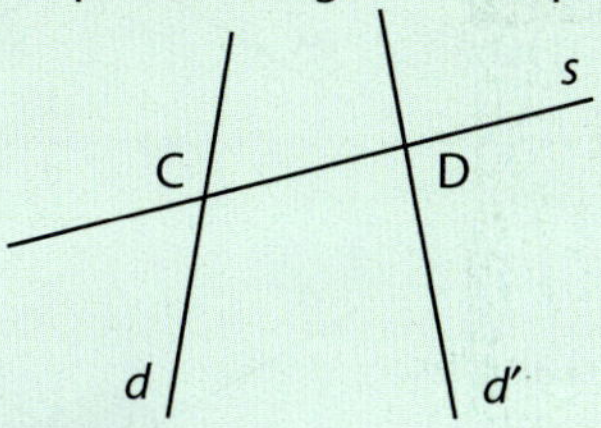

Solution

Les angles rouges n'ont pas le même sommet, ils sont du même côté de la droite *s* et l'un est entre les droites *d* et *d′*, l'autre non.
On peut dire la même chose pour les angles représentés en vert, en bleu et en jaune.

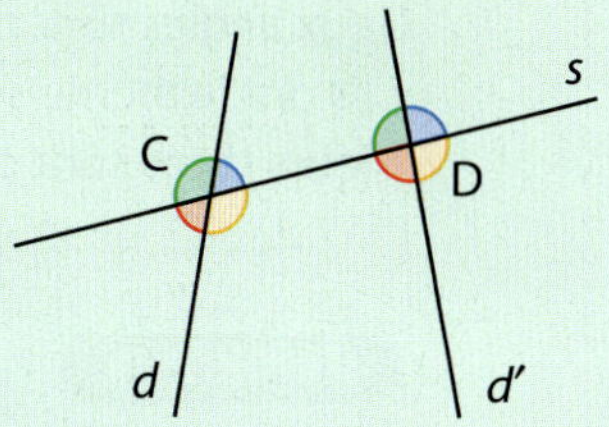

À toi de jouer

6 Dans les figures ci-dessous, on a tracé deux droites coupées par une sécante. Citer les quatre paires d'angles correspondants.

ⓐ

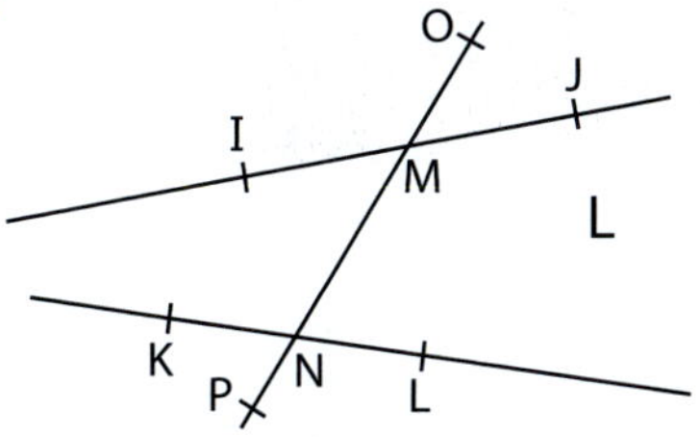

ⓑ

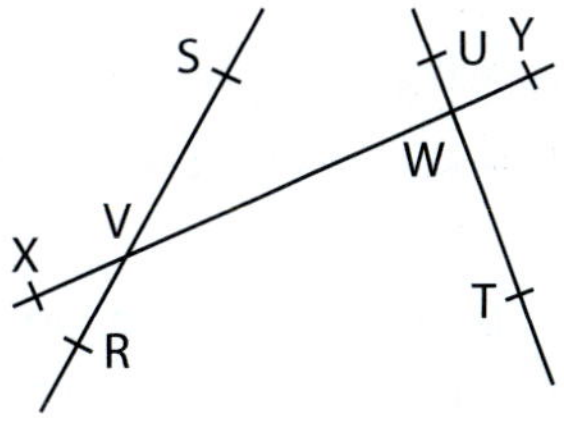

➜ Corrigé p. 311

7 Dans la figure ci-dessous, les droites (PJ) et (HL) sont parallèles. Les points K, I, M et N appartiennent respectivement aux droites (HL), (PJ), (LJ) et (HP).

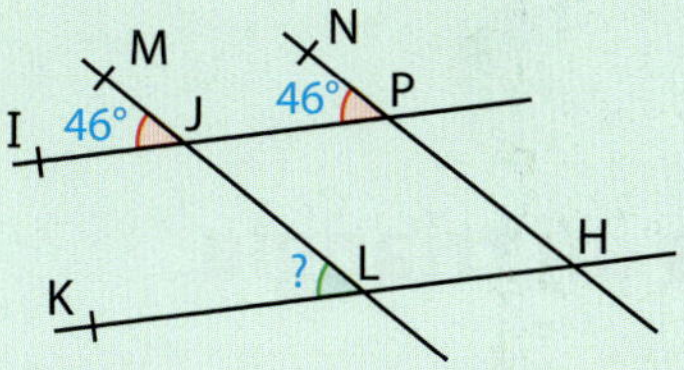

1. Déterminer la mesure de l'angle $\widehat{KLM}$.
2. Démontrer que les droites (PH) et (JL) sont parallèles.

Solution

1. On repère les angles $\widehat{IJM}$ (mesure connue) et $\widehat{KLM}$ (mesure cherchée) et les trois droites qui les forment.

Les droites (IJ) et (KL) sont coupées par la droite (JL). Elles forment les angles correspondants $\widehat{IJM}$ et $\widehat{KLM}$.
Les droites (IJ) et (KL) sont parallèles donc $\widehat{IJM}$ et $\widehat{KLM}$ ont même mesure : $\widehat{IJM} = 46°$ donc $\widehat{KLM} = 46°$.

2. On repère les angles $\widehat{IJM}$ et $\widehat{JPN}$ (mesures connues) et les trois droites qui les forment.

Les droites (PH) et (JL) sont coupées par la droite (JP). Elles forment les angles correspondants $\widehat{IJM}$ et $\widehat{JPN}$.
Les angles $\widehat{IJM}$ et $\widehat{JPN}$ ont même mesure (46°), donc les droites (PH) et (JL) sont parallèles.

À toi de jouer

8 Dans la figure ci-contre, les droites (BC) et (AG) sont parallèles. Les points D, E et F appartiennent respectivement aux droites (CG), (BC) et (AG).
1. Déterminer la mesure de l'angle $\widehat{FGD}$.
2. Démontrer que les droites (AB) et (GC) sont parallèles.

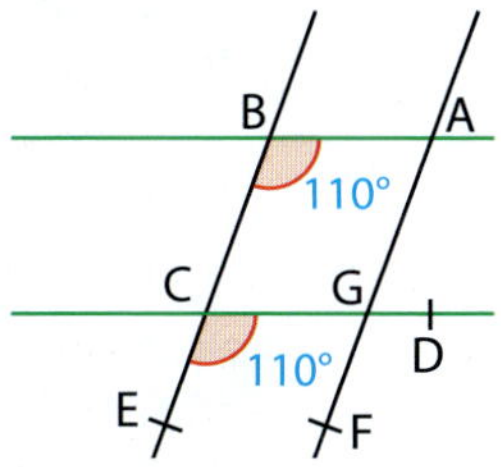

➜ Corrigé p. 311

Cours

3 Utiliser des angles opposés par le sommet

Définition

d et *d′* sont deux droites sécantes.
Deux angles sont opposés par le sommet lorsque :
- ils ont le même sommet ;
- leurs côtés sont dans le prolongement l'un de l'autre.

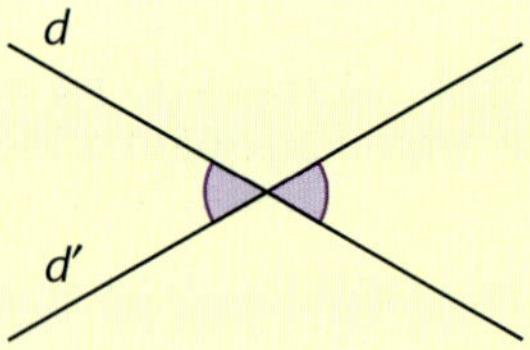

Remarque

Ces deux droites définissent également une deuxième paire d'angles opposés par le sommet.

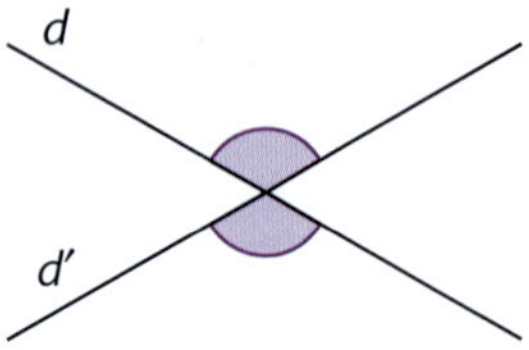

Propriété

Deux angles opposés par le sommet ont même mesure.

▸ Exemple

Dans la figure ci-contre, on sait que les angles $\widehat{BAC}$ et $\widehat{DAE}$ sont opposés par le sommet. Ils ont donc même mesure.
$\widehat{BAC} = 37°$ donc $\widehat{DAE} = 37°$.

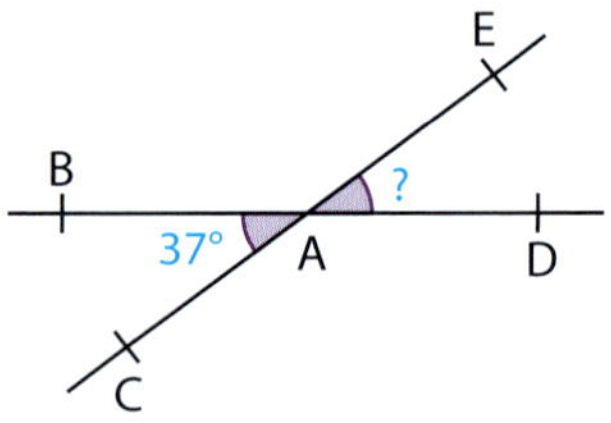

4 Déterminer la mesure d'un angle dans un triangle

Propriété

La somme des mesures des trois angles d'un triangle est égale à 180°.

→ Mission démonstration p. 237

▸ Exemple

Dans le triangle ci-contre, on a :

$$\widehat{BAC} + \widehat{ABC} + \widehat{ACB} = 180°$$

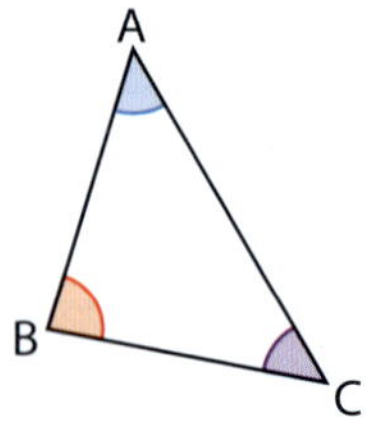

Remarque

Quand on connait les mesures de deux angles d'un triangle, cette propriété permet de calculer la mesure du troisième angle.

Savoir-faire

Apprends à l'aide des exercices résolus puis entraine-toi !

3 Utiliser des angles opposés par le sommet

9 **1.** Dans la figure ci-contre, les angles d'une même couleur sont-ils opposés par le sommet ? Justifier.

2. $\widehat{xAu} = 34°$.
Déterminer la mesure de l'angle $\widehat{vAy}$.

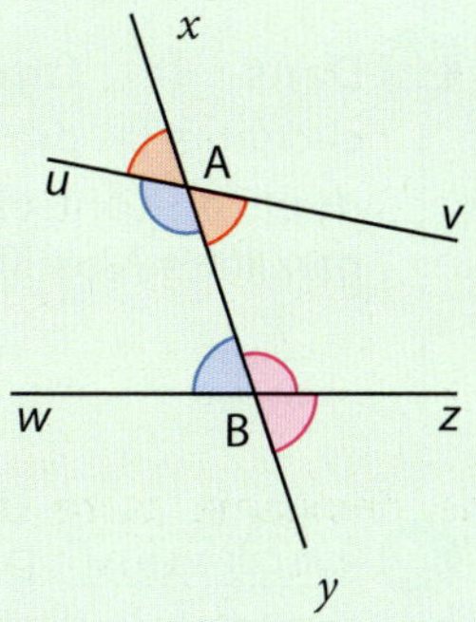

Solution

1. Les angles rouges ont le même sommet et leurs côtés sont dans le prolongement l'un de l'autre donc ils sont opposés par le sommet.
Les angles bleus n'ont pas le même sommet donc ils ne sont pas opposés par le sommet.
Les angles roses n'ont pas leurs côtés dans le prolongement l'un de l'autre (ils ont un côté en commun) donc ils ne sont pas opposés par le sommet.

2. Les angles $\widehat{xAu}$ et $\widehat{vAy}$ sont opposés par le sommet donc ils ont même mesure.
$\widehat{xAu} = 34°$ donc $\widehat{vAy} = 34°$.

À toi de jouer

10 Dans chacun des cas suivants, les angles représentés en orange et en bleu sont-ils opposés par le sommet ? Justifier.

ⓐ

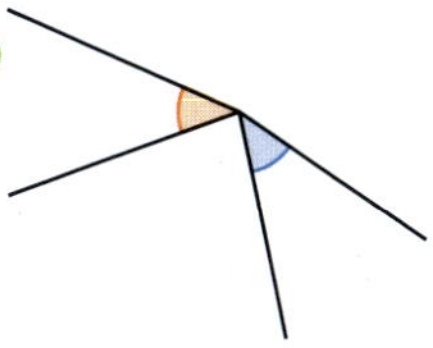

ⓑ

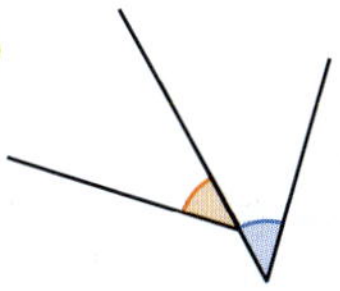

ⓒ

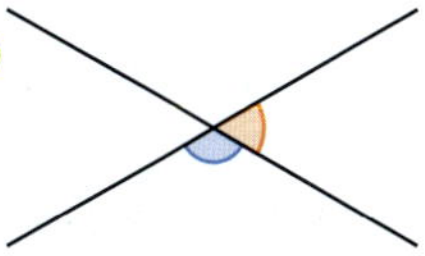

ⓓ

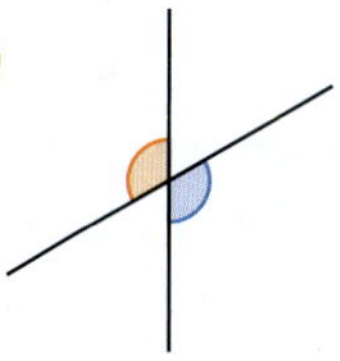

11 Déterminer la mesure de l'angle $\widehat{vOw}$.

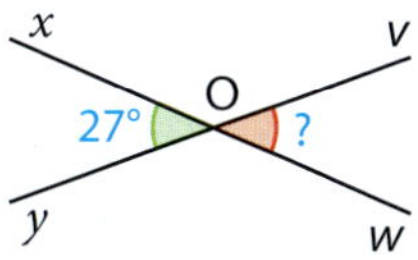

→ Corrigé p. 311

4 Déterminer la mesure d'un angle dans un triangle

12 Déterminer la mesure de l'angle $\widehat{TEH}$.

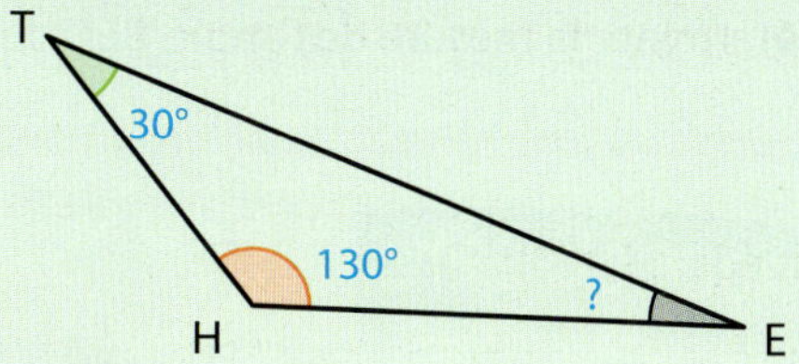

Solution

Dans le triangle THE, la somme des mesures des angles est égale à 180°. Donc :

$\widehat{THE} + \widehat{HTE} + \widehat{TEH} = 180°$

$130° + 30° + \widehat{TEH} = 180°$

$\widehat{TEH} = 180° - (130° + 30°)$

$\widehat{TEH} = 180° - 160° = 20°$

À toi de jouer

13 Dans chacun des cas suivants, déterminer la mesure de l'angle marqué d'un point d'interrogation.

ⓐ

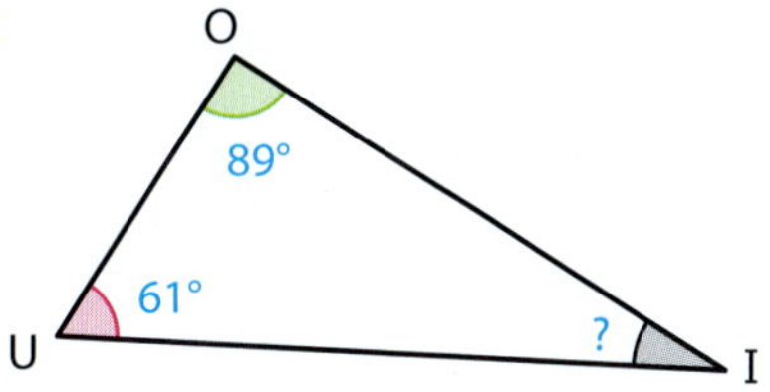

ⓑ

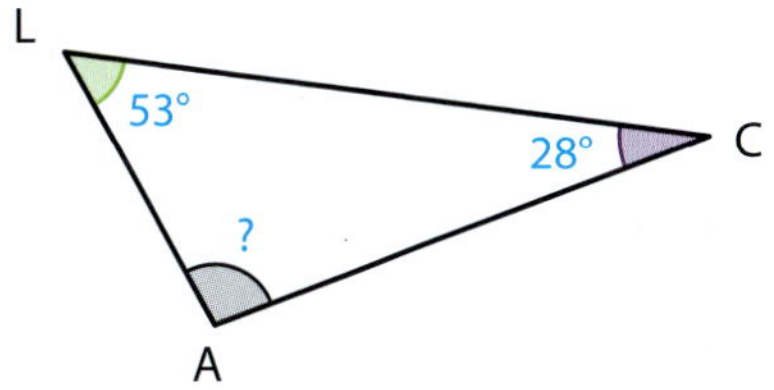

→ Corrigé p. 311

Exercices

Ressources téléchargeables

Utiliser des angles alternes-internes

→ Savoir-faire p. 223

QUESTIONS FLASH

14 Dans quels cas les angles colorés sont-ils alternes-internes ? Justifier.

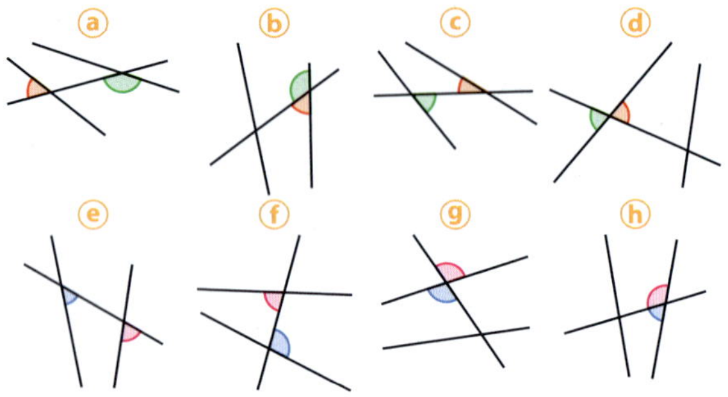

15 Parmi les couples d'angles ci-dessous, indiquer ceux qui sont alternes-internes.

a. *i* et *u*
b. *j* et *v*
c. *s* et *k*
d. *t* et *v*
e. *j* et k
f. *k* et *v*

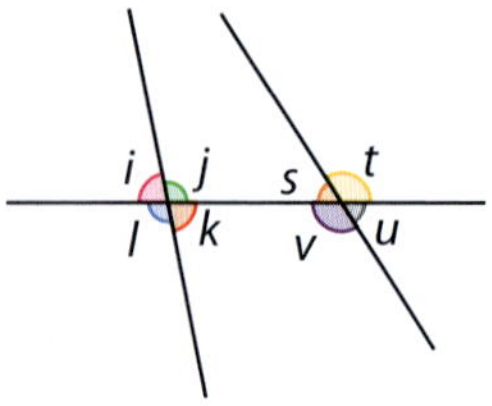

16 ABCD est un trapèze tel que (AB) // (DC).

- Citer des angles alternes-internes de même mesure.

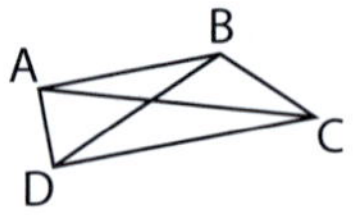

17 Pour chacun des couples d'angles alternes-internes ci-dessous, indiquer les deux droites et la sécante qui les forment.

a. angles vert et rose
b. angles orange et bleu
c. angles orange et violet
d. angles violet et vert

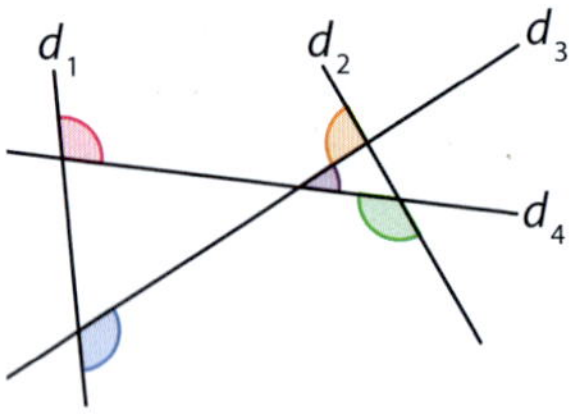

Questions flash supplémentaires

18 Dans la figure ci-contre, (AL) // (TO). Déterminer la mesure de l'angle $\widehat{LTO}$. Justifier.

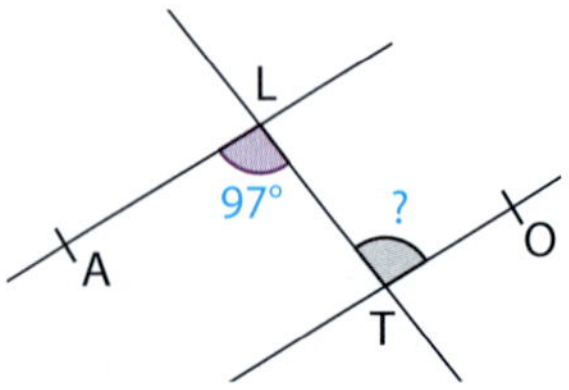

19 Dans la figure ci-contre, les droites *d* et *d'* sont-elles parallèles ? Justifier.

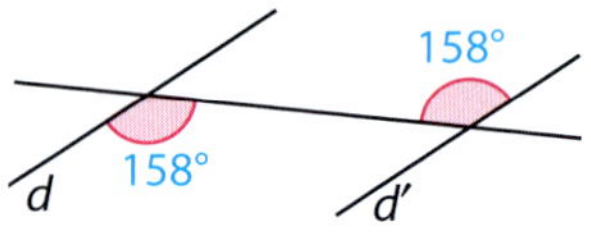

20 Dans la figure ci-contre, les droites *d* et *d'* sont-elles parallèles ? Justifier.

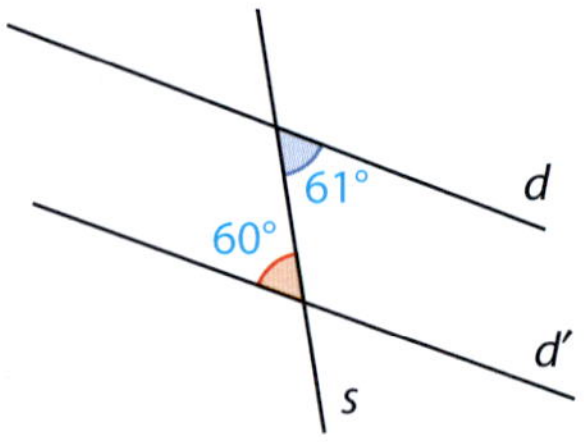

21 CALCUL MENTAL Dans la figure ci-contre, la droite (MV) coupe les droites (PR) et (UT) respectivement en N et S.

- Démontrer que les droites (PR) et (UT) sont parallèles. Justifier.

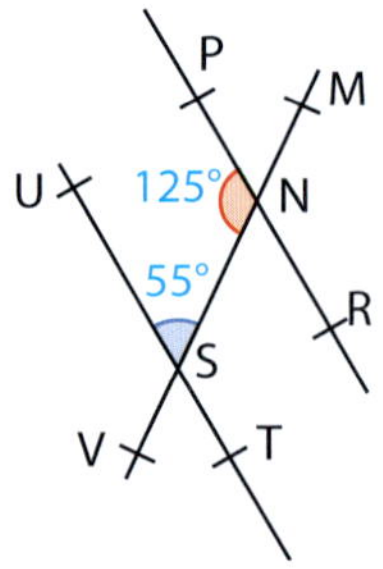

22 CALCUL MENTAL Dans la figure ci-contre, les droites (GE) et (BF) se coupent en D.

1. Déterminer la mesure de l'angle $\widehat{CBD}$. Justifier.

2. Les droites (BC) et (EG) sont-elles parallèles ? Justifier.

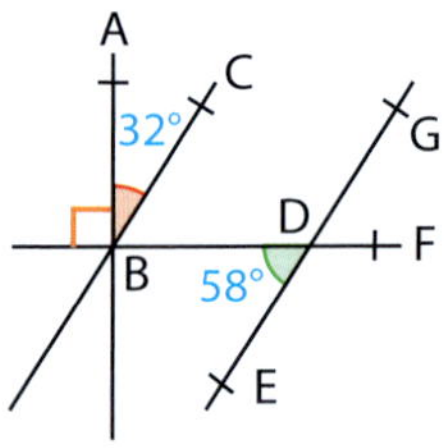

23 Dans la figure ci-contre, ACDF est un rectangle. B et E sont des points appartenant respectivement aux segments [AC] et [FD].

- Déterminer la mesure de l'angle $\widehat{BEF}$. Justifier.

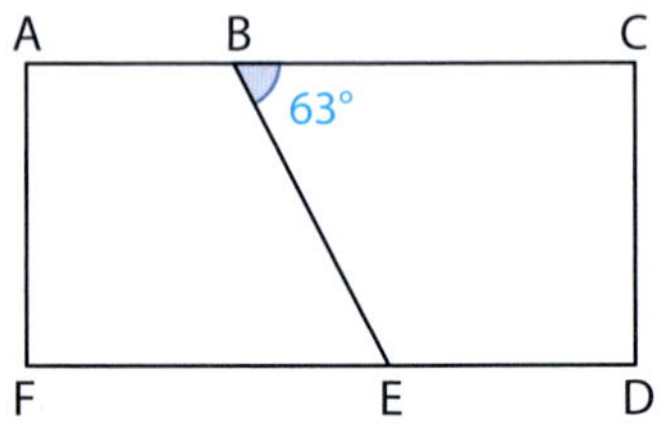

MODE EXPERT

24 Dans la figure ci-contre, les droites (IJ), (KH) et (LM) sont parallèles.

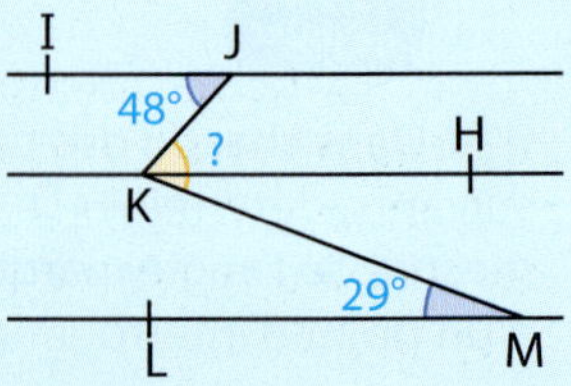

- Déterminer la mesure de l'angle marqué par un point d'interrogation. Justifier.

Utiliser des angles correspondants

➜ Savoir-faire p. 225

QUESTIONS FLASH

25 Dans quels cas les angles colorés sont-ils correspondants ? Justifier.

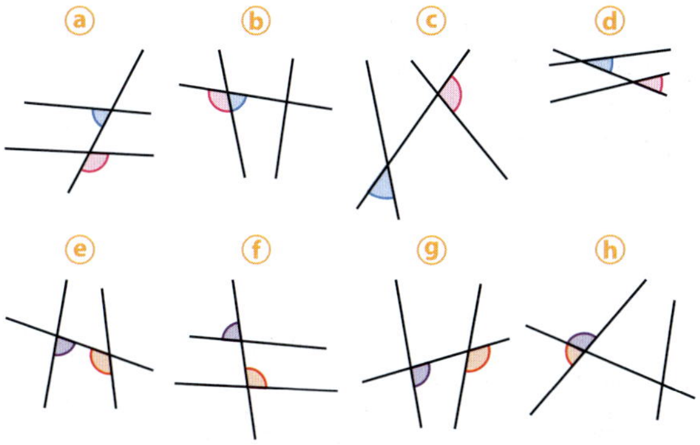

26 Parmi les couples d'angles suivants, indiquer ceux qui sont correspondants.

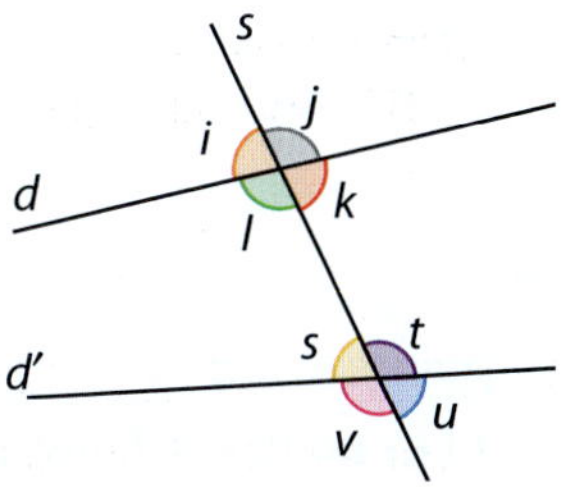

a. *i* et *s* **b.** *s* et *v*
c. *l* et *t* **d.** *v* et *i*
e. *s* et *j* **f.** *k* et *u*

27 Dans la figure ci-dessous, les droites (RT) et (SU) se coupent en V et les droites (RS) et (TU) sont parallèles. Citer des angles correspondants de même mesure.

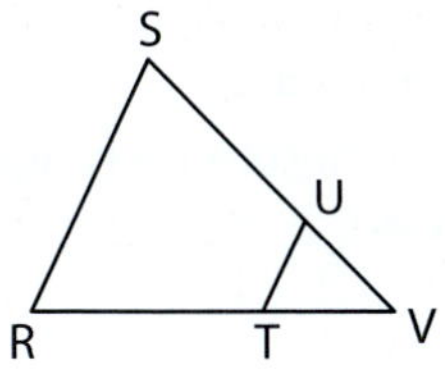

28 Pour chacun des couples d'angles correspondants ci-dessous, indiquer les deux droites et la sécante qui les forment.

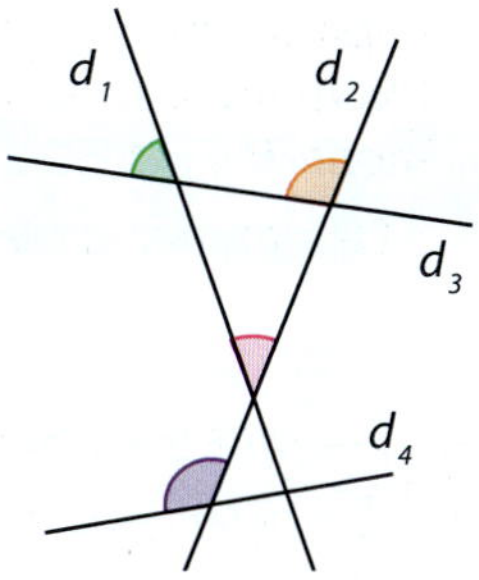

a. angles vert et orange
b. angles orange et violet
c. angles orange et rose
d. angles violet et rose

Questions flash supplémentaires

29 Dans la figure ci-contre, les droites (AI) et (BJ) sont parallèles. Déterminer la mesure de l'angle marqué par un point d'interrogation. Justifier.

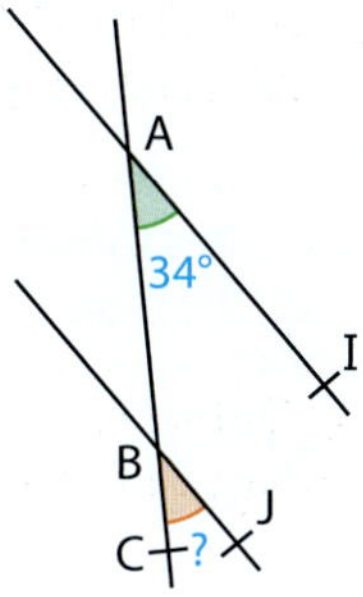

30 Dans la figure ci-contre, les droites *d* et *d'* sont-elles parallèles ? Justifier.

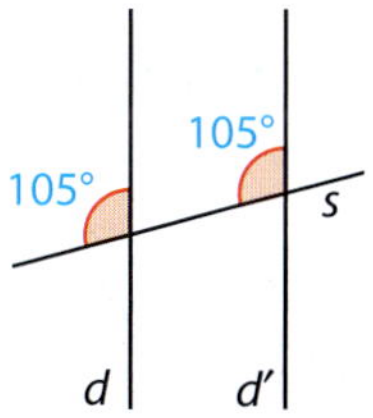

31 Dans la figure ci-contre, les droites *d* et *d'* sont-elles parallèles ? Justifier.

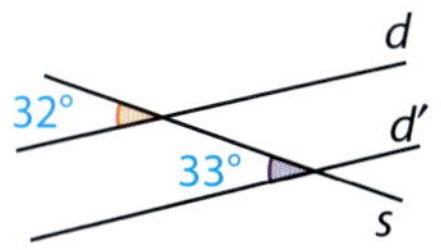

32 CALCUL MENTAL On considère la figure ci-contre où la droite (CD) coupe les droites (AB) et (EF) respectivement en G et H.

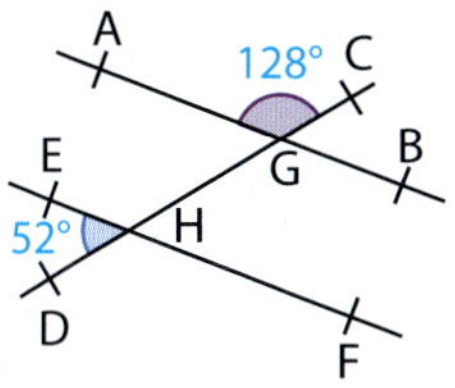

• Démontrer que les droites (AB) et (EF) sont parallèles. Justifier.

33 Dans la figure ci-contre, les droites (IL) et (JK) se coupent en M.

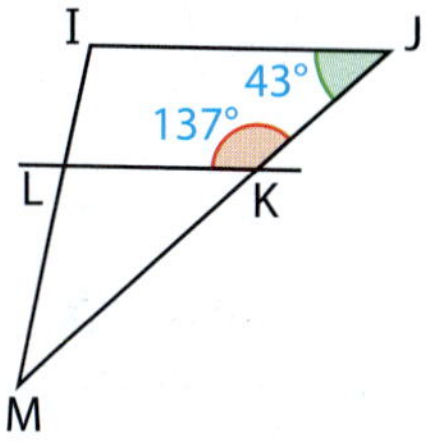

• Les droites (LK) et (IJ) sont-elles parallèles ? Justifier.

34 CALCUL MENTAL Dans la figure ci-contre, les droites (JI) et (KL) d'une part, et les droites (JK) et (IL) d'autre part sont parallèles.

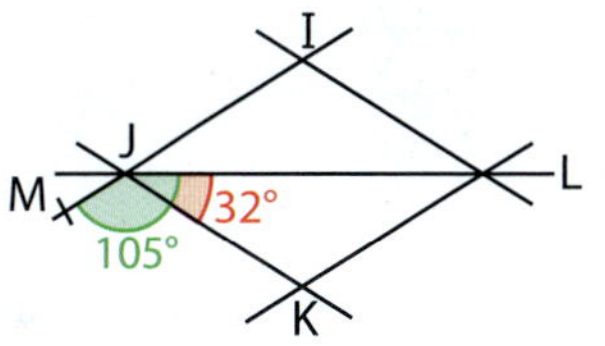

• Déterminer la mesure de l'angle $\widehat{JIL}$. Justifier.

35 Dans la figure ci-contre, la droite (EH) coupe les droites (AF) et (BG) respectivement en C et D.

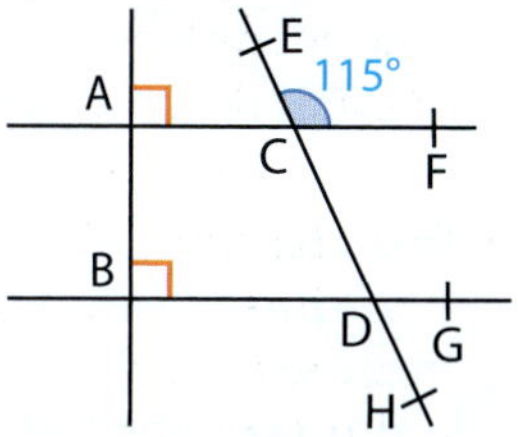

• Déterminer la mesure de l'angle $\widehat{CDG}$. Justifier.

MODE EXPERT

36 Dans la figure ci-contre, les droites (MN) et (TR) ainsi que les droites (NP) et (RS) sont parallèles.

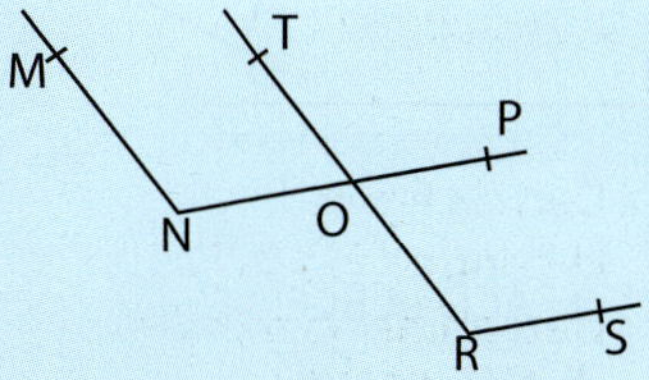

• Démontrer que les angles $\widehat{MNO}$ et $\widehat{TRS}$ ont même mesure. Justifier.

Exercices

Utiliser des angles opposés par le sommet

➜ Savoir-faire p. 227

QUESTIONS FLASH

37 Dans quels cas les angles colorés sont-ils opposés par le sommet ? Justifier.

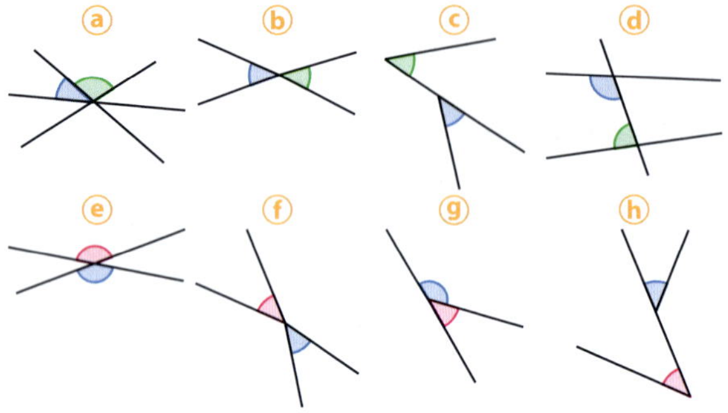

38 Parmi les couples d'angles suivants, indiquer ceux qui sont opposés par le sommet.

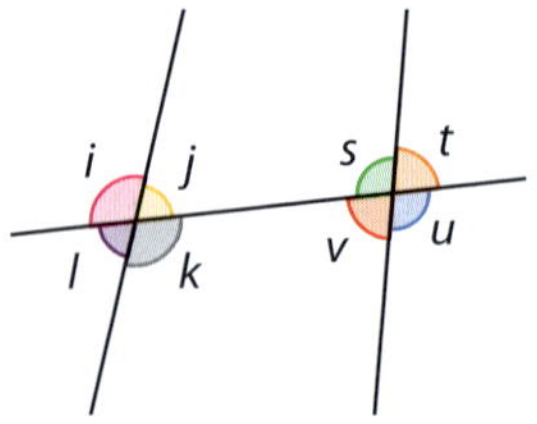

a. *k* et *l* **b.** *s* et *u*
c. *s* et *k* **d.** *l* et *j*
e. *t* et *v* **f.** *v* et *j*

39 Dans chacun des cas suivants, dire si les angles représentés en bleu et en rouge sont opposés par le sommet. Justifier.

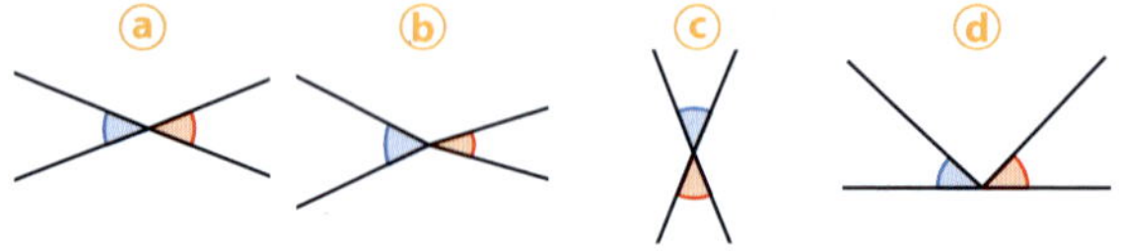

Questions flash supplémentaires

40 Dans la figure ci-dessous, la droite (AF) coupe les droites (BD) et (BG) respectivement en C et E. Les angles suivants sont-ils opposés par le sommet ? Justifier.

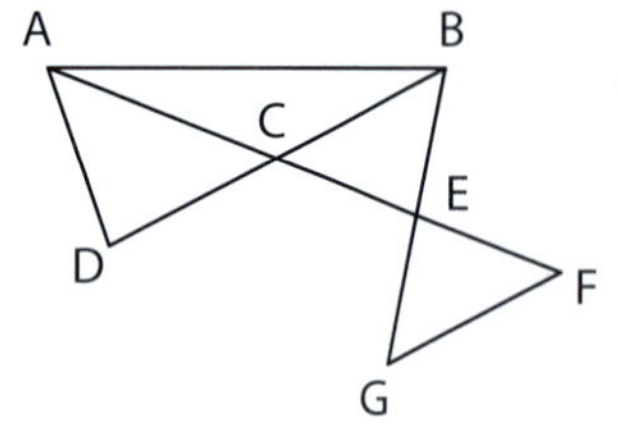

a. $\widehat{ACD}$ et $\widehat{BCE}$
b. $\widehat{BAC}$ et $\widehat{CAD}$
c. $\widehat{AEB}$ et $\widehat{GEF}$
d. $\widehat{CEG}$ et $\widehat{BGF}$

41 CALCUL MENTAL Dans la figure ci-contre, les droites (AE) et (BC) se coupent en D.

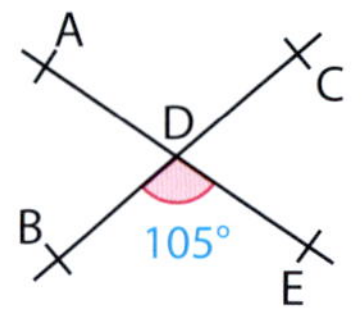

- Déterminer la mesure des angles $\widehat{ADC}$, $\widehat{ADB}$ et $\widehat{CDE}$. Justifier.

42 CALCUL MENTAL Dans la figure ci-contre, les droites (BC) et (AD) se coupent en O.

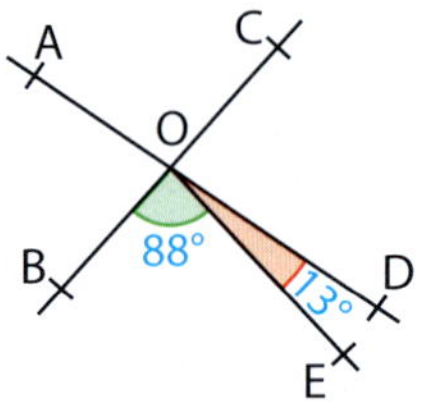

- Déterminer la mesure de l'angle $\widehat{AOC}$. Justifier.

43 CALCUL MENTAL Dans la figure ci-contre, les droites (OL), (NH) et (MP) se coupent en J.

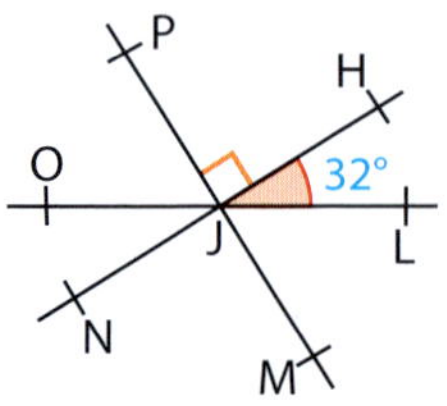

- Déterminer la mesure de l'angle $\widehat{OJP}$. Justifier.

44 Dans la figure ci-contre, les points A, E, B sont alignés.

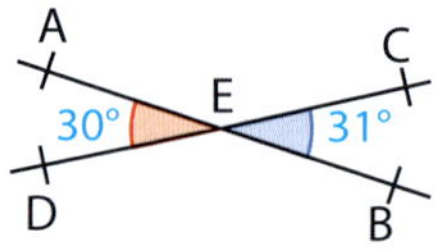

- Les points D, E et C sont-ils alignés ? Justifier.

45 CALCUL MENTAL Dans la figure ci-contre, les droites (AE), (CF) et (GD) se coupent en B.

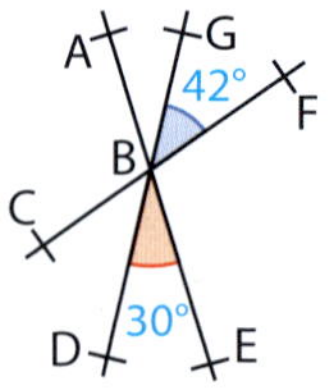

- Déterminer la mesure de l'angle $\widehat{ABC}$. Justifier.

MODE EXPERT

46 CALCUL MENTAL Dans la figure ci-contre, les droites (AF), (BE) et (DG) se coupent en C.

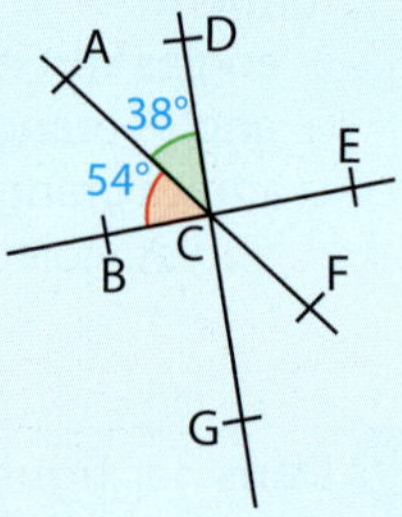

- Déterminer de deux façons différentes la mesure de l'angle $\widehat{DCE}$. Justifier.

47 CALCUL MENTAL Dans la figure ci-contre, les droites (AE), (BF), (CG) et (DH) se coupent en I.

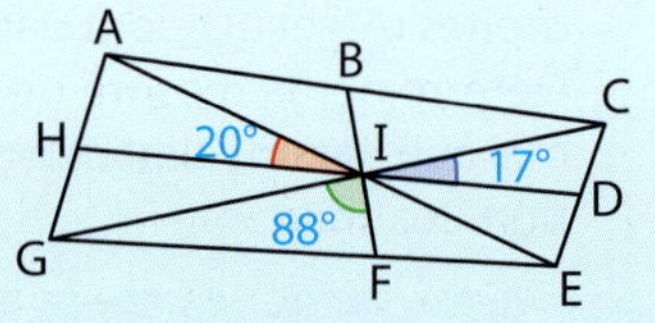

- Déterminer la mesure de l'angle $\widehat{AIB}$. Justifier.

Déterminer la mesure d'un angle dans un triangle

→ Savoir-faire p. 227

QUESTIONS FLASH

48 **1.** Calculer mentalement :

a. 180 – (60 + 20) **b.** 180 + (60 – 20)
c. 180 – 60 – 20 **d.** 180 – 60 + 20

2. Lesquels de ces calculs permettent de déterminer la mesure du troisième angle d'un triangle ayant un angle de 60° et un autre de 20° ?

49 Dans chacune des lignes ci-contre, calculer la mesure de l'angle manquant pour que la somme des mesures des trois angles soit égale à 180°.

62°	33°	?
?	90°	35°
60°	?	60°
116°	32°	?

50 Pour chacun des triangles suivants, déterminer la mesure de l'angle marqué d'un point d'interrogation.

ⓐ
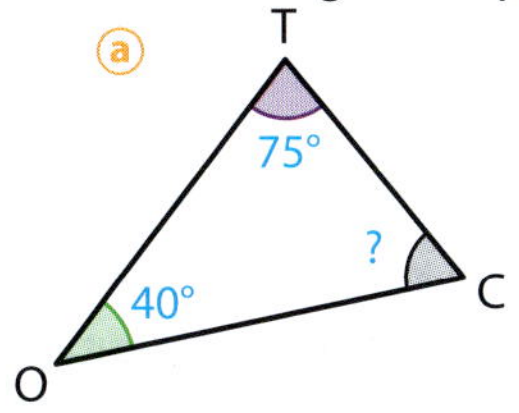

ⓑ
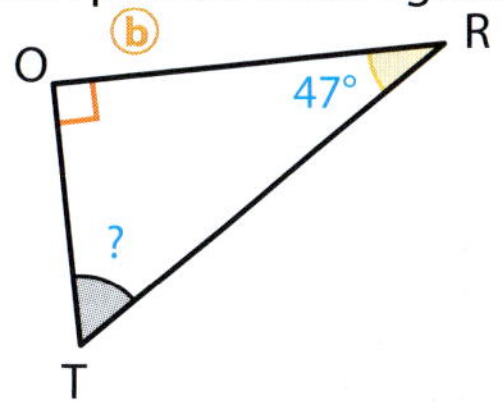

Questions flash supplémentaires

51 CALCUL MENTAL IJK est un triangle tel que $\widehat{IJK} = 56°$, $\widehat{IKJ} = 39°$.

- Déterminer la mesure de l'angle $\widehat{JIK}$. Justifier.

52 CALCUL MENTAL On considère le triangle ci-contre.

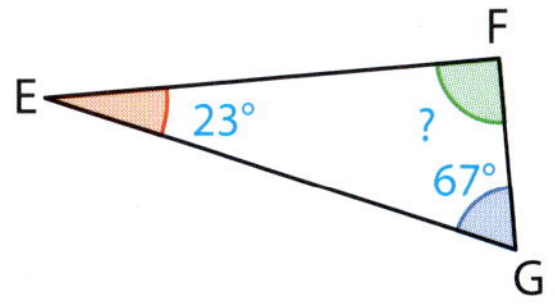

1. Déterminer la mesure de l'angle $\widehat{EFG}$. Justifier.

2. En déduire la nature du triangle EFG.

53 CALCUL MENTAL Dans chacun des cas suivants, dire si la figure est constructible ou non. Justifier.

ⓐ
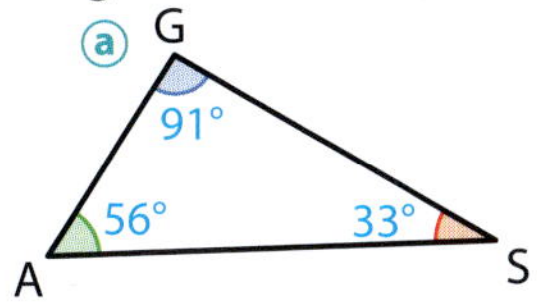

ⓑ
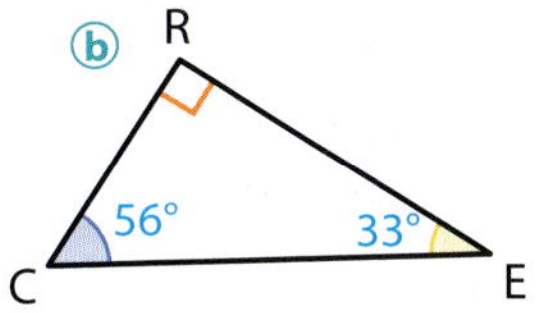

54 CALCUL MENTAL Dans la figure ci-contre, les points J, K et L sont alignés.

- Déterminer la mesure de l'angle marqué par un point d'interrogation.

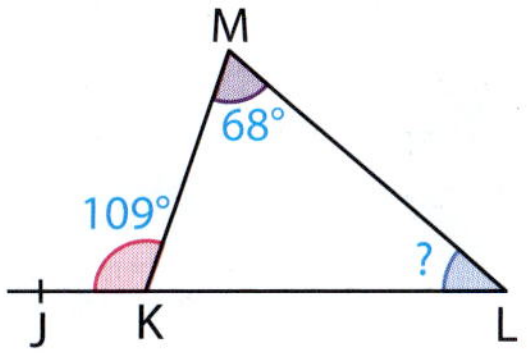

55 CALCUL MENTAL On considère le triangle ci-dessous, où x désigne un nombre positif.

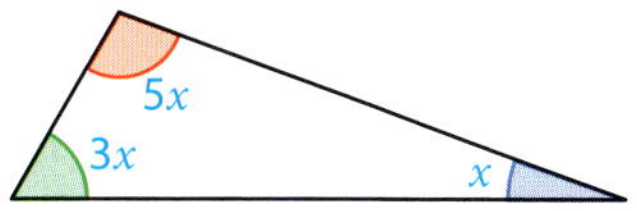

- Déterminer la mesure de chacun des angles de ce triangle.

$5x$ signifie $5 \times x$.

56 Dans la figure ci-contre, les droites (EB) et (FG) se coupent en D, et les points C, G, B et A sont alignés.

- Déterminer la mesure de l'angle $\widehat{DGB}$. Justifier.

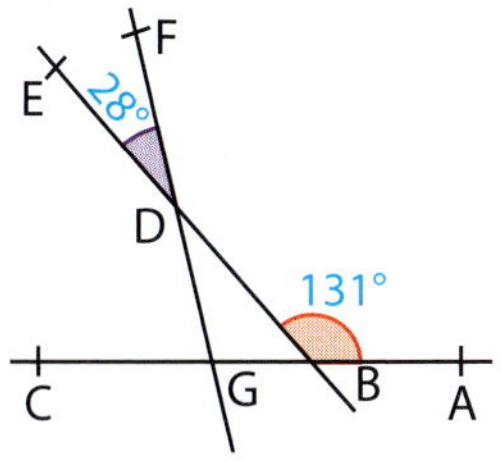

57 Dans la figure ci-dessous, D est un point du segment [AB].

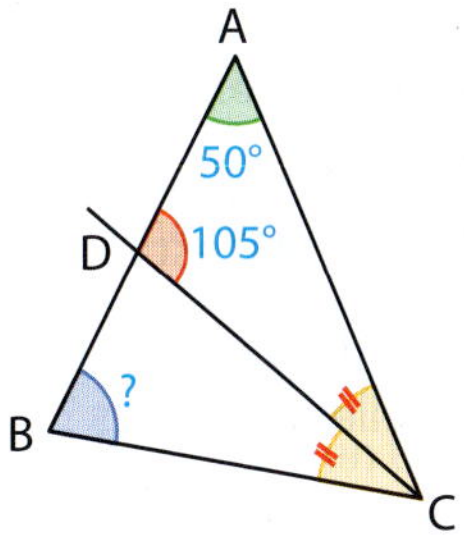

- Déterminer la mesure de l'angle $\widehat{ABC}$. Justifier.

MODE EXPERT

58 Matéo affirme que lorsqu'on multiplie les longueurs des trois côtés d'un triangle par 3, alors les mesures de chacun des trois angles sont également multipliées par 3. Lucie affirme que c'est absolument impossible.

- Qui a raison ? Justifier.

59 Dans la figure ci-contre, les droites (KJ) et (NL) se coupent en I et les droites (JL) et (KN) sont parallèles.

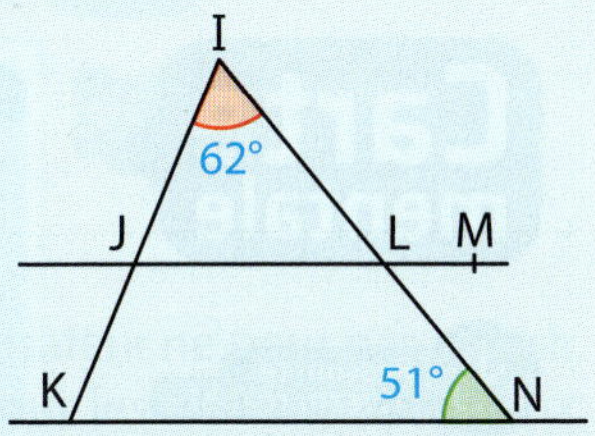

1. Déterminer la mesure de l'angle $\widehat{IKN}$. Justifier.

2. Déterminer les mesures des angles $\widehat{IJL}$ et $\widehat{ILJ}$. Justifier.

3. Déterminer la mesure de l'angle $\widehat{MLN}$. Justifier.

Problèmes

ceinture jaune · ceinture verte · ceinture noire

65 L'un dans l'autre

Calculer, Communiquer, Raisonner

Dans la figure ci-dessous, les droites (BD) et (CE) se coupent en A.

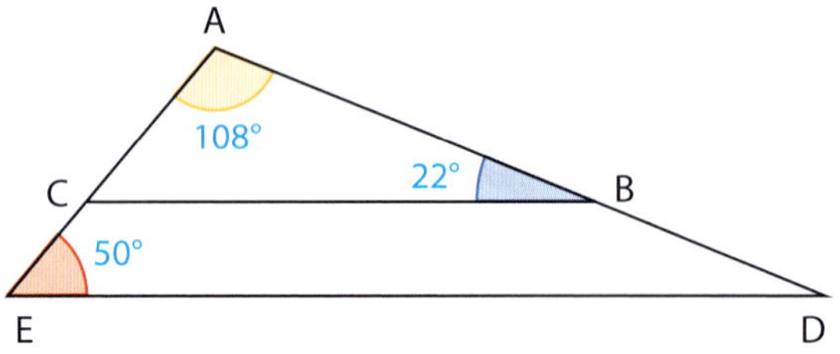

• Les droites (CB) et (ED) sont-elles parallèles ? Justifier la réponse.

66 Triangle contre parallélogramme

Raisonner, Calculer, Communiquer

Dans la figure ci-dessous, AEB est un triangle rectangle en E et les points E, A et D sont alignés. On a également : (BA) // (CD) et (BC) // (AD).

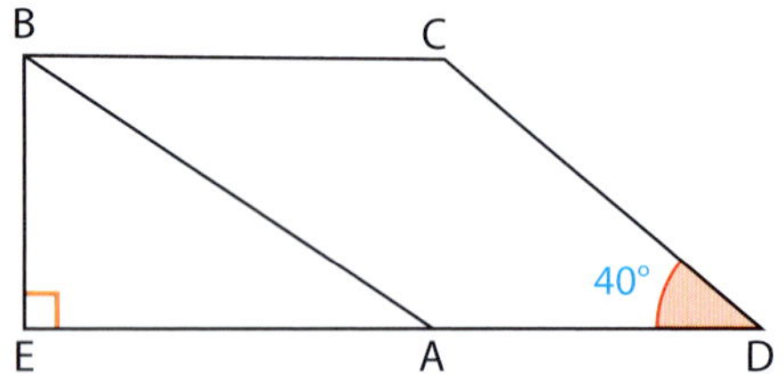

1. Déterminer la mesure de l'angle $\widehat{EAB}$.

2. Déterminer la mesure de l'angle $\widehat{EBA}$.

67 Dos à dos

Chercher, Calculer, Communiquer

Le triangle ADC ci-contre est-il un triangle rectangle ? Justifier.

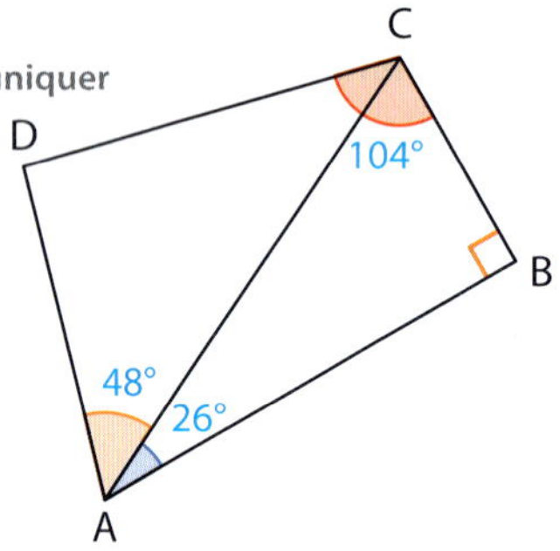

68 About the triangle

Raisonner, Calculer, Communiquer

1. Find the value of each angle of the triangle. Justify.

2. Find the value of x. Justify.

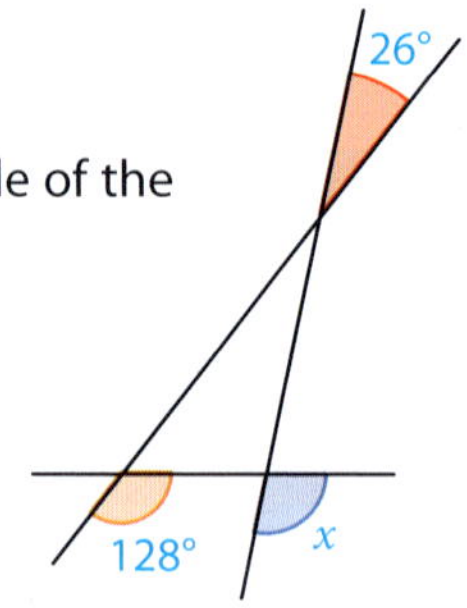

69 Démonstration

Raisonner, Communiquer

À partir de la figure de l'**activité 2** page 221, démontrer la conjecture émise à la question **6.**, en utilisant les propriétés des angles alternes-internes et des angles opposés par le sommet.

70 Trapèze rectangle (1)

Raisonner, Calculer, Communiquer

Dans la figure ci-dessous, les points H, S et E sont alignés.

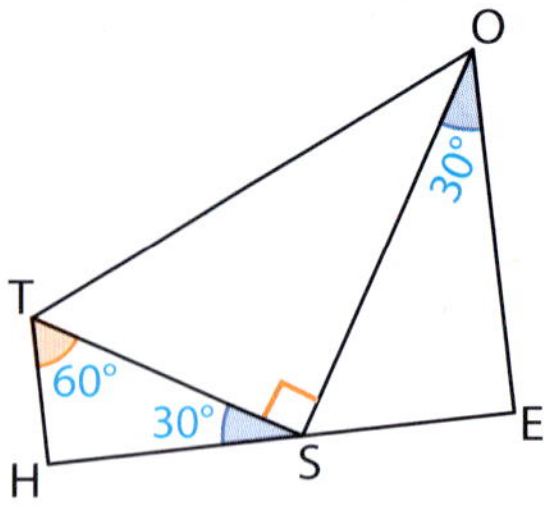

1. Déterminer les mesures de chaque angle du triangle OSE.

2. Le quadrilatère THEO est-il un trapèze rectangle ?

Un trapèze rectangle est un quadrilatère dont deux côtés opposés sont perpendiculaires à un même côté.

71 Angle mystère

Chercher, Raisonner, Calculer

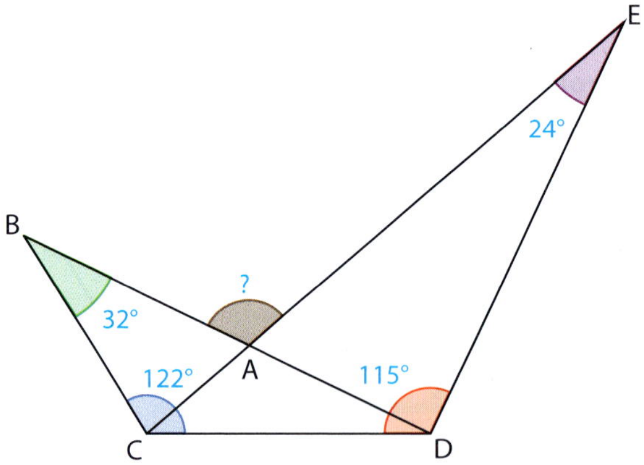

• Déterminer la mesure de l'angle $\widehat{BAE}$.

72 Dans un carré

Chercher, Raisonner, Calculer, Représenter

Dans la figure ci-contre, ROCK est un carré. U et E sont deux points du segment [RO] tels que les droites (KU) et (AE) sont parallèles. Ces deux droites coupent respectivement (RC) en B et L.

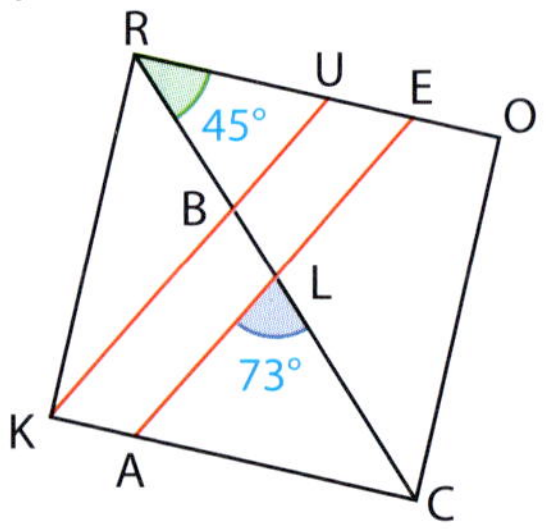

1. Trouver tous les angles de cette figure ayant pour mesure 73°. Justifier.

2. Trouver tous les angles de cette figure ayant pour mesure 45°. Justifier.

3. Construire cette figure.

4. Sans justifier et sans poser de calcul, déterminer les mesures de tous les autres angles de cette figure et noter leur valeur sur la figure ou coder les angles de même mesure.

73 Mirage

Raisonner, Calculer, Communiquer

Les mirages s'expliquent par la déviation des rayons lumineux. Cette déviation donne l'impression que l'objet que l'on regarde est à un endroit autre que son emplacement réel.

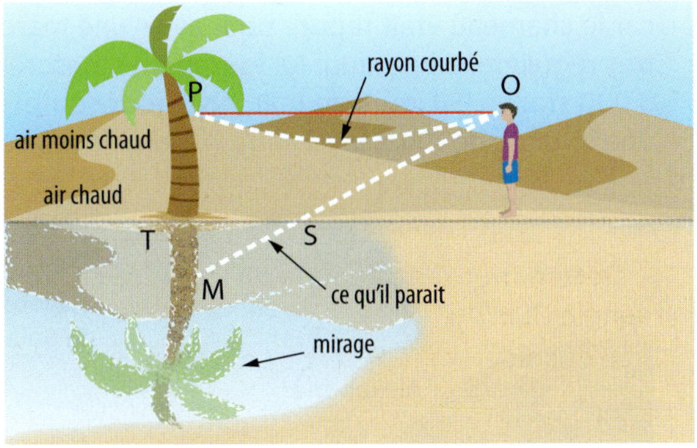

Sachant que $\widehat{POS} = 28°$ et que les droites (PO) et (TS) sont parallèles, déterminer :

a. la mesure de l'angle $\widehat{TSM}$

b. la mesure de l'angle $\widehat{TSO}$

Voir le point info p. 219.

74 Programmation (1)

Représenter, Raisonner

1. Combien de segments le lutin trace-t-il ?

2. Le premier et le troisième segments tracés sont-ils parallèles ? Justifier.

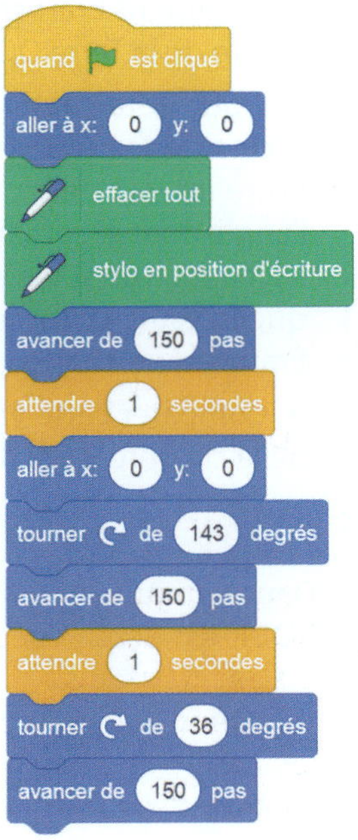

75 Trapèze rectangle (2)

Chercher, Raisonner, Communiquer

On considère la figure ci-dessous.

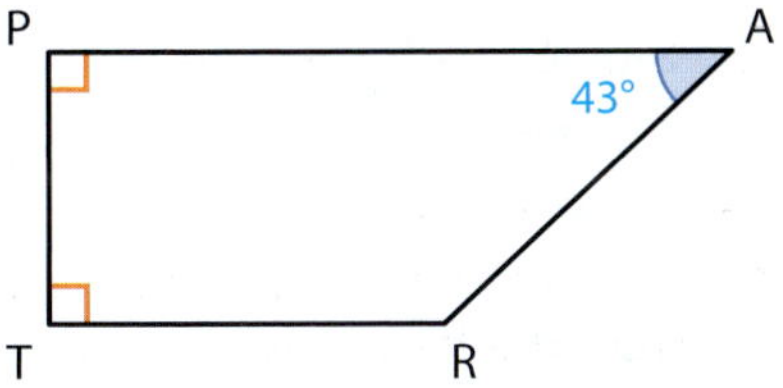

- Déterminer la mesure de l'angle $\widehat{TRA}$. Justifier.

76 Pavage avec des quadrilatères

Représenter, Raisonner

Luc a commencé à couvrir la surface de sa feuille à l'aide de quadrilatères de la façon suivante.

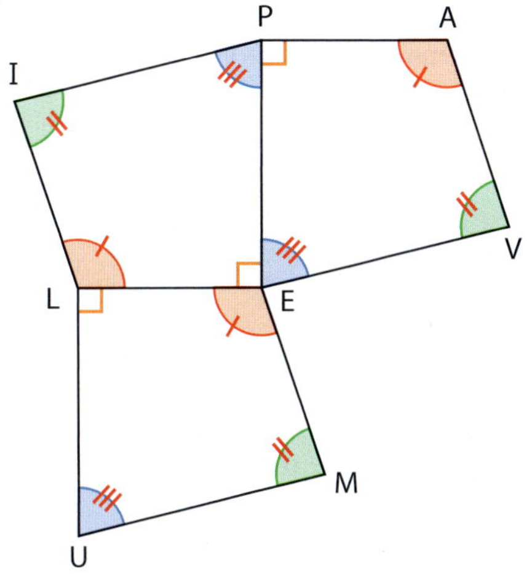

1. Les droites (IP) et (EV) sont-elles parallèles ? Justifier.

2. Démontrer que les droites (IL) et (EM) sont parallèles, ainsi que les droites (PA) et (LE).

3. Tracer le quadrilatère PAVE au centre d'une feuille quadrillée comme ci-contre.

Reproduire le pavage de Luc en ajoutant des pavés (tracer au moins 10 quadrilatères).

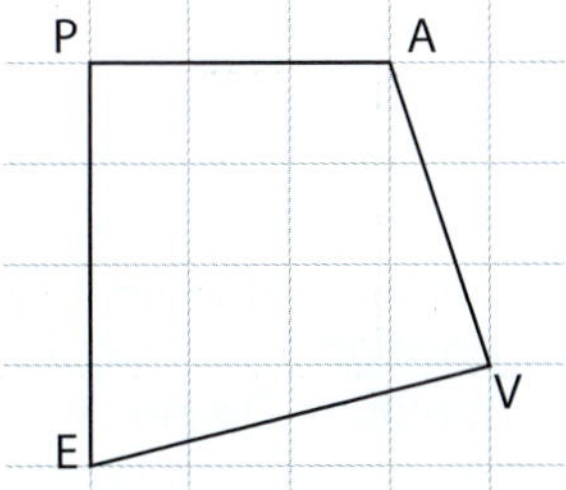

4. Coder les angles de même mesure : en vert ceux égaux à $\widehat{AVE}$, en bleu ceux égaux à $\widehat{PEV}$, en rouge ceux égaux à $\widehat{PAV}$ et en orange les angles droits.

5. Quelle conjecture peut-on faire sur la somme des angles d'un quadrilatère ?

Le défi 85 p. 236 pose cette question pour tous les polygones.

77 Le portail

Modéliser, Chercher, Raisonner

L'entreprise TOCLOSE contrôle la fabrication de ses portails. Sur le modèle ci-dessous, elle doit vérifier que les barres noires horizontales sont bien parallèles.

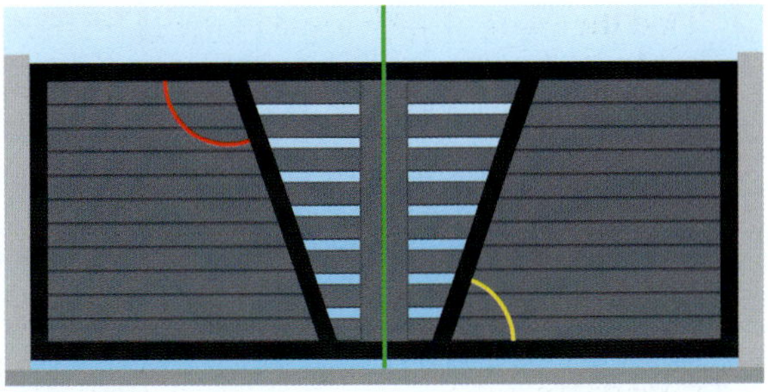

- Sachant que l'axe vert est un axe de symétrie du portail, que l'angle rouge mesure 123° et l'angle jaune 57°, ce portail est-il bien construit ?

Problèmes

78 Maisons mitoyennes

Modéliser, Raisonner, Calculer

Voici deux maisons mitoyennes : la n° 1 est à Mme Roux, la n° 2 est à M. Fati.

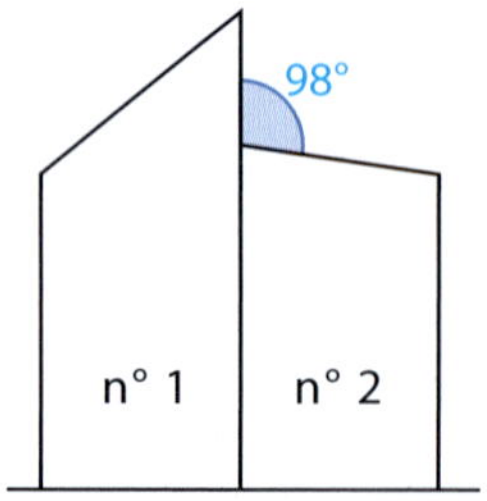

L'angle formé par le mur mitoyen avec le toit de la maison n° 2 est de 98°.

M. Fati se demande si la pente de son toit est suffisante pour que les eaux de pluie s'écoulent correctement. Pour cela, l'angle entre son toit et l'horizontale doit être d'au moins 12°.

- Répondre à la question que se pose M. Fati.

79 La circonférence de la Terre

Chercher, Représenter, Raisonner, Communiquer, Calculer

Au solstice d'été, Ératosthène, qui habitait la ville de Syène, savait que le Soleil était à la verticale de sa position à 12 h car il n'y avait aucune ombre dans son puits. De plus, il avait noté qu'à Alexandrie, à la même date et à la même heure, les rayons du Soleil avaient une inclinaison d'environ 7,2° par rapport à la verticale.

Il supposa que les rayons du Soleil étaient parallèles et que les deux villes étaient situées sur le même méridien.

> Un méridien est un demi-cercle imaginaire de la surface terrestre qui joint les deux pôles.

Il ne restait plus alors qu'à calculer la distance entre les villes de Syène et d'Alexandrie.

Pour cela, Ératosthène requit l'aide d'un arpenteur de l'Égypte antique qui comptait le nombre de pas d'un chameau lors du voyage entre les deux villes, car le chameau était réputé pour avoir une marche très régulière. L'arpenteur lui fournit une mesure de 5 000 stades (50 jours de marche, 1 jour comptant une distance de 100 stades) entre Alexandrie et Syène.

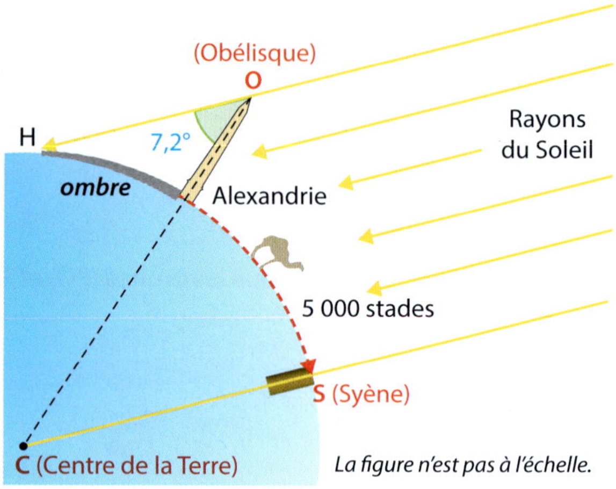

La figure n'est pas à l'échelle.

1. Comment Ératosthène détermina-t-il l'angle au centre de la Terre $\widehat{OCS}$?

2. Pour déterminer la circonférence de la Terre, Ératosthène utilisa la règle suivante : « La distance entre les villes est proportionnelle à la mesure de l'angle dont le sommet est au centre de la Terre. » Sachant qu'un stade égyptien correspond à 157,50 m, quelle est la circonférence de la Terre trouvée par Ératosthène ?

3. Comparer cette valeur à une estimation actuelle de la circonférence de la Terre.

DÉFIS & ÉNIGMES

80 Pliages

Construire sur une feuille blanche un carré et le découper.

1. Construire un angle de 135° en effectuant uniquement des pliages de ce carré. Justifier que l'angle construit mesure bien 135°.

2. Même question avec un angle de 112,5°.

81 Angles et polygones

Quelle est la somme des mesures des angles de ces polygones ?

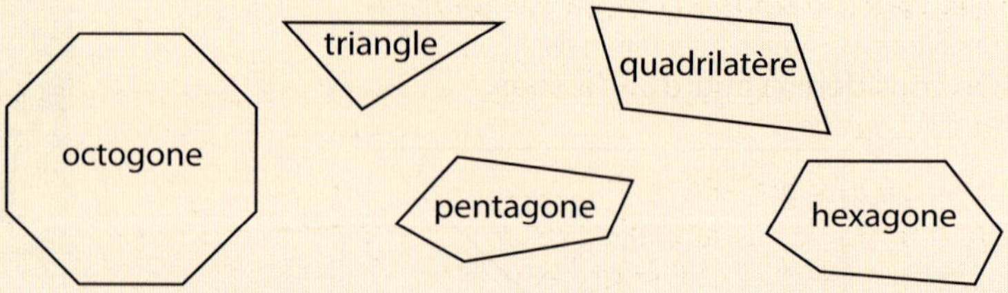

> Commencer avec le triangle. Poursuivre avec le quadrilatère et tracer une diagonale.

82 La verrière

Raisonner, Communiquer

Un menuisier doit fabriquer une verrière constituée de quatre montants verticaux, d'une traverse horizontale et d'une traverse qui suit le plafond, et qui forme un angle de 120° avec le mur.

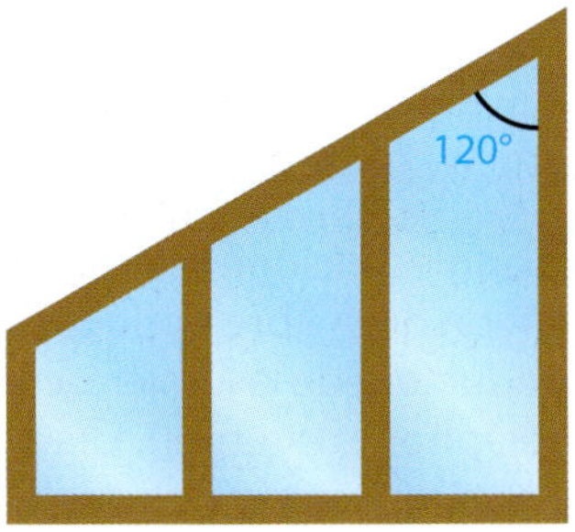

- Déterminer tous les angles des trois quadrilatères qui composent cette verrière.

83 Programmation (2)

Représenter, Raisonner

1. Les segments bleu et vert tracés par le script ci-contre sont-ils parallèles ? Justifier.

2. Comment peut-on modifier le programme pour qu'il trace le quadrilatère croisé représenté ci-dessous ?

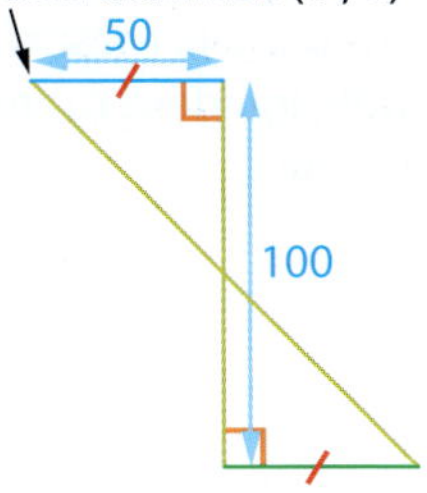

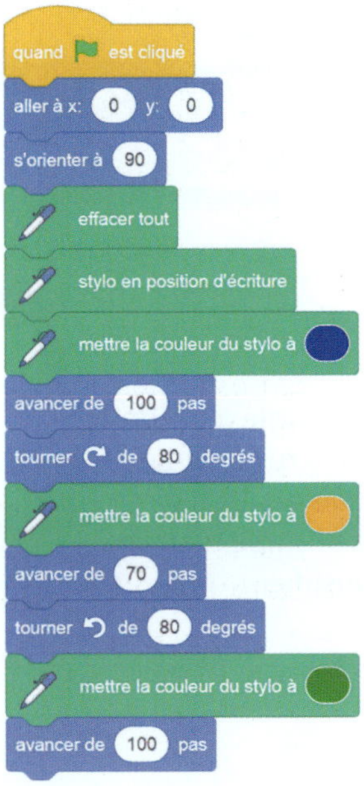

84 Le billard

Chercher, Représenter, Calculer

Pour gagner sa partie, Alix doit rentrer la boule bleue. Elle ne réussit que si l'angle rouge mesure 37°.

Lorsqu'une boule rebondit sur une bande (un bord), l'angle que forme sa trajectoire avec la bande reste le même.

1. Quel doit être l'angle d'attaque sur la bande (en jaune sur l'image ci-dessus) pour qu'Alix gagne cette partie ? Justifier.

2. Quel que soit l'angle d'attaque sur la bande, que peut-on dire des droites blanches ? Justifier.

85 Enseigne lumineuse

Modéliser, Raisonner, Calculer

Un artiste plasticien a réalisé la lampe ci-contre, formée de carrés et de triangles équilatéraux placés les uns contre les autres, ainsi que de 13 lampes jaunes placées sur certains sommets.

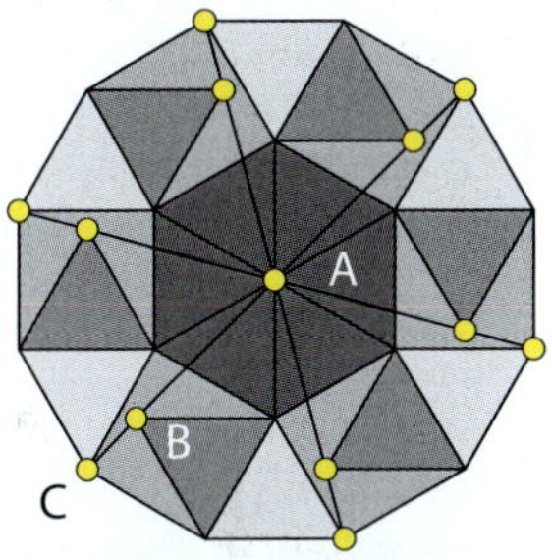

- Montrer que les trois lampes placées en A, B et C sont alignées.

Si un triangle est équilatéral, alors ses trois angles mesurent 60°. Si un triangle est isocèle, alors deux de ses angles ont même mesure.

MISSION DÉMONSTRATION

Démo de cours

On veut démontrer la propriété suivante.

La somme des mesures des trois angles d'un triangle est égale à 180°.

86 Soit un triangle ABC.
La droite d est la parallèle à (BC) passant par A. E et F sont deux points de d, placés de part de d'autre de A.

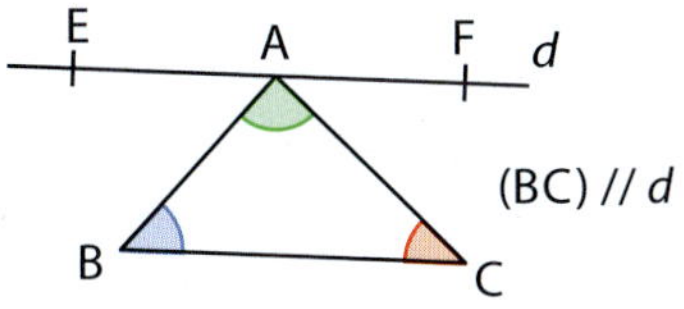

1. Que peut-on dire des angles $\widehat{ABC}$ et $\widehat{EAB}$? Justifier.

2. Que peut-on dire des angles $\widehat{BCA}$ et $\widehat{CAF}$? Justifier.

3. Conclure.

Travailler autrement

Utilisable en AP

À chacun son parcours !

87 Analyse de documents

Socle D1 Je produis et utilise des représentations d'objets, tels que schémas, croquis ou figures géométriques.

Socle D2 Je comprends un document, résous un problème, rédige un texte expliquant et justifiant ma démarche.

Socle D2 Je découvre les caractéristiques d'objets et de systèmes techniques et quelques solutions technologiques.

Lorsqu'un rayon lumineux se réfléchit sur la surface d'un miroir, les angles incidents et réfléchis ont même mesure. Ce phénomène physique remarquable est à la base de l'invention de la fibre optique. La fibre optique est un fil en verre ou en plastique très fin qui a la propriété d'être un conducteur de la lumière, comme un miroir. Elle sert dans la transmission de données et de lumière (télévision, téléphone, Internet). Elle est utilisée pour conduire de la lumière entre deux lieux très éloignés. La lumière subit un très grand nombre de réflexions sur les surfaces de séparation fibre-verre.

Le phénomène de la réflexion totale

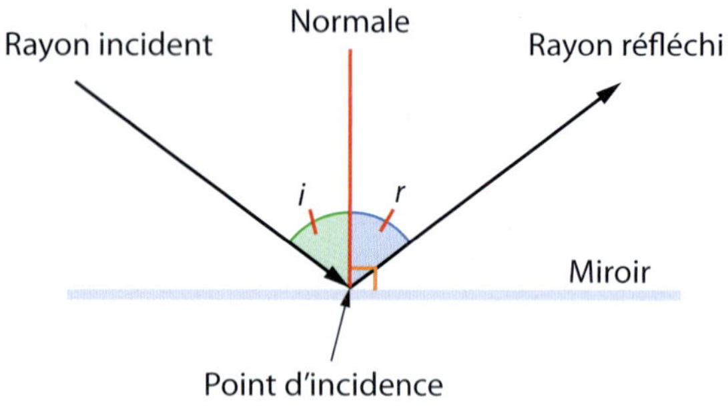

La fibre optique

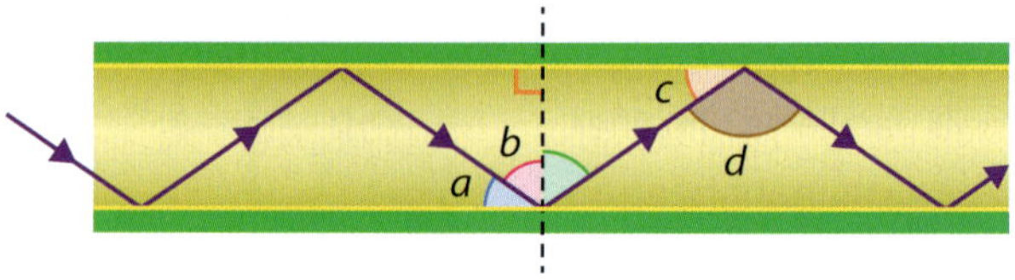

Questions ceinture jaune

Dans la fibre optique on considère que l'angle incident bleu mesure 35° (c'est-à-dire : $a = 35°$).

1. Calculer la mesure b de l'angle incident rose.
2. Calculer la mesure c de l'angle incident orange.

Question ceinture verte

Si l'angle d'incidence bleu mesure 45°, que peut-on dire de l'angle marron ? Justifier.

Question ceinture noire

Démontrer que, quelle que soit la mesure a de l'angle incident bleu, la mesure c de l'angle incident orange lui est égale.

88 Résolution de problème

Socle D1 Je comprends le langage mathématique et m'exprime en l'utilisant.

Socle D2 Je sais identifier un problème, m'engager dans une démarche de résolution, mobiliser les connaissances nécessaires, analyser et exploiter les erreurs, mettre à l'essai plusieurs solutions.

Un polygone est dit « équiangle » lorsque tous ses angles ont même mesure.

Questions ceinture jaune

1. Quelles sont les mesures des angles d'un triangle équiangle ? Justifier.
2. Marie affirme qu'un quadrilatère équiangle est nécessairement un carré. Mohamed lui dit qu'elle a tort. Qui a raison ? Justifier.

Question ceinture verte

Montrer que le quadrilatère ABCD ci-dessous est équiangle.

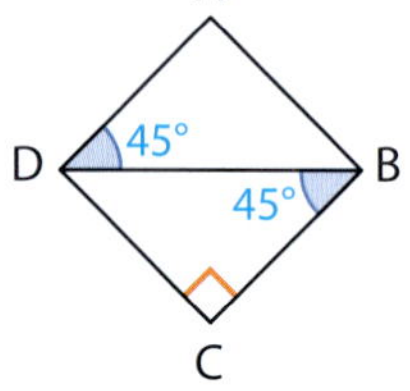

Questions ceinture noire

1. Calculer la somme des mesures des angles du pentagone équiangle ci-dessous.

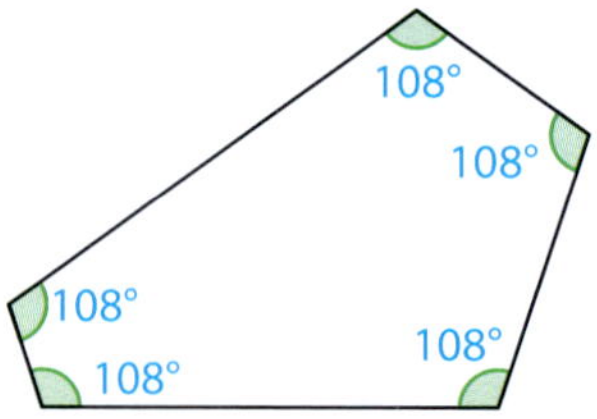

2. Tous les pentagones équiangles ont-ils des angles mesurant 108° ? Justifier.

12 Triangles et cercles

TA MISSION

Construire et utiliser des cercles, des triangles, des hauteurs et des médiatrices.

JEU

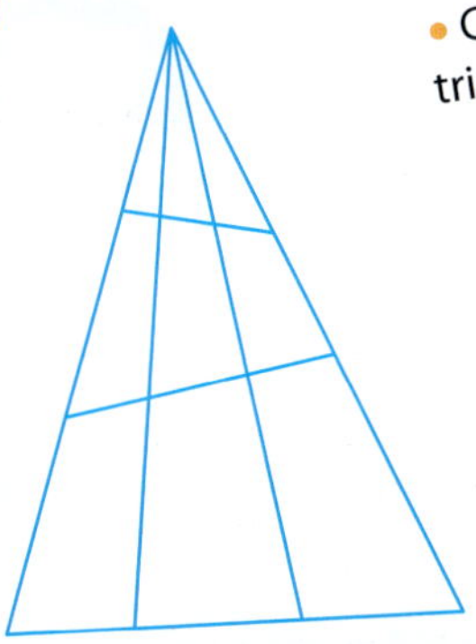

- Combien peut-on voir de triangles ?

POINT INFO

Le parc éolien français se développe. Avec près de 8 000 éoliennes fin 2018, il fournissait 5,1 % de la production d'électricité du pays, se plaçant au 4e rang européen. On attend pour 2028 la construction de 6 500 mats supplémentaires. Les pales, dont les extrémités définissent un triangle équilatéral, décrivent ici un cercle de 77 m de diamètre.

Voir problème 86 p. 257.

Activités

Prêts pour le décollage ?

QUESTIONS FLASH — Questions flash supplémentaires

1 A est le centre du cercle.
a. Nommer deux rayons du cercle.
b. Nommer un diamètre du cercle.
c. Combien mesure la longueur AD ? Et la longueur CD ?

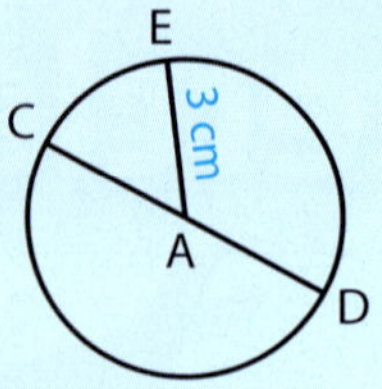

2 **Vrai ou faux ?**
Les points A, C et B sont alignés. Dire si les affirmations suivantes sont vraies ou fausses.

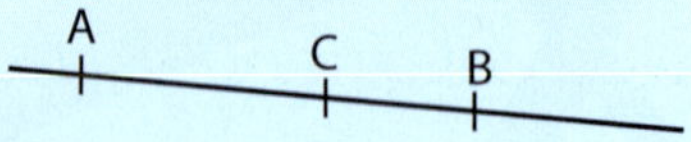

a. C ∈ [AB] **b.** A ∈ [BC] **c.** B ∈ [AC]

3 On a tracé ci-contre 5 cercles et leurs centres.
Le diamètre du cercle orange est de 12 cm.
a. Quel est le rayon du cercle bleu ?
b. Quel est le diamètre du cercle rose ?
c. Quel est le centre du cercle vert ?

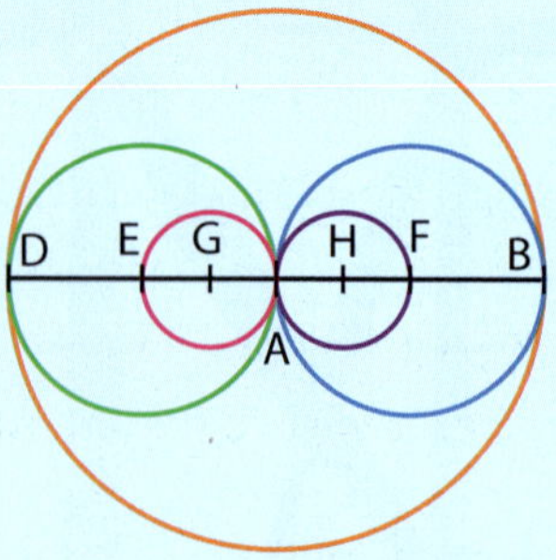

4 **Vrai ou faux ?**
Dire si les affirmations suivantes sont vraies ou fausses.
Si elles sont fausses, justifier par un contre-exemple.
a. Si MA = MB, alors M est le milieu de [AB].
b. Si A est le milieu de [MB], alors MA = AB.
c. Si B ∈ [AM], alors B est le milieu de [AM].

5 Parmi les solides suivants, indiquer lesquels ont des faces triangulaires.

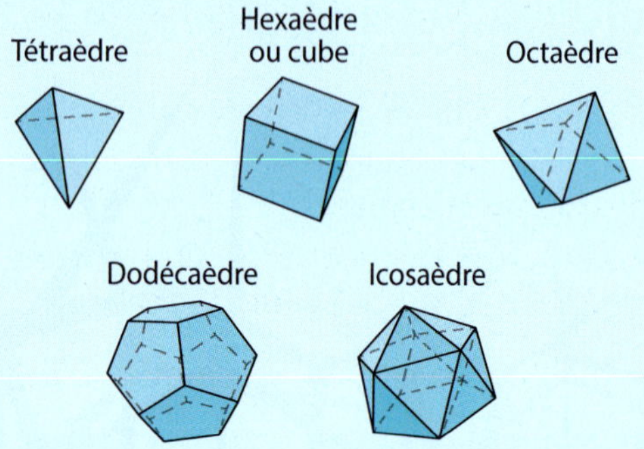

6 À vue d'œil, sur quelles figures la droite *d* est-elle la médiatrice du segment [AB] ?

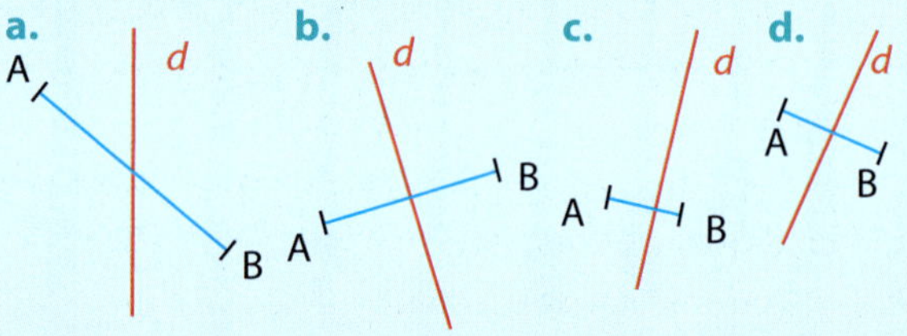

Activité 1 Cap ou pas cap ?

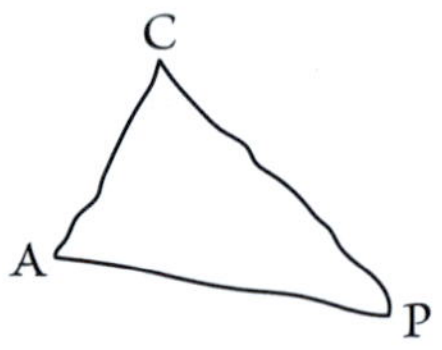

Il est possible de faire six mesures sur un triangle : celles de ses trois côtés et celles de ses trois angles.
Eliott, Naomi, Yanis, Lenny et Sarah en proposent trois chacun.

Eliott : CA = 4 cm ; AP = 5,2 cm ; $\widehat{CAP}$ = 70°.

Naomi : AP = 7,2 cm ; $\widehat{CAP}$ = 65° ; $\widehat{CPA}$ = 35°.

Yanis : CP = 6,5 cm ; CA = 4,7 cm ; AP = 5,6 cm.

Sarah : AC = 8,2 cm ; AP = 3 cm ; CP = 4 cm.

Lenny : AP = 9 cm ; AC = 3,5 cm ; PC = 5,5 cm.

1. Pour chacune des propositions, tracer une figure à main levée puis construire, si possible, le triangle CAP.
2. Que peut-on dire de la proposition de Lenny ? Pourquoi ?
3. Que peut-on dire de la proposition de Sarah ? Pourquoi ?
4. Quelle condition faut-il sur les longueurs des 3 côtés pour qu'un triangle soit constructible ?

Activité 2 Riche triangle

On appelle « Triangle d'or » l'un des plus beaux quartiers de Bordeaux, compris entre la place Tourny (T), le Grand Théâtre (H) et la place Gambetta (G). À l'échelle $\frac{1}{6\ 000}$, ce triangle a pour côtés : GT = 6,2 cm ; TH = 6,8 cm et GH = 7,5 cm.

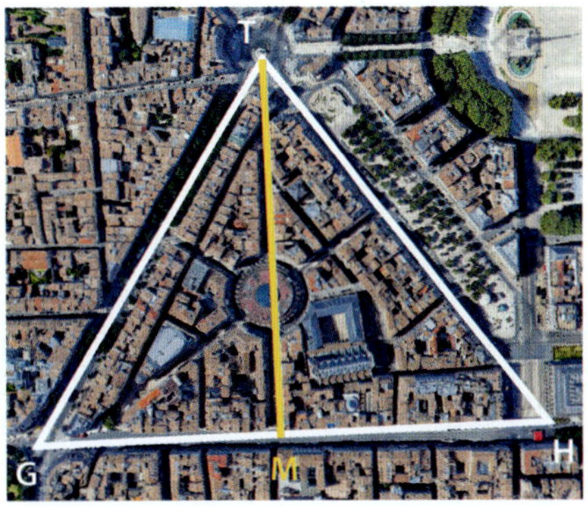

Partie 1

1. Construire ce triangle.
2. La rue Voltaire est matérialisée en jaune. Représenter cette rue sachant qu'elle est perpendiculaire au segment [GH] et part du point T.

La droite (TM) s'appelle la **hauteur** du triangle TGH issue de T.

3. Tracer les hauteurs du triangle TGH issues de G et H.
4. Quelle conjecture peut-on formuler sur ces 3 hauteurs ? Repérer ce point sur la photo : c'est le Marché des Grands Hommes.
5. Ouvrir GeoGebra et tracer un triangle quelconque avec l'outil **Polygone** puis les 3 hauteurs de ce triangle (outil **Perpendiculaire**). Vérifier la conjecture précédente en déplaçant les sommets du triangle.

Le point de concours des hauteurs d'un triangle s'appelle l'**orthocentre** du triangle.

Partie 2

1. Construire une nouvelle fois le triangle GTH.
2. Construire la médiatrice du côté [GH]. Que sait-on de tous les points situés sur cette droite ?
3. Construire les médiatrices des côtés [GT] et [TH]. Quelle conjecture peut-on formuler sur les 3 médiatrices des côtés du triangle ?
4. On admet que ces trois médiatrices se coupent en un point O.
Expliquer pourquoi OG = OH et OG = OT.

Cette propriété est démontrée p. 257.

5. Tracer le cercle de centre O passant par G.
Pourquoi ce cercle passe-t-il aussi par T et H ?

Ce cercle est appelé **cercle circonscrit** au triangle GTH.

6. Ouvrir GeoGebra et tracer un triangle quelconque avec l'outil **Polygone** puis les médiatrices des trois côtés de ce triangle (outil **Médiatrice**). Placer le point O d'intersection de ces médiatrices avec l'outil **Intersection** et tracer le cercle circonscrit à ce triangle (**Cercle (centre-point)**). Vérifier la conjecture précédente en déplaçant les sommets du triangle.

Activité 3 Isocèle ou pas ?

1. a. Tracer un triangle ABC isocèle en A.
b. Tracer la médiatrice *d* du segment [BC] et justifier que le point A appartient à *d*.
c. Quels sont les symétriques des points A, B et C par rapport à *d* ? Que représente *d* pour le triangle ABC ?
d. Que peut-on en déduire pour les angles $\widehat{ABC}$ et $\widehat{BCA}$? Justifier à l'aide d'une propriété de la symétrie axiale.
e. Énoncer la propriété démontrée grâce aux questions précédentes.
f. En utilisant cette propriété, donner sans calcul la mesure des angles $\widehat{PSA}$ et $\widehat{OLU}$ des triangles ci-contre.

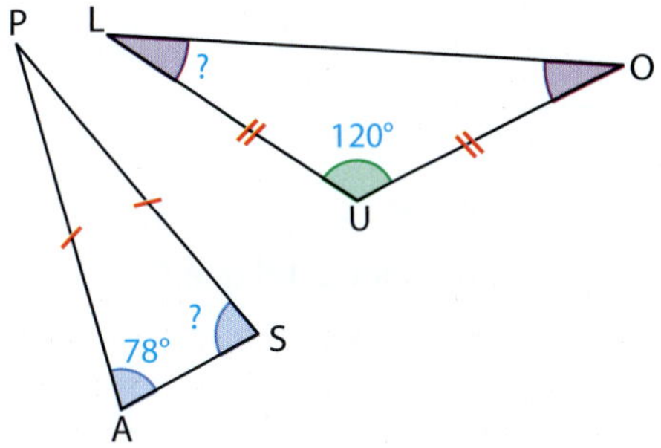

2. a. Tracer à présent un segment [IJ] de longueur 7 cm. Construire le point K tel que les angles $\widehat{KIJ}$ et $\widehat{KJI}$ aient pour mesure 35°.
b. Quelle conjecture peut-on formuler sur le triangle KIJ ?
c. Énoncer la propriété que l'on peut conjecturer grâce aux questions précédentes.

Cours

1 Construire un triangle

Propriété

On peut construire un triangle dans les deux cas suivants :
- si on connait la longueur de deux côtés et la mesure de l'angle formé par ces deux côtés ;
- si on connait la longueur d'un côté et les mesures de deux angles dont la somme est inférieure à 180°.

▶ Exemples

- Construire un triangle ABC tel que AB = 2 cm, AC = 3 cm et $\widehat{BAC} = 40°$.

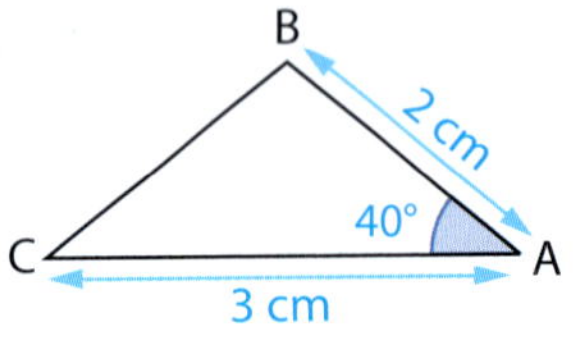

- Construire un triangle IJK tel que IJ = 3 cm, $\widehat{KIJ} = 50°$ et $\widehat{IJK} = 30°$.

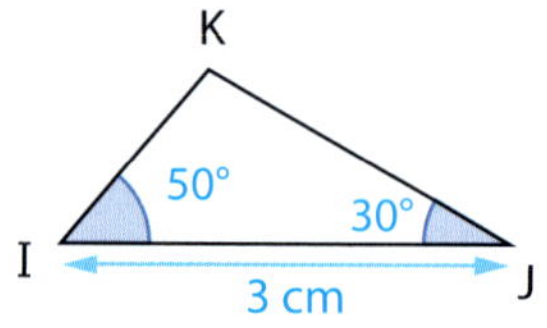

Propriété

Inégalité triangulaire

Dans un triangle, la longueur de chaque côté est inférieure à la somme des longueurs des deux autres.

▶ Exemple

Dans un triangle ABC non aplati, on a les inégalités triangulaires suivantes :

$AB < AC + CB$
$AC < AB + CB$
$CB < AC + AB$

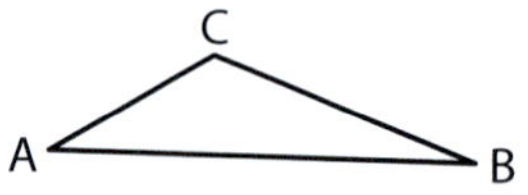

Le plus court chemin entre deux points est la ligne droite !

Propriété

On peut construire un triangle dont on connait les longueurs des trois côtés lorsque la longueur de son plus grand côté est inférieure à la somme des longueurs des deux autres côtés.

▶ Exemples

- Peut-on construire un triangle ABC tel que AB = 3 cm, BC = 8 cm et AC = 4 cm ?

La plus grande longueur est BC, et BC > AB + AC.
Donc le triangle **n'est pas** constructible.

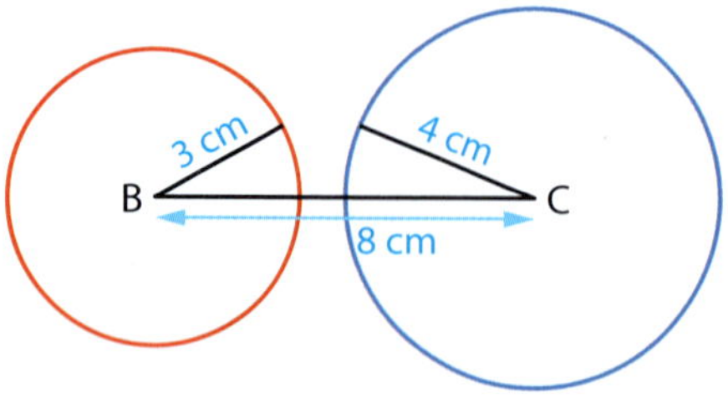

Si BC = 8 cm, il est impossible de construire un point A tel que AB = 3 cm et AC = 4 cm.

- Peut-on construire un triangle CHU tel que CH = 5 cm, CU = 3 cm et UH = 4 cm ?

La plus grande longueur est CH, et CH < CU + UH.
Donc le triangle CHU **est** constructible.

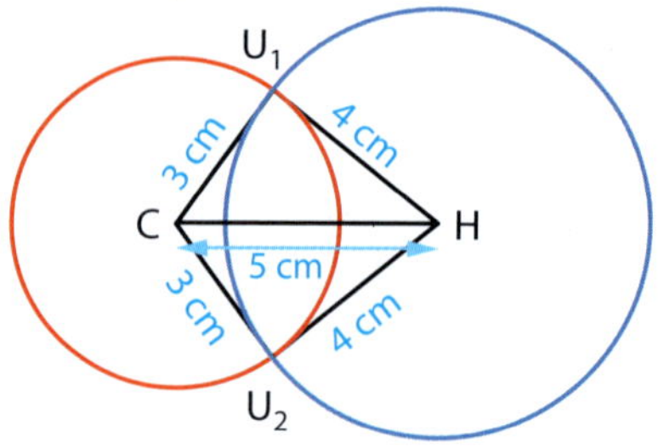

Il existe deux possibilités pour le point U.

Remarque

Si la plus grande longueur est égale à la somme des deux autres, alors le triangle est aplati : les trois sommets sont alignés.

Savoir-faire

Apprends à l'aide des exercices résolus puis entraine-toi !

1 Construire un triangle

1 Construire un triangle ABC tel que AB = 6 cm, $\widehat{BAC} = 45°$ et $\widehat{CBA} = 60°$.

Solution

- On commence par tracer un segment [AB] de longueur 6 cm (étape 1).
- On utilise ensuite le rapporteur pour tracer une demi-droite [Ax) telle que $\widehat{BAx} = 45°$ (étape 2) puis une demi-droite [Ay) telle que $\widehat{ABy} = 60°$ (étape 3).
- Le point d'intersection des deux demi-droites est le point C. On termine la construction en traçant les segments [AC] et [BC] (étape 4).

Étape 1 Étape 2 Étape 3 Étape 4

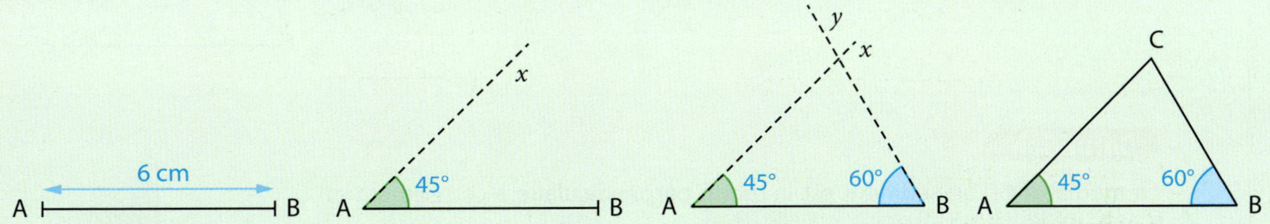

À toi de jouer

2 Construire un triangle PUR tel que PU = 5 cm, $\widehat{RPU} = 35°$ et $\widehat{RUP} = 100°$.

3 Construire un triangle SEL tel que SE = 7,5 cm, SL = 6,2 cm et $\widehat{ESL} = 70°$.

→ Corrigé p. 311

4 **1.** Construire si possible un triangle dont les longueurs des côtés mesurent : 8,5 cm, 3,3 cm et 4,2 cm.
2. Construire si possible un triangle dont les longueurs des côtés mesurent : 3,1 cm, 5 cm et 5,4 cm.

Solution

On cherche la plus grande longueur et on la compare avec la somme des deux autres longueurs.

1. La plus grande longueur est 8,5 cm. La somme des deux autres longueurs est égale à 3,3 + 4,2 = 7,5 cm. Or 8,5 > 7,5 donc on ne peut pas construire un triangle avec ces trois longueurs.

2. La plus grande longueur est 5,4 cm.
La somme des deux autres longueurs est égale à 3,1 + 5 = 8,1 cm.
5,4 < 8,1 donc on peut construire un triangle avec ces trois longueurs.

Pour tracer ce triangle :
- on commence par tracer un segment [AB] de longueur 5,4 cm ;
- on trace le cercle de centre A et de rayon 3,1 cm et le cercle de centre B et de rayon 5 cm ;
- on place un point C à l'intersection de ces deux cercles (il y a 2 possibilités).

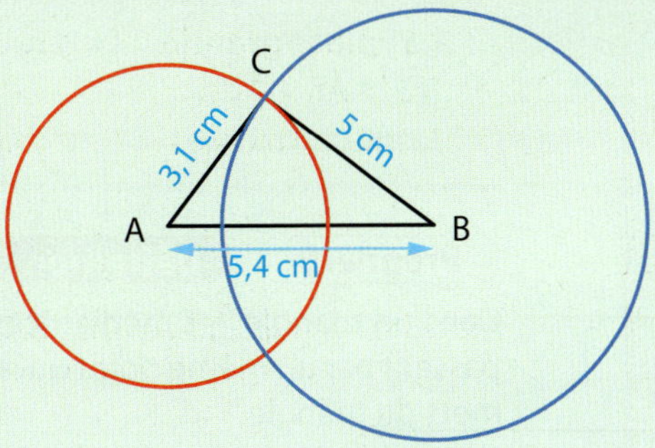

À toi de jouer

5 Construire si possible un triangle dont les longueurs des côtés mesurent 6 cm, 11 cm et 9 cm.

6 Construire si possible un triangle dont les longueurs des côtés mesurent 2,7 cm, 8,3 cm et 4,7 cm.

→ Corrigé p. 311

Cours

2 Construire des hauteurs et des médiatrices

Définition

Soit ABC un triangle.
La **hauteur** du triangle ABC issue de A est la droite passant par le point A et perpendiculaire à la droite (BC).

Propriété **Définition**

Les trois hauteurs d'un triangle sont concourantes : elles passent par un même point appelé **orthocentre** du triangle.

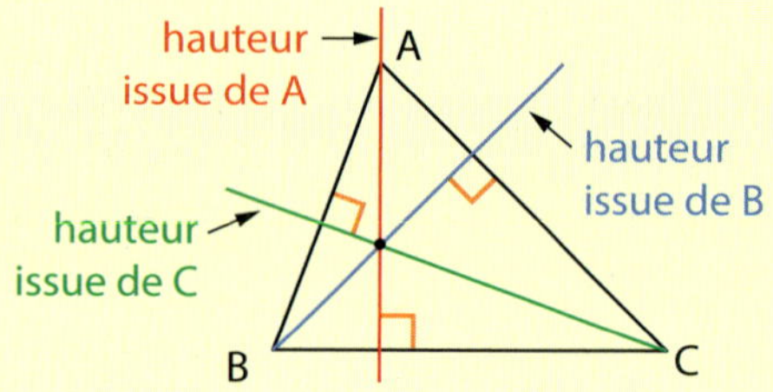

Définition

La **médiatrice** d'un segment est la droite perpendiculaire à ce segment et passant par son milieu.

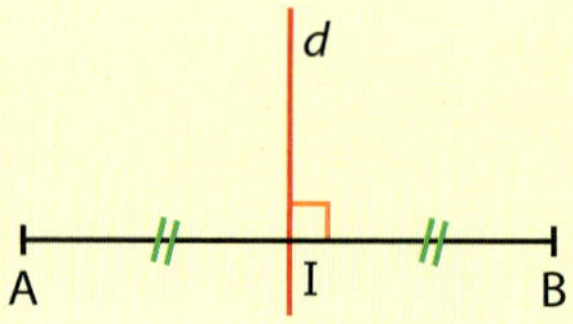

Propriétés

A et B désignent deux points distincts.
La médiatrice du segment [AB] est l'ensemble de tous les points situés à égale distance de A et de B.

- Si un point M appartient à la médiatrice de [AB], alors MA = MB.
- Si MA = MB, alors le point M appartient à la médiatrice de [AB].

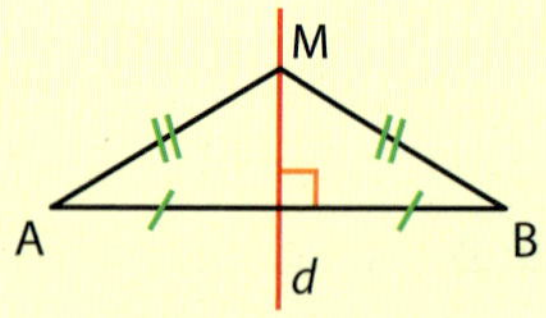

Méthode

Pour construire la médiatrice d'un segment [AB], on peut placer à l'aide d'un compas deux points à égale distance de A et de B.

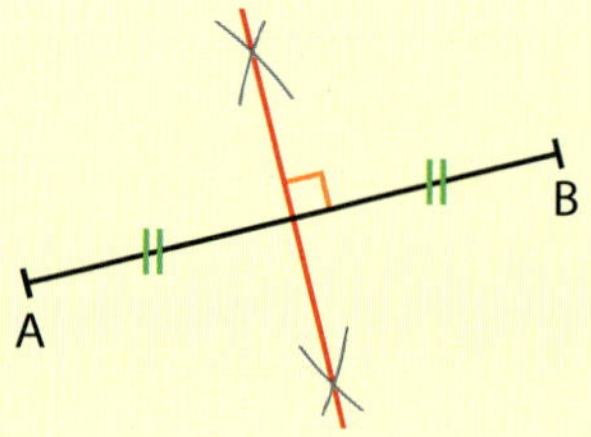

Propriété **Définition**

Dans un triangle, les médiatrices des trois côtés sont concourantes : elles passent par un même point qui est le centre du cercle passant par les sommets du triangle.
Ce cercle est appelé le **cercle circonscrit** au triangle.

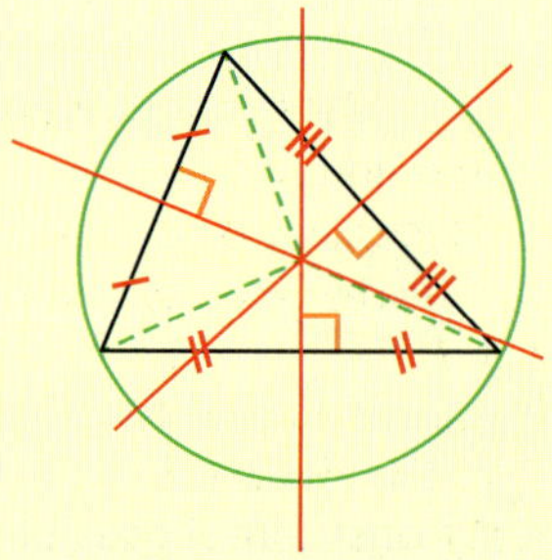

→ Mission démonstration p. 257

Savoir-faire

Apprends à l'aide des exercices résolus puis entraine-toi !

2 Construire des hauteurs et des médiatrices

7 ABC est un triangle tel que AB = 9 cm, AC = 6,5 cm et BC = 4,6 cm.

1. Tracer en rouge la hauteur du triangle ABC issue de C.

2. Tracer en vert la hauteur du triangle ABC issue de A.

Solution

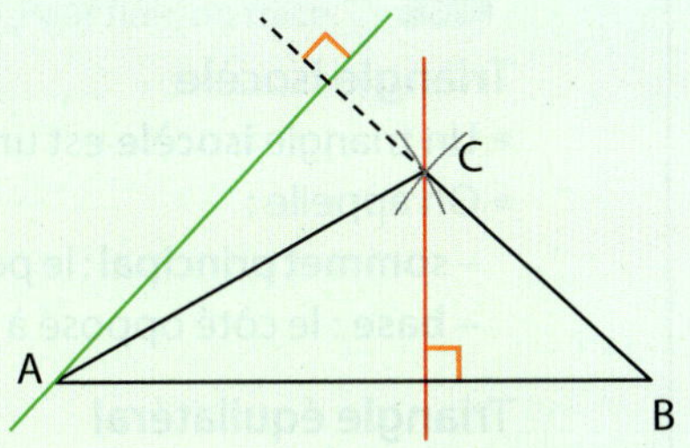

1. On construit le triangle ABC (voir méthode dans l'exercice 4 p. 243) puis on trace la droite perpendiculaire à (AB) passant par C.

2. On commence par prolonger le segment [BC], puis on trace la droite perpendiculaire à (BC) passant par A. On remarque qu'ici, la hauteur issue de A est extérieure au triangle ABC.

À toi de jouer

8 SKI est un triangle tel que IS = 9,6 cm, IK = 7 cm et KS = 5,8 cm.

• Construire l'orthocentre H de ce triangle.

→ Corrigé p. 311

9 DEF est un triangle tel que DE = 10 cm, DF = 7,5 cm et FE = 6 cm. Construire le cercle circonscrit à ce triangle.

Solution

Le centre du cercle circonscrit est le point de concours des 3 médiatrices. Il suffit donc de tracer 2 médiatrices pour obtenir le point d'intersection O (centre du cercle cherché). On trace ensuite le cercle de centre O passant par E (ou F, ou D).

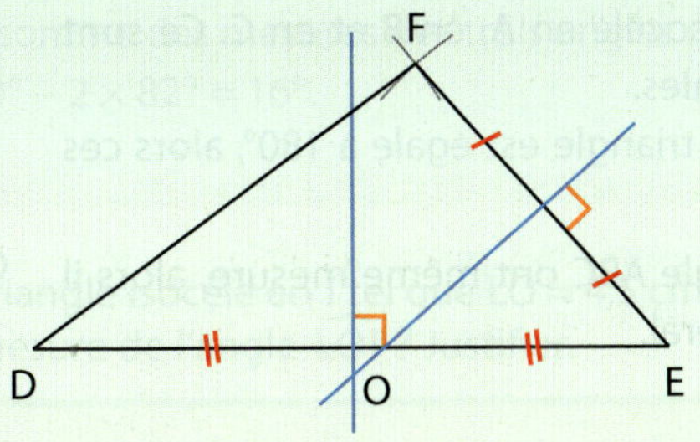

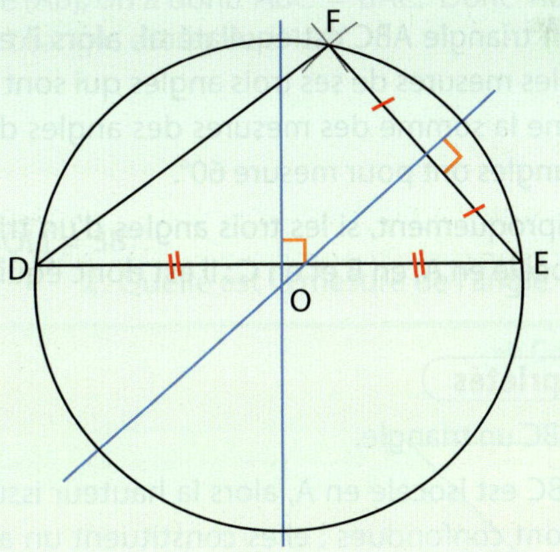

À toi de jouer

10 **1.** Tracer un segment [HI] tel que HI = 7,1 cm. Tracer la médiatrice de [HI] en utilisant le compas et la règle non graduée.

2. Placer un point L tel que HL = 6 cm et L ∉ (HI). Tracer la médiatrice de [HL].

3. Que représente le point d'intersection des deux médiatrices pour le triangle HIL ?

Le symbole ∉ signifie « n'appartient pas à ».

11 LAC est un triangle tel que LA = 3,8 cm, AC = 4,3 cm et LC = 4,5 cm.

• Construire le cercle circonscrit à ce triangle.

→ Corrigé p. 311

Exercices

44 **1.** Construire un triangle ABC rectangle en A tel que AB = 5,2 cm et tel que son hypoténuse mesure 9 cm.

2. Tracer la droite *d*, médiatrice du segment [AB].

3. Que peut-on dire des droites *d* et (AC) ? Justifier.

45 **1.** Placer deux points distincts H et D.

2. Tracer trois cercles distincts passant par les points D et H et expliquer la démarche suivie.

46 **1.** Construire un triangle FAX tel que FA = 5 cm, FX = 7 cm et AX = 9 cm.

2. Tracer les médiatrices de deux côtés du triangle (au choix).

3. Tracer le cercle circonscrit au triangle FAX.

47 Construire un triangle CAR tel que CA = 5 cm, $\widehat{ACR} = 110°$ et que le rayon de son cercle circonscrit soit 4 cm.

48 **1.** Construire un triangle AMI tel que MA = 8,1 cm, MI = 8,9 cm et $\widehat{AMI} = 45°$.

2. Construire l'orthocentre de ce triangle.

49 On considère la figure ci-dessous.

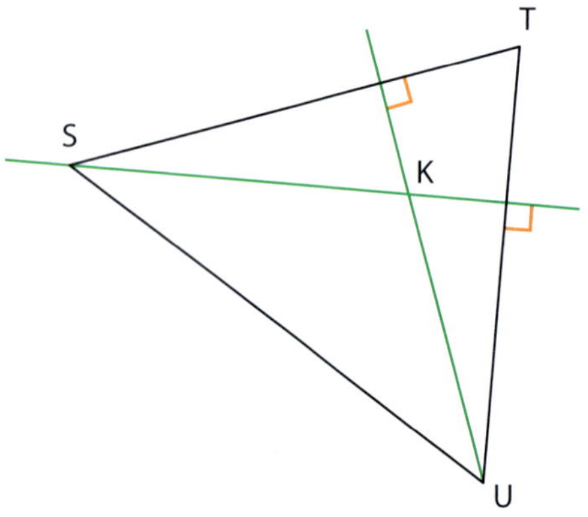

- Que peut-on dire des droite (TK) et (SU) ? Justifier.

50 Anaïs était absente en cours de mathématiques. Son amie Line lui a seulement donné le triangle que le professeur a distribué en début d'heure (figure 1).

- Que doit dicter Line à Anaïs par téléphone pour qu'elle puisse compléter sa figure et obtenir la figure 2 ?

Utiliser un vocabulaire mathématique précis.

Figure 1

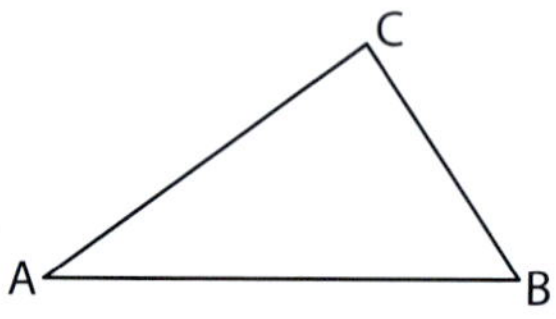

Figure 2

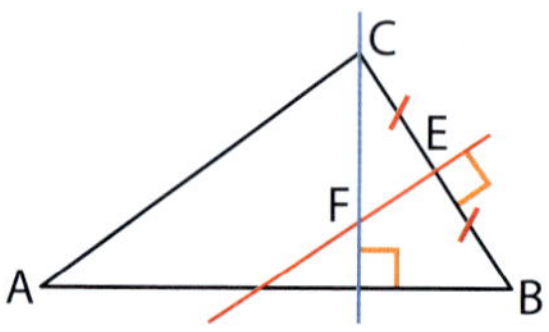

51 **1.** Construire un triangle RUN rectangle en R tel que RU = 6 cm et UN = 10 cm.

2. Tracer le cercle circonscrit au triangle RUN.

52 Sarah habite à 900 m de chez Alix. Naomi habite à 820 m de chez Sarah et à 650 m de chez Alix.

1. En prenant 1 cm pour 100 m, représenter cette situation.

2. Les trois filles souhaitent se donner un rendez-vous à égale distance de leurs trois domiciles. Placer le point R point de rendez-vous sur la figure obtenue en expliquant la démarche suivie.

MODE EXPERT

53 Dans la figure ci-dessous, on donne AB = 4,8 cm, BC = 6 cm et CJ = 5,6 cm.

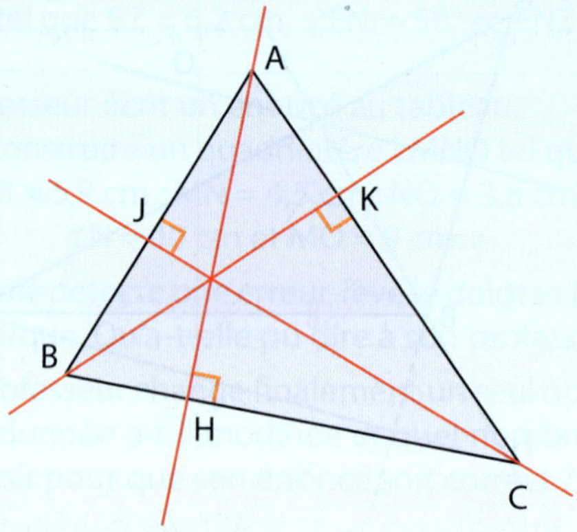

- Calculer la longueur AH.

54 d_1 et d_2 sont deux droites sécantes non perpendiculaires.

- Construire un triangle EFG tel que :
- d_1 soit une hauteur ;
- d_2 la médiatrice d'un côté de ce triangle.

Connaitre les triangles particuliers

→ Savoir-faire p. 247

QUESTIONS FLASH

55 Est-il possible de construire un triangle à la fois équilatéral et rectangle ?

56 Est-il possible de construire un triangle à la fois isocèle et rectangle ?

57 Donner les mesures des trois angles de ce triangle.

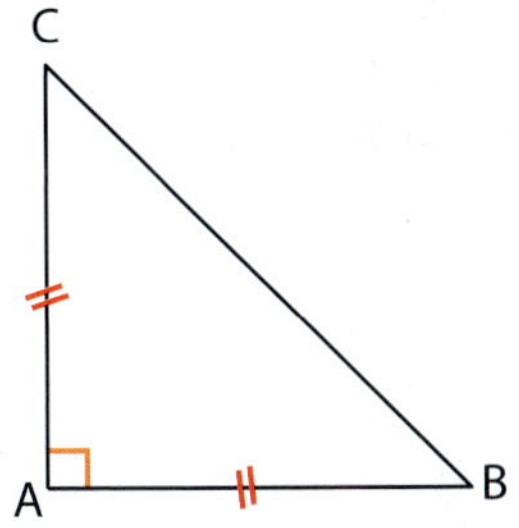

58 Quelle est la nature des triangles ABC et IJK représentés ci-dessous ?

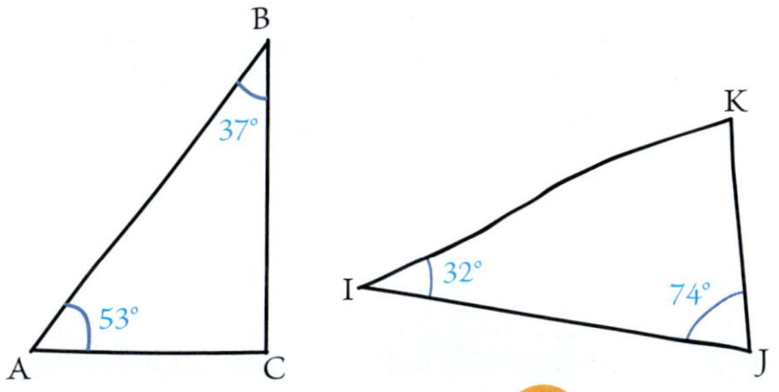

Questions flash supplémentaires

59 CALCUL MENTAL Calculer les mesures des angles manquants dans chacune des figures suivantes.

Figure 1

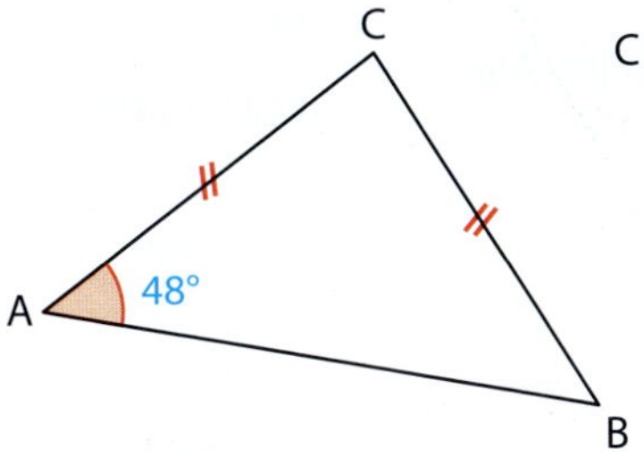

Figure 2

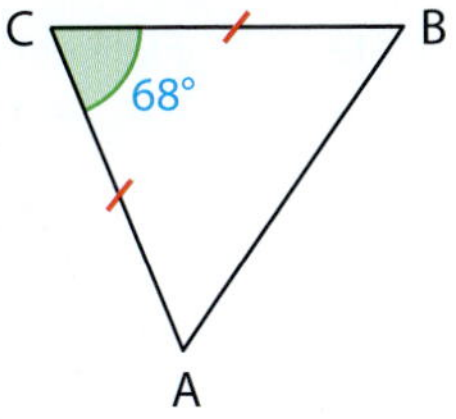

60 **1.** Construire un triangle ACO rectangle en O tel que AO = 4 cm et OC = 3 cm.

2. Construire le point D à l'extérieur du triangle ACO tel que COD soit un triangle équilatéral.

3. Construire le point B à l'extérieur du triangle ACO tel que BOA soit un triangle isocèle en O avec AB = 2,7 cm.

4. Construire le point V à l'extérieur du triangle ACO tel que AVC soit un triangle isocèle en V avec AV = 3,6 cm.

61 On a tracé quatre cercles de centres respectifs L, U, N et E.

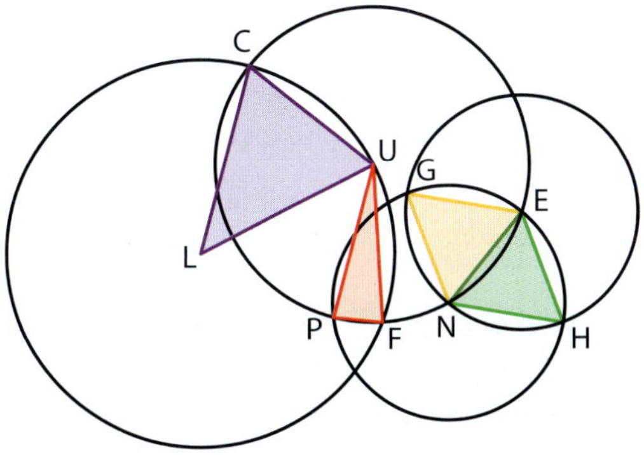

- Donner la nature des triangles EGN, LCU, UPF et EHN. Justifier.

62 On considère la figure ci-dessous où $\widehat{DAE} = 30°$.

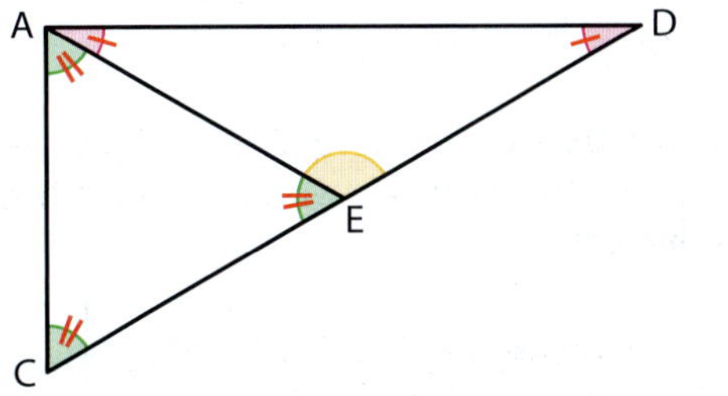

1. Quelle est la nature des triangles ACE et AED ? Justifier.

2. Prouver que les points C, E, D sont alignés.

3. Quelle est la nature du triangle ACD ? Justifier.

63 Dans la figure ci-dessous, on a $\widehat{BAC} = 55°$.

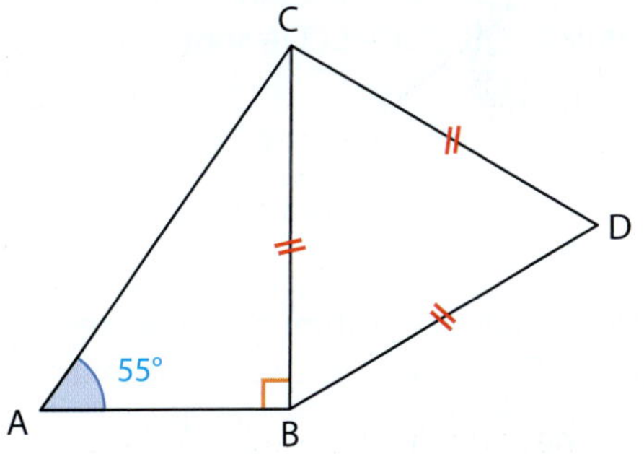

- Le triangle ACD est-il rectangle ? Justifier.

MODE EXPERT

64 **1.** Construire un triangle FOU tel que OF = 7 cm, FU = 5,5 cm et UO = 6 cm puis tracer le cercle de centre F et de rayon 3 cm.

2. Déterminer tous les points M de ce cercle tels que le triangle MOU soit isocèle.

Faire le point

Version interactive du QCM

Vérifie tes connaissances.

QCM

Donner la ou les bonnes réponses parmi les trois proposées.

1 Construire un triangle

	Réponse A	Réponse B	Réponse C
1. Un triangle dont les côtés mesurent 5,7 cm, 2,7 cm et 2 cm est :	inconstructible	aplati	constructible
2. Un triangle dont les côtés mesurent 6 cm, 3,5 cm et 2,5 cm est :	inconstructible	aplati	constructible
3. ABC est un triangle non aplati tel que AB = 3 cm et AC = 4 cm. Alors la longueur BC peut être égale à :	2	7	6

2 Construire des hauteurs et des médiatrices

	Réponse A	Réponse B	Réponse C
1. Dans ce triangle : 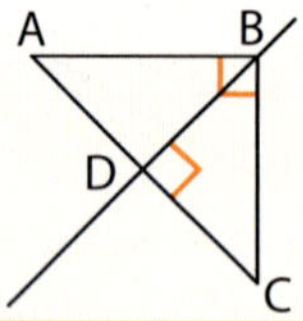	A est l'orthocentre du triangle ABC	D est l'orthocentre du triangle ABD	B est l'orthocentre du triangle ABC
2. Sur cette figure : 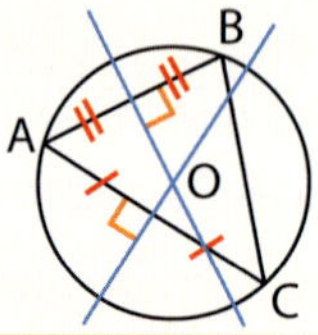	O est le point d'intersection de deux médiatrices	O est le point d'intersection de deux hauteurs	(AO) est la médiatrice de [BC]
3. Sur la figure de la question **2.**, les triangles AOB, BOC et COA sont :	isocèles en O	équilatéraux	rectangles en O

3 Connaitre les triangles particuliers

	Réponse A	Réponse B	Réponse C
1. Un triangle ayant deux angles de mesure 45° est :	rectangle	isocèle	équilatéral
2. Un triangle FGH est tel que la hauteur issue de F et la médiatrice de [GH] sont confondues. On peut affirmer que :	FGH est isocèle en F	FGH est isocèle en G	$\widehat{FGH} = \widehat{FHG}$

→ Corrigé p. 312

Carte mentale

Ressource téléchargeable

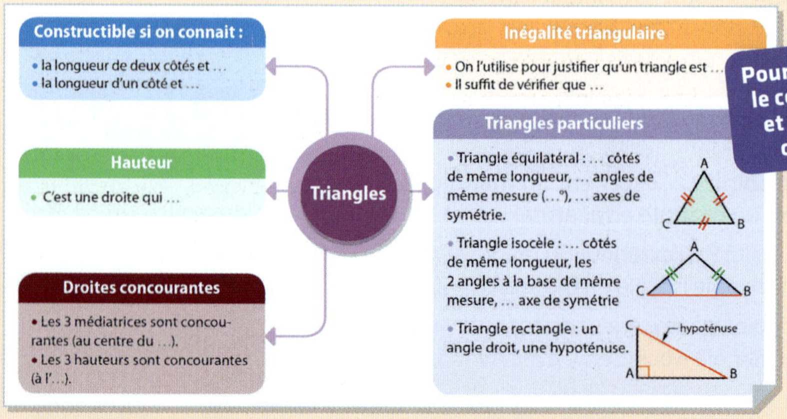

Pour t'aider à retenir le cours, télécharge et complète cette carte mentale.

Algorithmique et outils numériques

65 Les fleurs

1. Quelles sont les mesures des trois angles d'un triangle rectangle isocèle ? Justifier.

2. Écrire un script qui permet de tracer un triangle rectangle isocèle dont deux côtés mesurent 80 pas, en partant du centre de la scène de coordonnées (0 ; 0) comme sur la figure ci-contre.

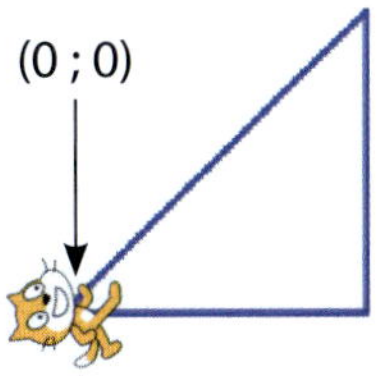

3. Compléter le script précédent pour obtenir la fleur ci-contre.

Attention à bien orienter le lutin à la fin du 1er triangle.

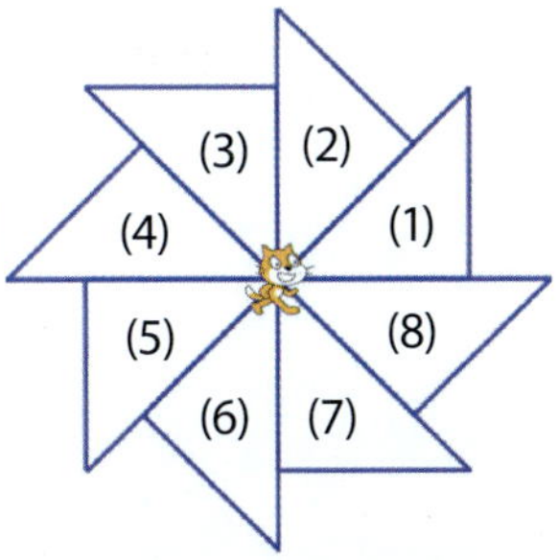

4. Compléter le script précédent en utilisant les instructions ci-contre pour obtenir la rosace suivante :

66 Constructible ou pas ?

On souhaite écrire un script qui demande à l'utilisateur les longueurs des trois côtés d'un triangle, pour lequel le lutin annonce s'il est constructible ou non.

1. Créer 3 variables nommées « côté 1 », « côté 2 », « côté 3 ».

2. Demander successivement à l'utilisateur les longueurs des trois côtés en commençant par la plus grande ; affecter les trois réponses aux trois variables créées.

3. Terminer le script en utilisant les instructions :

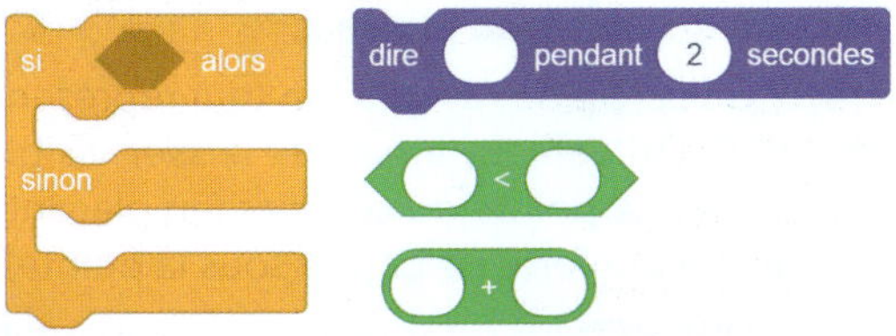

4. Tester le script avec des valeurs simples pour le valider.

67 Pavage

Un triangle équilatéral permet de paver le plan, comme l'illustre cette mosaïque.

1. Écrire deux scripts sans évènement déclencheur qui permettent de tracer ces deux triangles équilatéraux, dont chacun des côtés mesure 40 pas, lorsque le lutin est préalablement orienté à 90°.

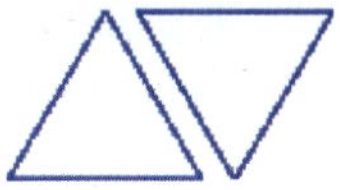

2. En utilisant les deux scripts précédents et la commande ci-contre, écrire un script qui permet d'obtenir le motif suivant, en faisant commencer le lutin à la position (–200 ; 120).

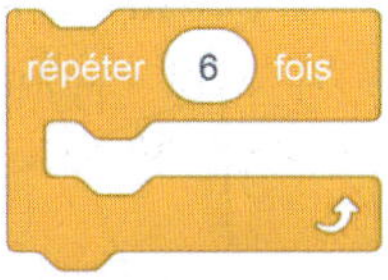

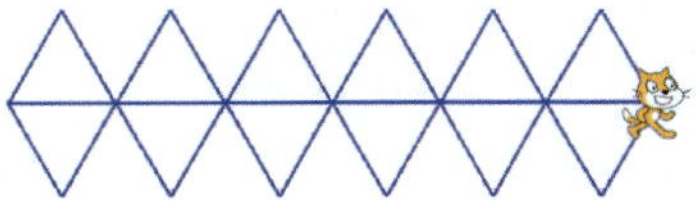

3. Compléter le script précédent pour obtenir le motif suivant.

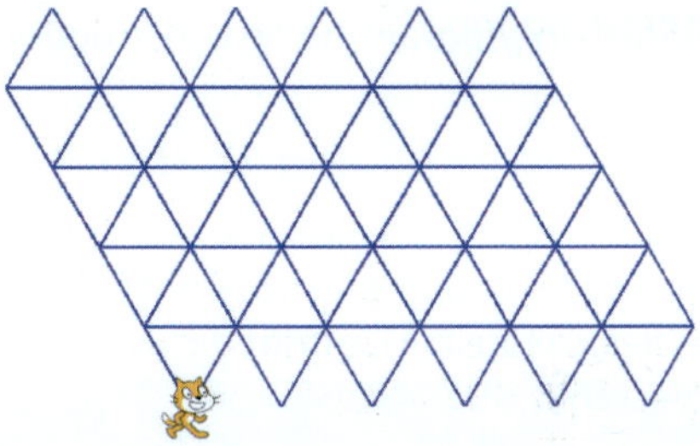

68 Le théorème de Napoléon

1. Avec un logiciel de géométrie dynamique, tracer un triangle quelconque ABC.

2. À l'extérieur du triangle ABC, tracer les 3 triangles équilatéraux ABD, ACE et BCF avec l'outil **Polygone régulier**.

3. a. En utilisant les outils **Médiatrice** et **Intersection**, construire le point M centre du cercle circonscrit au triangle ABD. On pourra ensuite masquer les médiatrices tracées (clic droit puis « afficher l'objet »).
b. Construire de même le point N, centre du cercle circonscrit au triangle ACE, et le point P, centre du cercle circonscrit au triangle BCF.

4. En déplaçant les points A, B, et C, formuler une conjecture à propos du triangle MNP.

Napoléon Bonaparte était un fervent amateur de mathématiques. On dit qu'à la veille des grandes batailles, il se penchait sur de difficiles problèmes de géométrie. Même si ce résultat n'est probablement pas de lui, il porte son nom.

Problèmes

ceinture jaune · ceinture verte · ceinture noire

69 Les bâtonnets

Chercher, Représenter

On dispose de 5 bâtonnets de longueurs : 2,5 cm, 4 cm, 5 cm, 6,5 cm et 8 cm.

1. Combien de triangles non aplatis peut-on construire en utilisant à chaque fois trois de ces bâtonnets ? Écrire pour chacun d'eux les longueurs des 3 côtés.

2. Parmi les solutions trouvées, construire celui qui a le plus grand périmètre.

3. Tracer le cercle circonscrit à ce triangle.

70 Programme de construction

Représenter, Communiquer

1. Construire la figure ci-dessous en vraie grandeur.

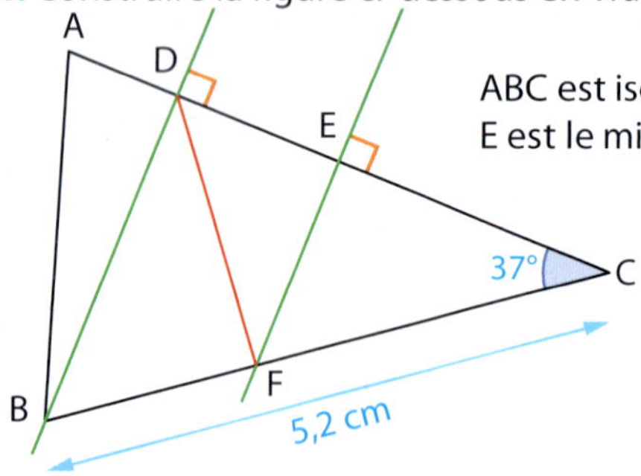

ABC est isocèle en C.
E est le milieu de [AC].

2. Rédiger un programme de construction de cette figure.

71 D'ile en ile

Modéliser, Raisonner, Communiquer

Au large de la Bretagne se trouvent Belle-Ile-en-Mer (P), les iles d'Houat (M) et Hoëdic (N).

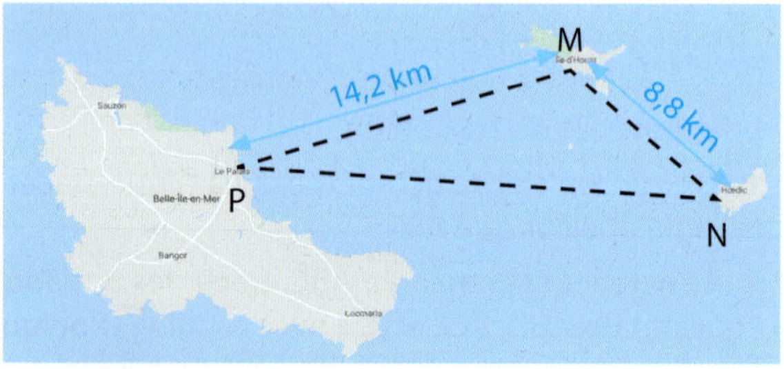

1. Trois amis discutent de la distance entre Belle-Ile et Hoëdic. Un seul dit vrai.

Qui a raison ? Justifier.

2. Construire le triangle MNP à l'échelle $\frac{1}{200\,000}$.

3. Trois pêcheurs, partant respectivement de M, N et P, souhaitent se retrouver en mer de telle sorte que chacun ait la même distance à parcourir.

a. Construire leur point de rencontre O.

b. Estimer la distance réelle que chacun aura à parcourir en mer pour se rendre au point de rencontre.

72 Triangle particulier

Raisonner

Léa a commencé le script suivant mais a laissé en blanc trois valeurs.

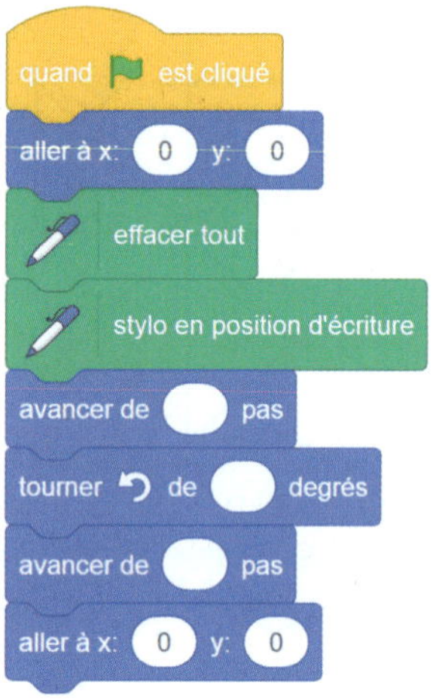

Compléter ce script pour que le lutin trace :

a. un triangle équilatéral

b. un triangle rectangle isocèle

73 Triangle et calcul littéral

Raisonner, Calculer, Communiquer

a désigne un nombre positif. Les côtés d'un triangle TOP mesurent $TO = 2 \times a + 1$; $TP = a + 2$ et $OP = 4 \times a$.

1. Si $a = 2$, calculer TO, TP et OP. Le triangle TOP est-il constructible ? Si oui, le construire.

2. Si $a = 0{,}75$, le triangle est-il constructible ? Expliquer.

3. Trouver une valeur de a pour laquelle le triangle n'est pas constructible.

74 Mais où est le centre ?

Représenter, Raisonner

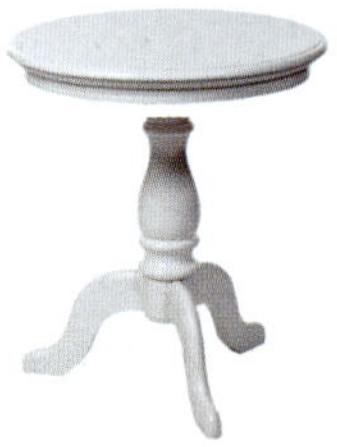

La réalisation d'un guéridon se fait en deux parties (voir ci-contre). Il ne reste alors plus au menuisier qu'à fixer le plateau sur le pied. Pour cela, il a besoin de connaitre la position du centre du plateau.

1. Tracer un cercle de rayon 5 cm (qui représentera le plateau). On veillera à ne pas laisser visible le trou laissé par la pointe du compas (en plaçant par exemple une boulette de papier sous la pointe).

2. En laissant les traits de construction apparents et en expliquant la démarche suivie, retrouver le centre O du cercle.

75 London Eye

Raisonner, Communiquer

The London Eye wheel forms a circle.
It is 135 m high and has 32 cabins at regular intervals like the model below.

O is the center of the circle.

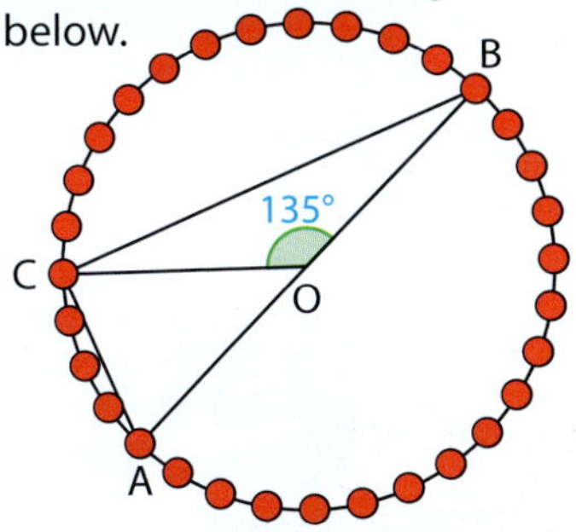

• If we connect two diametrically opposite cabins A and B to a third one C, what geometric figure ABC do the 3 cabins seem to form? Explain it.

76 La rivière

Représenter, Calculer, Raisonner

Clémentine a relevé les informations résumées sur le dessin à main levée ci-contre. Les points A, B et C sont alignés.

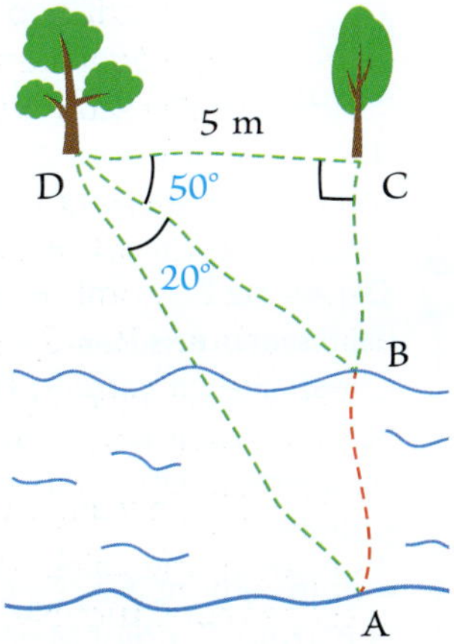

1. Construire la figure en représentant 1 m par 1 cm.

2. Démontrer que le triangle DBA est isocèle.

3. Comment Clémentine peut-elle déterminer la largeur de la rivière sans entrer dans l'eau ? Justifier.

4. Déterminer une valeur approchée de la largeur de la rivière.

77 Manque pas d'aire…

Représenter, Raisonner, Calculer

1. Construire un triangle TAC tel que TA = 10,5 cm, TC = 8,5 cm et CA = 5 cm.

2. Le cercle de centre C passant par A recoupe le segment [AT] au point D. Construire le point D.

3. Quelle est la nature du triangle CAD ? Justifier.

4. Placer le point M milieu de [AD]. Démontrer que la droite (CM) est une hauteur du triangle TAC.

5. Sachant que CM = 4 cm et MA = 3 cm, calculer l'aire du triangle TAC, puis celle du triangle CDT.

78 Sportif !

Représenter, Raisonner

On donne ci-dessous un programme de construction. Construire la figure puis reconnaitre ce symbole mondialement connu.

1. Tracer une droite d et trois points A, B et C appartenant à d tels que AB = BC = 7 cm.

2. Construire, du même côté de la droite d, le triangle ABD isocèle en D tel que $\widehat{DAB} = 46°$ et le triangle BCE isocèle en E tel que $\widehat{EBC} = 46°$.

3. Placer le point M à l'intersection des demi-droites [AD) et [CE), puis démontrer que la droite (MB) est perpendiculaire à la droite (AC).

4. Construire les cercles de centre A de rayons 3 cm et 3,4 cm. Faire de même avec B, C, D et E comme centres.

5. Effacer toutes les constructions en ne laissant apparents que les 10 cercles. Qu'obtient-on ?

79 Triangles et art

Représenter, Raisonner

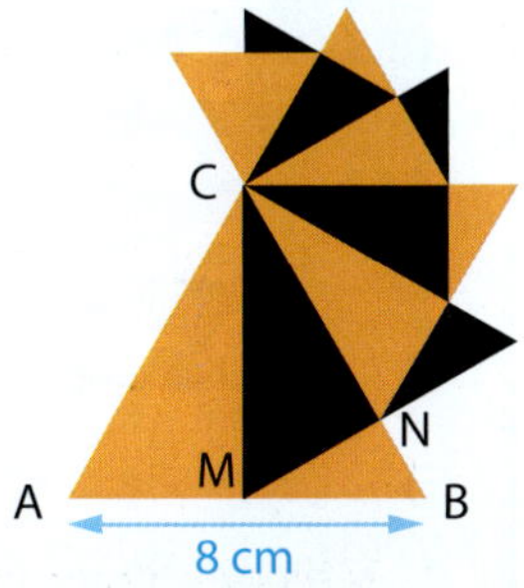

1. Sur papier ou logiciel de géométrie dynamique, construire et colorier la figure ci-contre, réalisée uniquement à partir de triangles équilatéraux. Le premier triangle orange ABC a pour côté 8 cm. M est le milieu de [AB]. Le deuxième triangle a pour côté [CM], et on répète cette procédure pour construire les autres triangles.

2. Démontrer que le triangle BMN est rectangle.

80 Au billard

Raisonner

Le dessin ci-dessous représente des boules lors d'une partie de billard (vues d'en haut). Dans la configuration ci-dessous où CDEF est un carré et DEG et EFH sont des triangles équilatéraux, on cherche à savoir si les boules C, G et H sont alignées.

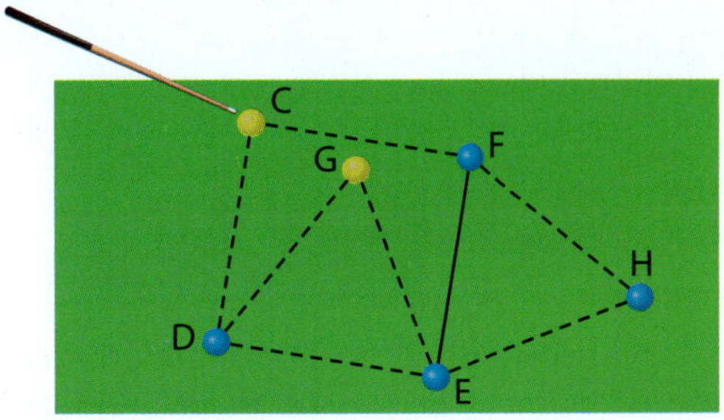

1. En justifiant, donner la mesure des angles $\widehat{DGE}$, $\widehat{CDG}$ et $\widehat{CGD}$.

2. a. Quelle est la nature du triangle GEH ? Justifier.

b. En déduire la mesure de l'angle $\widehat{EGH}$.

3. En utilisant les résultats des questions **1.** et **2.** calculer la mesure de l'angle $\widehat{CGH}$.

4. Que peut-on en conclure pour les boules C, G et H ?

Problèmes

81 Le bon script
Raisonner

1. Associer chaque script à la figure qu'il permet de tracer.

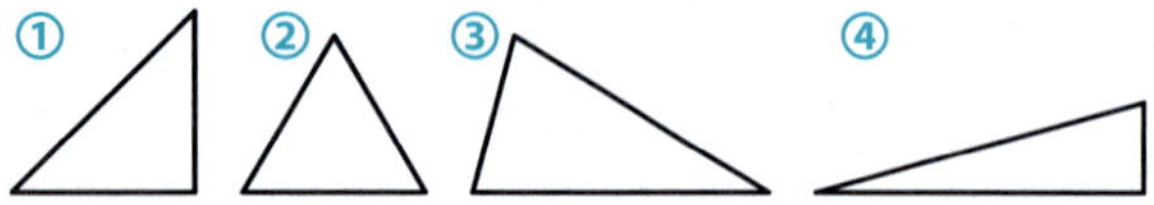

ⓐ

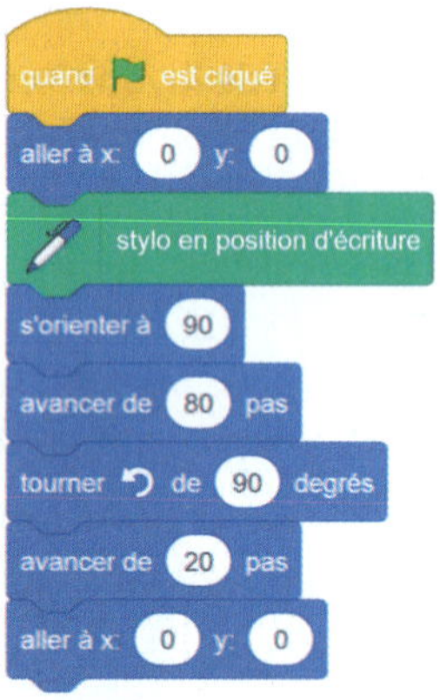

ⓑ

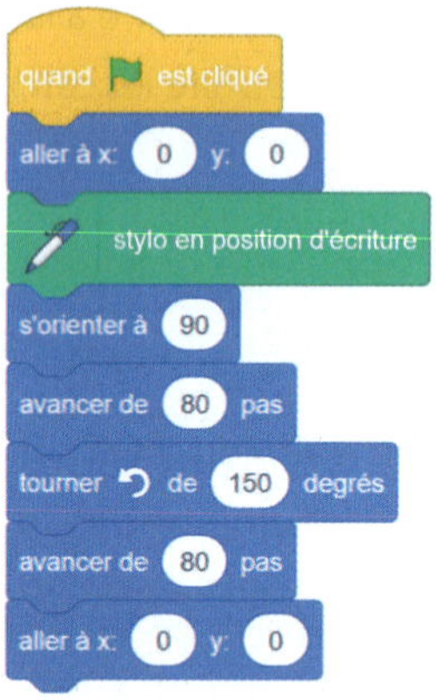

ⓒ

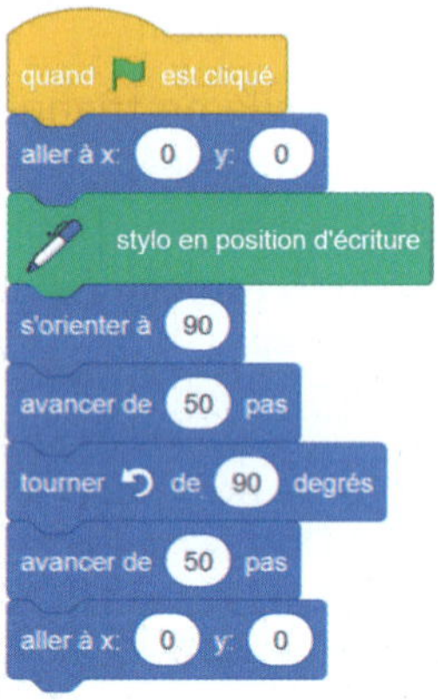

ⓓ

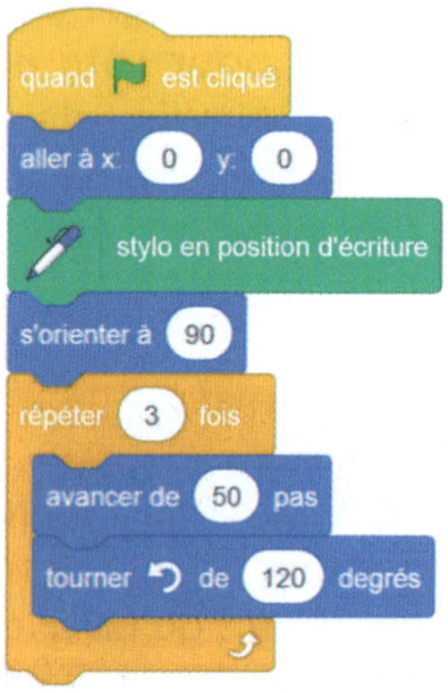

2. Comment faut-il compléter le script ci-dessous pour obtenir la figure ci-contre ?

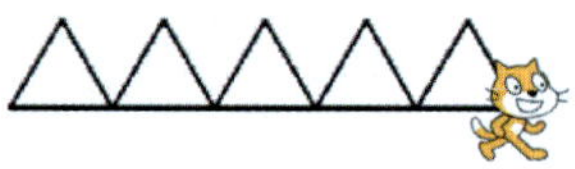

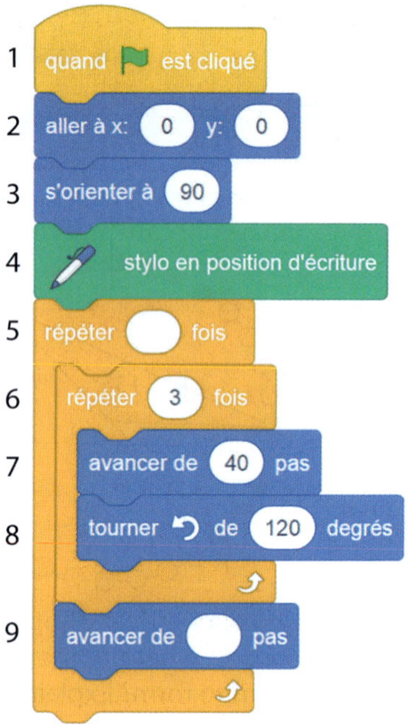

3. Que dessine le lutin si on enlève la commande de la ligne 9 ?

4. Où placer la commande 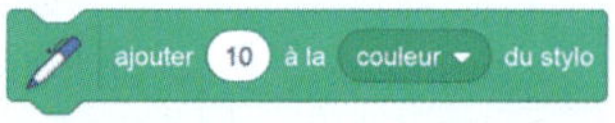

dans ce script pour que chacun des cinq triangles soit dessiné d'une couleur différente ?

82 Où es-tu ?
Représenter, Raisonner

Construire un carré RSTU de 6 cm de côté.
Soit M un point à l'intérieur de ce carré. La perpendiculaire au côté [TU] passant par M coupe [TU] au point H.

- Uniquement à la règle non graduée et au compas, construire le point M pour qu'il soit à égale distance des points R, S et H. Expliquer la démarche.

DÉFIS & ÉNIGMES

83 Triangles d'allumettes

1. On dispose de 15 allumettes identiques avec lesquelles on veut construire un triangle en les mettant bout à bout.

a. Combien de triangles différents peut-on former en les utilisant toutes ?

b. Parmi ces triangles, combien sont équilatéraux ? Combien sont isocèles ?

2. Retirer deux allumettes à cette configuration afin d'obtenir deux triangles équilatéraux.

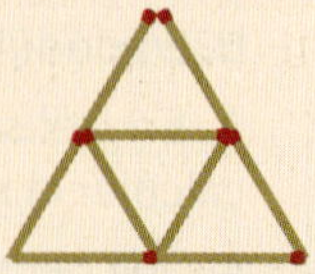

3. Déplacer deux allumettes de cette configuration afin d'obtenir 3 triangles équilatéraux.

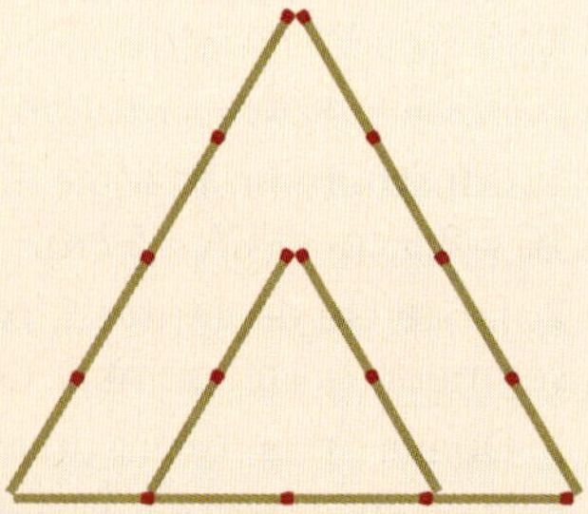

4. Comment former quatre triangles équilatéraux avec 6 allumettes ?

84 La hauteur cachée
Représenter, Raisonner

1. Construire un triangle MOI tel que OI = 8,4 cm, $\widehat{MOI} = 59°$ et $\widehat{MIO} = 37°$.

2. Le cercle de diamètre [MO] recoupe [OI] au point N. Placer le point N. On appelle S le milieu de [MO].

3. Quelle conjecture peut-on faire concernant la droite (MN) pour le triangle MOI ?

4. a. Quelle est la nature des triangles SON et SNM ? Justifier.
b. En utilisant les angles de ces deux triangles et ceux du triangle MON, prouver la conjecture de la question **3.**

85 Retrouver le triangle
Représenter, Raisonner, Communiquer — Prise d'initiative

Tracer deux droites *d* et *d'* sécantes en H comme sur la figure ci-dessous.

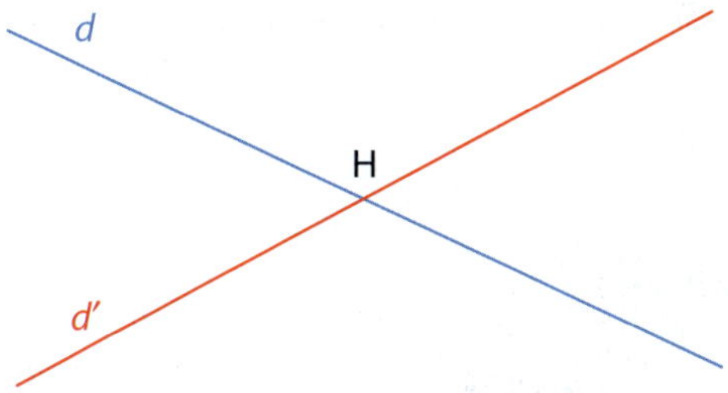

1. Construire un triangle ABC tel que *d* soit la hauteur issue de A et *d'* la hauteur issue de B.

2. Écrire un programme de construction qui permette de réaliser ce triangle.

86 Installation d'éoliennes
Chercher, Représenter, Raisonner — Prise d'initiative

Voir le point info p. 239.

Pour optimiser la production d'électricité, on installe les éoliennes par groupe. Néanmoins, elles doivent :
– être espacées de 200 m afin d'éviter les perturbations entre elles ;
– être placées à plus de 500 m d'une habitation pour éviter les nuisances sonores auprès des riverains ;
– se trouver à plus de 50 m d'un chemin ou d'une route pour des raisons de sécurité.
On présente ci-dessous une représentation d'un site pouvant recevoir une installation d'éoliennes.

- Proposer une disposition de 11 éoliennes sur cet espace en respectant les contraintes techniques et d'urbanisation.

Tu peux décalquer le dessin ou bien utiliser un logiciel de géométrie dynamique.

MISSION DÉMONSTRATION

Démo de cours

On veut démontrer la propriété suivante.

> Les médiatrices des trois côtés d'un triangle sont concourantes, et leur point de concours est le centre du cercle circonscrit à ce triangle.

87 Soit ABC un triangle. Soient *d* et *d'* les médiatrices des côtés [AB] et [AC] comme illustré ci-contre. Appelons O le point d'intersection de ces deux médiatrices.

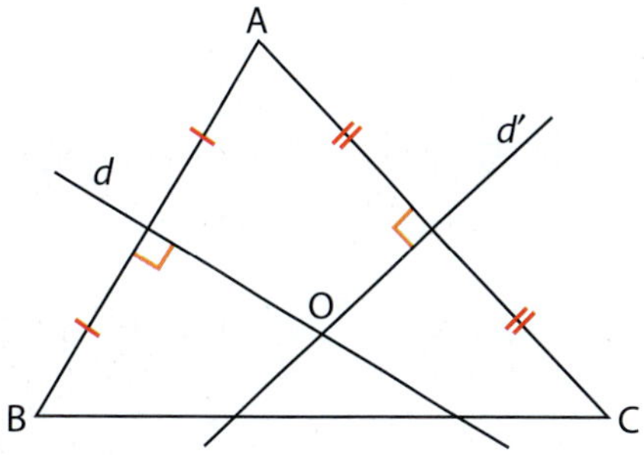

1. Expliquer pourquoi on a alors OA = OB = OC.

2. En déduire que le point O appartient également à la médiatrice du côté [BC].

3. Déduire des résultats précédents que les médiatrices des 3 côtés sont bien concourantes en O, et que ce point est le centre du cercle circonscrit au triangle ABC.

Travailler autrement

Utilisable en AP

À chacun son parcours !

88 Résolution de problème

Socle D1 Je sais utiliser des propriétés géométriques pour reconnaitre des objets.

Socle D2 Je sais produire des figures géométriques.

Un polygone régulier est un polygone dont tous les côtés ont la même longueur et tous les angles la même mesure. Tous les polygones réguliers sont inscrits dans un cercle. On justifiera toutes les réponses.

Figure 1

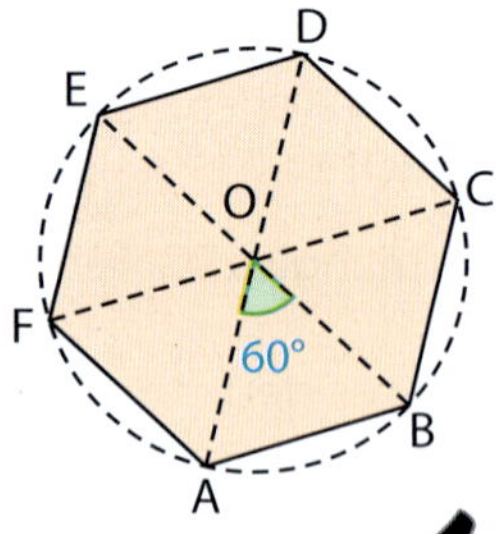

Figure 2

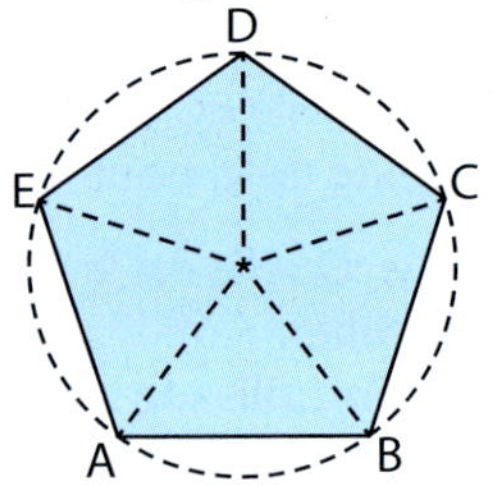

Questions ceinture jaune

1. a. Tracer un polygone régulier à 3 côtés et son cercle circonscrit.

b. Tracer un polygone régulier à 4 côtés et son cercle circonscrit.

c. Quels sont les noms courants de ces deux polygones ?

2. On considère l'hexagone régulier de la figure 1.

a. Quelles sont les mesures de $\widehat{OAB}$ et de $\widehat{OBA}$?

b. En déduire la nature du triangle OAB.

c. En utilisant ce résultat, construire un hexagone régulier de côté 6 cm, à la règle et au compas uniquement.

Questions ceinture verte

1. On considère le pentagone régulier de la figure 2. Quelle est la nature du triangle OAB ?

2. Combien mesurent $\widehat{AOB}$ et $\widehat{EAB}$?

3. Quelle est la nature du triangle AED ? En déduire les mesures de $\widehat{EDA}$ et de $\widehat{EAD}$.

4. Raisonner de même dans le triangle DCB pour calculer les mesures de $\widehat{CDB}$ et de $\widehat{CBD}$.

5. En déduire les mesures de $\widehat{DAB}$ et $\widehat{DBA}$, puis la nature du triangle ADB (ce triangle est appelé « triangle d'or »).

Questions ceinture noire

1. On considère le pentagone régulier de la figure 2.

a. Quelle est la mesure de l'angle $\widehat{AOB}$?

b. Construire ce pentagone inscrit dans un cercle de rayon 6 cm puis tracer le pentagramme ADBEC.

2. Placer M milieu de [AC]. Placer N le point de [AB] tel que AMN soit isocèle en A. Calculer les mesures des trois angles du triangle AMN (ce triangle est appelé « triangle d'or »).

89 Résolution de problème

Socle D2 Je sais mobiliser des outils numériques.

L'objectif de ce problème est de conjecturer des propriétés sur l'orthocentre et le centre du cercle circonscrit d'un triangle avec un logiciel de géométrie dynamique.

Questions ceinture jaune

1. Tracer un triangle ABC puis, en utilisant les outils suivants : **Médiatrice** **Intersection** **Cercle** (centre-point), tracer le cercle circonscrit au triangle ABC, et nommer O son centre.

Masquer ensuite les médiatrices (clic droit dessus, puis « afficher l'objet »).

2. a. Avec l'outil **Angle** afficher la mesure de l'angle $\widehat{ABC}$.

b. En déplaçant les points A, B et C, formuler une conjecture sur la position du point O par rapport au triangle ABC selon la mesure de l'angle $\widehat{ABC}$.

Questions ceinture verte

1. Tracer un triangle ABC, puis construire son cercle circonscrit.

2. Construire l'orthocentre H du triangle. Masquer ensuite les hauteurs (clic droit).

3. Placer les points I, J, K symétriques de H par rapport à (AB), (BC) et (AC). Formuler une conjecture.

Questions ceinture noire

1. Tracer un triangle ABC, puis construire son cercle circonscrit.

2. Placer les points I, J et K, milieux respectifs de [AB], [AC] et [BC].

3. Tracer les hauteurs issues de A, B et C puis nommer D, E et F les points d'intersection de ces hauteurs avec (BC), (AC) et (AB). Nommer H l'orthocentre du triangle ABC.

4. Placer S, T, U les milieux respectifs de [AH], [BH] et [CH].

5. Quelle conjecture peut-on faire sur les neufs points suivants : I, J, K, D, E, F, S, T et U ? Le vérifier avec un outil du logiciel.

13 Parallélogrammes

TA MISSION

Reconnaitre et construire des parallélogrammes.

JEU

En découpant le carré comme indiqué ci-contre et en utilisant les six pièces obtenues, reconstituer les deux parallélogrammes suivants.

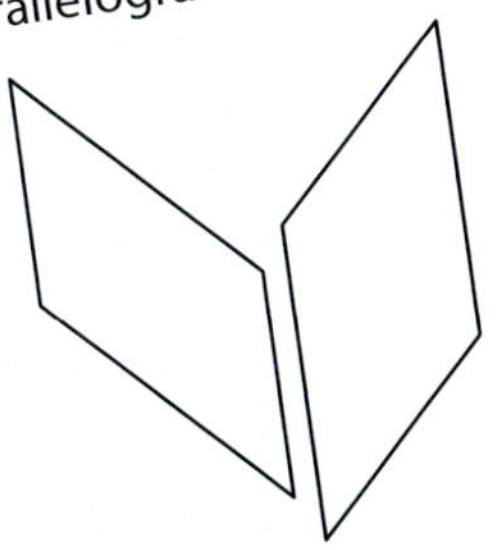

POINT INFO

Le Dockland, immeuble de bureaux conçu par l'architecte Hadi Teherani, est incliné de 60° par rapport à l'horizontale et a des faces en forme de parallélogrammes. Il se situe sur les bords de l'Elbe à Hambourg.

Activités

Prêts pour le décollage ?

QUESTIONS FLASH Questions flash supplémentaires

1 On considère le quadrilatère ci-dessous.

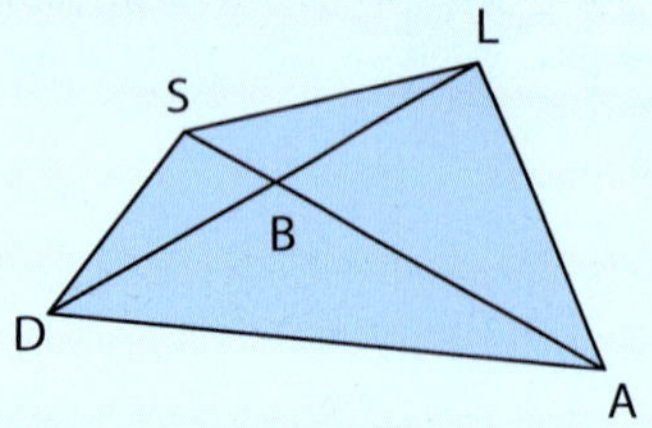

a. Le nommer de deux façons différentes.
b. Nommer ses diagonales.
c. Nommer deux côtés opposés.
d. Nommer deux côtés consécutifs.
e. Nommer ses sommets.

2 Lorsque l'on croise deux bandes de papier transparentes de couleur, quelle figure se forme à leur intersection ?

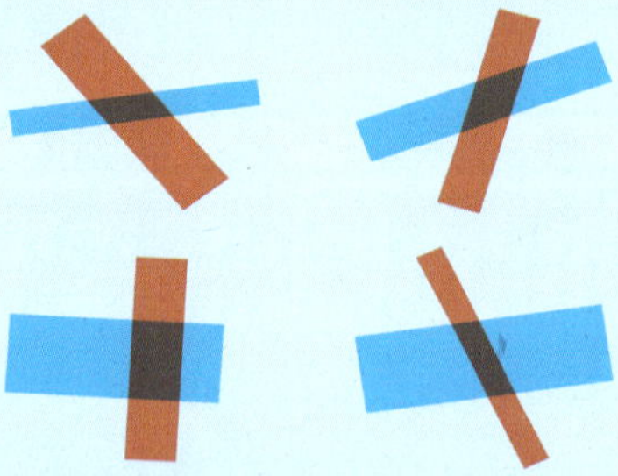

3 Dans quel cas A′ est-il le symétrique de A par rapport à O ?

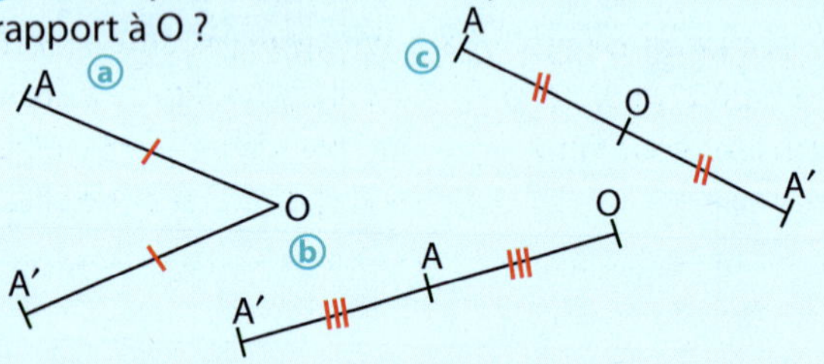

4 Parmi les quadrilatères suivants, indiquer ceux qui semblent avoir :
a. leurs côtés opposés parallèles deux à deux ;
b. les quatre côtés de même longueur ;
c. quatre angles droits.

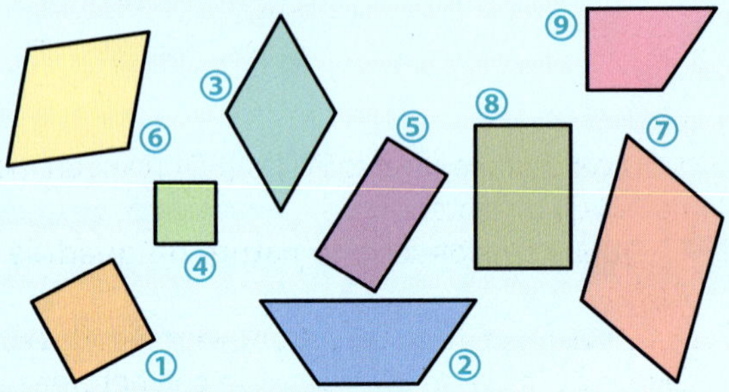

5 **1. a.** Que peut-on dire des angles représentés en bleu et en vert ?
b. Si les droites rouges étaient parallèles, que pourrait-on dire des mesures de ces angles ?

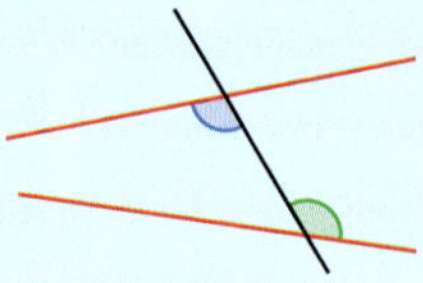

2. a. Que peut-on dire des angles représentés en rose et en orange ?
b. Si les droites rouges étaient parallèles, que pourrait-on dire des mesures de ces angles ?

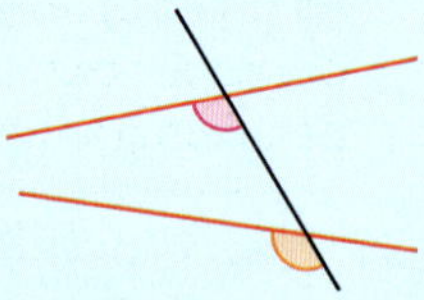

3. Les points A, C et B sont alignés.
a. Que peut-on dire de l'angle $\widehat{ACB}$?
b. Combien mesure l'angle $\widehat{ACD}$?

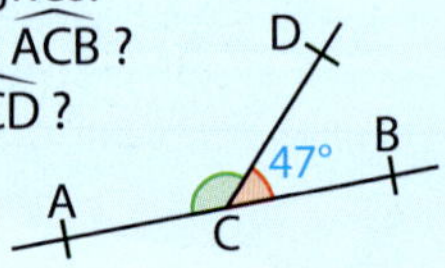

Activité 1 Un quadrilatère connu

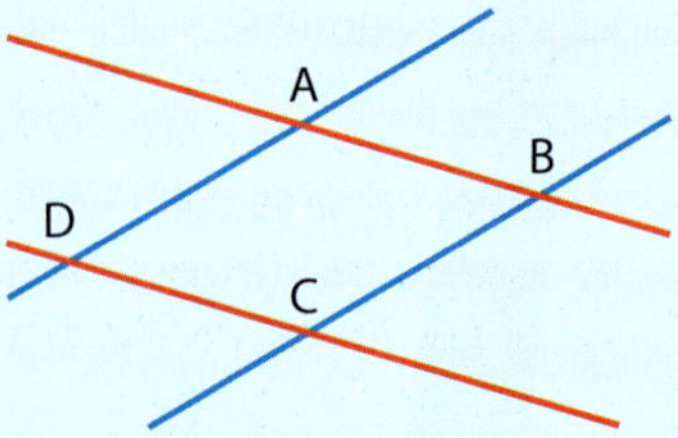

1. Avec un logiciel de géométrie dynamique, réaliser la figure donnée en suivant les instructions ci-dessous.
a. Placer deux points A et B et tracer la droite (AB) en rouge.
b. Placer un point C qui n'appartient pas à la droite (AB) et tracer la droite (BC) en bleu.
c. Tracer en rouge la parallèle à (AB) passant par C et en bleu la parallèle à (BC) passant par A, en utilisant l'outil .
d. Nommer D le point d'intersection des deux dernières droites, en utilisant l'outil .
2. Déplacer les points A, B et C, et observer l'effet produit sur le quadrilatère ABCD. Quelle est la nature du quadrilatère ABCD ?
3. Rappeler la définition d'un parallélogramme.

Activité 2 De nouvelles propriétés

1. Construire un parallélogramme ABCD avec un logiciel de géométrie dynamique.
Placer le point I, milieu de la diagonale [AC], et le point J, milieu de la diagonale [BD], avec l'outil .

2. Déplacer les points A, B et C, et observer l'effet produit sur I et J. Quelle propriété du parallélogramme peut-on conjecturer ? Que représente ce point pour le parallélogramme ?

3. Afficher les mesures des angles et des côtés du parallélogramme ABCD avec les outils  et .

Déplacer les points A, B et C et en déduire des conjectures sur les angles et les longueurs d'un parallélogramme.

Activité 3 Des diagonales spéciales

1. Conjecture

a. Tracer deux segments [AC] et [BD] ayant un même milieu qu'on notera I.

b. Quelle semble être la nature du quadrilatère ABCD ?

c. Comparer cette construction avec celles des autres élèves de la classe. Que peut-on conjecturer ?

2. Démonstration

a. Quel est le symétrique par rapport au point I :
- du point A ?
- de la droite (AB) ?
- de la droite (BC) ?

b. En déduire la preuve de la conjecture émise à la question **1. c.**

Activité 4 De la même famille

Jean a construit ci-contre un rectangle, un losange et un carré.
En utilisant les énoncés ci-dessous, expliquer pourquoi chacun de ces quadrilatères est un parallélogramme.

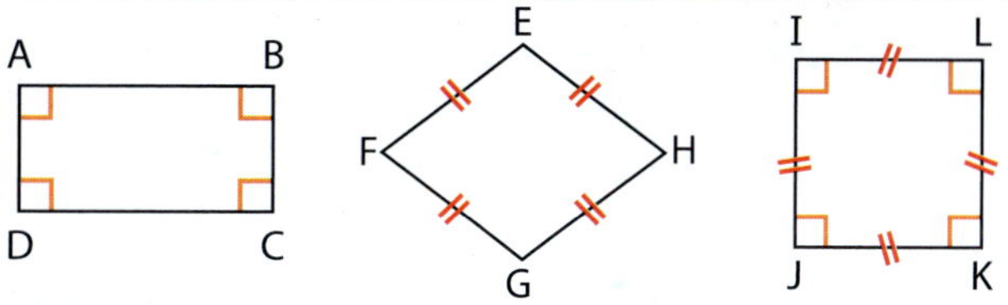

Propriété
Si les côtés opposés d'un quadrilatère non croisé sont deux à deux de même longueur, alors c'est un parallélogramme.

Définition
Un parallélogramme est un quadrilatère dont les côtés opposés sont deux à deux parallèles.

Propriété
Si deux droites sont perpendiculaires à une même droite, alors elles sont parallèles entre elles.

Activité 5 Coupé !

1. Reproduire le rectangle EFGH ci-contre de longueur 8 cm et de largeur 5 cm.
Calculer l'aire de ce rectangle.

2. Placer un point X sur le segment [FG] et un point Y sur le segment [EH]. Découper le rectangle EFGH, puis le couper en deux le long du segment [XY]. Reconstituer un parallélogramme à partir des deux morceaux obtenus.

3. Les parallélogrammes dans la classe sont-ils tous identiques ? Qu'ont-ils tous en commun ?

4. Déterminer l'aire du parallélogramme ABCD ci-contre.

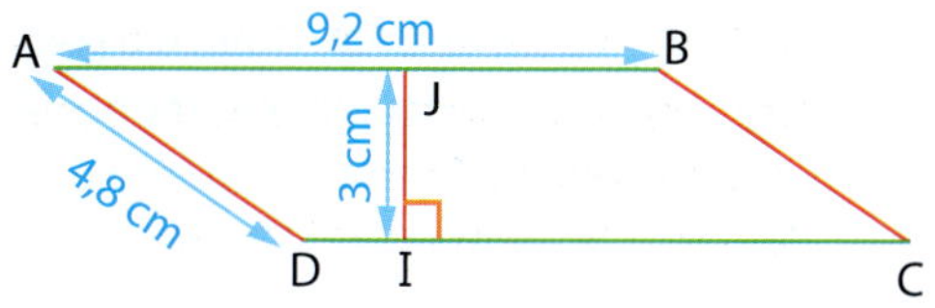

Cours

1 Connaitre le parallélogramme

Définition

Un **parallélogramme** est un quadrilatère dont les côtés opposés sont deux à deux parallèles.

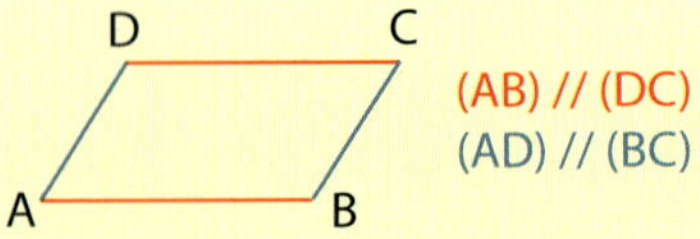

Méthode

On peut construire un parallélogramme avec une règle et une équerre.

▸ Exemple

D'après la définition, les côtés opposés doivent être parallèles deux à deux.

- On trace les deux premiers côtés [AB] et [BC].

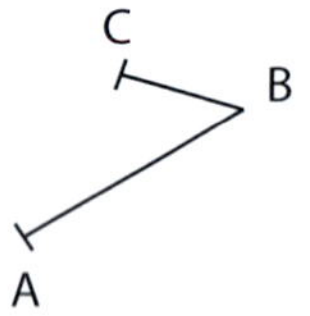

- Avec l'équerre et la règle, on trace la parallèle à la droite (BC) passant par A.

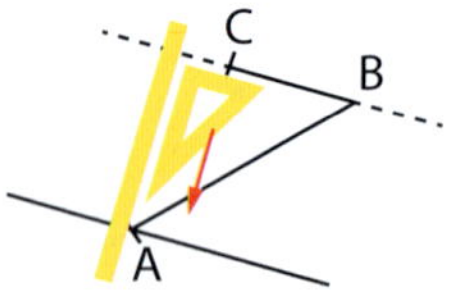

- De la même façon, on trace la parallèle à (AB) passant par C. On place le point D.

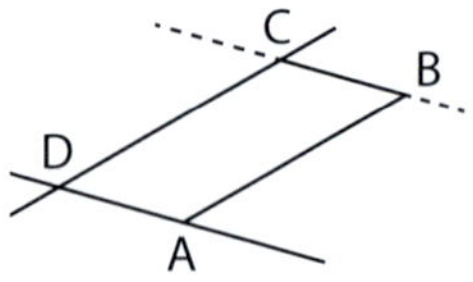

Méthode

Pour **construire un parallélogramme avec un quadrillage** à partir de trois points, on peut repérer puis reproduire le déplacement d'un point vers un autre.

▸ Exemple

- On trace les deux premiers côtés.

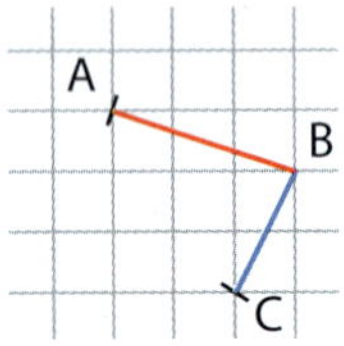

- On repère le déplacement de B vers A.

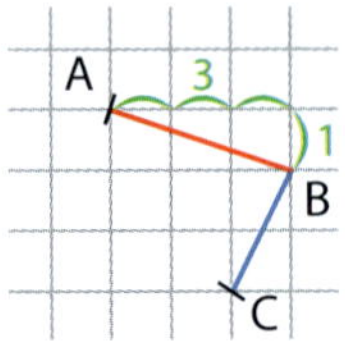

- On le reproduit de C vers D.

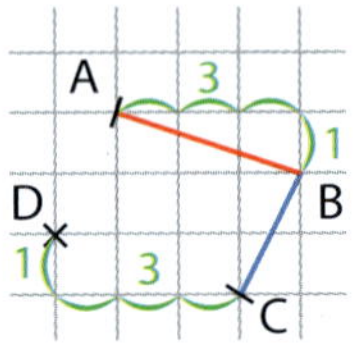

- On trace les deux derniers côtés.

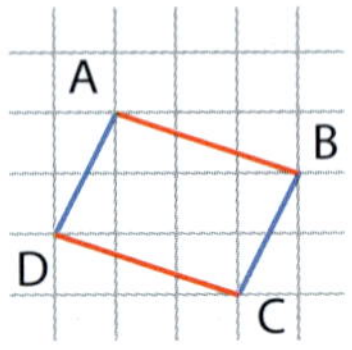

Propriétés

Diagonales

- Les diagonales d'un parallélogramme se coupent en leur milieu.
- Le point d'intersection des diagonales est le centre de symétrie du parallélogramme.

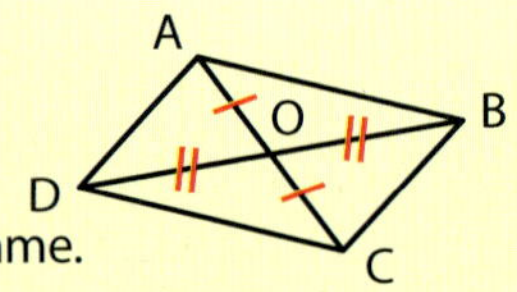

Longueurs et angles

- Les côtés opposés d'un parallélogramme sont deux à deux de même longueur.
- Les angles opposés d'un parallélogramme sont deux à deux de même mesure.

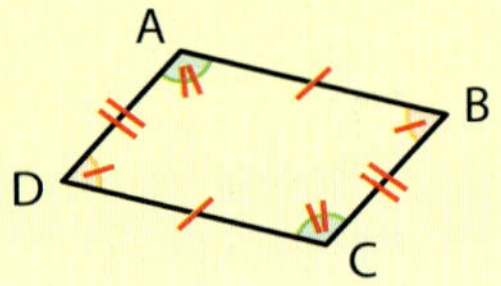

▸ Exemple

ABCD est un parallélogramme de centre O tel que AB = 3 cm, AD = 2 cm et $\widehat{BAD} = 60°$. On peut en déduire que :

- O est le milieu des segments [AC] et [BD] ;
- O est le centre de symétrie de ABCD ;
- DC = 3 cm et BC = 2 cm ;
- $\widehat{BCD} = 60°$.

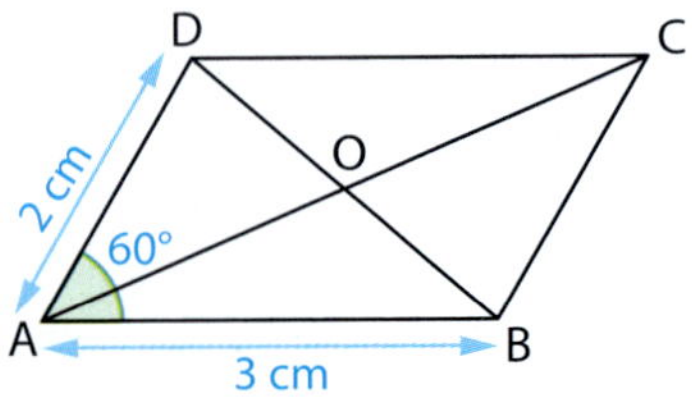

Savoir-faire

Apprends à l'aide des exercices résolus puis entraine-toi !

1 Connaitre le parallélogramme

1 Le parallélogramme RSTU ci-contre a été tracé à main levée.
- Construire RSTU en vraie grandeur.

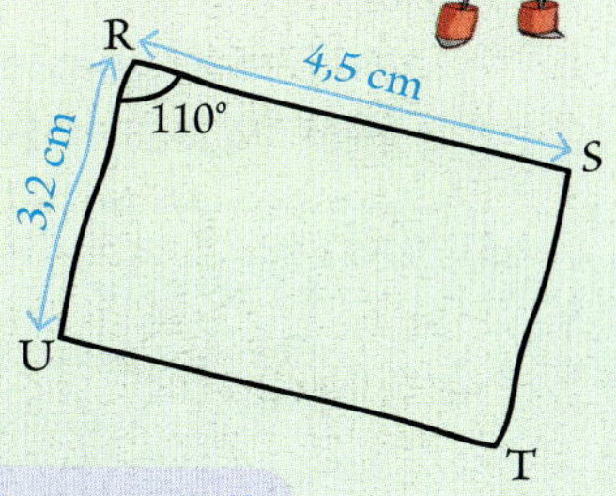

Solution

Étape 1

On construit un segment [RS] de longueur 4,5 cm.

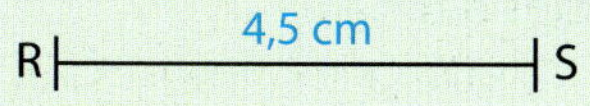

Étape 2

On trace une demi-droite d'origine R pour former un angle de 110° et on place U sur cette demi-droite tel que RU = 3,2 cm.

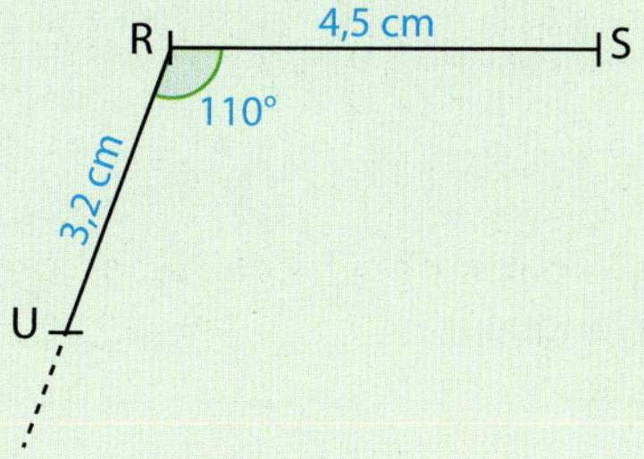

Étape 3

On trace la parallèle à (RS) passant par U.

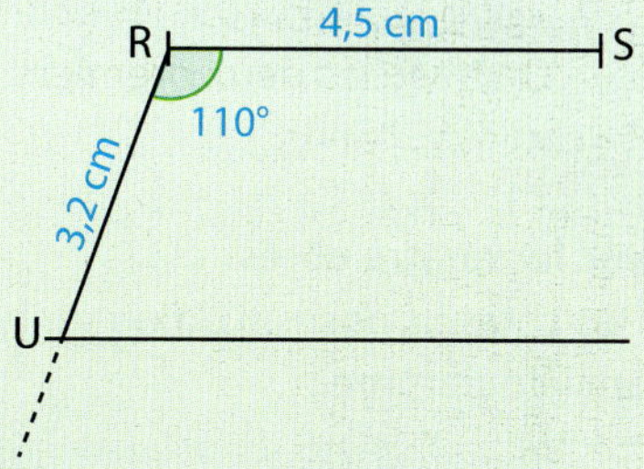

Étape 4

On trace la parallèle à (RU) passant par S et on place le point T.

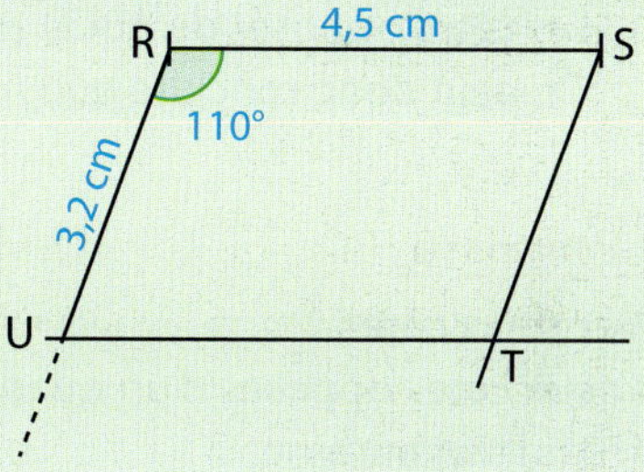

À toi de jouer

2 On considère le parallélogramme ZYVU tel que $\widehat{VUZ} = 63°$, UV = 5,4 cm et ZU = 3,8 cm.
- Tracer le parallélogramme ZYVU à main levée, puis le construire en vraie grandeur.

→ Corrigé p. 312

3 TOUR est un parallélogramme tel que TO = 5 cm et OU = 2,5 cm.
- Déterminer les longueurs RU et TR.

Solution

On commence par tracer une figure à main levée, puis on cite la propriété du parallélogramme qu'on utilise.

Les côtés opposés d'un parallélogramme sont deux à deux de même longueur. Donc dans le parallélogramme TOUR, on a :
RU = TO = 5 cm et TR = OU = 2,5 cm.

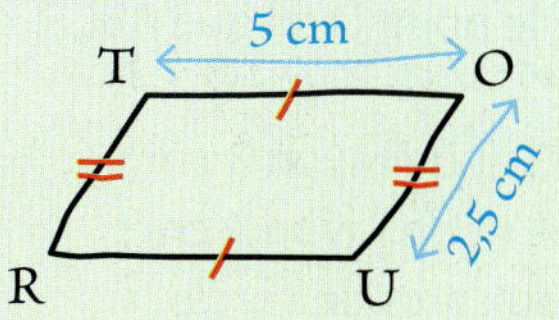

À toi de jouer

4 ZEST est un parallélogramme de centre O tel que :

ZE = 9 cm, OE = 5 cm et ES = 6 cm

1. Tracer une figure à main levée.
2. Déterminer les longueurs ZT, TS et TE.

5 TRUC est un parallélogramme tel que :
TR = 6 cm, $\widehat{RTU} = 30°$ et $\widehat{UCT} = 106°$

1. Tracer une figure à main levée.
2. Construire en vraie grandeur le parallélogramme TRUC.

→ Corrigé p. 312

Cours

2 Reconnaitre un parallélogramme

Propriété

Avec les diagonales

Si les diagonales d'un quadrilatère se coupent en leur milieu, alors c'est un parallélogramme.

▸ Exemple

On considère la figure ci-contre.

D'après le codage, les diagonales [AC] et [BD] se coupent en leur milieu O.

On peut donc conclure que le quadrilatère ABCD est un parallélogramme.

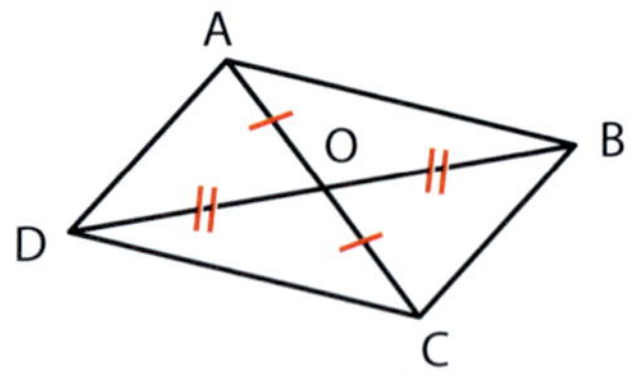

Propriété

Avec les quatre côtés

Si les côtés opposés d'un quadrilatère non croisé sont deux à deux de même longueur, alors c'est un parallélogramme.

▸ Exemple

On considère la figure ci-contre.

D'après le codage de la figure, AB = DC et AD = BC.

Les côtés opposés de ABCD sont deux à deux de même longueur.

On peut donc conclure que ABCD est un parallélogramme.

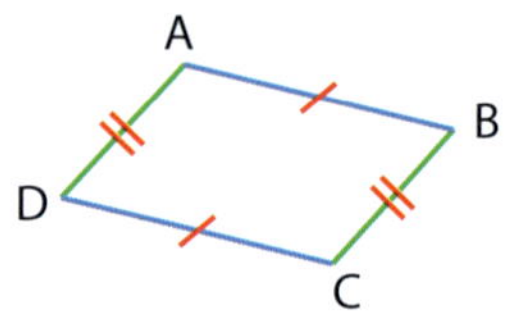

Propriété

Avec deux côtés

Si deux côtés opposés d'un quadrilatère non croisé sont parallèles et de même longueur, alors c'est un parallélogramme.

▸ Exemple

Soient (AB) et (DC) deux droites parallèles telles que les longueurs AB et DC sont égales.

On peut conclure que le quadrilatère ABCD est un parallélogramme.

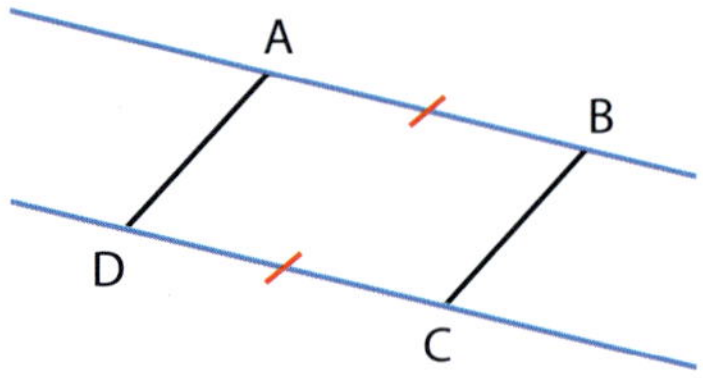

Méthode

On peut construire un parallélogramme en utilisant ses propriétés.

▸ Exemple

Dans la figure ci-contre, pour placer le point D tel que ABCD soit un parallélogramme, on peut :

- tracer un arc de cercle de centre C et de rayon 3 cm ;
- tracer un arc de cercle de centre A et de rayon 1 cm ;
- placer D à l'intersection de ces deux arcs de cercle.

Les côtés opposés sont deux à deux de même longueur, ABCD est donc bien un parallélogramme.

Savoir-faire

Apprends à l'aide des exercices résolus puis entraine-toi !

2 Reconnaitre un parallélogramme

6 Le parallélogramme STUV ci-contre a été tracé à main levée.
- Construire STUV en vraie grandeur.

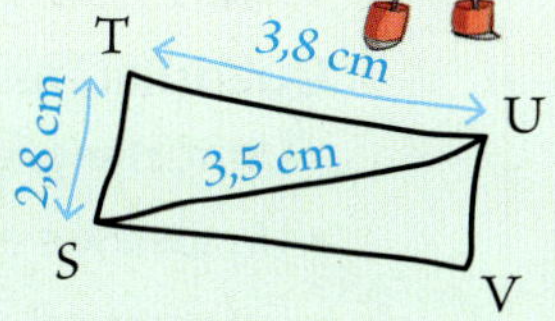

Solution

Étape 1

On commence par tracer le segment [TU] de longueur 3,8 cm.

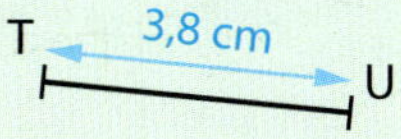

Étape 2

On construit ensuite le point S. Pour cela, avec le compas, on trace :
– un arc de cercle de centre T et de rayon 2,8 cm ;
– un arc de cercle de centre U et de rayon 3,5 cm.
Le point S est à l'intersection des deux arcs de cercle.

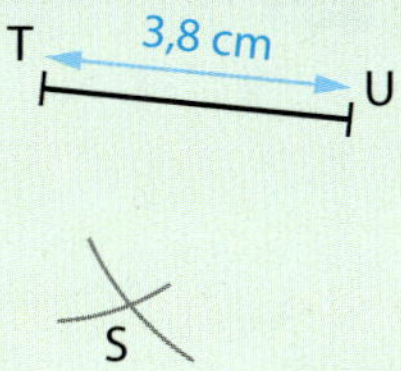

Étape 3

On construit ensuite le point V. Pour cela, avec le compas, on trace :
– un arc de cercle de centre S et de rayon 3,8 cm ;
– un arc de cercle de centre U et de rayon 2,8 cm.
Le point V est à l'intersection des deux arcs.

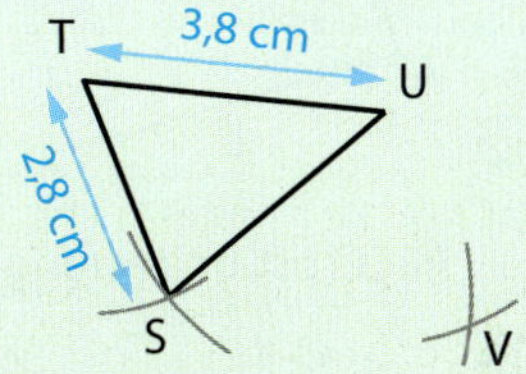

Étape 4

On finit par relier les points et on trace alors le parallélogramme STUV.

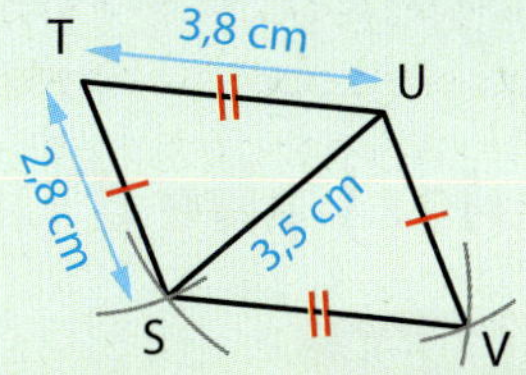

À toi de jouer

7 On considère le parallélogramme IJKL tel que IJ = 5,2 cm, JK = 4,5 cm et IK = 7,8 cm.
1. Tracer une figure à main levée du parallélogramme IJKL.
2. Construire en vraie grandeur le parallélogramme IJKL.

→ Corrigé p. 312

8 VELO est un quadrilatère non croisé tel que VE = OL et VO = EL.
- Quelle est la nature du quadrilatère VELO ? Justifier.

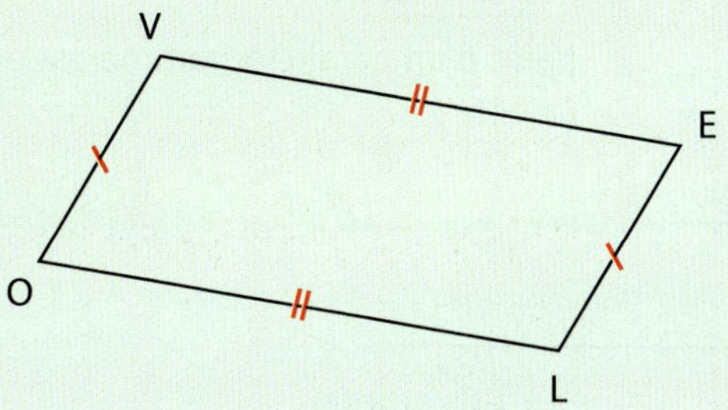

Solution

On commence par tracer une figure à main levée, puis on cite la propriété utilisée.

Si les côtés opposés d'un quadrilatère non croisé sont deux à deux de même longueur, alors c'est un parallélogramme.
On peut conclure que VELO est un parallélogramme.

À toi de jouer

9 RANG est un quadrilatère non croisé tel que : RA = NG = 4,2 cm et AN = RG = 3,1 cm.
1. Tracer une figure à main levée.
2. Quelle est la nature du quadrilatère RANG ? Justifier.

→ Corrigé p. 312

Cours

3 Reconnaitre un parallélogramme particulier

Définitions

Quadrilatères particuliers

- Un **rectangle** est un quadrilatère qui a quatre angles droits.
- Un **losange** est un quadrilatère qui a quatre côtés de même longueur.
- Un **carré** est un quadrilatère qui a quatre angles droits et quatre côtés de même longueur.

▸ **Exemples**

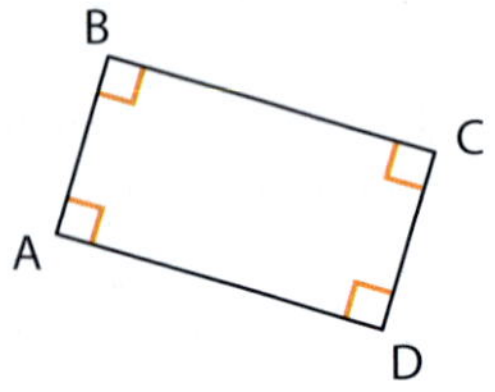

ABCD est un rectangle.

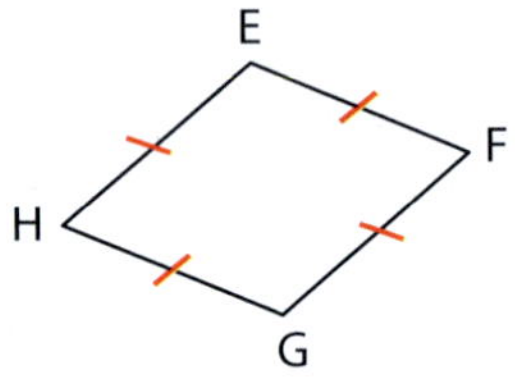

EFGH est un losange.

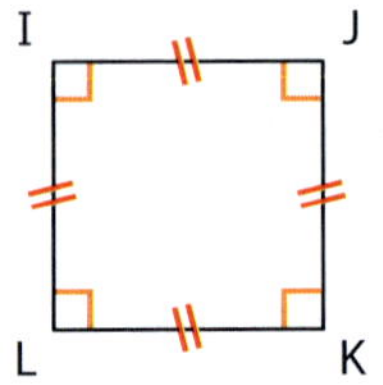

IJKL est un carré.

Les rectangles, les losanges et les carrés sont aussi des parallélogrammes !

4 Calculer l'aire d'un parallélogramme

Définition

Dans un parallélogramme, on appelle **hauteur** relative à un côté un segment perpendiculaire à ce côté dont une extrémité est sur ce côté et l'autre est sur le côté opposé.

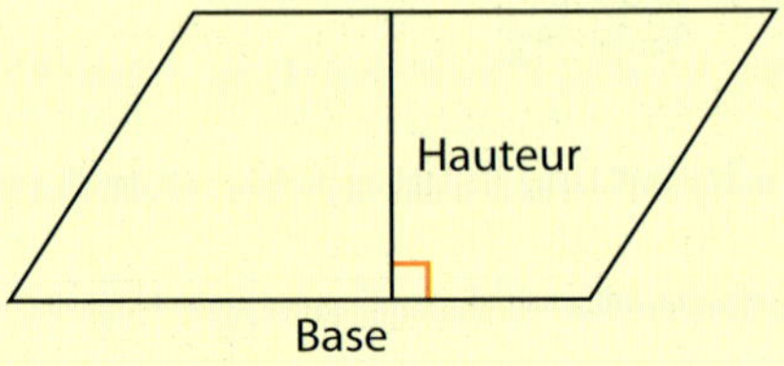

Propriété

L'aire d'un parallélogramme est égale au produit des longueurs d'un côté et de la hauteur relative à ce côté :

$$\mathscr{A} = \text{base} \times \text{hauteur}$$

▸ **Exemple**

L'aire du parallélogramme ci-contre se calcule ainsi :

$$\mathscr{A} = 6 \text{ cm} \times 3{,}5 \text{ cm} = 21 \text{ cm}^2$$

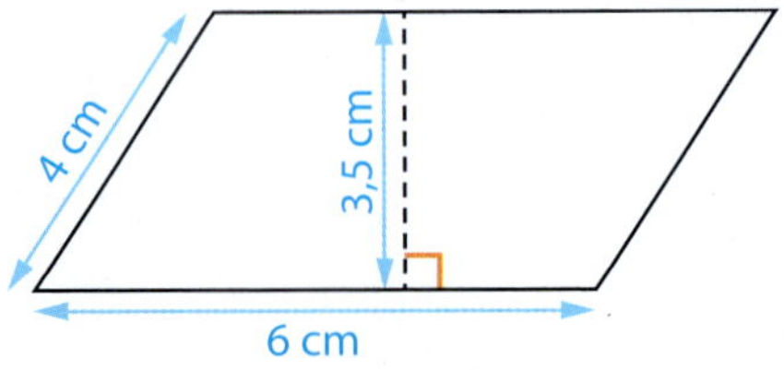

Savoir-faire

Apprends à l'aide des exercices résolus puis entraine-toi !

3 Reconnaitre un parallélogramme particulier

10 Dans la figure ci-contre, les droites (AD) et (BC) sont parallèles.
1. Quelle est la nature du quadrilatère ABCD ?
2. Quelle est la nature du quadrilatère ADEF ?

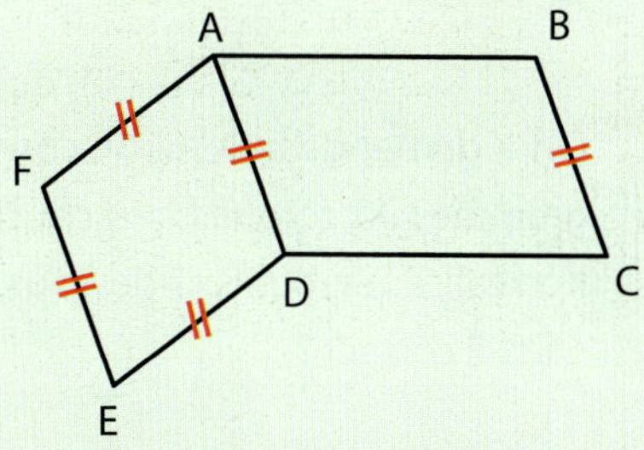

Solution

1. Sur la figure, ABCD semble être un parallélogramme.
Pour le démontrer, on peut utiliser la propriété « Si deux côtés opposés d'un quadrilatère non croisé sont parallèles et de même longueur, alors c'est un parallélogramme ».

Les côtés [AD] et [BC] sont parallèles et de même longueur. On peut donc conclure que ABCD est un parallélogramme.
2. Les quatre côtés du quadrilatère ADEF ont même longueur. On peut donc en conclure que ADEF est un losange.

À toi de jouer

11 VRAC est un rectangle avec : VR = 3 cm et RA = 2 cm.
L est le point du côté [VR] tel que VL = 1 cm.
N est le point du côté [AC] tel que AN = 1 cm.
1. Tracer une figure en vraie grandeur, puis tracer le quadrilatère VLAN.
2. Quelle est la nature du quadrilatère VLAN ? Justifier.

→ Corrigé p. 312

4 Calculer l'aire d'un parallélogramme

12 ABCD est un parallélogramme tel que BC = 4 cm, DC = 7,5 cm et KH = 3,5 cm.
1. Que peut-on dire de [KH] ?
2. Calculer l'aire du parallélogramme ABCD.

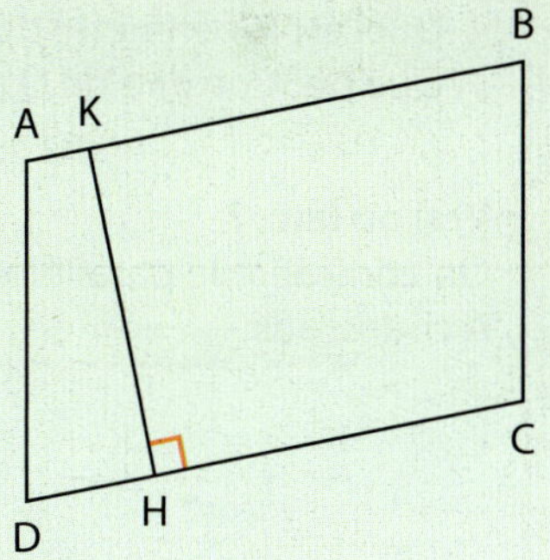

Solution

1. Le segment [KH] est perpendiculaire au côté [DC] donc [KH] est une hauteur relative au côté [DC].
2. Pour calculer l'aire d'un parallélogramme, on utilise la formule $\mathcal{A}$ = base × hauteur.

$\mathcal{A}$ = base × hauteur = 7,5 cm × 3,5 cm = 26,25 cm²

À toi de jouer

13 Calculer l'aire du parallélogramme MNOP ci-dessous.

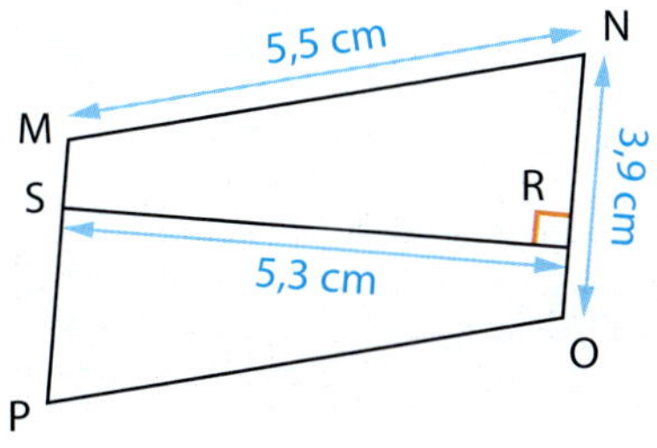

→ Corrigé p. 312

Exercices

Ressources téléchargeables

Connaitre le parallélogramme

➔ Savoir-faire p. 263

QUESTIONS FLASH

14 On a demandé à Rémi de construire un parallélogramme IJKL tel que IJ = 4 cm, IK = 6 cm et $\widehat{JIK}$ = 35°. Il a réalisé le croquis ci-dessous.

- Est-il correct ?

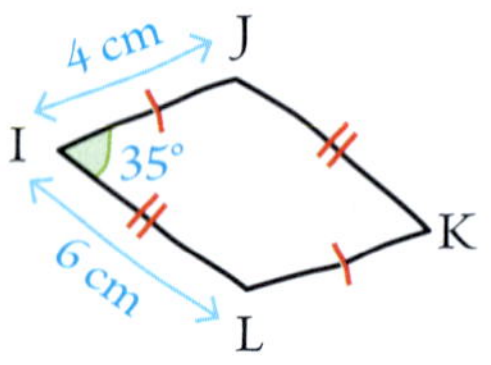

15 On considère le parallélogramme RSTU de centre O ci-dessous :

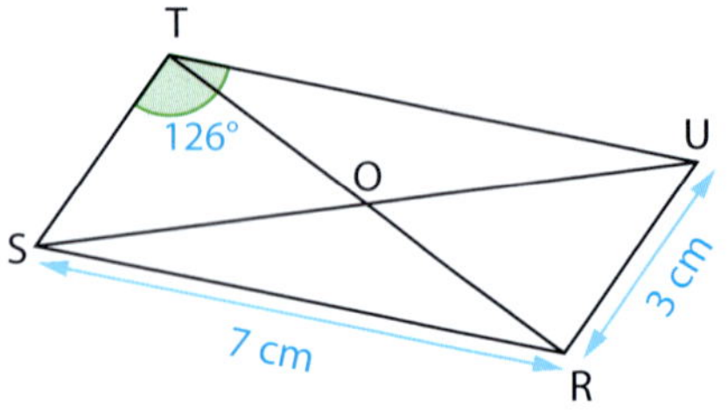

1. Quel est le symétrique de S par rapport à O ?
2. Combien mesure l'angle $\widehat{SRU}$?
3. Combien vaut la longueur TU ?
4. Quel est le périmètre du parallélogramme RSTU ?
5. Que peut-on dire de O pour le segment [TR] ?

16 **Vrai ou faux ?**
On considère le parallélogramme TIMO de centre A ci-dessous.

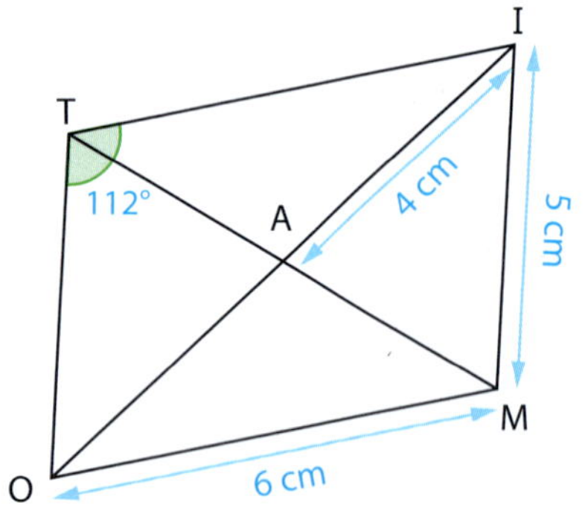

a. $\widehat{TIM}$ = 112°
b. OI = 8 cm
c. Le périmètre de TIMO est égal à 30 cm.
d. TM = OI
e. T est le symétrique de M par rapport à A.

Questions flash supplémentaires

17 Dans chacun des trois cas suivants, reproduire les trois points sur un quadrillage et compléter la figure afin d'obtenir un parallélogramme PILE.

ⓐ

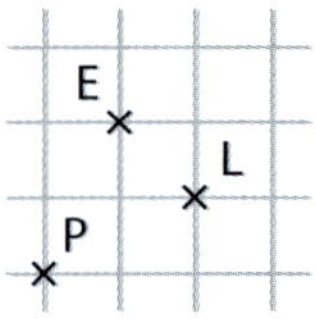

ⓑ

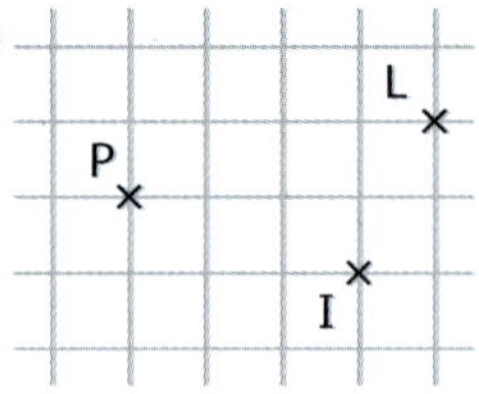

ⓒ

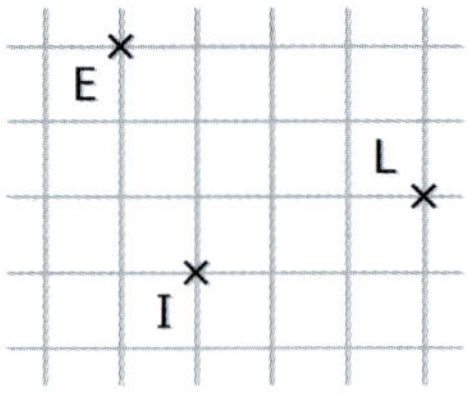

18 CALCUL MENTAL Calculer le périmètre en cm d'un parallélogramme ABCD tel que :
a. AB = 4,2 cm et BC = 3,1 cm
b. AB = 45 mm et BC = 0,23 dm

19 Dans la figure ci-dessous, VRAI est un parallélogramme.

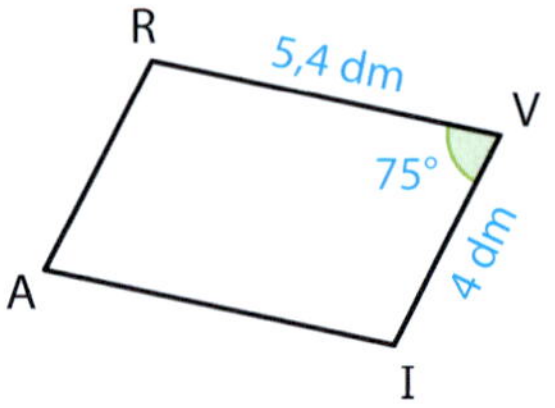

1. Quelles sont les longueurs des côtés [AI] et [RA] ? Citer la propriété qui permet de l'affirmer.
2. Donner la mesure de l'angle $\widehat{RAI}$. Justifier.

20 Construire les parallélogrammes suivants.

ⓐ

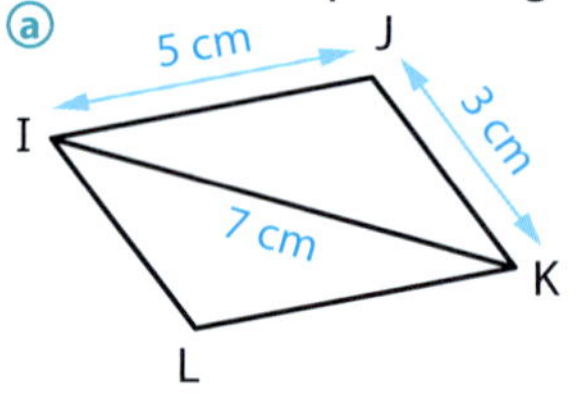

ⓑ

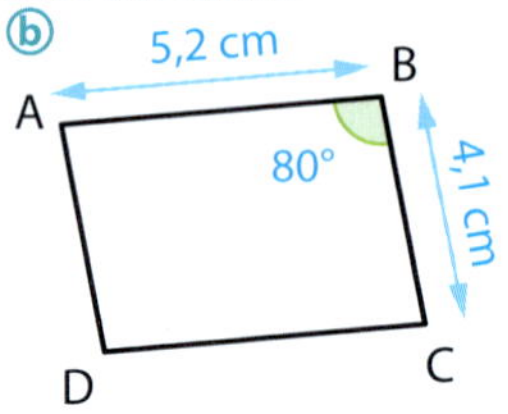

21 Construire un parallélogramme ABCD tel que AD = 4 cm, AB = 4,3 cm et $\widehat{DAB}$ = 115°.

22 Construire un parallélogramme EFGH tel que EG = 6 cm, EF = 5 cm et FG = 7 cm.

23 Construire un parallélogramme MNOP tel que MN = 7,6 cm, NO = 5,2 cm et $\widehat{MPO}$ = 65°.

MODE EXPERT

24 Reproduire la figure suivante et construire les points E et F tels que AEBC et BCFD soient des parallélogrammes.

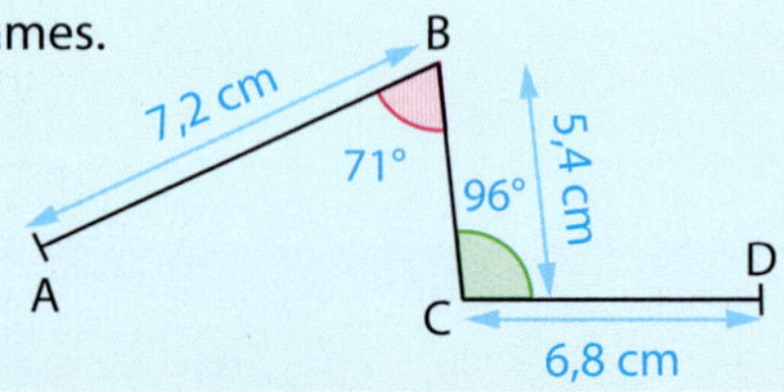

Reconnaitre un parallélogramme

→ Savoir-faire p. 265

QUESTIONS FLASH

25 Parmi les quadrilatères suivants, lesquels semblent être, à vue d'œil, des parallélogrammes ?

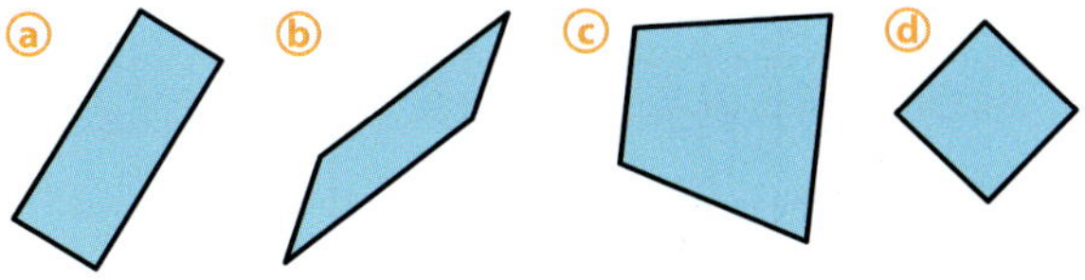

26 Les droites de même couleur étant parallèles, nommer le plus de parallélogrammes possibles.

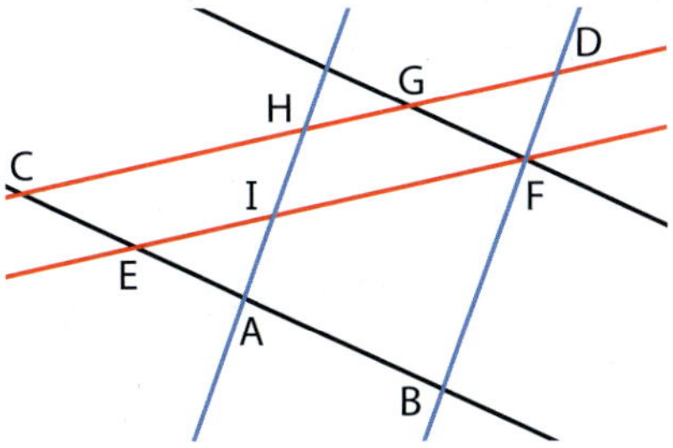

27 Dans chacun des cas suivants, dire si le quadrilatère tracé est un parallélogramme. Justifier.

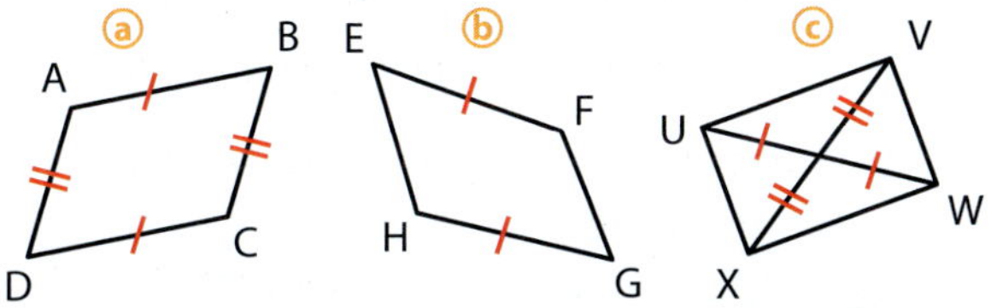

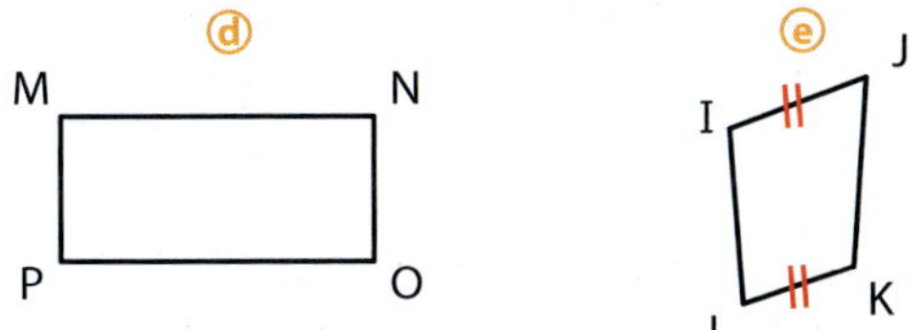

(MP) // (NO)
(MN) // (PO)

(IJ) // (LK)

28 Pour chacun des parallélogrammes suivants, déterminer, en justifiant, les longueurs demandées.

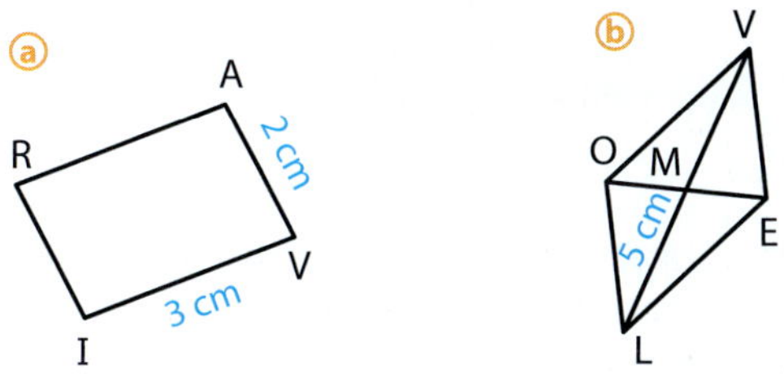

RA = … ; IR = …

LV = …

Questions flash supplémentaires

29 1. Placer trois points A, B et O comme ci-contre.

2. Construire le parallélogramme ABCD de centre O.

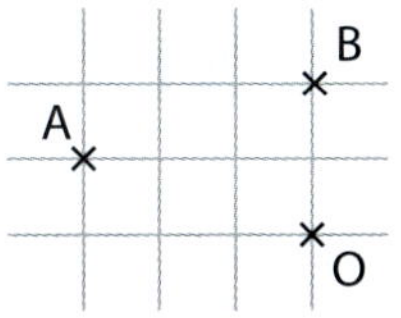

30 1. Justifier que le quadrilatère VOLE de centre I est un parallélogramme.

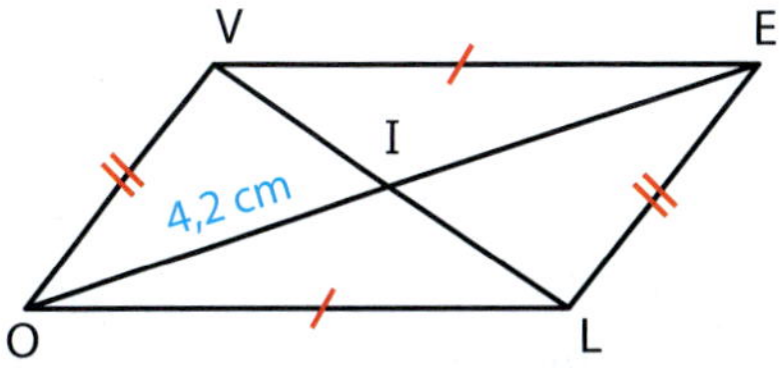

2. En déduire la longueur du segment [IE] en justifiant.

31 1. Pourquoi peut-on affirmer que le quadrilatère TRUC de centre A est un parallélogramme ?

2. En déduire la longueur du segment [CU] en justifiant.

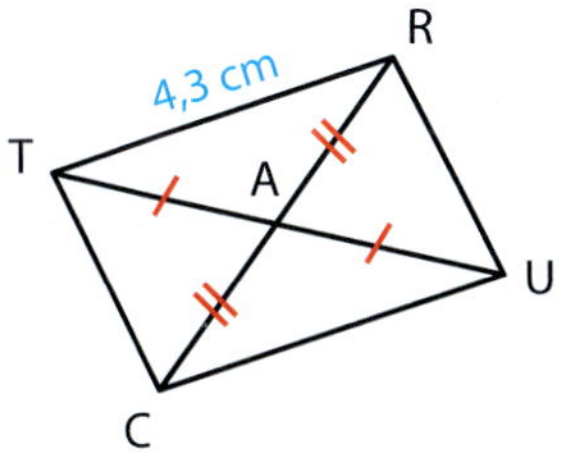

32 B′, C′ et D′ sont les symétriques respectifs de B, C et D par rapport à A.

- Nommer tous les parallélogrammes qui ont pour sommets des points de la figure.

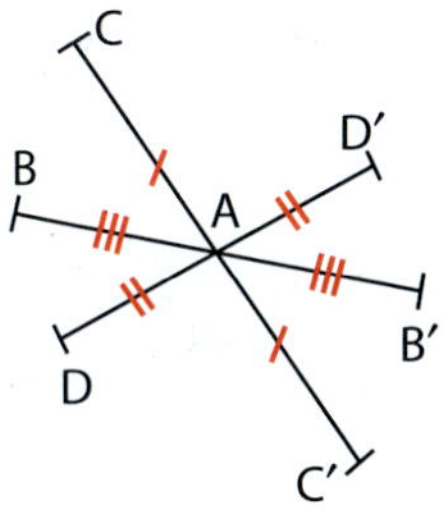

33 PARU est un parallélogramme tel que PA = 6 cm, PR = 9 cm et AU = 10 cm.

1. Qui a raison ? Expliquer.
2. Construire, si possible, le parallélogramme PARU.

MODE EXPERT

34 Soient ABCD un parallélogramme de centre I, M un point distinct de A, B, C et D, et N son symétrique par rapport à I.

- Prouver que AMCN et DMBN sont des parallélogrammes.

Exercices

Reconnaitre un parallélogramme particulier

→ Savoir-faire p. 267

QUESTIONS FLASH

35 Parmi les quadrilatères suivants, lesquels semblent être des losanges ? Des rectangles ? Des carrés ? Des parallélogrammes ?

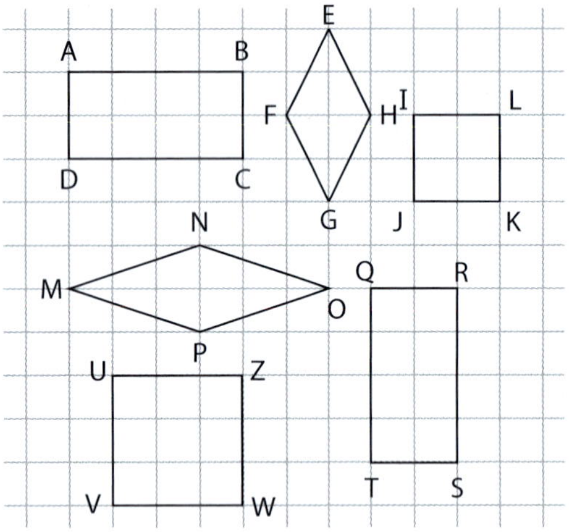

36 Sur la figure ci-dessous, reconnaitre à vue d'œil et nommer trois quadrilatères distincts qui semblent être respectivement un losange, un carré et un rectangle.

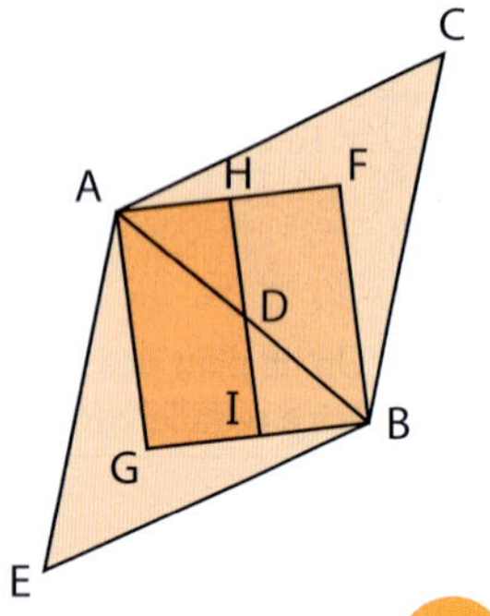

Questions flash supplémentaires

37 On a tracé les figures à main levée de deux parallélogrammes ABCD et PEUR.

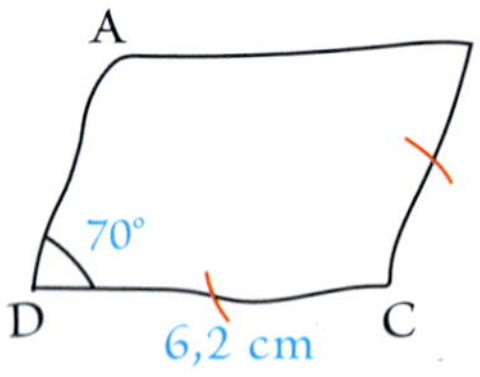

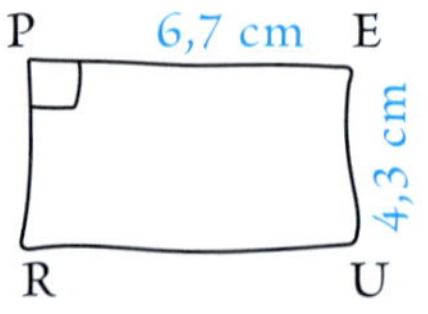

1. Construire ces deux parallélogrammes en vraie grandeur.

2. ABCD est-il un parallélogramme particulier ? Justifier.

3. PEUR est-il un parallélogramme particulier ? Justifier.

38 Dans la figure ci-dessous, B et D appartiennent au cercle de centre A et de rayon 5 cm.

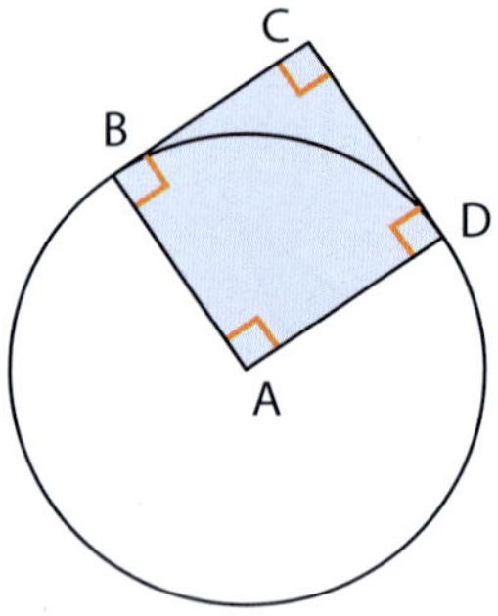

1. Rédiger un programme de construction permettant de construire cette figure.

2. Le quadrilatère ABCD est-il un parallélogramme ? Justifier.

3. Le quadrilatère ABCD est-il un rectangle ? Justifier.

4. Le quadrilatère ABCD est-il un losange ? Justifier.

5. Le quadrilatère ABCD est-il un carré ? Justifier.

39 Construire en vraie grandeur la figure suivante et nommer les parallélogrammes particuliers, en précisant et en justifiant leur nature.

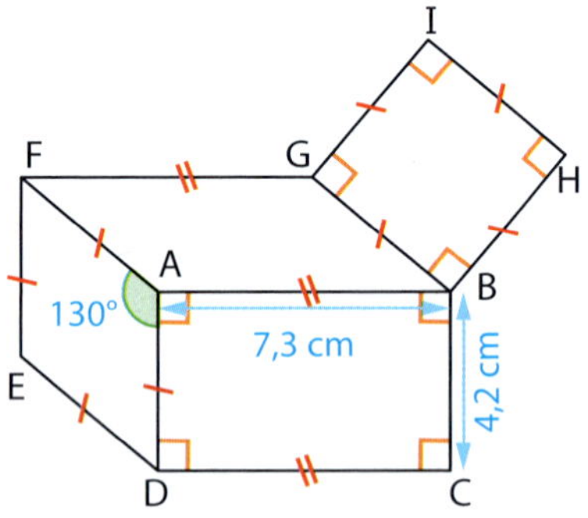

40 **1.** Construire un triangle ABC isocèle en A et placer I le milieu de [BC].

2. Construire le point D, symétrique de A par rapport à I. Donner en justifiant la nature du quadrilatère ABDC.

3. Quelle doit être la mesure de l'angle $\widehat{ABC}$ pour que ABDC soit un carré ?

MODE EXPERT

41 **1.** Construire un triangle ABC équilatéral de côté 6 cm.

2. Construire à l'extérieur de ABC le rectangle ABDE tel que AD = 8 cm.

3. Construire à l'extérieur de ABC le losange ACFG tel que $\widehat{ACF} = 150°$.

4. Montrer, avec des calculs sur les mesures d'angles, que les points G, A et E sont alignés.

Calculer l'aire d'un parallélogramme

➔ Savoir-faire p. 267

QUESTIONS FLASH

42 Dans quels cas a-t-on tracé une hauteur du parallélogramme ?

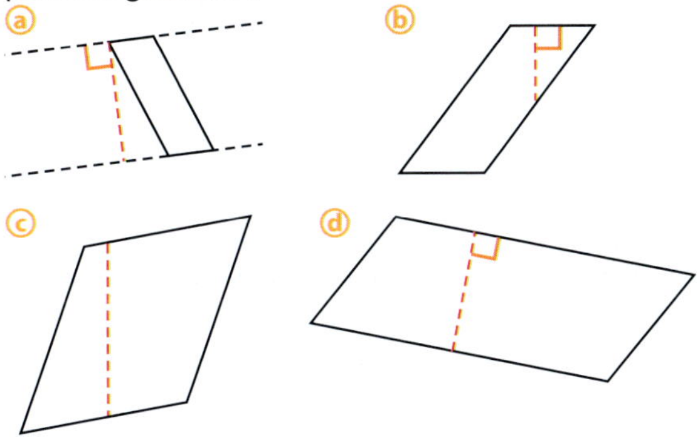

43 Calculer les aires en cm² des parallélogrammes suivants.

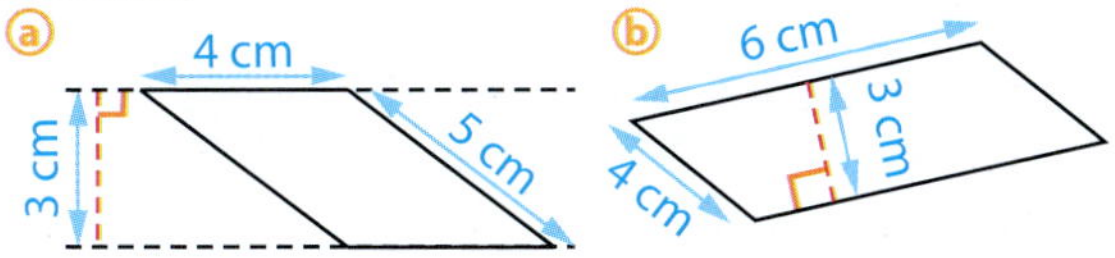

44 La distance entre les droites rouges, qui sont parallèles, étant de 3 m, donner l'aire en m² de chacun des parallélogrammes suivants.

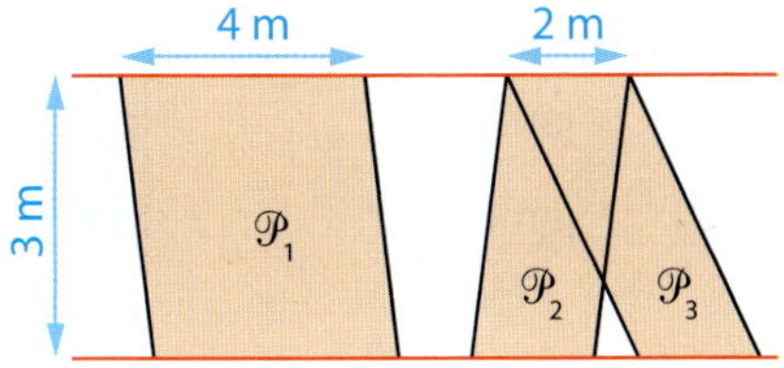

Questions flash supplémentaires

45 Calculer les aires en cm² des parallélogrammes suivants.

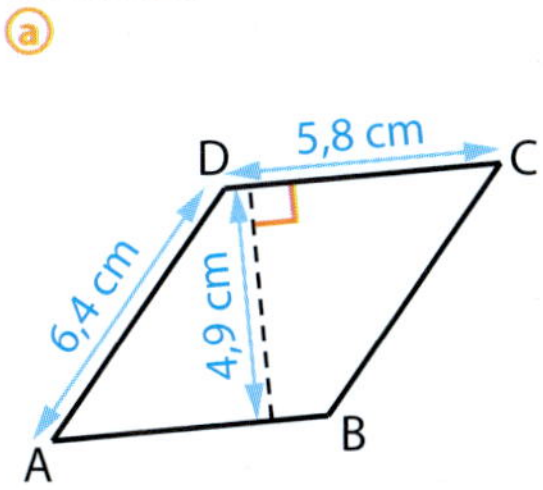

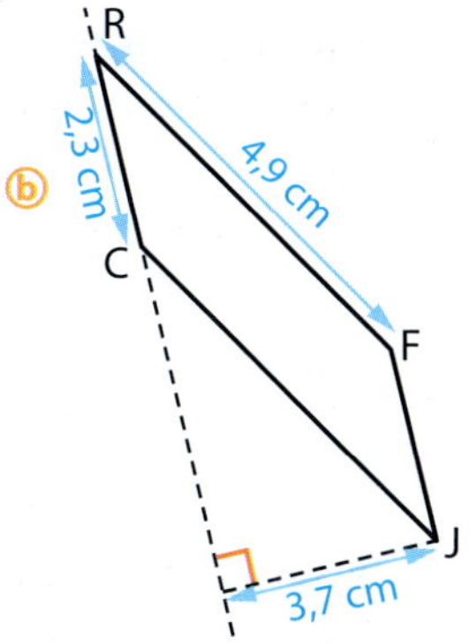

46 **1.** Construire un parallélogramme ABCD tel que : AB = 6,3 cm, BC = 4,2 cm et $\widehat{ABC} = 60°$.

2. En mesurant les longueurs nécessaires sur la figure, estimer son aire en cm².

47 **1.** Construire un parallélogramme QRST tel que : QR = 6,2 cm, QS = 7,4 cm et RS = 5,3 cm.

2. En mesurant les longueurs nécessaires sur la figure, estimer son aire en cm².

48 Calculer les aires en dm² des parallélogrammes suivants.

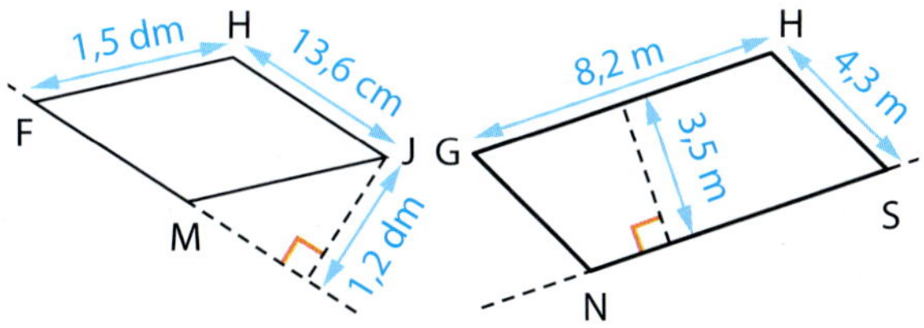

49 Dans la figure suivante, E est le milieu de [PF] et de [AD]. ABCD est un parallélogramme.

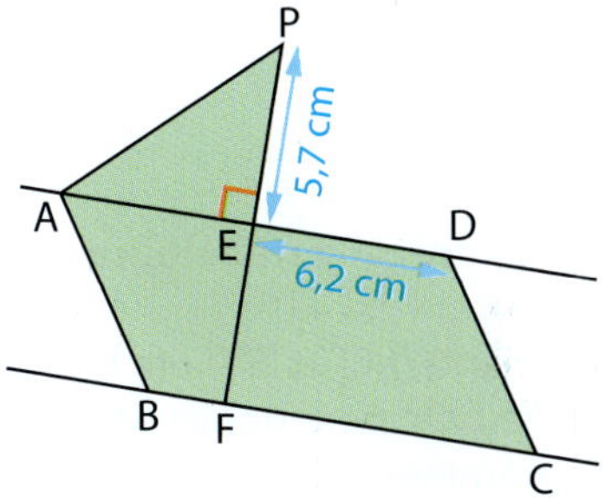

• Calculer l'aire en cm² du polygone APEDCBA.

50 JKLM est un parallélogramme. À l'extérieur de ce parallélogramme, on a tracé des demi-cercles ayant pour diamètre ses côtés. On donne KL = 5,2 m, JK = 8,3 m et AB = 4,1 m.

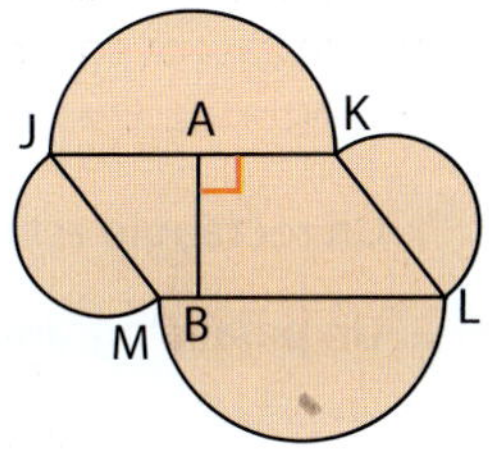

Calculer une valeur approchée au dm² près de l'aire de cette figure.

MODE EXPERT

51 ABCD est un parallélogramme.
Quelle est la distance *d* entre les droites (BC) et (AD) ?

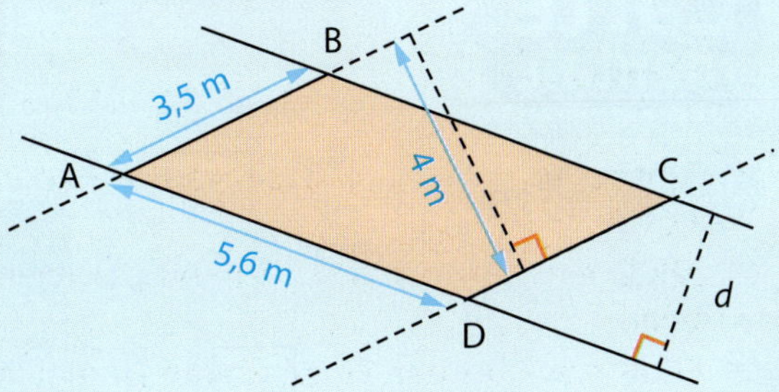

Faire le point

Version interactive du QCM

Vérifie tes connaissances.

QCM

Donner la ou les bonnes réponses parmi les trois proposées.

1 Connaitre le parallélogramme

	Réponse A	Réponse B	Réponse C
1. Si ABCD est un parallélogramme de centre I, alors on peut toujours affirmer que :	AB = BC	AD = BC	BI = DI
2. Quelle figure à main levée correspond au parallélogramme ZARE tel que RZ = 9 cm, ZE = 5 cm et $\widehat{ZRA} = 50°$?	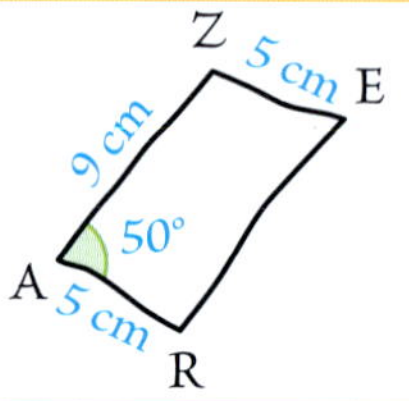	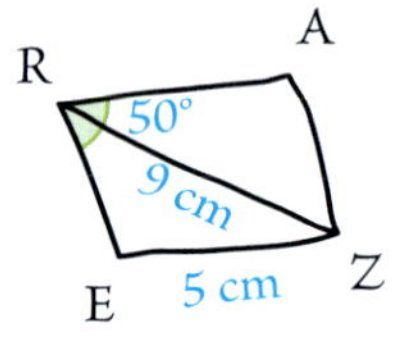	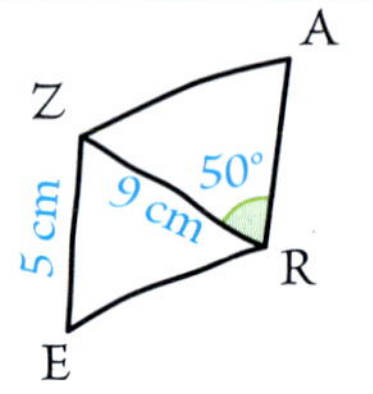

2 Reconnaitre un parallélogramme

	Réponse A	Réponse B	Réponse C
1. Les segments [RF] et [EV] ont le même milieu. On peut donc tracer le parallélogramme :	RFEV	REVF	RVFE
2. On peut affirmer qu'un quadrilatère est un parallélogramme lorsque :	deux de ses côtés opposés sont de même longueur	ses diagonales se coupent en leur milieu	ses côtés opposés sont parallèles deux à deux

3 Reconnaitre un parallélogramme particulier

	Réponse A	Réponse B	Réponse C
1. Un rectangle est un parallélogramme :	toujours	jamais	parfois
2. Un parallélogramme est un losange :	toujours	jamais	parfois

4 Calculer l'aire d'un parallélogramme

	Réponse A	Réponse B	Réponse C
L'unité de longueur est le cm. L'aire du parallélogramme TONY se calcule en effectuant : 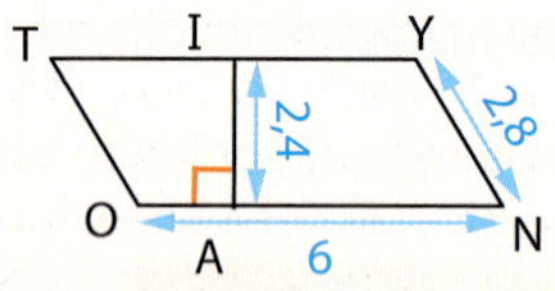	$2{,}4 \times 2{,}8$	$\dfrac{2{,}4 \times 6}{2}$	$2{,}4 \times 6$

→ Corrigé p. 312

Carte mentale

Ressource téléchargeable

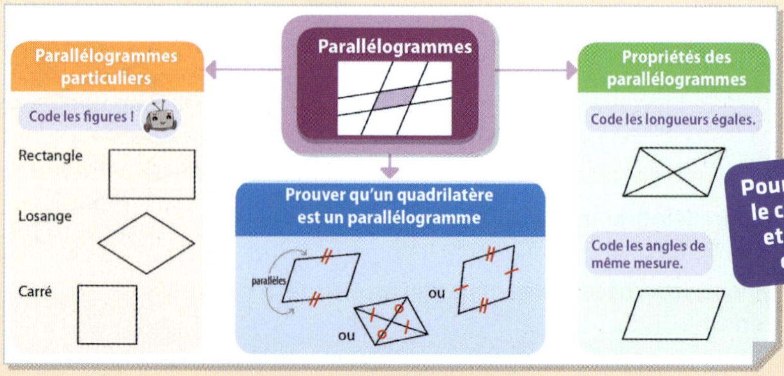

Pour t'aider à retenir le cours, télécharge et complète cette carte mentale.

Algorithmique et outils numériques

52 Parallélogrammes en frise

1. On a tracé le parallélogramme ABCD ci-dessous. Déterminer, en justifiant, les mesures des angles a, b, c et d de cette figure.

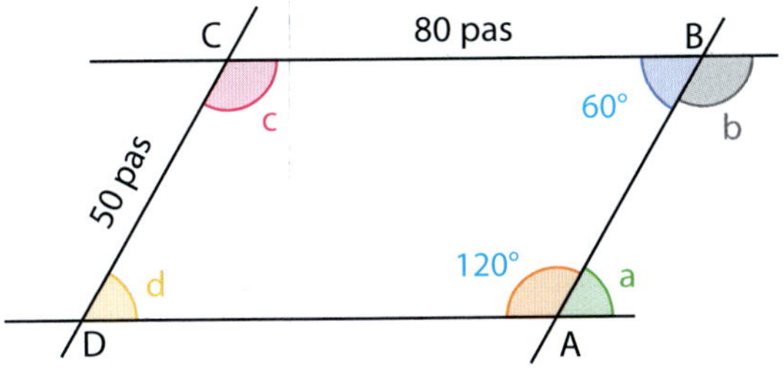

2. On souhaite écrire un script permettant de construire le parallélogramme de la question **1.**
Voici le début des scripts de trois élèves :

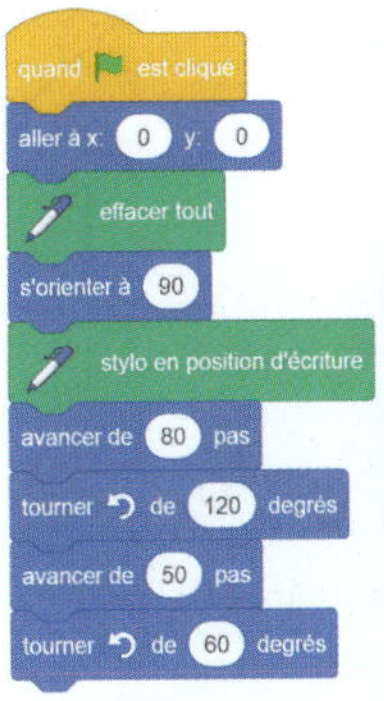

Mathis

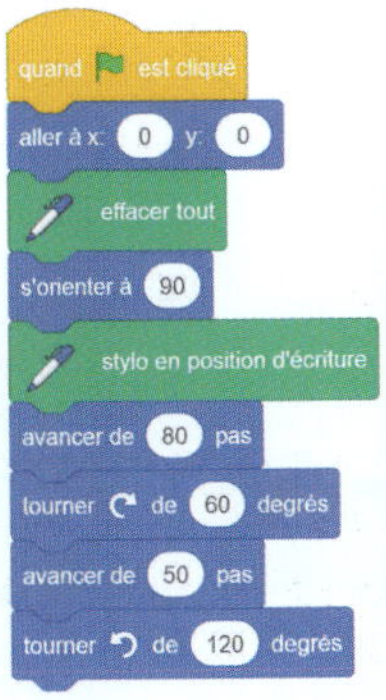

Faustine

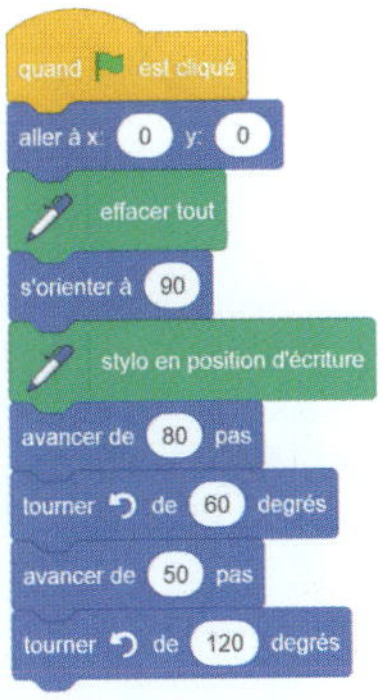

Ariana

Trouver le seul début de script correct et expliquer pourquoi les deux autres sont incorrects.

3. Compléter le script suivant afin de tracer le parallélogramme de la question **1.**

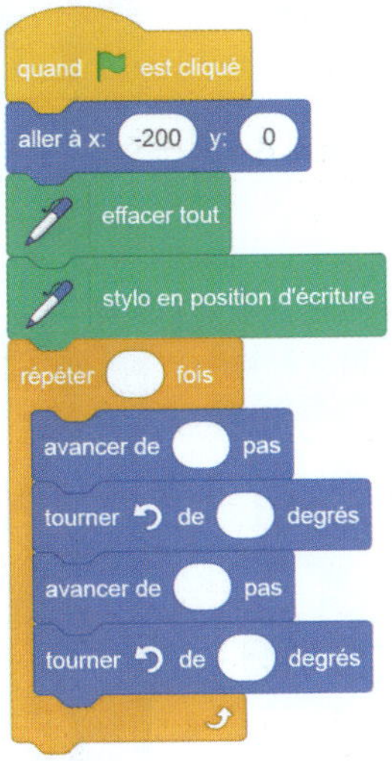

53 Parallélogramme particulier

1. a. Avec un logiciel de géométrie dynamique, tracer deux segments [AC] et [BD] de même longueur et se coupant en leur milieu.

> Pour t'aider, tu peux tracer un cercle.

b. Tracer le quadrilatère ABCD et afficher les mesures de longueurs et d'angles de ce quadrilatère, à l'aide des outils et .
c. Déplacer les points et observer les propriétés particulières de ce quadrilatère.
d. Formuler la propriété que l'on peut ainsi conjecturer.

2. a. Dans une nouvelle figure, tracer deux segments [AC] et [BD] perpendiculaires et se coupant en leur milieu.
b. Tracer le quadrilatère ABCD et afficher les mesures de longueurs et d'angles de ce quadrilatère, à l'aide des outils et .
c. Déplacer les points et observer les propriétés particulières de ce quadrilatère.
d. Formuler la propriété que l'on peut ainsi conjecturer.

54 Conjectures

L'objectif de cet exercice est d'énoncer des conjectures avec un logiciel de géométrie dynamique.

1. a. Construire un quadrilatère ABCD. Placer E, F, G et H les milieux respectifs de [AB], [BC], [CD] et [DA].
b. Construire le quadrilatère EFGH. En faisant varier les points de la figure, énoncer une conjecture sur la nature du quadrilatère EFGH.

> Cette conjecture a été démontrée par Varignon (1654-1722).

2. a. Placer trois points A, B et C non alignés.
b. En traçant les droites (AB), (BC) et des droites parallèles, placer D tel que ABCD soit un parallélogramme.
c. Construire le parallélogramme ABCD et, pour chacun de ses angles, sa bissectrice, c'est-à-dire la droite qui partage l'angle en deux angles de même mesure.
d. Construire le quadrilatère délimité par les points d'intersection de ces 4 bissectrices.
e. En faisant varier les points de la figure, énoncer une conjecture sur ce dernier quadrilatère.

> Cette conjecture peut se démontrer par des calculs sur les mesures d'angles.

3. a. Construire comme dans la question **2.** un parallélogramme ABCD puis, avec l'outil polygone régulier, quatre carrés à l'extérieur de chacun de ses côtés.
b. Construire le quadrilatère qui a pour sommets les centres des quatre carrés construits.
c. En faisant varier les points de la figure, énoncer une conjecture sur ce dernier quadrilatère.

> Cette conjecture a été démontrée par Thébault (1882-1960).

Problèmes

ceinture jaune ceinture verte ceinture noire

55 Rubans adhésifs

Communiquer

On superpose deux morceaux de ruban adhésif l'un sur l'autre.

1. Quelle figure géométrique observe-t-on là où ils se chevauchent ? Expliquer pourquoi.

2. Comment faut-il placer les deux morceaux de ruban adhésif pour former un rectangle ? Expliquer pourquoi.

56 Trompe-l'œil

Modéliser

1. Reproduire en vraie grandeur la figure ci-dessous.

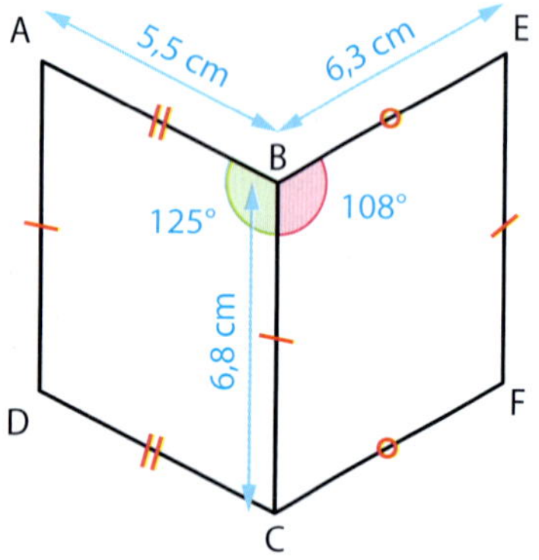

2. Compléter la figure en traçant le parallélogramme ABEG.

3. La construction obtenue ressemble à un dessin en perspective cavalière d'un solide. Lequel ?

57 Parking

Modéliser

Célia a représenté une partie d'un parking vu d'avion. Les segments rouges sont parallèles entre eux, les segments verts sont parallèles entre eux.

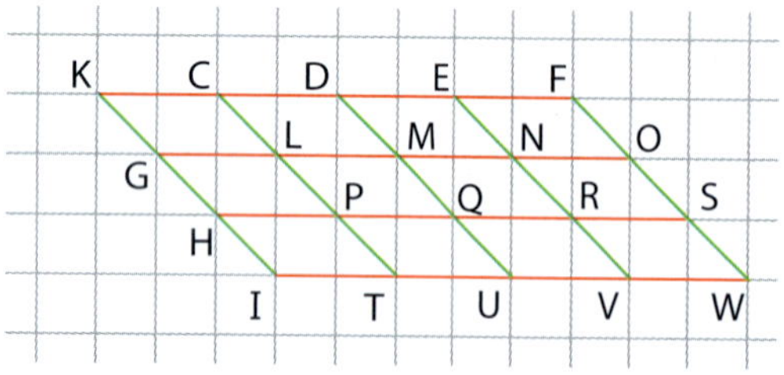

1. Quelle est la nature du quadrilatère MNRQ ? Justifier.

2. Quel est le symétrique du quadrilatère MNRQ par rapport au point R ? Par rapport au point N ?

3. Quel est le symétrique du quadrilatère KCLG par rapport au point M ? Par rapport à la droite (DP) ?

4. Quel est le symétrique du quadrilatère KDQH par rapport au point L ? Que peut-on en déduire pour le point L par rapport au segment [KQ] ?

58 Le bon script

Chercher

Chacun des scripts ci-dessous permet de tracer une des figures suivantes. Associer chaque script à la figure qu'il permet de tracer.

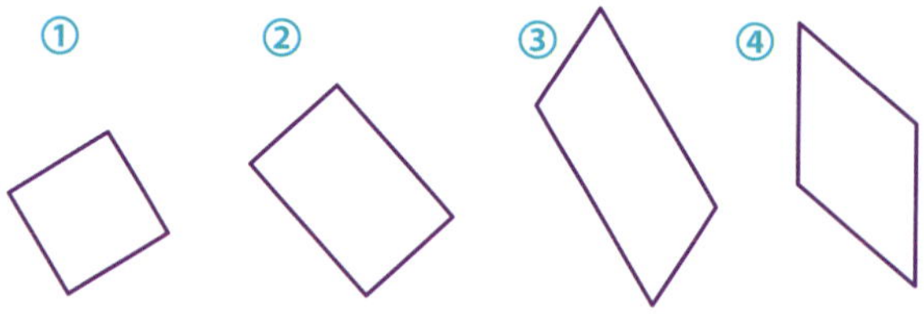

ⓐ

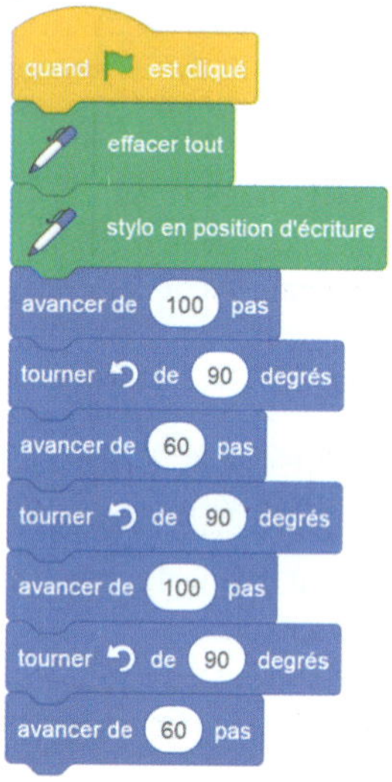

ⓑ

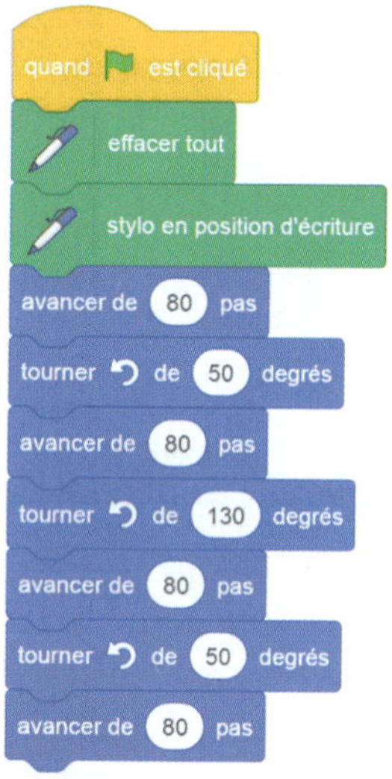

ⓒ

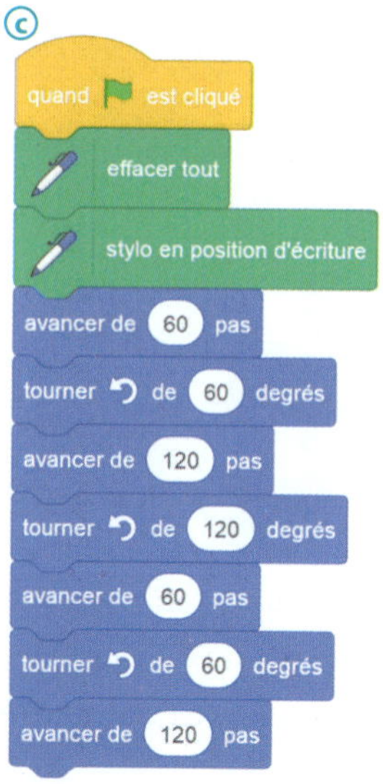

ⓓ

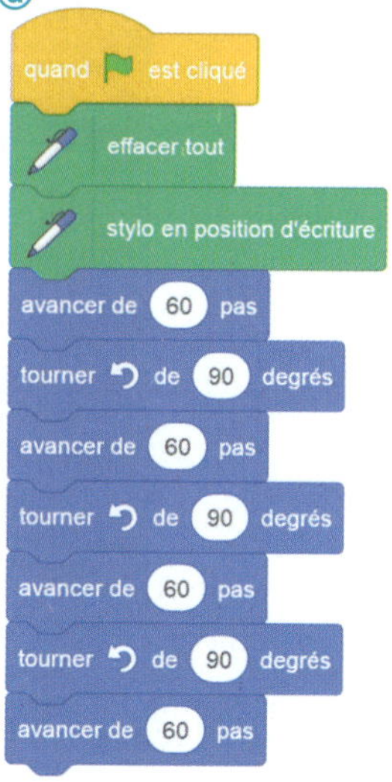

59 À l'envers
Communiquer

Rédiger un programme de construction commençant par « Construire un parallélogramme ABCD… ».

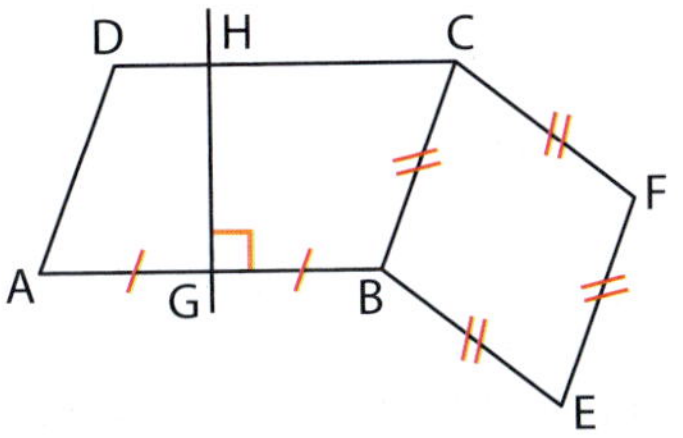

60 Parallelogram
Chercher, Représenter

Calculate the perimeter and the area of this parallelogram.

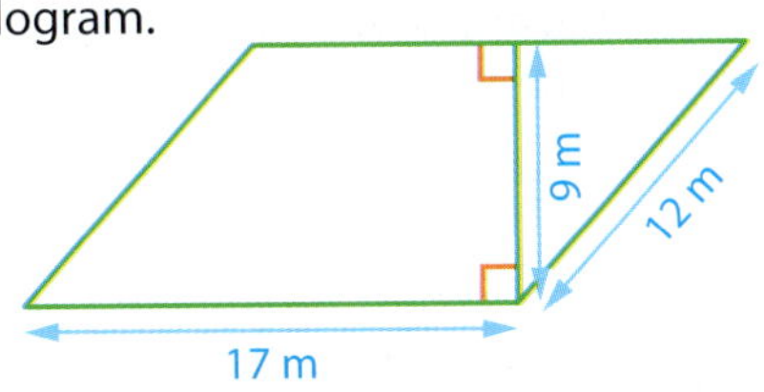

61 Contre-exemple
Raisonner

Montrer à chacun des élèves suivant qu'il se trompe, en donnant un contre-exemple.

62 Tous les angles…
Calculer, Chercher

MNOP est un parallélogramme.

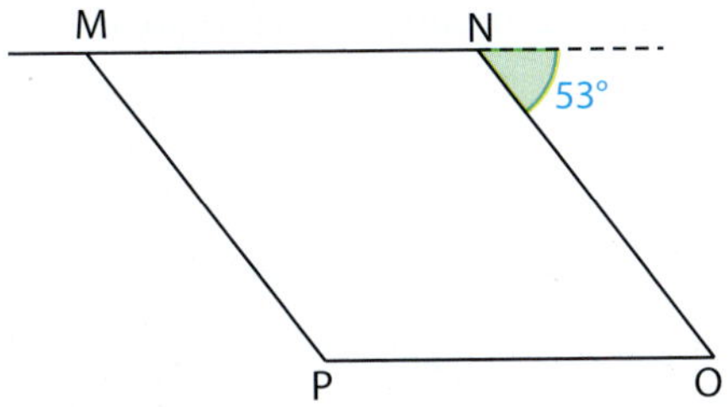

1. Déterminer, en justifiant, la mesure de l'angle $\widehat{MNO}$.
2. Déterminer, en justifiant, la mesure de l'angle $\widehat{NOP}$.
3. En déduire les mesures des angles du parallélogramme MNOP.

63 Une aire
Représenter

1. Reproduire sur un quadrillage la figure ci-dessous.

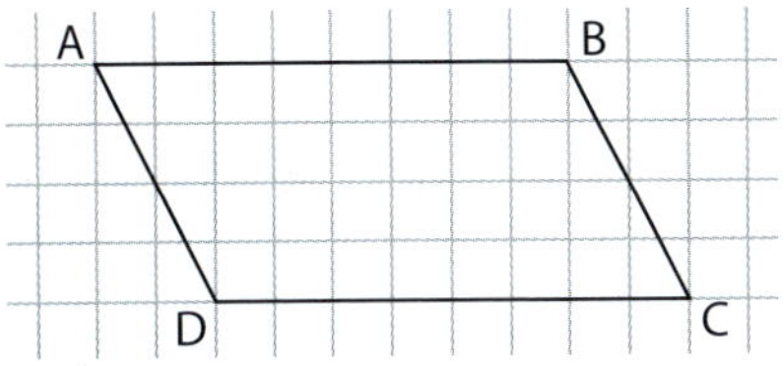

2. Construire le symétrique de ABCD par rapport à la droite (DC).
3. Construire les symétriques de ABCD par rapport au point A, puis par rapport au point B.
4. Si on prend comme unité d'aire un carreau, quelle est l'aire totale de la figure obtenue ? Justifier.

64 La rosace vitrée
Calculer

Pour illuminer son open-space, un des murs d'un cabinet d'architecte est constitué d'une rosace vitrée, représentée par la figure ci-contre. Elle a été réalisée à partir de 6 losanges identiques.

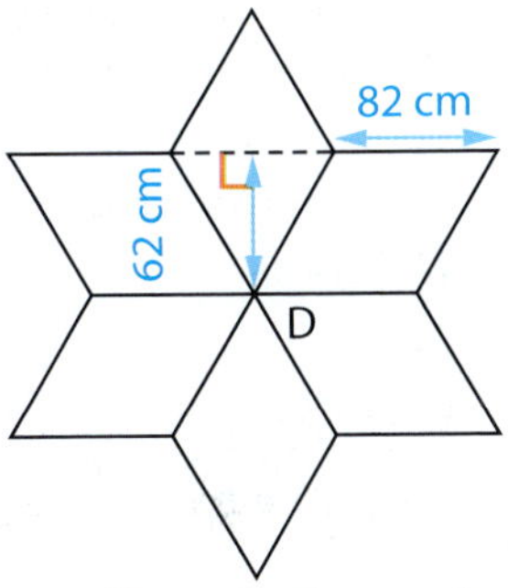

Afin de réaliser des économies d'énergie, l'entreprise décide de faire remplacer les vitres par du double vitrage.

Doc. 1 Vente Flash

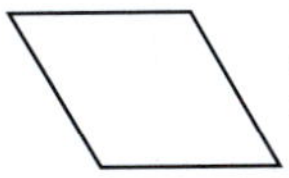

Vitre double vitrage
165 € pièce

Doc. 2

Cout de la main d'œuvre pour un changement de vitre : 34,50 €/m^2.

Doc. 3

Le double vitrage permet de réaliser environ 10 % d'économie sur la facture d'électricité.

1. Quel sera le montant de la facture pour le remplacement de la rosace entière ? On donne une valeur approchée à l'euro près.
2. Le cabinet d'architecte a des factures d'électricité mensuelles d'environ 460 €. Au bout de combien de temps la facture des travaux sera-t-elle amortie ?

65 Éolienne
Représenter, Calculer

Malo a dessiné ci-dessous le schéma de face des pales d'une éolienne qu'il voudrait fabriquer.
Chaque pale est composée d'un parallélogramme, d'un triangle rectangle et d'un demi-disque.
On a BC = 13 m, AE = 15 m et CE = 3,8 m.

1. Construire une représentation à l'échelle $\frac{1}{100}$ de l'une de ces pales.
2. Calculer l'aire d'une des pales.

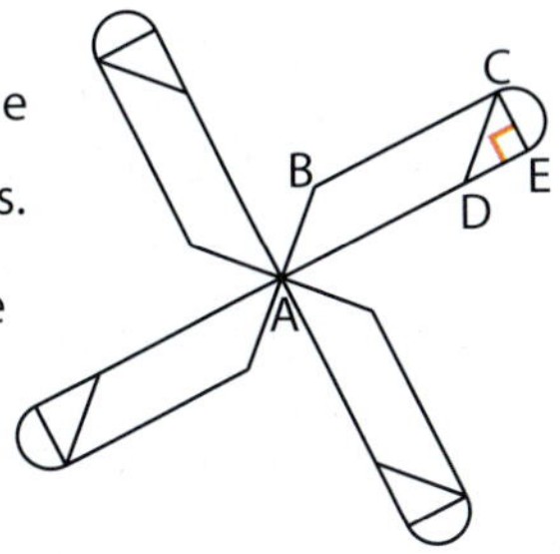

Problèmes

66 Les bonnes valeurs
Modéliser

1. Compléter le script suivant afin de tracer un parallélogramme.

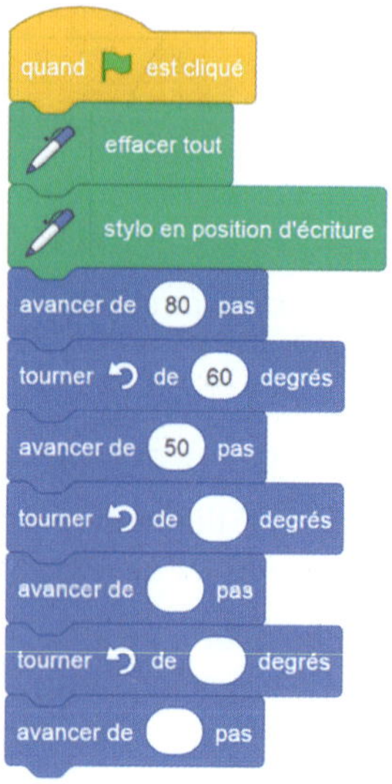

2. Comment peut-on modifier ce script pour tracer :

a. un losange ?

b. un rectangle ?

c. un carré ?

67 Des angles
Calculer, Raisonner

On a construit un parallélogramme ABCD et un triangle BEF tels que les droites (EC) et (AF) se coupent en B.

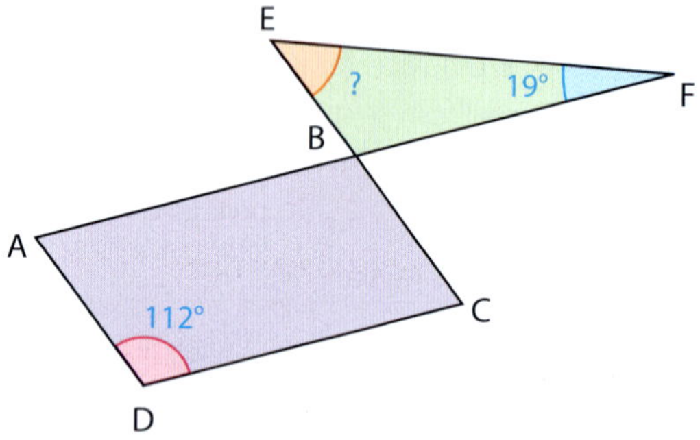

• Déterminer, en justifiant, la mesure de l'angle $\widehat{BEF}$.

68 La façade
Calculer, Chercher

Une entreprise de transport veut faire dessiner son logo sur un des murs de son hangar, en utilisant des crépis de couleurs différentes, comme sur le schéma suivant.

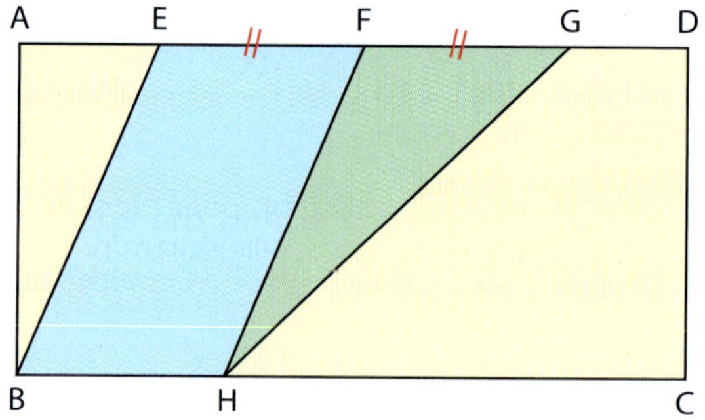

Le mur est rectangulaire de longueur 12 m et de hauteur 6 m. EFHB est un parallélogramme, AE = 2,5 m et EF = 3,7 m.

Un peintre doit estimer le temps pour réaliser le logo, sachant que chaque crépi nécessite un temps de pose différent, comme l'indique le tableau suivant.

Crépi bleu	Crépi vert	Crépi beige
3 min 30 s / m^2	4,2 min / m^2	315 s / m^2

• Calculer le temps nécessaire à la réalisation du logo entier. On arrondira à la minute près.

DÉFIS & ÉNIGMES

69 Un parallélogramme spécial
Tracer un parallélogramme dont une diagonale est perpendiculaire à un côté et de même longueur que ce côté.

70 À la recherche du milieu
Tracer un segment. En utilisant uniquement une équerre et une règle non graduée, construire le milieu de ce segment.

71 Le centre du rectangle
Reproduire la figure ci-dessous et placer les points C et D de telle sorte que ABCD soit un rectangle dont le centre appartient à la droite *d*.

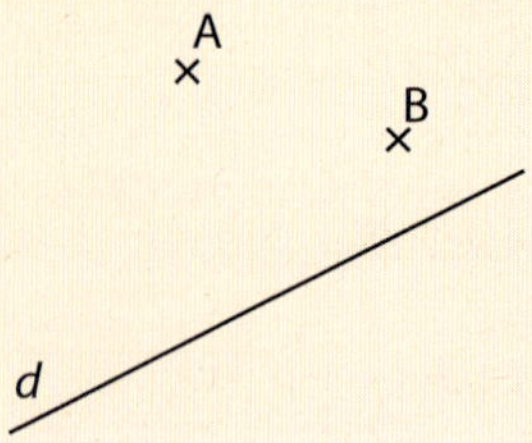

Trace une figure à main levée et analyse-la pour trouver comment placer le centre du rectangle.

72 Raisonner l'un sur l'autre

Raisonner, Communiquer

VRAI et TRAC sont deux parallélogrammes.

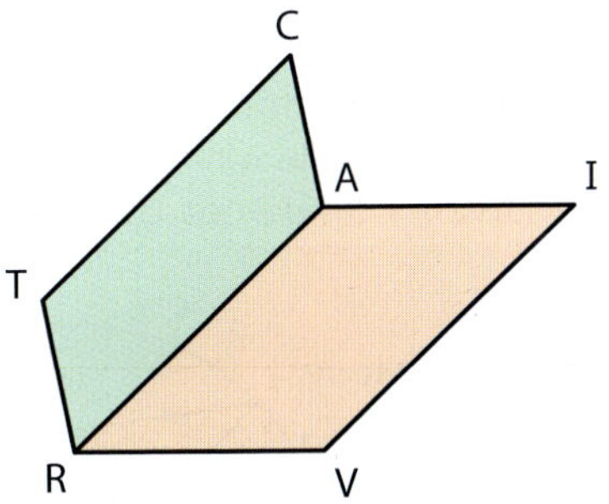

- Rédiger une démonstration pour prouver que le quadrilatère VICT est un parallélogramme.

73 Encore une propriété

Raisonner

Mathilde affirme la phrase suivante : « Dans un triangle, on dirait que la droite passant par les milieux de deux côtés est parallèle au troisième côté. »

1. Effectuer plusieurs essais. La conjecture de Mathilde semble-t-elle vraie ?

2. On va démontrer que cette conjecture est vraie pour n'importe quel triangle.

a. Construire un triangle ABC. Placer le milieu I de [AB] et le milieu J de [AC].

b. Construire le symétrique M de I par rapport à J et le quadrilatère AICM. Quelle est sa nature ? Justifier.

c. Montrer que AI = IB = MC.

d. En déduire la nature de IMCB et prouver que la conjecture de Mathilde est vraie.

MISSION DÉMONSTRATION

Raisonnement Le raisonnement déductif

Pour démontrer un résultat, on peut faire un raisonnement déductif, dont l'élément de base est l'**ilot déductif** (voir ci-contre).
Ces ilots peuvent s'enchainer les uns aux autres ; la démonstration se fait alors en plusieurs étapes.

Un ilot déductif

1. Des données (Des informations certaines obtenues par l'énoncé ou par un ilot déductif précédent) → **2. Une règle** (Propriété, définition, …) → **3. Conclusion** Une nouvelle donnée

74 On a tracé ci-dessous deux cercles de centres R et N et de rayon RN. On a noté O et D leurs deux points d'intersection.

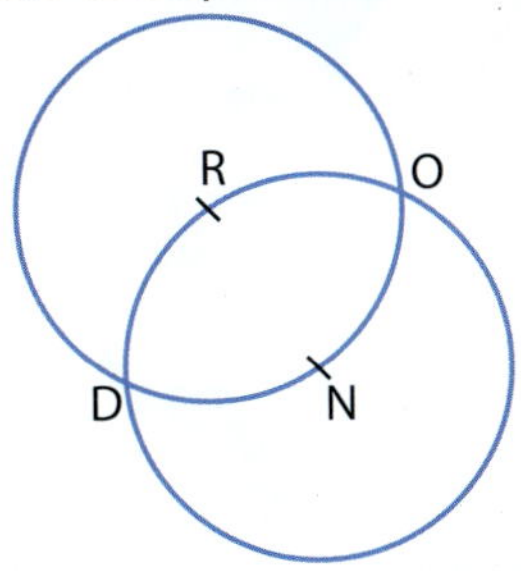

On cherche à démontrer que (RO)//(DN).

On repère :

1. Des données
L'énoncé indique que les points O et D appartiennent tous les deux à des cercles de rayon RN.

2. Une règle
On veut démontrer que (RO)//(DN). Ayant des informations sur les côtés du quadrilatère ROND, on peut donc penser à une propriété qui prouverait que c'est un losange, et donc un parallélogramme.

Luna a rédigé le 1er ilot de cette démonstration.

Les points O et D appartiennent à la fois au cercle de centre R et de rayon RN et au cercle de centre N et de rayon RN.
Par définition, un cercle est l'ensemble de tous les points situés à la même distance de son centre.
On peut donc affirmer que RO = RD = RN et NO = ND = RN et donc que RO = ON = ND = DR.

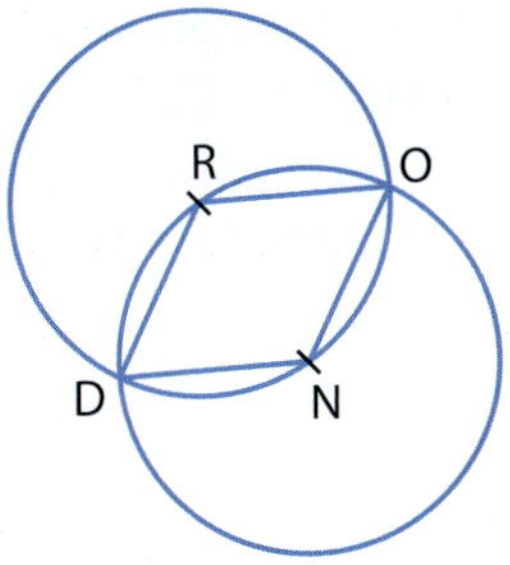

« RO = ON = ND = DR » est à présent une information certaine, qui peut devenir la bulle 1 d'un nouvel ilot déductif.

1. Rédiger le 2e ilot de cette démonstration en s'aidant du schéma ci-dessous.

RO = ON = ND = DR → Si un quadrilatère a ses 4 côtés de même longueur, alors … → Donc ROND est un …

2. Terminer la démonstration en écrivant un troisième ilot déductif, dont la première bulle sera « ROND est un losange ».

Travailler autrement

Utilisable en AP

À chacun son parcours !

75 Résolution de problème

Socle D1 Je sais utiliser des propriétés géométriques pour reconnaitre des objets.

Socle D4 Je sais prélever, organiser et traiter l'information utile.

Socle D4 Je sais analyser, argumenter et mener différents types de raisonnement.

Dans cette figure, ADHE, ABGE et FABI sont des parallélogrammes, et C est le milieu de [AB]. Les points D et E appartiennent au cercle de centre A passant par C. F appartient au cercle de centre A passant par B.

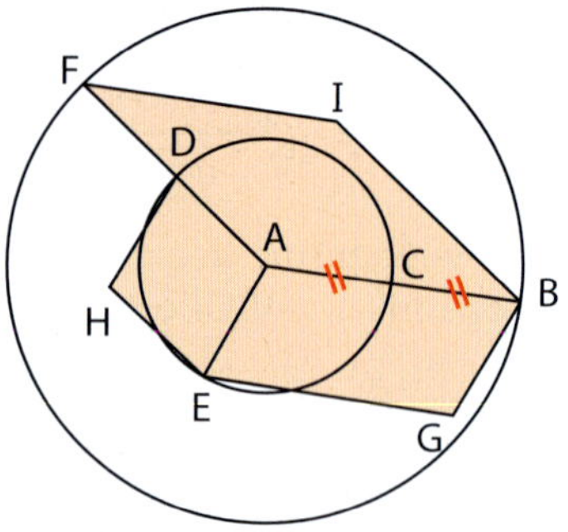

Questions ceinture jaune

On donne AE = 5 cm.

1. Construire la figure avec $\widehat{FAE} = 105°$ et $\widehat{FAB} = 135°$.

2. Qu'ont les parallélogrammes ADHE et FABI de particulier ? Aurait-on pu le prévoir ? Expliquer.

Questions ceinture verte

1. Montrer que ADHE et FABI sont des losanges.

2. SI AE = 6 cm, calculer, en justifiant, le périmètre du polygone HDFIBGE.

Question ceinture noire

Quelle doit être la longueur AE pour que le périmètre du polygone HDFIBGE soit égal à 35 cm ? Justifier.

76 Analyse de document

Socle D1 Je sais utiliser des propriétés géométriques pour reconnaitre des objets.

Socle D4 Je sais prélever, organiser et traiter l'information utile.

Socle D4 Je sais analyser, argumenter et mener différents types de raisonnement.

Avec 27 losanges identiques, on a fabriqué l'hexagone régulier ci-contre.

Un hexagone régulier est un polygone à 6 côtés dont les 6 angles ont même mesure et les 6 côtés ont même longueur.

Le losange RSTU ci-contre est l'un des 27 losanges de l'hexagone.

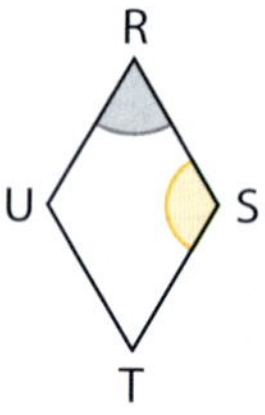

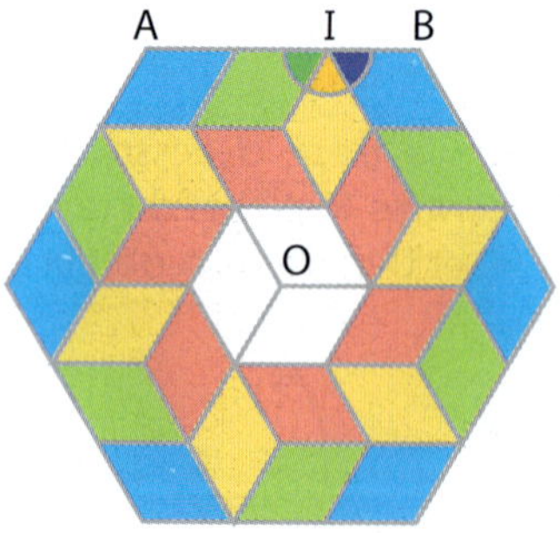

Questions ceinture jaune

1. On souhaite trouver les mesures des quatre angles de chacun des 27 losanges.

a. Dans le losange RSTU, expliquer pourquoi il suffit de connaitre la mesure des angles gris et jaune pour connaitre les mesures des quatre angles.

b. Que peut-on dire de l'angle $\widehat{AIB}$? En déduire la mesure de l'angle gris.

c. Déterminer la mesure de l'angle jaune du losange RSTU en considérant les 3 losanges identiques ayant pour sommet le centre O de l'hexagone.

2. Construire en vraie grandeur cette figure en prenant 3 cm pour chaque côté des losanges.

Questions ceinture verte

1. Déterminer les mesures des quatre angles de chacun des 27 losanges. Justifier.

2. a. Que peut-on dire du triangle URS ? Justifier.

b. En déduire que l'hexagone peut s'inscrire dans un cercle.

On dit qu'un hexagone est inscrit dans un cercle lorsque tous ses sommets appartiennent à ce cercle.

3. Construire en vraie grandeur cette figure en prenant 3 cm pour chaque côté des losanges.

Questions ceinture noire

1. Construire en vraie grandeur cette figure en prenant 3 cm pour chaque côté des losanges.

2. Calculer l'aire de cet hexagone. Justifier.

14 Solides de l’espace

TA MISSION
Connaitre de nouveaux solides.

JEU

La fourmi hésite entre deux parcours pour traverser le cube.

- Quel est le chemin le plus court ?

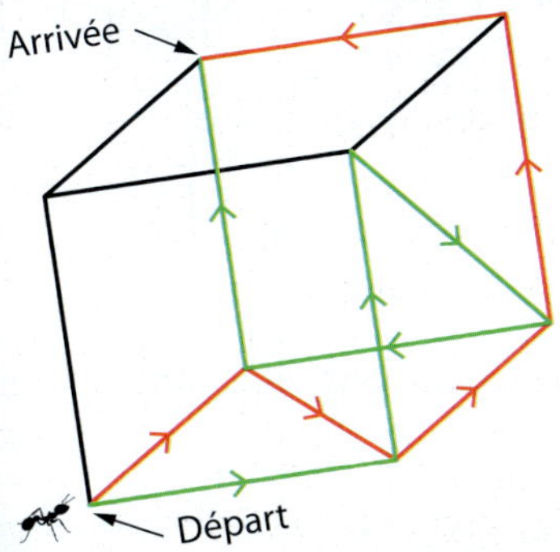

POINT INFO

Pour Platon, philosophe grec (–427 ; –347), le monde s’appuie sur cinq éléments essentiels (le feu, la terre, l’air, l’eau et l’univers). Il associe à chacun d’eux un des cinq polyèdres réguliers inscriptibles dans une sphère. On les appelle les « solides de Platon ».

Voir problème 67 p. 294.

Activités

Prêts pour le décollage ?

QUESTIONS FLASH

Questions flash supplémentaires

① Voici la représentation d'un cube en perspective cavalière.

a. Citer un sommet.
b. Citer une arête.
c. Citer une face.
d. Combien a-t-il de faces ?
e. Quelle est la nature de chaque face ?

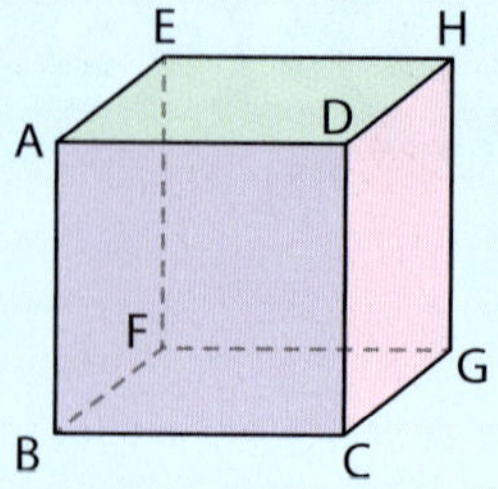

② Parmi les patrons suivants, lesquels forment un cube une fois repliés ?

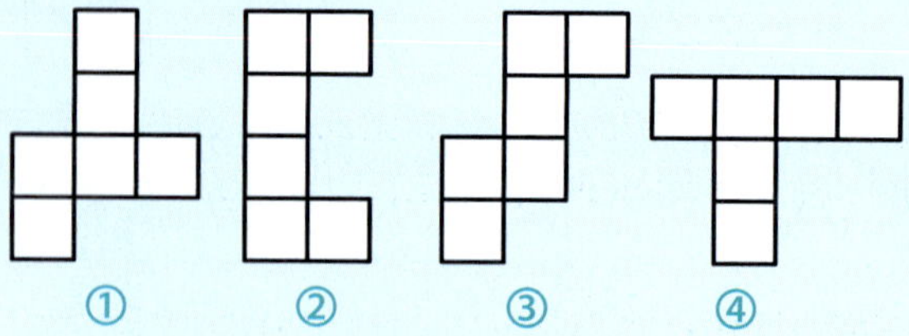

③ Calculer l'aire exacte des figures suivantes.

a. Un rectangle de longueur 5 cm et de largeur 3 cm.
b. Un carré de 4 cm de côté.
c. Un triangle ayant pour côté 5 cm et pour hauteur correspondante 4 cm.
d. Un disque de rayon 2 cm.

④ Compléter.

a. Un kilomètre est … fois plus grand qu'un mètre.
b. Un centimètre est … fois plus petit qu'un mètre.
c. Un décimètre est … fois plus grand qu'un centimètre.
d. Dans un mètre carré, il y a … décimètres carrés.
e. Dans un mètre cube, il y a … décimètres cubes.

⑤ Compléter.

a. 2 km = … m
b. 150 dm^2 = … m^2
c. 1 L = … dm^3
d. 4,2 dam^3 = … m^3
e. 75 mL = … cm^3
f. 1 225 cm^3 = … L
g. 1 ha = … m^2
h. 52 000 cm^3 = … dm^3
i. 1,2 L = … cL
j. 65 cL = … cm^2

Activité 1 Jeu de briques

Sur un logiciel de dessin, Agathe a représenté un château fort qu'elle souhaite réaliser à l'aide de pièces en bois.

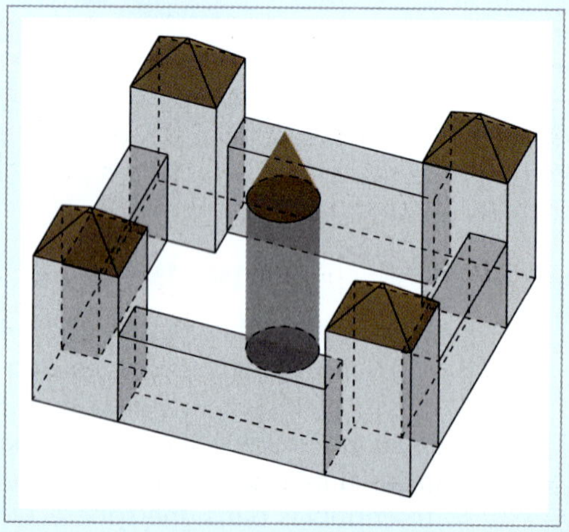

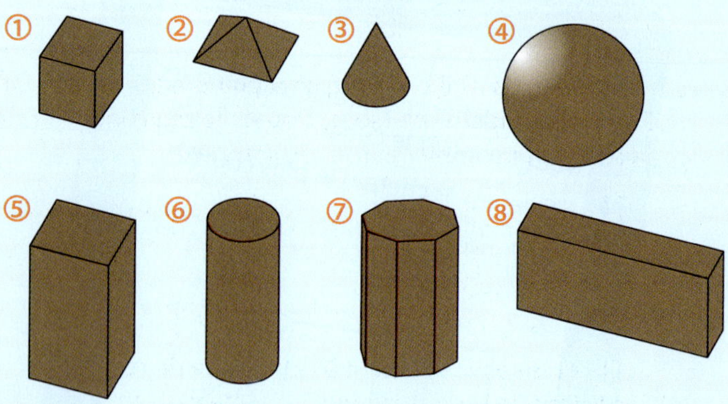

1. Écrire la liste des pièces utilisées en précisant le nom de chaque solide et le nombre de fois qu'il a été utilisé.
2. Donner le nom des pièces qui n'ont pas été utilisées.
3. Pourquoi certaines arêtes sont-elles représentées en pointillés ?
4. Quel type de représentation respecte les règles énoncées dans la question 3. ?

Activité 2 Bonne fête maman

Pour la fête des mères, Louise et ses cousines souhaitent construire une boite selon un modèle trouvé sur Internet.
Voilà les informations dont elles disposent.

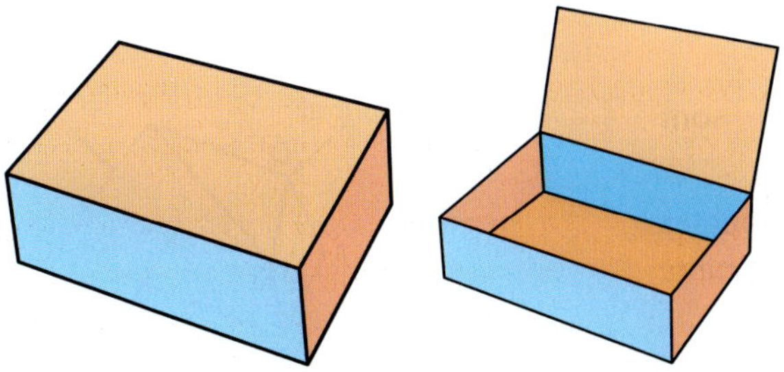

Dimensions : 8 cm × 6 cm × 3 cm

1. Quel est le nom de ce solide ? Donner le nombre et la nature des faces, le nombre de sommets et le nombre d'arêtes.

2. a. Louise et ses cousines ont voulu représenter cette boite en perspective cavalière. Commenter chaque représentation.

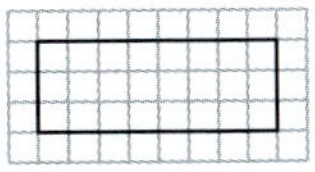

Adèle

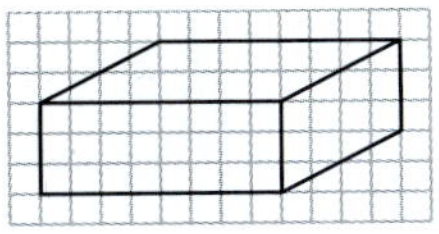

Louise

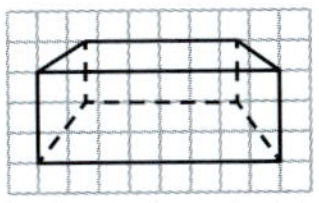

Nina

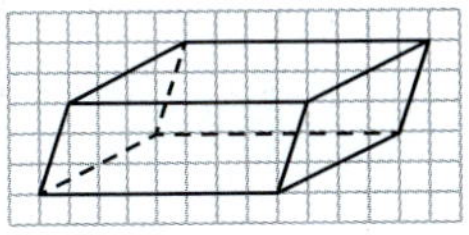

Lily

b. Proposer une représentation de cette boite en perspective cavalière.

3. Construire cette boite en vraie grandeur.

4. Finalement, Louise hésite avec un autre type de boite ayant la forme d'un prisme droit de hauteur 12 cm et dont la base est un hexagone d'aire 12 cm^2. Le volume $\mathcal{V}$ d'un parallélépipède rectangle et d'un prisme droit est donné par la formule suivante :

Un hexagone est un polygone à 6 côtés.

$$\mathcal{V} = \text{Aire de la base} \times \text{hauteur}$$

a. Comment peut-on écrire cette formule dans le cas particulier du pavé droit ?
b. Comparer le volume de ces deux boites.

Activité 3 Boite de conserve

1. On a représenté ci-contre un rectangle qui peut tourner autour d'un axe représenté en noir. Parmi les solides ci-dessous, trouver le plus petit d'entre eux à l'intérieur duquel le rectangle peut faire un tour complet autour de son axe.

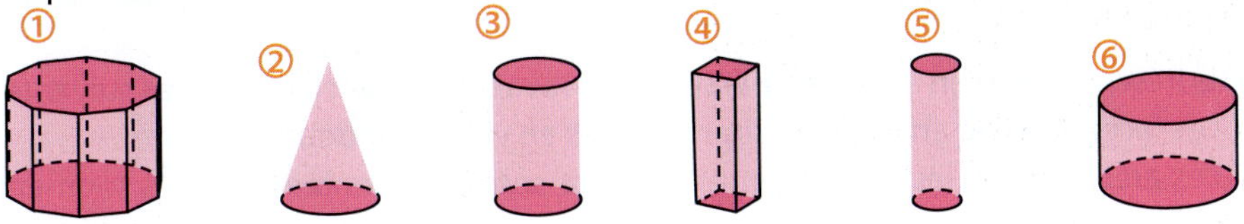

2. On s'intéresse à présent à cette boite de conserve.
Si on déroule l'étiquette, quelle forme va-t-on obtenir ? Quelles sont ses dimensions ?

3. Réaliser un patron de cette boite de conserve.

4. Le volume $\mathcal{V}$ d'un cylindre de révolution est donné par la formule suivante :

$$\mathcal{V} = \text{Aire de la base} \times \text{hauteur}$$

a. De quels autres solides connus peut-on calculer le volume avec cette formule ?
b. Comment peut-on écrire cette formule dans le cas particulier du cylindre ?
c. Pour sa recette de flan, Martin a besoin de 40 cL de lait de coco. De combien de boites comme celle-ci a-t-il besoin pour sa recette ?

Cours

1 Reconnaitre des solides

Définition

Un **polyèdre** est un solide dont les faces sont des polygones.

Les côtés de ces polygones sont appelés arêtes, leurs extrémités sont des points appelés sommets.

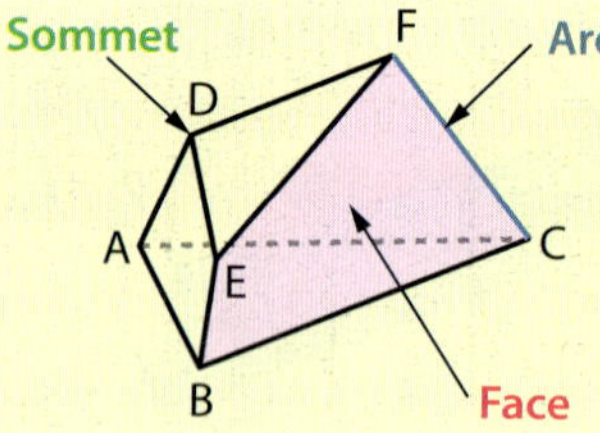

▸ Exemples

Un cube

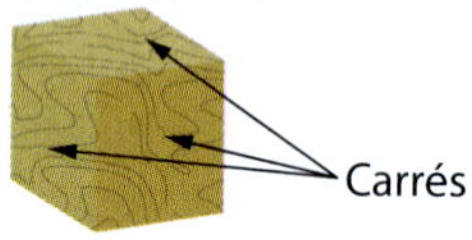

Un pavé droit

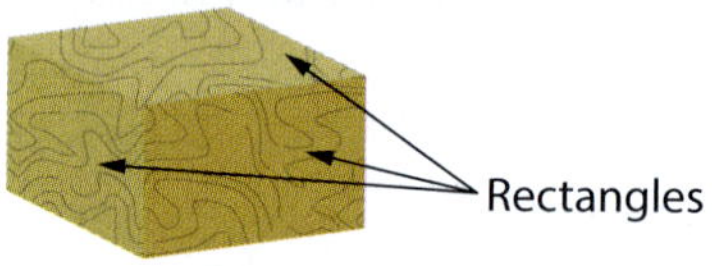

Une pyramide

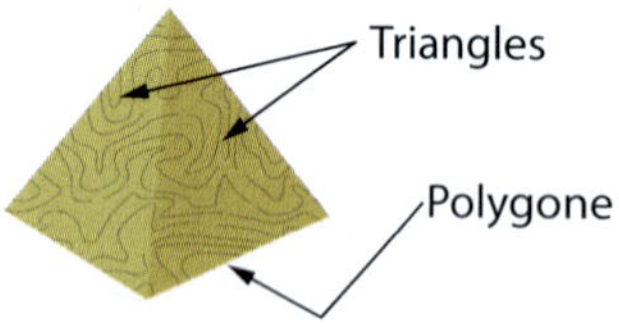

Un prisme droit

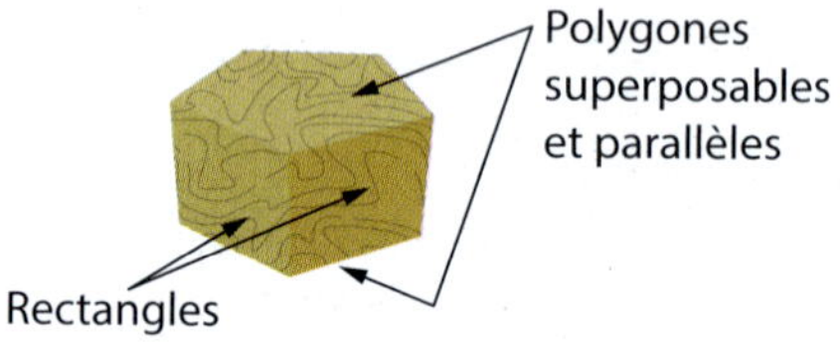

Remarques

• Certains solides ne sont pas des polyèdres.

Cône

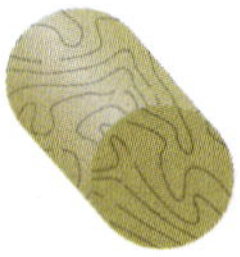

Cylindre

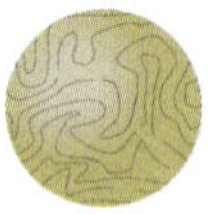

Boule

• Une pyramide est dite régulière si sa base est un polygone régulier (par exemple, un triangle équilatéral ou un carré) et si sa hauteur passe par le centre de ce polygone. Ses faces latérales sont des triangles isocèles superposables.

• Une pyramide à 4 faces est appelée un tétraèdre. Sa base est un triangle.

Méthode

La représentation d'un solide en **perspective cavalière** respecte les règles suivantes.

① Les faces avant et arrière sont représentées en vraie grandeur.

② Les arêtes parallèles et de même longueur sont représentées par des segments parallèles et de même longueur.

③ Les arêtes cachées sont représentées en pointillés.

④ Les arêtes obliques sont représentées par des segments moins longs qu'en réalité.

▸ Exemple

On a représenté ci-contre un pavé droit en perspective cavalière.

- Les faces ABCD et EFGH sont des rectangles.
- Les segments [AE] et [BF] sont parallèles.
- Les longueurs DH et CG sont égales.
- L'arête [HE] est cachée.

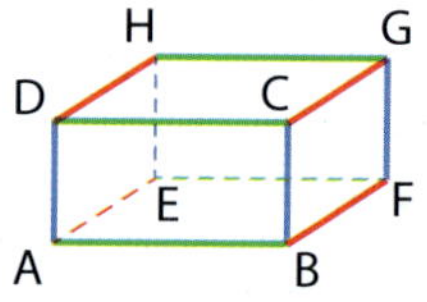

Savoir-faire

Apprends à l'aide des exercices résolus puis entraine-toi !

1 Reconnaitre des solides

1 Nommer ces quatre solides et préciser à chaque fois s'il s'agit d'un polyèdre. Si oui, donner le nombre de faces, de sommets et d'arêtes.

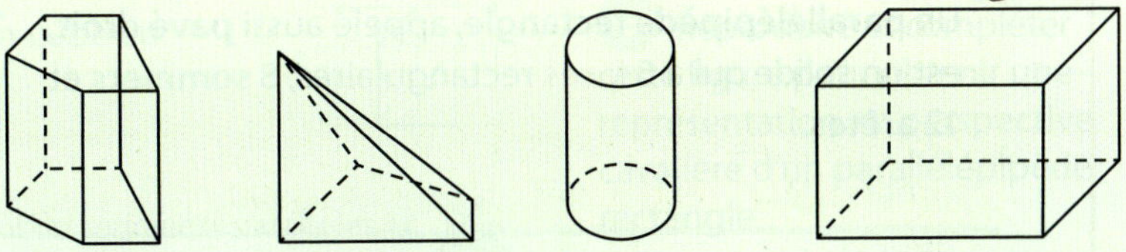

Solide 1 Solide 2 Solide 3 Solide 4

Solution

Solide 1. Ce solide est un prisme droit qui est un polyèdre. Il a 7 faces (deux pentagones et 5 rectangles), 10 sommets et 15 arêtes.
Solide 2. Ce solide est une pyramide qui est un polyèdre. Elle a 5 faces (un quadrilatère et 4 triangles), 5 sommets et 8 arêtes.
Solide 3. Ce solide est un cylindre qui n'est pas un polyèdre.
Solide 4. Ce solide est un parallélépipède rectangle qui est un polyèdre. Il a 6 faces (qui sont des rectangles), 8 sommets et 12 arêtes.

À toi de jouer

2 Nommer ces quatre solides et préciser s'il s'agit d'un polyèdre. Si oui, donner le nombre de faces, de sommets et d'arêtes.

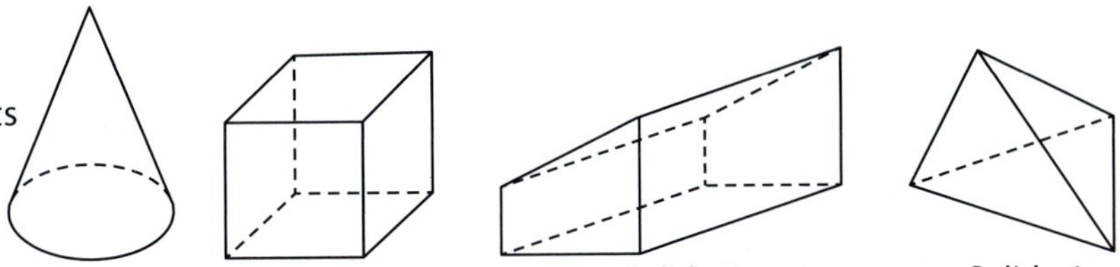

Solide 1 Solide 2 Solide 3 Solide 4

➜ Corrigé p. 312

3 Pour chaque représentation en perspective cavalière, expliquer pourquoi la construction n'est pas correcte.

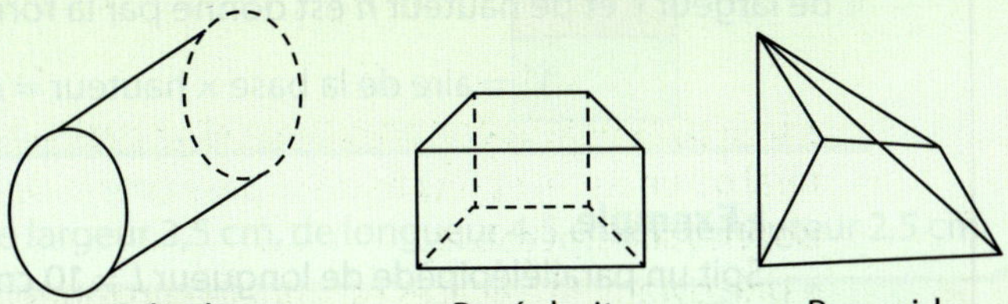

Cylindre Pavé droit Pyramide

Solution

Cylindre. Seule la partie cachée de la face du fond doit être en pointillée.
Pavé droit. Les arêtes parallèles dans la réalité ne le sont pas sur la figure.
Pyramide. Les arêtes cachées ne sont pas en pointillés.

À toi de jouer

4 Dans chaque cas, dire si la représentation des solides ci-contre en perspective cavalière est correcte. Si elle ne l'est pas, expliquer pourquoi.

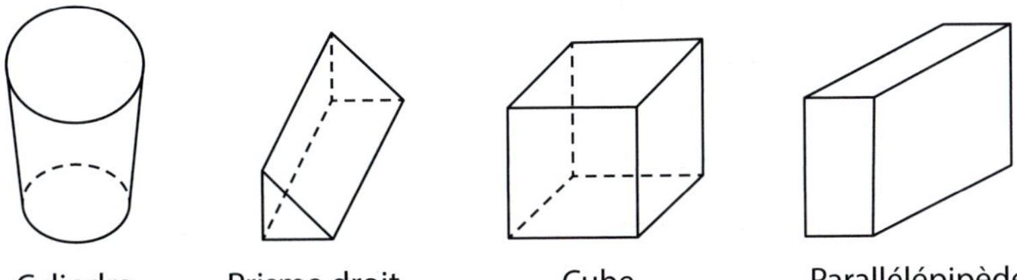

Cylindre Prisme droit Cube Parallélépipède rectangle

➜ Corrigé p. 312

Cours

3 Connaitre et représenter un cylindre de révolution

Définition

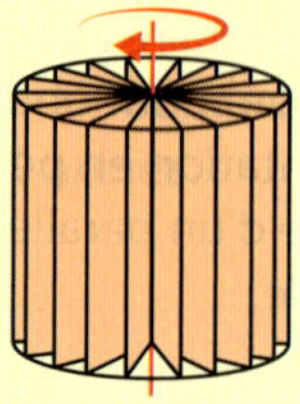

Un **cylindre de révolution** est un solide obtenu en faisant tourner un rectangle autour de l'un de ses côtés.

Propriété **Définitions**

- Les bases d'un cylindre sont deux **disques** de même rayon.
- La hauteur d'un cylindre est la longueur du segment qui a pour extrémités les centres des bases.

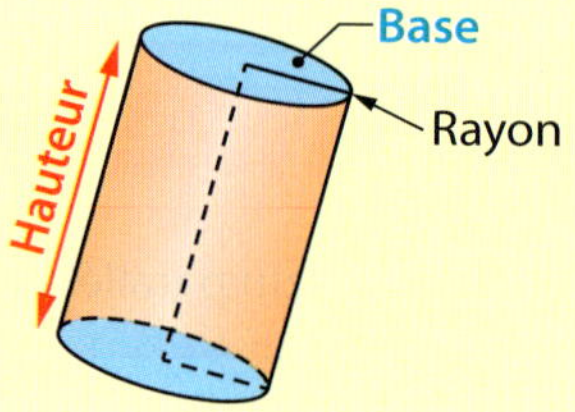

▸ Exemple

On a représenté ci-dessous un cylindre de révolution et son patron. Les faces de même couleur sont superposables.

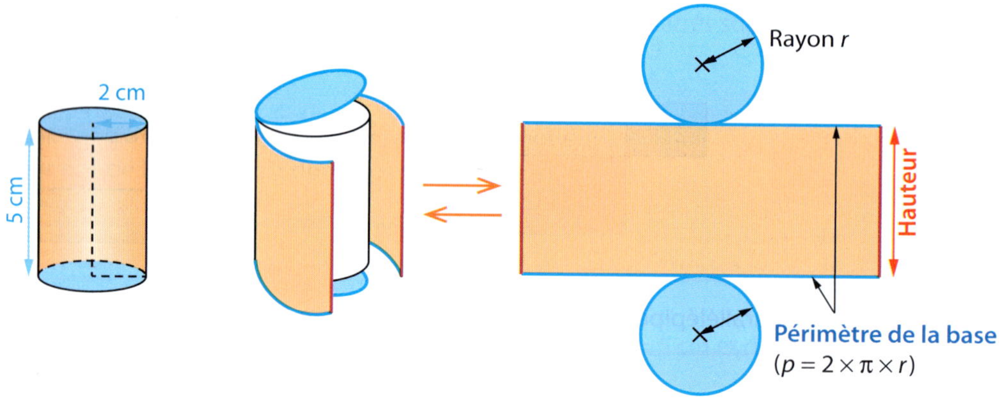

Propriété

Le **volume $\mathcal{V}$ d'un cylindre de révolution** de rayon r et de hauteur h est donné par la formule :

$$\mathcal{V} = \text{aire de la base} \times \text{hauteur} = \pi \times r \times r \times h$$

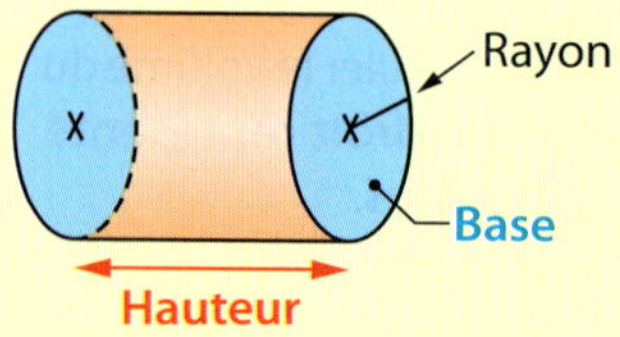

▸ Exemple

Soit un cylindre de rayon 3 cm et de hauteur 5 cm.

Son volume est donné par : $\mathcal{V} = \pi \times 3\text{ cm} \times 3\text{ cm} \times 5\text{ cm}$

$= 45 \times \pi\text{ cm}^3$

$\approx 141\text{ cm}^3$

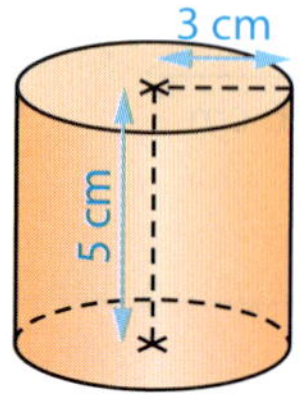

Savoir-faire

Apprends à l'aide des exercices résolus puis entraine-toi !

3 Connaitre et représenter un cylindre de révolution

12 Construire un patron du cylindre de révolution ci-dessous.

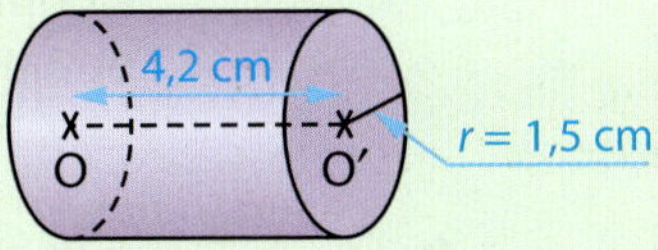

Solution

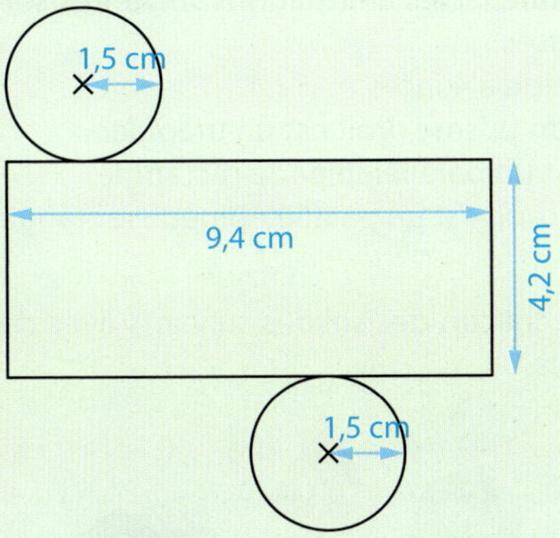

Il faut calculer le périmètre du cercle :

$\mathcal{P} = 2 \times \pi \times 1,5 \text{ cm} = 3 \text{ cm} \times \pi \approx 9,4 \text{ cm}$

- **Étape 1**
  On trace d'abord le premier cercle de rayon 1,5 cm.
  Son périmètre est la longueur du rectangle qui constitue la face latérale.
- **Étape 2**
  On trace le rectangle de longueur 9,4 cm et de largeur 4,2 cm.
- **Étape 3**
  On trace la deuxième base identique à la première et accolée au deuxième côté dont la longueur est égale au périmètre du cercle.

À toi de jouer

13 Tracer un patron d'un cylindre de rayon 2,8 cm et de hauteur 4,7 cm.

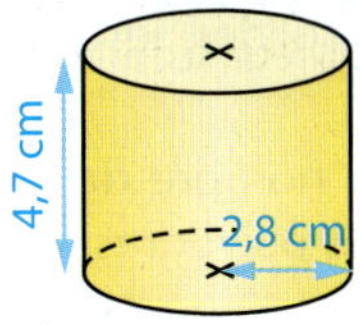

→ Corrigé p. 312

14 Calculer le volume d'un cylindre de révolution de hauteur 6 dm et de rayon 2,4 dm. Donner le résultat en dm^3 arrondi au dm^3 près puis en L.

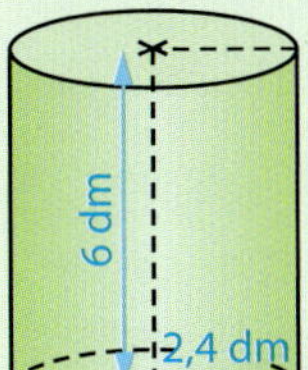

Toutes les longueurs sont en dm, le volume sera exprimé en décimètre cube (dm^3).

Solution

$\mathcal{V}$ = Aire de la base × hauteur
$= \pi \times r \times r \times h$
$= \pi \times 2,4 \text{ dm} \times 2,4 \text{ dm} \times 6 \text{ dm}$
$= 34,56 \times \pi \text{ dm}^3 \rightarrow$ valeur exacte
$\approx 109 \text{ dm}^3 \rightarrow$ valeur approchée
$\approx 109 \text{ L}$

On peut convertir les unités de volumes en unités de capacité : $1 \text{ dm}^3 = 1 \text{ L}$ et $1 \text{ cm}^3 = 1 \text{ mL}$.

À toi de jouer

15 Calculer le volume d'un cylindre de révolution de rayon 7,9 cm et de hauteur 11,5 cm, arrondi au cm^3 près.

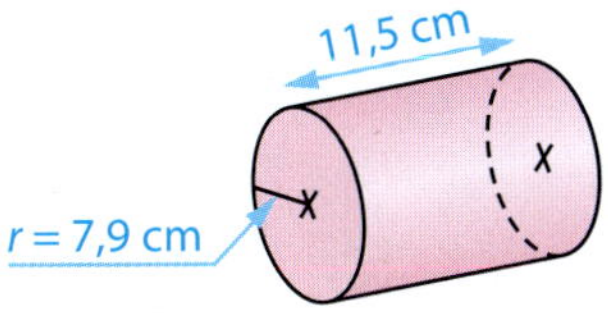

16 Calculer le volume d'un cylindre de révolution de diamètre 156 mm et de hauteur 3,5 dm, arrondi au cm^3 près.

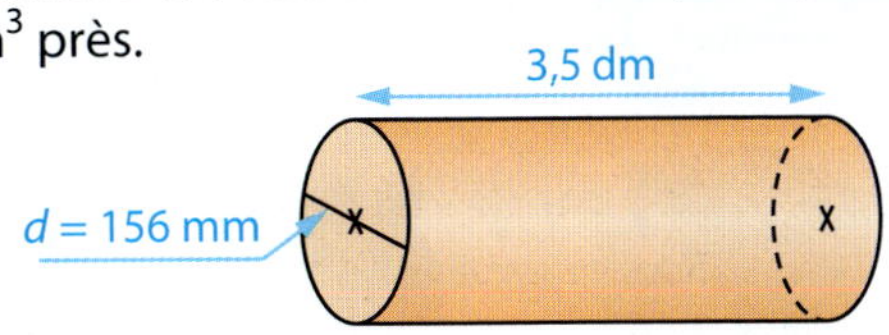

→ Corrigé p. 312

Exercices

Ressources téléchargeables

Reconnaitre des solides

→ Savoir-faire p. 283

QUESTIONS FLASH

17 1. Nommer chacun des solides ci-dessous.

a. ① ② ③ ④

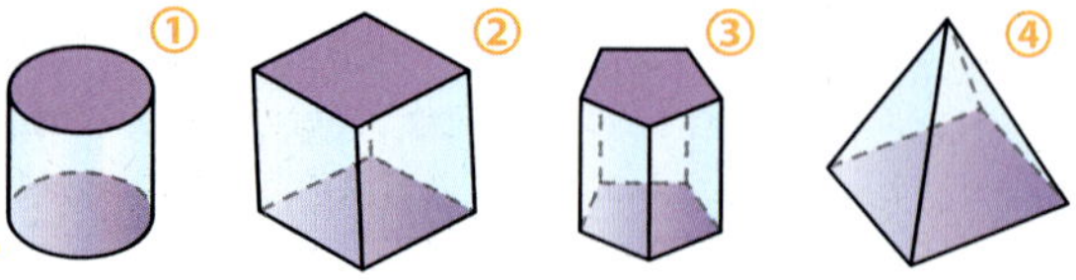

b. ① ② ③ ④

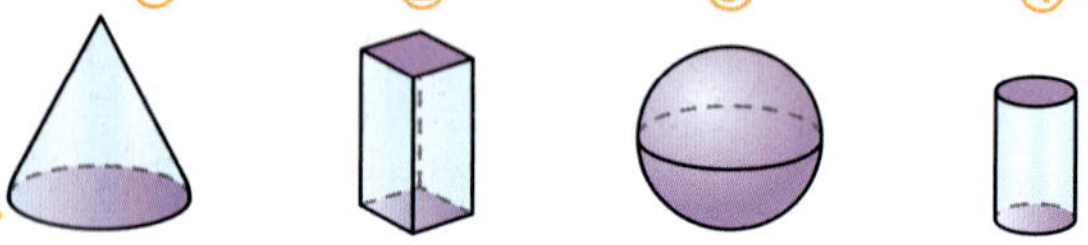

c. ① ② ③ ④

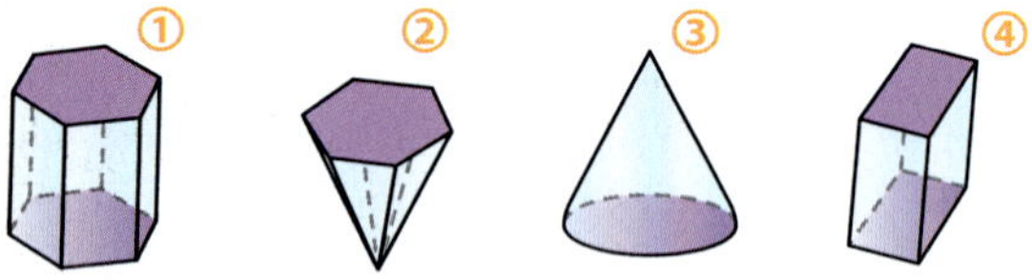

2. Parmi ces solides, lesquels sont des polyèdres ? Justifier.

3. Donner le nombre de faces et de sommets de chacun de ces polyèdres.

18 Compléter les phrases suivantes par le mot qui convient.

a. Un cube a six … .
b. Les faces latérales d'une pyramide sont des … .
c. Les bases d'un cylindre sont … .
d. Les faces latérales d'un prisme droit sont des … .
e. La base d'un cône de révolution est un … .

19 Par quel solide peut-on modéliser les objets suivants ?

ⓐ

ⓑ

ⓒ

ⓓ

ⓔ

ⓕ

ⓖ

ⓗ

ⓘ

20 Dans un parallélépipède rectangle, on creuse un trou en forme de prisme à base triangulaire comme ci-contre.

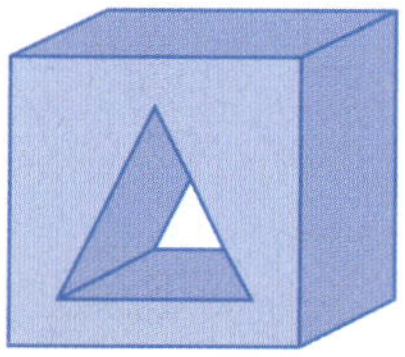

• Combien de faces a le solide obtenu ?

Questions flash supplémentaires

21 **Vrai ou faux ?**
Dire sans justifier si les affirmations suivantes sont vraies ou fausses.

a. Une pyramide a 4 faces.
b. La base d'un prisme droit est un triangle.
c. Un cube est un parallélépipède rectangle.
d. Un prisme droit est un parallélépipède rectangle.

22 Décomposer chacun des solides suivants avec des solides connus.

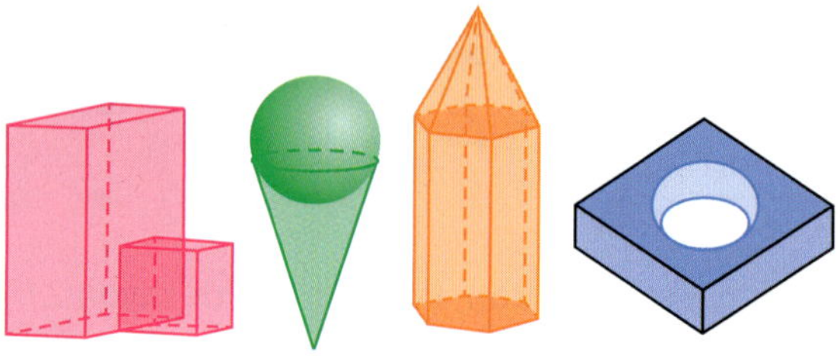

23 Décrire les haltères ci-dessous à l'aide d'une décomposition en solides connus.

ⓐ

ⓑ

ⓒ

MODE EXPERT

24 Décrire les objets ci-dessous à l'aide d'une décomposition en solides connus.

ⓐ

ⓑ

ⓒ

ⓓ

ⓔ

ⓕ

ⓖ

ⓗ

Connaitre et représenter un parallélépipède rectangle

➜ Savoir-faire p. 285

QUESTIONS FLASH

25 Voici la représentation d'un cube en perspective cavalière.

1. Citer un sommet.
2. Citer une arête.
3. Citer une face.
4. Quelle est la nature de chaque face ?
5. Combien de faces a ce cube ?

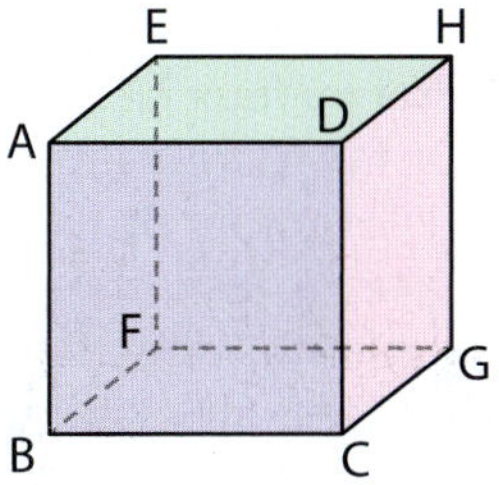

26 Parmi les patrons suivants, lequel est bien celui d'un parallélépipède rectangle ?

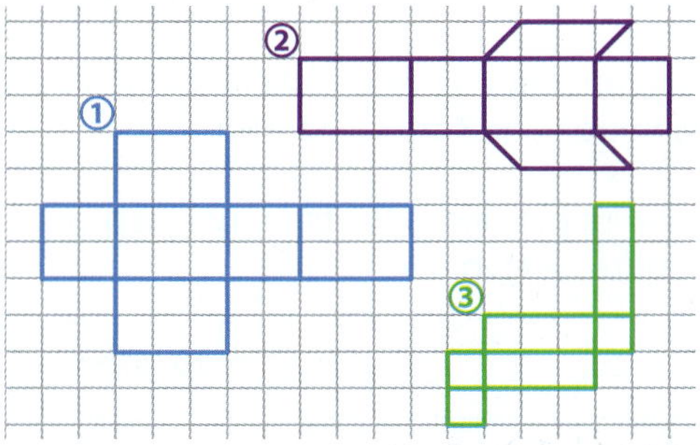

27 Compléter les égalités suivantes.

12 cm = … dm
$3{,}2\ \text{dm}^3 = \dots\ \text{cm}^3$
$56\,000\ \text{mm}^3 = 56 \dots$
$2{,}8\ \text{m}^3 = \dots\ \text{dm}^3 = \dots\ \text{L}$
25 cl = … mL
$200\ \text{mL} = \dots\ \text{cm}^3$

28 Calculer le volume des prismes droits suivants.

ⓐ

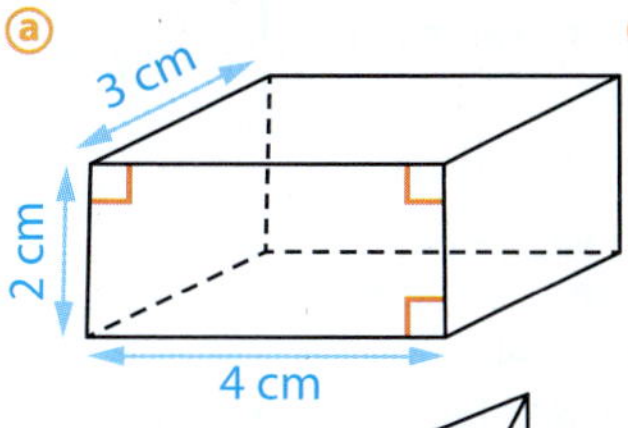

ⓑ

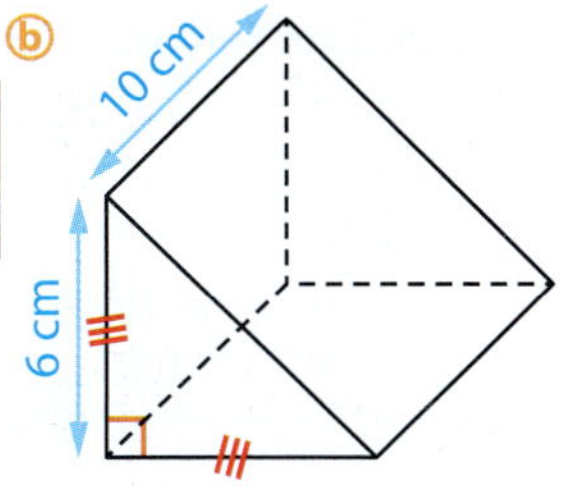

ⓒ

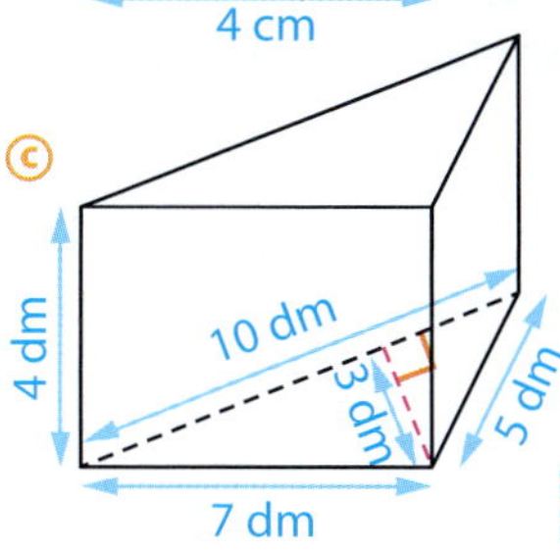

ⓓ

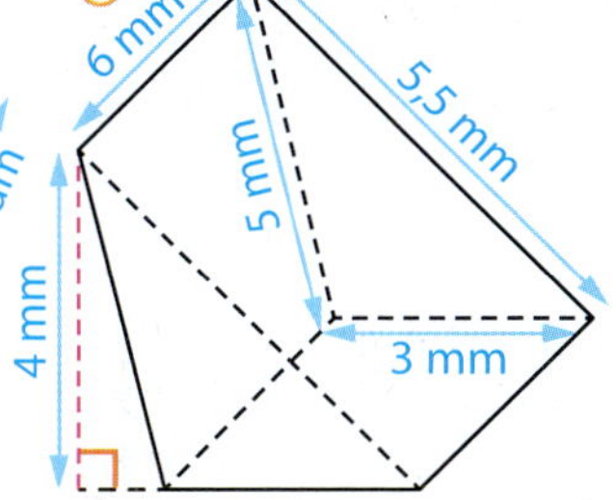

ⓔ

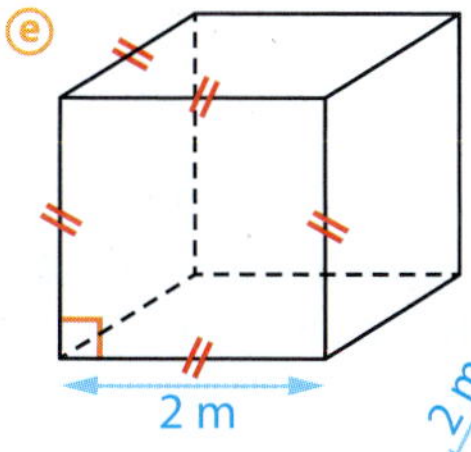

ⓕ

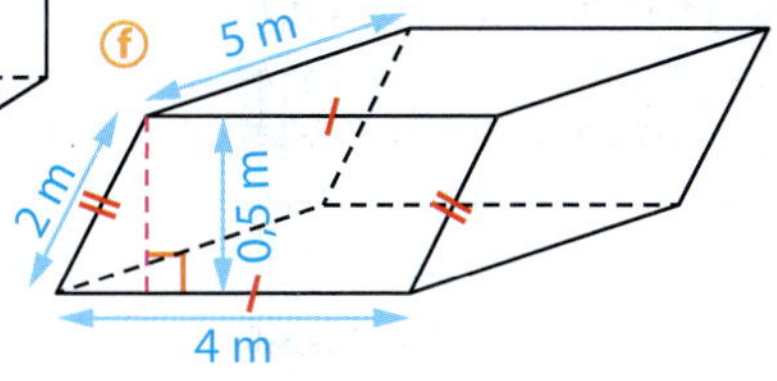

29 **Vrai ou faux ?**

On a représenté ci-contre un parallélépipède rectangle en perspective cavalière.

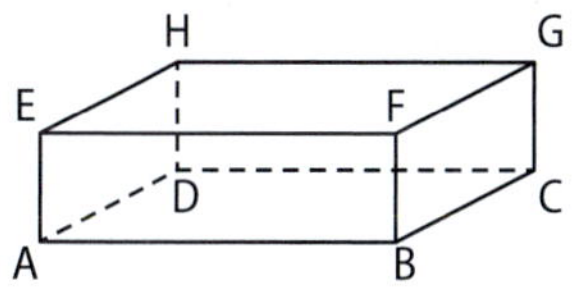

Dire si les affirmations suivantes sont vraies ou fausses. Justifier.

a. AEHD n'est pas un rectangle.
b. [AD] et [BC] sont parallèles.
c. L'arête [GC] n'est pas visible.
d. AEFB est un rectangle.
e. FBC est un triangle rectangle.

Questions flash supplémentaires

30 Reproduire et compléter les représentations en perspective cavalière de parallélépipèdes rectangles suivantes.

ⓐ

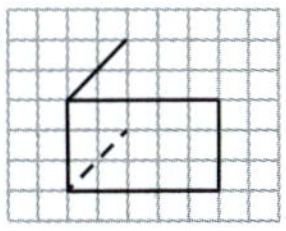

ⓑ

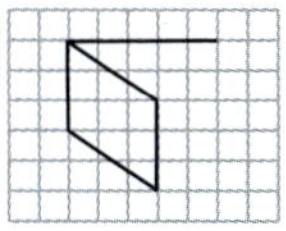

ⓒ

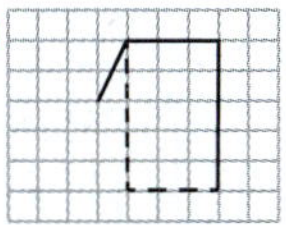

ⓓ

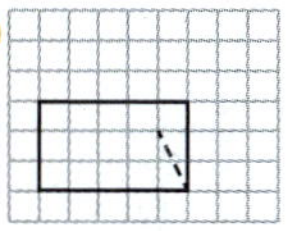

31 Représenter en perspective cavalière un parallélépipède rectangle de longueur 7 cm, de largeur 5,4 cm et de hauteur 4,8 cm. On choisira de représenter en face avant la face ayant pour dimensions 7 cm et 5,4 cm.

32 On a représenté ci-contre un parallélépipède rectangle en perspective cavalière.

- Construire un patron de ce solide.

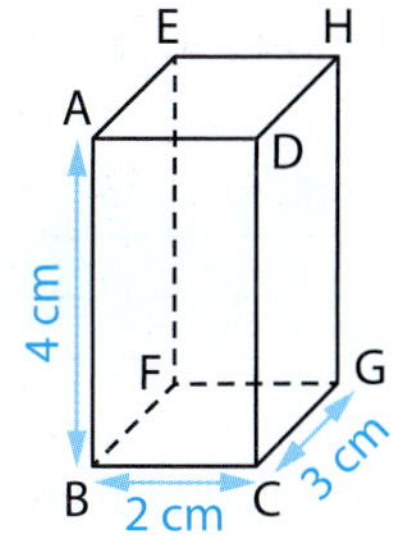

33 Construire un patron d'un parallélépipède rectangle dont la face du dessus est un carré de côté 3 cm et la face avant a pour hauteur 5 cm.

34 Calculer l'aire totale des faces d'un parallélépipède rectangle de longueur 7,2 cm, de largeur 5,1 cm et de hauteur 6 cm.

35 CALCUL MENTAL Calculer le volume d'un cube de côté 3 m.

36 CALCUL MENTAL Calculer le volume d'un parallélépipède rectangle ayant pour dimensions 0,8 cm, 40 mm et 25 mm.

37 Calculer le volume d'un prisme droit de hauteur 8 cm et qui a une base octogonale dont l'aire est égale à $45\ \text{cm}^2$.

Exercices

38 On a représenté un parallélépipède rectangle en perspective cavalière.

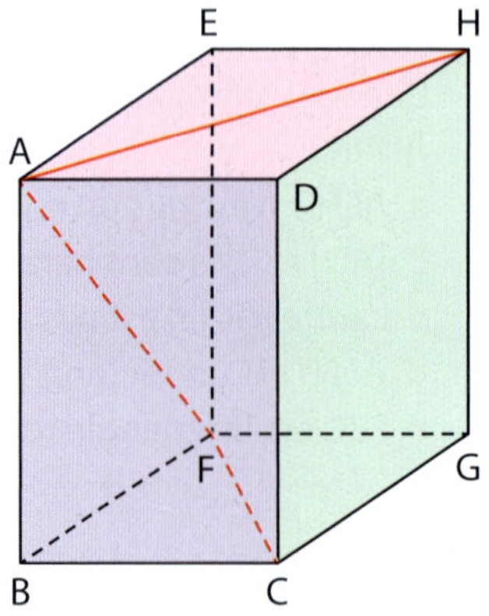

1. Citer une arête perpendiculaire à l'arête [AB].

2. Citer une arête parallèle à l'arête [DC].

3. Citer un rectangle ayant pour côté l'arête [EH].

4. Citer deux triangles rectangles ayant pour côté l'arête [BC].

39 Calculer la quantité d'eau en litres, arrondie au mL près, contenue dans chacun de ces pavés droits.

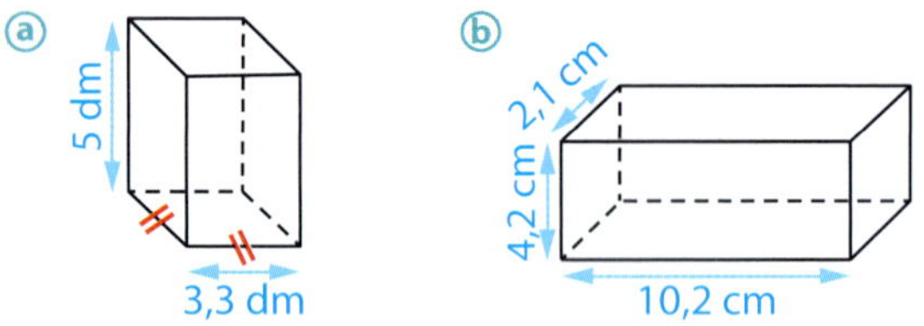

MODE EXPERT

40 Compléter ces représentations en perspective cavalière des parallélépipède rectangles.

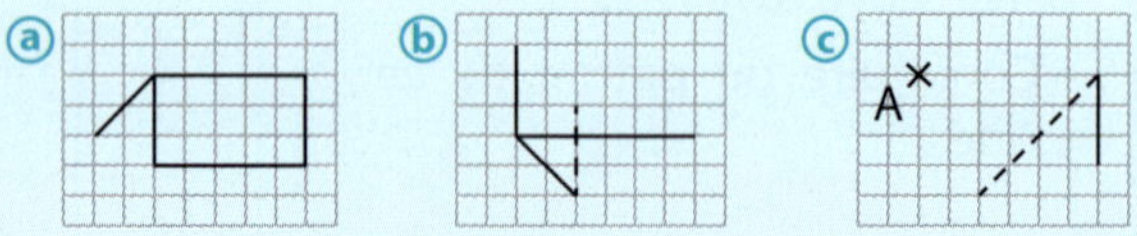

41 Calculer le volume de ce prisme dont la base est un trapèze rectangle en C.

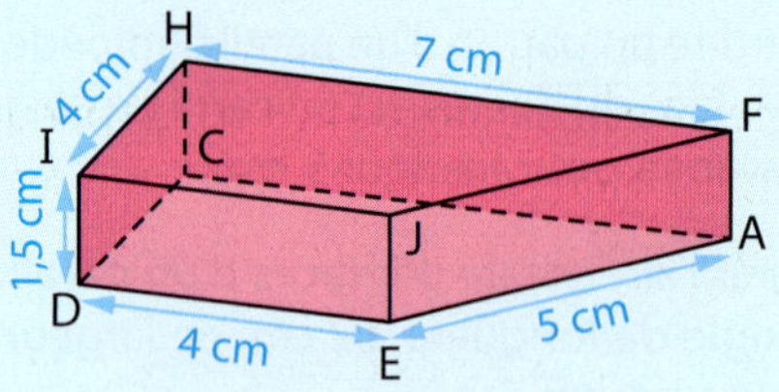

42 Calculer le volume du solide percé ci-dessous.

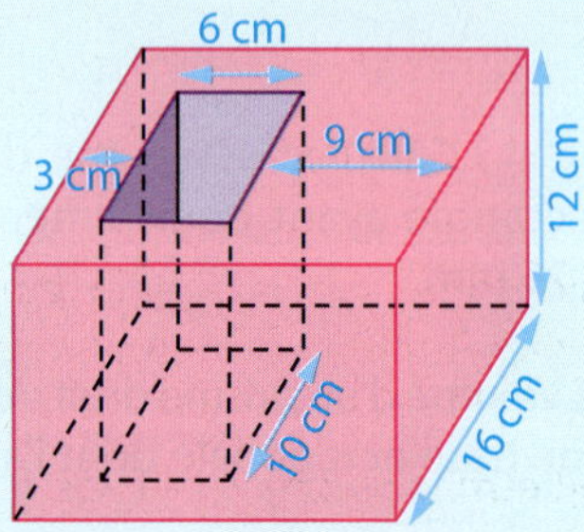

Connaitre et représenter un cylindre de révolution

→ Savoir-faire p. 287

QUESTIONS FLASH

43 **Vrai ou faux ?**

On fait tourner le rectangle EFGH autour de [FG]. Dire si les affirmations suivantes sont vraies ou fausses, en expliquant la réponse.

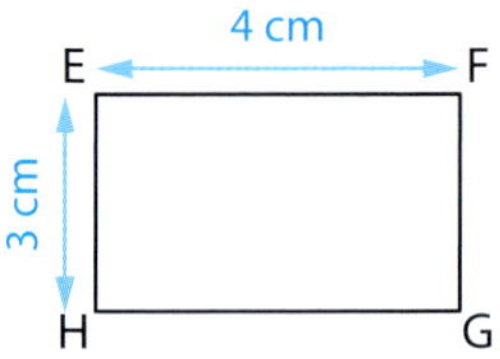

a. On obtient un cylindre de révolution de 3 cm de rayon et de 4 cm de hauteur.

b. On obtient un cylindre de révolution de 4 cm de rayon et de 3 cm de hauteur.

c. On obtient un cylindre de révolution de 4 cm de diamètre et de 3 cm de hauteur.

44 Parmi les patrons suivants, lequel est bien celui d'un cylindre de révolution ?

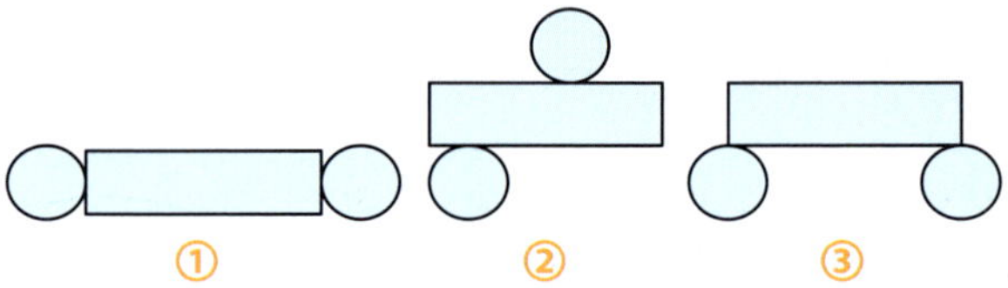

45 **Vrai ou faux ?**

On a représenté un cylindre de révolution de 3 cm de rayon et de hauteur 5 cm. Dire si les affirmations suivantes sont vraies ou fausses, en expliquant la réponse.

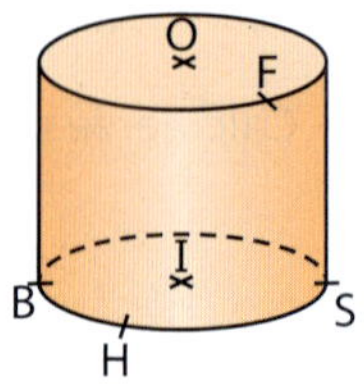

a. OF = 3 cm **b.** SH = 6 cm

c. OH = 5 cm **d.** OI = 5 cm

e. OIF est un triangle rectangle en O.

f. BIH est un triangle isocèle.

g. La hauteur de la surface latérale est égale à 3 cm.

46 On souhaite calculer le volume d'un cylindre de révolution de 8 cm de diamètre et de hauteur 10 cm. Parmi les calculs suivants, lequel doit-on effectuer ?

a. $8 \times 8 \times \pi \times 10$ **b.** $10 \times 10 \times \pi \times 8$

c. $8 \times 10 \times \pi \times \pi$ **d.** $4 \times 4 \times \pi \times 10$

Questions flash supplémentaires

47 On fait tourner un rectangle de 3 cm de largeur et de 5 cm de longueur autour de sa largeur. Représenter le solide obtenu dans les deux cas suivants.

a. Le solide est posé sur l'une de ses bases.

b. Une base du solide est face à l'observateur.

48 Compléter ces représentations de cylindres de révolution.

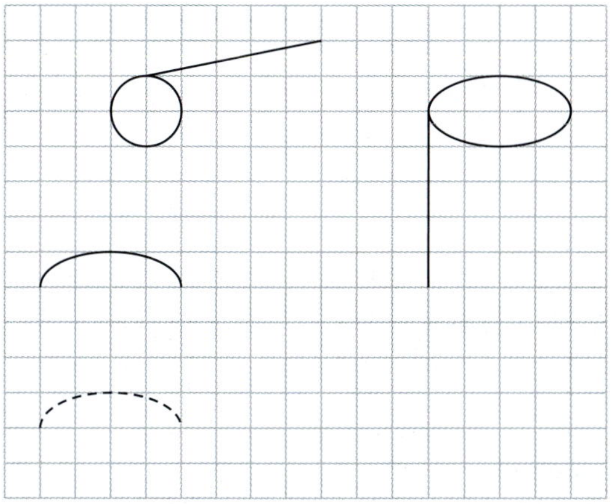

49 On a représenté un cylindre de révolution de 6 cm de hauteur et dont les bases sont des disques de rayon 2 cm et de centres respectifs I et J.

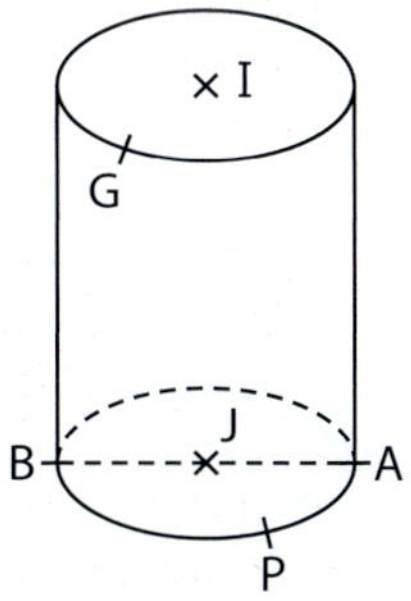

1. Citer un segment de longueur 2 cm.

2. Citer un triangle rectangle.

3. Citer un triangle isocèle.

4. Citer un segment de longueur 6 cm.

50 Calculer la longueur de la surface latérale du cylindre ci-contre arrondie au mm près.

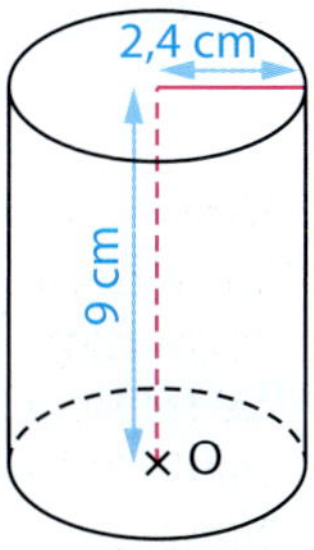

51 Construire un patron d'un cylindre de révolution de 3 cm de rayon et de 7 cm de hauteur.

52 Calculer l'aire de la surface latérale d'un cylindre de rayon 4 dm et de hauteur 5,2 dm, arrondie au cm^2 près.

53 Calculer la valeur exacte du volume en cm^3 d'un cylindre de rayon 25 cm et de hauteur 4 dm, puis donner le résultat arrondi au dixième.

54 Calculer le volume d'un cylindre de diamètre 6,2 cm et de hauteur 4,5 cm. Donner sa valeur exacte puis sa valeur arrondie au mm^3 près.

55 CALCUL MENTAL Un cylindre de rayon 5 cm a un volume de $150 \times \pi$ cm^3.

- Quelle est sa hauteur ?

56 CALCUL MENTAL Un cylindre de hauteur 7 cm a un volume de $28 \times \pi$ cm^3.

- Quel est son rayon ?

57 **1.** Calculer mentalement la valeur exacte en cm^3 des volumes des cylindres suivants.

2. À l'aide de la calculatrice, en donner une valeur approchée au dixième près.

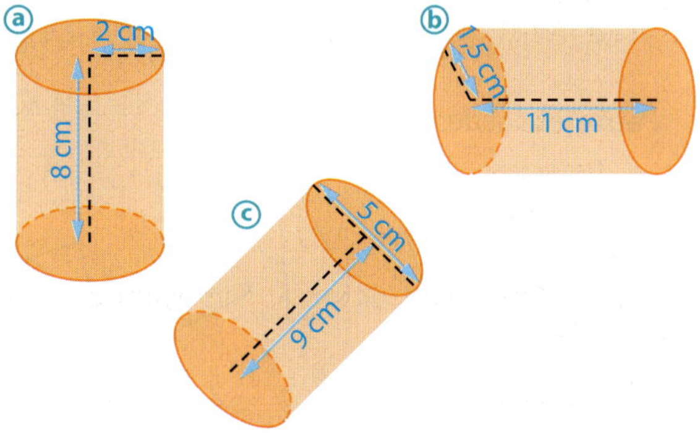

58 Calculer la quantité d'eau en L contenue dans ces deux solides. Arrondir au mL.

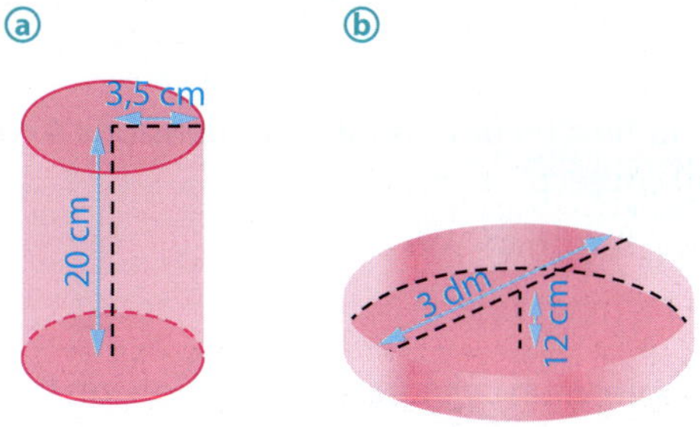

MODE EXPERT

59 On a percé un cylindre de rayon [AB] par un cylindre de diamètre [BC]. Les points B, O, C et D sont alignés.

- Calculer le volume de ce solide percé.

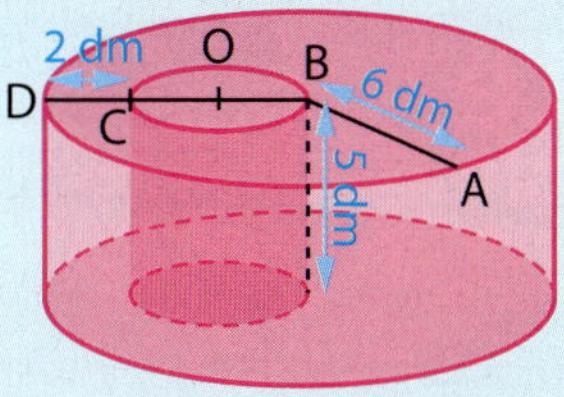

60 On souhaite construire un cylindre de hauteur 10 cm dont la surface latérale se rapproche le plus possible d'un carré.

- Quel doit être le rayon de sa base ?

Faire le point

Version interactive du QCM

Vérifie tes connaissances.

QCM

Donner la ou les bonnes réponses parmi les trois proposées.

1 Reconnaitre des solides

	Réponse A	Réponse B	Réponse C
Parmi les solides ci-dessous, il y a : 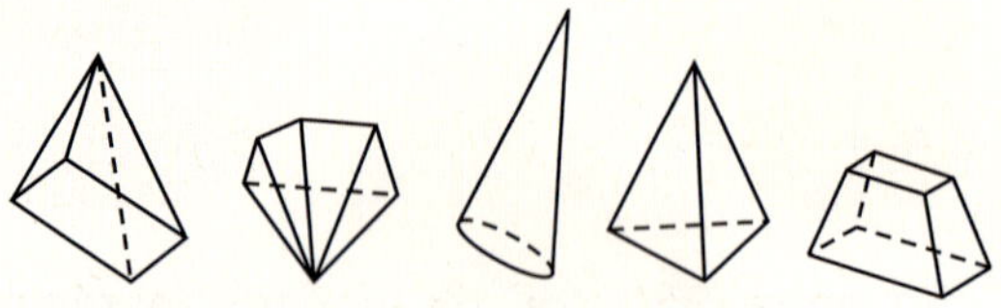	1 cône de révolution	3 pyramides	1 prisme droit

2 Connaitre et représenter un parallélépipède rectangle

	Réponse A	Réponse B	Réponse C
1. Une représentation en perspective cavalière d'un parallélépipède rectangle est :	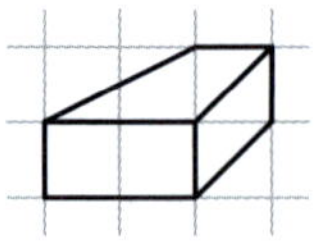	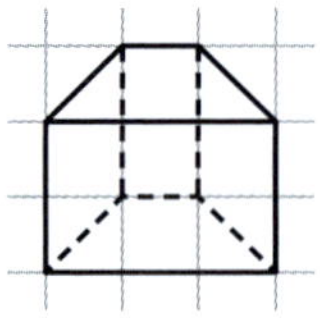	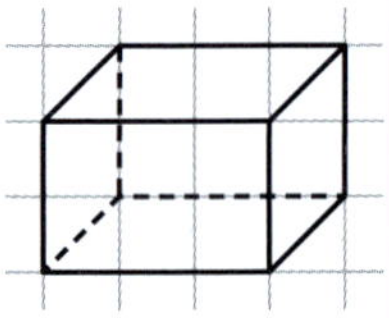
2. Le volume d'un pavé droit de dimensions 4 cm, 5 cm, 10 cm est :	200 cm^3	19 cm^3	200 cm^2

3 Connaitre et représenter un cylindre de révolution

	Réponse A	Réponse B	Réponse C
1. Pour obtenir un cylindre de révolution, on fait tourner :	un triangle	un cercle	un rectangle
2. La surface latérale d'un cylindre de révolution est :	un cercle	un rectangle	un disque
3. L'aire de la surface latérale d'un cylindre de diamètre 10 cm et de hauteur 4 cm est :	$80 \times \pi$	$100 \times \pi$	$40 \times \pi$
4. Le volume d'un cylindre de révolution de rayon 5 cm et de hauteur 4 cm est égal à :	$25 \times 4 \times \pi$ cm^3	$5 \times 2 \times \pi \times 4$ cm^3	$5 \times 5 \times \pi \times 4$ cm^3

→ Corrigé p. 312

Carte mentale

Ressource téléchargeable

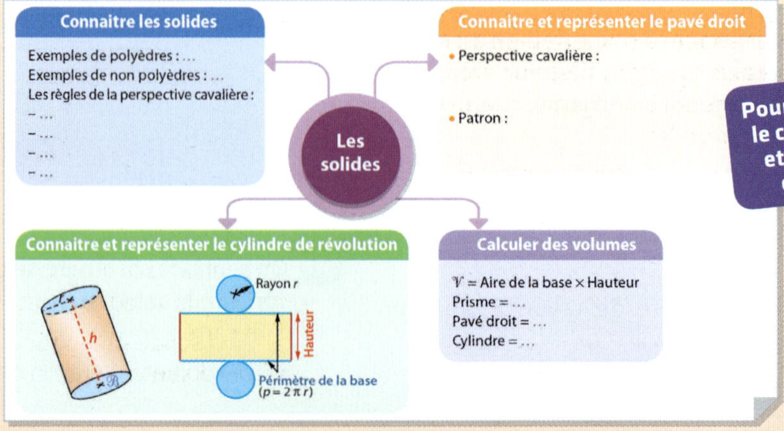

Pour t'aider à retenir le cours, télécharge et complète cette carte mentale.

Algorithmique et outils numériques

61 Script mystère

1. À quoi sert le script suivant ?

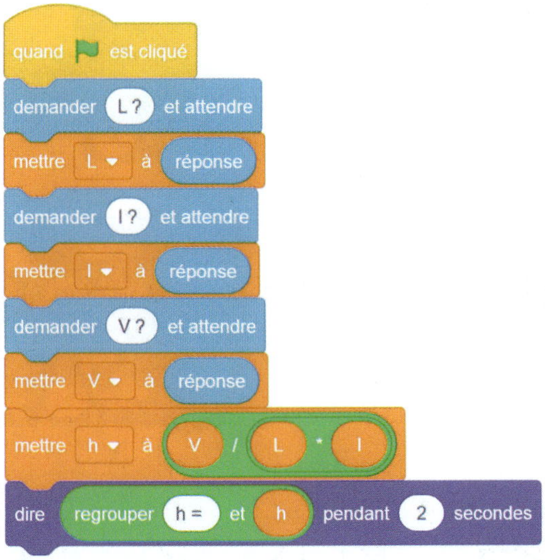

2. Quelle est la hauteur d'un pavé droit de longueur 5,2 cm, de largeur 2,5 cm et dont le volume est 63,7 cm^3 ?

62 Volume libre

ABCDEFGH est un cube.
M est un point de [AE].

1. Terminer le script suivant pour calculer le volume du cube après avoir demandé la longueur de l'arête.

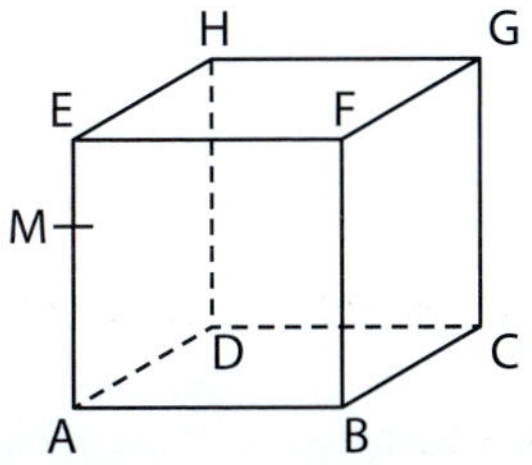

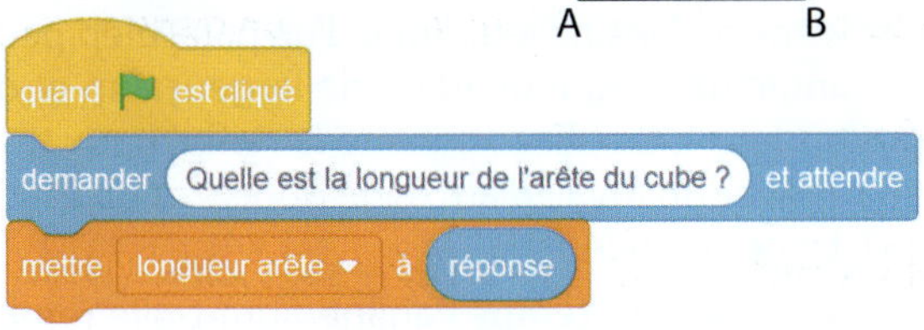

2. On remplit le cube d'eau jusqu'au point M. Modifier le script pour demander la longueur AM puis calculer le volume restant vide dans le cube.

63 Le plus court chemin

Une fourmi est dans une boite en forme de pavé droit. Elle doit choisir le trajet le plus court parmi les trois proposés. À l'aide d'un logiciel de géométrie dynamique, trouver le chemin qu'elle doit prendre.

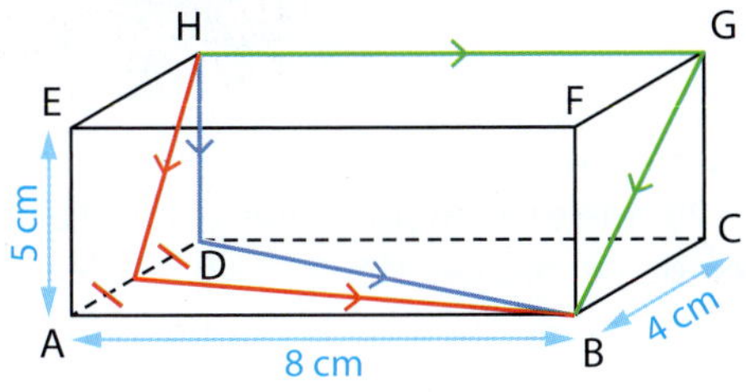

64 Même volume

1. À l'aide d'un tableur, déterminer une valeur approchée, au millimètre près, de la hauteur du cylindre pour que ces deux récipients aient le même volume.

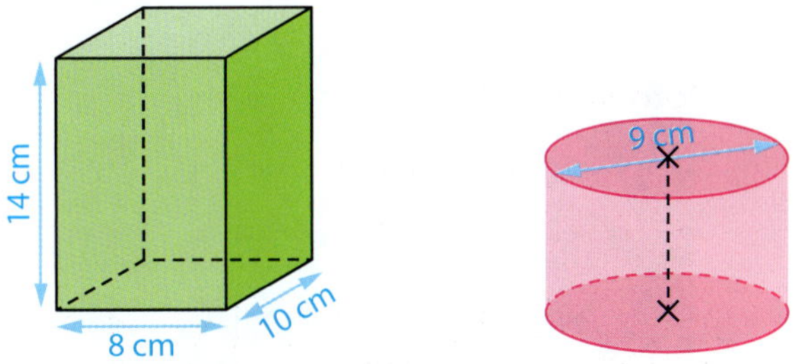

2. On verse 250 cm^3 d'eau dans le récipient parallélépipédique. À l'aide du tableur, déterminer une valeur approchée au millimètre près de la hauteur d'eau dans le récipient.

65 Ça tourne !

1. a. Sur un logiciel de géométrie dynamique, construire le rectangle ABCD comme sur la figure ci-dessous.

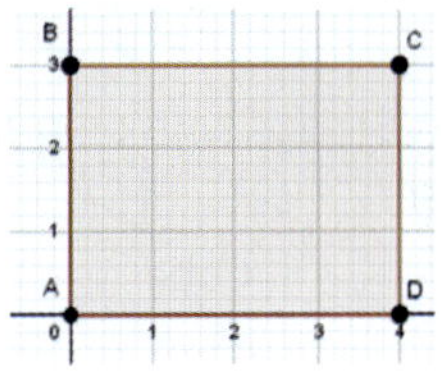

b. Aller dans le menu 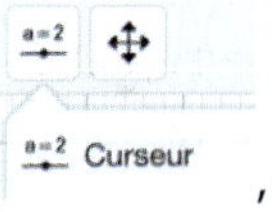 , créer un curseur α de type *angle*.

2. a. Afficher le graphique 3D puis sélectionner  **Rotation axiale.**

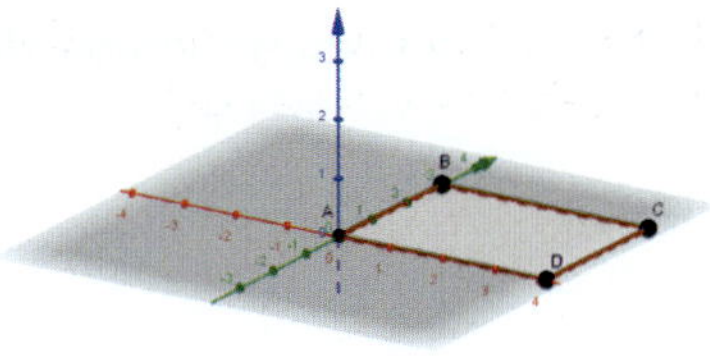

b. Dans la fenêtre 3D, sélectionner le rectangle ABCD, l'axe rouge puis compléter le nom de l'angle : α.

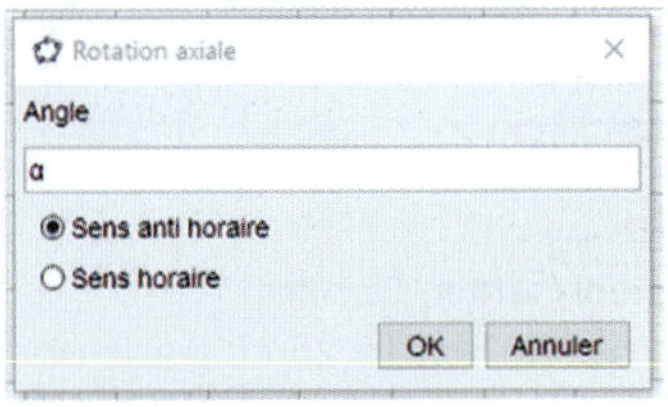

c. Afficher la trace du quadrilatère A'B'C'D' et modifier lentement la valeur du curseur x.

3. a. Quel solide est engendré par ce mouvement ?
b. Calculer son volume.

Problèmes

ceinture jaune ceinture verte ceinture noire

66 Usine à Horta de Ebro

Représenter, Communiquer

Usine à Horta de Ebro (1909), Pablo Picasso

Le tableau ci-dessus est une œuvre de Pablo Picasso.

- Les règles de la représentation en perspective cavalière sont-elles ici respectées ? Justifier.

67 Polyèdres de Platon

Représenter, Communiquer

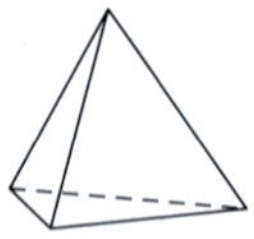

Tetrahedron

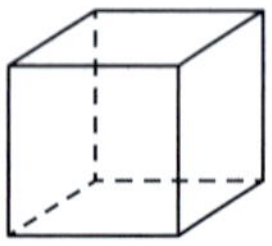

Cube

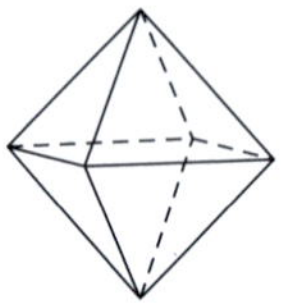

Octahedron

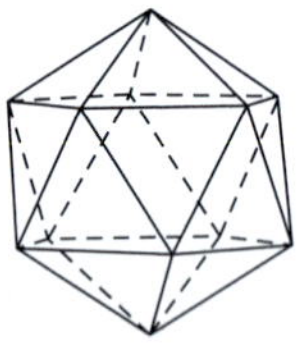

Icosahedron

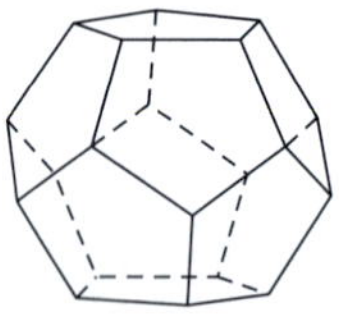

Dodecahedron

- Pour chacun des 5 solides de Platon, préciser le nombre de faces et leur nature, ainsi que le nombre de sommets.

Voir point info p. 279.

68 En perspective

Représenter

Représenter en perspective cavalière les objets suivants.

ⓐ

ⓑ

ⓒ

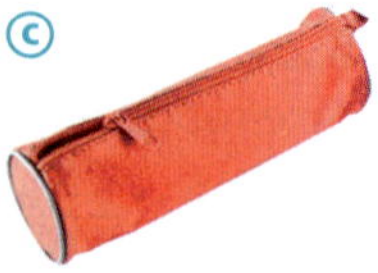

69 Bouteille

Modéliser, Représenter, Calculer

Combien de verres de 25 cL peut-on remplir à ras bord avec cette bouteille ?

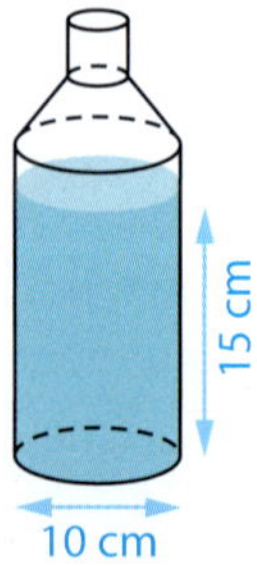

70 Construction à compléter

Représenter

1. Quelle figure ce script permet-il de tracer ?
2. En prenant 1 carreau pour 10 pixels, tracer cette figure puis la compléter pour obtenir la représentation d'un pavé droit en perspective cavalière.

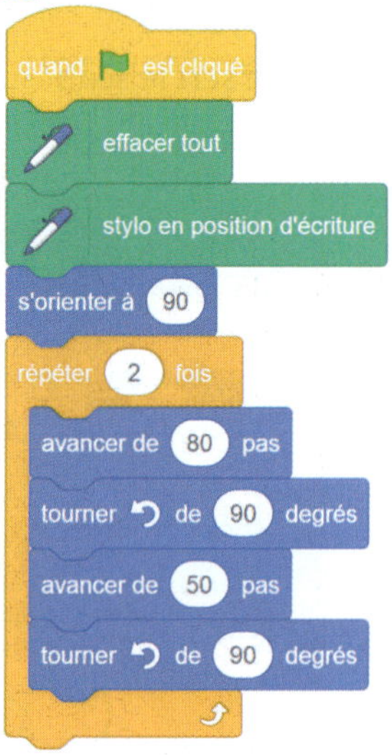

71 La buche de Noël

Représenter, Calculer

1. Réaliser un patron du solide ci-contre.
2. Calculer une valeur approchée, au cm^3 près, de son volume.

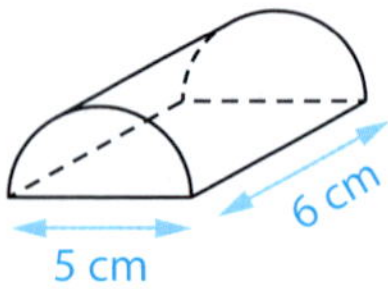

72 The pot

Représenter, Calculer

Is it possible to put 4 liters of water in a cylindrical pot of 20 cm in diameter and 11 cm high?

73 La piscine

Représenter, Calculer

La piscine de Pauline a la forme d'un parallélépipède rectangle de longueur 10 m, de largeur 4 m et de profondeur 1,4 m. Elle souhaite la remplir aux trois quarts avec un tuyau d'arrosage dont le débit est de 45 L toutes les minutes.

- En combien de temps Pauline aura-t-elle rempli sa piscine ? Donner le résultat en heures et minutes.

74 Le ruban

Modéliser, Représenter, Calculer

Les vendeurs d'une parfumerie préparent des cadeaux qu'ils offriront aux mille premiers clients pendant la période des fêtes de Noël.

Les cadeaux seront entourés de ruban.

Il faut 20 cm de ruban pour faire le nœud et le ruban est vendu par rouleau de 50 m à 6,50 € le rouleau.

- Calculer le montant de la commande de ruban effectuée par cette parfumerie.

75 Shaper

Représenter, Calculer

Le volume d'une planche de surfboard est une donnée importante pour un surfer.

Ce volume est donné en litres car auparavant, les « *shapers* » coulaient la planche de surf dans un bain pour mesurer quel volume d'eau la planche avait déplacé.

Yann teste cette méthode pour connaitre le volume d'une de ses planches. Il la plonge dans un bac circulaire de 3 m de diamètre et obtient les hauteurs d'eau suivantes.

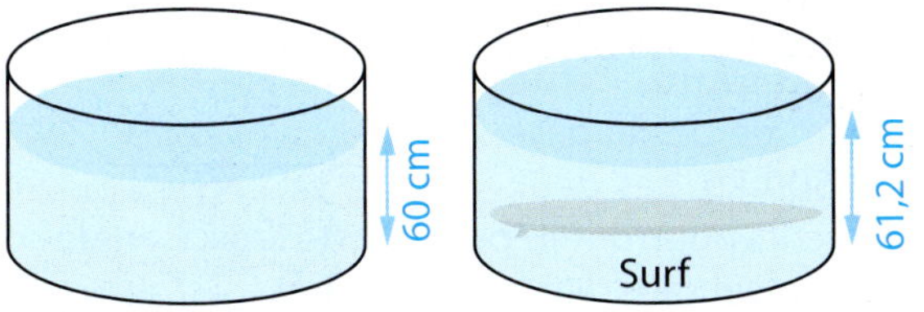

- Calculer le volume de sa planche, arrondi au dixième de litre près.

76 Les poubelles

Raisonner, Calculer

1. M. Duchamp vient d'acheter une toute nouvelle poubelle pour sa cuisine. Quels sacs poubelle devra-t-il acheter ?

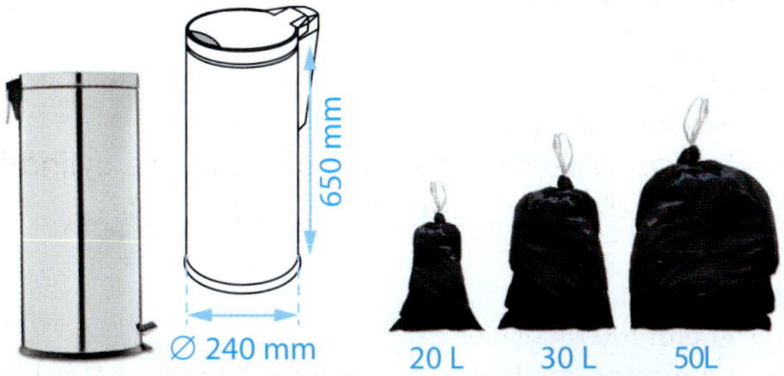

2. Au maximum, combien de ces sacs poubelle pleins pourra-t-il mettre dans ce conteneur placé devant sa maison ? On assimilera le conteneur à un pavé droit.

77 Boites aux lettres

Modéliser, Calculer

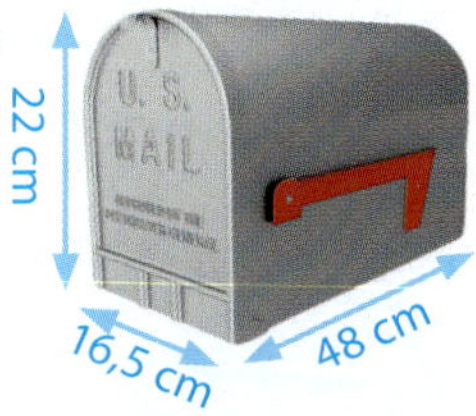

Boite aux lettres de type américaine

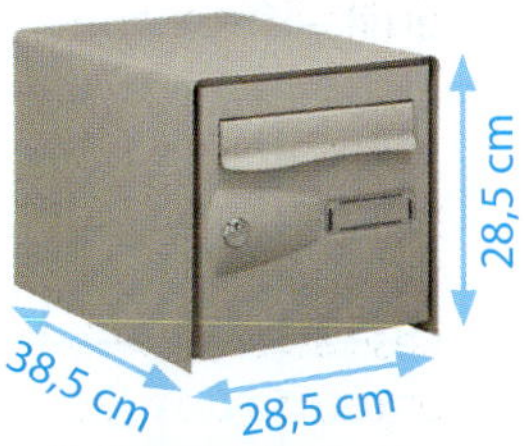

Boite aux lettres de type française

- Laquelle de ces deux boites aux lettres est la plus volumineuse ? Justifier.

78 Eau chaude

Modéliser, Calculer

Denise est intéressée par ce cumulus pour chauffer l'eau. Le fabricant indique un volume de 300 L et un diamètre de 575 mm, mais ne donne pas la hauteur.

- Aider Denise à la calculer.

79 Pièces détachées

Prise d'initiative

Modéliser, Calculer

Une usine fabrique des pièces détachées de poignées de porte. Voici deux pièces en inox d'épaisseur 0,7 cm fabriquées par cette usine.

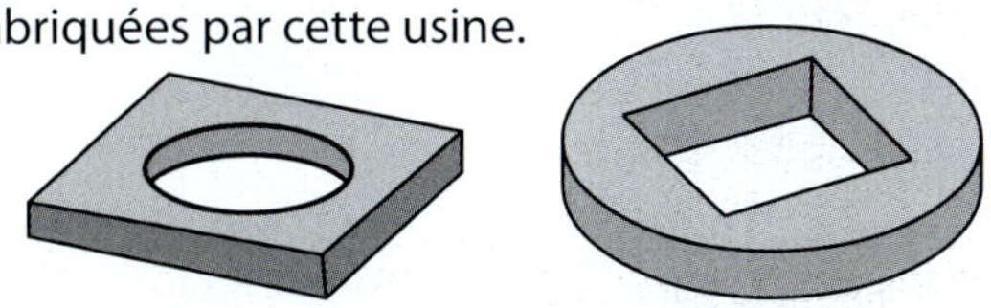

Pièce 1 **Pièce 2**

La face du dessus de la pièce 1 est un carré de côté 8 cm, percé d'un disque de rayon 3 cm.

La face du dessus de la pièce 2 est un disque de diamètre 8 cm, percé d'un carré de côté 4 cm.

- Laquelle de ces deux pièces pèse le plus lourd ?

80 Rénovation

Modéliser, Calculer

En 2018, le phare du Cap Ferret a été entièrement repeint ; ce chantier a nécessité 4 000 L de peinture.

La tour du phare mesure 52 m, elle est blanche sur les premiers trois quarts puis rouge ensuite. Son diamètre extérieur est d'environ 4 m.

- Quelle est la surface de la partie blanche de la tour du phare qui a été repeinte ?

81 Machine à volume

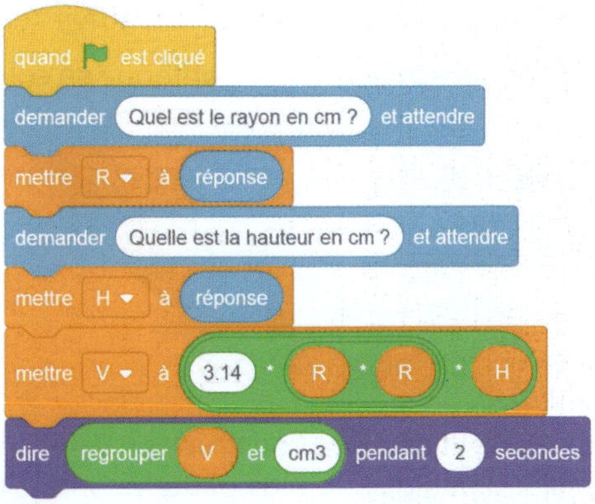

1. Que fait ce script ?

2. Quel résultat donnera ce script si l'utilisateur répond successivement 4,2 puis 5 aux deux questions ?

Problèmes

82 Promotion
Modéliser, Calculer, Communiquer

Un marchand indique sur sa nouvelle boite de conserve qu'il a ajouté 27 % de produit par rapport à l'ancien modèle.

- Quelle est la hauteur de la nouvelle boite de conserve, sachant que le diamètre n'a pas changé ? Justifier la réponse.

83 L'aquarium
Représenter, Calculer

Sonia vient d'acheter cet aquarium.

Dimensions : P38 × L69 × H40 cm
Contenance : 100 L
Couleur : gris
Éclairage : 24 W
Filtre : oui

1. La contenance annoncée sur l'étiquette est-elle cohérente avec les dimensions ?
2. Sonia y verse 75 litres d'eau. À quelle hauteur l'eau arrive-t-elle ?

84 Croix des marins
Modéliser, Raisonner, Calculer

Prise d'initiative

Deux agents municipaux d'un village de pêcheurs doivent déplacer la croix des marins ci-contre. C'est une croix en béton posée sur un socle.

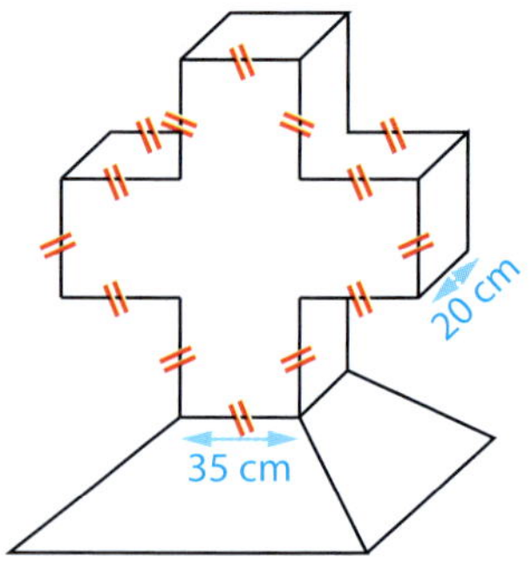

- Sachant que 1 m^3 de béton pèse 2 500 kg, ces deux agents pourront-ils porter cette croix (sans le socle) à la main sans difficulté ? Justifier.

85 Éolienne
Modéliser, Calculer

Le parc éolien français est le quatrième plus important d'Europe, avec 13,6 GW de capacités installées en 2017. La puissance d'une éolienne dépend en partie de la masse d'air brassée pendant une durée donnée. Le schéma ci-dessous représente la colonne d'air brassée en une seconde par une éolienne dont la longueur des pales est 22 m.

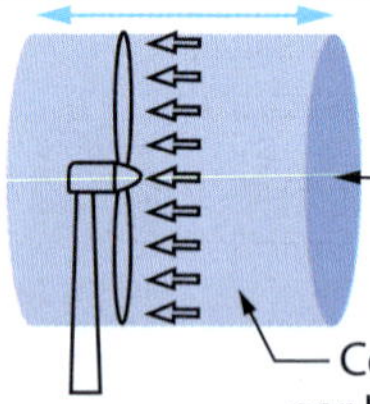

Aujourd'hui, le vent souffle à 5 m par seconde et 1 m^3 d'air pèse 1,225 kg.

- Calculer la masse d'air brassé par cette éolienne en une seconde.

DÉFIS & ÉNIGMES

86 Collage de cubes
Voici une construction rigide obtenue en collant des cubes identiques.

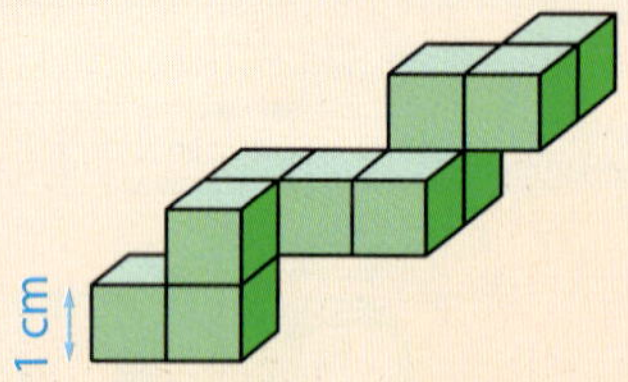

- Martin veut poser sa construction dans une boite parallélépipédique, la plus petite possible. Quelles seront les dimensions de la boite ?

87 Section de cube
À partir du patron donné ci-dessous, on construit un cube. On marque sur ce cube une ligne qui passe par deux sommets opposés et par les milieux de deux arêtes comme sur le dessin ci-dessous.

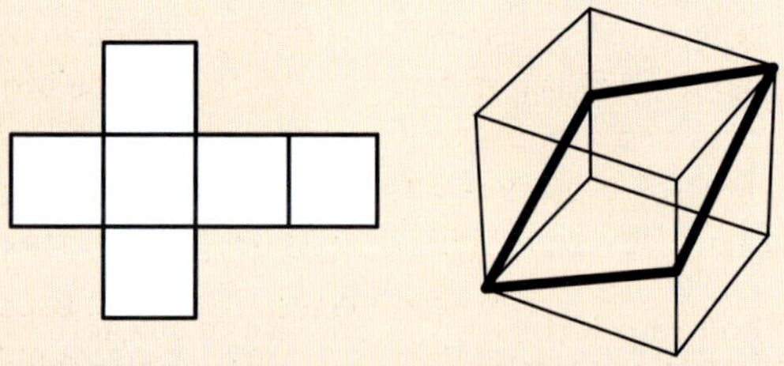

On déplie ensuite le patron.

- Reproduire ce patron avec la ligne tracée.

88 Coffre de voiture

Prise d'initiative

Modéliser, Chercher, Représenter

La famille Bonaventura vient de changer de voiture. Leur nouveau coffre a une capacité de 430 L. Ils ont également acheté un coffre de toit. Le vendeur leur a affirmé qu'ainsi équipés, ils avaient le même espace de rangement qu'une remorque moyenne.

Doc. 1 Dimensions du coffre de toit

Doc. 2 Dimensions d'une remorque moyenne

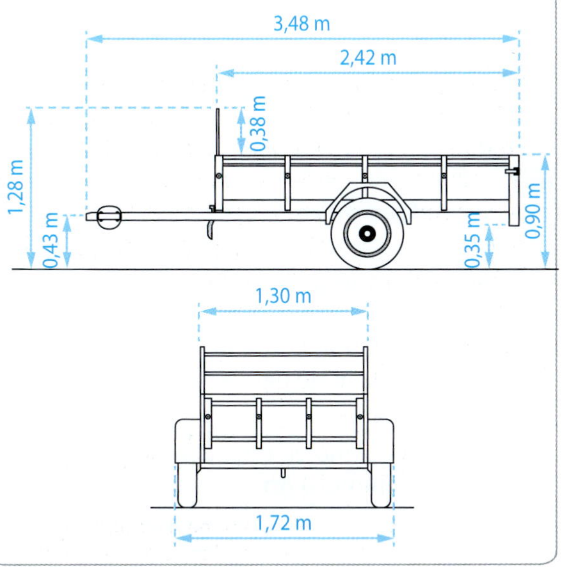

- L'affirmation du vendeur est-elle vraie ?

89 Conserves

Prise d'initiative

Chercher, Calculer, Représenter

Une entreprise doit choisir entre deux types de boite de conserve.

Doc. 1 Caractéristiques des boites

Type 1 : boite parallélépipède rectangle	**Type 2 : boite cylindrique ½ haute**
longueur = 11,2 cm ; hauteur = largeur.	diamètre = 7,3 cm ; hauteur = 10,9 cm.

1. Pour déterminer la hauteur et la largeur de la boite de type 1, l'entreprise a utilisé cette feuille de calcul :

	A	B	C	D
1	Longueur en cm	Hauteur en cm	Largueur en cm	Volume en mL
2	11,2	6	6	403,2
3	11,2	6,1	6,1	416,752
4	11,2	6,2	6,2	430,528
5	11,2	6,3	6,3	444,528
6	11,2	6,4	6,4	458,752
7	11,2	6,5	6,5	473,2
8	11,2	6,6	6,6	487,872
9	11,2	6,7	6,7	502,768
10	11,2	6,8	6,8	517,888
11	11,2	6,9	6,9	533,232
12	11,2	7	7	548,8

Parmi les formules suivantes, laquelle a-t-on entrée dans la cellule D2 puis recopiée vers le bas ?

=A2*B3*C4   =11,2*6*6   =A2*B2*C2

2. L'entreprise souhaite que les deux boites aient environ la même contenance.

a. Quelles dimensions doit-on choisir pour la boite de type 1 ?

b. Quel type de boite nécessite le plus de matériau lors de sa fabrication ?

c. Pour le transport, ces boites sont conditionnées par paquets de 10 comme sur les schémas ci-dessous.

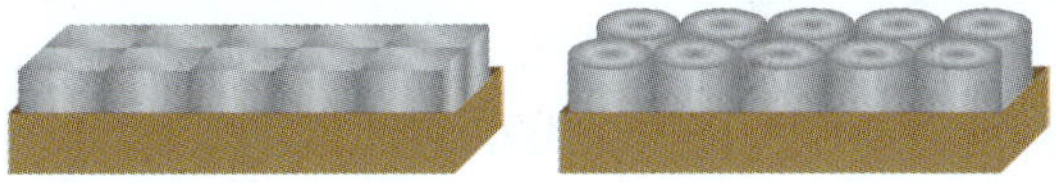

Quel type de boite occupe le moins de volume lors du stockage ?

d. Conclure sur les avantages et les inconvénients de chaque type de boite.

MISSION DÉMONSTRATION

Raisonnement **Le contre-exemple**

Pour justifier qu'une affirmation générale est fausse, il suffit de donner un seul contre-exemple, c'est-à-dire un exemple pour lequel cette affirmation est fausse.

90 Éline affirme que si elle double les dimensions d'un pavé droit, elle obtiendra un pavé droit dont le volume sera le double de celui de départ.

1. Calculer le volume d'un pavé droit dont tous les côtés mesurent 1 cm, puis celui d'un pavé dont les dimensions valent le double.

2. En déduire que l'affirmation d'Éline est fausse.

91 Antoine s'intéresse aux cylindres dont la hauteur est 5 cm.

- Il affirme que le volume de ces cylindres est proportionnel au rayon. A-t-il raison ?

Travailler autrement

Utilisable en AP

À chacun son parcours !

92 Analyse de document

Socle D2 J'extrais d'un document les informations utiles, je les organise, les confronte à mes connaissances.

Socle D2 Je décompose un problème en sous-problèmes.

La fille de Marie a de la fièvre. Pour la faire tomber, le médecin a prescrit un médicament, du paracétamol, contenu dans un flacon cylindrique. Le produit doit être administré avec une pipette ayant la forme d'un cylindre.

Doc. 1 Ordonnance

Docteur Dupont
Médecine générale
Diplômé de la Faculté de Paris
49 1 5555 22

8 Rue de la médecine
75150 Soigneur
Tél Cabinet : 01 42 00 00 00

24 janvier 2020

Madame Morin Marie
Pour son bébé Théa, 8 mois, 9 kg

Paracétamol : 1 dose pour un bébé de 9 kg, 3 fois par jour pendant 4 jours
Spray nasal : 1 pulvérisation 4 fois par jour

Doc. 2 Mode d'emploi et dosage du paracétamol

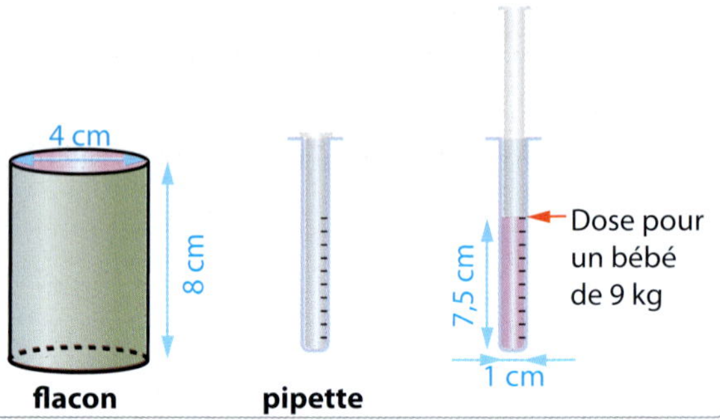

Questions ceinture jaune

1. Calculer le volume de produit utilisé pour une dose.
2. Un flacon de ce médicament suffira-t-il pour suivre ce traitement ?

Question ceinture verte

Marie a un flacon de ce médicament plein au trois quarts.

- Devra-t-elle acheter un flacon supplémentaire pour suivre ce traitement ?

Question ceinture noire

La semaine suivante, sa deuxième fille Anouk, qui pèse 12 kg, a de la fièvre à son tour. Elle décide de suivre la même prescription que pour Théa en adaptant la dose au poids d'Anouk. Il lui reste un flacon de paracétamol rempli aux trois quarts.

- Pendant combien de jour pourra-t-elle donner du paracétamol à Anouk avec ce flacon ?

93 Analyse de document

Socle D1 Je produis et j'utilise des représentations d'objets.

Socle D2 Je décompose un problème en sous-problèmes.

Voici 3 modèles de meubles.

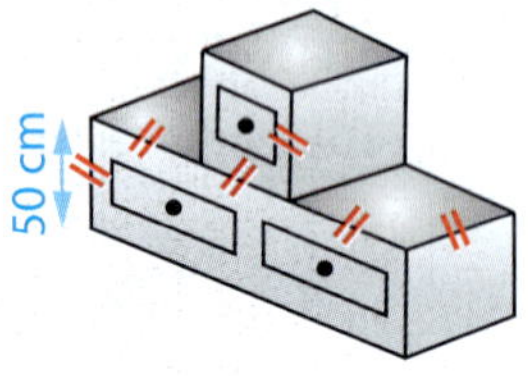

Meuble n° 1

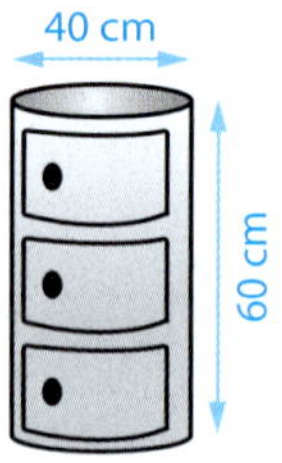

Meuble n° 2

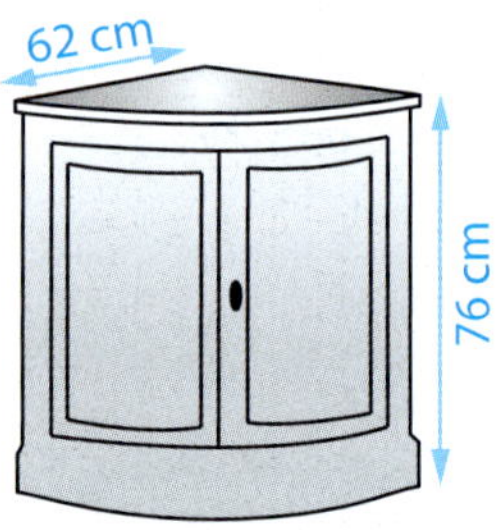

Meuble n° 3

Questions ceinture jaune

On veut construire une maquette du meuble n° 1 en représentant 10 cm dans la réalité par 1 cm sur la maquette.

1. Tracer à main levée un patron en y indiquant les dimensions réelles, puis les dimensions sur la maquette correspondante.
2. Construire la maquette demandée.

Question ceinture verte

Construire une maquette du meuble n° 2 à l'échelle $\frac{1}{15}$.

Question ceinture noire

Construire une maquette du meuble n° 3 à l'échelle $\frac{1}{16}$.

Calcul mental

On peut utiliser un brouillon et noter un résultat intermédiaire trouvé mentalement.
Les résultats doivent être donnés sous la forme la plus simple possible.

Calcul mental supplémentaire

Série 1 Révisions 6[e]

1. Calculer 22,3 + 12,7.

2. Calculer 50 – 14.

3. Calculer 8 × 7.

4. Calculer 17 ÷ 100.

5. Donner un ordre de grandeur de 693 × 30.

6. Convertir 2,3 m en cm.

7. Sachant qu'un cercle a pour rayon 5,2 cm, calculer son diamètre.

8. Calculer la mesure de l'angle $\widehat{BAD}$.

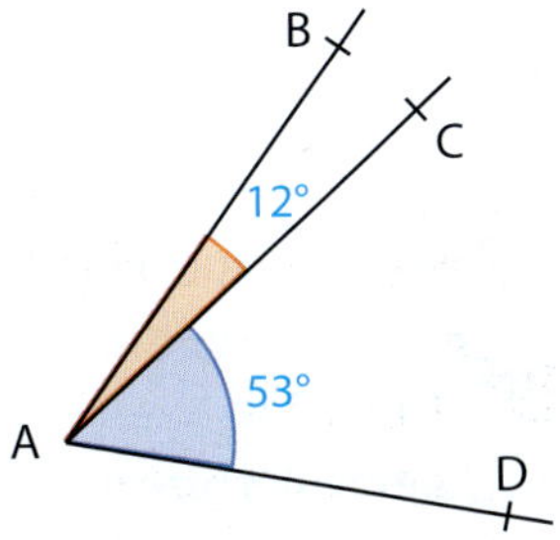

9. Sachant que AC = 3 cm, calculer le périmètre du triangle ABC.

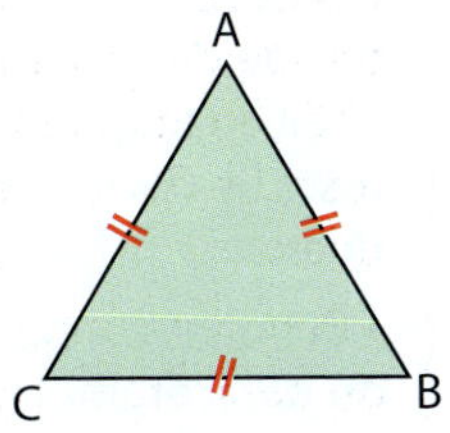

10. Calculer le périmètre d'un carré de 5 cm de côté.

Série 2 Révisions 6[e]

1. Calculer 13 + 27 + 130.

2. Calculer 63,7 – 14,5.

3. Calculer 6 × 8.

4. Calculer 238 ÷ 0,1.

5. Donner un ordre de grandeur de 9 567 + 154.

6. Convertir 6,7 cm en mm.

7. Sachant qu'un cercle a pour diamètre 4,6 cm, calculer son rayon.

8. Calculer la mesure de l'angle $\widehat{KIL}$.

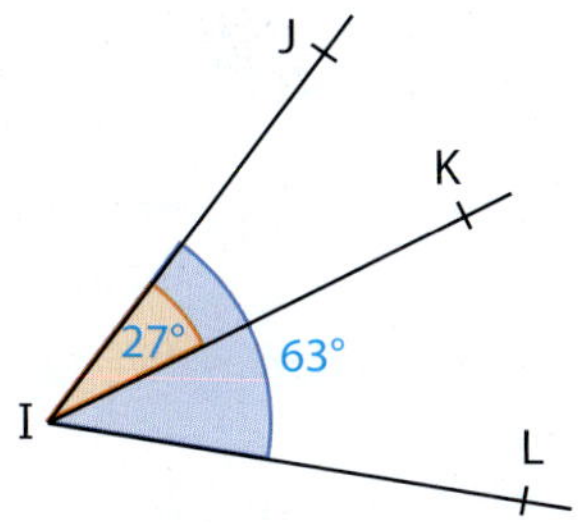

9. Calculer le périmètre du triangle ABC.

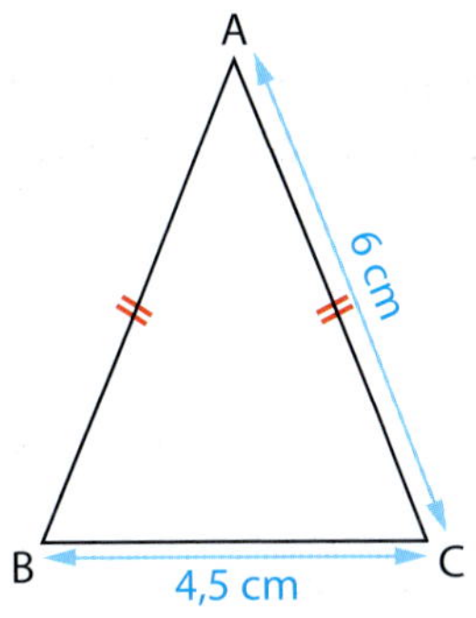

10. Calculer le périmètre d'un rectangle de 3,2 cm de largeur et 5,1 cm de longueur.

Série 3 Révisions 6[e]

1. Calculer la somme de 25 et de 14.

2. Calculer différence entre 25 et 14.

3. Calculer 1,589 × 100.

4. Calculer 1,4 × 100.

5. Calculer 72 ÷ 9.

6. Donner un ordre de grandeur de 9 567 – 154.

7. Convertir 3,6 dm en km.

8. Sachant que le côté [BC] mesure 4 cm et que le périmètre du triangle ABC vaut 14 cm, calculer la longueur AC.

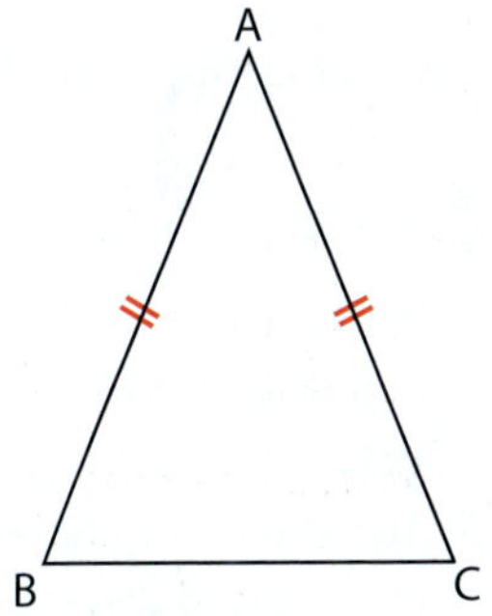

9. Les droites (AB) et (BC) sont-elles perpendiculaires ?

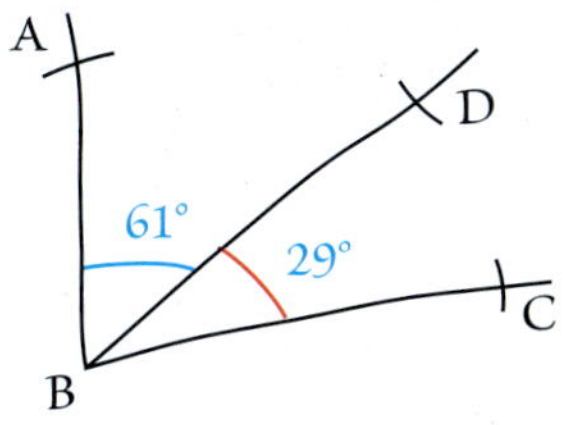

10. Sachant que VG = 13 cm, calculer VB.

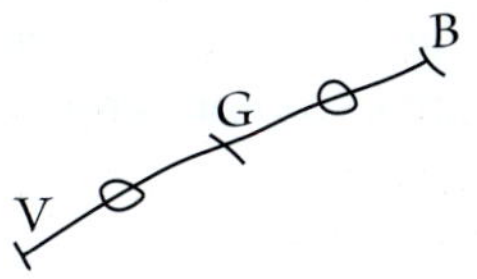

Calcul mental

Série 4 Révisions 6e

1. Calculer $2 + 3 \times 5$.

2. Calculer $(15 - 3) \times 2$.

3. Calculer le produit de 132 par 0,1.

4. Calculer le quotient de 21 par 7.

5. Donner un ordre de grandeur de $956 \div 49$.

6. Un carré a pour aire 49 cm^2. Calculer le côté de ce carré.

7. Un cercle a pour rayon 3,5 cm. Donner la valeur exacte de son périmètre.

8. Les points A, X et L sont-ils alignés ?

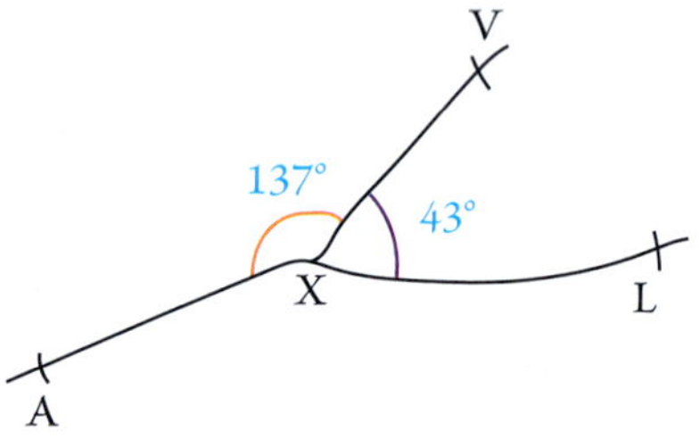

9. On a : EF = 7,5 cm ; GH = 2,9 cm ; G ∈ [EF] et H ∈ [EF]. Combien mesure [EG] ?

10. Sachant que d est la médiatrice du segment [AB] et que AB = 7,6 cm, calculer la longueur AM.

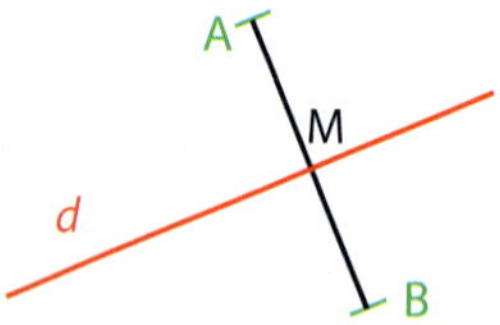

Série 5 Nombres entiers

1. Comment répartir équitablement 18 bonbons dans plusieurs sachets ? Donner toutes les possibilités.

2. 16 est-il un multiple de 32 ?

3. Combien 12 a-t-il de diviseurs ?

4. Calculer la somme des quatre plus petits nombres premiers.

5. Un segment mesure un nombre premier de centimètres. Sa longueur est comprise entre 0,8 dm et 1,2 dm. Quelle est la longueur de ce segment ?

6. Citer les multiples de 15 compris entre 110 et 140.

7. Décomposer 50 en produit de facteurs premiers.

8. 1 218 est-il divisible par 3 ?

9. Citer tous les diviseurs de 52.

10. La mesure d'un angle aigu en degré est le double d'un nombre premier compris entre 24 et 30. Quelle est cette mesure ?

Série 6 Calcul numérique et littéral

1. Calculer la somme du produit de 7 par 3 et du quotient de 10 par 2.

2. Quel résultat annonce le lutin quand le drapeau vert est cliqué ?

3. Exprimer l'aire du rectangle en cm^2 en fonction de x.

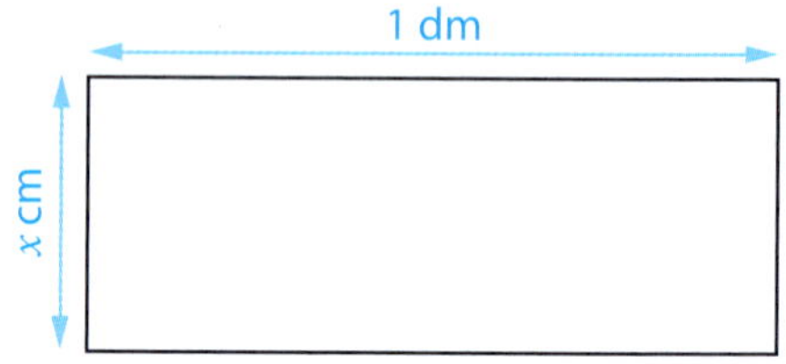

4. Combien vaut la différence entre $7x$ et $3x$?

5. Donner un ordre de grandeur de $3x + 5$ pour $x = 999$.

6. Quel résultat annonce le lutin si l'utilisateur choisit 12 au départ ?

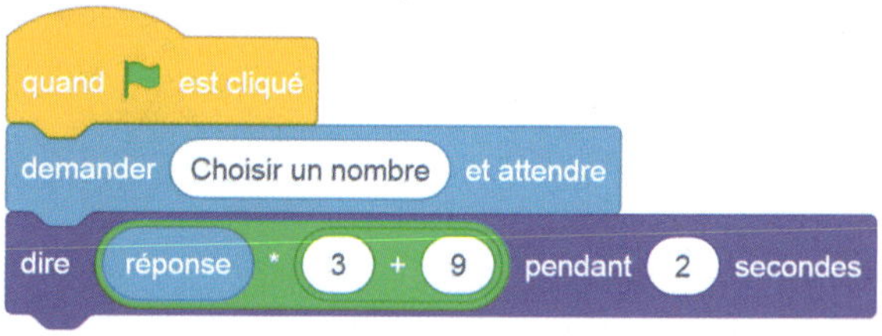

7. L'égalité $7x - 2 = 5x + 3$ est-elle vraie pour $x = 2{,}5$?

8. Calculer l'expression $x(y + 1{,}5)$ pour $x = 3{,}7$ et $y = 8{,}5$.

9. Exprimer la longueur AB en fonction de x.

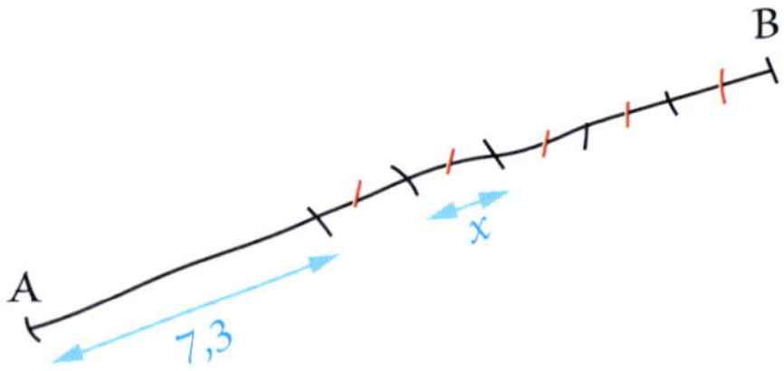

10. Simplifier l'expression $2{,}5x + 7 - 1{,}5x - 3$.

Série 7 Fractions : définition et opérations

1. Donner la fraction égale à $\frac{5}{12}$ dont le dénominateur est 60.

2. Donner une fraction décimale égale à $\frac{1}{5}$.

3. Simplifier le plus possible la fraction $\frac{120}{180}$.

4. Calculer les $\frac{2}{3}$ de 900 g en kg.

5. Calculer le quotient de 60 par 1,5.

6. Pour chacun de ses trajets quotidiens, Virginie consomme 10 % des 45 L de son réservoir d'essence. Combien de litres d'essence consomme-t-elle par semaine ?

7. Calculer $\frac{2}{5} - \frac{1}{15}$.

8. Calculer le périmètre du triangle FLO.

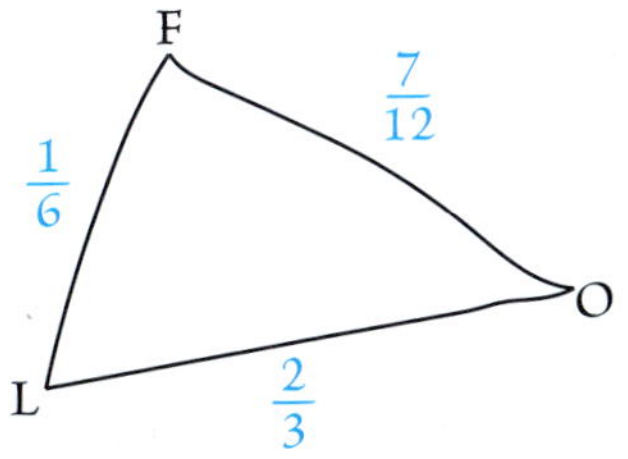

9. Une rencontre sportive réunit 60 garçons et 39 filles. Donner un ordre de grandeur en pourcentage de la proportion de filles présentes à cette rencontre.

10. Catherine a mangé les $\frac{2}{5}$ d'un gâteau et Jean le quart. Qui en a mangé le plus ?

Série 8 Nombres relatifs : définition et opérations

1. Donner l'opposé de la somme de –2 et de 3.

2. Calculer –1 – (–1) + 1 – 1.

3. Donner un nombre entier relatif compris entre la somme de –2 et de –5 et la différence entre 1 et 6.

4. Quel résultat annonce le lutin quand le drapeau vert est cliqué ?

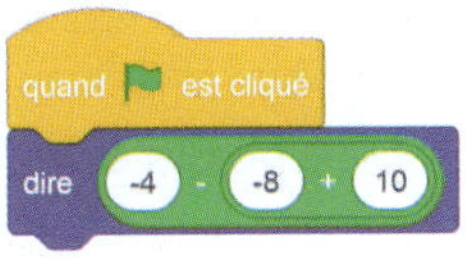

5. Calculer la longueur du segment [AB].

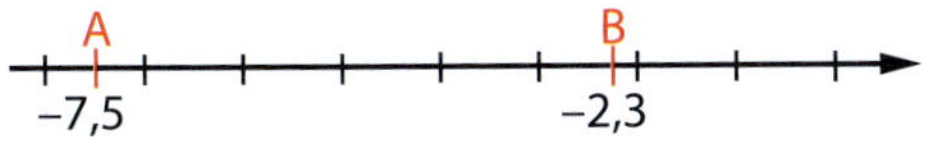

6. Sachant que CD = 7 et que l'abscisse de C est –3, quelles sont les abscisses possibles de D ?

7. Calculer –3 + (–2,5) – (–6,5) – 5.

8. Donner un ordre de grandeur du résultat annoncé par le lutin si l'utilisateur choisit –183 au départ.

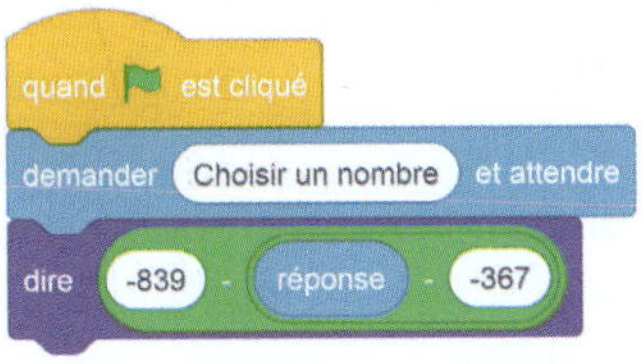

9. Calculer –1,95 + 2,8 + 0,5 + 7,05 – 4,8 – 1,5.

10. Lorsqu'on monte en altitude, la température extérieure diminue de 6,5°C par km. Au décollage d'un avion, la température extérieure est de –3°C. Quelle est la température extérieure lorsque l'avion se trouve à 3 000 m d'altitude ?

Série 9 Statistiques • Probabilités

1. Une enquête a été menée auprès de collégiens pour connaitre leur sport préféré. Voici les résultats :

Football	Handball	Basketball	Équitation
55	20	45	50

Tennis	Skate	Surf	Aucun
15	25	15	40

Quel est l'effectif total de collégiens interrogés ?

2. Une enquête a été menée auprès de joueurs de Mario Kart pour connaitre le personnage qu'ils choisissent le plus souvent. Voici les résultats :

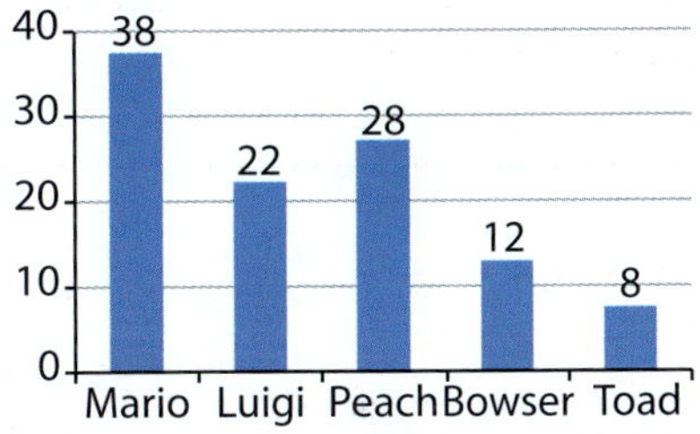

Combien de joueurs ont été interrogés ?

3. Quelle est la fréquence d'apparition de la lettre « e » dans la phrase « Et pourtant, elle tourne ! », qui aurait été prononcée par Galilée ?

4. Selon le graphique suivant, quel est le pourcentage de dioxygène ?

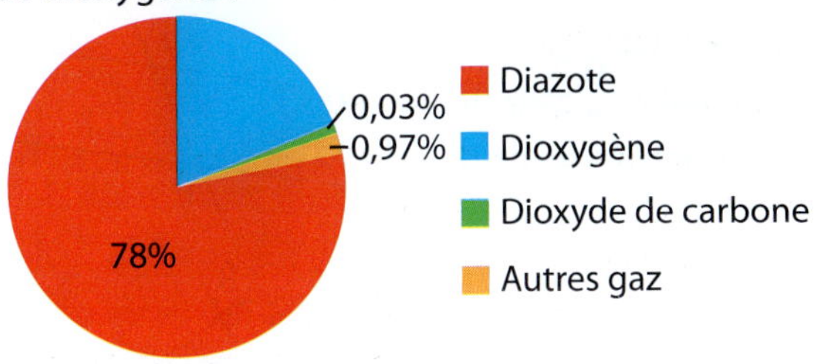

5. Voici les relevés de température pendant 5 jours réalisés à Lacanau en octobre 2019 :

11 °C ; 17 °C ; 14 °C ; 18 °C ; 15 °C

Quelle est la température moyenne sur ces 5 jours ?

6. La moyenne obtenue par Louis en mathématiques est de 12,5. Il a fait 4 contrôles mais il ne se souvient que des 3 premières notes : 14, 9 et 16. Combien a-t-il eu à son dernier contrôle ?

Calcul mental

7. Le tableau ci-dessous donne la répartition, par âge, de l'équipage d'un voilier préparant une régate.

Âge des équipiers	20	25	30
Nombre d'équipiers	4	3	3

Quel est l'âge moyen des équipiers ?

8. On lance deux dés équilibrés à 6 faces et on fait la somme des nombres obtenus sur la face du dessus. Combien y a-t-il d'issues possibles ?

9. Lors d'une fête d'anniversaire, il y a 15 enfants dont 7 filles. Lors d'un jeu, on tire le nom d'un enfant au hasard dans un chapeau.
Déterminer la probabilité que ce soit celui d'un garçon.

10. Dans le collège de Mei, 60 élèves sur 300 viennent en bus. Si on prend un élève au hasard, quelle est la probabilité qu'il ne vienne pas en bus ?

Série 10 Angles

1. Les angles $\widehat{FOL}$ et $\widehat{ROE}$ sont-ils opposés par le sommet ?

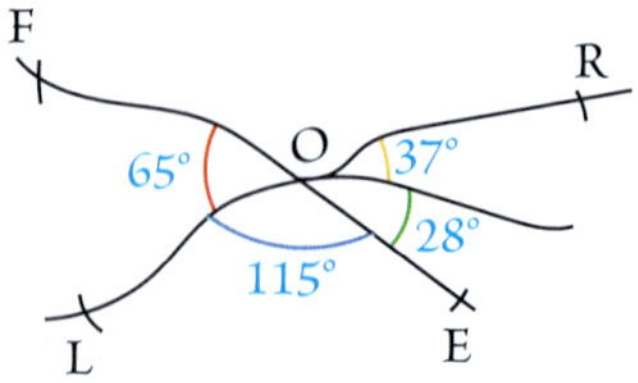

2. Les points V, B et G sont-ils alignés ?

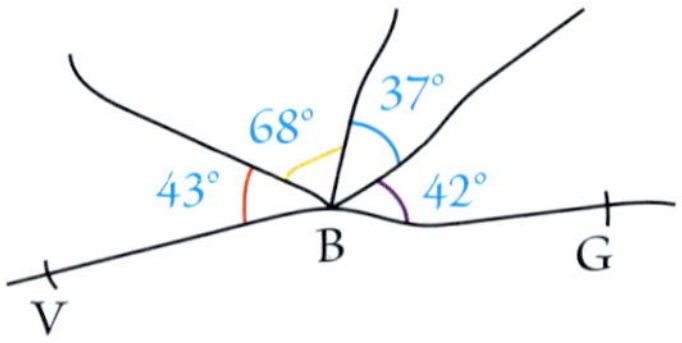

3. Les droites (KL) et (MN) sont parallèles. Quelle est la mesure de l'angle orange ?

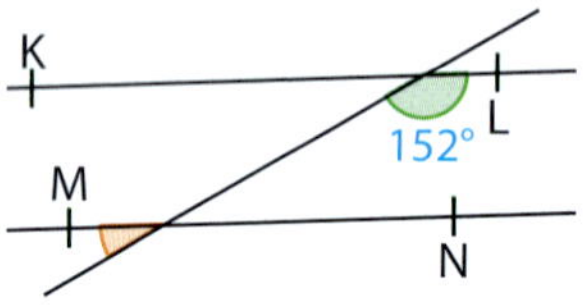

4. Les droites (CA) et (FL) sont parallèles. Calculer le triple de la mesure de l'angle $\widehat{AFL}$.

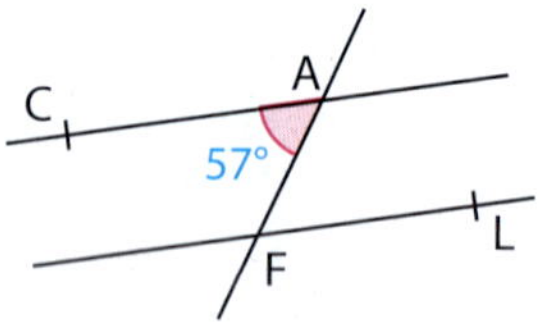

5. Le triangle ABL est-il constructible ?

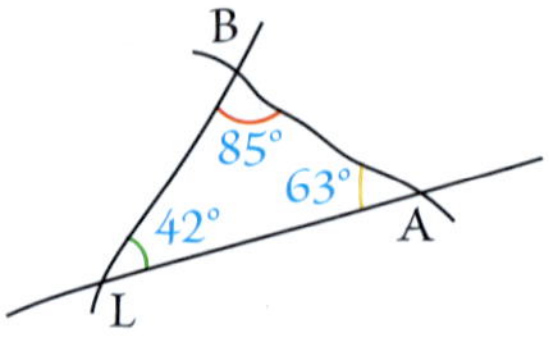

6. Les droites *d* et *d'* sont-elles parallèles ?

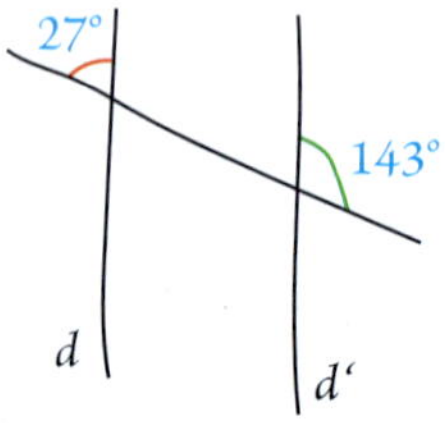

7. Les droites (VA) et (XL) sont parallèles.
Les droites (VX) et (XL) sont-elles perpendiculaires ?

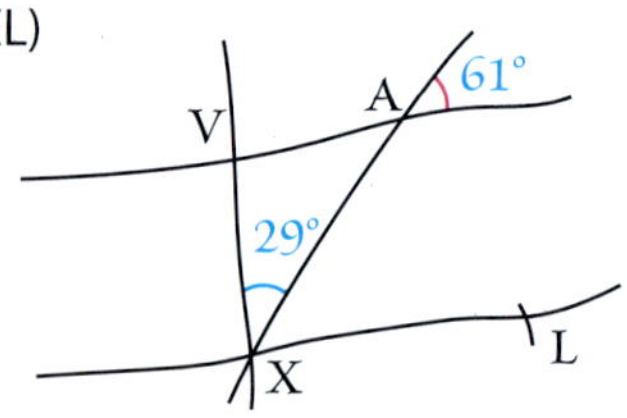

8. Combien mesure l'angle bleu ?

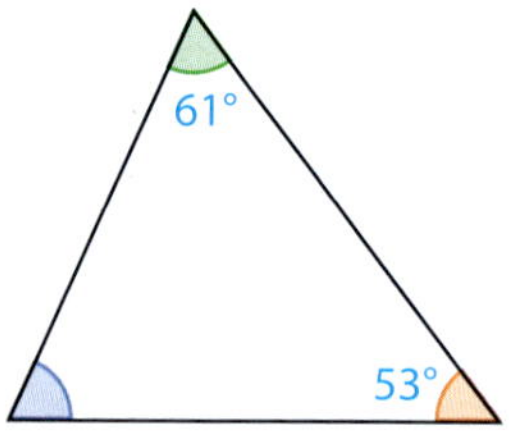

9. Est-il possible de construire un triangle ABC tel que $\widehat{A} = 31°$, $\widehat{B}$ soit le double de $\widehat{A}$ et $\widehat{C}$ le triple de $\widehat{A}$?

10. Les droites *d* et *d'* sont-elles parallèles ?

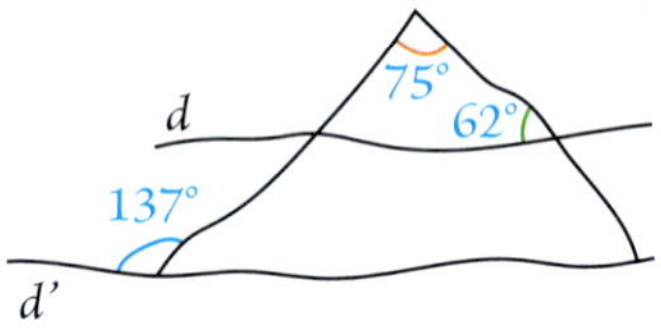

Série 11 Triangles et cercles • Parallélogrammes

1. Est-il possible de construire un triangle MNP tel que MP = 9,2 cm, PN = 5,9 cm et MN = 15 cm ?

2. Combien mesure l'angle orange ?

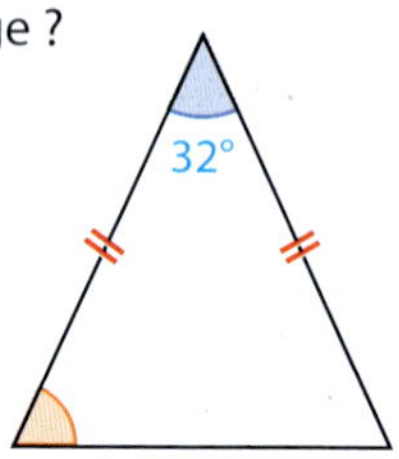

3. Est-il possible de construire un triangle IJK tel que IJ = 1 dm, IK = 3 cm et JK = 10 cm ?

4. Quelle est la mesure de l'angle bleu ?

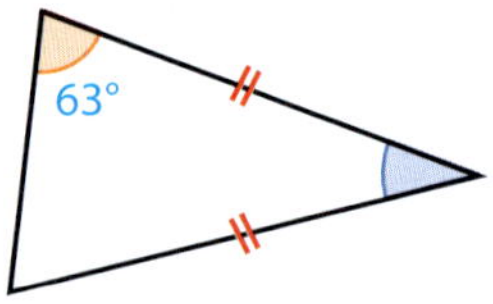

5. Calculer l'aire du triangle ABC.

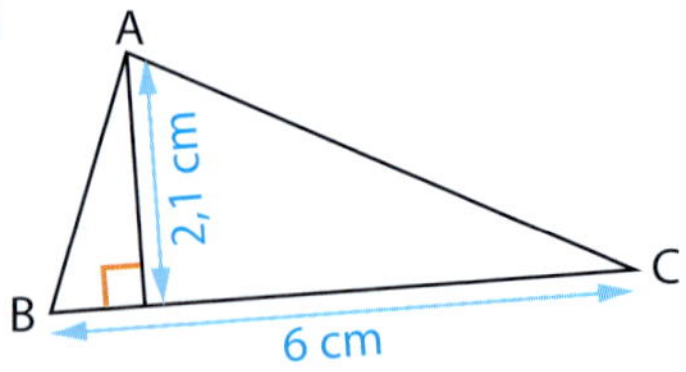

6. Calculer le périmètre d'un rectangle qui a pour largeur 3,4 cm et pour longueur le quadruple de sa largeur.

7. Calculer l'aire de ce triangle.

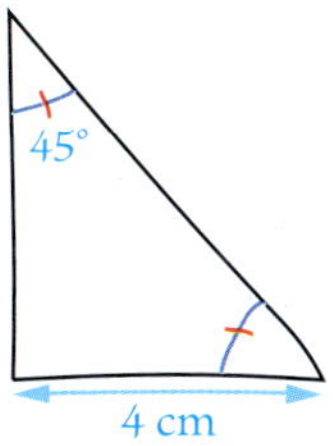

8. Calculer l'aire du triangle ABC.

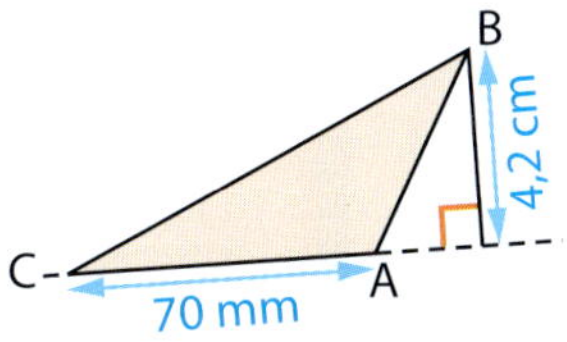

9. ABCD est un parallélogramme de périmètre 15 cm et tel que AB = 2,5 cm. Calculer la longueur BC.

10. Calculer l'aire de ce parallélogramme.

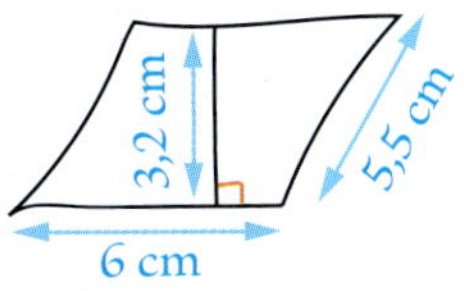

Série 12 Bilan

1. À son entrée en sixième, Arya doit choisir un code à trois chiffres pour son casier. Elle demande à ses parents et sa sœur de choisir chacun un nombre au hasard entre 0 et 9 (inclus). Combien cette expérience aléatoire comporte d'issues ?

2. Simplifier au maximum la fraction $\frac{128}{144}$.

3. Calculer $A = 2x + 3y$ pour $x = 2{,}5$ et $y = 1{,}5$.

4. Voici les médailles remportées par la France aux Jeux olympiques d'hiver 2018.

Médaille	Or	Argent	Bronze	Total
Effectif		4	6	15

Combien de médailles d'or la France a-t-elle remportées ?

5. Combien y a-t-il de secondes dans 5 minutes ?

6. Dans un triangle, un angle mesure 23° et un autre 72°. Calculer la mesure du troisième angle.

7. Quelle est le périmètre de l'étoile obtenue en pressant la touche a ?

8. Un parallélogramme a une aire égale à 12 cm^2 et une hauteur de 50 mm. Calculer la longueur d'un côté de ce parallélogramme.

9. Calculer $7{,}1 + 3 \times (5 - 1{,}7)$.

10. Donner une valeur approchée à l'unité près du volume d'un cylindre de hauteur 5 cm et de rayon 4 cm.

Série 13 Bilan

1. Calculer $\frac{50}{2{,}5}$.

2. Que dira le lutin si la réponse donnée par l'utilisateur est −15 ?

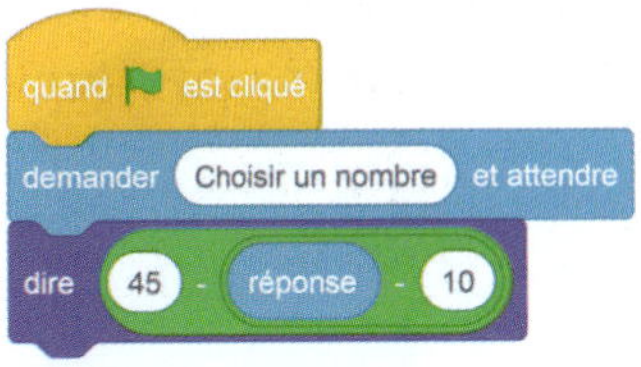

3.

Nombre de croissants	2	3	7
Prix en €	3	4,5	10,5

Ce tableau est-il un tableau de proportionnalité ?

4. L'égalité $3x - 5 = 2x + 2$ est-elle vraie pour $x = 7$?

5. Dans un aquarium, on compte un poisson orange pour deux poissons jaunes. On choisit un poisson de l'aquarium au hasard. Quelle est la probabilité que ce soit un poisson orange ?

6. Une enquête a été menée auprès d'une classe de collégiens pour connaitre leur moyen de transport pour venir au collège. Voici les résultats :

Transport	Bus	Vélo	À pied	Voiture
Effectif	15	2	5	3

Quelle est la fréquence en pourcentage d'élèves de cette classe qui viennent en voiture ?

7. Un triangle isocèle a un de ses angles à la base qui mesure 37°. Quelle est la mesure de l'angle au sommet principal ?

8. Un disque a une aire égale à 9π cm^2. Combien mesure son diamètre ?

9. Un pavé droit a un volume de 30 cm^3. Sa longueur est de 5 cm et sa profondeur est de 20 mm. Quelle est sa hauteur ?

10. Calculer $\frac{7}{12} - \frac{1}{36} + 2$.

Problèmes transversaux

ceinture jaune · ceinture verte · ceinture noire

1 Accros au téléphone

Calculer, Représenter

Une enquête a été réalisée dans un collège sur l'utilisation des téléphones portables.

Voici trois des questions posées dans cette enquête.

Question 1 : Possédez-vous un téléphone portable ?

Question 2 : Si oui, quel abonnement avez-vous ?

Question 3 : Votre téléphone portable est-il source de conflit avec vos parents ? Si oui, à quelle fréquence ?

Réponses à la question 1	Oui	Non
Effectif	525	184

Réponses à la question 2

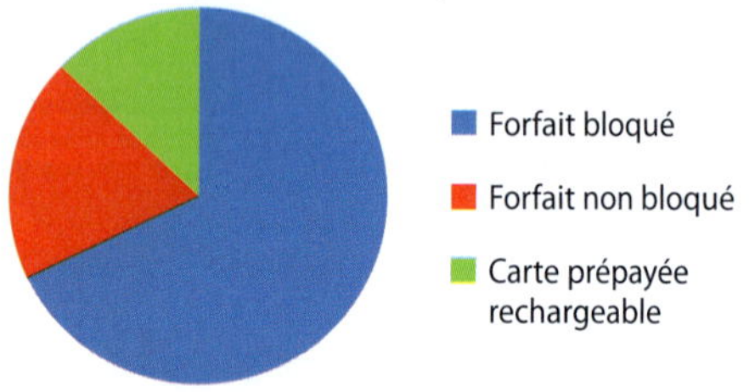

Réponses à la question 3	Jamais	Rarement	Souvent	Très fréquemment
Fréquence %	39 %	11 %	22 %	28 %

1. Peut-on dire que près des trois quarts des élèves de ce collège possèdent un téléphone portable ? Justifier.

2. 68 % des élèves ayant un téléphone portable ont un forfait bloqué. Quel est le nombre d'élèves concernés ?

3. Peut-on dire que plus d'un quart des élèves ayant un téléphone portable ont une carte prépayée rechargeable ? Justifier.

4. Déterminer une valeur approchée du nombre d'élèves ayant un forfait non bloqué. Expliquer la démarche utilisée.

5. a. Construire un diagramme en bâtons représentant les réponses données à la question 3 de l'enquête.

b. Déterminer une valeur approchée à l'unité près du nombre d'élèves pour lesquels le téléphone portable a déjà été source de conflit avec leurs parents.

2 La tache de chocolat

Raisonner, Communiquer

Sarah a renversé son chocolat chaud sur sa feuille.

Andréa lui affirme qu'il peut donner la mesure de l'angle qui manque sans le mesurer.

- Détailler la méthode d'Andréa.

3 Le loto

Calculer, Raisonner, Communiquer

Jules a joué une grille de loto à 2,20 € le 14 décembre 2019.

Il consulte les résultats sur internet pour savoir s'il a gagné.

LOTO DU SAMEDI 14 DÉCEMBRE 2019

3 4 17 38 48 + 9

	Nombre de gagnants	Gains
5 bons n° + Chance	0	Pas de gagnant
5 bons n°	0	Pas de gagnant
4 bons n° + Chance	28	10 917,90 €
4 bons n°	383	564,80 €
3 bons n° + Chance	2 122	60,90 €
3 bons n°	19 696	23,60 €
2 bons n° + Chance	33 651	10,70 €
2 bons n°	311 657	4,50 €
0 ou 1 bon n° + Chance	475 348	2,20 €

1. Jules fait-il partie des nombreux gagnants ? Si oui, quel est son bénéfice ?

2. Écrire une seule expression permettant de calculer la somme totale de gains distribués à l'ensemble des gagnants ce jour-là.

3. Jules a écrit le script ci-dessous pour choisir ses 5 numéros du loto ainsi que son numéro chance.

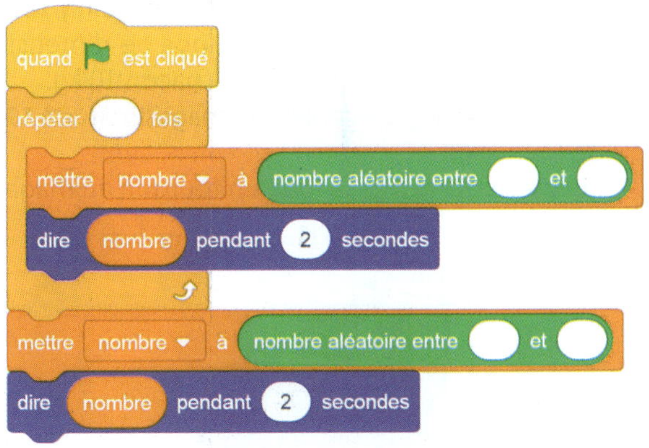

a. Compléter ce script avec les valeurs appropriées.
b. Ce script va-t-il lui permettre de remplir sa grille de loto à chaque fois qu'il va l'utiliser ? Pourquoi ?

4. Pour avoir plus de chances de gagner au prochain tirage, il consulte un site qui fait apparaitre les numéros qui sont sortis le plus souvent sur les 30 derniers tirages.

Rang	Numéro	Fréquence
1	46	80,4 %
2	21	80,4 %
3	23	77,0 %
4	20	77,0 %
5	37	71,5 %
6	31	71,5 %
7	47	68,8 %

Il décide donc de jouer les 6 numéros suivants :
46 – 21 – 23 – 20 – 37 + numéro chance : 2.
Que penser de la stratégie de Jules ?

4 Arrosage automatique

Représenter, Calculer

Angela veut installer un système d'arrosage automatique dans son jardin rectangulaire de 15 m de long sur 10 m de large. Elle veut positionner un arroseur qui arrose sur un rayon de 5 m dans chacun des quatre coins de son jardin.

1. Réaliser un plan à l'échelle $\frac{1}{100}$.

2. Calculer la surface du jardin qui ne sera pas arrosée par cette installation.

3. Elle décide d'arroser toute la surface de son jardin. Pour cela, elle veut placer au centre du jardin un cinquième arroseur circulaire suffisamment puissant et le moins cher possible.
Quel modèle va-t-elle choisir parmi ceux présentés ci-dessous ?

Modèles	Éco	Basique	Standard	Super
Portée	5 m	6 m	7,5 m	10 m
Prix hors taxes	8,50 €	11,90 €	15,10 €	18,75 €

4. Elle commande ses arroseurs sur internet.
Compléter le tableau ci-dessous.

	Prix hors taxes à l'unité	Quantité
Arroseur modèle Éco	8,50 €	…
Arroseur modèle …	…	…
TOTAL HT (Hors Taxes)	…	
TVA (20 %)	…	
Total TTC (Toutes Taxes Comprises)	…	

5 Le camping

Calculer

Au camping « Les Tourelles » sont proposés plusieurs types de locations : des petits chalets, des mobil-homes et des emplacements pour les tentes.

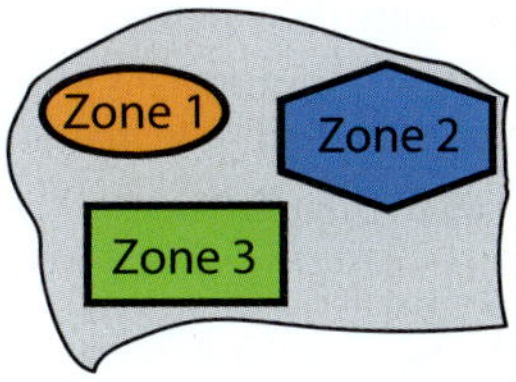

Zone 1 : 125 tentes
Zone 2 : 75 chalets
Zone 3 : 72 mobil-homes
Zone grise : aménagements communs

Doc. 1 Tarifs location par nuit

Mobil-homes : 40 €
Chalets : 63 €
Emplacement tente : 19 €

Doc. 2 Taux d'occupation du 8 au 15 juillet 2019

$\frac{3}{5}$ des chalets
52 % des emplacements pour les tentes
$\frac{7}{18}$ des mobil-homes

Doc. 3 Surface de chaque zone

Zone 1 : 2 000 m²
Zone 2 : 4 200 m²
Zone 3 : 3 800 m²

1. Le terrain de camping s'étend sur une surface de 2 hectares. Calculer la surface consacrée aux aménagements communs.

2. Calculer le montant encaissé par le camping pour les locations de la semaine du 8 au 15 juillet.

3. Quel pourcentage cela représente-t-il par rapport au remplissage maximum ?

Problèmes transversaux

ceinture jaune · ceinture verte · ceinture noire

6 Les drapeaux

Représenter, Calculer

Construire les drapeaux ci-dessous en respectant les descriptions et proportions indiquées.

- Quels pays représentent-ils ?

Doc. 1 Les drapeaux

Le ratio $h : l$ représente la proportion entre la hauteur h (côté où il est attaché à la hampe) et la largeur l.

Numéros	①	②	③	④
Image		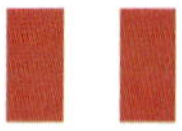		
$h : l$	3 : 5	2 : 3	2 : 3	5 : 8

Doc. 2 Éléments de construction

① Le diamètre du disque mesure les deux-tiers de la hauteur ; le centre du disque est situé sur l'axe de symétrie horizontal du drapeau. Ce centre est décalé vers la gauche par rapport au centre du rectangle ; la distance entre ces deux centres est égale aux cinq-centièmes de la largeur du drapeau.

② Le centre du drapeau est un centre de symétrie.

③ Les hauteurs des bandes horizontales sont dans le ratio 1 : 2 : 1. Au centre se trouve un disque dont le diamètre est égal à $\frac{4}{5}$ de la hauteur de la bande bleue.

④ Les ratios des dimensions des parties colorées du drapeau sont de 5 : 2 : 9 horizontalement et 4 : 2 : 4 verticalement.

7 La pièce de métal

Prise d'initiative

Calculer

L'entreprise de Gauthier fabrique des pièces de métal identiques à celle-ci.

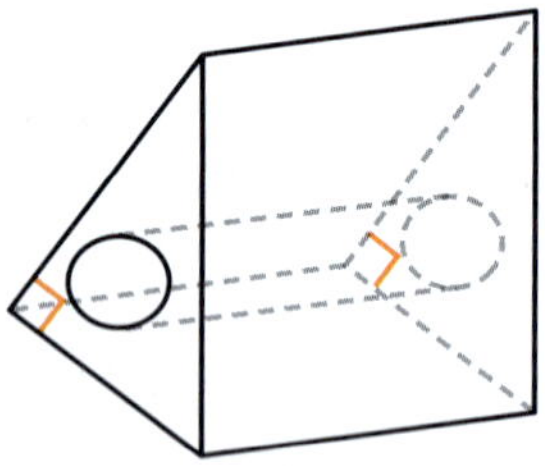

C'est un prisme droit de hauteur 23 cm et dont la base est un triangle rectangle de dimensions 6,4 cm, 12 cm et 13,6 cm.
Il est percé d'un trou cylindrique de 3,2 cm de diamètre. Chaque pièce est ensuite entièrement laquée en blanc, y compris dans le trou, à l'aide d'une machine utilisant 15 litres de peinture pour une surface de 200 m^2.

1. Quel volume de métal représenteront 100 000 pièces comme celle-ci ? Donner la réponse dans une unité adaptée.

2. Quelle quantité de laque sera nécessaire pour la fabrication de ces 100 000 pièces ?

8 Abri de jardin

Prise d'initiative

Chercher, Calculer, Communiquer

Pour réaliser un abri de jardin en parpaing, un bricoleur a besoin de 300 parpaings de dimensions 50 cm × 20 cm × 10 cm pesant chacun 10 kg.
Il achète les parpaings dans un magasin situé à 10 km de sa maison.
Pour les transporter, il loue un fourgon au magasin.

Doc. 1 Dimensions d'un parpaing

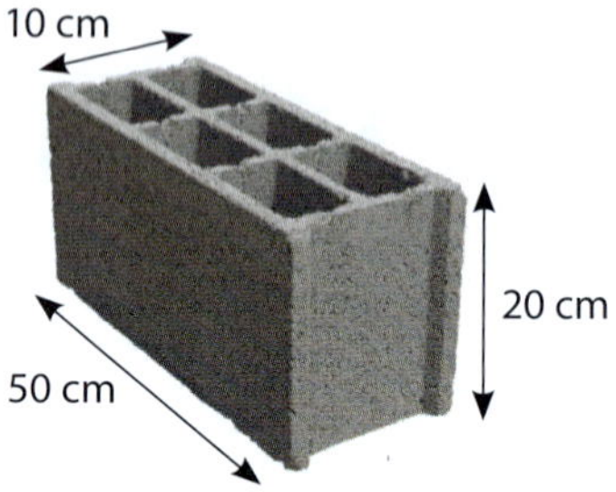

Doc. 2 Caractéristiques du fourgon

- Trois places assises.
- Dimensions de la zone de stockage ($\mathscr{L} \times \ell \times h$) : 2,60 m × 1,56 m × 1,84 m.
- Charge pouvant être transportée : 1,7 tonnes.
- Volume réservoir : 80 litres.
- Diesel (consommation : 8 litres aux 100 km).

Doc. 3 Tarifs de location du fourgon

1 jour 30 km maximum	48 €
1 jour 50 km maximum	55 €
1 jour 100 km maximum	61 €
1 jour 200 km maximum	78 €
km supplémentaire	2 €

Ces prix comprennent le kilométrage indiqué hors carburant.

Doc. 4 Prix du carburant

Un litre de carburant coute 1,50 €.

1. Expliquer pourquoi il devra effectuer deux allers-retours pour transporter les 300 parpaings jusqu'à sa maison.

2. Quel sera le cout total du transport ?

3. Les tarifs de location du fourgon sont-ils proportionnels à la distance maximale autorisée par jour ?

D'après brevet.

9 Sirop de menthe

Prise d'initiative

Calculer, Chercher, Communiquer

Cali a invité 40 personnes pour son anniversaire. Il souhaite donner la même quantité de menthe à l'eau à chacune d'entre elles dans un verre en forme de tronc de cône.

Doc. 1 Bouteille de sirop et dosage

1 dose de sirop pour 7 volumes d'eau

Doc. 2 Verre de menthe à l'eau

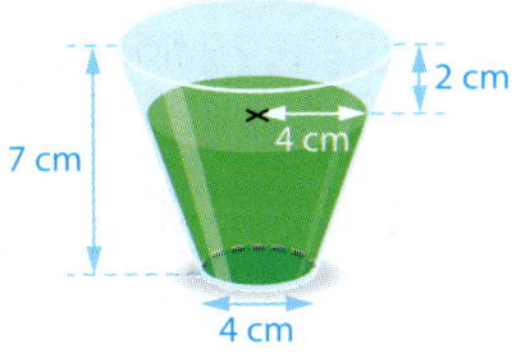

Doc. 3 Volume d'un tronc de cône

$$\mathcal{V}_{\text{tronc}} = \frac{\pi \times h}{3}(R^2 + r^2 + Rr)$$

où R et r désignent respectivement le rayon du grand disque et du petit disque de base et h la hauteur du tronc.

- Sachant que Cali a déjà une bouteille de sirop à la menthe remplie aux $\frac{3}{4}$, devra-t-il acheter des bouteilles de sirop supplémentaires ?

10 Messages codés

Calculer, Communiquer

Pour pouvoir communiquer en toute tranquillité entre eux, Nathan propose à son copain Romain de coder leurs messages.

Voici le code mis au point par Nathan :

> Chaque lettre est repérée par son rang dans l'alphabet comme indiqué ci-dessous.
>
> | lettre | | rang |
> |---|---|---|
> | A | ⟷ | 0 |
> | B | ⟷ | 1 |
> | … | | … |
> | Z | ⟷ | 25 |
>
> Pour coder :
> - On considère le rang r de la lettre que l'on veut coder puis on calcule l'expression $E = 3r + 1$.
> - On calcule le reste de la division euclidienne de E par 26. On le note r'.
> - On remplace la lettre du départ par la lettre qui a pour rang le nombre r'.

1. Coder le message envoyé par Nathan :
« À toi, Romain ! »

Pour calculer r', on peut utiliser la fonction MOD d'un tableur.

2. Décoder la réponse de Romain :
« Mzmn ib izenagn k'nhazan ! »

3. Romain se dit que la lettre que l'on rencontre le plus fréquemment dans une phrase en français non codé est généralement la lettre « e ».

a. Dans la phrase réponse codée de Romain, quelle est la lettre dont la fréquence d'apparition est la plus grande ? Calculer cette fréquence exprimée en pourcentage.

b. Cela confirme-t-il la remarque de Romain ?

11 Le vélo d'Anthony

Prise d'initiative

Chercher, Modéliser, Calculer

Tous les matins, Anthony part de chez lui en vélo et parcourt deux kilomètres pour se rendre au collège La Canopée de Matoury (Guyane).

Doc. 1 Principe de fonctionnement d'un vélo

Le cycliste appuie sur les pédales qui font tourner un plateau à l'avant. Le plateau entraine la chaine qui entraine à son tour un pignon à l'arrière. C'est ce pignon qui fait tourner la roue arrière… et le vélo avance.

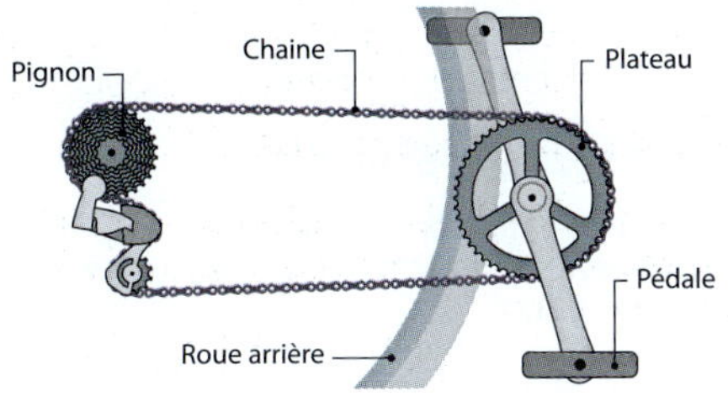

À chaque combinaison plateau-pignon correspond une vitesse différente.

Plus l'écart de taille entre le plateau et le pignon est grand, plus le vélo avance vite, mais plus il est difficile de pédaler.

Doc. 2 Caractéristiques du vélo d'Anthony

- Diamètre du pneu 28 pouces soit environ 711 mm
- 3 plateaux (48, 36 et 24 dents)
- 6 pignons à l'arrière (12, 14, 16, 18, 21 et 24 dents)

1. Combien de vitesses a le vélo d'Anthony ?

2. Quelle est la valeur en centimètres d'un pouce ?

3. a. Si la chaine est sur le deuxième plateau (36 dents) et sur le petit pignon (12 dents), combien de tours fait la roue arrière lorsqu'Anthony fait un tour de pédale ?

b. Si la chaine est sur le grand plateau et sur le pignon à 21 dents, combien de tours fait la roue arrière lorsqu'Anthony fait un tour de pédale ?

4. Ce matin, la chaine du vélo d'Anthony est sur le deuxième plateau et sur le pignon à 16 dents. En supposant qu'il roule sur un terrain plat et qu'il pédale régulièrement et sans arrêt, combien de tours de pédale devra-t-il faire pour arriver au collège ?

Corrigés

1 Nombres entiers

2 1. La division euclidienne de 597 par 13 donne un quotient de 45 et un reste de 12.
2. $597 = 45 \times 13 + 12$

3 1. La division euclidienne de 5 897 par 22 donne un quotient de 268 et un reste de 1.
2. $5\,897 = 22 \times 268 + 1$

5 1. La division euclidienne de 9 207 par 27 donne un quotient de 341 et un reste de 0.
2. Comme le reste de cette division est nul, 27 est un diviseur de 9 207.

7 5 769 ne se termine ni par 0, ni par 5, donc il n'est pas divisible par 5.
$5 + 7 + 6 + 9 = 27$ et 27 est divisible par 9, donc 5 769 est divisible par 9.

9 Les diviseurs de 32 sont : 1 ; 2 ; 4 ; 8 ; 16 ; 32.

12 578 est divisible par 2, donc il n'est pas premier.
1 065 est divisible par 5, donc il n'est pas premier.
$4 + 4 + 7 = 15$ qui est divisible par 3. Donc 447 est divisible par 3, donc il n'est pas premier.
$6 + 9 + 3 = 18$ qui est divisible par 3. Donc 693 est divisible par 3, donc il n'est pas premier.
$343 = 7 \times 49$. Donc 343 est divisible par 7, donc il n'est pas premier.

14 $180 = 2 \times 2 \times 3 \times 3 \times 5$
$210 = 2 \times 3 \times 5 \times 7$
$260 = 2 \times 2 \times 5 \times 13$

QCM

(1) 1. C	2. C	3. A et B	4. A et B	5. A et C
(2) 1. C	2. A	3. A	4. B	
(3) 1. C	2. B	3. A, B et C		

2 Calcul numérique et littéral

2 $A = 51 - 7 + 14 = 44 + 14 = 58$; $B = 24 \div 2 \times 3 = 12 \times 3 = 36$;
$C = 21 + 6 = 27$; $D = 17 + 32 = 49$; $E = 16 - 9 = 7$;
$F = 2{,}5 + 6 - 1{,}5 = 7$.

4 $A = 13 + (54 - 36) = 13 + 18 = 31$; $B = 47 + (78 - 6) = 47 + 72 = 119$;
$C = \frac{54}{9} = 6$; $D = \frac{40}{20} = 2$; $E = \frac{12}{10} = 1{,}2$.

6 1. a. $15 + 3 \times 7$ b. $28 - 2 \times 8$ c. $10 \times (3 + 4)$
d. $\frac{54}{3 \times 9}$ ou $54 \div (3 \times 9)$ e. $25 - \frac{24}{4}$ ou $25 - 24 \div 4$
2. A est la somme de 14 et du produit de 7 par 3.
B est la différence entre 26 et le quotient de 25 par 5.
C est le quotient de 54 par la différence entre 14 et 5.

8 1. $P = 9 \times x$
2. $P = 9 \times 40 = 360$. Le prix à payer est de 360 €.

9 1. $P = (L + 4) \times 2$ ou $P = L \times 2 + 4 \times 2$
2. $P = (7 + 4) \times 2 = 11 \times 2 = 22$

11 a. $3 \times r$ b. $r \times 12$
c. $r \div 4$ ou $\frac{r}{4}$ d. $2 \times r - 5$
e. $15 + \frac{r}{6}$ ou $15 + r \div 6$

13 1. a. $25 - 9 \times 2 = 25 - 18 = 7$
b. $42 - 9 \times 3 = 42 - 27 = 15$
2. a. $18 \div (4 + 2) = 18 \div 6 = 3$
b. $35 \div (5 + 2) = 35 \div 7 = 5$

15 a. $y + 7 = 3 + 7 = 10$ et $5 \times y + 3 = 5 \times 3 + 3 = 15 + 3 = 18$
Pour $y = 3$, les deux membres n'ont pas la même valeur ($10 \neq 18$) donc l'égalité est fausse.
b. $y + 7 = 1 + 7 = 8$ et $5 \times y + 3 = 5 \times 1 + 3 = 5 + 3 = 8$
Pour $y = 1$, les deux membres ont la même valeur 8, donc l'égalité est vraie.

17 $\frac{L \times 8}{2} = \frac{3 \times 8}{2} = 12$ et $L \times L = 3 \times 3 = 9$
Pour $L = 3$, les deux membres n'ont pas la même valeur ($12 \neq 9$), donc les aires ne sont pas égales.

19 a. wz b. $24t$ c. z^3 d. $6h^2$

21 a. $5w$ b. $25x$ c. $29t$

23 Programme A : $5x + 7 - 2x = 3x + 7$
Programme B : $2x + x + 7 = 3x + 7$
Les deux expressions sont les mêmes donc les deux programmes donnent toujours le même résultat.

QCM

(1) 1. C	2. B	3. A, B et C
(2) 1. B	2. C	3. A
(3) 1. B	2. B	3. A et C
(4) 1. C	2. B	3. A et B

3 Fractions : définition

2 1. $\frac{24}{13}$ 2. $\frac{8}{15}$

3 a. $\frac{7}{4} \times 4 = 7$
b. $\frac{11}{23} \times 23 = 11$
c. $12{,}3 \times \frac{5}{12{,}3} = 5$

5 a. $\frac{5}{4} = 1{,}25 = \frac{125}{100}$
b. $\frac{2}{5} = 0{,}4 = \frac{4}{10}$
c. $\frac{2{,}7}{10} = 0{,}27 = \frac{27}{100}$

7 1. $\frac{10}{2{,}5}$ n'est pas écrit sous forme de fraction car son dénominateur n'est pas un nombre entier.
2. $A = 0{,}875$; $C = \frac{100}{25} = 4$.

8 $\frac{4}{11}$ n'est pas un nombre décimal. $\frac{4}{11} \approx 0{,}4$

10 a. $\frac{11}{3} = \frac{77}{21}$ b. $\frac{36}{15} = \frac{12}{5}$
c. $\frac{6}{13} = \frac{18}{39}$ d. $\frac{3}{7} = \frac{24}{56}$

12 1. $\frac{5}{9} = \frac{20}{36}$; $\frac{2}{3} = \frac{24}{36}$
2. $\frac{11}{20} = \frac{55}{100}$; $\frac{7}{2} = \frac{350}{100}$

14 $\frac{39}{12} = \frac{13}{4}$; $\frac{55}{40} = \frac{11}{8}$; $\frac{400}{300} = \frac{4}{3}$; $\frac{45}{27} = \frac{5}{3}$

16 a. $48{,}72 = \frac{4\,872}{100}$ b. $\frac{45}{25} = \frac{180}{100}$

18 1. a. $\frac{342}{38} = 9$ b. $\frac{945}{25} = 37{,}8$
2. $\frac{2}{25} = \frac{8}{100} = 0{,}08$

20 a. $\frac{7\,300}{1} = 7\,300$ b. $\frac{500}{1} = 500$
c. $\frac{132{,}4}{1} = 132{,}4$

22 La proportion est de $\frac{13}{52} = \frac{1}{4} = 0{,}25$.

24 $\frac{15}{50} = \frac{30}{100}$ soit 30 %.

QCM

(1) 1. B	2. A	3. A et C	
(2) 1. A	2. B	3. A	4. A et C
(3) 1. A	2. B et C		
(4) 1. B	2. A	3. B et C	

4 Fractions : opérations

2 $A = \frac{10}{11}$; $B = \frac{10}{9}$

4 $A = \frac{3}{15} + \frac{4}{15} = \frac{7}{15}$ $B = \frac{30}{6} - \frac{1}{6} = \frac{29}{6}$
$C = \frac{5}{21} - \frac{3}{21} = \frac{2}{21}$ $D = \frac{6}{12} + \frac{10}{12} - \frac{5}{12} = \frac{11}{12}$

6 $\frac{5}{6} \times 180 = \frac{5 \times 180}{6} = \frac{900}{6} = 150.$
Les cinq sixièmes de 180 € valent 150 €.

8 **1.** $\frac{14}{100} \times 50 = \frac{14 \times 50}{100} = \frac{700}{100} = 7.$ 14 % de 50 € valent 7 €.
2. $\frac{35}{100} \times 480 = \frac{35 \times 480}{100} = \frac{16\,800}{100} = 168.$
35 % de 480 g valent 168 g.

10

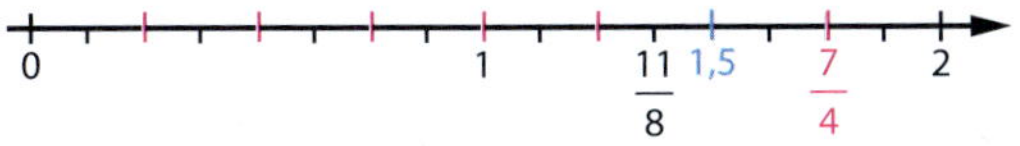

$\frac{11}{8} < 1{,}5 < \frac{7}{4}$

12 **a.** $\frac{11}{5} > \frac{9}{5}$ **b.** $\frac{3}{4} = \frac{9}{16}$ donc $\frac{3}{4} < \frac{11}{16}$
c. $\frac{4}{5} = \frac{24}{30}$ et $\frac{5}{6} = \frac{25}{30}$ donc $\frac{4}{5} < \frac{5}{6}$

14 **a.** $\frac{5}{3} > 1$ car $5 > 3$.
b. $\frac{36}{38} < 1$ car $36 < 38$. **c.** $\frac{26}{23} > 1$ car $26 > 23$.
d. $\frac{2}{2} = 1$ car le numérateur est égal au dénominateur.
e. $\frac{204}{100} > 1$ car $204 > 100$.

16 **a.** $151 = 12 \times 12 + 7$ donc $12 < \frac{151}{12} < 13$ **b.** $0 < \frac{115}{203} < 1$
c. $3\,010 = 14 \times 201 + 196$ donc $14 < \frac{3\,010}{201} < 15$

QCM

1. **1.** C **2.** A et C **3.** B **4.** A et C
2. **1.** C **2.** A **3.** C **4.** A et C
3. **1.** B **2.** B et C **3.** A **4.** C

5 Nombres relatifs : définition

4 A = 12 – 9 = 3 B = 3 – 8 = (–5)
C = 12,5 – 14 = (–1,5) D = 12 – 10,4 = 1,6

6 L'abscisse de E est –4.
L'abscisse de A est –1,5.
L'abscisse de T est 0, origine de la droite graduée.
L'abscisse de S est 5.

8 **1.**

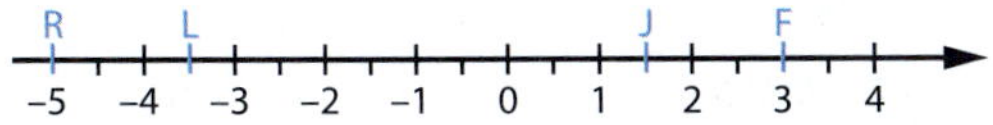

2. La distance à zéro de –5 est 5. La distance à zéro de 3 est 3.

12 11 > 3 > 2,5 > –1 > –4 > –4,5

14 Les coordonnées des points sont : B(–2 ; 2) ; L(3 ; –2) ; E(0 ; –2) et U(–4 ; –1).

16

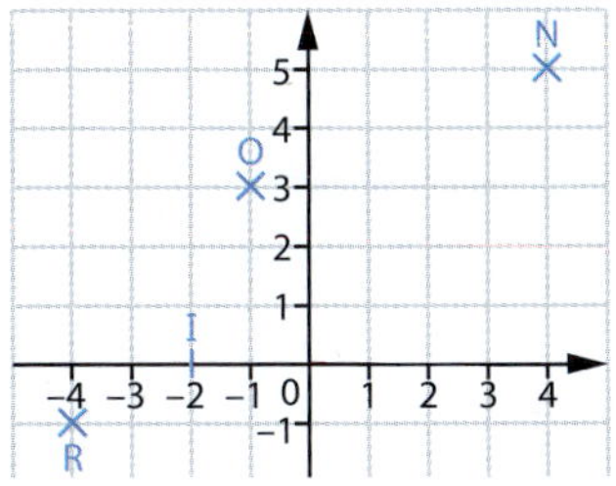

QCM

1. **1.** C **2.** A et C **3.** C
2. **1.** B et C **2.** A
3. **1.** A **2.** B **3.** B et C
4. **1.** C **2.** B **3.** A

6 Nombres relatifs : opérations

2 A = 3 + (–8,4) = –5,4 B = –5,2 + 7,9 = 2,7
C = 3,4 + 7,5 = 10,9 D = –2 + (–8,1) = –10,1

4 A = –4 + 8 + 5 + (–4) + (–3) + 6
A = 8 + 5 + 6 + (–4) + (–3) + (–4) = 19 + (–11) = 8
B = –5 + (–8) + 7 + (–10) + 3 = 7 + 3 + (–5) + (–8) + (–10) = –13

6 A = 0, 5 + (–3,6) + 1,6 + 1, 5 + (–0,4) + 2,3
A = 0,5 + 1,5 + (–3,6) + 1,6 + (–0,4) + 2,3 = 2 + (–2) + 1,9 = 1,9
B = –1,25 + (–5,6) + 7,2 + (–1,75) + (–0,4)
B = –1,25 + (–1,75) + (–5,6) + (–0,4) + 7,2 = –3 + (–6) + 7,2 = –1,8

8 L'opposé de –10 est 10. L'opposé de 5 est –5. L'opposé de –11,2 est 11,2. L'opposé de –3,2 est 3,2. L'opposé de 10,8 est –10,8. L'opposé de 0 est 0.

10 A = 12 – 8 = 4 B = 15 – (–9) = 24
C = –4,5 – 12,1 = –16,6 D = –3,5 – (–1,2) = –2,3

12 RT = –5 – (–7,5) = 2,5 UT = 3,5 – (–5) = 8,5

14 A = 8 – 73 + (–8) + 5 – 7 – (–2) – 74
A = 8 + (–73) + (–8) + 5 + (–7) + 2 – 74 = –147
B = –5,2 + 0,25 – 8 – 3,8 + 7,3 – 2 + 1,75
B = 0,25 + 7,3 + 1,75 + (–5,2) + (–8) + (–3,8) + (–2) = –9,7

QCM

1. **1.** B **2.** C **3.** A
2. **1.** C **2.** A **3.** A
3. **1.** B **2.** A **3.** A et C **4.** B
4. **1.** A **2.** C **3.** A et C

7 Grandeurs et proportionnalité

2 Pour l'hexagone, le nombre de diagonales est égal à 1,5 fois le nombre de sommets (puisque 9 = 1,5 × 6). Mais cela n'est pas le cas pour l'octogone (puisque 20 ≠ 1,5 × 8). Donc les deux grandeurs ne sont pas proportionnelles.

5 $\frac{300}{1} = 300$; $\frac{750}{2{,}5} = 300$; $\frac{1200}{4} = 300$; $\frac{1500}{5{,}5} \approx 273$
Tous les quotients ne sont pas égaux, ce n'est donc pas un tableau de proportionnalité : le temps de marche et le dénivelé ne sont pas des grandeurs proportionnelles. Il n'y a pas de coefficient de proportionnalité.

7 × 0,35 ; ÷ 0,35

Nombre de capsules	2	60	?
Prix (€)	0,70	?	14

Il s'agit d'une situation de proportionnalité ; le coefficient de proportionnalité qui permet de calculer le prix est 0,70 ÷ 2 = 0,35.
1. 60 × 0,35 = 21 donc 60 capsules coutent 21 €.
2. 14 ÷ 0,35 = 40 donc avec 14 €, il peut acheter 40 capsules.

9 × 1,125 ; × 1,375

Nombre de nems	8	11	9
Prix (€)	7,60	?	?

Il s'agit d'une situation de proportionnalité. Pour passer de 8 à 11 nems, il faut multiplier par $\frac{11}{8} = 1{,}375$. Donc le prix à payer pour 11 nems sera 1,375 × 7,60 € = 10,45 €.
Pour passer de 8 à 9 nems, il faut multiplier par $\frac{9}{8} = 1{,}125$.
Donc le prix à payer pour 9 nems sera 1,125 × 7,60 € = 8,55 €.

Corrigés

11 Il s'agit d'une situation de proportionnalité.

Distance parcourue (km)	4	5	?
Durée (min)	20	?	65

($\times 5$; $\div 5$)

Le coefficient de proportionnalité qui permet de calculer la durée est $20 \div 4 = 5$.

1. $5 \times 5 = 25$. Il me faudra 25 minutes pour parcourir 5 km.

2. 1 h 05 min = 65 min ; $65 \div 5 = 13$. En 1 h 05 min, j'aurai parcouru 13 km.

13 815 ha = 8 150 000 m²

On peut représenter cette situation par un tableau de proportionnalité.

Surface du château (en m²)	60 000	?
Surface du parc (en m²)	8 150 000	100

($\div 81\,500$; $\times 81\,500$)

Pour passer de 100 m² à 8 150 000 m², il faut multiplier par $\frac{8\,150\,000}{100} = 81\,500$.

Donc le pourcentage du parc occupé par le château est $60\,000 \div 81\,500 \approx 0{,}7$ %.

15 $\frac{8{,}4}{100} \times 1{,}66 = 0{,}139\,44$. En un siècle, la taille moyenne d'un homme a augmenté de 0,139 44 m.

$1{,}66 + 0{,}139\,44 = 1{,}799\,44$. En 2016, la taille moyenne d'un homme était donc 1,799 44 m, soit environ 1,8 m (arrondie au cm).

17 3,80 m = 380 cm

Le coefficient de proportionnalité qui permet de calculer les longueurs réelles est $\frac{380}{20} = 19$.

Longueur sur la maquette	20 cm	1 cm	6 cm
Longueur réelle	380 cm	?	?

($\times 19$)

1. L'échelle de la maquette est donc $\frac{1}{19}$.

2. $6 \times 19 = 114$. La hauteur réelle de la voiture est donc 114 cm, soit 1,14 m.

19 **a.** Le ratio *triangles blancs : triangles rouges* est 2 : 4 (ou 1 : 2).

b. Les triangles rouges et blancs sont dans le ratio 10 : 4 : 2 (ou 5 : 2 : 1).

21 $9 + 1 = 10$ donc le méthanol représente $\frac{1}{10}$ de 50 L, c'est-à-dire 5 L.

22 $12 + 10 + 9 = 31$ donc :

- Lilia reçoit $\frac{12}{31}$ de 155 €, soit $\frac{12}{31} \times 155 = 60$ €.
- Lou reçoit $\frac{10}{31}$ de 155 €, soit $\frac{10}{31} \times 155 = 50$ €.
- Tom reçoit $\frac{9}{31}$ de 155 €, soit $\frac{9}{31} \times 155 = 45$ €.

24 $2 + 1 + 3 = 6$. Donc la masse de noix de coco représente $\frac{2}{6}$ soit $\frac{1}{3}$ de la masse totale.

$3 \times 100 = 300$. La masse totale de préparation avant cuisson est donc 300 g.

QCM

(1) **1.** A **2.** A (2) **1.** A **2.** A et C

(3) **1.** C **2.** B et C (4) **1.** A **2.** A et C

8 Statistiques

2 **1.** L'effectif de la donnée « gris » est 4.

2. Fréquence de la donnée « blanc » : $\frac{4}{14} \approx 0{,}28 = 28$ %

3 **1.** L'effectif de la donnée « 1 » est 10.

2. L'effectif total est 30.

3. Fréquence de la donnée « 0 » : $\frac{6}{30} = 0{,}2 = 20$ %

5 **1.** L'effectif de la donnée « Roman » est 65.

2. L'effectif total est 271.

3. $\frac{124}{271} \approx 45{,}7$%. La fréquence de la donnée « Manga » est donc environ 45,7 %.

7

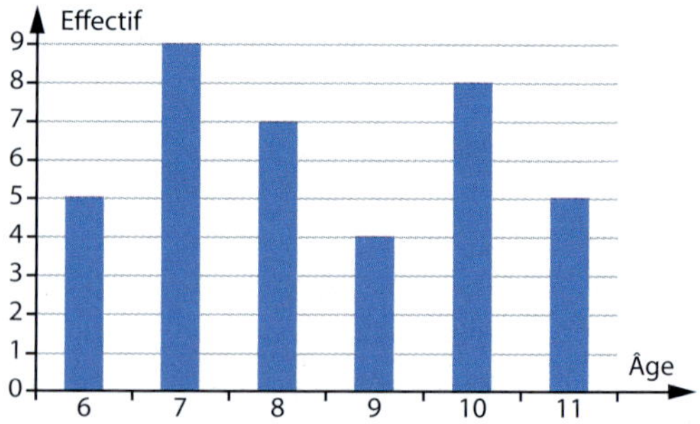

9 La mesure des angles est proportionnelle à la fréquence et le coefficient de proportionnalité est 3,6.

Transport	Bus	Marche	Vélo	Voiture	Deux roues	Total
Fréquence	30	5	5	45	15	100
Angle	108	18	18	162	54	360

($\times 3{,}6$)

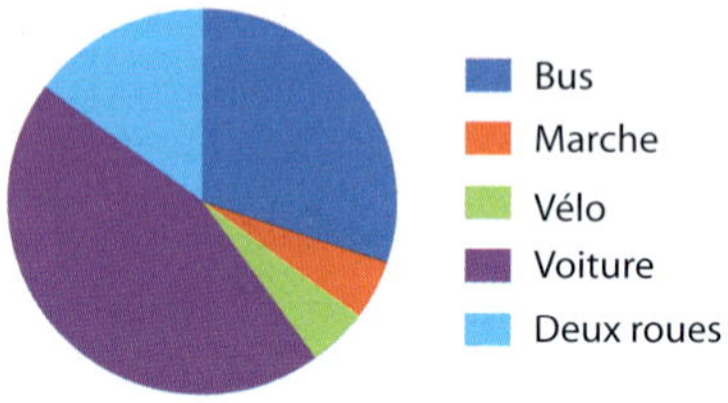

11 $\frac{35 + 40 + 90 + 35 + 45 + 60 + 80}{7} = \frac{385}{7} = 55$

Marie a passé en moyenne 55 minutes par jour à faire ses devoirs durant cette semaine.

13 $\frac{15 \times 4 + 22{,}5 \times 6 + 35 \times 5}{15} = \frac{370}{15} \approx 24{,}7$

Le prix moyen d'une serviette vendue sur ce stand est environ 24,70 €.

15 $\frac{36 \times 4 + 37 \times 5 + 38 \times 8 + 39 \times 6 + 40 \times 2}{25} \approx 37{,}88$

La distance moyenne de ces lancers de javelots est environ 37,8 m.

QCM

(1) **1.** A **2.** B **3.** B et C (2) **1.** C **2.** A

(3) **1.** B **2.** B et C

9 Probabilités

2 Ce n'est pas une expérience aléatoire car le résultat affiché est connu et sera toujours 20.

4 On met les balles dans un sac et on en tire une au hasard. On regarde le numéro obtenu. Les issues sont : 1 ; 2 ; 3 ; 6 ; 7 ; 8 .

6 Les issues réalisant l'évènement sont : 1 ; 2 ; 3 ; 4 ; 5 ; 6 ; 7.

8 Les issues ne réalisant pas l'évènement sont : 20 % et 40 %.

10 **a.** Cet évènement est impossible.

b. Cet évènement est très probable.

12 La probabilité est de $\frac{1}{6}$.

13 La probabilité est de $\frac{1}{26}$.

15 La probabilité est de $\frac{19}{27}$.

16 **a.** Les issues sont : vert, rouge, jaune, bleu.

b. La probabilité est : $\frac{1}{4}$.

c. La probabilité est : $\frac{2}{4} = \frac{1}{2}$.

QCM

(1) **1.** A et B **2.** B **3.** C (2) **1.** B **2.** B **3.** A, B et C

10 Construction et transformation de figures

3 1. 2.

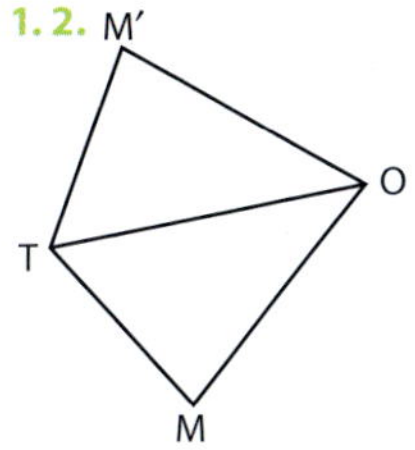

6 1. 2.

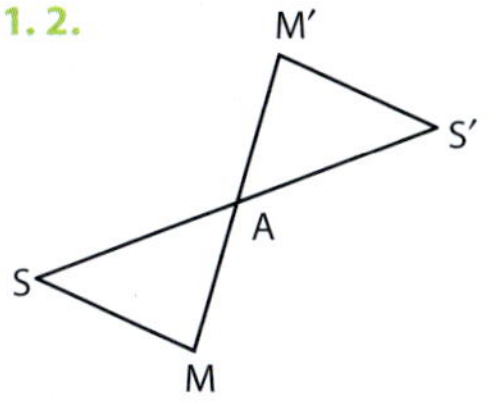

8 1. O est le centre de symétrie.

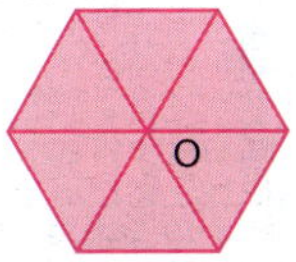

2. Cette figure ne possède pas de centre de symétrie.

10 1. $\mathscr{C}'$ est le symétrique de $\mathscr{C}$ qui est un cercle de rayon 2 cm donc le rayon de $\mathscr{C}'$ est 2 cm.
2.

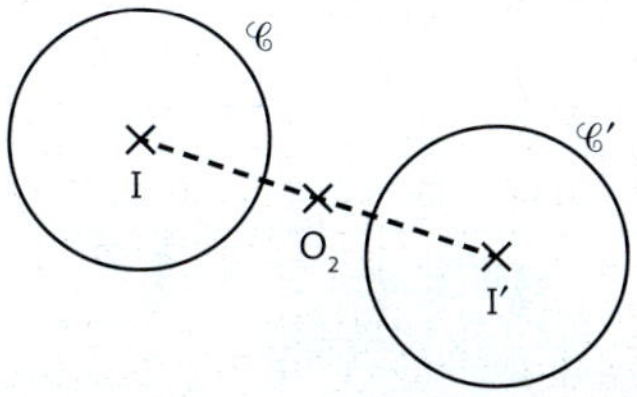

11 1.

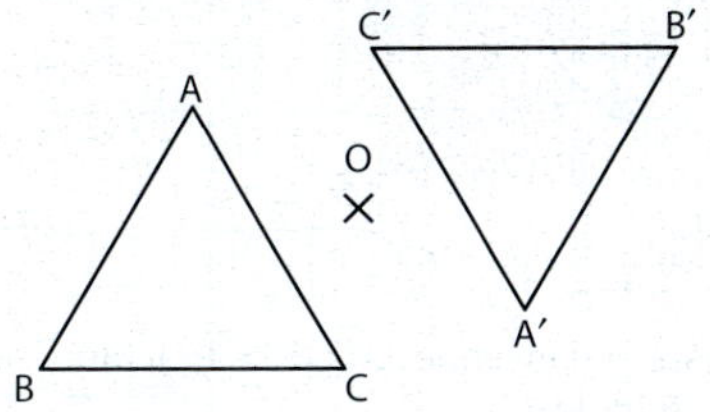

2. ABC est un triangle équilatéral donc chacun de ses angles mesure 60°. A′B′C′ est le symétrique de ABC par la symétrie de centre O. Comme la symétrie centrale conserve les mesures des angles, chacun des angles de A′B′C′ mesure 60°.

QCM

(1) 1. A, B et C 2. A
(2) 1. A et C 2. C
(3) 1. A 2. A et C
(4) 1. A 2. A 3. A et B

11 Angles

2 a. $\widehat{CAB}$ et $\widehat{ABF}$ ainsi que $\widehat{EAB}$ et $\widehat{ABD}$ sont alternes-internes.
b. $\widehat{MIJ}$ et $\widehat{IJK}$ ainsi que $\widehat{LIJ}$ et $\widehat{IJN}$ sont alternes-internes.

4 1. Les droites (RL) et (AU) sont coupées par la droite (LU). Elles forment les angles alternes-internes $\widehat{AUL}$ et $\widehat{ULM}$.
Les droites (RL) et (AU) sont parallèles donc $\widehat{AUL}$ et $\widehat{ULM}$ sont de même mesure. $\widehat{AUL} = 130°$ donc $\widehat{ULM} = 130°$.
2. Les droites (PA) et (UL) sont coupées par la droite (AU). Elles forment les angles alternes-internes $\widehat{PAU}$ et $\widehat{LUA}$.
Les angles $\widehat{PAU}$ et $\widehat{LUA}$ sont de même mesure (130°). Donc (PA) et (UL) sont parallèles.

6 a. $\widehat{OMI}$ et $\widehat{MNK}$, $\widehat{OMJ}$ et $\widehat{MNL}$, $\widehat{IMN}$ et $\widehat{KNP}$, $\widehat{JMN}$ et $\widehat{LNP}$ sont correspondants.
b. $\widehat{XVR}$ et $\widehat{VWT}$ $\widehat{RVW}$ et $\widehat{TWY}$, $\widehat{XVS}$ et $\widehat{VWU}$, $\widehat{SVW}$ et $\widehat{UWY}$ sont correspondants.

8 1. Les droites (BC) et (AG) sont coupées par la droite (CD). Elles forment les angles correspondants $\widehat{ECG}$ et $\widehat{FGD}$.
Les droites (BC) et (AG) sont parallèles donc $\widehat{ECG}$ et $\widehat{FGD}$ sont de même mesure. $\widehat{ECG} = 110°$ donc $\widehat{FGD} = 110°$.
2. Les droites (AB) et (GC) sont coupées par la droite (BC). Elles forment les angles correspondants $\widehat{ABC}$ et $\widehat{GCE}$.
Les angles $\widehat{ABC}$ et $\widehat{GCE}$ sont de même mesure (110°). Donc (AB) et (GC) sont parallèles.

10 a. Ces angles ne sont pas opposés par le sommet car leurs côtés ne sont pas dans le prolongement l'un de l'autre.
b. Ces angles ne sont pas opposés par le sommet car ils n'ont pas le même sommet.
c. Ces angles ne sont pas opposés par le sommet car leurs deux côtés ne sont pas dans le prolongement l'un de l'autre.
d. Ces angles sont opposés par le sommet car ils ont le même sommet et leurs côtés sont dans le prolongement l'un de l'autre.

11 $\widehat{xOy}$ et $\widehat{vOw}$ sont opposés par le sommet donc ils ont la même mesure. $\widehat{xOy} = 27°$ donc $\widehat{vOw} = 27°$.

13 a. Dans le triangle OUI, la somme des mesures des angles est égale à 180°.
Donc $\widehat{OUI} + \widehat{UOI} + \widehat{OIU} = 180°$.
Donc $\widehat{OIU} = 180° - (61° + 89°) = 30°$.
b. Dans le triangle LAC, la somme des mesures des angles est égale à 180°.
Donc $\widehat{LCA} + \widehat{ALC} + \widehat{CAL} = 180°$.
Donc $\widehat{CAL} = 180° - (28° + 53°) = 99°$.

QCM

(1) 1. B et C 2. A
(2) 1. A, B et C 2. B
(3) 1. B 2. A et C
(4) 1. C 2. C

12 Triangles et cercles

2

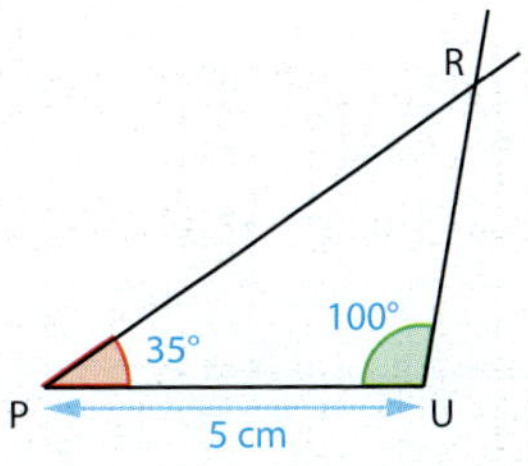

3

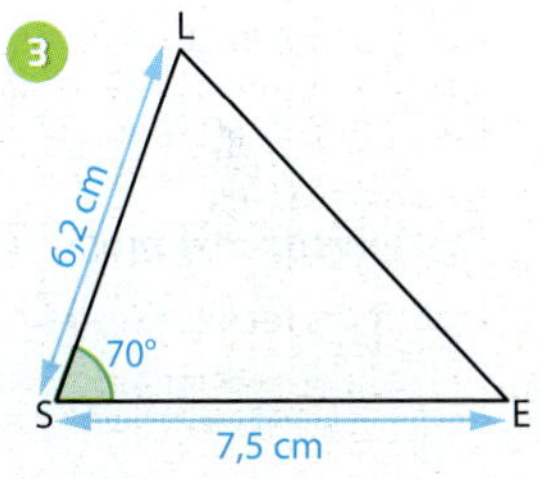

5 La plus grande longueur est 11 cm et 6 + 9 = 15 cm. Or 11 < 15 donc on peut construire un tel triangle.

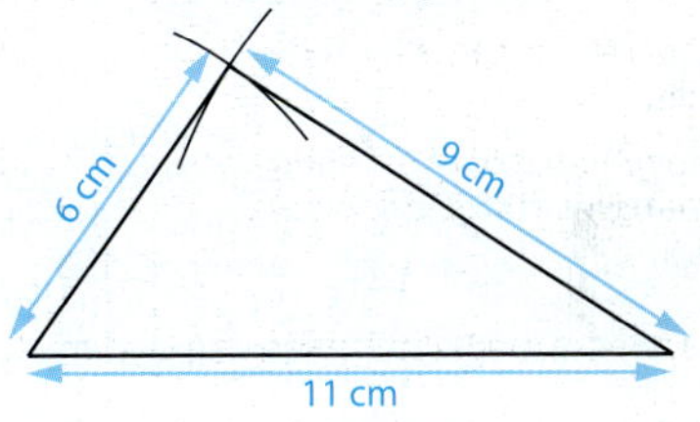

6 La plus grande longueur est 8,3 cm et 2,7 + 4,7 = 7,4 cm.
Or 8,3 > 7,4 donc on ne peut pas construire un tel triangle.

8

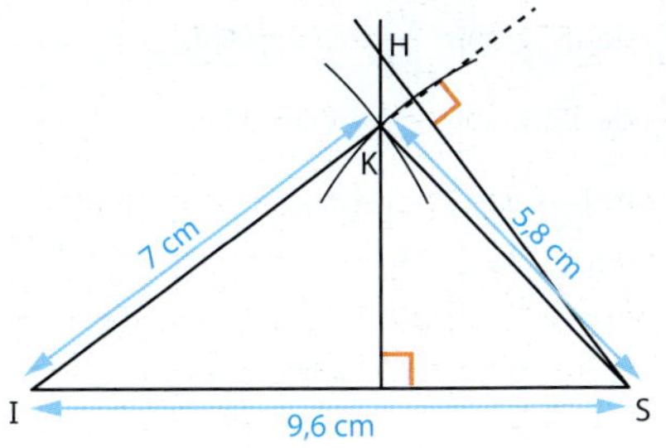

10 1. 2.

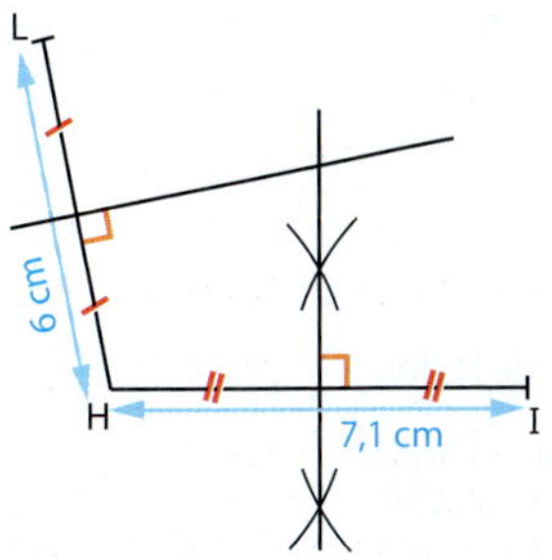

3. Le point d'intersection des deux médiatrices est le centre du cercle circonscrit au triangle HIL. C'est le point situé à égale distance des trois points H, I et L.

11
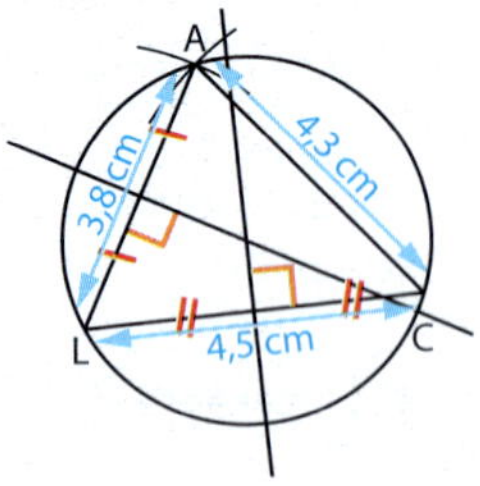

13
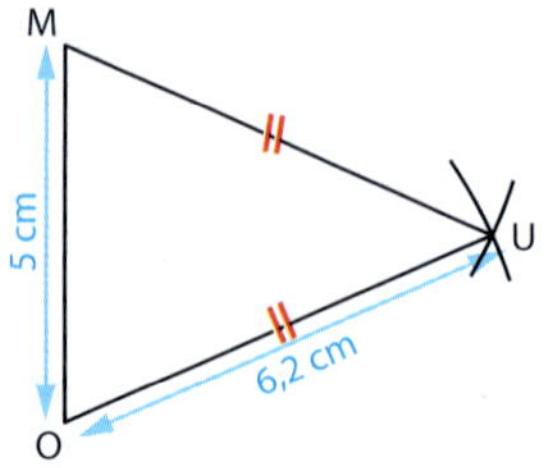

15 1. LOI est un triangle isocèle en I donc ses angles à la base sont de même mesure :

$$\widehat{LOI} = \widehat{OLI} = 38°$$

2. Dans un triangle, la somme des mesures des trois angles est angles à 180° donc :

$$\widehat{OIL} = 180° - 2 \times 38° = 104°$$

17 Le triangle ABC est isocèle en B donc $\widehat{CAB} = (180° - 40°) \div 2 = 70°$.
$\widehat{ABD} = 90° - 40° = 50°$
Le triangle ABD est isocèle en B donc $\widehat{BAD} = (180° - 50°) \div 2 = 65°$.

QCM

1 **1.** A	**2.** B et C	**3.** A et C
2 **1.** B et C	**2.** A	**3.** A
3 **1.** A et B	**2.** A et C	

13 Parallélogrammes

2
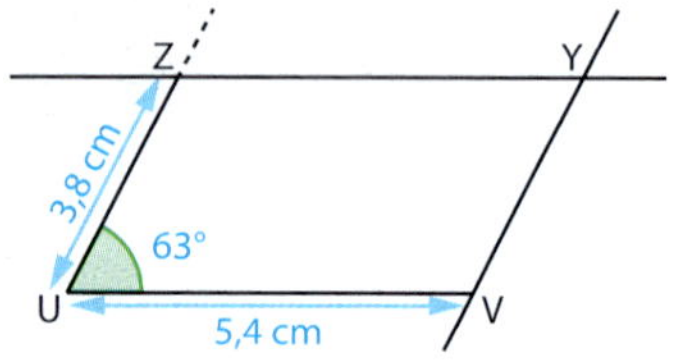

4 1.
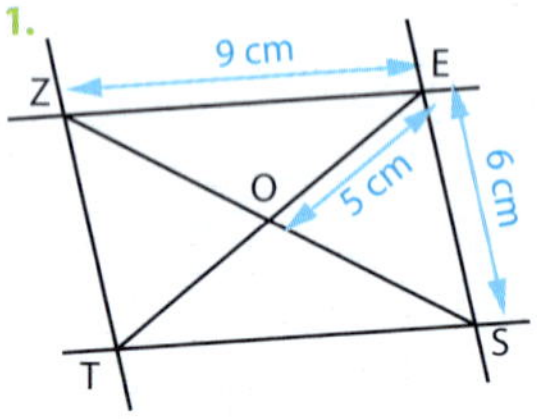

2. Les côtés opposés d'un parallélogramme sont de même longueur, donc dans le parallélogramme ZEST :
ZT = ES = 6 cm et TS = ZE = 9 cm.
Les diagonales d'un parallélogramme se coupent en leur milieu, donc dans le parallélogramme ZEST :
OE = OT = 5 cm donc TE = 10 cm.

5
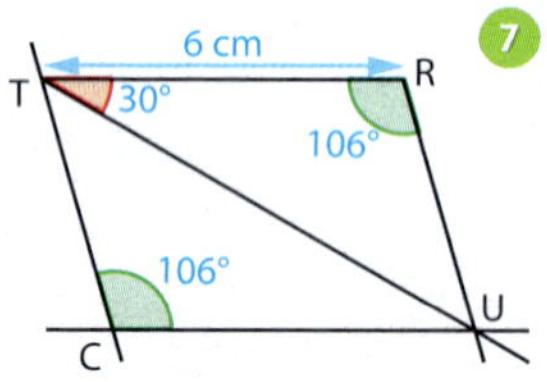

7
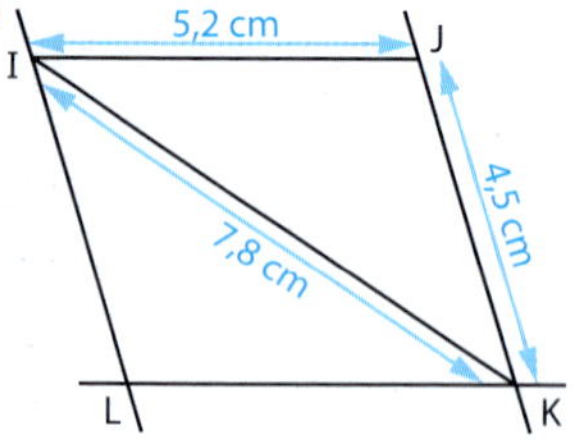

9 Si les côtés opposés d'un quadrilatère non croisé sont deux à deux de même longueur, alors c'est un parallélogramme. On en conclut que le quadrilatère RANG est un parallélogramme.

11 1.
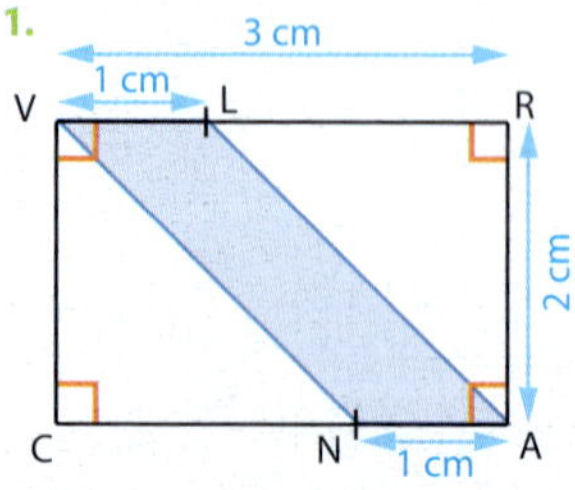

2. Si deux côtés opposés d'un quadrilatère non croisé sont parallèles et de même longueur, alors c'est un parallélogramme. Or les côtés [VL] et [AN] sont parallèles et de même longueur, donc le quadrilatère VLAN est un parallélogramme.

13 Le segment [SR] est perpendiculaire au côté [NO], donc [SR] est une hauteur relative au côté [NO].
$\mathcal{A}$ = *base* × hauteur = 5,3 cm × 3,9 cm = 20,67 cm²

QCM

1 **1.** B et C	**2.** C	2 **1.** C	**2.** B et C
3 **1.** A	**2.** C	4 C	

14 Solides de l'espace

2 Le solide 1 est un cône, ce n'est pas un polyèdre.
Le solide 2 est un cube qui est un polyèdre. Il a 6 faces qui sont des carrés, 8 sommets et 12 arêtes.
Le solide 3 est un prisme droit qui est un polyèdre. Il a 6 faces dont 2 quadrilatères et 4 rectangles, 8 sommets et 12 arêtes.
Le solide 4 est une pyramide qui est un polyèdre. Elle a 4 faces qui sont des triangles, 4 sommets et 6 arêtes.

4 **Cylindre.** La perspective cavalière n'est pas correcte : les cercles de base doivent être représentés par des figures superposables.
Prisme. La perspective cavalière est correcte.
Cube. La perspective cavalière est correcte.
Pavé droit. La perspective cavalière n'est pas correcte : il manque les arêtes cachées en pointillés.

6
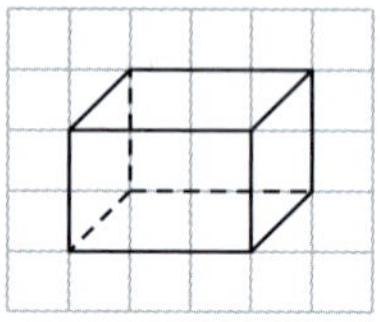

8
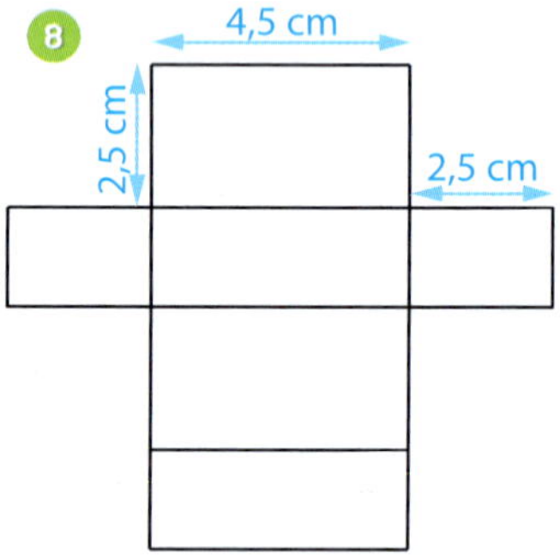

10 $\mathcal{V} = \dfrac{40 \text{ cm} \times 45 \text{ cm}}{2} \times 62 \text{ cm} = 900 \text{ cm}^2 \times 62 \text{ cm} = 55\,800 \text{ cm}^3$
$= 55{,}8 \text{ dm}^3$

11 $\mathcal{V} = 12 \text{ cm} \times 8 \text{ cm} \times 7 \text{ cm} = 672 \text{ cm}^3$

13 Périmètre du cercle : $\mathcal{P} = 2 \times \pi \times 2{,}8 \text{ cm} \approx 17{,}6 \text{ cm}$

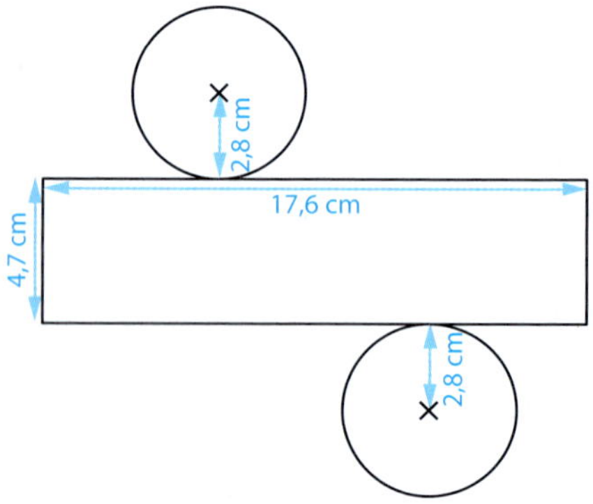

15 $\mathcal{V} = \pi \times 7{,}9 \text{ cm} \times 7{,}9 \text{ cm} \times 11{,}5 \text{ cm} \approx 2\,258 \text{ cm}^3$.

16 $r = \dfrac{d}{2} = \dfrac{156}{2} = 78 \text{ mm} = 0{,}78 \text{ dm}$
donc $\mathcal{V} = \pi \times 0{,}78 \text{ dm} \times 0{,}78 \text{ dm} \times 3{,}5 \text{ dm} \approx 6{,}7 \text{ dm}^3$

QCM

1 B		2 **1.** C	**2.** A
3 **1.** C	**2.** B	**3.** C	**4.** A et C

Index

Tableur

Présentation d'un tableur

- Un tableur permet l'automatisation de calculs sur des données.
- Une « feuille de calcul » est composée de « cellules » repérées par une lettre et un nombre.

Exemple Sur l'écran ci-contre, la cellule sélectionnée est la cellule **D3**.

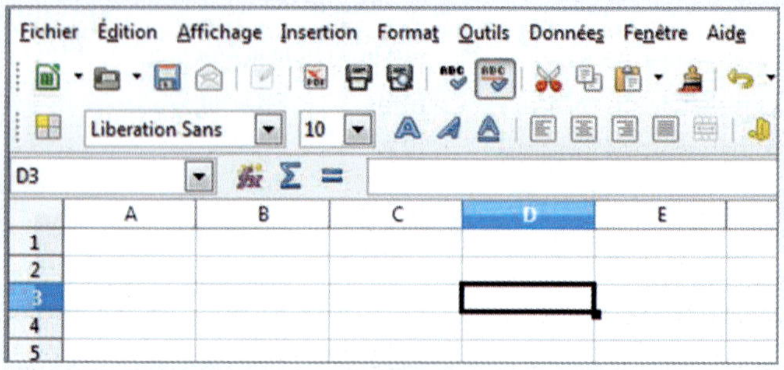

Entrer une formule de calcul dans une cellule

Pour indiquer au tableur qu'il doit effectuer un calcul, on commence par écrire « = » suivi du calcul à effectuer.

Ce que l'on écrit dans la cellule apparait aussi dans la fenêtre au-dessus de la feuille de calcul.

Exemple

- On entre le nombre **5** dans la cellule **A1**. Puis, on écrit dans la cellule **B1** la formule **=A1*3+7** et on tape sur la touche « **Entrée** » du clavier.

« * » remplace le signe $\times$ et « / » remplace $\div$.

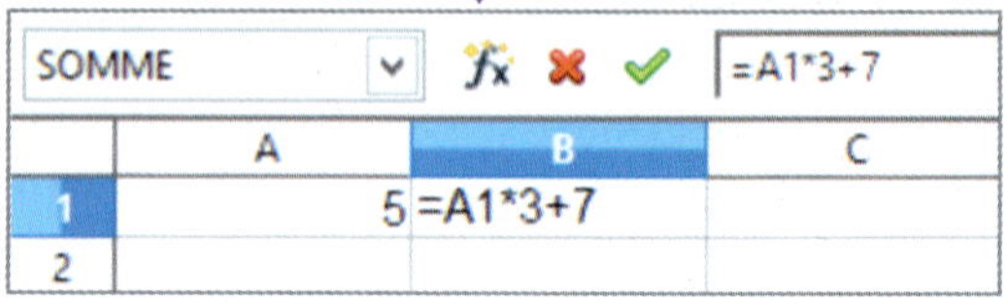

- Dans la cellule B1, s'affichera le résultat du calcul, soit 22, qui correspond à (nombre écrit dans A1) × 3 + 7.
- Si l'on entre dans la cellule A1 un autre nombre que 5, le calcul est refait automatiquement dans la cellule B1.

Recopier une formule vers le bas ou vers la droite

Pour reproduire les calculs effectués dans une cellule dans d'autres cellules, on peut utiliser la « poignée de recopie ».

- On clique sur la cellule qui contient la formule. Le petit carré noir en bas à droite de la cellule sélectionnée est **la poignée de recopie**.
- On clique sur la poignée de recopie et on tire vers le bas ou vers la droite en maintenant le bouton de la souris enfoncé.

Poignée de recopie

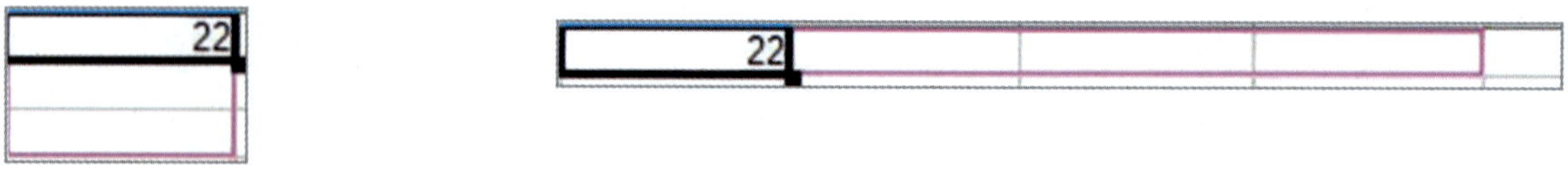

- On relâche la souris à la cellule souhaitée.

Exemple

Recopie vers le bas

- On remplit la colonne A.
- On saisit en B1 la formule **=A1*3+7**
- Lorsqu'on recopie la formule vers le bas, le numéro de ligne dans la formule est « augmenté » de 1.

	A	B
1	1	10
2	2	=A2*3+7
3	3	16

Recopie vers la droite

- On remplit la ligne 1.
- On saisit en B2 la formule **=B1*3+7**
- Lorsqu'on recopie la formule vers la droite, la lettre de la colonne dans la formule est « augmentée » de 1.

	A	B	C
1	1	2	3
2	10	=B1*3+7	16

Afficher une liste de nombres avec un « pas » constant

- On écrit les deux premiers nombres de la liste.
- On sélectionne les deux cellules.
- On tire la poignée de recopie jusqu'à la valeur voulue.

Exemple :
« Pas » égal à 1

	A
1	1
2	2
3	
4	
5	

Trier une liste de nombres

- **Dans l'ordre croissant**

Sélectionner les nombres puis cliquer sur

Trier de A à Z

- **Dans l'ordre décroissant**

Sélectionner les nombres puis cliquer sur

Trier de Z à A

Calculer une fréquence

On a relevé, dans la colonne A, le résultat de 10 lancers de dé. Pour calculer la fréquence de 1, il faut compter le nombre de fois que le nombre 1 apparait :

- On sélectionne la cellule dans laquelle le résultat apparaitra (C3 dans l'exemple ci-contre).
- On clique sur le catalogue de formules
- On sélectionne la formule =**NB.SI()**
- On l'insère en cliquant sur OK
- On la complète :

Exemple =**NB.SI(A1:A10;1)**

Cette formule compte combien il y a de « 1 » dans les cellules entre A1 et A10.

- On appuie sur la touche « Entrée ».

C3 =NB.SI(A1:A10;1)

	A	B	C	D
1	5			
2	4			
3	1		3	
4	5			
5	1			
6	2			
7	2			
8	1			
9	6			
10	3			

Pour compter le nombre de valeurs supérieures ou égales à 4, on compléterait la formule par : =NB.SI(A1:A10 ;">=4").

Construire une représentation graphique d'une série statistique

Pour représenter graphiquement des données :

Étape 1 : Sélection des données

- On clique sur la cellule en haut à gauche et on va jusqu'à celle située en bas à droite du rectangle.
- On relâche la souris.

	A	B	C
1		Collège Jacques Prévert	Collège Jean Rostand
2	Internes	68	76
3	Externes	184	125
4	Demi-pensionnaires	312	484

Étape 2 : Choix du type de diagramme

Dans l'onglet « Insertion », on sélectionne « Diagramme », puis on choisit un type de diagramme.

Etape 3 : Cocher série de données en lignes ou en colonnes

Afficher un nombre aléatoire compris entre 1 et *n*

- On sélectionne la cellule où le nombre doit apparaitre.
- On clique sur le catalogue de formules
- On sélectionne la formule =**ALEA.ENTRE.BORNES()**
- On l'insère puis on la complète :

Exemple =**ALEA.ENTRE.BORNES(1;6)**

- On appuie sur la touche « Entrée ».

Cette formule donnera un nombre aléatoire entre 1 et 6.

Calculer une somme, une moyenne à partir d'une liste

- On sélectionne la cellule où le nombre doit apparaitre.
- On sélectionne dans le catalogue de formule

l'une des formules suivantes : =**SOMME** ; = **MOYENNE**

- On sélectionne la liste.
- On appuie sur la touche « Entrée ».

Logiciel de géométrie dynamique

Présentation du logiciel

GeoGebra est un logiciel de géométrie dynamique : il permet de tracer des figures et de les animer en déplaçant des points.

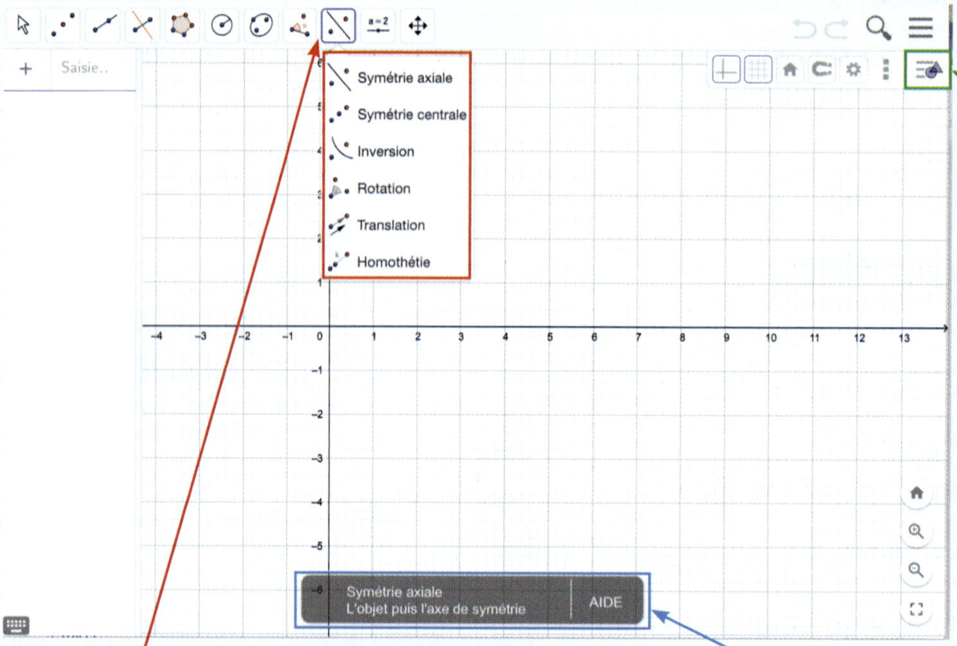

Cliquer ici pour faire apparaitre le menu de propriété des objets.

On pourra par exemple choisir d'afficher ou non la grille ou les axes.

Les menus

- Lorsque l'on pointe la souris sur une icône, on accède à un **sous-menu**.
- En laissant le curseur sur une icône, on obtient **l'aide** pour utiliser la fonction sélectionnée.

Tracer un point

- Pour créer un nouveau point libre, il faut cliquer sur l'icône .
- Pour définir un point d'intersection entre deux objets, il faut cliquer sur l'icône .
  – On sélectionne deux objets : tous les points d'intersection sont créés ;
  – on clique directement sur l'intersection de deux objets : seul cet unique point d'intersection est créé.
- Pour placer le milieu d'un segment, il faut cliquer sur l'icône .

Tracer une droite, un segment, une demi-droite

 Pour tracer une droite passant par deux points.

 Pour tracer un segment entre deux points.

 Pour tracer un segment de longueur donnée.

 Pour tracer une demi-droite dont on connait l'origine.

Tracer une droite particulière

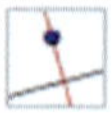 Pour tracer la perpendiculaire à une droite passant par un point.

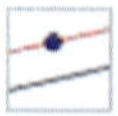 Pour tracer la parallèle à une droite passant par un point.

 Pour tracer la médiatrice d'un segment.

Tracer un polygone

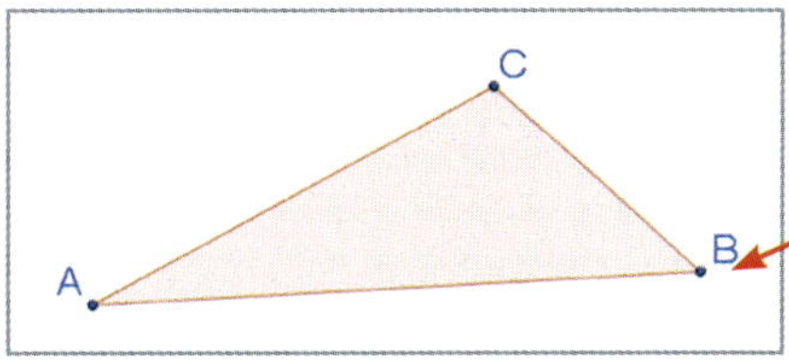

En cliquant sur un sommet, on peut le déplacer.

L'icône  permet de construire un polygone.

Pour construire le triangle ABC :
– on clique sur A, sur B, sur C ;
– on clique à nouveau sur A pour fermer le triangle.

Tracer un cercle

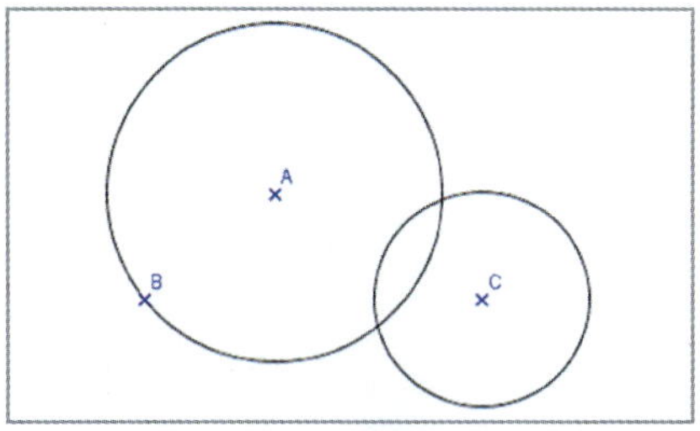

- Pour construire **le cercle de centre A passant par B** :

  – on sélectionne  dans le menu ;
  – on clique sur A puis sur B.

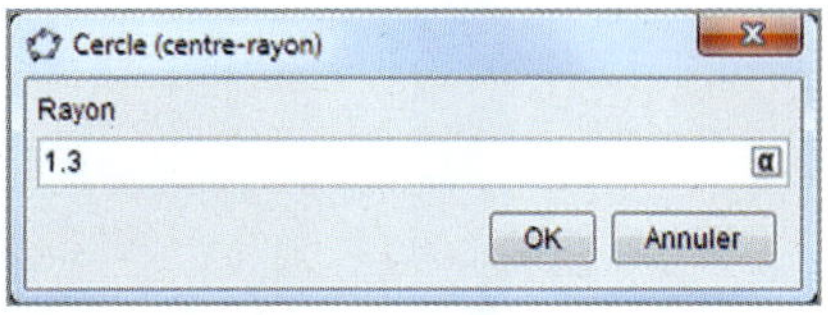

- Pour construire **le cercle de centre C et de rayon 1,3 cm** :

  – on sélectionne  dans le menu ;
  – on clique sur C, puis on entre la valeur 1,3.

Tracer le symétrique d'un point

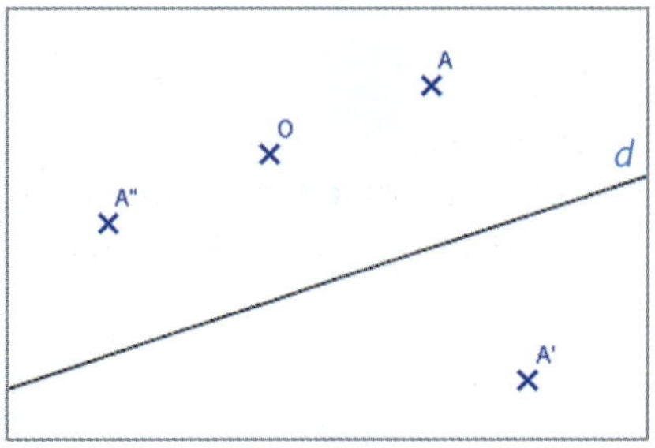

- Pour construire **le symétrique de A par rapport à la droite *d*** :

  – on sélectionne  ;
  – on clique sur A, puis sur *d*.

- Pour construire **le symétrique de A par rapport à O** :

  – on sélectionne  ;
  – on clique sur A, puis sur O.

Mesurer un angle

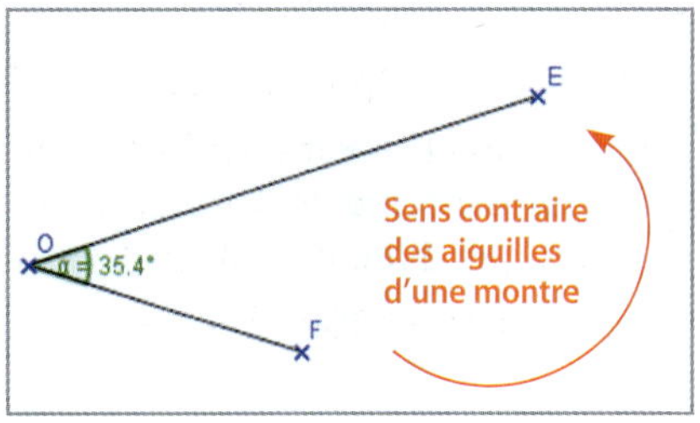

Pour mesurer un angle :

– on sélectionne  ;
– on clique sur les points en tournant dans le sens contraire des aiguilles d'une montre.

Dans l'exemple ci-contre, pour mesurer $\widehat{EOF}$, on clique sur F, puis sur O et enfin sur E.

Construire un prisme droit, un cylindre

Pour construire un prisme droit, un cylindre :
– on trace le polygone ou le cercle de base ;
– dans le menu « Affichage », on clique sur « Graphique 3D » ;

– on sélectionne  extrusion prisme ;

– on clique sur la base dans la zone « Graphique 3D » ;
– une boite de dialogue apparait et on entre la hauteur.

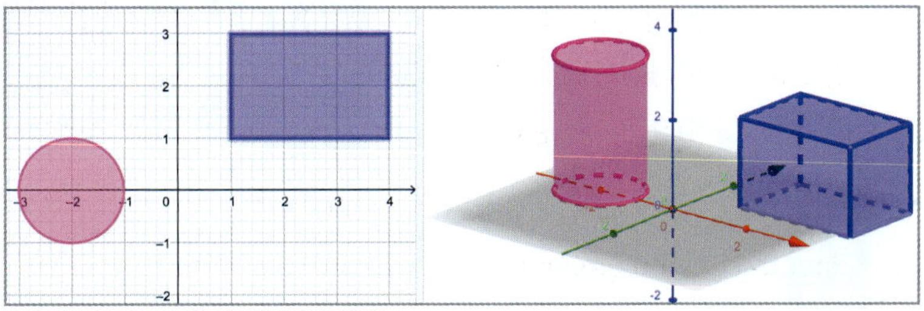

L'interface du logiciel Scratch

Scratch est un logiciel de programmation, il permet de dessiner, de calculer et de créer des jeux et des animations.

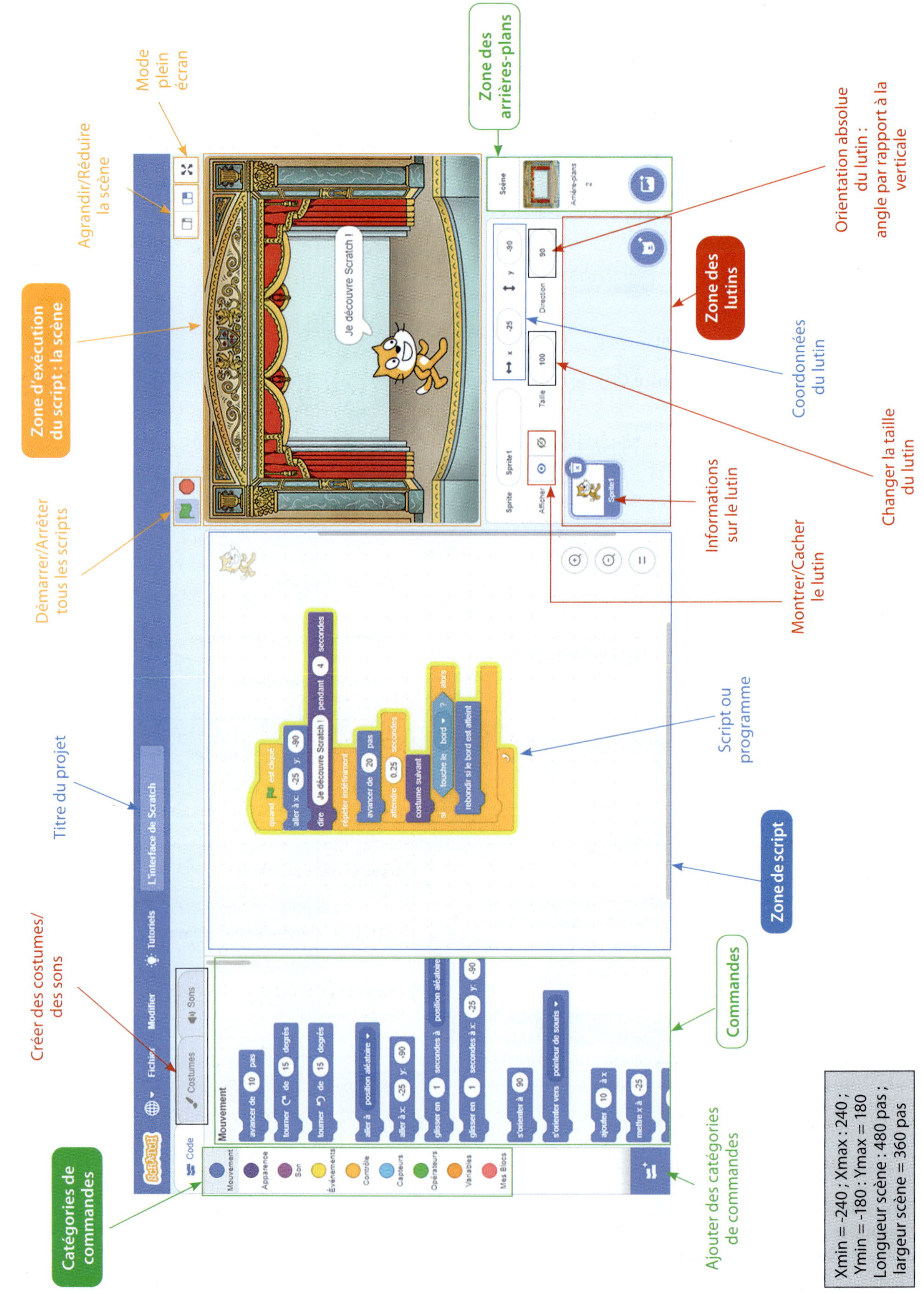

Commandes les plus utilisées sur Scratch

Évènements

Déclencher un script : quand 🏁 est cliqué

quand la touche espace ▾ est pressée — quand je reçois message1 ▾

Mouvement

S'orienter dans une direction par rapport à la verticale :

s'orienter à 90

- à droite : 90 ;
- vers le bas : 180 ;
- à gauche : -90 ;
- vers le haut : 0.

Tourner par rapport à sa direction :

tourner ↻ de 15 degrés — tourner ↺ de 15 degrés

Avancer :

- dans sa direction : avancer de 10 pas
- horizontalement : ajouter 10 à x
- verticalement : ajouter 10 à y

Se placer :

- au point de coordonnées (x ; y) : aller à x: ( ) y: ( )
- au centre de la scène : aller à x: 0 y: 0
- horizontalement : mettre x à 0
- verticalement : mettre y à 0
- à l'emplacement du pointeur de la souris : aller à pointeur de souris ▾
- **rebondir** sur les bords de la scène : rebondir si le bord est atteint

Stylo

Faire un tracé en se déplaçant : stylo en position d'écriture

Se déplacer **sans faire de tracé** : relever le stylo

Effacer tous les anciens tracés : effacer tout

- **Modifier la couleur** du tracé :

mettre la couleur du stylo à ( ) — mettre la couleur ▾ du stylo à 50

ajouter 10 à la couleur ▾ du stylo

- **Modifier la taille** du tracé :

ajouter 1 à la taille du stylo — mettre la taille du stylo à 1

Capteurs

Poser une **question** et récupérer la **réponse** :

demander ( ) et attendre — réponse

Tester si **une touche** est pressée : touche espace ▾ pressée ?

Tester un **contact** du lutin :

touche le pointeur de souris ▾ ? — couleur ( ) touchée ?

Apparence

Faire **parler** : dire Bonjour ! pendant 2 secondes — dire Bonjour !

Rendre **visible/invisible** : montrer — cacher

Modifier **l'apparence** :

basculer sur le costume costume2 ▾ — mettre la taille à 100 % de la taille initiale

Contrôle

Faire une **pause** : attendre 1 secondes

Répéter des commandes :

- indéfiniment : répéter indéfiniment
- plusieurs fois : répéter 10 fois
- jusqu'à ce qu'une condition soit réalisée : répéter jusqu'à ce que ⬡

Donner une condition à l'exécution de commandes :

si ⬡ alors — si ⬡ alors … sinon

Variables

Créer une variable : Créer une variable

☑ ma variable

Donner une valeur à une variable : mettre ma variable ▾ à 0

Modifier la valeur d'une variable : ajouter 1 à ma variable ▾

Opérateurs

Utiliser les quatre **opérations** :

( ) + ( ) — ( ) - ( ) — ( ) * ( ) — ( ) / ( )

Tester une **égalité** ou une **inégalité** :

( ) > ( ) — ( ) < ( ) — ( ) = ( )

Associer des conditions :

⬡ et ⬡ — ⬡ ou ⬡ — non ⬡

Obtenir un **nombre entier aléatoire** :

nombre aléatoire entre 1 et 10

Regrouper des mots ou des variables les uns à côté des autres : regrouper apple et banana

Mes blocs

Créer un bloc utilisable dans les scripts :

Créer un bloc — initialiser

définir initialiser
aller à x: 0 y: 0
s'orienter à 90
effacer tout

quand 🏁 est cliqué
initialiser

Calculatrice NumWorks

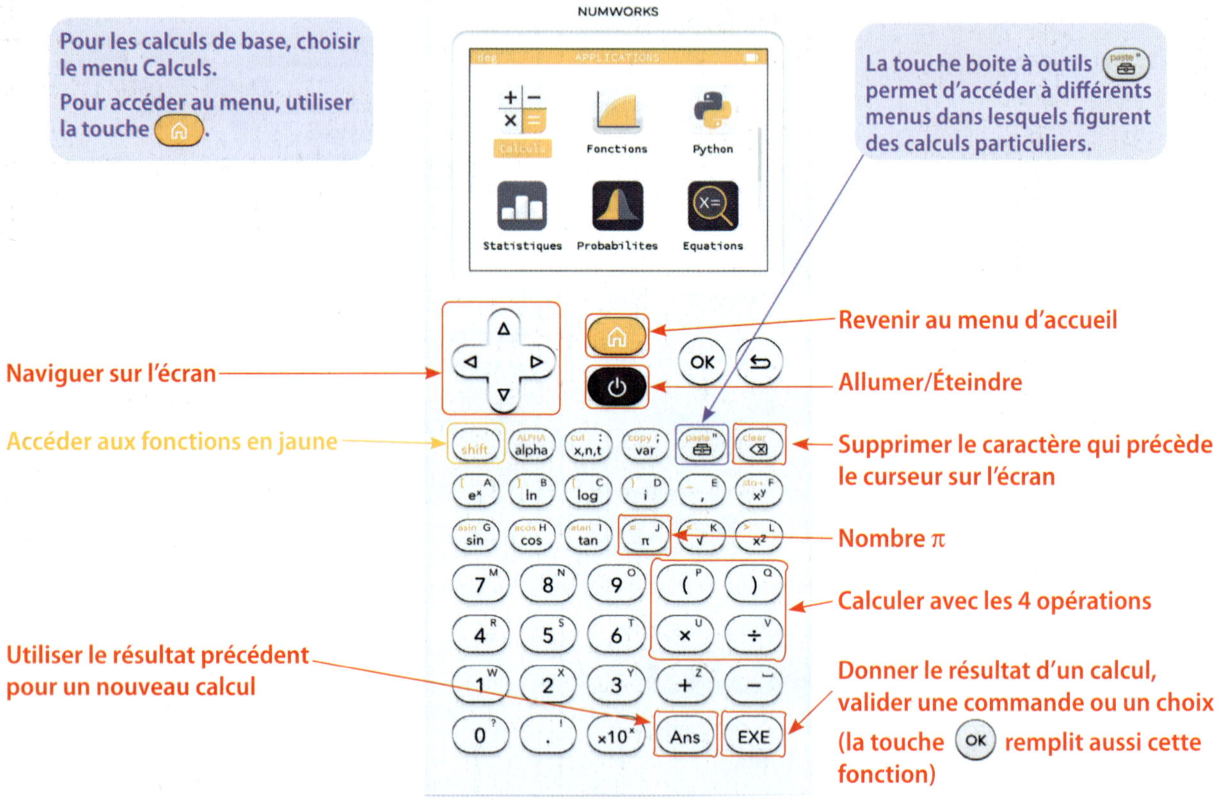

Pour modifier la langue, les paramètres d'affichage : Menu Paramètres puis se déplacer avec les flèches.

Calculer le quotient et le reste d'une division euclidienne

Exemple Calculer le quotient et le reste de la division euclidienne de 148 par 3.

1. Sélectionner la fonction

[boîte à outils] menu Arithmétique [OK]

quo(p,q) — Quotient de la division de p par q [OK]

rem(p,q) — Reste de la division de p par q [OK]

2. Saisir les valeurs et afficher le résultat

quo(148,3) [OK]

rem(148,3) [OK]

```
quo(148,3)
                49
rem(148,3)
                 1
```

Calculer une expression littérale pour une valeur donnée

Exemple Calculer $3 \times x + 8$ pour $x = 5$.

1. Stocker 5 dans x

[5] [shift] [sto→ x^y] [x,n,t] [OK]

```
5→x
                 5
```

2. Entrer l'expression et afficher le résultat

[3] [×] [x,n,t] [+] [8] [OK]

```
3×2+8
                14
```

Tester une égalité

Exemple Calculer $12 \times x - 5 = 31$ pour $x = 3$.

1. Stocker 3 dans x

[3] [shift] [sto→ x^y] [x,n,t] [OK]

2. Entrer l'expression et afficher le résultat

[1] [2] [×] [x,n,t] [−] [5] [shift] [= π] [OK] [3] [1]

```
12x-5=31
                 1
```

La calculatrice affiche 1, l'égalité est vraie.

Achevé d'imprimer en France par ELCOGRAF - Dépôt légal : Avril 2020 - Édition 01 - 36/7806/7

Calculatrice TI

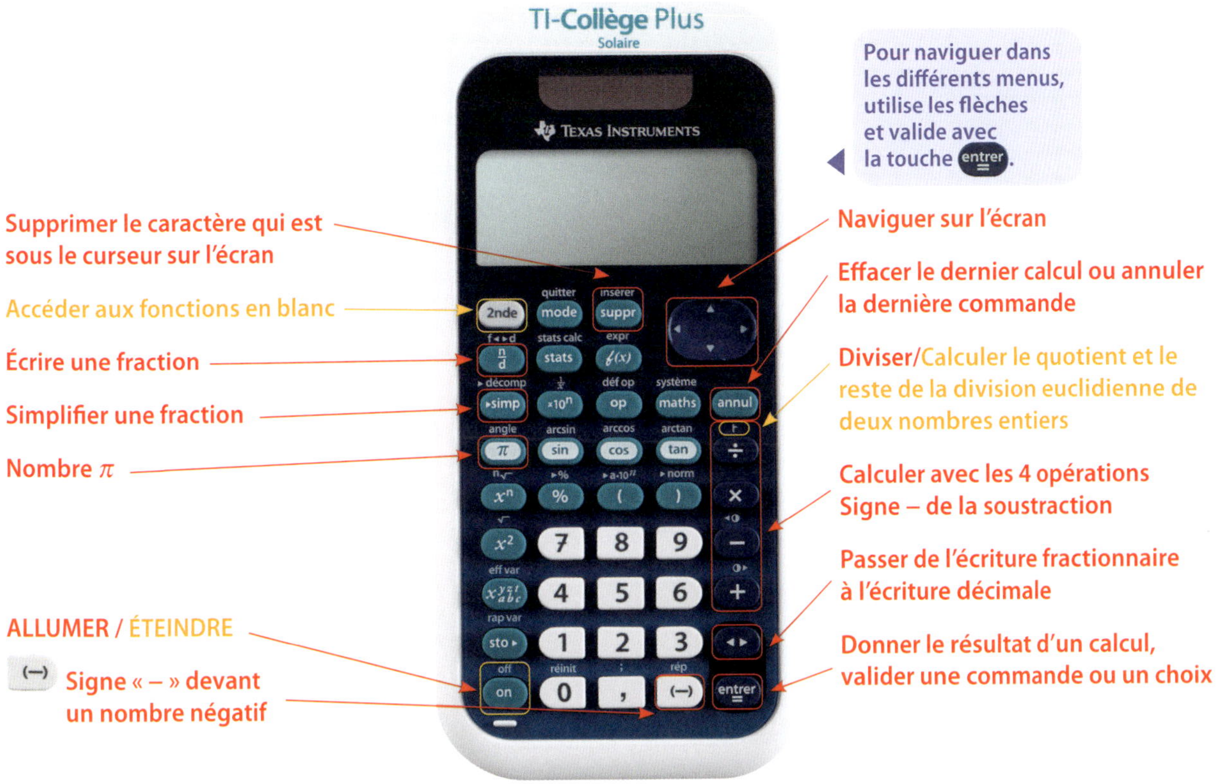

Choisir les modes adaptés

quitter
mode

Pour afficher un résultat	Pour obtenir un arrondi	Pour simplifier une fraction	Pour afficher des calculs
NORM affiche le résultat sous forme décimale. **SCI** affiche le résultat en écriture scientifique.	**FLOTT** donne 9 chiffres après la virgules par défaut.	**SIMPMAN** permet de simplifier manuellement des fractions. **SIMPAUTO** simplifie automatiquement des fractions.	**AFFINATUREL** Les fractions, certains nombres et des expressions particulières sont écrits comme sur le papier.

Calculer une expression littérale pour une valeur donnée

Exemple Calculer l'expression A = 2 × x + 8 pour x = 5 puis pour x = 3.

1. Stocker l'expression littérale dans op	2. Stocker 5 dans x	3. Lancer le calcul	4. Pour x = 3
2nde déf op 2 × x^{yzt}_{abc} + 8 entrer op=2×x+8	5 sto▸ x^{yzt}_{abc} entrer 5→x 5	op 5→x 5 2×x+8 n=1 18 Donc pour x = 5, A = 18	3 sto▸ x^{yzt}_{abc} entrer op 3→x 3 2×x+8 n=1 14

Calculatrice CASIO

ATTENTION : Pour les calculs de base, reviens toujours au menu Calculer [×÷ +− 1]

Pour y accéder : MENU CONFIG [1]

Pour accéder ou valider un choix, tape le numéro correspondant au mode ou utilise les flèches et valide avec [EXE].

- Accéder aux fonctions en jaune
- Écrire une fraction
- Calculer le quotient et le reste de la division euclidienne de deux nombres entiers
- Simplifier une fraction
- Supprimer le caractère qui précède le curseur sur l'écran
- Nombre π
- ALLUMER
- Naviguer sur l'écran
- Passer de l'écriture fractionnaire à l'écriture décimale
- Annuler le dernier calcul / ÉTEINDRE
- Calculer avec les 4 opérations
- Donner le résultat d'un calcul, valider une commande ou un choix

Choisir les modes adaptés

SECONDE MENU CONFIG

Pour saisir / afficher un résultat	Pour obtenir un arrondi	Pour afficher le résultat d'une fraction
1. Saisie/Résultat puis **1 : Smaths/Rmaths** Les fractions, certains nombres et des expressions particulières sont écrits comme sur le papier dans le calcul et le résultat. Pour obtenir le résultat sous forme décimale, utiliser la touche [S⇔D].	**3. Arrondi** puis **2 : Sci** affiche le résultat en écriture scientifique. **3. Arrondi** puis **3 : Norm** arrondit automatiquement le résultat.	**4. Résultat/fraction** puis **2 : d/c** Notation française des fractions.

Calculer une expression littérale pour une valeur donnée avec la touche [CALC]

Exemple Calculer $2 \times x + 3$ pour $x = 5$ puis pour $x = 3$.

1. Entrer l'expression littérale	2. Calculer pour $x = 5$	3. Afficher	4. Pour $x = 3$
[2] [×] [x] [+] [3] Écran : 2×x+3	[CALC] [5] [EXE] [EXE] Écran : 2×x+3 x =5	[EXE] Écran : 2×x+3 13	[CALC] [3] [EXE] [EXE] Écran : 2×x+3 9

Tester une égalité

Exemple Vérifier si $2 \times 4 = 48 \div 6$.

1. Accéder au menu Vérifier	2. Tester l'égalité
MENU CONFIG [5] Écran : 5:Vérifier	[2] [×] [4] [=] [4] [8] [÷] [6] [EXE] Écran : 2×4=48÷6 Vrai